浙江省普通本科高校“十四五”重点立项建设教材

# 试验设计与数据分析

成　忠◎编著

Experiment Design and Data Analysis

ZHEJIANG UNIVERSITY PRESS
浙江大学出版社
·杭州·

图书在版编目（CIP）数据

试验设计与数据分析 / 成忠编著．—杭州：浙江大学出版社，2024.4
ISBN 978-7-308-24818-1

Ⅰ.①试… Ⅱ.①成… Ⅲ.①试验设计
Ⅳ.①O212.6

中国国家版本馆 CIP 数据核字(2024)第 074588 号

**内容简介**

所有应用学科都有一个共同特点：实践性。所有科技工作者都有一个共同目标：寻找事物的本质和演变规律。对于在科学研究中发现新规律、在实际生产中探索新工艺、在产品开发中寻求最佳方案等来说，试验是一项重要的实践活动。试验会产生大量的数据，如何利用数据洞悉事物的本质，如何构建合适的模型刻画事物的发展规律，如何通过数理统计和机器学习生成知识，就是本书要叙述的主要内容。

《试验设计与数据分析》着力讲叙常用的试验方案优化设计及其相应的数据分析的原理、方法和技术。具体内容包括：误差分析和抽样分布、参数估计和假设检验、方差分析、相关分析与模式识别、回归分析与建模方法、试验设计基础与优选法、正交试验设计、均匀试验设计、响应面试验设计等。本书的撰写，结合作者自身独特的学术背景和跨学科的创新实践，兼顾理论和实用两个方面。对理论的叙述尽可能用简洁明了的形式展开，使非数学专业出身的读者也能理解接受，同时又注意具体方法的详细介绍，便于读者在实际问题中加以操作运用。

本书既是一本教学用书，又可作为工具书，可以作为理、工、经、管等各科本科生或研究生课程的教材或教学参考书，或广大工程技术和科学研究人员的自学用书。

**试验设计与数据分析**
成　忠　编著

---

**责任编辑**　徐素君
**责任校对**　傅百荣
**封面设计**　雷建军
**出版发行**　浙江大学出版社
(杭州市天目山路 148 号　邮政编码 310007)
(网址：http://www.zjupress.com)
**排　　版**　杭州青翊图文设计有限公司
**印　　刷**　杭州高腾印务有限公司
**开　　本**　787mm×1092mm　1/16
**印　　张**　25
**字　　数**　660 千
**版 印 次**　2024 年 4 月第 1 版　2024 年 4 月第 1 次印刷
**书　　号**　ISBN 978-7-308-24818-1
**定　　价**　80.00 元

---



浙江大学出版社市场运营中心联系方式：0571-88925591；http://zjdxcbs.tmall.com

# 前　　言

试验是人类认识和探索自然界及生产生活中各种现象和规律的一种基本手段与方法。在科学研究和生产实践活动中，为了开发新产品，革新生产工艺，缩短开发周期，寻求高效、低耗、优质、高产的生产制备或操作控制方法等，经常需要开展各种试验探索。如何合理安排试验，如何对试验结果进行科学分析，是科研工作者和工程师经常遇到的现实问题。

“凡事预则立，不预则废。”试验设计与数据分析，旨在研究如何科学地设计试验方案、正确地分析试验结果，从而以较少的试验获取最可靠的试验数据，最大限度地减少试验误差，得到对研究问题的科学、准确和有效的结论，并节省人力、物力、财力和时间。试验设计得好，事半功倍。反之，事倍功半，甚至劳而无功。试验设计与数据分析正成为科技工作者必须掌握的一门技术。

在现代信息与分析测试技术迅猛发展的推动下，广泛的观察、感知、计算、仿真、模拟等活动，从宏观到微观、从自然到社会，不断产生着大量科学数据，形成被称为“数据资产”的科学基础设施。数据不再仅仅是科学研究的结果，而且变成科学研究的基础。数据，统一于实验、理论和模拟。数据分析，则是一种解决数据驱动问题的结构化方法，它通过选用合适的方法、技术和工具，对采集的试验数据进行分析、集中、萃取、概括与呈现，以提取规则、模式等有价值的信息和形成结论。把数据“屈打成招”，洞悉数据中潜藏的规律，让数据成为有价值的信息，是数据分析的核心要务。在数据分析之前，要从数据的量和质两个方面做好工作。第一，遵循“数据秒杀一切算法”，尽一切可能收集、积累“准、全、快”的数据。第二，没有质量保证的数据毫无用处，也就是常说的“garbage in garbage out(把垃圾收进来再扔出去)”。

面对第四次工业革命催生的高新技术和新兴产业，新工科建设是我国高等工程教育领域主动应对新一轮科技革命与产业变革的战略行动。本书立足新时代下高等教育的“工程范式”，围绕工程教育专业认证的毕业要求以及卓越计划对专业人才培养的知识、能力和素质的要求，优选方法内容，强化工程案例，力求做到科学性、先进性、有用性和实践性。除第1章绪论外，本书涵盖两部分共9章。第一部分为数据分析方法，探讨如何基于试验数据对研究对象进行描述性、探索性和预测性分析，具体包括第2章误差分析和抽样分布、第3章参数估计和假设检验、第4章方差分析、第5章相关分析与模式识别以及第6章回归分析与建模方法。第二部分为试验设计方法，探讨如何优选单因素的水平区间和多因素的水平组合(最优试验条件)，具体包括第7章试验设计基础与优选法、第8章正交试验设计、第9章均匀试验设计以及第10章响应面试验设计。章节内容的编排，遵循内容的内在逻辑和学习的认知思维过程。在引入相关的新知识、新技术和新方法的同时，注重理论与实践相结合，引导读者学会和掌握具体的应用，以培养科学思维方法与创新能力，实现工具理性和价值理性的平衡以及“学术＋思政”的价值引领。

本书在编著过程中，参考了一些文献资料，在此向原作者表示由衷的感谢。

限于作者的水平和经验，书中难免会有不妥甚至错误之处，敬请斧正。

本书的出版得到“浙江省普通本科高校‘十四五’首批新工科、新文科、新医科、新农科重点教材建设项目”的立项资助。

作者

于小和山杏桂园

2023年12月

# 目　　录

# 第 1 章　绪　论

## 1.1　科学研究的范式

2007 年，图灵奖得主吉姆·格雷(Jim Gray)在美国国家科学研究委员会计算机科学与电信委员会(National Research Council-Computer Science and Telecommunications Board，NRC-CSTB)组织召开的大会上从科学研究方法的角度提出了科学研究的四类范式(如图 1-1 所示)。几千年前，经验科学(实验科学)采用观测和实验来记录和描述自然现象；200 多年前，理论科学采用数学、几何、物理等理论，去掉复杂的干扰，留下关键的因素，构建问题模型和解决方案，揭示事物发展变化的内在规律；几十年前，计算科学采用计算机编写程序来模拟推演复杂的现象，解决更加复杂的问题；今天，数据科学，统一于实验、理论和模拟，结合统计学、信息科学和计算机科学的方法、系统和过程，通过结构化或非结构化数据提供对现象的洞察。

视频　1—1

科学研究第一范式
科学研究第二范式
科学研究第三范式
科学研究第四范式
实验思维-科学归纳
逻辑思维-模型推演
计算思维-仿真模拟
数据思维-关联分析
几千年前
二百多年前
几十年前
现今
●对研究对象的现象描述论证
●对研究对象进行系统归类
●采用模型进行抽象简化概括
●由特殊到一般进行推演
●采用数学模型模拟复杂现象
●科学数据可以通过仿真模拟获得
●采集大数据来认识刻画复杂现象
●机器学习挖掘数据产生知识

图 1-1　科学研究的四类范式

第一范式——实验思维-科学归纳。在研究方法上以归纳为主，带有较多盲目性的观测和实验，比如钻木取火、牛顿三大定律。

第二范式——逻辑思维-模型推演。在研究方法上以演绎法为主，在自然现象的基础上进行了抽象简化，构建数学模型，偏重理论总结和理性概括，比如相对论、博弈论。

第三范式——计算思维-仿真模拟。主要根据现有理论的模拟仿真计算，再进行少量的实验验证，以计算机仿真模拟取代实验，比如天气预报、核试验模拟。

第四范式——数据思维-关联分析。它以大量数据为前提，运用机器学习、数据挖掘技术，可从大量已知数据中得到未知理论，比如智慧交通、商业智能。

“近年来，科学研究要解决的问题，包括前沿科学问题和人类面临的全球性挑战越来越复杂，单一学科的知识、方法、工具等已不足以破解这些重大科学难题，学科交叉研究发展趋势明显，同时学科自身也在动态演变之中。”强化学科交叉和寻求新的科研范式是未来科学技术快速发展的必由之路。国家自然科学基金委员会原主任李静海在 2020 年 11 月 29 日的交叉科学高端学术论坛上作如上表示。

大数据时代已经走来，新工科人才的培养已经成为当务之急。面对产业迭代升级以及大工程观的需求，数据分析能力正成为当代工程师的核心竞争力。工程学科，随着在线传感器等现代检测技术获取海量数据成为常态，其研究方法除第一范式的实验归纳、第二范式的模型推演、第三范式的仿真模拟外，正在向数据密集型科学的第四范式转移与鼎新。四类范式之间的相互关系如图 1-2 所示。

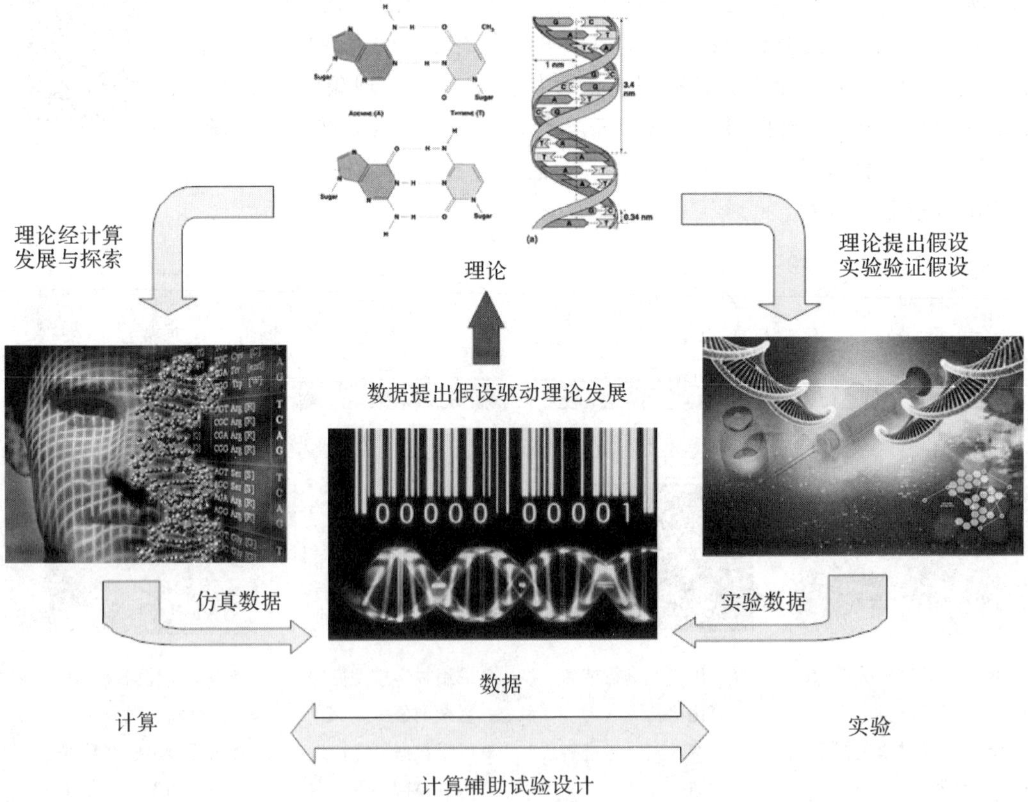


图 1-2　科学研究四类范式相互之间的联系

作为基于数据驱动的方法，第四范式运用跨学科或多学科的方式，通过分析、建模、可视化等手段对工程装置或生产过程的源发数据进行挖掘，以揭示各因素变量间的相关关系或关联变化规律，提升其对运行状态的质量控制或预测维护。如果说第三范式是“人脑＋电脑”，人脑是主角；那么第四范式则是“电脑＋人脑”，电脑是主角。第四范式，在应用上更加高效，在人力物力上更加经济。因此，为主动应对新科技革命与产业转型升级，将行业对人才培养的最新要求引入教学过程，在大学生中开展试验设计与数据分析的学习与训练，增强可持续发展的内生动力，既是时代的需要，也是提升实践创新能力的重要手段。

## 1.2　试验设计的性质和价值

试验设计(design of experiment，DOE)是数理统计学的一个分支。它是以概率论与数理统计知识为理论基础，结合专业知识和实践经验，科学、合理、经济地安排试验的一种方法论。试验的成本涉及人力、物力、财力和时间。试验设计就是研究如何高效而经济地获取所需要的数据与信息及其分析处理的方法，并能有效地控制试验干扰，从而达到可明确回答项目研究所提出的问题和尽快获得最优方案的目的。如何做试验，大有学问。试验设计得好，事半功倍。反之，事倍功半，甚至劳而无功。

**1. 试验设计的主要价值目标**

在工农业生产和科学研究中，为了革新生产工艺，开发新产品，缩短开发周期，寻求高产、低耗、优质、高效的生产制备或操作控制方法等，经常需要开展各种试验探索。图 1-3展示了在研究对象上进行的试验探索，旨在研究因素与指标之间的关系。如何合理安排试验，如何对结果进行科学分析，是企业工程师和科研工作者经常遇到的现实问题。试验设计的优劣直接影响试验效率和试验结果的质量。科学的试验设计，提供了强大而有效的方法，可以帮助辨识如下问题并达成相应目标。

(1)揭示各试验因素对试验指标影响的主次顺序，以便抓住问题的主要矛盾；

(2)探明各试验因素对试验指标的影响趋势和规律，即因素的水平取值若发生改变，试验指标是如何跟随变化，以便把控变化的方向和程度；

(3)辨明各试验因素之间的相互影响情况，即因素的独立性或协同性，以便实施正向激励和负向约束；

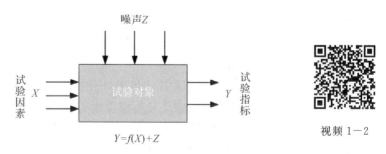

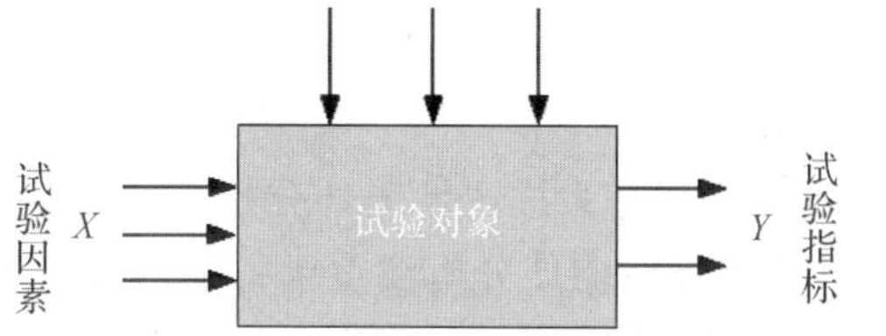


$Y=f(X)+Z$

视频 1－2

图 1-3　问题对象的试验研究

(4)挖掘最优生产条件或工艺条件，确定最优方案，以便预测试验指标的可能取值及其波动范围；

(5)科学估计与控制试验噪声，以便提高试验结果的稳定性和精确度；

(6)认清试验研究的不足或短板，以便凝练问题研究的改进方向或提升空间。

**2. 常用的试验设计方法**

依据试验因素的个数，试验设计分为单因素试验设计和多因素试验设计。与单因素试验设计相比，多因素试验设计效率更高、实验控制更好，并能观察到试验因素之间的交互作用。多因素试验设计是试验设计的主要形式，而单因素试验设计多以优化缩小试验因素的水平取值区间为主要任务。考虑到试验设计的主要作用是减小误差、提高试验效率和获得最优试验方案，因此从统计学来看，试验点的安排必须遵循三个基本原则：重复性、随机化和局部控制。常用的试验设计方法如图 1-4 所示。

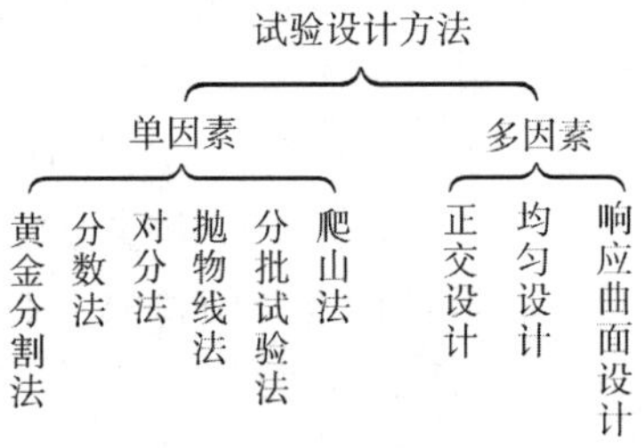


图 1-4　常用的试验设计方法

## 1.3　数据分析的定位与功能

数据是表现事物特征的精确语言，是科学研究和认识世界的必备条件。数据分析，是指选用合适的统计分析方法对收集的大量数据进行分析、整理、解析、概括与呈现，以提取有用信息和形成结论的过程。数据分析的目的是把隐藏在一大批看来杂乱无章的数据中的信息集中、萃取和提炼出来，以洞悉所研究对象的内在规律。在探寻规律的过程中，如何让数据说话，最大限度地发挥数据的作用，让数据成为有价值的信息，是数据分析的核心要务。在实际应用中，数据分析可帮助人们做出判断和决策，以便采取适当的行动。简而言之，数据分析是有组织、有目的地收集数据与分析数据，使之成为信息的过程。

**1. 数据分析的类别与功能**

在统计学领域，将数据分析划分为描述性统计分析、探索性数据分析以及验证性数据分析，如图 1-5 所示。其中，描述性统计分析注重于数据的基本统计特征和整体分布形态的概括性描述，其分析结果是统计推断的先决条件，也对进一步的数据建模起指导或参考作用。探索性数据分析侧重于数据模式的相关性分析和新特征的发现，它可以帮助确定数据分析的统计方法是否合适，洞察数据底层模型结构，提取重要变量，检测异常值等。而验证性数据分析侧重于对数据模型和研究假设的证实或证伪。典型的数据分析一般包含以下三个步骤。

(1)特征统计与模式探索：通过计算数据的统计量、作图、造表、函数等手段，以洞察数据的特征、结构、形态等，辨析往什么方向和用何种方式去寻找和揭示隐含在数据之中的模式和规律。

(2)模型假定与参数估计：在数据特征和形态结构的分析结果基础上，提出数据可能的分布、关系、规律等数学模型，然后代入试验数据求得各模型参数。通过建立试验数据的数学模型来理解、分析与揭示所研究问题的本质和逻辑，是科学研究和创新实践的不竭动力。

(3)假设检验与统计推断：以概率论为基础，基于试验数据构造并计算相应的检验统计量，选定合适的显著性水平并建立检验规则，作出具有一定可靠性保证的估计或检验，完成所建立模型的正确性、有效性和可信性的统计推断。

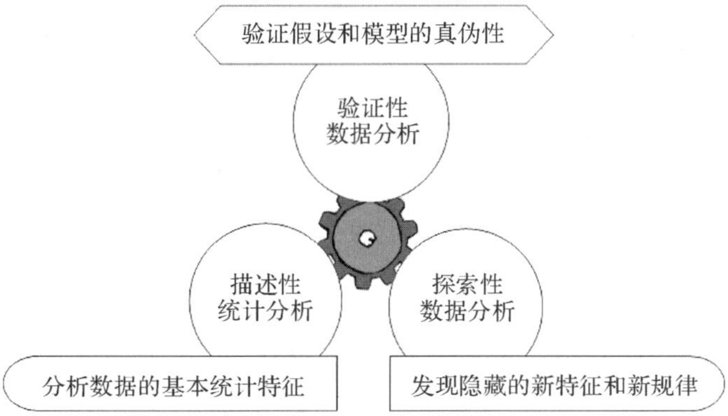


图 1-5 数据分析的类别及功能

**2. 试验数据的典型特征**

属性是试验数据本身具有的维度，特征是试验数据中所呈现出来的某一种重要的特性。特征通常是通过属性的计算、组合或转换得到的。在数据分析之前，一般需要对试验数据的一个或几个特征进行透视、刻画和描述，以支持数据分析方法的正确选用。试验数据常见的典型特征包括多因子、多重共线性、非线性、含有噪声、非高斯分布、非均匀分布、离群点、时序相关性等。

多因子，是指数据的变量维度，即观测变量的个数，故也称多变量或多因素。在试验研究中影响试验指标的因素往往有多个，这些试验因素内部之间往往存在多重共线性，尤其是稳定的连续过程，这会对经由这些因素建立的数据模型的稳定性带来挑战，因此往往需要施以变量选择或特征提取以实现多变量降维。试验因素与试验指标之间一般呈非线性函数关系，而非线性是数据复杂性的典型特征之一，如何挑选合适的非线性模型以合乎或贴近所研究问题的内在机理是一个棘手的工作。众所周知，试验过程中总会伴有噪声，采集得到的观测数据总会含有误差。依据试验误差的性质及产生的原因，误差分为系统误差、随机误差和粗大误差。对待不同性质的误差，处理方法也有区别。其中，粗大误差所对应的试验数据归为离群点或异常数据，一般在试验数据的统计分析和模型构建之前将之剔除。随机误差也称为偶然误差，是在试验过程中由于一些不可控的随机因素引起的误差，一般可以通过增加平行测定次数予以削减。但是，若试验中存在系统误差，或者依据试验因素与试验指标之间的非线性关系将试验点位置非均匀分布安排，这将使得试验数据的分布呈非高斯分布。对非高斯分布的试验数据，均值、标准差等特征统计量的计算方法将不再适用。对于连续的动态过程，如反应动力学实验，系统的状态都具有时间上的惯性，试验因素或试验指标在不同时间点采集到的观测数据呈现前后相依性，也称为时序自相关特性。对于带有自相关特性的时间序列试验数据的行为描述，需要采用时间序列建模方法。

## 1.4 常用的数据分析方法

数据分析旨在选用适宜的方法和工具从数据中提取有价值的信息。对于每个科研工作者而言，要想做好数据分析，就需要掌握一定的数据分析方法，让数据分析结果更具专业性。这些数据分析方法一般分为三类，如图 1-6 所示：基本分析方法，主要以基础的统计分析为主，如描述统计、假设检验、方差分析等；高级分析方法，是以定量建模理论为主，如相关分析、聚类分析、因子分析、判别分析、回归分析、时间序列分析等；数据挖掘方法，是以机器学习等符号技术为主，如离群点检测、遗传算法、决策树、神经网络、支持向量机等。

视频 1—3

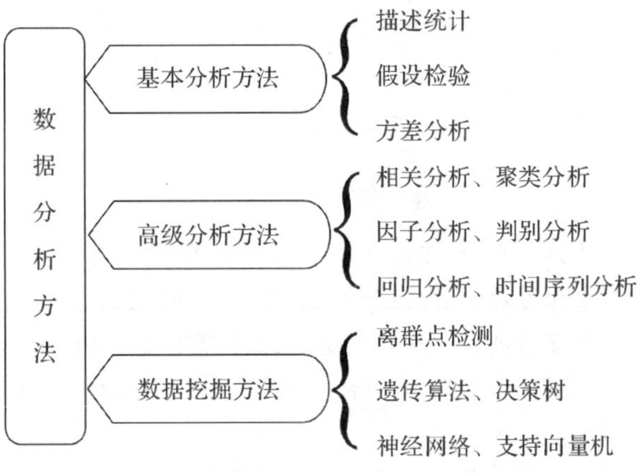


图 1-6 常用的数据分析方法

现就本书将要探讨的数据分析方法概述如下。

**1. 描述统计(descriptive statistics)**

描述统计，是指通过对原始试验数据加以整理、分析与计算，获得反映数据概括性特征的不同类别统计量，如集中趋势、离散程度、分布形态等。样本均值和样本标准差是最重要也最常用的特征统计量，其中均值是对数据集中趋势的特征描述，方差是对数据离散程度的特征描述。当比较具不同计量单位或不同均值的两组数据的离散程度时，则一般选用变异系数这一特征统计量。而描述数据分布形态的特征统计量，可选择偏度和峰度。

**2. 假设检验(hypothesis testing)**

假设检验，用来判断样本与样本、样本与总体的差异是由抽样误差引起还是因本质不同造成的统计推断方法。显著性检验是假设检验中最基本的一种统计推断形式，其基本原理是先对总体的特征做出某种假设，然后通过抽样进行统计推理，完成此假设被拒绝还是被接受的推断决策。假设检验一般分为参数检验和非参数检验。其中，参数检验是在总体分布条件已知时对一些主要的参数(如均值、方差、相关系数等)进行检验，其常用的假设检验方法有 $u$ 检验、$t$ 检验、$F$ 检验等。非参数检验则是不考虑总体分布是否已知，常常也不是针对总体参数，而是针对总体的某些一般性假设(如总体分布的位置是否相同，总体分布是否正态)进行检验，一般用于时序数据的参数检验。

**3. 离群点检测(outlier detection)**

离群点，也称异常数据、野值、坏数据，在统计学上就是一些与正常数据相差甚远的异常观测值，而它们之间的疏离程度可以选用统计的、距离的、密度的等量化指标来表征。离群点与噪声存在本质的区别。噪声是观测数据的随机误差，而离群点同正常数据在产生机制上似乎有明显差异。离群点检测方法也有很多，但每种方法都会对正常数据或离群点做出事先假设。而从这个假设的角度出发，离群点检测方法可以分为：基于统计的方法、基于近邻的方法、基于聚类的方法、基于分类的方法、基于信息论的方法。离群点检测事关数据质量，应用中需要避免掩盖和淹没现象。

**4. 方差分析(analysis of variance，ANOVA)**

方差分析，是用于两个及两个以上样本的均数差异的显著性检验。方差分析的基本思想是认为不同处理组的均数间的差别来源有两个：组间误差和组内误差。其中，组间误差是由可控的实验条件因素造成的，组内误差是由不可控的随机因素或个体间的差异带来的。方差分析，是从观测变量的方差入手，通过分析研究不同来源的误差对总误差的贡献大小，从而确定可控因素对研究结果是否有显著影响。方差分析一般分为单因素方差分析、多因素有交互方差分析、多因素无交互方差分析和协方差分析。

**5. 相关分析(correlation analysis)**

相关分析，是基于采集的试验数据研究两个或两个以上处于同等地位的随机变量是否存在相关关系的统计分析方法。变量之间的相关方向和相关程度，可以通过绘制相关散点图和计算相关系数来辨析。按相关方向，分为正相关和负相关；按相关形式，分为线性相关和非线性相关；按相关程度，相关关系分为完全相关、不完全相关和不相关；按变量个数，相关关系分为单相关、复相关和偏相关。其中，单相关是两个因素之间的相关关系，即一个自变量与一个因变量；复相关是三个或三个以上因素的相关关系，即两个或两个以上的自变量与因变量；偏相关是在多变量情形下控制或固定其他变量后研究剩余两个变量之间的相关关系。

**6. 因子分析(factor analysis)**

因子分析，是指从变量群中提取共性因子的一种多元统计分析方法。因子分析的主要目的是用来描述隐藏在一组测量变量中的少数几个更基本的，但又无法直接测量的隐性变量 (latent variable)。因子分析可减少变量的数目，还可检验变量间关系的假设。因子分析分为两类：探索性因子分析和验证性因子分析。探索性因子分析，不事先假定因子与观测变量之间的关系，而是基于数据找出因子个数以及与各个观测变量之间的相关程度，主成分分析是其典型方法。验证性因子分析，假定因子与观测变量的关系模型，但不知道具体的载荷系数，则往往用极大似然估计法求解。

**7. 聚类分析(cluster analysis)**

聚类分析，是根据“物以类聚”的道理，将无标签数据划分到不同的类的一种多元统计分析方法。聚类分析是一种无监督的探索性分析，从样本数据出发探寻数据的内在特点和联系规律，并基于相似性原则进行分类。同一个类中的数据有很大的相似性，而不同类间的数据有很大的差异性。聚类分析分为 Q 型聚类和 R 型聚类这两类。其中 Q 型聚类分析是对样本分类，使用距离作为统计量衡量相似度。R 型聚类分析是对变量分类，使用相似系数作为统计量衡量相似度。聚类分析的计算方法则包括分裂法、层次法、基于密度的方法、基于网格的方法、基于模型的方法等几种。

**8. 判别分析(discriminant analysis)**

判别分析，是基于一组带有分类标签的数据建立误判率最低的判别模型，进而对新样本进行类别判断的一种多变量统计分析方法。判别分析的类型，若按判别模型的函数形式，分为线性判别和非线性判别；若按判别标准，则有最大似然法、距离判别、Fisher 判别、Bayes 判别等；若依判别模型对待特征变量的处理方法，分为逐步判别、序贯判别等。它与聚类分析的区别：一是聚类分析属无督导学习，判别分析属有督导学习，即聚类分析事先不知道数据的类别，也不知道分几类，而判别分析事先知道数据的类别，也知道分几类；二是判别分析需要历史数据建立判别模型，然后才能对未知样本进行分类，而聚类分析无需历史数据，它是直接对样本进行聚类；三是聚类分析可以对样本进行聚类，也可以对指标进行聚类，而判别分析只能对样本进行分类。

**9. 回归分析(regression analysis)**

回归分析，是确定两种或两种以上变量间相互依赖的定量关系的一种统计分析方法。回归分析作为一种预测性的建模技术，其任务与功能主要包括确定因变量与自变量间的回归方程(函数表达式)、回归方程的显著性检验、判断各个自变量对因变量有无显著性影响、利用回归方程进行预测与控制等四个方面。回归分析的类型，按照涉及自变量的个数可以分为一元回归分析和多元回归分析，按照自变量与因变量之间的关系类型可以分为线性回归分析和非线性回归分析。

**10. 时间序列分析(time series analysis)**

时间序列分析，是对按照时间顺序取得的一系列观测数据的一种统计分析方法，旨在解析动态数据所蕴藏的发展变化规律，包括趋势、季节变动、循环波动和不规则波动。时间序列分析的类型分为确定性变化分析和随机性变化分析。其中，确定性变化分析包括趋势变化分析、周期变化分析和循环变化分析，随机性变化分析则有 AR($p$)模型、MA($q$)模型、ARMA($p$,$q$)模型等。而时间序列分析的内容与步骤包括一般的统计分析(自相关分析、谱分析等)、统计模型的建立与推断、时间序列的最优预测、控制与滤波等。

**11. 其他数据分析方法**

随着计算技术、信息技术、大数据技术、人工智能等的快速发展，一批高效先进的数据分析与优化决策方法，比如遗传算法、关联规则、决策树、粗糙集、模糊集、神经网络、深度学习、支持向量机、蒙特卡洛模拟等不断涌现，且它们的实现算法仍在持续优化迭代升级，以不断提升性能、扩大应用范围、简化参数设置等。若要学习这些先进的数据分析与挖掘方法的读者，可参考相应的专著。

## 1.5　科学数据分析与绘图工具软件

视频 1—4

常用的 5 种数据分析与绘图工具软件见图 1-7 所示。

图 1-7　常用的 5 种数据分析与绘图工具软件

**1. Excel 电子表格软件**

Excel 是一款全世界最流行的电子表格软件，具有无需编程、使用简便的特点，可通过内置函数进行各种数据处理和统计分析，并能方便地绘出各种专业图表，图 1-8 为其应用示例。其主要功能如下。

(1)数据记录与存储

实验与研究工作中会有很多原始数据与标注信息，可以通过 Excel 设计成一定格式的数据表予以记录及保存。现代分析测试仪器中导出的流式数据通常也需要导入到 Excel 表中，与其关联的实验条件、手工记录数据等存储在一起。

(2)数据分析与计算

对于存储的实验数据，必须加以整理与分析才能洞察背后的趋势、规律或模式。Excel 内置了很多数据整理工具，比如排序、筛选、分类汇总、利用条件格式等。而数据分析是利用 Excel 的内置函数，比如数学和三角函数、日期与时间函数、工程函数、逻辑函数、查询函数、统计函数、数据库函数等执行各种复杂的计算，也可通过不同函数的组合和嵌套来完成本学科领域特定任务的分析与计算。

(3)数据可视化图表

Excel 内置种类较为齐全的图表，可以帮助研究者完成实验数据的可视化展示，以直观方式洞察数据的各种统计属性的变化趋势，探寻数据背后的规律。Excel 的图表类型包括散点图、条形图、柱状图、折线图、饼图、面积图、圆环图、雷达图、气泡图等。此外，可以通过图表间的相互叠加来形成复合图表类型。

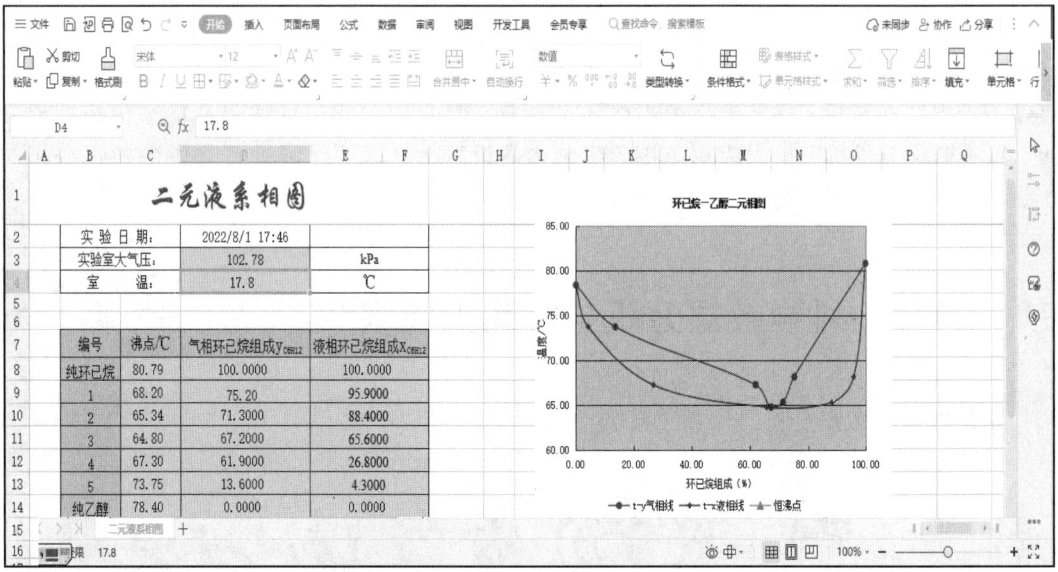

图 1-8　Excel 的数据分析和绘图

(4)自动化与共享处理

Excel 内置了 VBA 编程语言，允许用户可以定制 Excel 的功能，开发计算和分析的自动化方案。Excel 的“Power”家族：Power Query，Power Pivot，Power View，Power BI 等，可实现数据信息共享和高级分析计算，尤其是在大数据领域。其中，Power Query 是一种数据连接技术，支持导入不同数据源并进行裁剪和合并生成一个新的数据表单。Power Pivot 是一种数据建模技术，能方便地操作大型的数据，建立不同数据表之间的关系，并创建数据模型与实现数据的分析计算。Power View 是一种数据可视化技术，用于创建交互式图表、图形、地图和其他视觉效果，以便直观呈现数据。Power BI 则是一个独立的数据可视化软件，可进行丰富的数据建模与分析决策。

**2. Matlab 科学计算语言**

Matlab 是 Matrix & Laboratory 两个词的组合，意为矩阵实验室，是一款商业数学软件。Matlab 能够将数值分析、矩阵计算、数据可视化以及非线性动态系统的建模和仿真等诸多功能集成在一个易于使用的视窗环境中，为科学研究、工程设计等众多领域提供一种全面的解决方案，图 1-9 为其应用示例。其主要功能及特点如下。

(1)数值计算及符号计算。Matlab 含有超 600 个工程中要用到的数学运算函数，且这些函数中所使用的求解算法都是科研和工程计算中的最新研究成果，也经过了各种优化和容错处理。调用 Matlab 函数，就能解决矩阵运算、多维数组操作、符号运算、线性方程组和微分方程组求解、傅立叶变换、统计分析、工程优化、稀疏矩阵运算以及建模动态仿真等问题。

(2)图形可视化及交互操作。Matlab 具有方便的数据可视化功能，将向量和矩阵用图形表现出来，并且能够对图形进行标注、修饰和打印。除具有二维和三维的可视化、图像处理、动画和表达式作图等功能外，还有图形的光照处理、色度处理、四维数据表现、图形对话等特殊的功能函数。另外，Matlab 可以交互式地探查和编辑绘制的数据，以改善显示或揭示有关数据的其他信息，例如通过平移、缩放或旋转坐标区来调整所绘制数据的视图。同时，还可以使用自带的选项来交互式保存绘图，包括 PDF，EPS 和 PNG，并可导出出版级质量的图形，用于论文、海报和演示。

(3)自然语言及用户界面。Matlab 语言具有程序流控制、函数、数据结构、输入/输出和面向对象编程等特点。用户可以在命令窗口中将输入语句与执行命令同步，也可以事先编好一个较大的复杂应用程序(M 文件)后再一起批处理运行。Matlab 的语法特征与C++语言极为相似，而且更加简单，更加符合科技人员对数学表达式的书写格式。

(4)学科领域计算工具箱。Matlab 对许多专门领域开发了功能强大的工具箱(toolbox)，用户可以直接使用工具箱学习、应用和评估不同的方法而无需自编代码。这些工具箱包括数据采集、概率统计、样条拟合、优化算法、偏微分方程求解、神经网络、小波分析、信号处理、图像处理、系统辨识、模型预测、模糊逻辑、地图工具、非线性控制设计、实时快速原型及半物理仿真等。

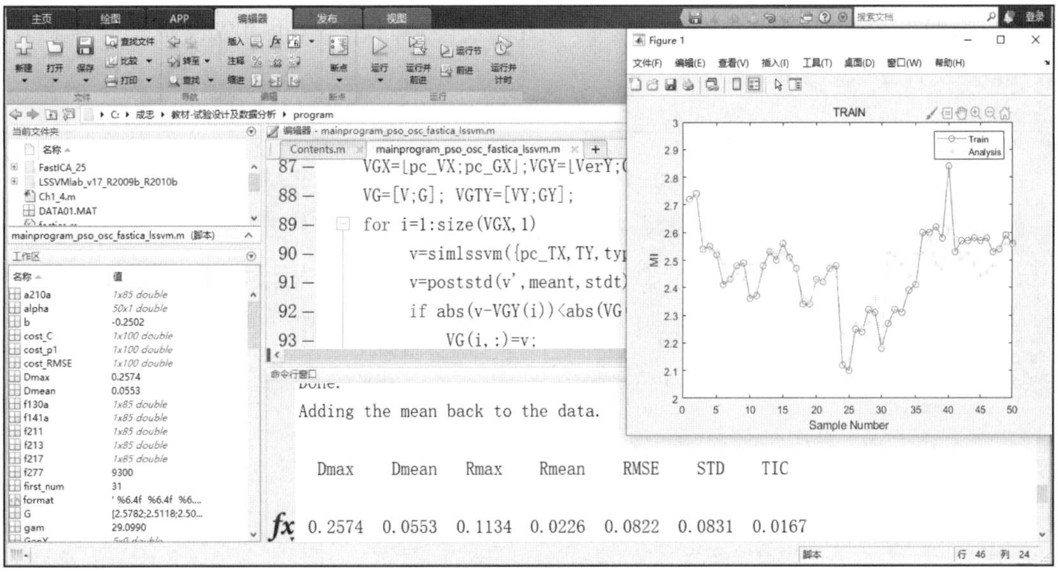


图 1-9　Matlab 的数据分析和绘图

**3. R 语言**

R 语言是属于 GNU 系统的一个自由、免费、源代码开放的软件，是一个由数据操作、统计计算和图形展示功能整合而成的套件，而且嵌入了一个非常方便实用的帮助系统，图 1-10 为其应用示例。R 语言作为一门数据分析语言，提供了广泛的统计分析、机器学习(线性和非线性建模、经典的统计检验、时间序列分析、分类、聚类等)和绘图技术，可以依靠其可视化图形来观察数据之间的关系，挖掘数据的逻辑结构，而其在大数据领域的应用也越来越被学界和业界所重视。R 语言用于统计分析的速度可媲美商业软件 Matlab。相比于其他数据分析软件，R 语言还有以下特点。

(1)R 语言是自由软件，提供 Unix、Linux、MacOS 和 Windows 版本，可以在它的网站及其 CRAN 镜像中下载任何有关的安装程序、源代码、程序包及其源代码、文档资料。R 语言的标准安装程序包含 8 个基础模块，其内嵌的统计函数可以直接实现许多常用的统计功能。

(2)R 语言的语法通俗易懂，可以通过编制自己的函数来扩展现有的功能。大多数最新的统计方法和技术能够在 R 语言中直接查找获得。

(3)R 语言的函数和数据集是保存在程序包里面的。只有当一个程序包被载入时，它的内容才可以被访问，一些常用、基本的程序包已经被收入了标准安装文件中。随着新的统计分析方法的出现，标准安装文件中所包含的程序包也将随着版本的更新而不断迭代变化。

(4)R 语言具有很强的互动性。除了图形输出拥有独立的窗口，它的输入输出窗口都在同一个窗口进行的，输入语言的语法若出现错误会立马在窗口中得到提示。先前输入过的命令有记忆功能，可以随时再现、编辑修改以满足用户的需要。若采用 RStudio 配置 R 语言的运行环境，可以显著提高 R 语言命令行操作的用户界面体验。

(5)如果加入 R 语言的帮助邮件列表，每天都可能收到数量不等的关于 R 语言的邮件资讯，可以同全球一流的统计计算方面的专家讨论各种问题，这也可以说是全世界最大、最前沿的统计学家思维的聚集地。

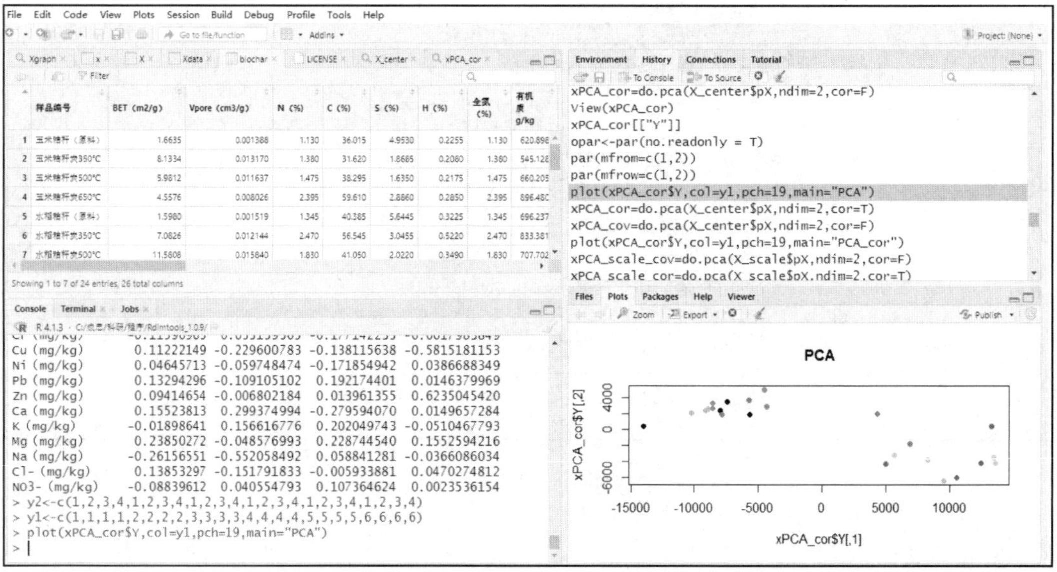

图 1-10　R 语言的数据分析和绘图

**4. Python 语言**

Python 是一种面向对象、解释型、弱类型的脚本语言，具有免费、开源、易学、严谨等特点，拥有强大的科学计算库。与 Matlab 相比，Python 除科学计算外，在大数据处理、云计算、网络通信和 Web 编辑等众多领域都有广泛的应用，已经成为学习数据科学、虚拟现实和人工智能的首选编程语言。

Python 语言提供了一个计算生态系统，增加了科学家和工程师在过去十多年中开发的集合开源软件包，能够支持广泛的应用程序从休闲脚本和轻量级工具转变为完善的系统工具。随着 NumPy，SciPy，SymPy，Matplotlib 等众多程序库的开发，Python 语言越来越适合于科学计算、绘制高质量的 2D 和 3D 图像，图 1-11 为其应用示例。

（1）NumPy。NumPy 库是 20 世纪 90 年代中期一个国际志愿者团队开发的一种用于 Python 语言的多维数组对象，具有先进且高效的通用数组操作功能。此外，NumPy 包含 3 个子库：基本线性代数运算、基本傅里叶变换和随机数生成，还提供了一些工具以支持与 C、C++和 FORTRAN 之间的相互操作。

（2）SciPy。SciPy 是一个基于 Numpy 的 Python 科学计算库，包含最优化、线性代数、积分、插值、拟合、特殊函数、快速傅里叶变换、信号处理、图像处理、常微分方程求解等算法库和数学工具包，服务于数学、科学、工程学等领域中常用的计算。

（3）SymPy。SymPy 是一个以符号运算为主的 Python 库，包含基本符号算术、微积分、代数、离散数学、量子物理学等功能包，为数值分析和符号计算提供了重要工具。SymPy 可以支持的内容包括但不限于基础计算、公式简化、微积分、解方程、矩阵、几何、级数、范畴论、微分几何、常微分方程、偏微分方程、傅立叶变换、集合论、逻辑计算等。

（4）MatPlotLib。MatPlotLib 是 Python 语言的数据可视化软件包，可以用来绘制折线图、散点图、直方图、柱状图、饼状图、等高线图、条形图、3D 图形、图形动画等。Matplotlib 能够让使用者轻松地将数据以静态、动态、交互式的图表形式直观地呈现，让人能够更加直观地了解到数据的分布、趋势及其变化等，并且提供多样化的输出格式。

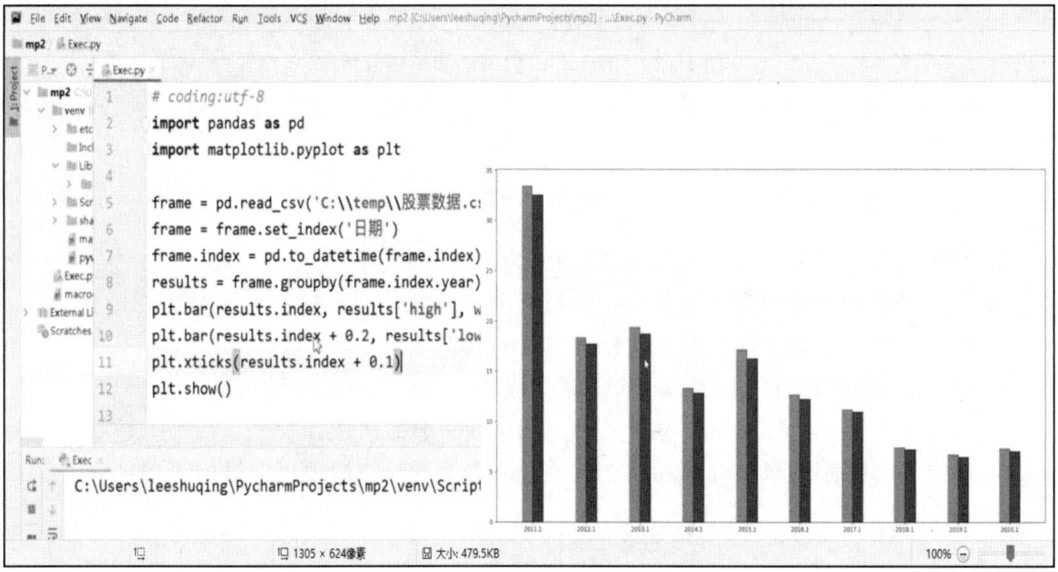


图 1-11　Python 的数据分析和绘图

**5. OriginLab 制图和数据分析软件**

OriginLab 是一款实用的科学绘图和数据分析软件，其最突出的特点就是使用简单，采用直观的、图形化的、面向对象的窗口菜单和工具栏操作，不需要编写任何一行程序代码就可以求解模型参数，同时得到所建立模型的相关检验结果数据，图 1-12 为其应用示例。

与 Excel 电子表格软件不同，OriginLab 是以列计算式取代数据单元计算式进行计算。

OriginLab 的数据分析功能包括统计分析、信号处理、曲线拟合以及峰值解析。同时，OriginLab 具有强大的数据导入功能，支持多种格式的数据，包括 ASCⅡ，Excel，NI TDM，DIADem，NetCDF，SPC 等等。OriginLab 拥有专业刊物品质绘图能力，支持各种各样的 2D/3D 图形，而其图形的输出格式也可多样选择，例如 JPEG，GIF，EPS，TIFF 等。

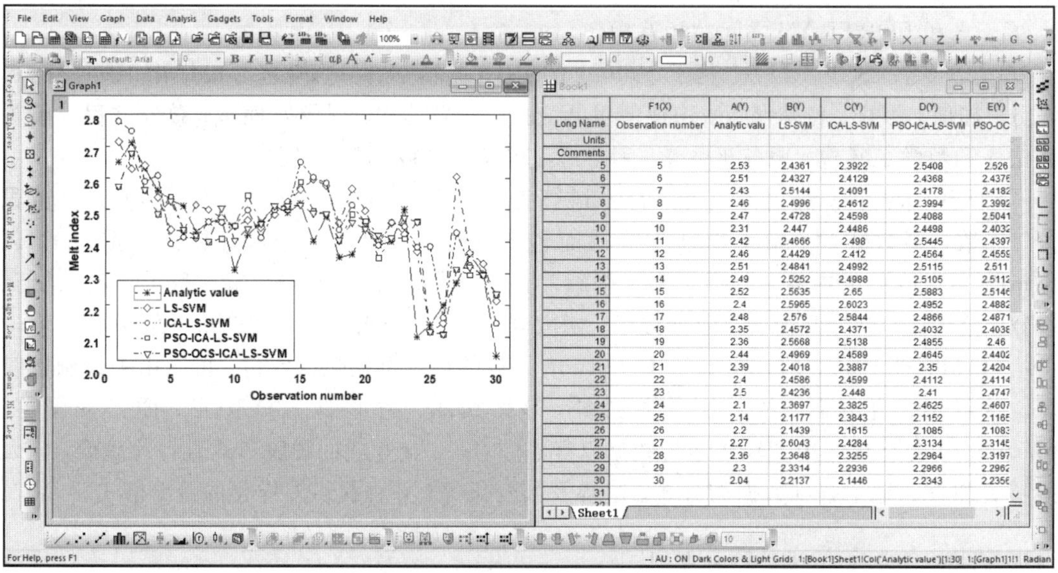


图 1-12　OriginLab 的制图和数据分析

# 习　题

1. 举例简要说明科学研究的四类范式及相互之间的关系。
2. 试验数据的价值和意义是什么？如何保证试验数据的质量？
3. 什么是试验设计？常用的试验设计方法有哪些？
4. 联系已修读的课程，举例描述试验数据常具有的一些典型特征。
5. 常用的数据分析方法有哪些？实际应用中，一般如何选择？
6. 结合自己熟悉的科学计算和绘图软件，论述学习与使用现代工具的重要性。

# 第 2 章　误差分析与抽样分布

## 2.1　几个基本概念和术语

为了定量地研究感兴趣的对象，需要采集能反映对象性质的各种观察或测量所得数据，并对数据进行处理、分析和挖掘，取得某种规律性的结论。试验数据采集的流程步骤一般如图 2-1 所示。

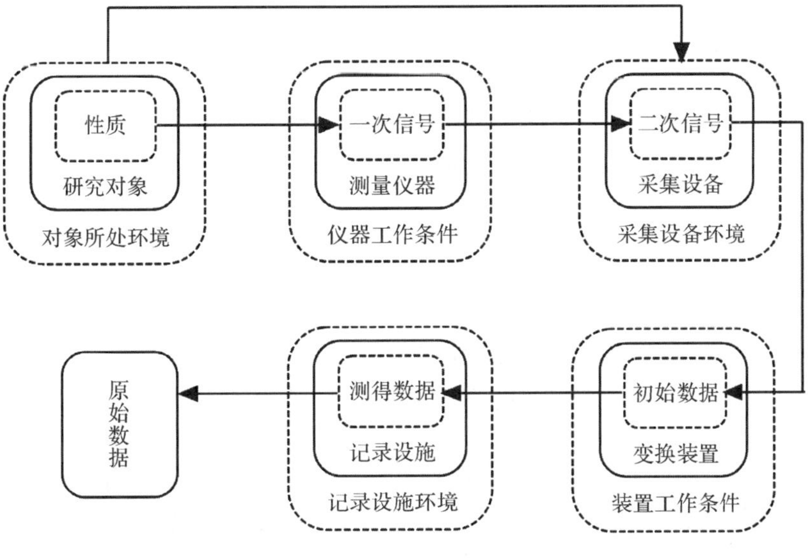


图 2-1　试验数据采集的流程步骤

研究对象的各种性质可分为两种类型：定常型和变化型。定常型性质，是指在一定的时间和空间范围内原则上应该有某个固定的量值。变化型性质，则随着时间和空间位置的变动而有不同的量值，其中随时间而变化的称为动态变量，随空间位置而变化的称为分布变量。本书将主要围绕定常型性质的试验数据进行处理、分析和挖掘。

对研究对象的同一个定常型性质的多次观测，将得到一组有变化的数值结果，它们是该性质的真值和随机因素所造成影响的叠加值。性质的量值可以是分级指标值，也可以是连续数量值。误差分析和抽样分布的主要任务，就是如何科学地采样、表达、使用含有随机因素影响的数据，以确定样本采集容量、推断总体参数、评估样本统计量的精度和可靠性等，以便后续选择合适的方法和技术更好地分析与解决应用中的实际问题。

**1. 总体(population)与样本(sample)**

试验研究对象的全体称为总体，构成总体的每一个单元或元素称为个体。总体中的不同个体表现出同质性和差异性，这是总体的特征。依据一定的抽样方法从总体中抽取部分个体而组成的集合称为样本。通俗一点来讲，总体是无数次观测值的集合，样本是有限次观测值的集合。样本中含有的个体数目称为样本容量。

统计分析是借助样本了解和认识总体。为了能够可靠地通过样本特征推断总体性质，一般要求样本具有一定容量和代表性。为此，可采用随机抽样方法来满足，即样本中每一个个体都是以同等的机会从总体中被抽取(如图 2-2 所示)。然而，样本毕竟只是总体的一部分，通过样本来推断总体也不可能是百分之百的正确。它虽然有很大的可靠性，但也有一定的错误率。

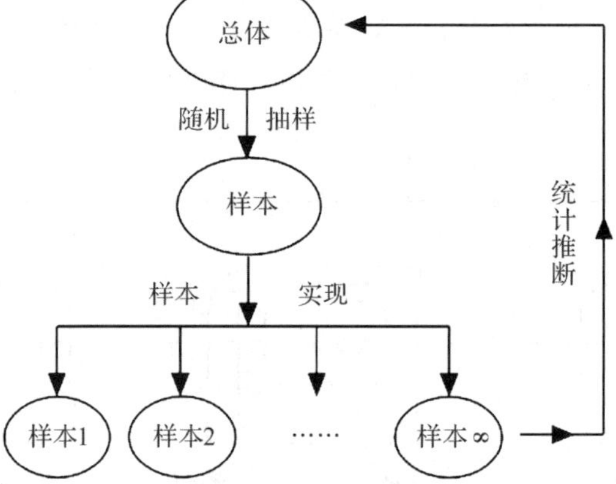


图 2-2 总体与样本的关系

**2. 小样本(small sample)与大数据(big data)**

若样本容量用 $n$ 表示，则通常把 $n \leqslant 30$ 或 50 的样本称为小样本，并使用 $t$ 分布、$\chi^2$ 分布、$F$ 分布等来研究统计量的抽样分布、性质和显著性检验。在试验研究中，样本容量如何确定？一般来说，样本容量越大，抽样偏差越小，观测结果的可信度越高，但试验消耗的人力、物力、财力、时间等成本就越大。另外，在多元统计回归建模中，样本容量必须满足模型中待估计系数的个数。在机器学习领域，小样本的建模与训练过程常采用交叉验证策略以平衡模型的拟合精度和预测性能。

近年来，随着现代分析测试技术及在线传感器、微流控芯片等仪器仪表硬件的发展与应用，如光谱仪、色谱仪、质谱仪、波谱仪、热分析仪、元素分析仪、流动注射分析仪、扫描透射电镜等，可快速、自动化、高通量、准确地产生有关物质或复杂体系的成分、性质、结构、含量、表面形态等试验大数据。如何通过数据的整理、分析、建模、优化、预测、控制等方法和技术，从具有大量(volume)、高速(velocity)、多样(variety)、低价值密度(value)、真实性(veracity)等特征的大数据中发现有用信息，辨析数据之间的相关关系及作用规律，设计、筛选或制备具有人们所期望的性质的化合物，将是未来一段时期化学、化工、材料、制药、食品、环境、能源等诸多学科极具挑战性和开创性的工作。

**3. 随机变量(random variables)与变量维数(variable dimensions)**

在一定条件下，一次试验中可能发生也可能不发生，而在大量重复试验中具有某种规律性的事件称为随机事件。随机试验的结果是数量性的变量称为随机变量。如果随机试验的结果是非数量性的，则可以通过对应变换使其量化。随机变量分为两类：离散型随机变量和连续型随机变量。离散型随机变量的取值是不连续的，如产品的等级、材料的相组成。连续型随机变量的取值则是某个区间或整个数轴内的点，如反应温度、分子运动速度。在许多问题的试验研究中，研究对象的性质表征往往同时需要两个或两个以上的随机变量来描述。将样本集中描述不同性质的随机变量个数称为变量维数，并依维数多少将随机变量分为一维随机变量和多维随机变量。

**4. 概率密度(probability density)与分布函数(distribution function)**

概率密度和分布函数是随机变量的重要特征，它们可以完整地描述随机变量的统计规律，并且决定随机变量的其他概率特征。对于随机变量 $X$ 的分布函数 $F(x)$，如果存在非负可积函数 $f(t)$，使得对任意实数 $x$，有

$$F(x)=\int_{-\infty}^{x} f(t)\mathrm{d}t \tag{2-1}$$

则称 $f(t)$ 为连续型随机变量 $X$ 的概率密度函数，简称为概率密度。若已知连续型随机变量的概率密度函数，则可以通过定积分的计算求得分布函数。反之，当已知连续型随机变量的分布函数，则对其求导就可得概率密度函数。

单纯地讲概率密度没有实际的意义，它必须要有明确的有界区间。若将概率密度看作纵坐标，区间看作横坐标，则概率密度对区间的积分就是面积，而这个面积就是随机变量在这个区间发生的概率。概率密度的图像通常是一条连续的曲线，曲线下方的面积等于1，代表了所有可能的取值区间的概率之和。因此，单独分析一个点的概率密度是没有意义的，必须要有区间作为参考和对比。

现实中，总体的分布通常是未知的，为此需要通过抽样获取样本分布。随着样本容量的逐渐增大，样本分布将逐渐趋于总体分布。而采用同样的抽样方法和同等的样本量，从同一个总体中可以抽取若干个不同的样本，每个样本计算出的样本统计量的值是不同的。样本统计量也是随机变量，抽样分布则是样本统计量的取值范围及其概率。以样本均值为例，它是总体均值的一个估计量，如果采用相同的样本容量和相同的抽样方式反复地抽取样本，每次计算一个均值，而所有可能的样本均值形成的分布，就是样本均值的抽样分布。有了抽样分布，可通过抽样技术推断抽样误差。

随机变量的分布多达几十种，但抽样分布只有正态分布、$t$ 分布、$\chi^2$ 分布、$F$ 分布等 4 种。$t$ 分布，也称学生氏分布，开创了小样本统计学的先河。$\chi^2$ 分布，则是分布曲线和数据拟合的优度检验中的一个利器。

**5. 参数(parameter)与统计量(statistic)**

由总体的全部观测值计算的特征数称为参数，如总体均值 $\mu$、总体标准差 $\sigma$。由样本观测值计算的特征数称为统计量，如样本均值 $\overline{x}$、样本标准差 $s$。通常，总体参数无从知晓，常常需要借助相应的样本统计量来估

视频 2—1

计，即用$\bar{x}$估计$\mu$，用$s$估计$\sigma$。由于抽样是随机的，因此统计量是样本的函数。

样本均值：$\bar{x}=\frac{1}{n}\sum_{i=1}^{n}x_i$

样本标准差：$s=\sqrt{\frac{1}{n-1}\sum_{i=1}^{n}(x_i-\bar{x})^2}$

样本方差：$s^2=\frac{1}{n-1}\sum_{i=1}^{n}(x_i-\bar{x})^2$

样本$k$阶矩：$A_k=\frac{1}{n}\sum_{i=1}^{n}x_i^k,\ k=1,2,3,\cdots$

样本$k$阶中心矩：$B_k=\frac{1}{n}\sum_{i=1}^{n}(x_i-\bar{x})^k,\ k=1,2,3,\cdots$

从逻辑上看，试验数据的统计分析就是通过抽样从总体中抽取一部分个体组成样本，对样本中的每一个个体进行观测以采集数据，并计算样本统计量，进而用样本统计量推断总体参数。总体、样本、统计量和参数间的关系见图 2-3 所示。

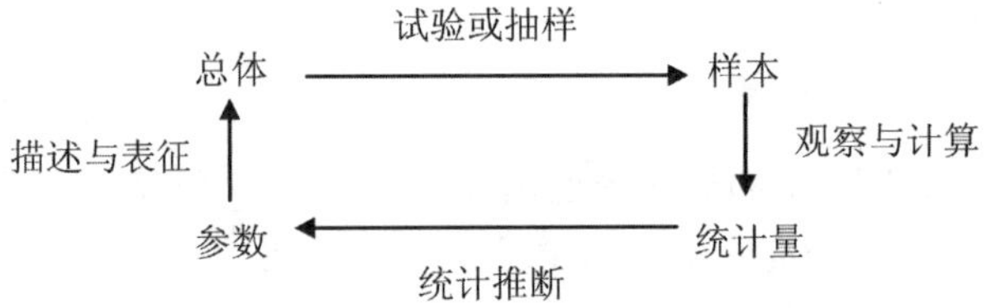


图 2-3　统计量与参数间的关系

**6. 自由度**

自由度(degree of freedom，简记为$df$)，是指在样本数据集中计算某一统计量时取值用到的独立变量个数。自由度的概念在统计学中非常重要，它直接影响统计量的分布和显著性水平的计算。在不同的数据分析与统计计算中，自由度的计算方式有所不同。如：

(1)若存在两个变量$x$和$y$，且$x+y=2$，那么它的自由度为$df=1$。因为，当$x$被选作可自由变化时，则$y$的取值会被约束方程$x+y=2$所限制。

(2)计算样本均值($\bar{x}$)时，由于样本中$n$个数据是相互独立的，任一个尚未抽出的数据都不受已抽出数据的影响，所以自由度为$n$。

(3)计算样本方差($s^2$)时，需要用样本均值$\bar{x}$，它是一个由样本决定的衍生量。于是，容量为$n$的样本，均值$\bar{x}$就相当于一个限制条件，因此样本方差$s^2$的自由度为$n-1$。

(4)在回归方程的$F$显著性检验中，若有$p$个参数需要估计，则该回归方程的自由度为$n-p-1$。其中$n$为样本容量，$p$为参数个数，1 是指截距常数项。

## 2.2　试验数据的误差分析

试验取得测量数据后，首先要判断数据的可靠性，去除可疑数据，控制误差，然后对剩余数据进行科学合理的分析和归纳，获得可靠的规律或结论。实际中，一般在试验开始前，需要结合设定的研究目标，分析误差可能的产生途径，制订科学且优化的研究方案以使误差受控。因此，我们必须认识误差的内涵、功能和意义。

(1)理会误差的性质，分析误差来源和大小，从而有针对性地去消除或削减误差；

(2)掌握误差控制的途径与方法，合理设计试验方案，正确组织试验过程，合理设计或选用仪器和测量方法，以便以经济的方式获得最理想的结果；

(3)正确进行数据预处理，判断各个数据的可靠性，并选用适当方法去除异常值并填充缺失值；

(4)深入挖掘数据的内在规律和特征，基于可靠试验数据，借助方差分析、失拟检验等统计方法，探讨因素对指标的影响程度，评估模型的拟合和预测能力，挖掘可靠的研究结论或科学规律，以完成数据到知识的沉淀。

总之，试验数据的误差分析是确保数据质量的重要环节，可以帮助评估数据的可靠性和准确性。另外，借助试验数据的误差分析，还可以优化实验设计，减小误差和偏差，提高实验结果的可靠性和可重复性。

试验数据误差分析的内容，一般包括数据的集中趋势和离散程度这两方面特征。集中趋势就是观测值以某一数值为中心的分布性质，其统计特征数主要有算术平均数(arithmetic mean)、加权平均数(weighted mean)、几何平均数(geometric mean)、调和平均数(harmonic mean)、均方根平均数(root mean square)、中位数 (median)、众数(mode)等。离散程度就是观测值之间的差异性质，其统计特征数一般有偏差(deviation)、极差(range)、方差(variance)、标准差(standard deviation)、变异系数(coefficient of variation)等。

## 2.2.1　真值和平均值

视频 2—2

**1. 真值(true value)**

真值，是指物理量在某一时刻和某一状态下的客观值或实际值。由于测量的仪器、方法、环境、人员及程序等不可能完美无缺，真值无法通过测量直接获得。而试验误差难以避免，故一般可采用以下方法替代或逼近真值：

(1)理论值或实际值视为真值。例如，平面三角形内角之和等于 180°，热力学绝对零度等于−273.15℃。

(2)准确度高的仪器测量值代替真值。准确度高的仪器可以提供更接近真值的测量值，因为这些测量仪器具有较高的准确性和精度，可以得到更接近真值的实际值，但仍然存在测量误差。

(3)平均值替代真值。当平行测量次数增多时，平均值将逐渐逼近真值。在科学研究和工程实践中，测量次数是有限的(比如 5 次)，所计算的平均值只能是近似地接近真值。

**2. 平均值**

常用的平均值有下面几种：

(1)算术平均值(arithmetic mean)

设 $x_1, x_2, \cdots, x_n$ 代表各次的观测值，$n$ 代表测量次数，则算术平均值为

$$\bar{x} = \frac{x_1 + x_2 + \cdots + x_n}{n} = \frac{1}{n}\sum_{i=1}^{n} x_i \tag{2-2}$$

凡观测值的分布服从正态分布时，最小二乘法原理可证明：在一组等精度的测量中，算术平均值是代替真值的最佳者。

(2)加权平均值(weighted mean)

如果某试验的观测值是用不同方法获得，或由不同试验人员测量，那么这些观测值的精度及可靠度是不一致。为了提升高可靠性观测值的作用和地位，采用加权平均值，其计算公式为：

$$\bar{x}_w = \frac{w_1 x_1 + w_2 x_2 + \cdots + w_n x_n}{w_1 + w_2 + \cdots + w_n} = \frac{\sum_{i=1}^{n} w_i x_i}{\sum_{i=1}^{n} w_i} \tag{2-3}$$

式中 $w_1, w_2, \cdots, w_n$ 分别为各个观测值对应的权重系数。若某观测值的精度较高，则可以给予较大的权重系数，以提高其在平均值中的分量。

(3)对数平均值(logarithmic mean)

设有两个观测值 $x_1$ 和 $x_2$，则它们的对数平均值为：

$$\bar{x}_L = \frac{x_1 - x_2}{\ln x_1 - \ln x_2} = \frac{x_1 - x_2}{\ln\left(\frac{x_1}{x_2}\right)} \tag{2-4}$$

若观测值的分布曲线具有对数特性，如热量传递中的推动力温度差，则需要采用对数平均值。两个数据的对数平均值小于算术平均值。若 $1 < \frac{x_1}{x_2} < 2$ 时，可用算术平均值代替对数平均值，所引起的误差不超过 4%。

(4)几何平均值(geometric mean)

几何平均值的定义为：

$$\bar{x}_G = \sqrt[n]{x_1 x_2 \cdots x_n} \tag{2-5}$$

若将一组观测值取对数后，绘制的分布曲线呈对称时，则观测值的平均值计算常用几何平均值，如精馏塔用塔顶和塔底的相对挥发度求取平均相对挥发度。可见，几何平均值的对数等于这些观测值对数的算术平均值。几何平均值常小于算术平均值。

(5)调和平均值(harmonic mean)

设有 $n$ 个试验观测值 $x_1, x_2, \cdots, x_n$，则它们的调和平均值为：

$$\bar{x}_H = \frac{n}{\frac{1}{x_1} + \frac{1}{x_2} + \cdots + \frac{1}{x_n}} = \frac{n}{\sum_{i=1}^{n} \frac{1}{x_i}} \tag{2-6-1}$$

或

$$\frac{1}{\bar{x}_H} = \frac{\frac{1}{x_1} + \frac{1}{x_2} + \cdots + \frac{1}{x_n}}{n} = \frac{\sum_{i=1}^{n} \frac{1}{x_i}}{n} \tag{2-6-2}$$

调和平均值常用在涉及与物理量倒数有关的场合，如传质系数、传热系数等。调和平均值一般小于对应的几何平均值和算术平均值。

(6)均方根平均数(root mean square)

均方根平均数是指一组观测值平方的平均数的算术平方根，它是 2 次方的广义平均数的表达式。

$$\bar{x}_Q = \sqrt{\frac{1}{n}\sum_{i=1}^{n} x_i^2} = \sqrt{\frac{x_1^2 + x_2^2 + \cdots + x_n^2}{n}} \tag{2-7}$$

可以证明 $\bar{x} \leqslant \bar{x}_Q$。均方根平均数常用于分析波形信号的幅度大小，比如音频、电信号等。在工程领域，均方根平均数也经常被用来表示某个系统的均方根值，比如电压、电流、速度等。

综上所述，不同的平均值都有各自适用场合，到底选择哪种求平均值的方法，主要取决于试验数据本身的特点，如分布类型、可靠性程度等。

(7)中位数(median)

中位数，是指观测值按大小顺序排列后居于中间位置的观测值，记作 $x_M$。如果观测值个数为奇数，则中位数在数列中的位次可用算式$\frac{n+1}{2}$来确定，即 $x_M = x_{(n+1)/2}$。如果观测值个数为偶数，则取中间两个数的算术平均数为中位数，即 $x_M = (x_{n/2} + x_{n/2+1})/2$。

(8)众数(mode)

众数，是指观测值数列中出现次数最多的那个数。在频率分布图中，就是频率最大者所对应的观测值。在非对称的频率分布中，平均数、中位数和众数并不重合，频率分布曲线越不对称，三者的差别就越大。

## 2.2.2　误差的基本概念

视频 2—3

### 1. 绝对误差(absolute error)

如果用 $x_i$，$x_t$ 分别表示观测值和真值，则绝对误差 $\delta_i$ 为：

$$\delta_i = x_i - x_t \tag{2-8}$$

绝对误差反映了观测值偏离真值的大小，可正可负。由于真值一般未知，绝对误差通常不能直接计算，但是可以根据具体情况估计它的大小范围。

设 $\varepsilon(\varepsilon>0)$为观测值绝对误差限或绝对误差上限，则有

$$x - \varepsilon \leqslant x_t \leqslant x + \varepsilon \tag{2-9}$$

在进行单次测量时，如果没有其他信息可用于确定误差范围，常常根据仪器的精度等级或最小刻度来计算测量误差。一般而言，取最小刻度值作为最大绝对误差，因为仪器的精度等级是仪器测量误差的上限。取其最小刻度的一半作为绝对误差的计算值，因为最小刻度是仪器测量误差的下限。需要注意的是，这种方法只适用于单次测量的情况。如果需要进行多次测量，应该采用更加严格的误差分析方法，如标准误差、置信区间等。

例如，某压强表注明的精度为 1.5 级，则表明该表绝对误差为最大量程的 1.5%，若最大量程为 0.4MPa，该压强表绝对误差是：0.4×1.5%为 0.006MPa。又如某天平的最小刻度为 0.1mg，则表明该天平可读出的最小准确称量质量是 0.1mg，故它的最大绝对误差为 0.1mg。可见，对于同一真值的多个观测值，可以通过比较绝对误差限的大小来判断它们精度的大小。在实际应用中，往往用平均值代替真值，由此计算的结果称为偏差。

### 2. 相对误差(relative error)

相对误差的定义为：

$$\epsilon_i = \frac{\delta_i}{\bar{x}} = \frac{x_i - \bar{x}}{\bar{x}} \times 100\% \tag{2-10}$$

相对误差是一个无量纲的值，常被用来比较两组数据的准确度差异，这是因为相对误差能够消除不同数据之间的数量级或量纲差异，使得数据的准确度能够更加客观地得到比较和评价。若 $\epsilon_i$ 绝对值小，则 $x_i$ 的观测值精度高。需要注意的是，任何物理量的绝对误差和最大绝对误差都是名数，其单位与观测值的单位相同。

**3. 算术平均误差(average discrepancy)**

$n$ 次观测值 $x_1, x_2, \cdots, x_n$ 的算术平均误差的定义为：

$$\bar{d} = \frac{\sum_{i=1}^{n} |x_i - \bar{x}|}{n} \tag{2-11}$$

**4. 标准误差(standard deviation)**

$n$ 次观测值 $x_1, x_2, \cdots, x_n$ 的标准误差(亦称均方根误差)的定义为：

$$s = \sqrt{\frac{1}{n-1}\sum_{i=1}^{n}(x_i - \bar{x})^2} \tag{2-12}$$

当观测次数 $n \to \infty$ 时，则为总体的标准差，记为：

$$\sigma = \sqrt{\frac{1}{n}\sum_{i=1}^{n}(x_i - \bar{x})^2} \tag{2-13}$$

标准误差反映了一组测定值的变异情况，不管是正偏差还是负偏差，均不会相互抵消，大偏差比小偏差对标准差的贡献大，标准差越大，表示其观察值的变异性也越大。

值得注意的是，算术平均误差与标准误差的联系和差别。$n$ 次观测值的绝对误差越大，则 $\bar{d}$ 值和 $s$ 值均越大。$\bar{d}$ 值和 $s$ 值可用来衡量多次观测值的重复性、离散程度和随机误差大小。但 $\bar{d}$ 的缺点是无法反映这些观测值之间彼此的符合程度，而 $s$ 对观测值中的较大误差或较小误差很敏感，能较好地刻画观测值的离散程度。

**例 2-1** 某次测量得到下列两组数据(单位为 cm)

A 组：2.3　2.4　2.2　2.1　2.0

B 组：1.9　2.2　2.2　2.5　2.2

求各组的算术平均误差与标准误差值。

**解** 算术平均值为：

$$\bar{x}_A = \frac{2.3+2.4+2.2+2.1+2.0}{5} = 2.2$$

$$\bar{x}_B = \frac{1.9+2.2+2.2+2.5+2.2}{5} = 2.2$$

算术平均误差为：

$$\bar{d}_A = \frac{0.1+0.2+0.0+0.1+0.2}{5} = 0.12$$

$$\bar{d}_B = \frac{0.3+0.0+0.0+0.3+0.0}{5} = 0.12$$

标准误差为：

$$s_A = \sqrt{\frac{0.1^2+0.2^2+0.0^2+0.1^2+0.2^2}{5-1}} = 0.16$$

$$s_B=\sqrt{\frac{0.3^2+0.0^2+0.0^2+0.3^2+0.0^2}{5-1}}=0.21$$

由此可见，两组数据的算术平均值相同，但它们的离散程度明显不同。试验越准确，标准误差越小，标准误差作为评定 $n$ 次观测值随机误差大小的标准被广泛应用。

$n$ 次观测值的算术平均值$\bar{x}$的绝对误差为：

$$s_{\bar{x}}=\frac{s}{\sqrt{n}} \tag{2-14}$$

算术平均值$\bar{x}$的相对误差为：

$$\varepsilon_{\bar{x}}=\frac{\bar{d}}{\bar{x}}\times 100\% \tag{2-15}$$

由此可见，$n$ 次观测值的标准误差 $s$ 越小，观测次数 $n$ 越多，算术平均值的绝对误差 $s_{\bar{x}}$ 越小。因此，增加测量次数 $n$，并以算术平均值作为物理量的观测结果，是削减观测值随机误差的有效途径。

**5. 变异系数(coefficient of variance)**

变异系数是无量纲的量，是指样本标准差占样本平均值的百分比，反映相对离散的程度，又称样本的相对标准偏差(relative standard deviation)。其计算式为：

$$RSD=\frac{s}{\bar{x}} \tag{2-16}$$

在比较各组试验结果的重现性时，如果它们的单位相同，它们的平均数又相差不大，可直接比较各组观测结果的标准差。如果它们的单位不相同，而且其平均数相差又较大时，则试验数据的离散程度可用相对标准偏差来比较。在具体的工程质检中，通常选用标准偏差或变异系数来反映测量的等级。

**6. 偏度系数和峰度系数(skewness and kurtosis)**

偏度系数，是描述观测数据分布偏离对称性程度的一个特征数。图 2-4 是观测数据常见的三种偏度形态。当观测数据分布左右对称时，偏度系数为 0；当偏度系数大于 0 时，观测数据的分布重尾在右侧，为右偏；当偏度系数小于 0 时，观测数据的分布重尾在左侧，为左偏。偏度系数计算公式为：

视频 2—4

$$\varpi=\frac{n}{(n-1)(n-2)s^3}\sum_{i=1}^{n}(x_i-\bar{x})^3 \tag{2-17}$$

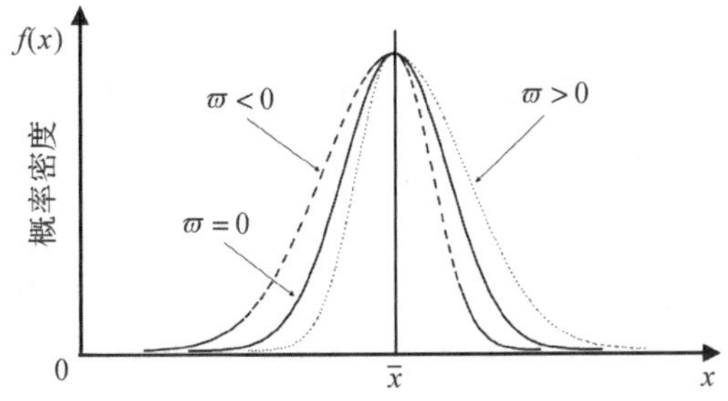


图 2-4　观测数据常见的三种偏度形态

峰度系数，是反映频率分布曲线顶端陡峭或扁平程度的指标。图 2-5 是观测数据常见的三种峰度形态，当观测数据的分布是正态分布时，峰度系数为 0。相对正态分布，若观测数据的分布尾部更分散，则峰度系数为正，否则为负。当峰度系数为正时，两侧极端数据较多；当峰度系数为负时，两侧极端数据较少。峰度系数计算公式为：

$$\kappa=\frac{n(n+1)}{(n-1)(n-2)(n-3)s^4}\sum_{i=1}^{n}(x_i-\bar{x})^4-\frac{3(n-1)^2}{(n-2)(n-3)} \tag{2-18}$$

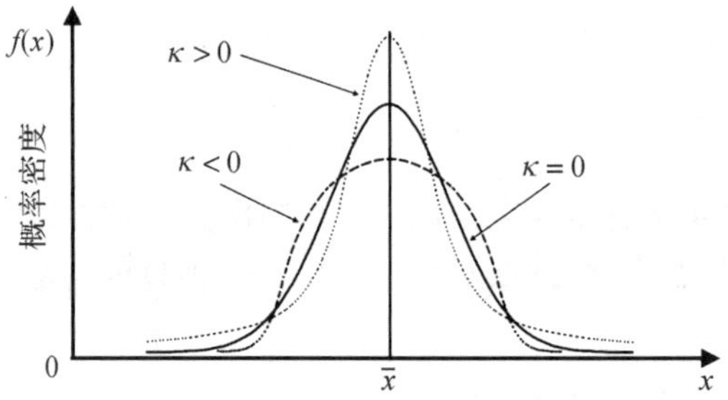


图 2-5　观测数据常见的三种峰度形态

## 2.2.3　误差的来源及分类

依据误差的性质及其产生的原因，误差分为系统误差、随机误差和粗大误差。

视频 2－5

**1. 系统误差（systematic error）**

系统误差，是指由于测量仪器、环境条件、人为因素等原因导致的观测值偏离真实值的固有偏差。系统误差是由某些固定不变的因素引起的，不随观测次数的增加而减小。在相同条件下进行多次观测，系统误差的数值大小和正负保持恒定，或系统误差随着某个条件改变按一定规律变化，比如系统误差随时间呈线性、非线性或周期性变化。

系统误差的来源或产生原因常见的有：①测量仪器方面的因素（仪器设计上的缺陷、零件制造不标准、安装不正确、零点未校准等）；②环境因素（外界温度、湿度及压力变化引起的误差）；③测量方法因素（近似的测量方法，或线性近似的计算公式等引起的误差）；④测量人员的习惯偏向等。

正确度（correctness），是观测数据的平均值与真值的偏差，可以反映系统误差的大小和程度。由于系统误差具有固定的偏向和确定的规律，一般可按具体原因采取相应措施予以校正或用修正公式加以消除。

**2. 随机误差（random error）**

随机误差，是指在相同的观测条件下，由于测量仪器、环境、样品等因素的随机性和不确定性，导致测量结果的误差。随机误差是一种无法避免的误差，其大小和方向都是随机的，可能正也可能负，总体上呈正态分布。

精密度（precision），常用来表征随机误差的大小和刻画观测值之间的离散程度，即在同样的试验条件下，重复进行试验得到的数据之间的稳定性和可重复性。观测数据的精密度越高，随机误差越小。常用的精密度指标包括标准差、方差、变异系数等。随机误差是无法避免的，但可以通过多次测量、数据处理、误差分析等方法来减小其影响。随着观测次数的增加，平均值的随机误差可以减小，但不会消除。在消除系统误差下，多次观测结果的平均值将逼近真值。

随机误差与系统误差的性质、产生原因、影响程度各不相同，但它们的关系也不是一成不变的，在某些条件下是可以相互转化，因此也常统称为综合误差。比如，温度对观测结果的影响，在短时间内由温度的波动引起观测结果的偏差被认为是随机误差，但是若在一个相当大的时长内，温度对观测结果产生的影响则可能是系统误差，因为这种长周期的影响可能引起固有的不确定性。因此，温度的影响可能同时产生随机误差和系统误差。

科学工作者常常利用随机误差和系统误差相互转化的特性，采用随机采样技术来减小和消除系统误差的影响。比如，制定标准曲线，由低浓度往高浓度顺序进行测定，如果是正偏移，则导致标准曲线斜率偏大；如果是负偏移，则导致标准曲线的斜率变小。若将不同浓度的样品测定次序随机化，使系统造成的影响均衡分散到各个浓度的测定值中，即将系统误差随机化，从而减小或消除系统误差的影响。

综合误差的大小和程度，一般采用精确度或准确度(accuracy)来表征。精确度高是指系统误差和随机误差都很小，即正确度和精密度都很高。正确度、精密度和精确度这三者的含义和关系可以通过打靶的情况来形象地展示，如图 2-6 所示。

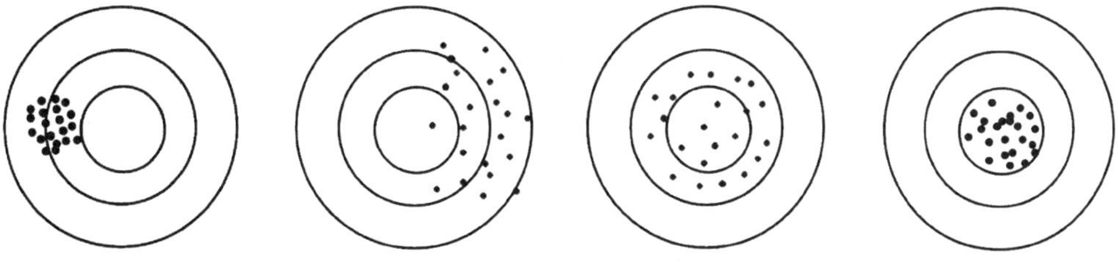

(a) 正确度差精密度高　(b) 正确度差精密度低　(c) 正确度好精密度低　(d) 正确度好精密度高

图 2-6　精确度、精密度和正确度的关系

在实际应用中，为了提高试验数据的精密度，可以采取如下措施：①严格控制试验条件，使试验条件尽可能一致；②提高试验设备和仪器的精度和稳定性，避免设备和仪器的误差对试验数据产生影响；③增加试验次数，重复进行试验，并对重复试验数据进行统计分析，以确定数据的精密度和可靠性；④对试验数据进行质量控制和质量评估，排除异常数据和不合理数据的影响，提高数据的精密度和可靠性。

**3. 粗大误差（gross error）**

粗大误差，是指在一组观测数据中明显偏离其他观测数据或对观测结果产生明显歪曲的测量误差。粗大误差属一种比较严重的测量误差，往往是由于操作失误、仪器故障、环境变化等原因导致的，并对观测结果产生较大的影响甚至产生错误的结论。

实际工作中，需要依据技术判别法或选用统计检验法对观测数据进行粗大误差的鉴别和剔除，以确保测量结果的准确性和可靠性。常用的粗大误差检测方法包括标准差法、Grubbs 检验、Dixon 检验等。

需要注意的是，上述三种误差在一定条件下可以相互转化。比如，尺子刻度的划分有误差，对尺子制造者来说可能是随机误差，但用该尺子进行观测时将形成系统误差。同样，粗大误差和随机误差之间的界限有时也并不明显，比如观测数据量较少、测量精度较低、测量环境不稳定等情况，从而可能会被当作随机误差来处理。

### 2.2.4 误差的传递

许多试验数据是通过多个直接观测值按照一定的函数关系计算得到的，这些计算结果数据称为间接观测值。由于每个直接观测值都有误差，所以间接观测值也必然存在误差。如何根据直接观测值的误差来计算间接观测值的误差，这就是误差传递问题。

视频 2－6

**1. 绝对误差的传递**

设间接观测值与直接观测值之间存在函数关系为：

$$y=f(x_1,x_2,\cdots,x_i,\cdots,x_n)$$

式中 $y$ 为间接观测值；$x_i$ 为第 $i$ 个直接观测值，$i=1,2,\cdots,n$。对上式进行全微分，可得

$$dy=\frac{\partial f}{\partial x_1}dx_1+\frac{\partial f}{\partial x_2}dx_2+\cdots+\frac{\partial f}{\partial x_n}dx_n$$

如果用 $\delta_y,\delta_{x_1},\delta_{x_2},\cdots,\delta_{x_n}$ 分别代替上式中的 $dy,dx_1,dx_2,\cdots,dx_n$，则有

$$\delta_y=\sum_{i=1}^{n}\left(\frac{\partial f}{\partial x_i}\right)\cdot\delta_{x_i} \tag{2-19}$$

上式即为绝对误差的传递公式，它表明间接测量或函数的绝对误差是各个直接观测值的分项误差之和，而分项误差的大小取决于其直接测量绝对误差（$\delta_{x_i}$）和误差传递系数$\left(\frac{\partial f}{\partial x_i}\right)$。

间接观测值的相对误差计算公式为：

$$\epsilon_y=\frac{\delta_y}{\bar{y}}=\sum_{i=1}^{n}\left(\frac{\partial f}{\partial x_i}\right)\frac{\delta_{x_i}}{\bar{y}} \tag{2-20}$$

考虑误差有正负抵消的可能，从保守角度各分项误差都取绝对值，此时函数的绝对误差最大，即

$$\varepsilon_y=\sum_{i=1}^{n}\left|\left(\frac{\partial f}{\partial x_i}\right)\cdot\delta_{x_i}\right| \tag{2-21}$$

**2. 随机误差的传递**

设有 $n$ 个直接观测值 $x_i(i=1,2,\cdots,n)$，对它们进行了 $m$ 次等精度测量的绝对误差记为：

$$\delta_{\cdot 1}=(\delta_{x_{11}},\delta_{x_{21}},\cdots,\delta_{x_{n1}})$$
$$\delta_{\cdot 2}=(\delta_{x_{12}},\delta_{x_{22}},\cdots,\delta_{x_{n2}})$$
$$\vdots$$
$$\delta_{\cdot m}=(\delta_{x_{1m}},\delta_{x_{2m}},\cdots,\delta_{x_{nm}})$$

于是，函数的 $m$ 次绝对误差分别为：

$$\delta_{y_1}=\frac{\partial f}{\partial x_1}\cdot\delta_{x_{11}}+\frac{\partial f}{\partial x_2}\cdot\delta_{x_{21}}+\cdots+\frac{\partial f}{\partial x_n}\cdot\delta_{x_{n1}}$$

$$\delta_{y_2}=\frac{\partial f}{\partial x_1}\cdot\delta_{x_{12}}+\frac{\partial f}{\partial x_2}\cdot\delta_{x_{22}}+\cdots+\frac{\partial f}{\partial x_n}\cdot\delta_{x_{n2}}$$

$$\vdots$$

$$\delta_{y_m}=\frac{\partial f}{\partial x_1}\cdot\delta_{x_{1m}}+\frac{\partial f}{\partial x_2}\cdot\delta_{x_{2m}}+\cdots+\frac{\partial f}{\partial x_n}\cdot\delta_{x_{nm}}$$

将上述各个方程平方，得：

$$\delta_{y_1}^2=\left(\frac{\partial f}{\partial x_1}\right)^2\cdot\delta_{x_{11}}^2+\left(\frac{\partial f}{\partial x_2}\right)^2\cdot\delta_{x_{21}}^2+\cdots+\left(\frac{\partial f}{\partial x_n}\right)^2\cdot\delta_{x_{n1}}^2+2\sum_{1\leqslant i<j}^{n}\left(\frac{\partial f}{\partial x_i}\frac{\partial f}{\partial x_j}\cdot\delta_{x_{i1}}\cdot\delta_{x_{j1}}\right)$$

$$\delta_{y_2}^2=\left(\frac{\partial f}{\partial x_1}\right)^2\cdot\delta_{x_{12}}^2+\left(\frac{\partial f}{\partial x_2}\right)^2\cdot\delta_{x_{22}}^2+\cdots+\left(\frac{\partial f}{\partial x_n}\right)^2\cdot\delta_{x_{n2}}^2+2\sum_{1\leqslant i<j}^{n}\left(\frac{\partial f}{\partial x_i}\frac{\partial f}{\partial x_j}\cdot\delta_{x_{i2}}\cdot\delta_{x_{j2}}\right)$$

$$\vdots$$

$$\delta_{y_m}^2=\left(\frac{\partial f}{\partial x_1}\right)^2\cdot\delta_{x_{1m}}^2+\left(\frac{\partial f}{\partial x_2}\right)^2\cdot\delta_{x_{2m}}^2+\cdots+\left(\frac{\partial f}{\partial x_n}\right)^2\cdot\delta_{x_{nm}}^2+2\sum_{1\leqslant i<j}^{n}\left(\frac{\partial f}{\partial x_i}\frac{\partial f}{\partial x_j}\cdot\delta_{x_{im}}\cdot\delta_{x_{jm}}\right)$$

将上述各式相加，得：

$$\begin{aligned}\delta_{y_1}^2+\delta_{y_2}^2+\cdots+\delta_{y_m}^2=&\left(\frac{\partial f}{\partial x_1}\right)^2(\delta_{x_{11}}^2+\delta_{x_{12}}^2+\cdots+\delta_{x_{1m}}^2)\\&+\left(\frac{\partial f}{\partial x_2}\right)^2(\delta_{x_{21}}^2+\delta_{x_{22}}^2+\cdots+\delta_{x_{2m}}^2)+\cdots\\&+\left(\frac{\partial f}{\partial x_n}\right)^2(\delta_{x_{n1}}^2+\delta_{x_{n2}}^2+\cdots+\delta_{x_{nm}}^2)\\&+2\sum_{1\leqslant i<j}^{n}\sum_{k=1}^{m}\left(\frac{\partial f}{\partial x_i}\frac{\partial f}{\partial x_j}\cdot\delta_{ik}\cdot\delta_{jk}\right)\end{aligned}$$

记 $\delta_y^2=\frac{\delta_{y_1}^2+\delta_{y_2}^2+\cdots+\delta_{y_m}^2}{m}$，$\delta_{x_i}^2=\frac{\delta_{x_{i1}}^2+\delta_{x_{i2}}^2+\cdots+\delta_{x_{im}}^2}{m}(i=1,2,\cdots,n)$。将上式两边均除以 $m$，于是有：

$$\delta_y^2=\left(\frac{\partial f}{\partial x_1}\right)^2\cdot\delta_{x_1}^2+\left(\frac{\partial f}{\partial x_2}\right)^2\cdot\delta_{x_2}^2+\cdots+\left(\frac{\partial f}{\partial x_n}\right)^2\cdot\delta_{x_n}^2+2\sum_{1\leqslant i<j}^{n}\left(\frac{\partial f}{\partial x_i}\frac{\partial f}{\partial x_j}\frac{\sum_{k=1}^{m}\delta_{x_{im}}\delta_{x_{jm}}}{m}\right)$$

定义 $K_{ij}=\frac{1}{m}\sum_{k=1}^{m}\delta_{x_{im}}\delta_{x_{jm}}$，则相关系数 $\rho_{ij}=\frac{K_{ij}}{\delta_{x_i}\delta_{x_j}}$。当观测值的绝对误差是相互独立且 $m$ 适当大时，$\frac{1}{m}\sum_{k=1}^{m}\delta_{x_{im}}\delta_{x_{jm}}=0$，即相关系数 $\rho_{ij}=0$。由此，上式可化简为：

$$\delta_y^2=\left(\frac{\partial f}{\partial x_1}\right)^2\cdot\delta_{x_1}^2+\left(\frac{\partial f}{\partial x_2}\right)^2\cdot\delta_{x_2}^2+\cdots+\left(\frac{\partial f}{\partial x_n}\right)^2\cdot\delta_{x_n}^2$$

根据标准差定义：$s_y=\sqrt{\frac{1}{m-1}\sum_{k=1}^{m}\delta_{y_k}^2}=\sqrt{\frac{m}{m-1}\cdot\delta_y^2}$，$s_{x_i}=\sqrt{\frac{1}{m-1}\sum_{k=1}^{m}\delta_{x_{ik}}^2}=\sqrt{\frac{m}{m-1}\cdot\delta_{x_i}^2}$，当 $m$ 适当大且各观测值的随机误差相互独立时，函数随机误差的计算公式为：

$$s_y=\sqrt{\left(\frac{\partial f}{\partial x_1}\right)^2\cdot s_{x_1}^2+\left(\frac{\partial f}{\partial x_2}\right)^2\cdot s_{x_2}^2+\cdots+\left(\frac{\partial f}{\partial x_n}\right)^2\cdot s_{x_n}^2}\tag{2-22}$$

综上所述，在进行间接测量时，如果直接测量的量彼此有一定联系或相关，那么计算间接测量量的标准差就需要用到复杂的公式。为了计算简便或传递公式简化，可以把相关的量转化为若干个独立的量，或者近似看作彼此独立的量来处理，这样彼此线性无关的量的相关系数为零。

**3. 计算误差的传递**

在函数的计算结果中，除了直接测量带来的系统误差(绝对误差)和随机误差(标准差)外，还会有计算过程中产生的误差。在计算机进行函数计算时，数据采用的是有限精度的表示方式，也就是所谓的机器精度。而计算误差可能会在函数的计算结果中累积，因此需要采取适当的数值计算方法和技巧，以提高计算精度和减小误差。

1)减法中的计算误差避免

避免两相近数相减，以防有效位数丢失。比如，$x=123.64$，$y=123.53$，都有 5 位有效数字，但 $x-y=0.11$，只有 2 位有效数字。有时可改变计算方法或测试方法(微差法)来加以避免。

**例题 2-2** 尝试在以下各式计算中采取适当变换以避免计算误差。

(1)当 $x$ 值很大时，计算 $\sqrt{x+1}-\sqrt{x}$；

(2)当 $\varepsilon$ 很小时，计算 $\sin(x+\varepsilon)-\sin x$；

(3)当 $b>0$ 时，利用公式求解方程 $ax^2+bx+c=0$ 的根。

**解** (1)做如下变换：$\sqrt{x+1}-\sqrt{x}=\frac{(\sqrt{x+1}-\sqrt{x})(\sqrt{x+1}+\sqrt{x})}{\sqrt{x+1}+\sqrt{x}}$

$$=\frac{1}{\sqrt{x+1}+\sqrt{x}}$$

(2)利用三角恒等式：$\sin(x+\varepsilon)-\sin x=2\cos\left(x+\frac{\varepsilon}{2}\right)\sin\left(\frac{\varepsilon}{2}\right)$。

(3)方程的 2 个根：$x_1=\frac{-b+\sqrt{b^2-4ac}}{2a}$，$x_2=\frac{-b-\sqrt{b^2-4ac}}{2a}$，当 $|b|\approx\sqrt{b^2-4ac}$时，上面 2 个根中将有 1 个的有效位数明显降低。当 $b>0$ 时，则第 1 个根的有效位数明显降低，这时可对 $x_1$ 做变换：$x_3=x_1\frac{-b-\sqrt{b^2-4ac}}{-b-\sqrt{b^2-4ac}}=-\frac{2c}{b+\sqrt{b^2-4ac}}$，以避免相近数据的减法。

2)加法中的计算误差避免

避免大数吃掉小数，以防加法中的计算误差。对于 $n$ 个小数相加，尽量将这些小数相加后再与大数进行运算。

比如，当 $x=69823$ 时，有 5 位有效数字，计算 $x+\sum_{i=1}^{1000}\varepsilon_i$，其中 $\varepsilon_i<1$。当计算机不能实现 5 位整数加 5 位小数的运算时(即 10 位精度的运算)，会造成误差。这时可先把 1000 个小数相加：$0<\sum_{i=1}^{1000}\varepsilon_i<1000$。于是，$69823<x+\sum_{i=1}^{1000}\varepsilon_i<69823+1000$，这样就不会丢失小数。

3)乘法中的计算误差避免

减少运算次数，以避免乘法中的计算误差。

比如，计算 $x^{31}$，由于 $x^{31}=x\cdot x^2\cdot x^4\cdot x^8\cdot x^{16}$，这样只需 8 次乘法运算。又如，计算 $f(x)=a_nx^n+a_{n-1}x^{n-1}+\cdots+a_1x+a_0$，若先直接计算各项 $a_ix^i$，然后再逐项相加，这样共需做 $n+(n-1)+\cdots+2+1=\frac{n(n-1)}{2}$ 次乘法和 $n$ 次加法。若写成 $f(x)=(\cdots((a_nx+a_{n-1})x+a_{n-2})x+\cdots)x+a_0$，则只需做 $n$ 次乘法和 $n$ 次加法，计算工作量减少，且避免了舍入误差。

**4. 误差传递的应用**

在实验中，误差是不可避免的，但总希望将间接观测值或函数的误差控制在某一范围内。为此，可采取基于误差控制的试验设计方法，即依据误差传递的基本公式，先反过来分配测算直接观测值的误差限，然后根据这个误差限选择合适的测量仪器或方法，以保证试验结果的误差能满足实际任务的要求，这对于许多科学研究和工程应用都是非常重要。

由误差传递公式知，间接测量或函数的误差是各个直接观测值的分项误差之和，而各分项误差的大小取决于直接测量误差($\delta_{x_i}$ 或 $s_{x_i}$)和误差传递系数$\left(\frac{\partial f}{\partial x_i}\right)$。由此，可以根据各分项误差的大小来分析判断间接测量或函数误差的主要来源，从而提高试验精度、可靠性和经济性。

**例题 2-3**　测量静止流体内部某处的静压强 $p$，计算公式为：

$$p=p_a+\rho gh$$

式中 $p_a$ 为液面上方的大气压，Pa；$\rho$ 为液体的密度，$\mathrm{kg/m^3}$；$g$ 为重力加速度，取 $9.81\mathrm{m/s^2}$；$h$ 为测压点距液面的距离，m。

某一次测量的结果如下：$h=(0.020\pm0.001)\mathrm{m}$，$\rho=(1.00\pm0.005)\times10^3\mathrm{kg/m^3}$，$p_a=(0.987\pm0.002)\times10^5\mathrm{Pa}$。试求 $p$ 的最大绝对误差和最大相对误差。

**解**　各个变量的绝对误差为：

$$\delta_{p_a}=0.002\times10^5\mathrm{Pa},\delta_\rho=0.005\times10^3\mathrm{kg/m^3},\delta_h=0.001\mathrm{m}。$$

根据静压强 $p$ 的计算公式 $p=p_a+\rho gh$，各变量的误差传递系数为：

$$\frac{\partial p}{\partial p_a}=1$$

$$\frac{\partial p}{\partial \rho}=gh=9.81\times0.020=0.196$$

$$\frac{\partial p}{\partial h}=\rho g=1.00\times10^3\times9.81=9.81\times10^3$$

根据误差传递公式，最大绝对误差为：

$$\begin{aligned}\varepsilon_p &= \left|\frac{\partial p}{\partial p_a}\delta_{p_a}\right| + \left|\frac{\partial p}{\partial \rho}\delta_\rho\right| + \left|\frac{\partial p}{\partial h}\delta_h\right| \\ &= 1\times 0.002\times 10^5 + 0.196\times 0.005\times 10^3 + 9.81\times 10^3\times 0.001 \\ &= 2\times 10^2 + 0.975 + 9.81 = 211(\text{Pa})\end{aligned}$$

又 $p=p_a+\rho gh=0.987\times 10^5+1.00\times 10^3\times 9.81\times 0.020=9.87\times 10^4(\text{Pa})$

所以，真值的区间

$$p_t=(9.87\pm 0.021)\times 10^4\,\text{Pa}$$

最大相对误差为：

$$\epsilon_y=\frac{\delta_p}{p}=\frac{0.021\times 10^4}{9.87\times 10^4}\times 100\%=0.21\%$$

从上面的计算可知，不同直接观测值对函数误差的贡献是不等同的。本例中，大气压的测量误差是间接观测值误差的主要来源。因此，要想提高试验结果的准确度，可从降低大气压测量误差入手。

**例 2-4** 要配制 1000mL 浓度为 0.5mg/mL 的某试样溶液，已知体积测量的绝对误差不大于 0.01mL，欲使配制的溶液浓度的相对误差不大于 0.1%。问在配制溶液时，称量试样质量所允许的最大相对误差？溶液浓度的计算公式为 $c=\frac{m}{V}$，其中 $c$ 为溶液浓度(mg/mL)，$m$ 为试样质量(mg)，$V$ 为溶液体积(mL)。

**解** 由 $c=\frac{m}{V}$，可知各个变量的误差传递系数分别为：

$$\frac{\partial c}{\partial m}=\frac{1}{V},\ \frac{\partial c}{\partial V}=-\frac{m}{V^2}$$

于是，溶液浓度的最大绝对误差为：

$$\varepsilon_c=\left|\frac{\partial c}{\partial m}\delta_m\right|+\left|\frac{\partial c}{\partial V}\delta_V\right|=\frac{\delta_m}{V}+\frac{m\delta_V}{V^2}$$

最大相对误差为：

$$\epsilon_c=\frac{\varepsilon_c}{c}=\frac{V}{m}\cdot\frac{V\delta_m+m\delta_V}{V^2}=\frac{\delta_m}{m}+\frac{\delta_V}{V}$$

于是，有

$$0.1\%=\frac{\delta_m}{m}+\frac{0.01}{1000.00}$$

$$\epsilon_m=\frac{\delta_m}{m}=0.1\%$$

由于配制 1000mL 溶液需称量 500mg 试样，最大允许的称量误差为 $500\times 0.1\%=0.5$mg。因此，需要用万分之一的分析天平称量。

## 2.2.5 误差的分配

误差的分配，是指将函数的误差按照误差来源的大小和特点分配到各个直接测量结果中，以便更加准确地评估和控制间接测量结果的可靠性和精度。在给定间接测量物理量允许的总误差后，合理分配各个单项误差时应该将随机误差和未定系统误差同等看待。假设各误差因素皆为随机误差且互不相关，则可以利用方差分配方法，按照误差的方差大小进行分配。

$$s_y=\sqrt{D_1^2+D_2^2+\cdots+D_n^2} \tag{2-23}$$

式中 $D_i=\frac{\partial f}{\partial x_i}s_i=a_i s_i$ 称为分项误差，或局部误差。

若已经给定 $s_y$，如何确定 $D_i$ 或相应的 $s_i$，使其满足

$$\sqrt{D_1^2+D_2^2+\cdots+D_n^2}\leqslant s_y \tag{2-24}$$

具体而言，可以采取以下步骤进行误差的分配：

1)按等作用原理预分配

各分项误差对函数误差的影响相等，即

$$D_1=D_2=\cdots=D_n=\frac{s_y}{\sqrt{n}}$$

由此，可得：

$$s_i=\frac{s_y}{\sqrt{n}}\cdot\frac{1}{\partial f/\partial x_i}=\frac{s_y}{\sqrt{n}}\frac{1}{a_i} \tag{2-25}$$

或者，用极限误差表示：

$$\delta_i=\frac{\varepsilon_y}{\sqrt{n}}\cdot\frac{1}{\partial f/\partial x_i}=\frac{\varepsilon_y}{\sqrt{n}}\cdot\frac{1}{a_i} \tag{2-26}$$

式中 $\varepsilon_y$ 为函数的总极限误差，$\delta_i$ 为各单项的极限误差。

在实际情况下，按等作用原理分配误差的做法存在不合理性，因为各项误差可能会对结果产生不同的影响，或者会导致一些直接测量误差难以实现，而其他直接测量误差的要求又过于严格。因此，在误差分配过程中，应根据具体情况进行适当调整。对于难以实现的测量误差项，应适当扩大其误差范围；对于容易实现的测量误差项，则应尽可能缩小其误差范围。

2)按实际情况合理优化调整

比如，通过测量 $u(t)$ 和 $i(t)$，求取 $W=\int u(t)i(t)\mathrm{d}t$ 时，相比测量 $i(t)$ 的分流器，可以选用一个精度更高的测量 $u(t)$ 的 A/D 转换器。因为，A/D 转换器是一种电子装置，其测量精度受到电子器件的性能和电路设计的影响，而分流器是一种机械装置，其测量结果受到机械结构的限制和使用环境的影响。通常情况下，电子器件的精度比机械装置要高。

3)调整后校验

确定分项误差后，使用误差合成公式计算函数的总误差。如果总误差超出允许误差范围，应优先缩小可能的误差项。如果总误差较小，可适当扩大难以实现的误差项，只要满足要求。校验时，除考虑 $s_y$ 的公式外，还应考虑函数的计算(舍入)误差。

4)最佳测量方案确定

根据公式(2-22)，为了使函数的标准差 $s_y$ 最小，可以采用以下两种方法：①选择最佳的函数误差公式，可以帮助以更精确地计算函数的标准差；②尽量减小误差传递系数，可以减小误差在测量中的传递和放大，从而使函数的标准差更小。

### 2.2.6 误差的合成

影响误差的因素很多，如重复性、迟滞、零位漂移等，这些误差项是相互独立的，叠加在一起会形成总体误差如图 2-7 所示。误差的合成，就是将各个误差项按一定规律合并为一个总体误差的过程。误差合成可以帮助评估测量结果的精度和准确性，以及确定测量的可靠性和可重复性。

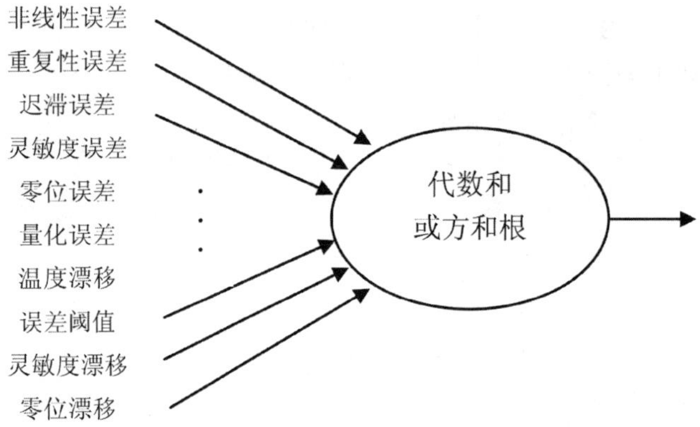


图 2-7 误差的合成

在误差的合成中，需要考虑误差的来源、性质和影响，以及各个误差项之间的相互作用和叠加效应，以便正确地建立误差合成公式和误差传递系数。在误差的合成中，各变量的量纲相同，而在误差的传递中，各变量的量纲不同。一般会采用误差合成公式来计算总体误差，最终结果可通过标准差或均方根误差等指标来评估总体误差的大小。

**1. 系统误差的合成**

(1)恒定系统误差的合成

设有个 $n$ 独立的恒定系统误差因素，它们的大小和符号都已知，总的恒定系统误差可以表示为这 $n$ 个因素误差的代数和，即：

$$\delta=\delta_1+\delta_2+\cdots+\delta_n \tag{2-27}$$

当只知道恒定系统误差的范围而不知道方向时，可以按照最坏情况估计，即将误差的范围取极端值，得到最大可能的误差大小，这称为最坏情况估计。

$$\varepsilon=\varepsilon_1+\varepsilon_2+\cdots+\varepsilon_n \tag{2-28}$$

在实际测量中，最坏情况估计可以帮助我们评估测量结果的可靠性和安全性，以便制定相应的措施来保证测量的准确性和可靠性。

(2)变化系统误差的合成

设有 $n$ 个独立的变化系统误差，如果第 $j$ 个系统误差的误差区间为$[a_j, b_j]$，则其系统不确定度为 $e_j=(b_j-a_j)/2$。

①当误差因素较少时，可采用绝对和法

$$e=e_1+e_2+\cdots+e_n \tag{2-29}$$

②当误差因素较多时，可采用方和根法

$$e=\sqrt{e_1^2+e_2^2+\cdots+e_n^2} \tag{2-30}$$

需要说明的是，如果各个系统误差因素相互独立，采用方和根法来估计总系统误差更为科学。这是因为在绝对和法中，各个因素的系统误差同时接近正的最大值或负的最大值的情况极少见，总系统误差被过于保守地估计，而方和根法考虑了各个因素误差项之间的相互作用和叠加效应。然而，方和根法在估计总系统误差时是假设误差分布满足正态分布，但实际情况可能并非如此，导致计算的总系统误差存在一定的偏差。因此，在使用方和根法时，总系统误差可能会牺牲一部分的置信概率。

**2. 随机误差的合成**

设 $m$ 个彼此独立的随机误差的标准差为 $s_1, s_2, \cdots, s_m$，则可以采用方和根法进行误差的合成，且合成后的总随机误差的标准差为：

$$s=\sqrt{s_1^2+s_2^2+\cdots+s_m^2} \tag{2-31}$$

需要注意的是，随机误差的合成方法仅适用于独立随机误差源，即不同因素之间不存在相关性。另外，系统误差的方和根法和随机误差的方和根法含义不同。对于系统误差的方和根法，99％的合格指的是 99％的仪器都符合规定的精度要求；而对于随机误差的方和根法，99％的合格指的是在一台仪器的多次测量中，有 99％的数据符合规定的精度要求。

**3. 综合误差的合成**

综合误差的合成，是将系统误差和随机误差两种误差合成方法结合起来，用于确定测量结果的整体误差范围。综合误差的合成方法可根据误差来源的不同，采用不同的组合方式。

对于只有一个系统误差源和一个随机误差源的情况，可以采用方和根法进行综合误差的合成，即：

$$\Delta=\sqrt{\delta^2+s^2} \tag{2-32}$$

式中 $\delta$ 表示系统误差，$s$ 表示随机误差。

对于多个系统误差源和多个随机误差源的情况，则综合误差合成的计算公式为：

$$\Delta=\sqrt{\sum_{i=1}^{n}\delta_i^2+\sum_{j=1}^{m}s_j^2} \tag{2-33}$$

式中 $\delta_i$ 表示第 $i$ 个系统误差，$s_j$ 表示第 $j$ 个随机误差。

需要注意的是，在综合误差的合成中，各系统误差的置信概率为 100％，因为系统误差的影响是固定且确定的。而对于随机误差，其置信概率小于 100％，因为随机因素的影响是随机的且不确定的。因此，在进行综合误差的合成时，需要对各个误差的置信概率进行考虑。一般情况下，可假设各个误差的置信概率相等，即认为各个误差对结果的影响是相同的。但在实际应用中，如果某一个误差的置信概率明显大于其他误差，那么在进行综合误差的合成时，就需要更多地考虑该误差的影响。

总体来说，综合误差的合成是一个比较复杂的问题，需要综合考虑多个因素，包括误差的类型、大小、置信概率、相关性等，同时还需要结合实际情况进行具体分析和判断。

**4. 不同分布误差的合成**

方和根法是一种常用的标准差合成方法，适用于误差来源服从正态分布的情况。而当误差来源服从不同的分布时，对应于同一置信概率，不同的误差来源会有不同的置信系数。例如，对于一个测量值，其误差来源可能包括系统误差和随机误差两部分。系统误差通常是由于仪器本身的固有问题或者人为因素导致的，其误差分布一般不服从正态分布；而随机误差则是由于测量过程中各种随机因素的影响所导致的，其误差分布通常可以近似为正态分布。在这种情况下，对于同一置信概率，需要对不同的误差来源分别确定其置信系数，然后再根据方和根法进行标准差的合成。因此，在实际应用中，需要对不同的误差来源进行分析和判断，以确定其误差分布和置信系数。

设 $\Delta_{\delta i}=k_{\delta i}\delta_i$，$\Delta_{sj}=k_{sj}s_j$，式中 $k_{\delta i}$ 为第 $i$ 个系统误差对应某一分布的置信系数；$k_{sj}$ 为第 $j$ 个随机误差对应某一分布的置信系数。综合误差的合成可以采用广义方和根法，即：

$$\Delta=k_{\Delta}\sqrt{\left(\frac{\delta_1}{k_{\delta 1}}\right)^2+\cdots+\left(\frac{\delta_n}{k_{\delta n}}\right)^2+\left(\frac{s_1}{k_{s1}}\right)^2+\cdots+\left(\frac{s_m}{k_{sm}}\right)^2} \tag{2-34}$$

式中 $k_{\Delta}$ 为综合误差的置信系数。

广义方和根法的优点是可以做到使系统误差、随机误差与综合误差在理论上均对应于一个相同的置信概率，但应用的难点在于概率分布(主要是系统误差)和置信系数难以确定。但当给定 $\alpha=0.05$，即置信水平 $1-\alpha=95\%$ 时，不管是正态分布，还是均匀分布，置信系数相差不大，这时可用方和根法代替广义方和根法。

### 2.2.7 微小误差准则

在误差的合成中，若某一项误差忽略后，不会改变舍入后的误差数值，就可认为该项误差为微小误差。微小误差准则，就是用于判断是否可以忽略某些小误差对最终结果的影响。具体来说，在误差合成中，如果某个误差非常小，而且对最终结果的影响可以忽略不计，那么可以将它排除在误差的合成之外，从而简化计算过程。需要注意的是，微小误差准则只是一种近似的方法，它并不能完全排除小误差对最终结果的影响。

**1. 恒值系统误差的微小准则**

设第 $k$ 项系统误差 $\delta_k$ 为微小误差，当 $|\delta_k|$ 不超过总误差 $\delta$ 的最后一位有效数的 1/2 时，根据舍入原则，可把 $|\delta_k|$ 忽略掉。所以，当误差 $|\delta_k|$ 仅用一位有效数字表示时，恒值系统误差的消除准则为：

$$|\delta_k|\leqslant\frac{1}{2}\times\frac{\delta}{10}=0.05\delta \tag{2-35}$$

在工程上，常把 1/20 放宽为 1/10，即 1/10 准则，即当 $|\delta_k|\leqslant(0.1\sim0.05)\delta$，则 $\delta_k$ 可视为微小误差而忽略。

**2. 随机误差的微小准则**

设合成的总的随机误差(标准差)为 $s_y$，而第 $k$ 项随机误差 $s_k$ 为微小误差，其他因素合成的随机误差为 $\tilde{s}$，则有

$$s_y^2=s_k^2+\tilde{s}^2$$

当误差取一位有效数时，则有

$$s_y-\tilde{s}\leqslant(0.1\sim0.05)s_y$$

即

$$\tilde{s}\geqslant(0.9\sim0.95)s_y$$

$$\tilde{s}^2\geqslant(0.81\sim0.9025)s_y^2$$

或 $$s_y^2-\tilde{s}^2=s_k^2\leqslant(0.19\sim0.0975)s_y^2$$

故 $$s_k\leqslant(0.436\sim0.312)s_y\approx\frac{1}{3}s_y \tag{2-36}$$

当小的随机误差不大于用方和根法合成的随机总误差的 1/3 时，则该随机误差为微小误差可以略去，这就是微小随机误差的 1/3 准则。

**3. 综合误差的微小准则**

与随机误差微小准则相似，设用广义方和根法合成的综合误差为 $\Delta$，第 $k$ 项误差为 $\Delta_k$，则若 $\Delta_k\leqslant(1/3\sim1/9)\Delta$，则 $\Delta_k$ 为微小综合误差，可略去。

该准则是对系统误差和随机误差而言的，当 $\Delta_k$ 为随机误差时，可选择 1/3 限制；当 $\Delta_k$ 为系统误差时，可选(1/3～1/9)限制。在工程中，常分不清系统误差与随机误差各占多少，这时可笼统地选择两者平均的 1/5 限制。

需要说明的是，表面上系统误差也是用方和根法合成的，也能用随机误差微小准则的方法计算得到 1/3 准则，但综合误差并不是纯粹的随机变量，不一定满足 $e_y^2=e_k^2+\tilde{e}^2$，且其分布函数也不尽相同，不会同时服从正态分布。

微小误差准则在误差计算和检验仪器、选择标准仪器时都有实际意义。在计算误差或误差分配时，若发现有微小误差，可忽略。在检验仪器时，标准仪器的误差一般应小于被检仪器误差或允许总误差的 1/3～1/10。特别是被检误差中以正态分布的随机误差或变值系统误差为主时，标准仪器的误差 $\Delta_N$ 可忽略的条件是

$$\Delta_N\leqslant\frac{1}{3}\Delta \tag{2-37}$$

若被检误差 $\Delta$ 中以均匀分布为主时，标准仪器的误差 $\Delta_N$ 可忽略的条件是

$$\Delta_N\leqslant\frac{1}{5}\Delta \tag{2-38}$$

## 2.3　统计量的抽样分布

试验数据分析的一个主要任务就是研究总体和样本之间的关系。这种关系可以从总体到样本的方向，研究从总体中抽出的所有可能样本统计量的分布及其与总体的关系；也可以从样本到总体的方向，研究样本数据统计推断总体的性质。抽样分布(sampling distribution)是统计推断的基础，它描述了对同一总体进行多次抽样所得到的样本统计量的分布情况。需要格外注意的是，样本具有双重性，在理论上是随机变量，在具体问题中是数据。

记总体 $X$ 的分布函数为 $F(x)$，$x_1,x_2,\cdots,x_n$ 是容量为 $n$ 且服从同一分布函数 $F(x)$ 的一个样本，样本所有可能取值的集合构成样本空间，而样本空间中的一个点则代表一个具体的样本 $(x_1,x_2,\cdots,x_n)$。也可以说，一个样本可以看作是从总体中抽出的一组数据，在样本空间中对应着一个确定的点。有了总体和样本的概念，能否直接利用样本来对总体进行推断？一般来说是不能的，需要根据研究对象的不同，构造出样本的各种不同函数，然后利用这些函数对总体的性质进行统计推断。为此，需要引入另一重要概念——统计量。统计量是样本的函数，用于描述样本所包含的信息，可以用来对总体的参数进行估计或假设检

验。常见的统计量包括样本均值、样本方差、样本比例等。通过对统计量的计算和分析，可以对总体的性质进行推断。

## 2.3.1 抽样分布

统计量是数据分析与处理的重要基本概念，用于对总体的分布函数或数字特征进行统计推断。然而，大多数情况下求出一个统计量的精确分布是困难的。为了解决这个问题，可以通过抽样分布来近似推断出统计量的分布情况，从而进行各种假设检验、置信区间估计等推断分析。

总体随机抽样(random sampling)可分为重复抽样和不重复抽样两种。重复抽样是指每次从总体中随机抽取一个样本，分析完该样本后将该样本放回总体中，然后继续从总体中随机抽取样本，直至得到所需的样本量。不重复抽样是指每次从总体中随机抽取一个样本，分析完该样本后将该样本从总体中移除，然后继续从剩余的总体中随机抽取样本，直至得到所需的样本量。对于无限总体，每个个体被抽到的概率相等，因此重复与不重复抽样都可以保证样本的代表性；但对于有限总体，采用不重复抽样可能会导致样本的偏倚，从而引入抽样偏差(sampling error)，因此重复抽样更为合适。下面先介绍几种常用的分布。

**1. *u* 分布**

现有一个总体 $X$，真值为 $\mu$，方差为 $\sigma^2$。对该总体进行重复抽样，每次抽取的样本容量为 $n$，将计算的样本均值记为$\bar{x}$。进行多次抽样，获取的样本均值将会有大有小，同总体真值 $\mu$ 之间将存在不同程度的差异。显然，样本均值是一个随机变量，在此将其概率分布称为样本均值的抽样分布。而由样本均值$\bar{x}$构成的总体称为样本均值的抽样总体，其均值和标准差分别记为 $\mu_{\bar{x}}$ 和 $s_{\bar{x}}$，其中 $s_{\bar{x}}$ 是样本均值的标准差，简称标准误(standard error)。样本均值抽样总体的两个参数 $\mu_{\bar{x}}$ 和 $s_{\bar{x}}^2$ 与总体的两个参数 $\mu$ 和 $\sigma^2$ 存在如下关系：

$$\mu_{\bar{x}}=\mu,\ s_{\bar{x}}=\frac{\sigma}{\sqrt{n}}$$

从上式可以看到，样本均值抽样总体的平均值具有与原总体相同的平均值，而样本均值抽样总体的方差是原总体方差的 $1/n$。

若 $n$ 个独立观察值 $x_1, x_2, \cdots, x_n$ 是来自具有参数$(\mu, \sigma^2)$的正态分布总体 $X$，则样本均值 $\bar{x}=\frac{1}{n}\sum_{i=1}^{n}x_i$ 的分布是具有参数为$\left(\mu, \frac{\sigma^2}{n}\right)$的正态分布，即 $\bar{x}\sim N\left(\mu, \frac{\sigma^2}{n}\right)$。

对于总体 $X$ 的分布，无论是连续型还是离散型，只要总体的真值 $\mu$ 和方差 $\sigma^2$ 都存在，当样本容量足够大时($n\geqslant 30$)，样本均值$\bar{x}$的分布总是趋近于 $N\left(\mu, \frac{\sigma^2}{n}\right)$分布。若 $X$ 的分布不很偏倚，在 $n>20$ 时，$\bar{x}$的分布也将近似于正态分布，即

$$u=\frac{\bar{x}-\mu}{\sigma/\sqrt{n}} \tag{2-39}$$

服从均值为 0、方差为 1 的标准正态分布。

标准误 $s_{\bar{x}}=\sigma/\sqrt{n}$是用来反映了样本均值的抽样误差大小，即样本均值与总体真值之间的差异。因此，标准误 $s_{\bar{x}}$ 越小，样本均值$\bar{x}$对总体真值 $\mu$ 的估计就越精确。而 $s_{\bar{x}}$ 与 $\sigma$ 成正比，与 $n$ 的平方根成反比。在总体确定后，由于 $\sigma$ 为常数，只有增大样本容量才能降低样本

均值$\bar{x}$的抽样误差。而在实际工作中，$\sigma$ 往往是未知的，因而无法求得 $s_{\bar{x}}$。此时，可用样本标准差 $s$ 估计 $\sigma$，即以 $s/\sqrt{n}$估计 $s_{\bar{x}}$。比如，样本的各观察值为 $x_1,x_2,\cdots,x_n$，则有

$$s_{\bar{x}}=\frac{s}{\sqrt{n}}=\sqrt{\frac{\sum_{i=1}^{n}(x_i-\bar{x})^2}{n(n-1)}}$$

需要注意的是，样本标准差与样本标准误是既有联系又有区别的两个统计量。两者的区别在于，样本标准差 $s$ 是反映同一个样本内部各个观测值个体 $x_1,x_2,\cdots,x_n$ 变异程度大小，而样本标准误 $s_{\bar{x}}$则是同一个总体的不同采样均值$\bar{x}_1,\bar{x}_2,\cdots,\bar{x}_k$ 的标准差，反映总体的不同样本之间变异程度的大小。对于大样本，常常将样本标准差与样本均值联合用 $\bar{x}\pm s$ 表示，以说明所考察性状或指标的优良性与稳定性。对于小样本，则常常将样本标准误与样本均值联合用 $\bar{x}\pm s_{\bar{x}}$表示，以表示所考察性状或指标的优良性与抽样误差的大小。

一般来讲，从正态总体抽取的样本，无论样本容量 $n$ 是大还是小，样本均值$\bar{x}$的抽样分布必呈正态分布，且均值 $\mu_{\bar{x}}=\mu$，方差 $s_{\bar{x}}^2=s^2/n$，而 $s_{\bar{x}}^2$随 $n$ 增大而降低。倘若总体不是正态分布，在样本容量 $n$ 增大($n\geqslant30$)时，从总体中抽出的样本$\bar{x}$的抽样分布也将趋于正态分布，均值和方差分别为 $\mu$，$s^2/n$，这就是中心极限定理。不同 $n$ 对应的$\frac{1}{\sqrt{n}}$值见表 2-1 所示。

**表 2-1　不同 $n$ 对应的$\frac{1}{\sqrt{n}}$值**

| $n$ | 1 | 2 | 3 | 4 | 6 | 8 | 10 | 16 | 25 | 50 | 100 |
|---|---|---|---|---|---|---|---|---|---|---|---|
| $\frac{1}{\sqrt{n}}$ | 1 | 0.71 | 0.58 | 0.5 | 0.41 | 0.35 | 0.32 | 0.25 | 0.20 | 0.14 | 0.10 |

由图 2-8 可以看出，当 $n>10\sim15$ 时，$\frac{1}{\sqrt{n}}$值减少缓慢。因此，若要提高算术平均值的

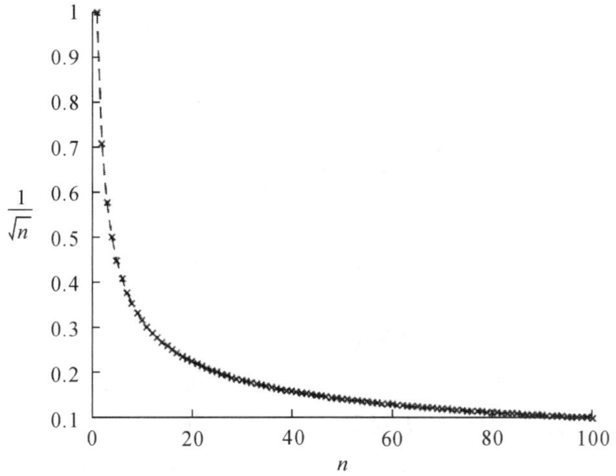


图 2-8　$\frac{1}{\sqrt{n}}$跟随 $n$ 的变化速率与趋势

精度，不能简单地增加测量次数，而应该改变测量方法以提高观测数据的精密度参数。因为单纯增加测量次数不仅无法提高精度，而且还不经济。

**2. $t$ 分布**

由样本均值的抽样分布可知，样本均值$\bar{x}$的分布趋向正态分布，即 $\bar{x} \sim N(\mu, \sigma_{\bar{x}}^2)$，其中 $\sigma_{\bar{x}} = \frac{\sigma}{\sqrt{n}}$，$u = \frac{\bar{x}-\mu}{\sigma/\sqrt{n}} \sim N(0,1)$。

当 $\sigma^2$ 未知，且样本容量 $n<30$ 时，以样本方差 $s^2$ 代替总体方差 $\sigma^2$，$\frac{\bar{x}-\mu}{s/\sqrt{n}}$不再服从标准正态分布，而是服从自由度 $df=n-1$ 的 $t$ 分布，即

$$t = \frac{\bar{x}-\mu}{s_{\bar{x}}} \sim t(df) \tag{2-40}$$

式中，$s_{\bar{x}} = \frac{s}{\sqrt{n}}$为样本均值的标准误。

$t$ 分布，又称学生氏分布，其概率密度函数为：

$$f(t) = \frac{1}{\sqrt{\pi df}} \frac{\Gamma[(df+1)/2]}{\Gamma(df/2)} \left(1+\frac{t^2}{df}\right)^{-\frac{df+1}{2}} \tag{2-41}$$

式中，$df=n-1$ 为自由度，$-\infty<t<\infty$。

$t$ 分布的均值和标准差为：

$$\mu_t = 0 \qquad (df>1)$$

$$\sigma_t = \sqrt{\frac{df}{df-2}} \qquad (df>2)$$

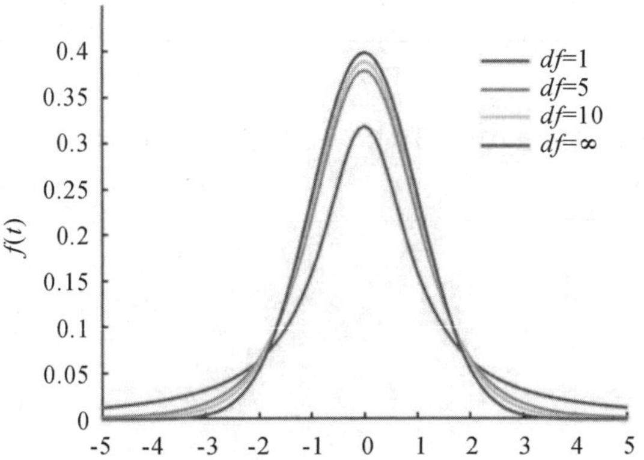


图 2-9　不同自由度的 $t$ 分布曲线

$t$ 分布密度曲线如图 2-9 所示，其特点如下：

(1)$t$ 分布受自由度 $df$ 制约，每一个自由度有各自的 $t$ 分布密度曲线；

(2)$t$ 分布密度曲线以 $t=0$ 纵轴为对称轴，左右对称，且在 $t=0$ 时，分布密度函数取得最大值；

(3)与标准正态分布曲线相比，$t$ 分布曲线顶部略低，两尾部稍高而平，$df$ 值越小趋势越明显；$df$ 值越大，$t$ 分布越趋近于标准正态分布。当 $n>30$ 时，$t$ 分布与标准正态分布的

区别很小；当 $n>100$ 时，$t$ 分布基本与标准正态分布相同；$n\to\infty$ 时，$t$ 分布与标准正态分布完全一致。

$t$ 分布的概率分布函数为：

$$F_T(df) = p(t < T) = \int_{-\infty}^{T} f(t)\,\mathrm{d}t \tag{2-42}$$

$t$ 分布曲线右尾从 $T$ 到 $\infty$ 的面积（概率）为 $1-F_T(df)$，而双侧两尾面积为 $2(1-F_T(df))$。比如，$df=3$ 时，$p(T<3.182)=0.975$，即右尾（$3.182<T<+\infty$）面积为 $1-0.975=0.025$。由于 $t$ 分布左右对称，故左尾（$-\infty<t<-3.182$）的面积也是 0.025，两尾面积则为 $2\times(1-0.975)=0.05$。

和正态概率分布函数一样，$t$ 分布的概率分布函数也可查表，见附录 2。当 $df=15$ 时，查得两尾概率等于 0.05 的 $t$ 临界值为 2.131，其意义是

$$p(-\infty<t<-2.131)=p(2.131<t<+\infty)=0.025$$

$$p(-\infty<t<-2.131)+p(2.131<t<+\infty)=0.05$$

由附录 2 可知，当概率 $p$ 一定时，随着 $df$ 的增加，$t$ 临界值在减小；当 $df=\infty$ 时，$t$ 临界值与标准正态分布 $u$ 临界值相等。

**3. $\chi^2$ 分布**

若有 $n$ 个相互独立的标准正态随机变量 $u_1,u_2,\cdots,u_n$，则这 $n$ 个正态随机变量的平方和 $\chi^2=u_1^2+u_2^2+\cdots+u_n^2$ 服从自由度为 $df$ 的卡方（$\chi^2$）分布，记为：

$$\chi^2 \sim \chi^2(df) \tag{2-43}$$

$\chi^2$ 分布的概率密度函数为：

$$f(u) = \frac{1}{2^{\frac{df}{2}}\,\Gamma\left(\frac{df}{2}\right)} u^{\frac{df}{2}-1}\,\mathrm{e}^{-\frac{u}{2}}, u > 0 \tag{2-44}$$

$\chi^2$ 分布是用于刻画由正态分布的随机变量构成的二次型的概率分布，被广泛用于检验参数的显著性和估计参数的置信区间。$\chi^2$ 分布的曲线如图 2-10 所示。

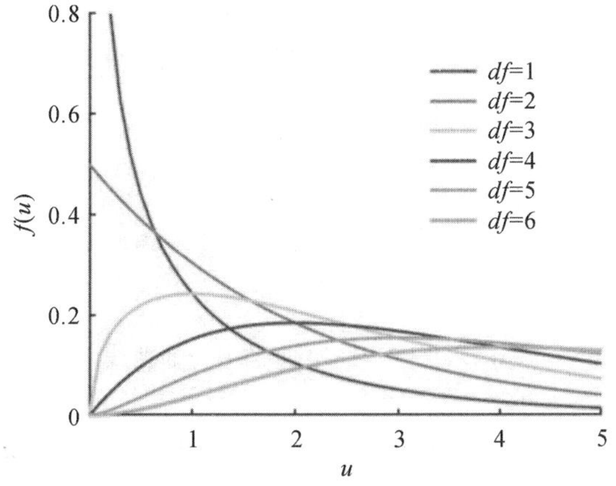


图 2-10　不同自由度的 $\chi^2$ 分布曲线

$\chi^2$ 分布取决于自由度 $df$，每个自由度都有各自相应的 $\chi^2$ 分布曲线。$\chi^2$ 分布是正偏态分布，其偏斜度随着自由度的增加逐渐趋近于 0，即卡方分布的分布形态逐渐趋近于正态

分布的对称形态。当 $n\to\infty$ 时，则 $\chi^2$ 分布归趋于正态分布，附录 3 列出了不同自由度下 $\chi^2$ 右尾概率。

由于样本方差 $s^2=\frac{1}{n-1}\sum_{i=1}^{n}(x_i-\bar{x})^2$，而正态离差 $u_i=\frac{x_i-\bar{x}}{\sigma}$，故 $\chi^2$ 又可表示为：

$$\chi^2=\sum_{i=1}^{n}\frac{(x_i-\bar{x})^2}{\sigma^2}=\frac{(n-1)s^2}{\sigma^2}\sim x^2(n-1) \tag{2-45}$$

**4. F 分布**

正态总体 $N(\mu_1, \sigma_1^2)$ 的一个随机样本 $x_1, x_2, \cdots, x_{n_1}$，方差为 $s_1^2$。正态总体 $N(\mu_2, \sigma_2^2)$ 的一个随机样本 $z_1, z_2, \cdots, z_{n_2}$，方差为 $s_2^2$，且这两个样本相互独立，则统计量

$$F=\frac{s_1^2/\sigma_1^2}{s_2^2/\sigma_2^2}\sim F(df_1, df_2) \tag{2-46-1}$$

服从第一自由度 $df_1=n_1-1$ 和第二自由度 $df_2=n_2-1$ 的 $F$ 分布。

当 $\sigma_1^2=\sigma_2^2$ 或样本来自同一正态总体时，则有

$$F=\frac{s_1^2}{s_2^2}\sim F(df_1, df_2) \tag{2-46-2}$$

$F$ 分布的概率密度函数为：

$$f(w)=\frac{\Gamma[(df_1+df_2)/2]\,(df_1/df_2)^{df_1/2}w^{df_1/2-1}}{\Gamma(df_1/2)\Gamma(df_2/2)\Gamma\left(1+\frac{df_1}{df_2}w\right)^{(df_1+df_2)/2}}, w>0 \tag{2-47}$$

$F$ 分布用于检验比较两个样本方差的关系，其密度曲线的形状由自由度 $df_1$ 和 $df_2$ 决定，如图 2-11 所示。随着自由度的增加，$F$ 分布的形状逐渐趋向于对称的正态分布，而在自由度较小的情况下，$F$ 分布的形状则呈现出偏态，这可在一定程度上反映两个样本方差的相对大小关系。

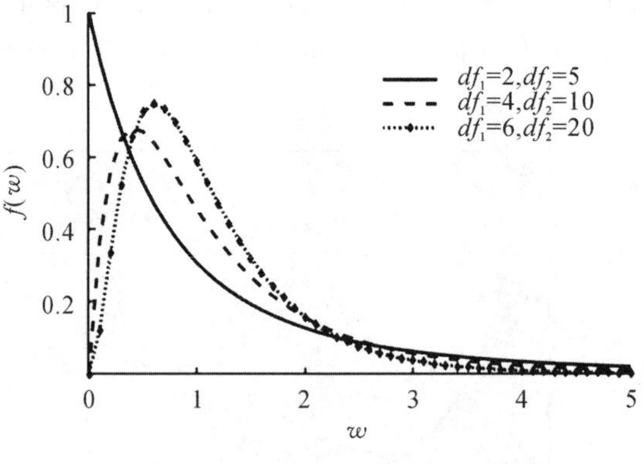


图 2-11　不同自由度的 $F$ 分布曲线

一定区间概率下 $F$ 分布的临界值可从统计附录 4 查出。比如，$df_1=3$，$df_2=12$，查得 $F_{0.05}(3, 12)=3.49$，$F_{0.01}(3, 12)=5.95$，这意味着如果从该正态总体中进行连续抽样，在自由度 $df_1=3$ 和 $df_2=12$ 下，所得 $F$ 值大于 3.49 的概率为 5%，而大于 5.95 的概率仅为 1%。

对于 $F$ 分布的临界值，具有以下重要性质：

$$F_{1-\alpha}(df_1, df_2)=\frac{1}{F_\alpha(df_2, df_1)} \tag{2-48}$$

## 2.3.2　样本统计量的分布

下面讨论几种重要又常用的样本统计量分布，包括样本均值、样本均值差、样本方差、样本方差比等，以用于对总体参数的估计或假设检验。

**1. 样本均值的分布**

假定总体 $X$ 的期望 $\mu$ 已知，$(x_1, x_2, \cdots, x_n)$是该总体的一个随机样本，均值 $\bar{x}=\frac{1}{n}\sum_{i=1}^{n}x_i$，方差 $s^2=\frac{1}{n-1}\sum_{i=1}^{n}(x_i-\bar{x})^2$。对该样本均值的分布，可分以下两种情况讨论。

(1)总体方差 $\sigma^2$ 已知

此时又可根据总体的分布状况，分述如下：

①总体为正态分布。对于正态分布 $x\sim N(\mu, \sigma)$，无论样本容量 $n$ 多大，样本均值$\bar{x}$作为相互独立与正态分布的随机变量 $x_1, x_2, \cdots, x_n$ 的线性组合，也都将服从正态分布，且期望为 $\mu$，方差为$\frac{\sigma^2}{n}$，即 $\bar{x}\sim N(\mu, \sigma/\sqrt{n})$。若对其做变换，构造统计量 $z=\frac{\bar{x}-\mu}{\sigma/\sqrt{n}}$，将服从标准正态分布 $z\sim N(0, 1)$。

②总体接近正态分布。此时，即使样本容量 $n<30$，样本均值$\bar{x}$及统计量 $z=\frac{\bar{x}-\mu}{\sigma/\sqrt{n}}$仍在一定程度上近似于服从正态分布，即 $\bar{x}\sim N(\mu, \sigma/\sqrt{n})$和 $z\sim N(0, 1)$近似地成立。

③总体为任意分布。根据极限中心定理，当样本容量 $n$ 足够大时，样本均值$\bar{x}$及统计量 $z=\frac{\bar{x}-\mu}{\sigma/\sqrt{n}}$都近似服从正态分布，即在 $n\geqslant 30$ 时，$\bar{x}\sim N(\mu, \sigma/\sqrt{n})$和 $z\sim N(0, 1)$近似地成立。

(2)总体方差 $\sigma^2$ 未知

先用样本方差 $s^2$ 替代总体方差 $\sigma^2$，并构造统计量 $t=\frac{\bar{x}-\mu}{s/\sqrt{n}}$，再根据总体 $X$ 的分布状况，讨论统计量 $t$ 的分布。

①总体 $X$ 为正态分布。前面已述，$z=\frac{\bar{x}-\mu}{\sigma/\sqrt{n}}\sim N(0,1)$，$\frac{(n-1)s^2}{\sigma^2}\approx\chi^2(n-1)$，以及$\bar{x}$与 $s^2$ 相互独立。由于 $t=\frac{\bar{x}-\mu}{s/\sqrt{n}}$，因此可推出统计量 $t$ 服从自由度为 $n-1$ 的 $t$ 分布，亦即 $t\sim t(n-1)$。而在 $n\geqslant 30$ 时，统计量 $t$ 近似于服从标准正态分布，即 $t\sim N(0, 1)$成立。鉴于此，$t$ 分布常用于小样本的分布。

②总体 $X$ 为任何分布。根据中心极限定理和大数定律，在 $n\geqslant 30$ 时，统计量 $t$ 近似于服从标准正态分布 $t\sim N(0, 1)$。

③总体 $X$ 比较接近于正态分布。若 $X$ 为具有“钟形”非正态分布的总体，在 $n<30$ 时，统计量 $t$ 近似地服从自由度为 $n-1$ 的 $t$ 分布，即 $t\sim t(n-1)$近似地成立。

**2. 样本均值差的分布**

假定两个总体 $X$ 和 $Y$ 的期望分别为 $\mu_1$ 和 $\mu_2$。现有 $X$ 的一个随机样本$(x_1, x_2, \cdots,$

$x_{n_1}$)，其均值为 $\bar{x}=\frac{1}{n_1}\sum_{i=1}^{n_1}x_i$，方差为 $s_1^2=\frac{1}{n_1-1}\sum_{i=1}^{n_1}(x_i-\bar{x})^2$。$Y$ 的一个随机样本($y_1,y_2,\cdots,y_{n_2}$)，其均值为 $\bar{y}=\frac{1}{n_2}\sum_{i=1}^{n_2}y_i$，方差为 $s_2^2=\frac{1}{n_2-1}\sum_{i=1}^{n_2}(y_i-\bar{y})^2$。对于这两个样本均值差 $\bar{x}-\bar{y}$ 的分布，可依据总体 $X$ 和 $Y$ 的方差 $\sigma_1^2$ 和 $\sigma_2^2$ 情况分别讨论。

(1)$\sigma_1^2$ 和 $\sigma_2^2$ 已知

对样本均值差 $\bar{x}-\bar{y}$ 做变换，构造统计量 $z=\frac{(\bar{x}-\bar{y})-(\mu_1-\mu_2)}{\sqrt{\frac{\sigma_1^2}{n_1}+\frac{\sigma_2^2}{n_2}}}$。如果 $x,y$ 均为正态总体，根据正态分布的重现性，统计量 $z$ 将服从标准正态分布，即 $z\sim N(0,1)$。

当 $n_1\geqslant 30$, $n_2\geqslant 30$，亦即两个样本均为大样本时，则无论两个总体的分布如何，$z$ 将近似地服从标准正态分布 $z\sim N(0,1)$。

(2)$\sigma_1^2$ 和 $\sigma_2^2$ 未知，但 $\sigma_1^2=\sigma_2^2$

对样本均值差 $\bar{x}-\bar{y}$ 做变换，构造统计量 $z=\frac{(\bar{x}-\bar{y})-(\mu_1-\mu_2)}{s_w\sqrt{\frac{1}{n_1}+\frac{1}{n_2}}}$，其中 $s_w^2=\frac{(n_1-1)s_1^2+(n_2-1)s_2^2}{n_1+n_2-2}$，称其为联合方差。如果 $X$ 和 $Y$ 均为正态总体，则统计量 $z$ 将服从自由度为 $n_1+n_2-2$ 的 $t$ 分布，亦即 $z\sim t(n_1+n_2-2)$ 成立。这里，常称 $\sigma_1^2=\sigma_2^2$ 的两个总体具有方差齐性。

(3)$\sigma_1^2$ 和 $\sigma_2^2$ 未知，且 $\sigma_1^2\neq\sigma_2^2$

构建统计量：$T=\frac{(\bar{x}-\bar{y})-(\mu_1-\mu_2)}{\sqrt{\frac{s_1^2}{n_1}+\frac{s_2^2}{n_2}}}$，计算联合自由度 $n_p=\frac{\left(\frac{s_1^2}{n_1}+\frac{s_2^2}{n_2}\right)^2}{\frac{(s_1^2/n_1)^2}{n_1-1}+\frac{(s_2^2/n_2)^2}{n_2-1}}$。如果 $X$ 和 $Y$ 均为正态总体，则统计量 $T$ 将服从自由度为 $n_p$ 的 $t$ 分布，亦即 $T\sim t(n_p)$ 成立。

(4)$\sigma_1^2$ 和 $\sigma_2^2$ 未知，但 $n_1\geqslant 30$ 和 $n_2\geqslant 30$

用 $s_1^2$，$s_2^2$ 分别替代 $\sigma_1^2$，$\sigma_2^2$，构造统计量 $z=\frac{(\bar{x}-\bar{y})-(\mu_1-\mu_2)}{\sqrt{\frac{s_1^2}{n_1}+\frac{s_2^2}{n_2}}}$。无论两个总体如何分布，统计量 $z$ 将近似地服从标准正态分布 $z\sim N(0,1)$。

**3. 样本方差的分布**

若总体 $X$ 的方差 $\sigma^2$ 已知，($x_1,x_2,\cdots,x_n$)是该总体的一个随机样本，均值 $\bar{x}=\frac{1}{n}\sum_{i=1}^{n}x_i$，方差 $s^2=\frac{1}{n-1}\sum_{i=1}^{n}(x_i-\bar{x})^2$。构造统计量 $\chi^2=\frac{(n-1)s^2}{\sigma^2}$，用于检验样本方差 $s^2$ 的分布。若总体 $X$ 为正态分布，根据 $\chi^2$ 分布的定义，可以证明统计量 $\chi^2$ 服从自由度为 $n-1$ 的 $\chi^2$ 分布，亦即 $\chi^2\sim\chi^2(n-1)$ 成立。

**4. 样本方差比的分布**

假定两个总体 $X$ 和 $Y$ 的方差分别为 $\sigma_1^2$ 和 $\sigma_2^2$。总体 $X$ 的一个随机样本 $(x_1, x_2, \cdots, x_{n_1})$，均值 $\bar{x}=\dfrac{1}{n_1}\sum_{i=1}^{n_1}x_i$，方差 $s_1^2=\dfrac{1}{n_1-1}\sum_{i=1}^{n_1}(x_i-\bar{x})^2$。总体 $Y$ 的一个随机样本 $(y_1, y_2, \cdots, y_{n_2})$，均值 $\bar{y}=\dfrac{1}{n_2}\sum_{i=1}^{n_2}y_i$，方差 $s_2^2=\dfrac{1}{n_2-1}\sum_{i=1}^{n_2}(y_i-\bar{y})^2$。这两个样本相互独立。若 $X$ 和 $Y$ 均为正态总体，则有 $\dfrac{(n_1-1)s_1^2}{\sigma_1^2}\approx\chi^2(n_1-1)$ 与 $\dfrac{(n_2-1)s_2^2}{\sigma_2^2}\approx\chi^2(n_2-1)$ 成立。

根据 $F$ 分布的定义，可以证明统计量 $F=\dfrac{s_1^2\sigma_2^2}{s_2^2\sigma_1^2}$ 将服从第一、第二自由度分别为 $n_1-1$，$n_2-1$ 的 $F$ 分布，亦即 $F\sim F(n_1-1,\ n_2-1)$ 成立。特别地，当 $\sigma_1^2=\sigma_2^2$ 时，将有 $\dfrac{s_1^2}{s_2^2}\approx F(n_1-1,\ n_2-1)$ 成立。

## 习　题

1. 什么是总体、个体和样本？试举例说明有限总体和无限总体。样本要满足什么条件才能正确反映总体？

2. 试说明试验数据分布集中趋势和离散程度的两项统计指标。在试验数据的统计分析中，常用 $\mu=\bar{x}$，$\sigma^2=s^2$ 等符号，它们各代表什么含义？

3. 什么是标准偏差、标准离差、标准差、标准误、平方和、自由度？试列出它们的代用符号及定义公式？

4. 什么是试验误差？试验误差与试验正确度、精确度有什么关系？

5. 为什么标准偏差比平均偏差能更好地表示数据的离散程度？

6. 为什么方差和标准差可以描述测量的重复性或被测量的稳定性？$s$ 与 $s/\sqrt{n}$ 有何不同？

7. 什么是离群点？对小样本来说，识别离群点有哪些方法？

8. 什么是统计量？什么是抽样分布？

9. 样本均值抽样总体与原总体的两个参数间有何联系？

10. 什么是误差的传递？为什么在测量过程中要尽量避免大误差环节？

11. 简要说明误差传递系数的物理意义，并说明确定误差传递系数的几种方法。

12. 简述间接测量的误差传递与误差合成有何异同？

13. 请说明以下随机变量 $\dfrac{\bar{x}-\mu}{\sigma_{\bar{x}}}$，$\dfrac{\bar{x}-\mu}{s_{\bar{x}}}$，$\dfrac{x-\mu}{\sigma}$，$\dfrac{(n-1)s^2}{\sigma^2}$，$\dfrac{s_1^2}{s_2^2}$ 各服从什么分布？

14. 在测定溶液的 pH 值时，两组实验数据的平均值分别为 $x_1=7.8\pm0.2$，$x_2=7.6\pm0.1$，求这两组数据的平均值。

15. 设样本数据点的取值如下：1.78，1.89，1.95，2.02，1.93，2.06，2.12，1.85，1.94，2.15。求样本均值、样本方差和样本二阶中心矩。

16. 某溶液的浓度的 5 次测定结果为 2.141mol·L$^{-1}$，2.152mol·L$^{-1}$，2.088mol·L$^{-1}$，

2.139mol·$L^{-1}$和2.124mol·$L^{-1}$。计算该测定结果的平均值、平均偏差、相对平均偏差、标准偏差及相对标准偏差。

17. 测定某铁矿样品中铁的含量,5次测定的结果如下:38.48%,38.36%,38.44%,38.45%,38.40%,38.44%。试求平均值、平均偏差、相对平均偏差、标准偏差和相对标准偏差。

18. 配制1L浓度为0.02655mol·$L^{-1}$的$K_2Cr_2O_7$标准溶液,用减重法称取$K_2Cr_2O_7$基准试剂7.8123g,定量溶解于1L容量瓶中,稀释至刻度线。若减重前的称量误差是+0.2mg,减重后的称量误差是−0.1mg,容量瓶的真实容积为999.85mL。试问配制的$K_2Cr_2O_7$标准溶液浓度的相对误差、绝对误差和真实浓度各是多少?

19. 常量滴定管的绝对误差为±0.01mL,要求滴定的相对误差小于0.1%,滴定体积至少应为多少?若滴定体积为12.05mL,相对误差为多少?是否满足滴定分析的要求?

20. 用两种不同方法分别测量溶液A和B的浓度$c_A=2.5$mol·$L^{-1}$和$c_B=0.20$mol·$L^{-1}$,它们的测量结果各为2.502mol·$L^{-1}$和0.202mol·$L^{-1}$。试用相对误差来评定两种方法测量精度的高低。

21. 已知随机变量$u$服从$N(0,1)$,求$p(u<-1.32)$,$p(u\geqslant 1.59)$,$p(|u|\geqslant 2.36)$,$p(-1.46\leqslant u<0.59)$。

22. 设$x\sim N(68,10^2)$,试求$p(x<65)$,$p(x\geqslant 73)$,$p(66\leqslant x<73)$。在标准正态分布中,查表计算:①两尾概率为1%时的区间临界值;②$-2\leqslant u\leqslant 2$时所在区间的概率。

23. 设总体$x\sim N(40,4^2)$。

(1)抽取容量为30的样本,求$p\{39\leqslant \bar{x}\leqslant 42\}$;

(2)抽取容量为60的样本,求$p\{|\bar{x}\leqslant 40|<2\}$;

(3)抽取样本容量$n$为多大时,才能使$p\{|\bar{x}\leqslant 40|<2\}=0.95$。

24. 设总体$x\sim N(10,2^2)$,$x_1,x_2,\cdots,x_{15}$是从该总体中抽出的一个样本。试求:$p\left\{\sum_{i=1}^{15}(x_i-10)^2>20\right\}$。

25. 在天平上重复称量质量为$m$的物品,假设各次称量结果相互独立且都服从正态分布$N(m,0.25^2)$。若以$\bar{x}$表示$n$次称量结果的算术平均值,为使$p\{|\bar{x}-m|<0.12\}\geqslant 0.95$,则样本容量$n$的最小值是多少?

26. 设计一个简单的散热器热工性能实验装置,散热量的计算式为$Q=\rho Vc_p(T_1-T_2)$,式中$\rho$为流体的密度,$V$为流体的体积流量,$c_p$为流体的热容,$T_1$和$T_2$为散热器的进出口流体温度。设计工况条件:$T_1-T_2=207$,$V=30\text{L}\cdot\text{h}^{-1}$,要求散热器的测量误差不大于10%,需如何配置测量仪表?

27. 在蔗糖转化的实验中,估算由于温度偏高1K对速度常数所引起的系统误差。阿累尼乌斯公式$k=A\exp\left(-\frac{E_a}{RT}\right)$。实验时温度由298K偏高1K,活化能$E_a=46024\text{J}\cdot\text{mol}^{-1}$,常数$R=8.314\text{J}\cdot\text{K}^{-1}\cdot\text{mol}^{-1}$,$k=17.455\times10^{-3}$。

28. 在表面张力的测定中,根据下列公式计算表面张力:$\sigma=\frac{\rho grh}{2}$,式中$\rho$为液体的密度,$g$为重力加速度,$r$为毛细管半径,$h$为毛细管内液面的上升高度。当$\sigma$的相对误差要求为 0.2%时，试求各直接测定量所允许的最大误差。

29. 液体莫尔折射率的关联方程为 $R=\frac{n^2-1}{n^2+2}\cdot\frac{M}{\rho}$，式中苯的折射率 $n=1.4979\pm0.0003$，密度 $\rho=(0.8737\pm0.0002)\mathrm{g\cdot cm^{-3}}$，摩尔质量 $M=78.08\mathrm{g\cdot mol^{-1}}$。分别用平均误差和标准误差传递公式计算间接测量的误差。

30. 用凝固点降低法测定某物质摩尔质量的实验，溶质摩尔质量可由下式求得：$M=\frac{1000K_f W_B}{W_A \Delta T_f}$，式中 $K_f$ 为溶剂的凝固点降低常数，$K_f=5.12$，$\Delta T_f$ 为溶液的凝固点降低值，$W_A$ 和 $W_B$ 分别为溶剂和溶质的质量。若实验时溶质的质量约 0.2014g，溶剂质量为 25g，而用贝克曼温度计测得溶液的凝固点降低为 0.328K。试用误差理论分析最大的误差来源，并求实验的绝对误差和相对误差。

# 第 3 章　参数估计与假设检验

## 3.1　参数估计

视频 3－1

统计推断分为统计估计和假设检验两大类。前者用于估计总体的分布函数、分布参数或数字特征，后者则用于推测和验证总体分布的性质。通过这两类方法，可以完成从样本数据出发的分析和推断，挖掘了解事物的本质规律，从而为决策提供科学依据。

统计估计又分为参数估计和非参数估计。参数估计(parameter estimation)是指根据从总体中抽取的样本，利用样本的统计特征来估计总体分布中包含的未知参数的方法。这个过程可以通过点估计和区间估计两种方式来进行。点估计是指利用样本的某一函数值(统计量)，如样本均值、样本方差等，来估计总体参数的一种方法，结果是实轴上的一个数值点。区间估计，则是在一定的可信程度上给出总体参数的某个估计范围，结果是实轴上的一个区间，这个区间包含总体参数的真实值。

### 3.1.1　点估计

视频 3－2

设总体 $X$ 的待估计参数为 $\theta$，总体的一个简单随机样本为 $x_1,x_2,\cdots,x_n$。估计未知参数 $\theta$，就是构造样本的一个不含 $\theta$ 的函数 $\hat{\theta}=\hat{\theta}(x_1,x_2,\cdots,x_n)$，通过 $\hat{\theta}$ 估计 $\theta$ 的真值。点估计方法包括矩估计法、最大似然估计法、最小二乘法、贝叶斯估计法等。下面介绍最为常用的矩估计法和最大似然估计法。

**1. 矩估计法**

矩估计法是一种通过使用样本矩来估计总体矩的方法。如果总体有 $k$ 个未知参数，可以使用样本的 $k$ 个矩来分别估计相应的总体矩。然后，利用未知参数与总体矩之间的关系，可以获得未知参数的点估计量。

总体 $X$ 的真值 $\mu$ 和方差 $\sigma^2$ 为 $X$ 的一阶原点矩和中心二阶矩，即 $\mu=E(X)$，$\sigma^2=V(X)=E(X-\mu)^2$。现用样本的一阶原点矩均值 $\bar{x}=\frac{1}{n}\sum_{i=1}^{n}x_i$ 和二阶中心矩方差 $s^2=\frac{1}{n-1}\sum_{i=1}^{n}(x_i-\bar{x})^2$ 来估计总体的参数 $\mu$ 和 $\sigma^2$，也就是 $\mu$ 和 $\sigma^2$ 的点估计量分别是 $\hat{\mu}=\bar{x}$ 和 $\hat{\sigma}^2=s^2$。

**2. 最大似然估计法**

最大似然估计法，是利用样本数据构造似然函数，然后通过最大化似然函数来确定总体参数的估计值。似然函数可以通过利用样本分布密度函数来构造。若总体 $X$ 的概率密度函数为 $f(x,\theta_1,\theta_2,\cdots,\theta_k)$，其中 $\theta_1,\theta_2,\cdots,\theta_k$ 为分布参数。总体的一个简单随机样本 $x_1$，$x_2,\cdots,x_n$，而且 $x_i(i=1,2,\cdots,n)$之间相互独立。这样，样本出现的可能性大小可以用联合概率密度函数来表示，即 $f(x_1,\theta_1,\theta_2,\cdots,\theta_k)f(x_2,\theta_1,\theta_2,\cdots,\theta_k)\cdots f(x_n,\theta_1,\theta_2,\cdots,\theta_k)$，并由此构造样本的似然函数：

$$L(\theta_1,\theta_2,\cdots,\theta_k)=f(x_1,\theta_1,\theta_2,\cdots,\theta_4)f(x_2,\theta_1,\theta_2,\cdots,\theta_4)\cdots f(x_n,\theta_1,\theta_2,\cdots,\theta_k) \tag{3-1}$$

最大似然法求解点估计量，就是要求参数 $\theta_1,\theta_2,\cdots,\theta_k$ 的取值应使得样本出现的可能性最大，即式(3-1)的 $L$ 最大。实际应用中，常将其转化为对数似然函数 $\ln L(\theta_1,\theta_2,\cdots\theta_k)$，实现乘积转化为求和，这样不仅简化计算，还可以避免数值下溢的问题。由于对数函数是单调递增的，所以两者的最大值点是相同的。于是，最大似然法求解点估计量可归结为求解下列方程组：

$$\frac{\partial L}{\partial\theta_j}=0 \quad 或 \quad \frac{\partial \ln L}{\partial\theta_j}=0 \quad (j=1,2,\cdots,k) \tag{3-2}$$

**例题 3-1**　设总体 $X\sim N(\mu,\sigma^2)$，其简单随机样本为 $x_1,x_2,\cdots,x_n$，选用最大似然法求解 $\mu$ 和 $\sigma^2$ 点估计量。

**解**　由于正态总体的概率密度函数为：

$$f(x)=\frac{1}{\sqrt{2\pi}\sigma}\mathrm{e}^{-\frac{1}{2\sigma^2}(x-\mu)^2} \quad (-\infty<x<\infty)$$

故样本的似然函数为：

$$\begin{aligned}L(\mu,\sigma^2)&=f(x_1)f(x_2)\cdots f(x_n)=\prod_{i=1}^{n}f(x_i)\\&=\prod_{i=1}^{n}\left(\frac{1}{\sqrt{2\pi}\sigma}\mathrm{e}^{-\frac{1}{2\sigma^2}(x-\mu)^2}\right)=(2\pi)^{-\frac{n}{2}}\sigma^{-n}\prod_{i=1}^{n}\mathrm{e}^{-\frac{1}{2\sigma^2}(x_i-\mu)^2}\end{aligned}$$

为了方便计算，将其转化为对数似然函数：

$$\ln L(\mu,\sigma^2)=-\frac{n}{2}\ln(2\pi)-\frac{n}{2}\ln\sigma^2-\frac{1}{2\sigma^2}\sum_{i=1}^{n}(x_i-\mu)^2$$

将其对参数求偏导数，并令其等于零：

$$\begin{cases}\dfrac{\partial\ln L}{\partial\mu}=\dfrac{1}{\sigma^2}\displaystyle\sum_{i=1}^{n}(x_i-\mu)=0\\[2ex]\dfrac{\partial\ln L}{\partial\sigma^2}=-\dfrac{n}{2\sigma^2}+\dfrac{1}{2(\sigma^2)^2}\displaystyle\sum_{i=1}^{n}(x_i-\mu)^2=0\end{cases}$$

解上述方程组，便得到 $\mu$ 和 $\sigma^2$ 的点估计量：

$$\begin{cases}\hat{\mu}=\dfrac{1}{n}\displaystyle\sum_{i=1}^{n}x_i=\bar{x}\\[2ex]\hat{\sigma}^2=\dfrac{1}{n}\displaystyle\sum_{i=1}^{n}(x_i-\bar{x})^2\end{cases}$$

**3. 评价点估计方法的几个性质**

不同的点估计方法采用不同的假设、手段和数据处理方式，因此所得结果并不完全相同。在实践应用中应如何选择？可以根据以下性质来评价点估计方法的优劣性。

(1)无偏性

一个点估计量是无偏的，是指在样本量趋于无穷时它的期望值等于真实参数。设参数$\theta$的估计量$M(x_1,x_2,\cdots,x_n)=m$，若$m$的期望值$E(m)$能满足$E(m)=\theta$，则称$m$为参数$\theta$的无偏估计，反之为有偏估计。无偏性反映了点估计量对参数的偏差性质。比如，样本均值$\bar{x}$是总体真值$\mu$的无偏估计，样本方差$s^2$是总体方差$\sigma^2$的无偏估计，而$\frac{1}{n}\sum_{i=1}^{n}(x_i-\bar{x})^2$则是总体方差$\sigma^2$的有偏估计。

(2)有效性

一个点估计量是有效的，是指它在所有无偏估计量中具有最小的方差。若$m_1,m_2$均为参数$\theta$的无偏估计量，且有方差$D(m_1)<D(m_2)$，则$m_1$对$\theta$的估计优于$m_2$。如果对于参数$\theta$的任一无偏估计量$m$均有$D(m_1)<D(m)$，则称$m_1$为参数$\theta$的最优无偏估计量。有效性反映了点估计量的离散性质。具有有效性的估计量通常被认为是较好的，因为它们在给定样本量下能够提供最精确的估计结果。

(3)一致性

一个点估计量是一致的，是指在样本量趋于无穷时它的概率极限等于真实参数。一致性适用于大样本。设$M(x_1,x_2,\cdots,x_n)=m$为参数$\theta$的点估计量，若当$n\to\infty$时，$M(x_1,x_2,\cdots,x_n)$依概率收敛于参数$\theta$，即对任意$\varepsilon>0$有$\lim\limits_{n\to\infty}P\{|m-\theta|>\varepsilon\}=0$成立，则称$m$为参数$\theta$的一致估计量。若估计量$M(x_1,x_2,\cdots,x_n)$为样本$(x_1,x_2,\cdots,x_n)$的线性函数，则称它为线性估计量。具有一致性的估计量通常被认为是较好的，因为随着样本量的增大，它们的估计结果更加接近真实参数。

(4)渐进正态性

一个点估计量具有渐进正态性，是指在样本量趋于无穷时，它的分布趋近于正态分布。具有渐进正态性的估计量通常可以使用正态分布进行近似，从而实施区间估计和假设检验等推断性统计分析。

不同的点估计方法都有其优点和缺点。比如，最大似然估计通常具有渐进正态性和有效性，但可能不是无偏估计量；矩估计通常具有无偏性和一致性，但可能不具有有效性；贝叶斯估计可以利用先验信息进行估计，并可以产生后验分布，但需要选择合适的先验分布。因此，在实际应用中需要根据具体问题的特点进行选择。如果需要精确的估计结果，可以优先考虑有效性较好的估计量；如果样本量较小，可以优先考虑无偏性较好的估计量；如果需要进行推断性统计分析，可以优先考虑具有渐进正态性的估计量。

点估计给出了未知参数$\theta$的一个近似值，但它没有给出估计量的误差和准确度，因此无法反映估计的可信程度。为了弥补这一缺陷，需要对总体参数$\theta$进行区间估计。

## 3.1.2 区间估计

区间估计是基于样本数据在一定置信度下给出未知参数$\theta$的置信区间$[\hat{\theta}_L,\hat{\theta}_U]$，其中$\hat{\theta}_L$为置信下限，$\hat{\theta}_U$为置信上限。实际应用中，$\hat{\theta}_L$和$\hat{\theta}_U$常用$m\pm k$形式表示，这里$m$为样本

得到的统计量，$k$ 由样本分布确定的置信区间半径。参数 $\theta$ 落在置信区间的概率称为置信度，常用$(1-\alpha)$表示，而 $\alpha$ 为风险率或显著性水平。置信区间表示估计结果的精确性，置信度表示估计结果的可信性。

$$p\{\hat{\theta}_L \leqslant \theta \leqslant \hat{\theta}_U\} = 1-\alpha \tag{3-3}$$

若将式(3-3)改写为：

$$p\{\hat{\theta}_L \leqslant \theta\} = 1-\alpha \tag{3-4}$$

则称$[\hat{\theta}_L, \infty]$为参数 $\theta$ 的$(1-\alpha)\times 100\%$的单侧置信区间，$\hat{\theta}_L$ 为单侧置信下限。若将式(3-3)改写为：

$$p\{\theta \leqslant \hat{\theta}_U\} = 1-\alpha \tag{3-5}$$

则称$[-\infty, \hat{\theta}_U]$为参数 $\theta$ 的$(1-\alpha)\times 100\%$的单侧置信区间，$\hat{\theta}_U$ 为单侧置信上限。

至此，对总体参数进行区间估计的方法和步骤归纳如下：

(1)寻找一个包含 $\theta$ 的样本函数 $J(\theta; x_1, x_2, \cdots, x_n)$，其中除 $\theta$ 外不再包含其他未知参数；

(2)$J(\theta; x_1, x_2, \cdots, x_n)$的分布是已知的；

(3)在给定置信度 $1-\alpha$ 下，设法确定边界值 $a$ 和 $b$，使得 $p\{a \leqslant J \leqslant b\} = 1-\alpha$ 成立；

(4)将 $a \leqslant J(\theta; x_1, x_2, \cdots, x_n) \leqslant b$ 进行等价变换，导出包含 $\theta$ 的不等式 $\hat{\theta}_L \leqslant \theta \leqslant \hat{\theta}_U$，$[\hat{\theta}_L, \hat{\theta}_U]$就是符合要求的置信区间。

下面分别介绍几个主要的总体参数的区间估计。

**1. 总体真值的区间估计**

设总体的方差为 $\sigma^2$，样本方差为 $s^2$。可以根据 $\sigma^2$ 是否已知、总体的分布状况以及样本容量 $n$ 是否足够大等条件，分类讨论总体真值 $\mu$ 的区间估计。

视频 3－3

(1)方差 $\sigma^2$ 为已知

当总体为正态分布或接近正态分布，亦或者 $n \geqslant 30$ 的任何分布，构造统计量：

$$z = \frac{\bar{x}-\mu}{\sigma/\sqrt{n}} \tag{3-6}$$

准确地或近似地服从标准正态分布，即 $z \sim N(0, 1)$。在给定的风险率 $\alpha(0<\alpha<1)$，并依据正态分布的单峰性和对称性，可从附录 1 标准正态分布表上查得临界值 $A_z(\alpha/2)$，并满足下式：

$$p\{-A_z(\alpha/2) < z < A_z(\alpha/2)\} = 1-\alpha \tag{3-7}$$

两个边界值点 $-A_z(\alpha/2)$ 和 $A_z(\alpha/2)$ 对称于纵轴 $z=0$，其概率分布和边界值可见图 3-1 所示。

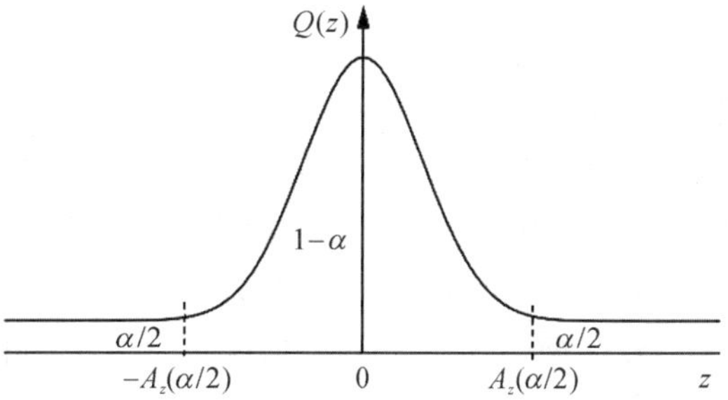


图 3-1　标准正态分布下的概率分布

将 $z=\frac{\bar{x}-\mu}{\sigma/\sqrt{n}}$ 代入上式，得：

$$p\{-A_z(\alpha/2)<\frac{\bar{x}-\mu}{\sigma/\sqrt{n}}<A_z(\alpha/2)\}=1-\alpha \tag{3-8}$$

求解该不等式，得：

$$\bar{x}-A_z(\alpha/2)\cdot\frac{\sigma}{\sqrt{n}}<\mu<\bar{x}+A_z(\alpha/2)\cdot\frac{\sigma}{\sqrt{n}} \tag{3-9}$$

下面讨论式(3-9)的几种不同用途：

①总体真值 $\mu$ 的 $(1-\alpha)\times100\%$ 的置信区间为 $[\bar{x}-k,\bar{x}+k]$，其中 $k=A_u(\alpha/2)\cdot\frac{\sigma}{\sqrt{n}}$。此置信区间的上限和下限取值会随着样本观测值的不同而发生变化，且以 $(1-\alpha)\times100\%$ 的概率覆盖总体真值 $\mu$。图 3-2 示意不同样本的置信区间覆盖参数 $\mu$ 的情形。

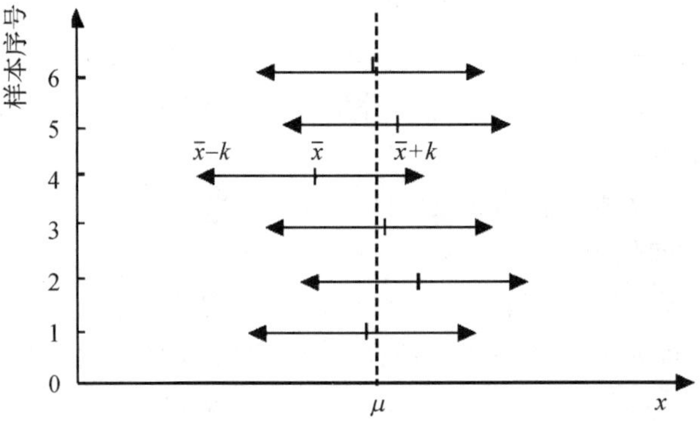


图 3-2　置信区间覆盖参数 $\mu$ 的情形

②样本均值 $\bar{x}$ 作为总体真值 $\mu$ 的估计值时，其误差 $e=\bar{x}-\mu$ 将有 $(1-\alpha)\times100\%$ 的把握认为其绝对值小于 $k$。换言之，$e$ 的 $(1-\alpha)\times100\%$ 的置信区间为 $[-k,k]$。

③若要求有 $(1-\alpha)\times100\%$ 的把握让 $e$ 小于某个规定值 $\varepsilon(>0)$，则样本容量应满足

$$n\geqslant\left(\frac{A_z(\alpha/2)\sigma}{\varepsilon}\right)^2 \tag{3-10}$$

值得注意的是，$\mu$ 的 $(1-\alpha)\times100\%$ 的置信区间也不是唯一的，比如 $\left[\bar{x}-A_z\left(\frac{2\alpha}{5}\right)\cdot\frac{\sigma}{\sqrt{n}},\bar{x}+A_z\left(\frac{3\alpha}{5}\right)\cdot\frac{\sigma}{\sqrt{n}}\right]$。但是，对称的置信区间 $[\bar{x}-k,\bar{x}+k]$ 的平均长度最小，估计的精确度最高，因此常用这一算法。

**例题 3-2**　经长期观测和统计，反应器中某一原料的转化率 $x$ 的数学期望 $\mu=0.9200$，标准差 $\sigma=0.0075$。现估计原料转化率的任意一次观测值超出以下范围[0.9200－0.0015，0.9200＋0.0015]的可能性。若改用另一种原料，其他条件不变($\sigma$ 不变)，并测得 10 个转化率数据：0.9137，0.9196，0.9145，0.9228，0.9313，0.9257，0.9287，0.9293，0.9165，0.9279。试估计新转化率的数学期望 $\mu$ 的 95%置信区间。假设转化率 $x$ 服从正态分布。

**解**　转化率 $x$ 服从正态分布：$x\sim N(\mu,\sigma)$，对其进行规格化处理，即 $z=\frac{x-\mu}{\sigma}$，则 $z$ 将

服从标准正态分布。由于$\frac{0.015}{0.0075}=2.0$，故 $x$ 值超出[0.9200－0.0015，0.9200＋0.0015]，相当于 $z$ 值超出[－2，2]。那么，超出此区间的可能性为：

$$\begin{aligned} p\{|z|>2.0\} &= 2\times p\{z>2.0\} \\ &= 2\times(1-p\{-\infty<z<2.0\}) \\ &= 2\times(1-0.9772)=0.0456 \end{aligned}$$

当改用另一种原料后，观测数据的样本容量 $n=10$，样本均值 $\bar{x}=0.9230$，而置信水平 $1-\alpha=0.95$，故 $\alpha=0.05$。此时，统计量 $z=\frac{\bar{x}-\mu}{\sigma/\sqrt{n}}$将服从标准正态分布。从附录1标准正态分布表查得临界值 $A_z(\alpha/2)=1.96$，由此可计算置信区间的半径：

$$k=A_z(\alpha/2)\cdot\frac{\sigma}{\sqrt{n}}=1.96\times\frac{0.0075}{\sqrt{10}}=0.047$$

因此，总体真值 $\mu$ 的95%置信区间为：$0.9183<\mu<0.9277$。

(2)方差 $\sigma^2$ 为未知

当 $n\geqslant30$ 时的任意分布，用 $s$ 代替 $\sigma$，构造的统计量 $z=\frac{\bar{x}-\mu}{s/\sqrt{n}}$将近似地服从标准正态分布，即有 $z\sim N(0,1)$近似成立。对于给定的风险率 $\alpha$，类似方差 $\sigma^2$ 为已知的讨论并得到相似的结论：总体真值 $\mu$ 的$(1-\alpha)\times100\%$的置信区间为$[\bar{x}-k,\bar{x}+k]$，其中 $k=A_z(\alpha/2)\cdot\frac{s}{\sqrt{n}}$。

当 $n<30$ 时，总体须为正态分布或近似地服从于正态分布，构造统计量：

$$T=\frac{\bar{x}-\mu}{s/\sqrt{n}} \tag{3-11}$$

准确地或近似地服从自由度为 $n-1$ 的 $t$ 分布，即有 $T\sim t(n-1)$成立。在给定的风险率 $\alpha$ 后，依据 $t$ 分布是单峰的对称分布，可从附录2的 $t$ 分布表上查得临界值 $A_T(\alpha/2,n-1)$，并满足下式：

$$p\{-A_T(\alpha/2,n-1)<T<A_T(\alpha/2,n-1)\}=1-\alpha \tag{3-12}$$

将 $T=\frac{\bar{x}-\mu}{s/\sqrt{n}}$代入式(3-12)，并由其中的不等式可求解得：

$$\bar{x}-A_T(\alpha/2,n-1)\cdot\frac{s}{\sqrt{n}}<\mu<\bar{x}+A_T(\alpha/2,n-1)\cdot\frac{s}{\sqrt{n}} \tag{3-13}$$

同样，式(3-13)可以从以下几种不同的角度进行解释或利用。

①总体真值 $\mu$ 的$(1-\alpha)\times100\%$的置信区间为$[\bar{x}-k,\bar{x}+k]$，其中 $k=A_T(\alpha/2,n-1)\cdot\frac{s}{\sqrt{n}}$。

②样本均值 $\bar{x}$ 作为总体真值 $\mu$ 的估计时，其误差 $e=\bar{x}-\mu$ 的$(1-\alpha)\times100\%$的置信区间为$[-k,k]$。

③若要求有$(1-\alpha)\times100\%$的把握让误差 $e$ 小于某个规定值$\varepsilon(>0)$，则样本容量 $n$ 应满足 $n\geqslant\left(\frac{A_T(\alpha/2,n-1)\cdot s}{\varepsilon}\right)^2$。

类似地，可估计总体真值 $\mu$ 的单侧置信区间及其上下限。

**2. 总体真值差的区间估计**

两个总体 $X$ 和 $Y$ 的真值分别为 $\mu_x$ 和 $\mu_y$，其中 $X$ 的一个随机样本 $x_1, x_2, \cdots, x_{n_1}$，其均值为 $\bar{x}$，方差为 $s_x^2$。$Y$ 的一个随机样本 $y_1, y_2, \cdots, y_{n_2}$，其均值为 $\bar{y}$，方差为 $s_y^2$，且这两个样本相互独立。现在根据这两个总体的方差 $\sigma_x^2$ 和 $\sigma_y^2$ 是否已知，讨论两个总体的真值差 $\mu_x - \mu_y$ 的区间估计。

(1)$\sigma_x^2$ 和 $\sigma_y^2$ 已知

如果 $X$ 和 $Y$ 均为正态总体，或 $n_1 \geqslant 30$ 且 $n_2 \geqslant 30$ 任何分布的两个总体。在此情况下，构造统计量：

$$z = \frac{(\bar{x} - \bar{y}) - (\mu_x - \mu_y)}{\sqrt{\dfrac{\sigma_x^2}{n_1} + \dfrac{\sigma_y^2}{n_2}}} \tag{3-14}$$

准确地或近似地服从标准正态分布，即 $z \sim N(0, 1)$ 成立。对于给定的风险率 $\alpha$，计算出两个总体真值差 $\mu_x - \mu_y$ 的 $(1-\alpha) \times 100\%$ 置信区间为 $[(\bar{x} - \bar{y}) - k, (\bar{x} - \bar{y}) + k]$，其中置信区间半径 $k = A_z(\alpha/2) \cdot \sqrt{\dfrac{\sigma_1^2}{n_1} + \dfrac{\sigma_2^2}{n_2}}$。

(2)$\sigma_1^2$ 和 $\sigma_2^2$ 未知

①如果 $X$ 和 $Y$ 均为正态总体，且 $\sigma_x^2 = \sigma_y^2$，构造统计量：

$$T = \frac{(\bar{x} - \bar{y}) - (\mu_x - \mu_y)}{s_T \sqrt{\dfrac{1}{n_1} + \dfrac{1}{n_2}}} \tag{3-15}$$

准确地服从自由度为 $n_1 + n_2 - 2$ 的 $t$ 分布，亦即 $T \sim t(n_1 + n_2 - 2)$ 成立。式(3-15)中的 $s_T$ 可从联合方差 $s_T^2 = \dfrac{(n_1 - 1)s_x^2 + (n_2 - 1)s_y^2}{n_1 + n_2 - 2}$ 的计算获得。

对于给定的风险率 $\alpha$，计算出两个总体真值差 $\mu_x - \mu_y$ 的 $(1-\alpha) \times 100\%$ 置信区间为 $[(\bar{x} - \bar{y}) - k, (\bar{x} - \bar{y}) + k]$，其中 $k = A_T(\alpha/2, n_1 + n_2 - 2) \cdot s_T \cdot \sqrt{\dfrac{1}{n_1} + \dfrac{1}{n_2}}$。

上述的区间估计以具有方差齐性($\sigma_x^2 = \sigma_y^2$)为条件，若方差齐性稍有不符，或在 $n_1 = n_2$ 时，仍可近似地采用本方法。

②如果 $X$ 和 $Y$ 均为正态总体，但 $\sigma_x^2 \neq \sigma_y^2$。构造统计量：

$$T = \frac{(\bar{x} - \bar{y}) - (\mu_x - \mu_y)}{\sqrt{\dfrac{s_x^2}{n_1} + \dfrac{s_y^2}{n_2}}} \tag{3-16}$$

准确地服从自由度为 $n_p$ 的 $t$ 分布，亦即 $T \sim t(n_p)$ 成立。$n_p$ 为联合自由度，其值 $n_p = \dfrac{(s_x^2/n_1 + s_y^2/n_2)^2}{(s_x^2/n_1)^2/(n_1 - 1) + (s_y^2/n_2)^2/(n_2 - 1)}$。

对于给定的风险率 $\alpha$，可以计算出两总体真值差 $\mu_x - \mu_y$ 的 $(1-\alpha) \times 100\%$ 置信区间为 $[(\bar{x} - \bar{y}) - k, (\bar{x} - \bar{y}) + k]$，其中 $k = A_T(\alpha/2, n_p) \cdot \sqrt{\dfrac{s_x^2}{n_1} + \dfrac{s_y^2}{n_2}}$。

**例题 3-3** 比较两种催化剂的转化率 $x$ 与 $y$。已知它们的随机样本相互独立，催化剂 1 的样本容量 $n_1 = 12$，均值 $\bar{x} = 85$，方差 $s_1^2 = 16$；催化剂 2 的样本容量 $n_2 = 10$，均值 $\bar{y} = 81$，

方差 $s_2^2=25$。置信水平取 90%，且两个总体具有方差齐性。

**解**　由于两个总体具有方差齐性，计算联合方差：

$$s_T^2=\frac{(n_1-1)s_1^2+(n_2-1)s_2^2}{n_1+n_2-2}=\frac{(12-1)\times 4^2+(10-1)\times 5^2}{12+10-2}=20.05$$

由此可导出：$s_T=4.478$

在风险率 $\alpha=0.1$ 下，查得临界值 $A_T(0.1/2,12+10-2)=1.725$。而 $\bar{x}-\bar{y}=85-81=4$，$k=A_T\cdot s_T\cdot\sqrt{\frac{1}{n_1}+\frac{1}{n_2}}=3.31$。所以，$4-3.31<\mu_x-\mu_y<4+3.31$。于是，两种催化剂转化率的真值差 $\mu_x-\mu_y$ 的 90%置信区间为[0.69, 7.31]，其中未包含 0，故可得出结论 $\mu_x>\mu_y$。

③若 $n_1\geqslant 30$ 和 $n_2\geqslant 30$ 成立，两总体为任何分布。构造统计量：

$$z=\frac{(\bar{x}-\bar{y})-(\mu_1-\mu_2)}{\sqrt{\frac{s_1^2}{n_1}+\frac{s_2^2}{n_2}}}\tag{3-17}$$

近似地服从标准正态分布，亦即 $z\sim N(0,1)$ 近似成立。对于给定的风险率 $\alpha$，也可以计算出两总体真值差 $\mu_x-\mu_y$ 的 $(1-\alpha)\times 100\%$ 的置信区间 $[(\bar{x}-\bar{y})-k,(\bar{x}-\bar{y})+k]$，其中 $k=A_z(\alpha/2)\sqrt{\frac{s_1^2}{n_1}+\frac{s_2^2}{n_2}}$。

**3. 成对观测值均值差的区间估计**

针对同一客观事物的两种观测，可以得到两个样本。通过对这两个样本的均值差进行估计，以判断这两种观测有无明显差别。与独立样本不同，成对观察值的样本并不相互独立，且它们的总体方差也不一定相同。

设观测的两种总体为 $X$ 和 $Y$，数学期望为 $\mu_x$ 和 $\mu_y$，均值差为 $\mu_d=\mu_x-\mu_y$。现有它们的两个观测样本为 $(x_1,x_2,\cdots,x_n)$ 与 $(y_1,y_2,\cdots,y_n)$，记 $d_i=x_i-y_i(i=1,2,\cdots,n)$，$\bar{d}=\frac{1}{n}\sum_{i=1}^{n}d_i$，$s_d^2=\frac{1}{n-1}\sum_{i=1}^{n}(d_i-\bar{d})^2$。显然，$(d_1,d_2,\cdots,d_n)$ 构成了成对观测值差的一个样本，其均值为 $\bar{d}$，方差为 $s_d^2$。现依据样本数据进行均值差 $\mu_d$ 的区间估计，构造统计量：

$$T=\frac{\bar{d}-\mu_d}{s_d/\sqrt{n}}\tag{3-18}$$

服从自由度为 $n-1$ 的 $t$ 分布，即有 $T\sim t(n-1)$ 成立。对于给定的风险率 $\alpha$，可计算出 $\mu_d$ 的 $(1-\alpha)\times 100\%$ 置信区间为 $[\bar{d}-k,\bar{d}+k]$，其中 $k=A_T(\alpha/2,n-1)\cdot\frac{s_d}{\sqrt{n}}$。

**例题 3-4**　检验两位化验员对同一组试剂的分析测试数据样本 $x$ 和 $y$ 之间是否有显著性差别。这 10 组试样如下表所示。

| $i$ | $x_i$ | $y_i$ | $d_i$ |
|---|---|---|---|
| 1 | 76 | 81 | −5 |
| 2 | 60 | 52 | 8 |

续表

| $i$ | $x_i$ | $y_i$ | $d_i$ |
|---|---|---|---|
| 3 | 85 | 87 | −2 |
| 4 | 58 | 70 | −12 |
| 5 | 91 | 86 | 5 |
| 6 | 75 | 77 | −2 |
| 7 | 82 | 90 | −8 |
| 8 | 64 | 63 | 1 |
| 9 | 79 | 85 | −6 |
| 10 | 88 | 83 | 5 |

**解** 根据题中所列的数据，可计算得：

$$\overline{d}=-1.6$$

$$s_d^2=\frac{n\sum_{i=1}^{n}d_i^2-\left(\sum_{i=1}^{n}d_i\right)^2}{n(n-1)}=\frac{10\times 392-(-16)^2}{10\times 9}=40.7$$

$$s_d=6.38$$

若取风险率 $\alpha=0.02$，则从 $t$ 分布表上可查得 $A_T(0.02/2,10-1)=2.821$，由此可以计算出置信半径 $k=A_T\cdot\frac{s_d}{\sqrt{n}}=2.821\times\frac{6.38}{\sqrt{10}}=5.69$，进而可导出 $\mu_d$ 的 98％置信区间为 $[-1.6-5.69,\ -1.6+5.69]$，即 $-7.29<\mu_d<4.09$，该区间包含了 0，因此两位化验员的分析测试数据无显著性差别。

视频 3－4

**4. 总体方差的区间估计**

总体方差 $\sigma^2$ 的区间估计，往往通过计算它的样本方差来实现。现有它的一个随机样本 $x_1,x_2,\cdots,x_n$，其均值 $\overline{x}=\frac{1}{n}\sum_{i=1}^{n}x_i$，方差 $s^2=\frac{1}{n-1}\sum_{i=1}^{n}(x_i-\overline{x})^2$。

若总体为正态分布，则构造统计量：

$$\chi^2=\frac{(n-1)s^2}{\sigma^2} \tag{3-19}$$

服从自由度为 $n-1$ 的 $\chi^2$ 分布，亦即 $\chi^2\sim\chi^2(n-1)$ 成立。由于 $\chi^2$ 分布是不对称的，在给定风险率 $\alpha$ 下，$\chi^2$ 的临界值一般取为 $A_k(1-\alpha/2,\ n-1)$ 与 $A_k(\alpha/2,\ n-1)$，并满足下式：

$$p\{A_k(1-\alpha/2,\ n-1)<\chi^2<A_k(\alpha/2,\ n-1)\}=1-\alpha \tag{3-20}$$

其概率分布和临界值如图 3-3 所示。

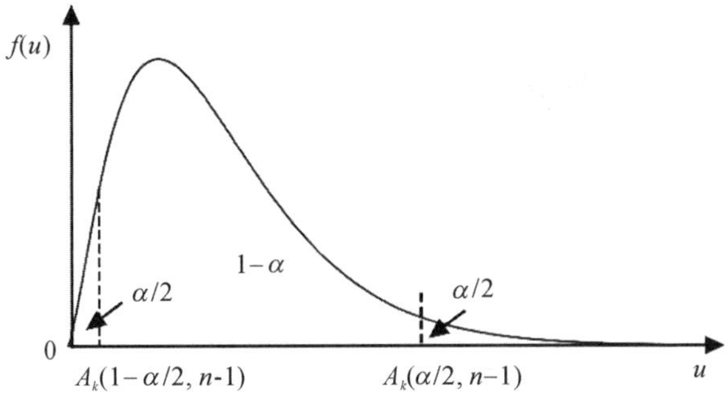


图 3-3　$\chi^2$ 概率分布与临界值选取

将 $\chi^2=\frac{(n-1)s^2}{\sigma^2}$ 代入式(3-20)的不等式中，可求解得：

$$\frac{(n-1)s^2}{A_k(\alpha/2,\ n-1)}<\sigma^2<\frac{(n-1)s^2}{A_k(1-\alpha/2,\ n-1)} \tag{3-21}$$

因此，总体方差 $\sigma^2$ 的 $(1-\alpha)\times100\%$ 置信区间为 $\left[\frac{(n-1)s^2}{A_k(\alpha/2,\ n-1)},\ \frac{(n-1)s^2}{A_k(1-\alpha/2,\ n-1)}\right]$。理论上，此置信区间长度不是最小的，但确是较小的，计算也不繁杂，故常用这样的算法。

**例题 3-5**　测定某反应装置转化率 $x$(%)的 6 个数据：16.7，16.8，16.7，16.4，17.1，16.4。试估计该总体标准差 $\sigma$ 的 90%置信区间。假设总体为正态分布。

**解**　样本容量 $n=6$，由观测数据可计算

样本均值：$\bar{x}=\frac{1}{n}\sum_{i=1}^{n}x_i=16.68$

样本标准差：$s=\sqrt{\frac{1}{n-1}\sum_{i=1}^{n}(x_i-\bar{x})^2}=0.264$

由于置信水平为 90%，即 $1-\alpha=90\%$，故风险率 $\alpha=0.1$，由此查得临界值分别为 $A_k(\alpha/2,\ n-1)=A_k(0.05,\ 5)=11.0705$ 和 $A_k(1-\alpha/2,\ n-1)=A_k(0.95,\ 5)=1.1455$。由式(3-21)可知总体标准差 $\sigma$ 满足

$$0.264\times\sqrt{\frac{6-1}{11.0705}}<\sigma<0.264\times\sqrt{\frac{6-1}{1.1455}}$$

所以，$\sigma$ 的 90%置信区间便为[0.177，0.552]。

$\chi^2$ 分布的自由度 $n-1$ 通常小于 30 或 45。对于大样本，则可用下述方法进行区间估计。

当 $n>30$ 时，构造统计量：

$$z=\frac{s-\sigma}{\sigma/\sqrt{2n}} \tag{3-22}$$

近似地服从标准正态分布。于是，在 $(1-\alpha)\times100\%$ 的置信水平下，下列不等式成立

$$-A_z(\alpha/2)<\frac{s-\sigma}{\sigma/\sqrt{2n}}<A_z(\alpha/2) \tag{3-23}$$

因此，$\sigma$ 的$(1-\alpha)\times100\%$置信区间为：

$$\left[\frac{s}{1+A_z(\alpha/2)/\sqrt{2n}},\ \frac{s}{1-A_z(\alpha/2)/\sqrt{2n}}\right]$$

有关单个总体的参数函数的置信区间可见表 3-1。

**表 3-1 单个总体参数的置信区间**

| 参数 | 条件 | 随机变量 | 分布 | 双侧置信区间上下限 | 单侧置信区间下限 | 单侧置信区间上限 |
|---|---|---|---|---|---|---|
| $\mu$ | $\sigma^2$ 已知，且总体为正态分布或近似正分布或 $n\geqslant30$ | $z=\frac{\bar{x}-\mu}{\sigma/\sqrt{n}}$ | $N(0, 1)$ | $\bar{x}\pm A_z\left(\frac{\alpha}{2}\right)\cdot\frac{\sigma}{\sqrt{n}}$ | $\bar{x}-A_z(\alpha)\cdot\frac{\sigma}{\sqrt{n}}$ | $\bar{x}+A_z(\alpha)\cdot\frac{\sigma}{\sqrt{n}}$ |
| $\mu$ | $\sigma^2$ 未知，且总体为正态分布或近似正分布 | $T=\frac{\bar{x}-\mu}{s/\sqrt{n}}$ | $t(n-1)$ | $\bar{x}\pm A_T\left(\frac{\alpha}{2}, n-1\right)\cdot\frac{s}{\sqrt{n}}$ | $\bar{x}-A_T(\alpha, n-1)\cdot\frac{s}{\sqrt{n}}$ | $\bar{x}+A_T(\alpha, n-1)\cdot\frac{s}{\sqrt{n}}$ |
| $\mu$ | $\sigma^2$ 未知，且 $n\geqslant30$ | $z=\frac{\bar{x}-\mu}{s/\sqrt{n}}$ | $N(0, 1)$ | $\bar{x}\pm A_z\left(\frac{\alpha}{2}\right)\cdot\frac{s}{\sqrt{n}}$ | $\bar{x}-A_z(\alpha)\cdot\frac{s}{\sqrt{n}}$ | $\bar{x}+A_z(\alpha)\cdot\frac{s}{\sqrt{n}}$ |
| $\sigma^2$ | 总体为正态分布 | $\chi^2=\frac{(n-1)\cdot s^2}{\sigma^2}$ | $\chi^2(n-1)$ | $\left[\frac{(n-1)\cdot s^2}{A_k(\alpha/2,n-1)}, \frac{(n-1)\cdot s^2}{A_k(1-\alpha/2, n-1)}\right]$ | $\frac{(n-1)\cdot s^2}{A_k(\alpha, n-1)}$ | $\frac{(n-1)\cdot s^2}{A_k(1-\alpha, n-1)}$ |

**5. 总体方差比的区间估计**

总体 $X$ 和 $Y$ 的方差比 $\sigma_x^2/\sigma_y^2$ 的区间估计，可从它们的样本方差比的分布出发。若 $X$ 和 $Y$ 均为正态总体，现有 $X$ 的一个随机样本，其样本容量 $n_1$，均值 $\bar{x}$，方差 $s_1^2$；$Y$ 的一个随机样本，其样本容量 $n_2$，均值 $\bar{y}$，方差 $s_2^2$，且这两个样本相互独立。构造统计量：

$$F=\frac{s_1^2}{s_2^2}\cdot\frac{\sigma_2^2}{\sigma_1^2} \tag{3-24}$$

服从第 1、第 2 自由度分别为 $n_1-1$ 和 $n_2-1$ 的 $F$ 分布，亦即 $F\sim F(n_1-1, n_2-1)$成立。在给定风险率 $\alpha$ 下，由于 $F$ 分布不对称，通常选取 $F$ 分布的临界值为 $A_F(1-\alpha/2, n_1-1, n_2-1)$与 $A_F(\alpha/2, n_1-1, n_2-1)$，满足下式：

$$p\{A_F(1-\alpha/2, n_1-1, n_2-1)<F<A_F(\alpha/2, n_1-1, n_2-1)\}=1-\alpha \tag{3-25}$$

其概率分布和临界值如图 3-4 所示。

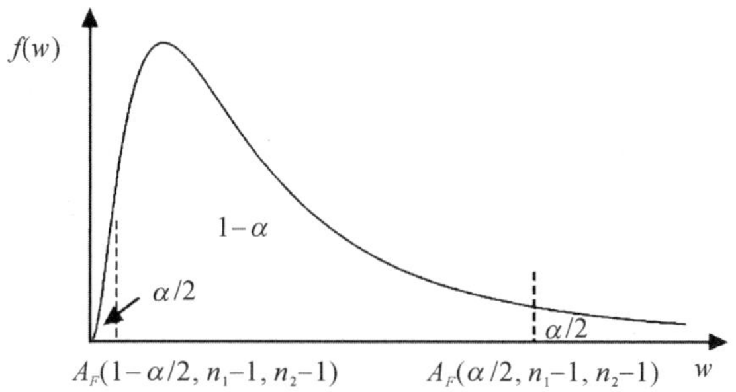


图 3-4　F 概率分布及其临界值

将 $F=\frac{s_x^2}{s_y^2}\cdot\frac{\sigma_y^2}{\sigma_x^2}$ 代入式(3-25)，并考虑

$$A_F\left(1-\frac{\alpha}{2},\ n_1-1,\ n_2-1\right)=\frac{1}{A_F\left(\frac{\alpha}{2},\ n_2-1,\ n_1-1\right)}$$

于是得：

$$\frac{1}{A_F(\alpha/2,\ n_2-1,\ n_1-1)}<\frac{\sigma_2^2}{\sigma_1^2}\cdot\frac{s_1^2}{s_2^2}<\frac{1}{A_F(\alpha/2,\ n_1-1,\ n_2-1)} \tag{3-26}$$

因此，总体方差比 $\sigma_x^2/\sigma_y^2$ 的 $(1-\alpha)\times100\%$ 置信区间为

$$\left[\frac{s_x^2}{s_y^2}\cdot\frac{1}{A_F(\alpha/2,\ n_1-1,\ n_2-1)},\ \frac{s_x^2}{s_y^2}\cdot\frac{1}{A_F(\alpha/2,\ n_2-1,\ n_1-1)}\right]$$

理论上，上述估计的置信区间的长度均值不是最小的，但确是较小的，计算较为简单，故常用这种算法。若要计算长度均值为最小的置信区间，其计算很繁杂。

有关两个总体的参数函数的置信区间可见表 3-2。

**6. 容许区间与容许限**

为了控制产品质量，工程上经常使用容许区间和容许限的概念。相较于置信区间，这两个概念在某些领域显得更加重要。

容许区间，是指有 $(1-\alpha)\times100\%$ 置信度确认在每次所采集的样本中包含 $(1-\delta)\times100\%$ 的观测值落入其内的取值范围，其中 $\alpha$ 和 $\delta$ 均为小于 1 接近于 0 的正数。容许区间的两个端点称为容许限，亦即容许上限和容许下限。这里，可以将容许区间视为置信区间的推广，它们皆以 $(1-\alpha)\times100\%$ 的置信度包含所指定的对象。两者的主要区别在于，置信区间包含的对象通常为一个确定的总体参数，容许区间包含的对象则是一组随机的观测值，且这组随机的观测值中被容许区间覆盖的个数应不少于 $n\times(1-\delta)\times100\%$。其中 $n$ 为观测的样本容量。容许区间及其包含对象的情况如图 3-5 所示。

**表 3-2　两个总体待估计参数的置信区间**

| 参数 | 条件 | 随机变量 | 分布 | 双侧置信区间上、下限 | 单侧置信区间下限 | 单侧置信区间上限 |
|---|---|---|---|---|---|---|
| $\mu_1-\mu_2$ | $\sigma_1$，$\sigma_2$ 已知，且两总体均为正态分布，或 $n_1\geqslant30$ 及 $n_2\geqslant30$ | $z=\dfrac{(\bar{x}-\bar{y})-(\mu_1-\mu_2)}{\sqrt{\dfrac{\sigma_1^2}{n_1}+\dfrac{\sigma_2^2}{n_2}}}$ | $N(0,1)$ | $(\bar{x}-\bar{y})\pm A_z\left(\dfrac{\alpha}{2}\right)\cdot\sqrt{\dfrac{\sigma_1^2}{n_1}+\dfrac{\sigma_2^2}{n_2}}$ | $(\bar{x}-\bar{y})-A_z(\alpha)\cdot\sqrt{\dfrac{\sigma_1^2}{n_1}+\dfrac{\sigma_2^2}{n_2}}$ | $(\bar{x}-\bar{y})+A_z(\alpha)\cdot\sqrt{\dfrac{\sigma_1^2}{n_1}+\dfrac{\sigma_2^2}{n_2}}$ |
| $\mu_1-\mu_2$ | $\sigma_1$，$\sigma_2$ 未知，且总体为正态分布，但 $\sigma_1=\sigma_2$ | $T=\dfrac{(\bar{x}-\bar{y})-(\mu_1-\mu_2)}{s_T\cdot\sqrt{\dfrac{1}{n_1}+\dfrac{1}{n_2}}}$ | $t(n_1+n_2-2)$ | $(\bar{x}-\bar{y})\pm A_T\left(\dfrac{\alpha}{2},n_1+n_2-2\right)\cdot s_T\cdot\sqrt{\dfrac{1}{n_1}+\dfrac{1}{n_2}}$ | $(\bar{x}-\bar{y})-A_T(\alpha,n_1+n_2-2)\cdot s_T\cdot\sqrt{\dfrac{1}{n_1}+\dfrac{1}{n_2}}$ | $(\bar{x}-\bar{y})+A_T(\alpha,n_1+n_2-2)\cdot s_T\cdot\sqrt{\dfrac{1}{n_1}+\dfrac{1}{n_2}}$ |
| $\mu_1-\mu_2$ | $\sigma_1$，$\sigma_2$ 未知，且总体为正态分布，但 $\sigma_1=\sigma_2$ | $T=\dfrac{(\bar{x}-\bar{y})-(\mu_1-\mu_2)}{\sqrt{\dfrac{s_1^2}{n_1}+\dfrac{s_2^2}{n_2}}}$ | $t(n_p)$ | $(\bar{x}-\bar{y})\pm A_T\left(\dfrac{\alpha}{2},n_p\right)\cdot\sqrt{\dfrac{s_1^2}{n_1}+\dfrac{s_2^2}{n_2}}$ | $(\bar{x}-\bar{y})-A_T(\alpha,n_p)\cdot\sqrt{\dfrac{s_1^2}{n_1}+\dfrac{s_2^2}{n_2}}$ | $(\bar{x}-\bar{y})+A_T(\alpha,n_p)\cdot\sqrt{\dfrac{s_1^2}{n_1}+\dfrac{s_2^2}{n_2}}$ |
| $\mu_1-\mu_2$ | $\sigma_1$，$\sigma_2$ 未知，且 $n_1\geqslant30$ 及 $n_2\geqslant30$ | $z=\dfrac{(\bar{x}-\bar{y})-(\mu_1-\mu_2)}{\sqrt{\dfrac{s_1^2}{n_1}+\dfrac{s_2^2}{n_2}}}$ | $N(0,1)$ | $(\bar{x}-\bar{y})\pm A_T\left(\dfrac{\alpha}{2}\right)\cdot\sqrt{\dfrac{s_1^2}{n_1}+\dfrac{s_2^2}{n_2}}$ | $(\bar{x}-\bar{y})-A_T(\alpha)\cdot\sqrt{\dfrac{s_1^2}{n_1}+\dfrac{s_2^2}{n_2}}$ | $(\bar{x}-\bar{y})+A_T(\alpha)\cdot\sqrt{\dfrac{s_1^2}{n_1}+\dfrac{s_2^2}{n_2}}$ |
| $\mu_d$ | 两总体为成对观测值 | $T=\dfrac{\bar{d}-\mu_d}{s_d/\sqrt{n}}$ | $t(n-1)$ | $\bar{d}\pm A_T\left(\dfrac{\alpha}{2},n-1\right)\cdot\dfrac{s_d}{\sqrt{n}}$ | $\bar{d}-A_T(\alpha,n-1)\cdot\dfrac{s_d}{\sqrt{n}}$ | $\bar{d}+A_T(\alpha,n-1)\cdot\dfrac{s_d}{\sqrt{n}}$ |
| $\sigma_1^2/\sigma_2^2$ | 两总体均为正态分布 | $F=\dfrac{\sigma_2^2}{\sigma_1^2}\cdot\dfrac{s_1^2}{s_2^2}$ | $F(n_1-1,n_2-1)$ | $\left[\dfrac{s_1^2}{s_2^2}\cdot\dfrac{1}{A_F(\alpha/2,n_1-1,n_2-1)},\ \dfrac{s_1^2}{s_2^2}\cdot\dfrac{1}{A_F(\alpha/2,n_2-1,n_1-1)}\right]$ | $\dfrac{s_1^2}{s_2^2}\cdot\dfrac{1}{A_F(\alpha,n_1-1,n_2-1)}$ | $\dfrac{s_1^2}{s_2^2}\cdot\dfrac{1}{A_F(\alpha,n_2-1,n_1-1)}$ |

备注：$s_T^2=\dfrac{(n_1-1)s_1^2+(n_2-1)s_2^2}{n_1+n_2-2}$，$n_p=\dfrac{(s_1^2/n_1+s_2^2/n_2)^2}{(s_1^2/n_1)^2/(n_1-1)+(s_2^2/n_2)^2/(n_2-1)}$

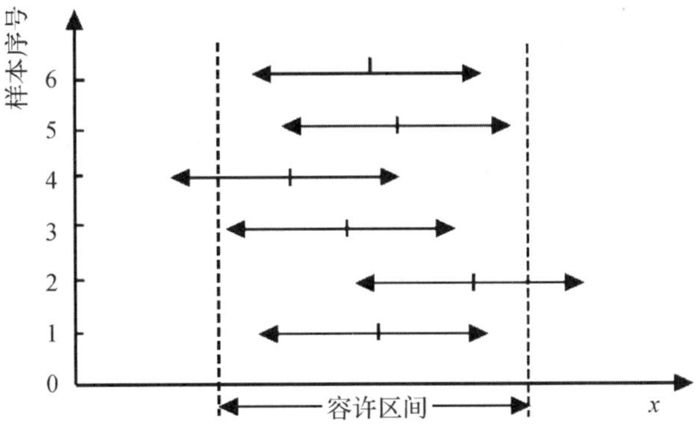


图 3-5　容许区间随机样本的覆盖

容许区间具有实际应用的意义，因为在某些问题中需要求出一个区间，使得总体落在其中的概率不小于某个值，比如$(1-\delta)\times 100\%$。如果该总体的分布已知，那么可以通过求解来获得此区间。但是，当该总体的分布未知，则该区间的上下限就必须由样本来估计。此时，总体落在容许区间内的概率就是一个随机变量，而这个概率不小于某个值也是一个随机事件，且这个随机事件的发生也需要用一个概率来度量与控制。因此，容许区间的设定既要考虑总体的分布情况，又要通过样本数据实现其估计，以保证容许区间对于随机观测值的覆盖能够达到有意义的程度，从而实现对总体落在该区间内的概率进行估计和控制。

正态总体 $X$ 的真值 $\mu$ 和标准差 $\sigma$ 均未知，观测值的容许区间为$[\bar{x}-k\times s, \bar{x}+k\times s]$，其中 $\bar{x}$ 为样本均值，$s$ 为样本标准差，$k$ 可根据两个参数 $\alpha$，$\delta$ 以及样本容量 $n$ 从正态分布双侧容许限系数表上查得，即 $k(1-\alpha, 1-\delta, n)$，并由此计算容许的上限和下限。

**例题 3-6**　测量获得 9 批产品中某组分的浓度为：1.01，0.97，1.03，1.04，0.99，0.98，0.99，1.01，1.03$\text{mg}\cdot\text{L}^{-1}$。试求占 95%批产品的 99%容许限。

**解**　由该样本的 9 个观测值可计算得：

$$\bar{x}=1.0056\text{mg}\cdot\text{L}^{-1}, s=0.0245\text{mg}\cdot\text{L}^{-1}$$

从正态分布双侧容许限系数表上查得 $k(0.99, 0.95, 9)=4.550$。所以，容许限为$(1.0056\pm 4.550\times 0.0245)\text{mg}\cdot\text{L}^{-1}$，即容许区间为$[0.849, 1.117]\text{mg}\cdot\text{L}^{-1}$。可见有 99%的置信度确认$[0.849, 1.117]\text{mg}\cdot\text{L}^{-1}$包含该产品中某组分浓度值测定次数的 95%。

对于此例，也可算得总体真值 $\mu$ 的 99%置信区间为$[0.978, 1.003]\text{mg}\cdot\text{L}^{-1}$。可见，容许区间宽于相同置信水平下的置信区间。

# 3.2　假设检验

## 3.2.1　假设检验的基本原理

除了参数估计之外，在实际应用中还会遇到这样的问题：某一样本均数是否来自已知均数总体，两个不同样本均数是否来自均数相同的总体，等等。要回答这类问题，需要用统计推断的另一种方法，即假设检验来解决。

**1. 假设检验的原理和步骤**

假设检验，也称为显著性检验，它首先对总体的特征提出假设，比如总体真值为某个值、总体分布为某种分布等。然后，根据随机样本提供的信息，计算检验统计量并确定其概率 $p$ 值。基于小概率原理，判断该样本是否支持原假设，从而推断假设是否成立，并做出统计决策。假设检验的一般步骤为：

①针对待检验的未知参数 $\theta$，根据问题的性质和需要提出一个单边或双边的原假设 $H_0$；

②选定一个显著性水平 $\alpha$，常取 $\alpha=0.05$ 或 $0.01$；

③构造一个检验统计量 $G$，并根据样本自由度等信息确定其概率 $p$ 值；

④基于小概率原理，依据 $p$ 值对原假设 $H_0$ 作出取舍，即若 $p\leqslant\alpha$，则接受原假设 $H_0$；若 $p>\alpha$，拒绝接受原假设 $H_0$，接受其对立假设 $H_1$。

假设检验是一种基于概率的反证法。通常采用结论成立的假设为原假设，也称为零假设，记为 $H_0$；与之对立的假设为备择假设，也称为对立假设，记为 $H_1$。原假设与备择假设的地位是不同的，因为它们并不对称或可互换。

**2. 假设检验的两类错误**

假设检验的基础是实际推断原理，即小概率事件在一次试验中发生的概率较低。但是，这并不意味着小概率事件是不可能发生的。事实上，当原假设 $H_0$ 成立时，也有可能抽样计算的检验统计量值落在拒绝域内，使得本来成立的 $H_0$ 被错误地拒绝了，即拒绝了一个符合事实的假设，这种错误称为第一类错误，或称为“弃真”的错误。犯第一类错误的概率恰好就等于显著水平 $\alpha$。但也有另一种可能，当原假设 $H_0$ 不成立时，而抽样计算的统计量值并未落在拒绝域中，$H_0$ 被错误地接受了，即接受了一个与事实不符的假设，这种错误称为第二类错误，或称为“取伪”错误。

在实践中，通常会发现减少其中一种错误的概率可能会导致另一种错误概率的增加。因此，为了尽量减少对结果的负面影响，需要控制犯第一种错误的概率，同时尽量减小犯第二种错误的概率。在统计学中，这两种错误分别被称为“假阳性”和“假阴性”，通常用字母 $\alpha$ 和 $\beta$ 来表示。

$$\alpha=p(\text{第一类错误})=p(\text{拒绝 } H_0 \mid H_0 \text{ 为真})$$

$$\beta=p(\text{第二类错误})=p(\text{接受 } H_0 \mid H_0 \text{ 为假})$$

为此，通常会通过计算假设检验的功效函数 $M$ 来评估假设检验的效果，并根据结果做进一步的分析和决策。

$$M=1-\beta=p(\text{拒绝 } H_0 \mid H_0 \text{ 为假})$$

功效函数描述了在特定备择假设成立的情况下，检验能够拒绝原假设的概率，也就是说检验能够识别出实际上备择假设成立的情况。功效函数越高，表示假设检验在识别备择假设上的能力越强。功效函数受到许多因素的影响，比如样本量、显著性水平、检验的类型等，因此需要综合考虑这些因素来评估假设检验的效果。

在假设检验中，一般是先确定犯第一种错误的概率值 $\alpha$（检验的显著性水平），然后设计检验方法，使得犯第二种错误的概率值 $\beta$ 适当减小。一般，当样本容量 $n$ 一定时，若 $\alpha$ 取值越小，犯“弃真”错误的概率就越小，拒绝原假设的概率也会相应变小，此时犯“取伪”错误的概率就会增大。因此，同时减小两类错误的概率是很困难的。在 $\alpha$ 确定的情况下，要减少“取伪”错误的概率，就只有增加样本容量 $n$。

需要注意的是，当假设检验的结果是拒绝原假设 $H_0$ 时，这个结论是比较有说服力的。但是，当假设检验的结果是接受原假设时，这个结论就没有那么有说服力了。因为只是找到了不拒绝原假设的理由，如果换一个假设可能就被接受，这种结论的置信度就相对较低。

## 3.2.2　随机误差的检验

### 1. $\chi^2$ 检验

$\chi^2$ 检验，又称为卡方检验，用于一个总体方差的方差齐性检验，即在总体方差 $\sigma^2$ 已知的情况下，对试验样本数据的随机误差或精密度进行检验。

视频 3－5

现有一组试验样本数据 $x_1, x_2, \cdots, x_n$ 服从正态分布，则构造统计量：

$$\chi^2 = \frac{(n-1)s^2}{\sigma^2} \tag{3-27}$$

服从自由度为 $df=n-1$ 的 $\chi^2$ 分布。给定显著性水平 $\alpha$，由附录 3 的 $\chi^2$ 分布表查得临界值 $\chi^2_\alpha(df)$，将由式(3-27)计算的 $\chi^2$ 值同临界值 $\chi^2_\alpha(df)$ 比较，以判断两者有无显著性差异。

双侧(尾)检验(two-sided/tailed test)：若 $\chi^2_{1-\alpha/2} < \chi^2 < \chi^2_{\alpha/2}$，则可判断该样本数据的方差同总体方差无显著差异，否则有显著差异。

单侧(尾)检验(one-sided/tailed test)：若 $\chi^2 > \chi^2_{1-\alpha}(df)$，$s^2 < \sigma^2$，则判断该样本数据的方差同总体方差相比无显著减小，此为左侧(尾)检验。若 $\chi^2 < \chi^2_\alpha(df)$，$s^2 > \sigma^2$，则判断该样本数据的方差同总体方差相比无显著增大，此为右侧(尾)检验。

实践中，如果对所研究的问题仅需判断有无显著差异，则采用双侧检验；如果所关心的某个参数是否比某个值偏大(或偏小)，则宜采用单侧检验。图 3-6 表示了双侧和单侧(左侧、右侧)检验的区别和联系。

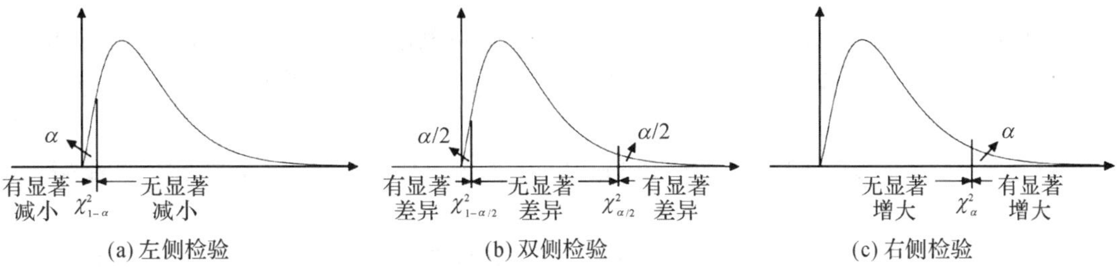


图 3-6　双侧检验和单侧检验

**例题 3-7**　某分光光度计测定某样品中 $Al^{3+}$ 的浓度，在正常情况下测定结果的方差 $\sigma^2=0.0225$。在一次损坏检修后，用它测定同样的样品获取的 $Al^{3+}$ 浓度(mg/mL)分别为：0.142，0.156，0.161，0.145，0.176，0.159，0.165。试问该分光光度计检修后检测的稳定性是否发生了显著变化($\alpha=0.05$)。

**解**　检测数据的随机误差可反映仪器的“稳定性”。仪器检修后的测试样本方差若比正常情况的方差显著变大或变小，都认定仪器的稳定性发生了显著变化。在此，选用 $\chi^2$ 的双侧检验。基于提供的观测数据样本，可计算得：

$$s^2=0.000135$$

$$\chi^2=\frac{(n-1)s^2}{\sigma^2}=\frac{(7-1)\times 0.000135}{0.15^2}=0.036$$

依题意，$n=7,df=6$，$\alpha=0.05$，查得临界值：$\chi^2_{0.975}(6)=1.237$，$\chi^2_{0.025}(6)=14.449$。可见 $\chi^2$ 计算值落在(1.237，14.449)区间之外，故仪器经检修后其稳定性有了显著变化。

**例题 3-8** 某厂进行技术改造以控制工业酒精中甲醇含量的波动性。原工艺生产的酒精中甲醇含量方差 $\sigma^2=0.35$。技术改造后，抽样检验的样品数为 25 个，甲醇含量方差 $s^2=0.15$。试问技术改造后工业酒精中甲醇含量的波动性是否更小($\alpha=0.05$)？

**解** 依据题意，选用 $\chi^2$ 单侧(左侧)检验：

$$\chi^2=\frac{(n-1)s^2}{\sigma^2}=\frac{(25-1)\times 0.15}{0.35}=10.3$$

当 $\alpha=0.05,df=25-1=24$ 时，查 $\chi^2$ 分布表得 $\chi^2_{0.95}(24)=13.848$。由于 $\chi^2_{0.95}>\chi^2$，所以，经过技术改进后，工业酒精中甲醇含量的波动较之前明显减小，即技术改进对于稳定工业酒精的质量有明显的改善效果。

**2. *F* 检验**

视频 3－6

*F* 检验适用于比较具有正态分布的两组试验数据之间的精密度，即帮助确认两组数据的方差有无显著性差异。设有两组正态分布试验数据 $x_1^{(1)},x_2^{(1)},\cdots,x_{n_1}^{(1)}$ 和 $x_1^{(2)},x_2^{(2)},\cdots,x_{n_2}^{(2)}$，它们的样本方差分别为 $s_1^2$ 和 $s_2^2$，则构造统计量：

$$F=\frac{s_1^2}{s_2^2} \tag{3-28}$$

服从第一自由度 $df_1=n_1-1$，第二自由度 $df_2=n_2-1$ 的 $F$ 分布(见附录 4)。在给定显著性水平 $\alpha$ 下，将计算的 $F$ 值与临界值比较，即可作出检验结论。

双侧检验时，若 $F_{1-\alpha/2}(df_1,df_2)<F<F_{\alpha/2}(df_1,df_2)$，可判断 $s_1^2$ 和 $s_2^2$ 无显著性差异，否则有显著差异。

单侧检验时，若 $F<1$，且 $F>F_{1-\alpha}(df_1,df_2)$，可判断 $s_1^2$ 比 $s_2^2$ 无显著性减小，否则有显著性减小，此为左侧检验。若 $F>1$，且 $F<F_\alpha(df_1,df_2)$，可判断 $s_1^2$ 比 $s_2^2$ 无显著性增大，否则有显著性增大，此为右侧检验。

**例题 3-9** 原子吸收光谱法(新法)和 EDTA(旧法)测定某工业废水中 $Al^{3+}$ 的浓度(mg/mL)，结果数据如下：

新法：0.163，0.175，0.159，0.168，0.169，0.161，0.166，0.179，0.174，0.173；

旧法：0.153，0.181，0.165，0.155，0.156，0.161，0.176，0.174，0.164，0.183，0.179。

试问：在显著性水平 $\alpha=0.05$ 下：

(1)两种方法的精密度是否有显著性差异；

(2)新法是否比旧法的精密度有显著性提高。

**解** (1)选用 $F$ 双侧检验，基于两组测量结果计算两种方法的方差及统计量 $F$ 值：

$$s_1^2=4.29\times 10^{-5},\ s_2^2=1.23\times 10^{-4}$$

$$F=\frac{s_1^2}{s_2^2}=\frac{4.29\times 10^{-5}}{1.23\times 10^{-4}}=0.350$$

在 $\alpha=0.05$，$df_1=9$，$df_2=10$ 条件下，从附录 4 的 $F$ 分布表查得 $F_{0.975}(9, 10)=0.252$，$F_{0.025}(9, 10)=3.779$。由于 $F_{0.975}(9, 10)<F<F_{0.025}(9, 10)$，所以这两种测量方法的方差无显著性差异，即这两种方法的精密度是一致的。

(2)选用 $F$ 单侧(左侧)检验。在 $\alpha=0.05$，$df_1=9$，$df_2=10$ 条件下，从附录 4 的 $F$ 分布表查得 $F_{0.95}(9, 10)=0.319$。由于 $F>F_{0.95}(9, 10)$，所以，同旧法相比新法的精密度没有显著性提高。

## 3.2.3　系统误差的检验

如果试验数据的平均值与真实值之间的差异很大，一般认定试验数据的准确度不高，这可能是由于试验方法或试验数据的系统误差较大所导致的。因此，对试验数据的平均值进行检验，实际上是在检验系统误差。在相同条件下进行多次重复试验，一般无法发现系统误差。只有当改变系统误差的条件时，才能检测到其存在。因此，为了消除或削减系统误差以提高试验数据的准确度，需要不断改进试验方法或进行必要的优化调整。

系统误差检验的前提是样本服从正态分布，方法有 $u$ 检验法和 $t$ 检验法两种，前者用于大样本均值的检验，$t$ 检验法用于小样本均值检验。

**1. *u* 检验**

$u$ 检验法适用于服从正态分布 $N(\mu, \sigma^2)$ 的大样本均值检验，且总体 $\sigma$ 已知。据此，按正态分布规律构造并计算统计量 $u=\dfrac{|\bar{x}-\mu|}{\sigma/\sqrt{n}}$，将其与标准正态分布表查取的临界值比较，以确认样本均值是否发生显著性变化或两个样本均值是否一致。

视频 3－7

(1)样本均值的一致性检验

随机样本数据 $x_i(i=1,2,\cdots,n)$，计算样本均值 $\bar{x}$，它遵循正态分布 $N(\mu, (\sigma/\sqrt{n})^2)$。构造统计量：

$$u=\frac{\bar{x}-\mu}{\sigma/\sqrt{n}} \tag{3-29}$$

服从标准正态分布 $N(0, 1)$。在显著性水平 $\alpha$ 下，从正态分布表中可查得临界值 $u_{\alpha/2}$。

双侧检验时，原假设 $H_0$：$\bar{x}=\mu$。若 $u<u_{\alpha/2}$，接受原假设，即样本均值与总体真值无显著性差异；若 $u>u_{\alpha/2}$，拒绝原假设，即样本均值与总体真值有显著性差异。

单侧检验时，若进行右侧检验，原假设 $H_0$：$\bar{x}\geqslant\mu$。此时 $u>0$，若 $u>u_\alpha$，接受原假设，即样本均值 $\bar{x}$ 比总体真值 $\mu$ 有显著性增大；进行左侧检验，则原假设 $H_0$：$\bar{x}\leqslant\mu$。此时 $u<0$，若 $u<-u_\alpha$，接受原假设，即样本均值 $\bar{x}$ 比总体真值 $\mu$ 有显著性减小。

(2)两个样本均值的一致性检验

两个样本均值都遵循正态分布，但它们的方差 $\sigma_1^2\neq\sigma_2^2$，可选用 $u$ 检验法判断两个样本均值是否有显著性差异，即原假设 $H_0$：$\mu_1=\mu_2$。两个样本遵循 $N(\mu_1, \sigma_1^2)$ 和 $N(\mu_2, \sigma_2^2)$ 的正态分布，样本容量为 $n_1$ 和 $n_2$，均值为 $\bar{x}_1$ 和 $\bar{x}_2$。构造统计量：

$$u=|\bar{x}_1-\bar{x}_2|/\sqrt{\frac{\sigma_1^2}{n_1}+\frac{\sigma_2^2}{n_2}} \tag{3-30}$$

在显著性水平 $\alpha$ 下，若 $u>u_{\alpha/2}$，拒绝原假设，即认为两个样本均值存在显著性差异。若单侧检验，其中右侧检验，原假设：$u_1\leqslant u_2$，当 $u>u_\alpha$ 时，接受原假设；左侧检验：原假设：$u_1\geqslant u_2$，当 $u>u_\alpha$ 时，接受原假设。

**2. *t* 检验**

视频 3－8

(1)样本均值与总体真值的比较

一般情况下，由于试验次数是有限的，多选用适于小样本($n<30$)的 $t$ 检验。检验原假设 $H_0$：$\bar{x}=\mu_0$，计算样本均值 $\bar{x}$ 和标准差 $s$，构造并计算统计量：

$$t=\frac{|\bar{x}-\mu_0|}{s/\sqrt{n}} \tag{3-31}$$

服从自由度 $df=n-1$ 的 $t$ 分布。根据显著性水平 $\alpha$ 和自由度 $df$，从附录 2 的 $t$ 分布表查得临界值 $t_{\alpha/2}(df)$。若 $t>t_{\alpha/2}(df)$，则拒绝原假设。

双侧检验时，若 $t<t_{\alpha/2}(df)$，可判定样本均值与总体真值无显著性差异，否则有显著性差异。单侧检验时，若 $\bar{x}\leqslant\mu_0$，$t<t_\alpha$，可判断样本均值同总体真值相比无显著性减小，此为左侧检验；若 $\bar{x}\geqslant\mu_0$，$t<t_\alpha$，可判断样本均值同总体真值相比无显著性增大，此为右侧检验。

**例题 3-10** 为了判断某种新型快速水分测定仪的测量可靠性，现用该仪器测定湿基含水量 7.5%的某标准样品，5 次测量结果(%)为：7.6，7.8，8.5，8.3，8.7。若显著性水平 $\alpha=0.05$，试检验：

(1)该仪器的测量结果是否存在系统误差？

(2)该仪器的测量结果较标准值是否明显偏大？

**解** 依题意，(1)属于双侧检验，(2)属于单侧检验。基于样本数据，可计算得：

$$\bar{x}=8.2,\ s=0.47$$

$$t=\frac{\bar{x}-\mu_0}{s/\sqrt{n}}=\frac{8.2-7.5}{0.47/\sqrt{5}}=3.3$$

根据显著性水平 $\alpha=0.05$ 和 $df=5-1=4$，从 $t$ 分布的单侧分位数表查得 $t_{0.025}(4)=2.776$，$t_{0.05}(4)=2.132$。

因为，$t>t_{0.025}(4)$且 $t>0$，所以仪器的测量结果不仅存在显著的系统误差，而且它的测量结果较标准值是明显偏大的。

视频 3－9

(2)两个样本均值的比较

服从正态分布的两个样本数据：$x_1^{(1)},x_2^{(1)},\cdots,x_{n_1}^{(1)}$ 与 $x_1^{(2)},x_2^{(2)},\cdots,x_{n_2}^{(2)}$，均值为 $\bar{x}_1$ 和 $\bar{x}_2$，样本容量为 $n_1$ 和 $n_2$。现视两个样本数据的方差是否存在显著性差异，分两种情况进行讨论。

①若两个样本数据的方差无显著性差异，则构造统计量：

$$t=\frac{\bar{x}_1-\bar{x}_2}{s}\sqrt{\frac{n_1n_2}{n_1+n_2}} \tag{3-32}$$

服从自由度 $df=n_1+n_2-2$ 的 $t$ 分布，式中 $s$ 为联合标准差，其计算式为：

$$s=\sqrt{\frac{(n_1-1)s_1^2+(n_2-1)s_2^2}{n_1+n_2-2}} \tag{3-33}$$

②若两个样本数据的精密度或方差有显著性差异，则构造统计量：

$$t=\frac{\bar{x}_1-\bar{x}_2}{\sqrt{\frac{s_1^2}{n_1}+\frac{s_2^2}{n_2}}} \tag{3-34}$$

服从自由度为 $df$ 的 $t$ 分布，其中 $df$ 的计算式为：

$$df=\frac{(s_1^2/n_1+s_2^2/n_2)^2}{\frac{(s_1^2/n_1)^2}{n_1+1}+\frac{(s_2^2/n_2)^2}{n_2+1}}-2 \tag{3-35}$$

根据给定的显著性水平 $\alpha$，比较 $t$ 的计算值与临界值，以做出检验结论。双侧检验时，若 $|t|<t_{\alpha/2}$，则可判断两个样本均值之间无显著性差异，否则有显著性差异。单侧检验时，若 $t<0$，且 $|t|<t_\alpha$，则可判断 $\bar{x}_1$ 较 $\bar{x}_2$ 无显著性减小，否则有显著性减小，此为左侧检验；若 $t>0$ 且 $|t|<t_\alpha$，则可判断 $\bar{x}_1$ 较 $\bar{x}_2$ 无显著性增大，否则有显著性增大，此为右侧检验。

**例题 3-11**　用烘箱法(A)和快速水分测定仪法(B)测定某样品中的含水量(%)，测量结果如下：

方法 $A$：12.2，14.7，18.3，14.6，18.6；

方法 $B$：17.3，17.9，16.3，17.4，17.6，16.9，17.3。

现给定的显著性水平 $\alpha=0.05$，试检验这两种方法之间是否存在系统误差？

**解**　(1)先判断两种方法的方差有无显著差异，为此计算各自的均值和方差，进而计算统计量：

$$\bar{x}_A=15.7,\ s_A^2=7.41$$

$$\bar{x}_B=17.2,\ s_B^2=0.266$$

$$F=\frac{s_A^2}{s_B^2}=\frac{7.41}{0.266}=27.8$$

根据给定的显著性水平 $\alpha=0.05$，$df_A=n_A-1=4$，$df_B=n_B-1=6$，从附录4的 $F$ 分布表查得 $F_{0.05}(4,6)=4.533$。因为 $F>F_{0.05}(4,6)$，所以两种方法的方差有显著性差异。

(2)进行异方差的 $t$ 检验。

$$t=\frac{\bar{x}_A-\bar{x}_B}{\sqrt{\frac{s_A^2}{n_A}+\frac{s_B^2}{n_B}}}=\frac{15.7-17.2}{\sqrt{\frac{7.41}{5}+\frac{0.266}{7}}}=-1.22$$

$$df=\frac{(s_A^2/n_A+s_B^2/n_B)^2}{\frac{(s_A^2/n_A)^2}{n_A+1}+\frac{(s_B^2/n_B)^2}{n_B+1}}-2=\frac{(7.41/5+0.266/7)^2}{\frac{(7.41/5)^2}{5+1}+\frac{(0.266/7)^2}{7+1}}-2\approx 4$$

根据给定的显著性水平 $\alpha=0.05$，从附录2单侧检验的 $t$ 分布表查得 $t_{0.025}(4)=2.776$。由于 $|t|<t_{0.025}(4)$，所以两种方法的均值无显著性差异，即两种方法之间不存在系统误差。

从本例假设检验的结果表明，虽然两组数据的方差有显著性差异，即精密度不一致，但它们的均值之间却没有显著性差异，即正确度是一致的，这可以反映出精密度和正确度的区别。$u$ 检验或 $t$ 检验的主要目的是比较样本均值的准确度，而准确度受到精密度和系统误差的影响。因此，只有在精密度一致的情况下才能进行系统误差的检验。

**3. 成对数据的检验**

成对数据的检验，除了被比较的因素之外，其他条件都是相同的。比如，同一来源的样品使用两种分析方法或两种仪器测定，抑或两个分析人员使用相同方法测定。这种检验可判断系统误差是否存在。同时，通过成对数据的比较，可以减少随机误差的影响，提高检验结果的可靠性，并可找出潜在的系统误差，以优化试验方法、仪器或分析人员，提高测定结果准确性。

成对数据的检验，是将成对数据之差的均值与零或其他指定值相比较。构造统计量：

$$t=\frac{\overline{d}-d_0}{s_d/\sqrt{n}} \tag{3-36}$$

服从自由度为 $df=n-1$ 的 $t$ 分布。式中 $d_0$ 可取零或给定值，$\overline{d}$ 是成对数据差值 $x_i^{(1)}-x_i^{(2)}$ 的均值，$s_d$ 则是成对数据差值的标准差，它们的计算公式如下：

$$\overline{d}=\frac{\sum_{i=1}^{n}(x_i^{(1)}-x_i^{(2)})}{n}=\frac{\sum_{i=1}^{n}d_i}{n} \tag{3-37}$$

$$s_d=\sqrt{\frac{\sum_{i=1}^{n}(d_i-\overline{d})^2}{n-1}}=\sqrt{\frac{\sum_{i=1}^{n}d_i^2-\left(\sum_{i=1}^{n}d_i\right)^2/n}{n-1}} \tag{3-38}$$

在给定显著性水平 $\alpha$ 下，若 $|t|<t_{\alpha/2}$，则成对数据之间不存在显著性系统误差，否则两组数据之间存在显著性系统误差。

需要注意的是，成对数据的自由度为 $n-1$ 较小，而分组试验的自由度为 $n_1+n_2-1$。由于后者的自由度大，因此后者的统计检验灵敏度更高。一般来说，如果研究的因素效应比其他因素的效应大得多，或其他因素可以被严格控制，那么采用分组试验方法比较合适；否则，成对试验更适合。

**例题 3-12** 两种不同方法测定某水剂型铝粉膏的发气率，测得 4min 发气率(%)的结果数据如下：

方法 A：44，45，50，55，48，49，53，42；

方法 B：48，51，53，57，56，41，47，50。

试问两种方法之间是否存在系统误差($\alpha=0.05$)？

**解** 选用成对数据检验，计算两种方法 $d_i$ 分别为：−4，−6，−3，−2，−8，8，6，−8。由此，可计算均值和标准差：$\overline{d}=-2.125$，$s_d=6.058$。若两种方法之间无系统误差，则可假设 $d_0=0$。现计算统计量：

$$t=\frac{\overline{d}-d_0}{s_d/\sqrt{n}}=\frac{-2.125-0}{6.058/\sqrt{8}}=-0.992$$

在显著性水平 $\alpha=0.05$ 和 $df=8-1=7$ 下，从 $t$ 分布表查得 $t_{0.025}(7)=2.365$。由于 $|t|<t_{\alpha/2}$，所以两种方法之间没有显著性系统误差，即正确度一致。

**4. 非参数检验方法**

上述假设检验方法适用于正态分布或近似正态分布的总体。对于分布非正态或类型未知的总体，以及样本容量较小的情况，则可以采用“不考虑总体分布的非参数检验方法”。下面介绍了两种常用的非参数检验方法，即秩和检验法和符号检验法。

(1)秩和检验法

秩和检验法(rank sum test)，是通过将两个样本合并，按照数值大小对所有观测值进行排序，然后给予它们相应的秩(观测值在排列中的位次序号)，然后计算和比较每个样本的秩和，以推断两个样本之间是否存在显著性的系统误差。

视频 3－10

设两个样本的试验数据：$x_1^{(1)}, x_2^{(1)}, \cdots, x_{n_1}^{(1)}$ 与 $x_1^{(2)}, x_2^{(2)}, \cdots, x_{n_2}^{(2)}$，其中 $n_1$ 和 $n_2$ 是各自的样本容量，且两个样本试验数据是相互独立的。秩和检验法的算法步骤如下：

①将两个样本共 $n_1+n_2$ 个试验数据合并，按照从小到大的次序排列，将每个观测值在排好的队列中位次序号赋值为它的秩；

②统计计算样本容量较小的秩和，记为 $R_1$；

③根据给定显著性水平 $\alpha$ 及样本容量 $n_1$，$n_2$，从秩和临界值表(见附录 5)查取 $R_1$ 的下限 $T_1$ 和上限 $T_2$。

④检验假设，若 $R_1>T_2$ 或 $R_1<T_1$，则认定两组数据存在显著性的系统误差，否则无显著性的系统误差。

**例题 3-13**　甲、乙两组的测定数据如下：

| | | | | | | | | | |
|---|---|---|---|---|---|---|---|---|---|
| 甲 | 8.6 | 10.0 | 9.9 | 8.8 | 9.1 | 9.1 | | | |
| 乙 | 8.7 | 8.4 | 9.2 | 8.9 | 7.4 | 8.0 | 7.3 | 8.1 | 6.8 |

已知甲组测定数据无系统误差，试用秩和检验法检验乙组测定数据是否存在系统误差($\alpha=0.05$)。

**解**　合并两组测定数据并排序，如下表所示。

| 秩 | 1 | 2 | 3 | 4 | 5 | 6 | 7 | 8 | 9 | 10 | 11.5 | 11.5 | 13 | 14 | 15 |
|---|---|---|---|---|---|---|---|---|---|---|---|---|---|---|---|
| 甲 | | | | | | | 8.6 | | 8.8 | | 9.1 | 9.1 | | 9.9 | 10.0 |
| 乙 | 6.8 | 7.3 | 7.4 | 8.0 | 8.1 | 8.4 | | 8.7 | | 8.9 | | | 9.2 | | |

赋值各个观测值的秩，并统计计算各组测定数据的秩和：

$$R_1=7+9+11.5+11.5+14+16=69$$

$$R_2=1+2+3+4+5+6+8+10+13=52$$

根据 $\alpha=0.05$ 和 $n_1=6$，$n_2=9$，从秩和检验的临界值表中查得 $T_1=33$，$T_2=63$。

由于 $R_1>T_2$，因此两组数据之间存在显著性的系统误差，即乙组测定数据包含有系统误差。

在秩和检验中，如果有几个观测值相等，它们的秩也是相等的，等于相应位次序号的算术平均值。秩和检验法的优点是不需要假定分布的性质，计算简单快捷。缺点是仅考虑样本观测值的排列顺序，未利用观测值的全部信息，因此需要样本容量更大的观测数据以降低第Ⅱ类错误的风险(取伪错误)。

视频 3－11

(2)符号检验法

符号检验法的基本思想是，若两个样本试验数据 $x_1,x_2,\cdots,x_n$ 和 $y_1,y_2,\cdots,y_n$ 代表同分布的两个总体，那么它们的数值差 $x_1-y_1,x_2-y_2,\cdots,x_n-y_n$ 的符号(＋)、(－)出现的机会应各占一半。显然，符号(＋)或(－)出现的概率分布是二项式分布，即

$$K_\alpha = 2\sum_{0}^{k}\binom{n}{k}q^\alpha \tag{3-39}$$

式中 $k$ 为出现频数低的符号个数，$n$ 为样本容量，$\alpha$ 为显著性水平，$q=1/2$ 为理论上(＋)或(－)出现的概率。于是，符号检验法的基本步骤归结如下：

①提出原假设 $H_0$：$p(x)=p(y)$，即符号(＋)、(－)出现的概率相等；

②计算成对观测值的差值 $d_i=x_i-y_i(i=1,2,\cdots,n)$；

③统计出现频数低的符号个数 $k$，其中 $d_i=x_i-y_i=0$ 不计入；

④由式(3-39)计算或从附录 6 符号检验临界值表中查取 $K_\alpha$；

⑤检验假设，若 $k\leqslant K_\alpha$，拒绝原假设，即两个样本试验数据之间存在显著性的系统误差，否则接受原假设。

**例题 3-14** 检验两种不同方法测定的试验数据之间是否存在显著性差别($\alpha=0.05$)。

| 试样编号 | 测定方法 | | 差值符号 | | |
|---|---|---|---|---|---|
| | 1 | 2 | ＋ | 0 | － |
| 1 | 14.2 | 14.1 | ＋ | | |
| 2 | 14.7 | 14.9 | | | － |
| 3 | 16.6 | 16.2 | ＋ | | |
| 4 | 17.0 | 16.9 | ＋ | | |
| 5 | 16.7 | 16.8 | | | － |
| 6 | 14.5 | 14.4 | ＋ | | |
| 7 | 15.7 | 15.7 | | 0 | |
| 8 | 16.0 | 15.8 | ＋ | | |
| 9 | 17.4 | 16.9 | ＋ | | |
| 10 | 14.9 | 14.7 | ＋ | | |
| 11 | 16.1 | 16.0 | ＋ | | |
| 12 | 15.2 | 14.9 | ＋ | | |

**解** 提出原假设 $H_0$：$p(x)=p(y)$。

基于两种不同方法测定的试验数据，计算成对观测值的差值 $d_i=x_i-y_i(i=1,2,\cdots,12)$，并由此统计出现频数低的符号个数，即频数低的(－)次数 $k=2$。

根据 $\alpha=0.05$ 和 $n=11$，从附录 6 符号检验临界值表中查取 $K_\alpha=1$。

由于 $k>K_\alpha$，所以接受原假设，即两个样本试验数据之间不存在显著性的系统误差。

**例题 3-15**　以下是 $x$ 和 $y$ 两批产品的一次使用寿命试验结果(见下表)：

| | | | | | | | | | | |
|---|---|---|---|---|---|---|---|---|---|---|
| $x$ | 80.6 | 81.2 | 81.5 | 83.2 | 84.6 | 82.0 | 86.1 | 84.2 | 82.3 | 83.0 |
| $y$ | 83.3 | 80.5 | 91.0 | 91.0 | 84.6 | 86.1 | 87.8 | 84.3 | 81.0 | 88.2 |

试检验产品 $y$ 是否比产品 $x$ 的寿命长 5%($\alpha=0.25$)。

**解**　选用符号检验法，可推断 $x$ 与 $y$ 的产品寿命之间存在显著性差异。现将 $x$ 的数据乘 1.05，仍选用符号检验法(见下表)。

| | | | | | | | | | | |
|---|---|---|---|---|---|---|---|---|---|---|
| $1.05x$ | 84.6 | 85.3 | 85.6 | 87.4 | 88.8 | 86.1 | 90.4 | 88.4 | 86.4 | 87.2 |
| $y$ | 83.3 | 80.5 | 91.0 | 91.0 | 84.6 | 86.1 | 87.8 | 84.3 | 81.0 | 88.2 |
| 符号 | － | － | ＋ | ＋ | － | 0 | － | － | － | ＋ |

提出原假设 $H_0$：$p(1.05x)=p(y)$。

基于 $x$ 和 $y$ 两批产品的一次使用寿命试验结果，计算成对观测值的差值 $d_i=x_i-y_i(i=1,2,\cdots,10)$，并由此统计出现频数低的符号个数，即频数低的(＋)次数 $k=3$。

根据 $n=10$ 和 $\alpha=0.25$，从附录 6 符号检验临界值表中查取 $K_\alpha=2$。

因为 $k>K_\alpha$，所以不能拒绝原假设，即产品 $y$ 比产品 $x$ 寿命长 5%。也就是 $x$ 与 $y$ 的产品寿命之间无显著性差异，即 $y$ 比 $x$ 的产品寿命长 5%。

这个例子采用的是加权符号检验法，通常用于比较一组数值是否比另一组数值大某一特定值或更优。该方法对差异进行加权，以增强其对差异的敏感度，特别适用于小样本或非正态分布的数据。总之，符号检验法的最大优点是简单、直观，不需要知道被检验量的分布。但是该方法没有充分利用数据提供的全部信息，精确度较差，而且要求数据成对出现。

### 3.2.4　粗大误差的检验

在整理和分析试验数据时，有时会出现少数几个明显偏离正常值的异常数据，也称为离群值(outlier)或异常值。这种异常数据通常是由于粗大误差或其他因素引起的。在数据分析过程中，需要特别注意离群值的存在，并对其进行慎重和有效的处理，以确保数据的质量。

在处理试验数据时，应遵循以下原则：

(1)在试验过程中，如发现异常数据，应立即停止试验，分析原因，并及时纠正错误；

(2)在分析试验结果时，如发现异常数据，应先找出产生差异的原因，再进行取舍；

(3)若不清楚异常数据的原因，可采用拉依达(Pauta)检验法、格拉布斯(Grubbs)检验法、狄克逊(Dixon)检验法、肖维勒(Chauvenet)检验法、奈尔(Nair)检验法和 $t$ 检验法等统计方法进行分析。若数据量较小，则可重做一组数据予以补充；

(4)对于舍去的数据，应在试验报告中注明舍去的原因或所采用的统计方法。这样可以确保试验数据的准确性和可靠性。

总之，对待可疑数据要慎重，不能任意抛弃和修改。通过对可疑数据的分析，可以发现引起系统误差的原因，并改进试验方法，甚至得到新试验方法的线索。下面介绍常用的几种检验可疑数据的统计方法。

**1. 拉依达准则**

拉依达准则，也称 $3s$ 准则，它基于正态分布的假设，通过计算样本数据的均值和标准差来描述数据的分布特征，如果某个数据 $x_i$ 与均值之间的距离超过 3 个标准差，就认定该数据含有粗大误差，需要从样本中舍去。拉依达准则为：

视频 3－12

$$|x_i-\bar{x}|>3s \tag{3-40}$$

诚然，依据拉依达准则检验粗大误差时，有犯“弃真错误”的可能，但“弃真错误”的概率随着测量次数的增加而减小，最后稳定在 0.3%。表 3-3 给出了拉依达准则下“弃真错误”概率与测量次数 $n$ 的统计规律。

**表 3-3　拉依达准则的“弃真错误”概率**

| 观测次数 $n$ | 11 | 16 | 61 | 121 | 333 |
|---|---|---|---|---|---|
| “弃真”概率 | 0.019 | 0.011 | 0.005 | 0.004 | 0.003 |

拉依达准则的算法步骤如下：

①将观测数据 $x_1,x_2,\cdots,x_i,\cdots,x_n$ 按从小到大的顺序排列：

$$x_{(1)}\leqslant x_{(2)}\leqslant\cdots\leqslant x_{(n)}$$

②计算样本均值 $\bar{x}=\dfrac{1}{n}\sum\limits_{i=1}^{n}x_i$ 与标准差 $s=\sqrt{\dfrac{1}{n-1}\sum\limits_{i=1}^{n}(x_i-\bar{x})^2}$；

③选取与均值 $\bar{x}$ 偏差最大的数据 $x_{(i)}$(排序数据列的两端 $x_{(1)}$ 或 $x_{(n)}$)采用拉依达准则进行检验。若 $|x_{(i)}-\bar{x}|\leqslant 3s$，则 $x_{(i)}$ 不含粗大误差，判断结束。若 $|x_i-\bar{x}|>3s$，则 $x_{(i)}$ 含有粗大误差，应剔除该数据；

④基于剩余的 $n-1$ 个数据，重复步骤②，即计算新的样本均值 $\bar{x}'$ 与标准差 $\bar{s}'$；

⑤重复步骤③，选取与均值 $\bar{x}'$ 偏差最大的数据 $x_{(j)}$(删除步骤③识别的 $x_{(i)}$ 后排序数据列的两端)采用拉依达准则进行检验。如此执行下去，直至找不出含有粗大误差的异常数据为止。

**例题 3-16**　现有一组测试样本数据：0.128，0.129，0.131，0.133，0.135，0.138，0.141，0.142，0.145，0.148，0.167。请检验测试数据 0.167 是否应被舍去($\alpha=0.01$)?

**解**　计算包括可疑值 0.167 在内的均值 $\bar{x}$ 及标准差 $s$：

$$\bar{x}=0.140,\ s=0.0112$$

计算可疑值的偏差：

$$d_i = x_i - \bar{x} = 0.167 - 0.140 = 0.027$$

由于 $d_i < 3s = 3 \times 0.0112 = 0.0336$

因此，依据拉依达判别准则，测试数据 0.167 无需舍去。

拉依达准则是一种简单易用、无需查表的检验方法，适用于试验次数较多或要求不高的情况。然而，该方法的界限值 $3s$ 较为宽松，当 $n \leqslant 10$ 时，即使存在异常数据也无法识别。而在试验次数较少($n \leqslant 5$)时，改用 $2s$ 作为界限值，也无法识别异常数据。

**2. 肖维勒准则**

肖维勒准则，也称小概率事件判别法，它是指正态分布下，数据中出现异常值的概率非常小。由误差分布规律可知，观测数据的误差满足 $|\varepsilon_i| < \delta$ 的概率为 $p_\delta$，即如图 3-7所示的阴影面积。实际应用中，由于观测次数 $n$ 有限，观测数据误差满足 $|\varepsilon_i| \geqslant \delta$ 的出现次数可近似地取为 $n(1 - p_\delta)$。

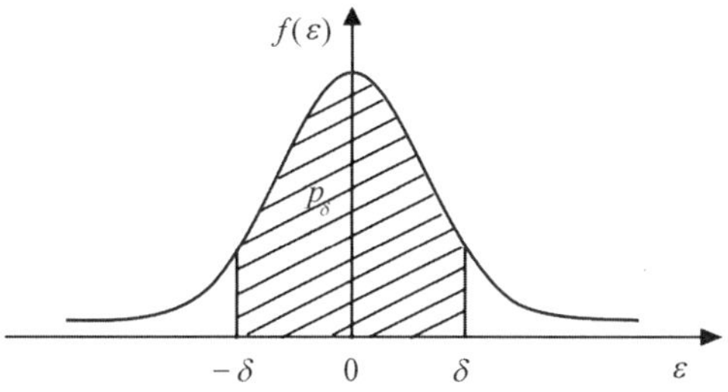


图 3-7　误差小于 δ 出现的概率

根据肖维勒准则，有

$$p(\delta) = 1 - \frac{1}{2n} \tag{3-41}$$

若已知 $n$，则可由式(3-41)解出 $p(\delta)$。由于误差服从正态分布规律，故可按 $p(\delta)$ 求得 $\delta$ 后，凡误差 $\varepsilon \geqslant \delta$ 的测量值均应舍去。为了便于应用，可将式(3-41)改写为：

$$p(\delta) = \int_{-\delta}^{\delta} \frac{1}{\sqrt{2\pi}\sigma} e^{-\frac{\varepsilon^2}{2\sigma^2}} d\varepsilon = \int_{-\delta/\sigma}^{\delta/\sigma} \frac{1}{\sqrt{2\pi}} e^{-\frac{u^2}{2}} du = \Phi(\delta/\sigma) = 1 - \frac{1}{2n} \tag{3-42}$$

令 $k_n = \delta/\sigma$，并命名为 Chauevent 系数，则上式简记为：

$$p(\delta) = \Phi(k_n) = 1 - \frac{1}{2n} \tag{3-43}$$

同样，根据 $n$ 由式(3-43)可求得 $k_n = \delta/\sigma$。肖维勒准则常用的临界值如表 3-4 所示。

**表 3-4　肖维勒准则的临界值**

| $n$ | $k_n = \delta/\sigma$ | $n$ | $k_n = \delta/\sigma$ | $n$ | $k_n = \delta/\sigma$ |
|---|---|---|---|---|---|
| 5 | 1.65 | 19 | 2.22 | 50 | 2.58 |
| 6 | 1.73 | 20 | 2.24 | 60 | 2.64 |

续表

| $n$ | $k_n=\delta/\sigma$ | $n$ | $k_n=\delta/\sigma$ | $n$ | $k_n=\delta/\sigma$ |
|---|---|---|---|---|---|
| 7 | 1.79 | 21 | 2.26 | 70 | 2.69 |
| 8 | 1.80 | 22 | 2.28 | 80 | 2.73 |
| 9 | 1.92 | 23 | 2.30 | 90 | 2.78 |
| 10 | 1.96 | 24 | 2.31 | 100 | 2.81 |
| 11 | 2.00 | 25 | 2.33 | 150 | 2.92 |
| 12 | 2.04 | 26 | 2.34 | 185 | 3.00 |
| 13 | 2.07 | 27 | 2.35 | 200 | 3.02 |
| 14 | 2.10 | 28 | 2.37 | 250 | 3.11 |
| 15 | 2.13 | 29 | 2.38 | 500 | 3.29 |
| 16 | 2.16 | 30 | 2.39 | 1000 | 3.48 |
| 17 | 2.18 | 35 | 2.45 | 2000 | 3.66 |
| 18 | 2.20 | 40 | 2.50 | 5000 | 3.89 |

若总体的真值 $\mu$ 和标准差 $\sigma$ 已知，则当某个观测数据 $x_i$ 的误差 $\varepsilon_i=x_i-\mu$ 满足下式：

$$\frac{\varepsilon_i}{\sigma}>k_n \tag{3-44}$$

根据肖维勒准则，该观测数据 $x_i$ 应舍去，式中 $k_n$ 值根据表 3-4 查取。考虑到总体的 $\mu$ 和 $\sigma$ 一般未知，需要分别改用样本均值 $\bar{x}$ 和标准差 $s$ 代替，于是 $x_i$ 的偏差 $v_i=x_i-\bar{x}$。这样，实际应用中的肖维勒准则变换为：

$$\frac{v_i}{s}>k_n \tag{3-45}$$

采用肖维勒准则检验观测数据中有无粗大误差时，“弃真错误”的概率与测量次数 $n$ 有关，当 $n$ 越大，“弃真错误”的概率就越小，具体对应关系如表 3-5 所示。

**表 3-5　肖维勒准则的“弃真”概率**

| 测量次数 $n$ | 5 | 16 | 60 | 185 | 500 |
|---|---|---|---|---|---|
| “弃真错误”概率 | 0.207 | 0.0547 | 0.018 | 0.0035 | 0.001 |

肖维勒准则的算法步骤如下：

①将观测数据 $x_1,x_2,\cdots,x_i,\cdots,x_n$ 按从小到大的顺序排列：$x_{(1)}\leqslant x_{(2)}\leqslant\cdots\leqslant x_{(n)}$；

②计算样本均值 $\bar{x}=\frac{1}{n}\sum_{i=1}^{n}x_i$ 与标准差 $s=\sqrt{\frac{1}{n-1}\sum_{i=1}^{n}(x_i-\bar{x})^2}$；

③选取与均值$\bar{x}$偏差最大的数据 $x_{(i)}$（排序数据列的两端 $x_{(1)}$ 或 $x_{(n)}$）采用肖维勒准则进行检验。若 $x_{(i)}$ 所对应的 $|v_i/s|<k_n$，则 $x_{(i)}$ 不含粗大误差，判断结束。若 $|v_i/s|\geqslant k_n$，则 $x_{(i)}$ 含有粗大误差，应剔除该数据；

④基于剩余的 $n-1$ 个数据，重复步骤②，即计算新的样本均值$\bar{x}'$与标准差$\bar{s}'$，并由测量次数 $n-1$ 查表获取$k_n'$；

⑤重复步骤③，选取与均值$\bar{x}'$偏差最大的数据 $x_{(j)}$（删除步骤③识别的 $x_{(i)}$ 后排序数据列的两端）采用肖维勒准则进行检验。如此执行下去，直至找不出含有粗大误差的异常数据为止。

**例题 3-17**　某一个容器中的溶液浓度 $x_i$（%）的 11 次测量结果为：15.42，15.43，15.40，15.43，15.42，15.41，15.39，15.39，15.43，15.39，15.30。现选用肖维勒准则检测是否存在异常数据。

**解**　计算样本均值和标准差：

$$\bar{x}=\frac{1}{n}\sum_{i=1}^{11}x_i=15.40$$

$$s=\sqrt{\frac{1}{11-1}\sum_{i=1}^{11}(x_i-\bar{x})^2}=0.037$$

根据 $n=11$，从表 3-4 肖维勒准则的临界值表中查得 $k_{11}=2.00$。

将试验数据按从小到大的顺序排列，排序数据列的两端为 $x_{(1)}=15.30$ 和 $x_{(11)}=15.43$。由于 $x_{(1)}=15.30$ 与均值 $\bar{x}=15.40$ 的偏差大，所以首先接受检验。将其代入式(3-45)的肖维勒准则：

$$\frac{v_{(1)}}{s}=\frac{\bar{x}-x_{(1)}}{s}=\frac{15.40-15.30}{0.037}=2.70$$

由于$\frac{v_{(1)}}{s}>k_{11}$，所以 $x_8$ 为含有粗大误差的异常数据，将其剔除。

在剔除 $x_{(1)}=15.30$ 后，样本个数 $n'=n-1=10$。更新计算样本均值 $\bar{x}'=15.41$ 与标准差 $\bar{s}'=0.017$。同时，由表 3-4 肖维勒准则的临界值表中查得 $k_{10}=1.96$。

由于两个端值$x'_{(1)}=15.39$ 和$x'_{(10)}=15.43$ 与均值 $\bar{x}'=15.41$ 的偏差相同，所以同时接受检验。将其代入式(3-45)的肖维勒准则：

$$\frac{v'_{(1)}}{s'}=\frac{\bar{x}'-x'_{(1)}}{s'}=\frac{15.41-15.39}{0.017}=1.18$$

$$\frac{v'_{(10)}}{s'}=\frac{x'_{(10)}-\bar{x}'}{s'}=\frac{15.43-15.41}{0.017}=1.18$$

由于$\frac{v'_{(1)}}{s'}=\frac{v'_{(10)}}{s'}<k_{10}$，所以$x'_{(1)}=15.39$ 和$x'_{(10)}=15.43$ 为正常数据。

综上，剩余数据也无需检验，11 个溶液浓度数据中仅最小值 15.30%被检验为含有粗大误差的异常数据。

肖维勒准则改进了拉依达准则，特别是在 $n$ 较小的情况下，但是它的概率意义不明确，尤其当 $n\to\infty$时，将会有 $k_n\to\infty$，于是所有的粗大误差皆无法识别了。

**3. 格拉布斯准则**

格拉布斯准则，也称端值检验法，它是基于正态分布假设，通过计算数据中极端值与平均值之间的差异以判断是否存在异常值。具体而言，如果差异大于一定的阈值，则将其视为异常值，并将其从数据集中剔除。可疑数据 $x_i$（排序数据列的端值 $x_{(1)}$ 或 $x_{(n)}$）检验的格拉布斯准则：

$$G_i = |x_i - \bar{x}|/s > G_{(\alpha,\ n)} \tag{3-46}$$

式中 $G_{(\alpha,\ n)}$ 为格拉布斯临界值，可从附录 7 查取，它与试验次数 $n$ 和显著性水平 $\alpha$ 有关。

格拉布斯准则判断粗大误差的步骤如下：

①将测量数据 $x_1, x_2, \cdots, x_i, \cdots, x_n$ 按从小到大顺序排列 $x_{(1)} \leqslant x_{(2)} \leqslant \cdots \leqslant x_{(n)}$；

②计算样本均值 $\bar{x} = \dfrac{1}{n}\sum\limits_{i=1}^{n} x_i$ 与标准差 $s = \sqrt{\dfrac{1}{n-1}\sum\limits_{i=1}^{n}(x_i - \bar{x})^2}$；

③根据显著性水平 $\alpha$ 和测量次数 $n$，查取格拉布斯临界值 $G_{(\alpha,\ n)}$；

④选取与均值 $\bar{x}$ 偏差最大的数据 $x_{(i)}$（排序数据列的两端 $x_{(1)}$ 或 $x_{(n)}$）采用格拉布斯准则进行检验。若 $x_{(i)}$ 所对应的 $G_i \leqslant G_{(\alpha,\ n)}$，则 $x_{(i)}$ 不含粗大误差，判断结束。若 $G_i > G_{(\alpha,\ n)}$，则 $x_{(i)}$ 含有粗大误差，应剔除该数据；

⑤基于剩余的 $n-1$ 个数据，重复步骤②，即计算新的样本均值 $\bar{x}'$ 与标准差 $\bar{s}'$，并由显著性水平 $\alpha$ 和测量次数 $n-1$，查取格拉布斯临界值 $G'_{(\alpha,\ n-1)}$；

⑥重复步骤⑤，选取与均值 $\bar{x}'$ 偏差最大的数据 $x_{(j)}$（删除步骤④识别的 $x_{(i)}$ 后排序数据列的两端）采用格拉布斯准则进行检验。如此执行下去，直至找不出含有粗大误差的异常数据为止。

**例题 3-18** 容量法测定某样品中的锰含量，8 次平行测定的数据为（%）：10.29，10.33，10.38，10.40，10.43，10.46，10.52，10.82，试问是否含有粗大误差的数据需被剔除（$\alpha = 0.05$）？

**解** 测量数据已按从小到大顺序排列：左端值 $x_1 = 10.29$，右端值 $x_8 = 10.82$。

基于测量数据，计算得到样本均值 $\bar{x} = 10.45$ 和标准差 $s = 0.16$。

因为右端值 $x_8 = 10.82$ 的偏差为最大，所以首先接受检验。

根据 $\alpha = 0.05$ 和 $n = 8$，从附录 7 查得格拉布斯临界值 $G_{(0.05,8)} = 2.03$。

选用格拉布斯准则进行检验：

$$G_8 = |x_8 - \bar{x}|/s = |10.82 - 10.45|/0.16 = 2.31$$

由于 $G_8 > G_{(0.05,8)}$，所以 $x_8 = 10.82$ 这个测定数据应被剔除。

在剔除 $x_8 = 10.82$ 后，左端值 $x_1 = 10.29$，右端值 $x_7 = 10.52$。

基于剩余的 7 个测定数据重新计算均值及标准差：$\bar{x}' = 10.40$，$s' = 0.078$。

因为右端值 $x_7 = 10.52$ 的偏差为最大，所以进入检验。

根据 $\alpha = 0.05$ 和 $n-1 = 7$，查得格拉布斯临界值 $G_{(0.05,7)} = 1.94$。

选用格拉布斯准则进行检验：

$$G_7 = |x_7 - \bar{x}'|/s' = |10.52 - 10.40|/0.078 = 1.54$$

由于 $G_7 < G_{(0.05,7)}$，所以 $x_7 = 10.52$ 这个测定数据无需剔除。而剩余数据的偏差都比 $x_7 = 10.52$ 要小，因此都得保留。

格拉布斯检验法也可同时检验两个数据（$x_{(1)}$ 和 $x_{(2)}$）偏小或（$x_{(n-1)}$ 和 $x_{(n)}$）偏大的情况。

此时，先检验内侧数据，即前者检验 $x_{(2)}$，后者检验 $x_{(n-1)}$。如果 $x_{(2)}$ 经检验应被舍去，则 $x_{(1)}$ 一同应被舍去。同样，如果 $x_{(n-1)}$ 被舍去，则 $x_{(n)}$ 一同应被舍去。若遇到检验结果是 $x_{(2)}$ 或 $x_{(n-1)}$ 不应被舍去，则需要继续检验 $x_{(1)}$ 和 $x_{(n)}$。需要注意的是，在检验内侧数据时，$\overline{x}$ 和 $s$ 的计算需要将外侧数据除外。

与拉依达准则和肖维勒准则不同，格拉布斯准则可以自定风险率 $\alpha$ 以决定“小概率”的大小。一般情况下 $\alpha$ 不宜太小，因为 $\alpha$ 太小时，虽然可降低犯“弃真错误”的概率，但是也会使真正的异常值未被剔除，亦即犯“取伪错误”的概率 $\beta$ 变大，这种情况也应避免。

**4. 狄克逊准则**

狄克逊准则是一种非参数的检验方法，它通过计算极差比并与临界值比较，以确定被检验的观测值是否为异常数据。具体来说，若样本数据中最大值或最小值与第二大或第二小的值之间的偏差超过了特定的临界值，或者任意相邻两个观测值之间的偏差与标准差的比值超过了特定的临界值，那么这个最大值或最小值就被视为异常数据。

视频 3—13

狄克逊准则分为单侧情形和双侧情形两种形式。在单侧情形下，每次只检验一个数据，即最大值或最小值。在双侧情形下，每次同时检验两个数据，即最大值和最小值。

(1)单侧情形

狄克逊准则每次检验一个可疑数据，其算法步骤如下：

①将 $n$ 个试验数据按从小到大的顺序排列 $x_1 \leqslant x_2 \leqslant \cdots \leqslant x_{n-1} \leqslant x_n$；

②根据可能的异常数据 $x_1$ 或 $x_n$(排序数据列的两端)，及样本容量 $n$，从表 3-6 中选用匹配的统计量计算式，代入相应数据计算出 $D'$ 或 $D$；

③根据给定的显著性水平 $\alpha$ 和样本容量 $n$，从附录 8 的单侧狄克逊临界值表中查取 $D_{\alpha,n}$；

④狄克逊准则判别，若 $D > D_{\alpha,n}$，认定 $x_n$ 为异常数据；若 $D' > D_{\alpha,n}$，认定 $x_1$ 为异常数据。否则，不存在异常数据；

⑤基于剩余数据，重复步骤②③④，直至找不出含有粗大误差的异常数据为止。

**表 3-6　统计量 *D* 计算公式检验异常值**

| $n$ | 检验高端异常值 | 检验低端异常值 | $n$ | 检验高端异常值 | 检验低端异常值 |
|---|---|---|---|---|---|
| 3～7 | $D=\frac{x_n-x_{n-1}}{x_n-x_1}$ | $D'=\frac{x_2-x_1}{x_n-x_1}$ | 11～13 | $D=\frac{x_n-x_{n-2}}{x_n-x_2}$ | $D'=\frac{x_3-x_1}{x_{n-1}-x_1}$ |
| 8～10 | $D=\frac{x_n-x_{n-1}}{x_n-x_2}$ | $D'=\frac{x_2-x_1}{x_{n-1}-x_1}$ | 14～30 | $D=\frac{x_n-x_{n-2}}{x_n-x_3}$ | $D'=\frac{x_3-x_1}{x_{n-2}-x_1}$ |

(2)双侧情形

狄克逊准则每次检验两个可疑数据，其算法步骤如下：

①将 $n$ 个试验数据按从小到大的顺序排列 $x_1 \leqslant x_2 \leqslant \cdots \leqslant x_{n-1} \leqslant x_n$；

②根据可能的异常数据 $x_1$ 和 $x_n$(排序数据列的两端)，及样本容量 $n$，从表 3-6 中选用匹配的统计量计算式，代入相应数据计算出 $D'$ 和 $D$；

③根据给定的显著性水平 $\alpha$ 和样本容量 $n$，从附录 8 的双侧狄克逊临界值表中查

取 $D_{\alpha,n}$；

④狄克逊准则判别，若 $D>D_{\alpha,n}$，认定 $x_n$ 为异常数据；若 $D'>D_{\alpha,n}$，认定 $x_1$ 为异常数据；若 $D>D_{\alpha,n}$且 $D'>D_{\alpha,n}$，认定 $x_1$ 和 $x_n$ 均为异常数据。否则，不存在异常数据；

⑤基于剩余数据，重复步骤②③④，直至找不出含有粗大误差的异常数据为止。

狄克逊准则虽然是一种简单有效的离群点检测方法，但也有其局限性。在数据分布不满足正态分布或者样本量较小的情况下，狄克逊准则可能会失效或效果不佳。因此，在实际应用中，需要根据具体情况选择合适的方法，以确保离群点检测的可靠性和准确性。

**例题 3-19** 试验数据同例题 3-16，试用狄克逊准则判别 0.167 是否应该作为异常数据剔除($\alpha=0.05$)?

**解** 依题意，$n=11$，从小到大的顺序为 0.128，0.129，0.131，0.133，0.135，0.138，0.141，0.142，0.145，0.148，0.167。

①若选用狄克逊单侧情形检验 0.167，则有

$$D=\frac{x_n-x_{n-2}}{x_n-x_2}=\frac{0.167-0.145}{0.167-0.129}=0.579$$

查单侧狄克逊临界值表得 $D_{0.05,11}=0.576$。由于 $D>D_{0.05,11}$，故判断 0.167 应该被剔除。

②若选用狄克逊双侧情形检验 0.167 和 0.128，则有

$$D=0.579,\ D'=\frac{x_3-x_1}{x_{n-1}-x_1}=\frac{0.131-0.128}{0.148-0.128}=0.150$$

查双侧狄克逊临界值表得到 $D_{0.05,11}=0.502$。由于 $D>D_{0.05,11}$，$D'<D_{0.05,11}$，故判断 0.167 应该被剔除。

需要说明的是，选用不同的判别准则检验相同的数据时，可能会得到不同的结论，尤其是计算的统计量处于临界值附近的数据。当然，这并不意味着不同的判别准则有优劣之分，而是反映了在特定条件下不同准则的适用性。因此，在选择判别准则时，需要根据数据的特点和假设检验的目的来选择，以确保得到合理的结论。

**例题 3-20** 设有 15 个测定数据按从小到大的顺序排列为：−1.40，−0.44，−0.30，−0.24，−0.22，−0.13，−0.05，0.06，0.10，0.18，0.20，0.39，0.48，0.63，1.01。试分析其中有无数据应该被剔除？($\alpha=0.05$)

**解** 选用狄克逊准则的双侧情形检验 1.01 和−1.40，计算：

$$D=\frac{x_n-x_{n-2}}{x_n-x_3}=\frac{x_{15}-x_{13}}{x_{15}-x_3}=\frac{1.01-0.48}{1.01+0.30}=0.405$$

$$D'=\frac{x_3-x_1}{x_{n-2}-x_1}=\frac{x_3-x_1}{x_{13}-x_1}=\frac{-0.30+1.40}{0.48+1.40}=0.585$$

根据 $\alpha=0.05$ 和 $n=15$，查双侧狄克逊临界值表得 $D_{0.05,15}=0.565$。由于 $D<D_{0.05,15}$，而 $D'>D_{0.05,15}$，故最小值−1.40 应该被剔除。

在剔除−1.40 之后，剩余的 14 个数据再次进行狄克逊准则的双侧情形检验。

$$D=\frac{x_n-x_{n-2}}{x_n-x_3}=\frac{x_{14}-x_{12}}{x_{14}-x_3}=\frac{1.01-0.48}{1.01+0.24}=0.424$$

$$D'=\frac{x_3-x_1}{x_{n-2}-x_1}=\frac{x_3-x_1}{x_{12}-x_1}=\frac{-0.24+0.44}{0.48+0.44}=0.217$$

根据 $\alpha=0.05$ 和 $n=14$，查双侧狄克逊临界值表得 $D_{0.05,14}=0.586$。由于 $D<D_{0.05,14}$ 且 $D'<D_{0.05,14}$，故第二小值 $-0.44$ 和最大值 1.01 都不是异常数据。综上，剩余数据也无需检验，15 个数据中仅最小值 $-1.40$ 被检验为含有粗大误差的异常数据。

狄克逊准则无需计算样本均值 $\bar{x}$ 和标准差 $s$，所以计算量较小。在面对多个可疑数据时，需要注意以下几点：①在单侧检验时，可疑数据应逐一检验。由于不同数据的可疑程度不一样，所以需要按照与均值的偏差从大到小的顺序逐个检验，若遇到某个数据经检验认定为非异常数据，则剩余数据无需再进行检验；②剔除一个异常数据后，必须更新数据的个数、数据编号、临界值以及统计量的计算式，以保证检验结果的准确可靠。

上面介绍的四种检验方法各有特点。当试验数据较多时，选用拉依达准则最简单，但当试验数据较少时，判断容易出错。格拉布斯准则、肖维勒准则和狄克逊准则都能适用于试验数据较少时的场合。但是总的来说，试验数据越多，可疑数据被错误剔除的可能性越小，准确性越高。在一些国际标准中，常推荐格拉布斯准则和狄克逊准则来检验可疑数据。

**例题 3-21**　一次实验中对某个物理量进行了 15 次等精度测量，结果汇总于下表。

| 序号 | $x$ | $v$ | $v^2$ | $v'$ | $v'^2$ |
|---|---|---|---|---|---|
| 1 | 0.22 | 0.016 | 0.000256 | 0.008 | 0.000064 |
| 2 | 0.23 | 0.026 | 0.000676 | 0.018 | 0.000324 |
| 3 | 0.21 | 0.006 | 0.000036 | −0.002 | 0.000004 |
| 4 | 0.23 | 0.026 | 0.000676 | 0.018 | 0.000324 |
| 5 | 0.22 | 0.016 | 0.000256 | 0.008 | 0.000064 |
| 6 | 0.23 | 0.026 | 0.000676 | 0.018 | 0.000324 |
| 7 | 0.19 | −0.014 | 0.000196 | −0.022 | 0.000484 |
| 8 | 0.09 | −0.114 | 0.012996 | — | — |
| 9 | 0.20 | −0.004 | 0.000016 | −0.012 | 0.000144 |
| 10 | 0.23 | 0.026 | 0.000676 | 0.018 | 0.000324 |
| 11 | 0.22 | 0.016 | 0.000256 | 0.008 | 0.000064 |
| 12 | 0.21 | 0.006 | 0.000036 | −0.002 | 0.000004 |
| 13 | 0.19 | −0.014 | 0.000196 | −0.022 | 0.000484 |
| 14 | 0.19 | −0.014 | 0.000196 | −0.022 | 0.000484 |
| 15 | 0.20 | −0.004 | 0.000016 | −0.012 | 0.000144 |

**续表**

| 序号 | $x$ | $v$ | $v^2$ | $v'$ | $v'^2$ |
|---|---|---|---|---|---|
| 计算结果 | $\bar{x}=0.204$<br>$\bar{x}'=0.212$ | $\sum v=0$ | $\sum v^2=0.01716$ | $\sum v'=0$ | $\sum v'^2=0.003236$ |

假设这些测量值中不含有系统误差，试分别用拉依达准则、肖维勒准则、格拉布斯准则和狄克松准则检验该测量样本数据中是否含有粗大误差的测量数据。

**解**　计算样本的均值与标准差，分别为：

$$\bar{x}=\frac{1}{n}\sum_{i=1}^{n}x_i=0.204$$

$$s=\sqrt{\frac{\sum_{i=1}^{n}(x_i-\bar{x})^2}{n-1}}=\sqrt{\frac{\sum_{i=1}^{15}v_i^2}{15-1}}=\sqrt{\frac{0.01716}{14}}=0.035$$

①拉依达准则检验

首先对偏差最大的第 8 个测量数据进行检验。

$$|v_8|=0.114>3s=3\times0.035=0.105$$

根据拉依达准则，第 8 个测量数据中含有粗大误差，将此数据剔除。然后，将剩余的 14 个测量数据进行重新计算，得：

$$\bar{x}'=\frac{1}{n'}\sum_{i=1}^{n'}x_i=0.212$$

$$s'=\sqrt{\frac{\sum_{i=1}^{n'}(x_i-\bar{x}')^2}{n'-1}}=\sqrt{\frac{\sum_{i=1}^{14}v_i^2}{14-1}}=\sqrt{\frac{0.003236}{13}}=0.016$$

根据拉依达准则，剩余 14 个测量数据的残差$v_i'$的最大值为$-0.022$，且它满足

$$|v_i'|<3s'=3\times0.016=0.048$$

因此，可以认定剩余的 14 个测量数据中不再含有粗大误差。

②肖维勒准则检验

根据$n=15$，查表 3-4 得$k_n=2.13$，并由此计算$k_ns=0.075$。首先对偏差最大的第 8 个测量数据进行检验：

$$|v_8|=0.114>k_ns=0.075$$

根据肖维勒准则，第 8 个测量数据中含有粗大误差，将此数据剔除。接下来，将剩余的 14 个测量数据进行重新计算，得：

$$\bar{x}'=0.212,\ s'=0.016$$

根据调整后的测量次数$n'=14$，查表 3-4 得$k_n'=2.10$，并由此计算$k_n's'=0.034$。由于剩余的这 14 个测量数据的残差$v'_i$的最大值为$-0.022$，且它满足

$$|v_i'|<k_n's'=0.034$$

因此，可以认定剩余的 14 个测量数据中不再含有粗大误差。

③格拉布斯准则检验

将观测样本数据从小到大顺序排列得$x_{(1)}=0.09\leqslant\cdots\leqslant x_{(15)}=0.23$。端值$x_{(1)}$和$x_{(15)}$

是首先被列为可疑对象，计算它们的偏差：

$$\bar{x}-x_{(1)}=0.204-0.09=0.114$$

$$x_{(15)}-\bar{x}=0.23-0.204=0.026$$

由于 $\bar{x}-x_{(1)}>x_{(15)}-\bar{x}$，故先检验 $x_{(1)}$ 是否含有粗大误差。根据式(3-46)，并代入相应的数据得：

$$G_{(1)}=|x_{(1)}-\bar{x}|/s=\frac{0.204-0.09}{0.035}=3.26$$

根据显著性水平 $\alpha=0.05$，从附录 7 的格拉布斯临界值表中查得 $G_{(0.05,15)}=2.409$。由于 $G_{(1)}>G_{(0.05,15)}$，故 $x_{(1)}=0.09$，即数据表中第 8 个数据含有粗大误差，应予以剔除。

将剩余的 14 个数据按大小顺序排列可得 $x'_{(1)}=0.19\leqslant\cdots\leqslant x'_{(14)}=0.23$，并计算它们的均值与标准差：

$$\bar{x}'=\frac{1}{n'}\sum_{i=1}^{n'}x_i=0.212$$

$$s'=\sqrt{\frac{\sum_{i=1}^{n'}(x_i-\bar{x}')^2}{n'-1}}=\sqrt{\frac{\sum_{i=1}^{14}v_i^2}{14-1}}=\sqrt{\frac{0.003236}{13}}=0.016$$

尽管 $x'_{(1)}=0.19$ 和 $x'_{(14)}=0.23$ 都应列为可疑对象，但由于 $x'_{(1)}=0.19$ 与 $\bar{x}'=0.212$ 的偏差较大，故首先被选出来检验。根据式(3-46)，并代入相应的数据计算得：

$$G'_{(1)}=|x'_{(1)}-\bar{x}'|/s'=\frac{0.212-0.19}{0.016}=1.38$$

根据显著性水平 $\alpha=0.05$，从附录 7 的格拉布斯临界值表中查得 $G_{(0.05,14)}=2.371$。由于 $G'_{(1)}<G_{(0.05,14)}$，所以 $x'_{(1)}=0.19$ 为不含粗大误差的正常数据。综上，除第 8 个数据外的剩余 14 个数据均为正常数据。

④狄克松准则检验

基于从小到大排序后的数据，选用狄克逊准则的双侧情形检验端值 $x_{(1)}$ 和 $x_{(15)}$。根据 $n=15$，从表 3-6 中选用相应的公式计算得：

$$D_{(15)}=\frac{x_{(15)}-x_{(13)}}{x_{(15)}-x_{(3)}}=\frac{0.23-0.23}{0.23-0.19}=0$$

$$D'_{(1)}=\frac{x_{(3)}-x_{(1)}}{x_{(13)}-x_{(1)}}=\frac{0.19-0.09}{0.23-0.09}=0.714$$

根据 $\alpha=0.05$ 和 $n=15$，查双侧狄克逊临界值表得 $D_{0.05,15}=0.565$。由于 $D_{(15)}<D_{0.05,15}$ 故 $x_{(15)}=0.23$ 不含有粗大误差。而 $D'_{(1)}>D_{0.05,15}$，故 $x_{(1)}=0.09$ 含有粗大误差，应予以剔除。

将剩余 14 个数据应用狄克松准则，需要检验的是 $x'_{(1)}$ 和 $x'_{(14)}$。此时 $n'=14$，从表 3-6 中选用相应的公式计算得：

$$D_{(14)}=\frac{x'_{(14)}-x'_{(12)}}{x'_{(14)}-x'_{(3)}}=\frac{0.23-0.23}{0.23-0.19}=0$$

$$D'_{(1)}=\frac{x'_{(3)}-x'_{(1)}}{x'_{(12)}-x'_{(1)}}=\frac{0.19-0.19}{0.23-0.19}=0$$

根据 $\alpha=0.05$ 和 $n'=14$，查双侧狄克逊临界值表得 $D_{0.05,14}=0.586$。由于 $D_{(14)}<$

$D_{0.05,14}$，且$D'_{(1)}<D_{0.05,14}$，所以$x'_{(14)}=0.23$和$x'_{(1)}=0.19$均不含有粗大误差。至此，除第8个数据外的剩余14个数据均为正常数据。

## 习　题

1. 什么是抽样分布？样本均值抽样总体与原总体的两个参数，即平均值和标准差之间有何联系？

2. 什么是统计推断？它包括哪些内容？

3. 为什么说样本平均值$\bar{x}$和方差$s^2$是总体期望$\mu$和总体方差$\sigma^2$的较好估计量？

4. 正态分布参数$\mu$，$\sigma$有了点估计，为什么还要区间估计？

5. 测定$SiO_2$的质量分数(%)，得到下列6个数据：26.56，26.79，25.97，26.55，27.06，26.87。试问显著性水平分别为5%和1%的平均值的置信区间。

6. 测定碳钢中铬的质量百分含量(%)，第一组2次测定的结果为1.15和1.18。第二组3次测定的结果为1.14，1.13和1.16。试估计在相同$\alpha=0.05$条件下这两组测定结果均值的置信区间。

7. 已知某种材料的抗压值($kg\cdot cm^{-2}$)服从正态分布，现抽取10个样品做抗压试验，结果如下：453，415，446，472，480，438，498，455，512，465。试以95%的可靠性估计该材料的平均抗压值。

8. 某工厂每天抽取5个样品进行在线产品质量检查，得到的方差分析结果：212，289，315，289，168。试估计在置信度为95%条件下产品方差的置信区间。

9. 某标准样品中铜含量为$12.1mg\cdot kg^{-1}$，现选用一种新方法对它进行了5次测定，结果为10.6，11.3，11.8，11.5，11.2。试问新方法是否可行？($\alpha=0.05$)

10. 甲、乙两人选用不同的测试方法对同一个试样进行测定，实验数据如下：

甲：1.76，1.69，1.73

乙：1.58，1.60，1.62，1.57，1.63

试请分析两人选用的方法有无显著性差异？($\alpha=0.05$)

11. 某工厂排放的工业废水，长期监测的一种有害物质含量均值为$\mu_0=2.32mg\cdot L^{-1}$，方差$\sigma^2=0.30$。在采用新技术改造后，废水中有害物质含量平行测定8次的结果为：1.72，1.78，1.43，1.80，1.52，1.67，1.92，1.55。试问新技术改造后该物质含量有无显著性降低？(假设方差不变，$\alpha=0.01$)

12. 甲乙两批产品中某组分含量(%)均服从正态分布。今从生产线中各采集7份样品，经分析得到组分含量的结果如下：

甲：7.6，4.5，6.3，10.2，8.4，9.4，5.8

乙：5.6，3.2，2.5，4.3，6.2，5.8，5.3

试问两批产品中组分含量的均值和方差有无显著差异？($\alpha=0.05$)

13. 选用KI及$As_2O_3$作为基准物质标定$KMnO_4$溶液($mg\cdot mL^{-1}$)，测定的数据如下：

KI法浓度：0.5419，0.5415，0.5417，0.5413，0.5412

$As_2O_3$法浓度：0.5418，0.5422，0.5427，0.5417，0.5416

试问这两种基准物质标定 $KMnO_4$ 溶液浓度的结果有无显著性差异。($\alpha=0.05$)

14. 选用硼砂及碳酸钠两种基准物标定盐酸的浓度($mol \cdot L^{-1}$)，各自的结果为：

硼砂标定：0.08885，0.08893，0.08898，0.08912

碳酸钠标定：0.08903，0.08922，0.08935，0.08905，0.08912

试问在置信度 95%下，这两种基准物标定的盐酸浓度是否存在显著性差异？($\alpha=0.05$)

15. 某饮料厂化验室有同一型号的 A、B 两台浊度仪，现用这两台浊度仪测定某一水样的浊度(NTU)，测量结果如下：

浊度仪 A：1.52，1.56，1.53，1.55

浊度仪 B：1.33，1.28，1.36，1.31，1.38，1.35

试问浊度仪是否存在系统误差？($\alpha=0.05$)

16. 甲、乙两人测定某碳酸饮料样品中的 $CO_2$ 含量($g \cdot L^{-1}$)，得到的测定值为：

甲：15.3，15.2，15.5，15.6

乙：14.8，15.2，13.9

已知甲组测定值无系统误差，试问乙组测定值有无系统误差？($\alpha=0.05$)

17. 某材料工厂生产的特种金属丝，按以往经验折断力方差 $\sigma_0^2=49$。现从一批产品中抽取 9 根做折断力(kg)试验，结果如下：565，571，568，573，579，572，567，592，580。问这批产品折断力方差是否也是 49？($\alpha=0.05$)

18. 某种在线仪表间接测量铁水温度(℃)，5 次平行测定的结果为：1198，1232，1224，1218，1227。若用直接且精确的方法测得温度为 1277℃(视为真值)。试问此在线仪表间接测量是否存在系统误差？($\alpha=0.05$)

19. 胰腺组织中某种指定物质的含量分析，基于 6 个测试的数据得出该物质的平均含量为 31.78%，而长期分析的标准差为 0.12%。试估计该物质含量 95%的置信区间。

20. 传感器间接测量精馏塔板温度(℃)，重复 10 次测量的结果为 255，248，262，253，260，268，256，245，257，264。试估计温度均值和方差的置信区间？($\alpha=0.05$)

21. 为提高光度法测定微量 Pd 的灵敏度，研发了一种新型显色剂。同一溶液用原显色剂测定 4 次，吸光度为 0.115，0.123，0.107，0.116。换用新型显色剂测定 3 次，吸光度为 0.165，0.173，0.178。试问新型显色剂测定的灵敏度是否有显著性提高？($\alpha=0.05$)

22. 采用气相色谱-质谱联用技术来测定植物叶样品中 DDT 的含量。未喷洒过杀虫剂的植物叶样品中 DDT 含量($\mu g \cdot g^{-1}$)测定结果为 0.23，0.32，0.43，0.38，0.36。现取一个植物叶样品，测得 DDT 含量为 0.43，0.35，0.62，0.73，0.55。试问该植物是否喷洒过 DDT？($\alpha=0.05$)

23. 测定某一试样中元素的百分含量，熟练老员工测得元素的含量为 4.35%。现一个刚入职新员工采用相同的分析方法对该试样平行测定 6 次的均值为 4.57%，标准差为 0.16%。试问新员工的分析结果是否显著性高于老员工？($\alpha=0.05$)

24. 电分析法测定某患者血糖含量($mmol \cdot L^{-1}$)的 10 次结果为 7.6，7.3，7.5，7.5，7.4，7.5，7.6，7.3，7.5，7.5。求相对标准偏差及置信度为 95%时均值的置信区间。该患者血糖含量与正常人 $6.7mmol \cdot L^{-1}$ 之间是否存在显著性差异？($\alpha=0.05$)

25. 某塑料加工厂采用 A、B、C 三种成型方法分别加工了 90，80，80 个制品，且各自

出现的废品数为 10，8，7。试问三种成型方法的废品率是否存在显著性差异？($\alpha=0.05$)

26. 选用光度法测定矿石中 $Hg^{2+}$ 的含量(%)，结果为 1.983，1.992，2.003，1.963，1.976，2.017。试估计该测定方法标准差的 95%置信区间。

27. 为了测定河水中 COD 的浓度，取样分析获得 8 个平行测定结果的均值为 7.8mg・$L^{-1}$，标准差为 0.17mg・$L^{-1}$。若被测总体近似地服从正态分布，试求总体真值的 95%置信区间。

28. 样本 A 包含 5 个观测值，均值为 1.8，方差为 0.15；样本 B 包含 7 个观测值，均值为 1.4，方差为 0.24。这两个样本相互独立，分别来自于方差相等且具有正态分布的两个总体。试求这两个总体真值差 $\mu_A-\mu_B$ 的 99%置信区间。

29. 某化工厂生产的凝聚剂中杂质含量服从 $\mu_0=0.28\%$ 的正态分布。今从某批产品中抽取了 10 个样品进行检测，得到样本均值 0.32%，标准差 0.05%。试问这批产品的质量有无显著性下降？($\alpha=0.05$)

30. 甲、乙两种型号的光电浊度仪测量某一水样的浊度。甲型号测量了 9 次，样本方差 2.5，乙型号测量了 11 次，样本方差 3.6。试用 $F$ 检验法判断两种仪器的精度有无显著性差异？($\alpha=0.05$)

31. 某催化剂寿命(月)服从正态分布，标准差为 4 个月。现采样平行测定 6 次的结果：55，63，47，59，67，65。试估计显著性水平 $\alpha=0.05$ 时催化剂寿命的置信区间。

32. 设原反应的速度常数为 $3.83\times10^{-3}$，实验测定标准差为 $0.05\times10^{-3}$。现加入某种催化剂后再次测定反应速度常数，15 次的均值为 $3.39\times10^{-3}$。试问使用催化剂后速度常数有无显著性变化？($\alpha=0.05$)

33. 制备的催化剂进行了 6 次活性测定的结果：1538，1498，1523，1487，1602，1493。试问该批催化剂的活性是否达到 1500 的要求？($\alpha=0.05$)

34. 生化培养箱是食品工程最常见的仪器设备，今对某恒温生化培养箱的温度(℃)进行 10 次测量的结果：14.24，14.30，14.29，14.27，14.25，14.23，14.24，14.23，14.19，14.23。试问该批测量数据是否含有系统误差？($\alpha=0.05$)

35. 随机抽取冷冻食品厂某冷冻产品中砷含量，测得 5 个数据(mg・$L^{-1}$)：0.122，0.113，0.120，0.125，0.118。试问 0.113 是否为异常数据？

36. 发酵法生产赖氨酸的过程中，对产酸率(%)做的 9 次测定结果为 3.23，3.37，3.83，2.53，3.12，3.43，3.55，3.78，3.66。试问这批采样中有无异常数据？($\alpha=0.05$)

37. 用 1,10-邻菲罗啉测定 $Fe^{2+}$(mg・$mL^{-1}$)，平行测定 5 次的结果为 2.53，2.62，2.65，2.56，2.73。试分析其中有无异常数据？($\alpha=0.05$)

38. 一种液压油泵需要进行冲击载荷试验，随机抽取 7 台泵作为样本，它们的使用寿命(周次)分别为：175324，210954，207578，265398，291412，357854，496544。试问这 7 台泵的使用寿命是否存在异常？($\alpha=0.05$)

39. 某药片中 Ca 含量(mg・$g^{-1}$)的测定结果为：213，204，205，197，189，206，211，195，210。请选用不同方法检验该组数据中是否含有异常数据？($\alpha=0.05$)

# 第 4 章　方差分析

方差分析(analysis of variance，简称 ANOVA)是一种实用且有效的统计检验方法，旨在研究试验因素对试验指标的影响程度。比如，在某一化学反应中，需要确定催化剂对产物得率是否有显著性影响，并从中找出最合适的催化剂，这就是一个典型的方差分析问题。

方差分析的本质是通过将总方差分解为各因素方差和误差方差，以判断不同因素对结果的影响是否显著，从而确定主要影响因素。相对于 $t$ 检验，方差分析具有以下几点优势：

(1)方差分析可以同时比较多个样本之间的差异，而 $t$ 检验只能一次比较两个样本的差异。比如，某试验包含 5 个因素，选用 $t$ 检验需要执行 $C_5^2=10$ 次两两比较的显著性检验；

(2)方差分析可以检验多个因素对试验结果的影响，包括交互因素，而 $t$ 检验只能考虑单个因素的影响；

(3)方差分析基于所有观测值估计试验误差，而 $t$ 检验每次只利用两个处理的观测值估计试验误差，误差自由度小，影响误差估计的精确性、检验的灵敏性和差异的显著性；

(4)面对大样本数据，方差分析的计算效率优于 $t$ 检验。因此，在科学研究和生产实践中，如果遇到两个以上因素的显著性检验，通常会选择方差分析。

## 4.1　方差分析的基本原理

在一个包含多个处理的试验过程中，试验数据的变异来源是多方面的，其中一部分是由试验因素的不同引起，即因素效应或条件变异；另一部分是由偶然性因素的干扰或测量误差所致，即试验误差。因素效应反映测定条件对试验结果的影响，可用来评价因素的影响程度。试验误差反映同一因素或样本内部的变异程度，是衡量随机因素和测量精度的重要指标，可用来评价因素条件的稳定性。

(1)试验因素引起的变异 $SS_A, SS_B, \cdots$；

(2)试验误差引起的变异 $SS_E$。

方差分析的基本原理是将试验数据的变异用方差来度量，并按照来源将总的变异分解为不同部分。然后，各自的方差除上相应的自由度得其均方，以消除因素水平数目的影响。

最后，比较因素的均方和误差的均方，并用 $F$ 检验法以确认因素对试验结果的影响是否显著。

方差分析广泛应用于试验数据的分析。比如，在对比试验中，方差分析可以用来检查测试精度的变化；在优选试验中，可以用来判断因素的显著性影响效应；在建立标准曲线时，可以用来检验所建立的曲线的相关程度；在标准物质的研制中，可以用来检验标准物质的均匀性，等等。

## 4.1.1 方差分析的前提和假设

视频 4－1

方差分析需要满足以下三个假定条件，才能保证分析结论的科学合理。

(1)样本独立性，即样本个体之间是相互独立的，它们的取值不会受到其他样本的影响，以保证分析结论的可靠性；

(2)方差齐性，即各个样本个体的方差是相等的，它们不会随着因素水平取值的变化而发生改变，以保证分析结论的正确性；

(3)分布正态性，即因素各水平下的样本取值符合正态分布，以保证方差分析的准确性。当数据呈现偏态分布时，可以通过对数、倒数、平方根等变换为正态分布或者近似正态分布。

在上述三个假定条件下，判断因素对试验结果是否有显著性影响，实际上就是检验具有同方差正态总体的均值是否相等。为此，方差分析的检验假设：

①原假设 $H_0$：$\mu_1=\mu_2=\cdots=\mu_r$；

②备择假设 $H_1$：$\mu_i(i=1,2,\cdots,r)$不全相等。

若拒绝 $H_0$，则至少有两个水平的试验结果之间存在显著性差异，也就是因素对试验结果有显著性影响；反之，接受 $H_0$，则因素对试验结果无显著性影响，试验误差是由随机因素引起的。

## 4.1.2 方差分析的数学模型

以单因素为例，其方差分析线性数学模型：

$$x_{ij}=\mu_i+\varepsilon_{ij},i=1,2,\cdots,r,j=1,2,\cdots,n \tag{4-1}$$

式中 $x_{ij}$ 是第 $i$ 个水平第 $j$ 次观测值，$\mu_i$ 是第 $i$ 个因子水平(或处理)的均值。为了析出每一个水平的影响大小，将 $\mu_i$ 进一步分解，令 $\mu=\frac{1}{r}\sum_{i=1}^{r}\mu_i$，$\alpha_i=\mu_i-\mu$，于是

$$x_{ij}=\mu+\alpha_i+\varepsilon_{ij},i=1,2,\cdots,r,j=1,2,\cdots,n \tag{4-2}$$

式中 $\mu$ 表示所有观测值的均值，$\alpha_i$ 表示第 $i$ 个水平(或处理)的效应，显然 $\sum_{i=1}^{r}\alpha_i=0$。$\varepsilon_{ij}$ 是试验误差，相互独立，且服从正态分布 $N(0,\sigma^2)$。

上述方差分析数学模型的特点，可归纳为效应的可加性(additivity)、分布的正态性(normality)和方差的一致性(homogeneity)，这就是方差分析的前提条件。

### 4.1.3　方差分析的统计检验

为了导出 $H_0$ 的检验统计量，方差分析的关键是对全部数据的变异程度进行分解，而变异程度分解是建立在离差平方和分解及自由度分解的基础上。现仍以单因素方差分析为例，每个观测值与全部观测值均值之差的平方和，即总离差平方和，记为 $SS_T$，它反映的是所有观测数据的离散程度，其计算公式为：

$$SS_T = \sum_{i=1}^{r}\sum_{j=1}^{n_i}(x_{ij}-\bar{x})^2 \tag{4-3}$$

$SS_T$ 可分解为两部分：$SS_T = SS_A + SS_E$，其中 $SS_A$ 表示因素水平的效应平方和或组间平方和，反映的是因素水平的均值与总均值之间的差异。$SS_E$ 表示误差平方和或组内平方和 $SS_E$，反映的是随机因素的影响。它们各自的计算公式为：

$$SS_A = \sum_{i=1}^{r}\sum_{j=1}^{n_i}(\bar{x}_i-\bar{x})^2 \tag{4-4}$$

$$SS_E = \sum_{i=1}^{r}\sum_{j=1}^{n_i}(x_{ij}-\bar{x}_i)^2 \tag{4-5}$$

式中 $\bar{x}_i = \dfrac{1}{n_i}\sum_{j=1}^{n_i}x_{ij}$，$\bar{x} = \dfrac{1}{n}\sum_{i=1}^{r}\sum_{j=1}^{n_i}x_{ij}\,(n = n_1 + n_2 + \cdots + n_r)$。

经过统计分析可以得到 $E(SS_E)=(n-r)\sigma^2$，即 $SS_E/(n-r)$ 是 $\sigma^2$ 的一个无偏估计，且 $SS_E/\sigma^2 \sim \chi^2(n-r)$。如果原假设 $H_0$ 成立，则有 $E(SS_A)=(r-1)\sigma^2$，此时 $SS_A/(r-1)$ 也是 $\sigma^2$ 的无偏估计，且 $SS_A/\sigma^2 \sim \chi^2(r-1)$，并且 $SS_A$ 与 $SS_E$ 相互独立。为此，构造统计量：

$$F=\frac{SS_A/(r-1)}{SS_E/(n-r)}=\frac{MS_A}{MS_E}\sim F_\alpha(r-1,\ n-r) \tag{4-6}$$

至此，通过比较不同变异来源的均方，并借助 $F$ 分布作出因素对试验结果有无显著性影响的统计推断。具体来说，对于给定的显著性水平 $\alpha$，若 $F > F_\alpha(r-1,\ n-r)$，则拒绝原假设 $H_0$，认为因素取不同水平试验结果之间差异明显，即因素对试验结果有显著性影响；反之，则接受原假设 $H_0$，认为因素的不同水平取值对试验结果无显著性差异。

方差分析的类型，主要包括以下两种：(1)单因素试验的方差分析，只包含一个因素变化的试验分析，适用于研究一个因素对于某个变量的影响；(2)多因素试验的方差分析，适用于研究两个及以上因素甚至可能的交互作用对试验结果的影响。

## 4.2　单因素方差分析

### 4.2.1　单因素方差分析的基本问题

因素 $A$ 有 $r$ 个水平 $A_1, A_2, \cdots, A_r$，每个水平做 $n_i\,(i=1,2,\cdots,r)$ 次试验，且每个水平下的试验结果服从正态分布，且方差相等。单因素试验方案及试验结果如表 4-1 所示。

视频 4—2

**表 4-1 单因素试验方案及试验结果**

| 试验次数 | 因素 $A$ 的不同水平 | | | | | |
|---|---|---|---|---|---|---|
| | $A_1$ | $A_2$ | … | $A_i$ | … | $A_r$ |
| 1 | $x_{11}$ | $x_{21}$ | … | $x_{i1}$ | … | $x_{r1}$ |
| 2 | $x_{12}$ | $x_{22}$ | … | $x_{i2}$ | … | $x_{r2}$ |
| ⋮ | ⋮ | ⋮ | ⋮ | ⋮ | ⋱ | ⋮ |
| $n_i$ | $x_{1n_1}$ | $x_{2n_2}$ | … | $x_{in_i}$ | … | $x_{rn_r}$ |

注：表中试验数据 $x_{ij}$（$i=1,2,\cdots,r,j=1,2,\cdots,n_i$）中的 $i$ 表示因素水平序号，$j$ 表示试验次数序号。

鉴别因素 $A$ 对试验结果有无显著性影响的问题，将转化为检验试验数据在因素 $A$ 的不同水平下均值是否相等的问题，即检验假设

$$H_0: \mu_1=\mu_2=\cdots=\mu_r \tag{4-7}$$

是否成立。若 $H_0$ 成立，则因素 $A$ 在各水平下的实验数据可以被认为来自同一个正态总体的样本，试验结果的差异归结为随机因素所致；若 $H_0$ 不成立，则表明试验数据在因素 $A$ 的不同水平下的均值存在明显差异，亦即因素 $A$ 对试验结果有显著性影响。

### 4.2.2 单因素方差分析的基本步骤

**1. 方差分解**

总离差平方和 $SS_T$，分解为因素项的组间离差平方和 $SS_A$ 和误差项的组内离差平方和 $SS_E$，且有 $SS_T=SS_A+SS_E$。它们的计算同式(4-3)、式(4-4)和式(4-5)。

**2. 自由度分解**

由离差平方和的计算可以看到，在同样的误差程度下，试验数据越多，计算的离差平方和就越大。因此，离差平方和的计算需要考虑数据量的多少，即自由度(degree of freedom)。上述 3 种离差平方和对应的自由度分别如下：

$SS_T$ 的自由度：$df_T=n-1$

$SS_A$ 的自由度：$df_A=r-1$

$SS_E$ 的自由度：$df_E=n-r$

显然，这 3 个自由度的关系为 $df_T=df_A+df_E$。

**3. 计算均方**

将离差平方和除以对应的自由度，即可得到均方。

因素项组间均方：$MS_A=SS_A/df_A$

误差项组内均方：$MS_E=SS_E/df_E$

**4. F 检验**

构造检验的 $F$ 统计量，即组间均方和组内均方之比：

$$F_A=\frac{MS_A}{MS_E} \tag{4-8}$$

服从自由度为$(df_A, df_E)$的 $F$ 分布。根据给定的显著性水平 $\alpha$，从附录 4 查得临界值 $F_\alpha(df_A, df_E)$。如果 $F_A > F_\alpha(df_A, df_E)$，认为因素 $A$ 对试验结果有显著性影响。反之，因素 $A$ 对试验结果的影响不显著。

为了更清晰地表达方差分析的主要过程，通常会将相关的计算结果整理成方差分析表，如表 4-2 所示。

**表 4-2　单因素方差分析表**

| 差异来源 | $SS$ | $df$ | $MS$ | $F$ | 显著性 |
|---|---|---|---|---|---|
| 组间(因素 $A$) | $SS_A$ | $r-1$ | $MS_A=\frac{SS_A}{r-1}$ | $F_A=\frac{MS_A}{MS_E}$ | * 或 * * |
| 组内(误差 $E$) | $SS_E$ | $n-r$ | $MS_E=\frac{SS_E}{n-r}$ | | |
| 总和 | $SS_T$ | $n-1$ | | | |

这里，检验结论“显著性”说明如下：若 $F_A > F_{0.01}(df_A, df_E)$，判定因素 A 对试验结果有非常显著性影响，以两个“* *”符号标记；若 $F_{0.05}(df_A, df_E) < F_A < F_{0.01}(df_A, df_E)$，判定因素 $A$ 对试验结果有显著性影响，以一个“*”符号标记；若 $F_A < F_{0.05}(df_A, df_E)$，因素 $A$ 对试验结果无显著性影响或影响不显著，不用符号标记。

**例题 4-1**　为考察温度对某种化工产品得率(%)的影响，选取了 5 个不同的温度，且同一个温度下皆做了 3 次试验，试验方案及试验结果如表 4-3 所示。试问温度对产品得率有无显著性影响。

**表 4-3　产品得率的试验方案及试验结果**

| 重复试验号 | 温度/℃ | | | | |
|---|---|---|---|---|---|
| | 60 | 65 | 70 | 75 | 80 |
| 1 | 90 | 97 | 96 | 84 | 84 |
| 2 | 92 | 93 | 96 | 83 | 86 |
| 3 | 88 | 92 | 93 | 88 | 82 |

**解**　依题意，温度 5 个水平，即 $r=5$。每个水平下 3 次重复试验，即 $n_i=3(i=1,2,\cdots,5)$，试验总次数 $n=15$。各水平的均值和总均值的计算结果为：

$\bar{x}_1=90$，$\bar{x}_2=94$，$\bar{x}_3=95$，$\bar{x}_4=85$，$\bar{x}_5=84$，$\bar{x}=89.6$

1)计算离差平方和

$$SS_T=\sum_{i=1}^{5}\sum_{j=1}^{3}(x_{ij}-\bar{x})^2=(90-89.6)^2+\cdots+(82-89.6)^2=353.6$$

$$SS_A=\sum_{i=1}^{5}n_i(\bar{x}_i-\bar{x})^2=3\times[(82-89.6)^2+\cdots+(84-89.6)^2]=303.6$$

$$SS_E = SS_T - SS_A = 353.6 - 303.6 = 50.0$$

2)计算自由度

$$df_T = n-1 = 15-1 = 14$$

$$df_A = r-1 = 5-1 = 4$$

$$df_E = n-r = 15-5 = 10$$

3)计算均方

$$MS_A = SS_T/df_A = 303.6/4 = 75.9$$

$$MS_E = SS_E/df_E = 50.0/10 = 5.0$$

4)$F$ 检验

$$F_A = \frac{MS_A}{MS_E} = \frac{75.9}{5.0} = 15.2$$

从 $F$ 分布表中查得 $F_{0.05}(4, 10)=3.48$，$F_{0.01}(4, 10)=5.99$。由于 $F_A > F_{0.01}(4, 10)$，所以因素 $A$，即温度对产品得率有非常显著性影响。方差分析的结果汇总于表 4-4。

**表 4-4　例题 4-1 的方差分析表**

| 方差来源 | $SS$ | $df$ | $MS$ | $F$ | 显著性 |
|---|---|---|---|---|---|
| 温度(组间) | 303.6 | 4 | 75.9 | 15.2 | * * |
| 误差(组内) | 50.0 | 10 | 5.0 | | |
| 总和 | 353.6 | 14 | | | |

值得注意的是，各水平的试验次数 $n_i$ 可以相同，也可以不同。在保持试验总次数 $n$ 不变下，$n_i$ 取值相同时的试验精度会更好一些。因此，在安排 $n_i$ 时，尽可能使不同水平的次数相等。

## 4.2.3　均值的多重比较

方差分析是整体性检验，若否定原假设 $H_0$，只是表明试验结果的总变异主要来自于处理间的变异或因素水平变化引起的变异。但是，这并不意味着每两个处理均值之间的差异都是显著或非常显著，也不能具体指明哪些处理的均值之间是显著或非常显著。因此，为了更全面地了解不同处理之间的差异，需要进行两两处理均值之间的比较，以判断它们之间的差异是否显著。

统计学上，将多个均值的两两比较称为多重比较(multiple comparisons)。目前常用的多重比较方法有最小显著差数法(least significant difference，LSD)和最小显著极差法(least significant ranges，LSR)。

**1. LSD 法**

LSD 法的基本思想是如果两组数据的均值差大于给定显著性水平下的最小显著差数，则认为这两组数据之间存在显著性差异。LSD 法的实施步骤如下：

第 1 步，列出平均数多重比较表，比较表中各处理(或水平)按其均值由大至小，自上而下进行排列；

第 2 步，计算样本均值差数的标准误 $s_{\bar{x}_i.-\bar{x}_j.}$。

$$s_{\bar{x}_i.-\bar{x}_j.}=\sqrt{MS_E(1/n_i+1/n_j)} \tag{4-9}$$

式中 $MS_E$ 为 $F$ 检验中的误差均方，$n_i$ 和 $n_j$ 分别为处理 $i$ 和处理 $j$ 的重复数。

第 3 步，计算显著性水平 $\alpha$ 的最小显著差数 $LSD_\alpha$。

在 $t$ 检验中，统计量 $t=\dfrac{\bar{x}_i.-\bar{x}_j.}{s_{\bar{x}_i.-\bar{x}_j.}}$。根据误差自由度 $df_E$ 和显著性水平 $\alpha$，从附录 2 的 $t$ 分布表中可查得临界值 $t_\alpha(df_E)$。如果 $|\bar{x}_i.-\bar{x}_j.|>t_\alpha(df_E)s_{\bar{x}_i.-\bar{x}_j.}$，则 $\bar{x}_i.$ 与 $\bar{x}_j.$ 之间存在显著性差异。由此，定义最小显著差数 $LSR_\alpha$：

$$LSD_\alpha=t_\alpha(df_E)s_{\bar{x}_i.-\bar{x}_j.} \tag{4-10}$$

第 4 步，两两处理之间的 LSD 检验。

将两个处理之间的均值差 $\Lambda_{i,j}=|\bar{x}_i.-\bar{x}_j.|$ 与最小显著差数 $LSR_\alpha$ 比较，若满足

$$\Lambda_{i,j}>LSD_\alpha \tag{4-11}$$

则判定第 $i$ 个处理和第 $j$ 个处理之间存在显著性差异。

实践应用中，常取显著性水平 $\alpha=0.05$ 和 $\alpha=0.01$。若 $\Lambda_{i,j}>LSD_{0.05}$，表明第 $i$ 个处理和第 $j$ 个处理之间差异显著；若 $\Lambda_{i,j}>LSD_{0.01}$，表明第 $i$ 个处理和第 $j$ 个处理的差异非常显著。

在本质上，LSD 检验就是 $t$ 检验。LSD 法的应用前提是整体性 $F$ 检验显著。在多重比较中，LSD 法应用广泛，特别是在试验设计中可以有效控制误差率，提高比较结果的准确性。

**例题 4-2**　在以淀粉为原料生产葡萄糖的过程中，残留的糖蜜可用于生产酱色。但在生产酱色之前，需要尽可能除去杂质以保证酱色的质量。为此，试验研究 5 种除杂方法，每种方法重复 4 次试验，试验结果如表 4-5 所示。试判断不同除杂方法的除杂效果。

**表 4-5　不同除杂方法除杂量的试验方案及试验结果**

| 除杂方法 | 除杂量的重复测定结果/(g·kg$^{-1}$) | | | |
|---|---|---|---|---|
| | 第 1 次 | 第 2 次 | 第 3 次 | 第 4 次 |
| A | 25.63 | 23.42 | 25.36 | 24.39 |
| B | 26.78 | 27.14 | 26.88 | 27.02 |
| C | 27.32 | 27.57 | 27.35 | 26.27 |
| D | 28.88 | 27.63 | 27.75 | 28.92 |
| E | 21.26 | 21.32 | 22.04 | 21.12 |

**解**　每种除杂方法的除杂量平行测定结果的均值：

$$\bar{x}_A=24.70,\ \bar{x}_B=26.96,\ \bar{x}_C=27.13,\ \bar{x}_D=28.30,\ \bar{x}_E=21.44$$

误差项的离差平方和：$SS_E=6.11$

误差项的自由度：$df_E = n - r = 20 - 5 = 15$

误差项的均方：$MS_E = \frac{SS_E}{df_E} = \frac{6.11}{15} = 0.407$

样本均值差数的标准误：$s_{\bar{x}_i.-\bar{x}_j.} = \sqrt{MS_E\left(\frac{1}{n_i}+\frac{1}{n_j}\right)} = \sqrt{0.407\left(\frac{1}{4}+\frac{1}{4}\right)} = 0.451$

查得临界值：$t_{0.05}(df_E) = t_{0.05}(15) = 2.131$，$t_{0.01}(df_E) = t_{0.01}(15) = 2.947$

所以，在显著水平为 $\alpha = 0.05$ 和 $\alpha = 0.01$ 时的最小显著差数为：

$LSD_{0.05} = t_{0.05}(df_E)s_{\bar{x}_i.-\bar{x}_j.} = 2.131 \times 0.451 = 0.961$

$LSD_{0.01} = t_{0.01}(df_E)s_{\bar{x}_i.-\bar{x}_j.} = 2.947 \times 0.451 = 1.329$

现将不同除杂方法均值之间的差数分别与 $LSD_{0.05}$，$LSD_{0.01}$ 比较。小于 $LSD_{0.05}$ 者为不显著，不标记符号或标记“ns”(not significant)；介于 $LSD_{0.05}$ 与 $LSD_{0.01}$ 之间者为显著，在差数的右上方标记“ * ”；大于 $LSD_{0.01}$ 者为非常显著，在差数的右上方标记“ * * ”。上述计算和检验结果汇总于表 4-6 的多重比较表。

**表 4-6　不同除杂方法 LSD 法的多重比较**

| 除杂方法 | 均值 $\bar{x}_i.$ | $\bar{x}_i.-\bar{x}_E$ | $\bar{x}_i.-\bar{x}_A$ | $\bar{x}_i.-\bar{x}_B$ | $\bar{x}_i.-\bar{x}_C$ |
|---|---|---|---|---|---|
| D | 28.30 | 6.86** | 3.60** | 1.34** | 1.17* |
| C | 27.13 | 5.69** | 2.43** | 0.17 | |
| B | 26.96 | 5.52** | 2.26** | | |
| A | 24.70 | 3.26** | | | |
| E | 21.44 | | | | |

从上表可以看出，除杂方法 B 与除杂方法 C 之间的差异不显著，其他两两除杂方法之间的差异均达到显著。其中除杂方法 D 的效果最好，除杂方法 E 的效果最差。

LSD 法的应用说明如下：

(1)LSD 法和 $t$ 检验法都是用来进行均值的比较检验。但 LSD 法区别于传统的 $t$ 检验法，它可以同时比较多组均值，而不是每次只比较两组均值。

(2)LSD 法更适用于多处理组与对照组的比较。对于多个处理均值之间所有可能的两两比较，LSD 法没有考虑相互比较的处理均值依数值大小排列上的秩次，仍有推断可靠性低、犯 I 型错误概率增大的问题。为了克服此弊病，可改用 LSR 法。

**2. LSR 法**

LSR 法的基本思想是通过计算均值差异的最小显著范围，来判断两组数据是否存在显著性差异。在进行多重比较时，LSR 法根据给定的显著性水平和样本容量，计算出每组数据的秩次距，然后根据秩次距的大小，选择不同的检验尺度，以判断两组数据之间是否存在显著差异。

举例来说，现有 10 组数据的均值 $\overline{x}_i(i=1,2,\cdots,10)$ 相互比较，则先将这 10 个均值依其数值大小顺次排列，两端均值的差数(极差)的显著性，由该差数是否大于秩次距 $k=10$ 的最小显著极差来决定(若"$\geqslant$"为显著，反之"$<$"为不显著)；而后是秩次距 $k=9$ 的均值的差数的显著性检验，则由此差数是否大于 $k=9$ 的最小显著极差决定……直到任何两个相邻均值差数的显著性由这些差数是否大于秩次距 $k=2$ 的最小显著极差决定为止。因此，若有 $k$ 个均值相互比较，就会有 $k-1$ 种秩次距 $(k,k-1,k-2,\cdots,2)$ 和 $k-1$ 个最小显著极差 $LSR_{\alpha,k}$ 分别作为判断具有相应秩次距均值的差数是否显著性的标准。

相比 LSD 法，LSR 法的检验计算工作量有所增加。LSR 法的常见具体算法有 $q$ 检验法和新复极差法两种。

(1)$q$ 检验法

$q$ 检验法，又称最大区间法(range test)或 SNKs 法(Student-Newman-Keul 法)。它是在整体性 $F$ 检验显著的情况下，以统计量 $q$ 的概率分布为基础，在给定显著性水平和样本容量下计算最大区间值 $q$，以判断两组数据之间是否存在显著性差异。$q$ 值的定义为：

$$q=R/s_{\overline{x}} \tag{4-12}$$

式中 $R$ 为极差，$s_{\overline{x}}=\sqrt{MS_{\mathrm{E}}/n_i}$ 为均值标准误($n_i$ 为各处理的重复数)。$q$ 分布依赖于误差自由度 $df_{\mathrm{E}}$ 及秩次距 $k$。当 $r$ 个处理的重复数不等时，可以用下式计算各处理的平均重复数 $n_0$，以代替 $s_{\overline{x}}$ 计算中的 $n_i$。

$$n_0=\frac{1}{r-1}\left(\sum_{i=1}^{r}n_i-\frac{\sum\limits_{i=1}^{r}n_i^2}{\sum\limits_{i=1}^{r}n_i}\right) \tag{4-13}$$

为了操作简便，可直接将极差 $R$ 与 $q_\alpha(df_{\mathrm{E}},k)s_{\overline{x}}$ 比较，并将 $q_\alpha(df_{\mathrm{E}},k)s_{\overline{x}}$ 定义为 $\alpha$ 水平上的最小显著极差。

$$LSR_{\alpha,k}=q_\alpha(df_{\mathrm{E}},k)s_{\overline{x}} \tag{4-14}$$

根据给定显著性水平 $\alpha$、秩次距 $k$ 和误差自由度 $df_{\mathrm{E}}$，从附录 9 的 $q$ 值表中查得 $q_\alpha(df_{\mathrm{E}},k)$。取来标准误 $s_{\overline{x}}$，代入式(4-14)求出 $LSR_{\alpha,k}$。在此，将 $q$ 检验法的多重比较算法步骤归纳如下：

第 1 步：计算并列出不同处理(或水平)的均值多重比较表(参见表 4-6)；

第 2 步：计算样本均值标准误 $s_{\overline{x}}$；

第 3 步：根据显著性水平 $\alpha$、秩次距 $k$ 和误差自由度 $df_{\mathrm{E}}$ 查取 $q_\alpha(df_{\mathrm{E}},k)$，并由此计算最小显著极差 $LSR_{\alpha,k}$；

第 4 步：将均值多重比较表中的各个均值差数与相应的最小显著极差 $LSR_{\alpha,k}$ 比较，并作出统计判别。小于 $LSR_{0.05,k}$ 者为不显著，不标记符号或标记"*ns*"；介于 $LSR_{0.05,k}$ 与 $LSR_{0.01,k}$ 之间者为显著，在差数的右上方标记"＊"；大于 $LSR_{0.01k}$ 者为非常显著，在差数的右上方标记"＊＊"。

**例题 4-3**　用 $q$ 检验法判断例题 4-2 中不同除杂方法的除杂效果。

**解**　标准误 $s_{\overline{x}}=\sqrt{\dfrac{MS_{\mathrm{E}}}{n_i}}=\sqrt{0.407/4}=0.319$

根据 $df_{\mathrm{E}}=15,k=2,3,4,5$，从附录 9 查得 $\alpha=0.05$ 和 $\alpha=0.01$ 水平下 $q_{\alpha,k}$ 值，并将之乘以标准误 $s_{\overline{x}}$，求得各最小显著极差 $LSR_{\alpha,k}$，结果见表 4-7。

表 4-7　除杂方法的 $q$ 值与 $LSR$ 值

| $df_E$ | 秩次距 $k$ | $q_{0.05}(df_E,k)$ | $q_{0.01}(df_E,k)$ | $LSR_{0.05,k}$ | $LSR_{0.01,k}$ |
|---|---|---|---|---|---|
| 15 | 2 | 3.01 | 4.17 | 0.96 | 1.33 |
| | 3 | 3.67 | 4.83 | 1.17 | 1.54 |
| | 4 | 4.08 | 5.25 | 1.30 | 1.67 |
| | 5 | 4.37 | 5.56 | 1.39 | 1.77 |

从表 4-7 可以看到，随着秩次距 $k$ 的增加，检验临界值 $LSR_{\alpha,k}$ 也随之增加，从而可以有效地控制犯Ⅰ型错误的概率，提高比较结果的准确性。各处理均值 $q$ 检验法的多重比较结果如表 4-8 所示。此表中，差数 1.17，0.17，2.26，3.26 的秩次距为 2；差数 1.34，2.43，5.52 的秩次距为 3；差数 3.60，5.69 的秩次距为 4；差数 6.86 的秩次距为 5。

表 4-8　不同除杂方法 $q$ 检验法的多重比较表

| 除杂方法 | 均值 $\bar{x}_{i\cdot}$ | $R_{(\bar{x}_{i\cdot}-\bar{x}_E)}$ | $R_{(\bar{x}_{i\cdot}-\bar{x}_A)}$ | $R_{(\bar{x}_{i\cdot}-\bar{x}_B)}$ | $R_{(\bar{x}_{i\cdot}-\bar{x}_C)}$ |
|---|---|---|---|---|---|
| D | 28.30 | 6.86** | 3.60** | 1.34* | 1.17* |
| C | 27.13 | 5.69** | 2.43** | 0.17 | |
| B | 26.96 | 5.52** | 2.26** | | |
| A | 24.70 | 3.26** | | | |
| E | 21.44 | | | | |

检验结果表明，除杂方法 B 与除杂方法 C 之间的差异不显著，其他两两除杂方法之间的差异均达到显著。

(2)新复极差法

新复极差法，又称 Duncan 法或 SSR 法(shortest significant range)。它与 $q$ 检验法的算法步骤相同，只是其中最小显著极差 $LSR_{\alpha,k}$ 在计算时需要切换查取 $SSR$ 值，即新复极差法的最小显著极差计算公式为：

$$LSR_{\alpha,k}=SSR_{\alpha}(df_E,\ k)s_{\bar{x}} \tag{4-15}$$

式中 $s_{\bar{x}}$ 为均值标准误。

**例题 4-4**　用新复极差法判断例题 4-2 中不同除杂方法的除杂效果。

**解**　标准误 $s_{\bar{x}}=\sqrt{\dfrac{MS_E}{n_i}}=\sqrt{0.407/4}=0.319$

根据 $df_E=15,k=2,3,4,5$，从附录 10 查得 $SSR_{0.05}(15,\ k)$ 和 $SSR_{0.01}(15,\ k)$，并将之乘以标准误 $s_{\bar{x}}$，求得各最小显著极差 $LSR_{\alpha,k}$，结果见表 4-9。

**表 4-9　除杂方法的 *SSR* 值与 *LSR* 值**

| $df_E$ | 秩次距 $k$ | $SSR_{0.05}(df_E, k)$ | $SSR_{0.01}(df_E, k)$ | $LSR_{0.05, k}$ | $LSR_{0.01, k}$ |
|---|---|---|---|---|---|
| 15 | 2 | 3.01 | 4.17 | 0.96 | 1.33 |
| | 3 | 3.16 | 4.37 | 1.01 | 1.39 |
| | 4 | 3.25 | 4.50 | 1.04 | 1.44 |
| | 5 | 3.31 | 4.58 | 1.06 | 1.46 |

各处理均值新复极差法的多重比较结果如表 4-10 所示。检验结果表明，除杂方法 B 与除杂方法 C 之间的差异不显著，其他两两除杂方法之间的差异均达到显著。

**表 4-10　不同除杂方法新复极差法的多重比较表**

| 除杂方法 | 均值 $\bar{x}_{i.}$ | $R(\bar{x}_{i.}-\bar{x}_E)$ | $R(\bar{x}_{i.}-\bar{x}_A)$ | $R(\bar{x}_{i.}-\bar{x}_B)$ | $R(\bar{x}_{i.}-\bar{x}_C)$ |
|---|---|---|---|---|---|
| D | 28.30 | 6.86** | 3.60** | 1.34* | 1.17* |
| C | 27.13 | 5.69** | 2.43** | 0.17 | |
| B | 26.96 | 5.52** | 2.26** | | |
| A | 24.70 | 3.26** | | | |
| E | 21.44 | | | | |

**3. 多重比较方法的选择**

上述三种多重比较方法的检验尺度关系：LSD 法⩽新复极差法⩽$q$ 检验法。当秩次距 $k=2$ 时，取等号，三种方法检验尺度一致；秩次距 $k\geqslant3$ 时，取小于号。在多重比较法中，LSD 法的尺度最小，$q$ 检验法尺度最大，新复极差法尺度居中。实践应用中，如何选用哪一种多重比较方法，一般根据否定一个正确的 $H_0$ 和接受一个不正确的 $H_0$ 的相对重要性来决定。对于试验结论事关重大或有严格要求，用 $q$ 检验法较为妥当。对于试验误差较大的试验，常采用新复极差法。

## 4.3　双因素方差分析

双因素方差分析(two-way ANOVA)，又称二元方差分析，是同时考察两个因素(自变量)对试验指标(因变量)有无显著性影响的一种统计方法。它可以分为无重复测量和有重复测量两种情况。其中，无重复测量双因素方差分析是指两个因素的每个水平组合只进行一次试验，优点是简单易行，缺点是对误差的估计较为不准确，需要对误差进行额外的调整。有重复测量双因素方差分析是指两个因素的每个水平组合进行多次试验，优点是能够更准确地估计误差和处理因素的效应，缺点是需要更大的实验样本和更多的实验时间。

## 4.3.1 无重复测量双因素方差分析

视频 4—3

因素 $A$ 有 $r$ 个水平 $A_1, A_2, \cdots, A_r$，因素 $B$ 有 $s$ 个水平 $B_1, B_2, \cdots, B_s$。每一对水平组合($A_i$，$B_j$)上仅做 1 次试验，试验指标的结果为 $x_{ij}$ ($i=1,2,\cdots,r, j=1,2,\cdots,s$)，各 $x_{ij}$ 相互独立，且服从正态分布。无重复测量双因素方差的试验方案和结果如表 4-11 所示。

**表 4-11　无重复测量双因素方差分析的试验方案与结果**

| | | 因素 $B$ 的水平 | | | |
|---|---|---|---|---|---|
| | | $B_1$ | $B_2$ | … | $B_s$ |
| 因素 $A$ 的水平 | $A_1$ | $x_{11}$ | $x_{12}$ | … | $x_{1s}$ |
| | $A_2$ | $x_{21}$ | $x_{22}$ | … | $x_{2s}$ |
| | ⋮ | ⋮ | ⋮ | ⋮ | ⋮ |
| | $A_r$ | $x_{r1}$ | $x_{r2}$ | … | $x_{rs}$ |

试验结果 $x_{ij}$ 的下标 $i$ 表示因素 $A$ 的第 $i$ 水平，下标 $j$ 表示因素 $B$ 的第 $j$ 水平。总的试验次数 $n=rs$。无重复试验双因素方差分析的基本步骤如下：

**1. 计算均值**

因素 $A$ 的第 $i$ 水平下试验结果的均值：$\bar{x}_{i\cdot} = \dfrac{1}{s}\sum_{j=1}^{s} x_{ij}, i = 1,2,\cdots,r$

因素 $B$ 的第 $j$ 水平下试验结果的均值：$\bar{x}_{\cdot j} = \dfrac{1}{r}\sum_{i=1}^{r} x_{ij}, j = 1,2,\cdots,s$

全部试验结果的均值，即总均值：$\bar{x} = \dfrac{1}{rs}\sum_{i=1}^{r}\sum_{j=1}^{s} x_{ij}$

显然，它们之间存在如下关系：$\bar{x} = \dfrac{1}{r}\sum_{i=1}^{r}\bar{x}_{i} = \dfrac{1}{s}\sum_{j=1}^{s}\bar{x}_{\cdot j}$。

**2. 计算离差平方和**

总离差平方和：$SS_{\mathrm{T}} = \sum_{i=1}^{r}\sum_{j=1}^{s}(x_{ij} - \bar{x})^2$

因素 $A$ 的离差平方和：$SS_{\mathrm{A}} = \sum_{j=1}^{s}\sum_{i=1}^{r}(\bar{x}_{i\cdot} - \bar{x})^2 = s\sum_{i=1}^{r}(\bar{x}_{i\cdot} - \bar{x})^2$

因素 $B$ 的离差平方和：$SS_{\mathrm{B}} = \sum_{i=1}^{r}\sum_{j=1}^{s}(\bar{x}_{\cdot j} - \bar{x})^2 = r\sum_{j=1}^{s}(\bar{x}_{\cdot j} - \bar{x})^2$

误差项的离差平方和：$SS_{\mathrm{E}} = \sum_{i=1}^{r}\sum_{j=1}^{s}(x_{ij} - \bar{x}_{i\cdot} - \bar{x}_{\cdot j} + \bar{x})^2$

显然，它们存在加和关系：$SS_{\mathrm{T}} = SS_{\mathrm{A}} + SS_{\mathrm{B}} + SS_{\mathrm{E}}$。

**3. 计算自由度**

$SS_A$ 的自由度为：$df_A=r-1$

$SS_B$ 的自由度为：$df_B=s-1$

$SS_E$ 的自由度为：$df_E=(r-1)(s-1)$

$SS_T$ 的自由度为：$df_T=n-1=rs-1$

显然，它们存在加和关系：$df_T=df_A+df_B+df_E$。

**4. 计算均方**

$$MS_A=\frac{SS_A}{r-1},\ MS_B=\frac{SS_B}{s-1},\ MS_E=\frac{SS_E}{(r-1)(s-1)}$$

**5. F 检验**

$$F_A=\frac{MS_A}{MS_E},\ F_B=\frac{MS_B}{MS_E}$$

$F_A$ 服从自由度为$(df_A, df_E)$的 $F$ 分布。给定显著性水平 $\alpha$，若 $F_A>F_\alpha(df_A, df_E)$，则推断因素 A 对试验结果有显著性影响，否则无显著性影响。$F_B$ 服从自由度为$(df_B, df_E)$的 $F$ 分布，若 $F_B>F_\alpha(df_B, df_E)$，则推断因素 B 对试验结果有显著性影响，否则无显著性影响。上述方差分析的结果如表 4-12 所示。

**表 4-12　无重复测量双因素方差分析**

| 差异来源 | $SS$ | $df$ | $MS$ | $F$ | 显著性 |
|---|---|---|---|---|---|
| 因素 $A$ | $SS_A$ | $r-1$ | $MS_A=\frac{SS_A}{r-1}$ | $F_A=\frac{MS_A}{MS_E}$ | |
| 因素 $B$ | $SS_B$ | $s-1$ | $MS_B=\frac{SS_B}{s-1}$ | $F_B=\frac{MS_B}{MS_E}$ | |
| 误差 $E$ | $SS_E$ | $(r-1)(s-1)$ | $MS_E=\frac{SS_E}{(r-1)(s-1)}$ | | |
| 总和 $T$ | $SS_T$ | $n-1$ | | | |

在两因素或多因素的方差分析中，也可以通过计算各个因素的贡献率 $\rho$ 来判断因素的重要性。

因素的贡献率：$\rho_i=\frac{SS_i-df_i\times MS_E}{SS_T}, i=A, B, \cdots$

误差项的贡献率：$\rho_E=\frac{df_T\times MS_E}{SS_T}$

若某个因素的贡献率比较大，需要特别重视该因素的水平取值。而当各个因素的贡献率相互接近，则各个因素都需要重视。

**例题 4-5**　在用火焰原子吸收分光光度法测定镍电解液中微量杂质铜时，分别取乙炔流量为 1.0，1.5，2.0，2.5L·min$^{-1}$，空气流量为 8.0，9.0，10.0，11.0，12.0L·min$^{-1}$的各种不同搭配进行 20 次试验，获得铜 324.7nm 吸收值的试验数据如表 4-13 所示。试问乙炔流量、空气流量对铜吸收值有无显著性影响？

表 4-13　乙炔流量和空气流量对铜吸收值的试验方案与试验结果

| | | 空气流量 B 的不同水平/($L\cdot min^{-1}$) | | | | |
|---|---|---|---|---|---|---|
| | | 8.0 | 9.0 | 10.0 | 11.0 | 12.0 |
| 乙炔流量 A 的不同水平 ($L\cdot min^{-1}$) | 1.0 | 81.1 | 81.5 | 80.3 | 80.0 | 77.0 |
| | 1.5 | 81.4 | 81.8 | 79.4 | 79.1 | 75.9 |
| | 2.0 | 75.0 | 76.1 | 75.4 | 75.4 | 70.8 |
| | 2.5 | 60.4 | 67.9 | 68.7 | 69.8 | 68.7 |

**解**　$r=4$，$s=5$，$n=sr=20$。

1)计算均值

$\bar{x}_{1\cdot}=79.98$，$\bar{x}_{2\cdot}=79.52$，$\bar{x}_{3\cdot}=74.54$，$\bar{x}_{4\cdot}=67.10$

$\bar{x}_{\cdot 1}=74.48$，$\bar{x}_{\cdot 2}=76.83$，$\bar{x}_{\cdot 3}=75.95$，$\bar{x}_{\cdot 4}=76.08$，$\bar{x}_{\cdot 5}=73.10$

$\bar{x}=75.29$

2)计算离差平方和及自由度

$$SS_T=\sum_{i=1}^{r}\sum_{j=1}^{s}(x_{ij}-\bar{x})^2=648.27,\ df_T=n-1=rs-1=19$$

$$SS_A=\sum_{j=1}^{s}\sum_{i=1}^{r}(\bar{x}_{i\cdot}-\bar{x})^2=s\sum_{i=1}^{r}(\bar{x}_{i\cdot}-\bar{x})^2=537.64,\ df_A=r-1=3$$

$$SS_B=\sum_{i=1}^{r}\sum_{j=1}^{s}(\bar{x}_{\cdot j}-\bar{x})^2=r\sum_{j=1}^{s}(\bar{x}_{\cdot j}-\bar{x})^2=35.47,\ df_B=s-1=4$$

$$SS_E=SS_T-SS_A-SS_B=75.16,\ df_{A\times B}=(r-1)(s-1)=12$$

3)计算均方

$$MS_A=\frac{SS_A}{r-1}=\frac{537.64}{4-1}=179.21,\ MS_B=\frac{SS_B}{s-1}=\frac{35.47}{5-1}=8.87$$

$$MS_E=\frac{SS_E}{(r-1)(s-1)}=\frac{75.16}{12}=6.26$$

4)统计量 $F$ 的计算与检验

$$F_A=\frac{MS_A}{MS_E}=\frac{179.21}{6.26}=28.63,\ F_B=\frac{MS_B}{MS_E}=\frac{8.87}{6.26}=1.42$$

根据 $\alpha=0.05$，$\alpha=0.01$ 和因素自由度，查得 $F_{0.05}(4,12)=3.26$，$F_{0.01}(3,12)=5.95$。现分别将因素 A 和因素 B 的统计量 $F$ 计算结果与各自的临界值比较，以推断它们的影响是否具有显著性。方差分析的结果汇总于表 4-14。

表 4-14　例题 4-5 的方差分析

| 差异来源 | $SS$ | $df$ | $MS$ | $F$ | 显著性 |
|---|---|---|---|---|---|
| 因素 $A$ | 537.64 | 3 | 179.21 | 28.63 | ** |
| 因素 $B$ | 35.47 | 4 | 8.87 | 1.42 | |

续表

| 差异来源 | $SS$ | $df$ | $MS$ | $F$ | 显著性 |
|---|---|---|---|---|---|
| 误差 $E$ | 75.16 | 12 | 6.26 | | |
| 总和 $T$ | 648.27 | 19 | | | |

因素 $A$ 的贡献率：$\rho_A=\dfrac{SS_A-df_A\times MS_E}{SS_T}=\dfrac{537.64-3\times 6.26}{648.27}=80.04\%$

因素 $B$ 的贡献率：$\rho_B=\dfrac{SS_B-df_B\times MS_E}{SS_T}=\dfrac{35.47-4\times 6.26}{648.27}=1.61\%$

误差项的贡献率：$\rho_E=\dfrac{df_T\times MS_E}{SS_T}=\dfrac{19\times 6.26}{648.27}=18.35\%$

由于乙炔流量(因素 $A$)的贡献率远远高于空气流量(因素 $B$)，所以在工程中需将乙炔流量控制在 1.0～1.5L·min$^{-1}$，以维持铜吸收值处于高位。

### 4.3.2　有重复测量双因素方差分析

在双因素试验中，除了两个因素对试验结果的独立影响外，还存在着两个因素对试验结果的联合影响，这种联合影响称为交互作用(interaction)。比如，若因素 $A$ 的数值和水平发生变化时，试验指标随因素 $B$ 的变化规律也发生变化；反之，若因素 $B$ 的数值或水平发生变化时，试验指标随因素 $A$ 的变化规律也发生变化，则称因素 $A$，$B$ 间有交互作用，记为 $A\times B$。交互作用的存在会改变因素对试验指标的单独影响，使得不同因素水平组合的效应不同。因此，在进行双因素方差分析时，若考虑交互作用的影响，则需要在两个因素的每一个组合上进行重复试验，并做相应的统计检验。

视频 4－4

因素 $A$ 有 $r$ 个水平 $A_1,A_2,\cdots,A_r$，因素 B 有 $s$ 个水平 $B_1,B_2,\cdots,B_s$。因素 A 和因素 $B$ 的每一种组合水平$(A_i,B_j)$上重复做 $c(c\geqslant 2)$次试验，试验结果记为 $x_{ijk}(i=1,2,\cdots,r;\ j=1,2,\cdots,s;\ k=1,2,\cdots,c)$。如此，有重复测量双因素方差的试验方案及试验结果如表 4-15 所示。

**表 4-15　有重复测量双因素方差分析的试验方案与试验结果**

| | | 因素 $B$ 的水平 | | | |
|---|---|---|---|---|---|
| | | $B_1$ | $B_2$ | $\cdots$ | $B_s$ |
| 因素 $A$ 的水平 | $A_1$ | $x_{111},x_{112},\cdots,x_{11c}$ | $x_{121},x_{122},\cdots,x_{12c}$ | $\cdots$ | $x_{1s1},x_{1s2},\cdots,x_{1sc}$ |
| | $A_2$ | $x_{211},x_{212},\cdots,x_{21c}$ | $x_{221},x_{222},\cdots,x_{22c}$ | $\cdots$ | $x_{2s1},x_{2s2},\cdots,x_{2sc}$ |
| | $\vdots$ | $\vdots$ | $\vdots$ | $\ddots$ | $\vdots$ |
| | $A_r$ | $x_{r11},x_{r12},\cdots,x_{r1c}$ | $x_{r21},x_{r22},\cdots,x_{r2c}$ | $\cdots$ | $x_{rs1},x_{rs2},\cdots,x_{rsc}$ |

试验结果 $x_{ijk}$ 的下标 $i$ 表示因素 $A$ 的第 $i$ 水平，下标 $j$ 表示因素 $B$ 的第 $j$ 水平，下标 $k$ 表示在组合水平 $(A_i, B_j)$ 上的第 $k$ 次试验。显然，总的试验次数 $n=rsc$。有重复试验双因素方差分析的基本步骤如下：

**1. 计算均值**

因素 $A$ 的第 $i$ 水平下试验结果的均值：$\bar{x}_{i\cdot\cdot} = \frac{1}{sc}\sum_{j=1}^{s}\sum_{k=1}^{c}x_{ijk} = \frac{1}{s}\sum_{j=1}^{s}\bar{x}_{ij\cdot}, i = 1,2,\cdots,r$

因素 $B$ 的第 $j$ 水平下试验结果的均值：$\bar{x}_{\cdot j\cdot} = \frac{1}{rc}\sum_{i=1}^{r}\sum_{k=1}^{c}x_{ijk} = \frac{1}{r}\sum_{i=1}^{r}\bar{x}_{ij\cdot}, j = 1,2,\cdots,s$

组合水平 $(A_i, B_j)$ 上 $c$ 次试验结果的均值：$\bar{x}_{ij\cdot} = \frac{1}{c}\sum_{k=1}^{c}x_{ijk}, i = 1,2,\cdots,r; j = 1,2,\cdots,s$

全部试验结果的均值，即总均值：$\bar{x} = \frac{1}{rsc}\sum_{i=1}^{r}\sum_{j=1}^{s}\sum_{k=1}^{c}x_{ijk}$

表 4-16　有重复测量双因素方差分析的试验结果均值

| | | 因素 $B$ 的各水平 | | | | $\bar{x}_{i\cdot\cdot}$ |
|---|---|---|---|---|---|---|
| | | $B_1$ | $B_2$ | $\cdots$ | $B_s$ | |
| 因素 $A$ 的各水平 | $A_1$ | $\bar{x}_{11\cdot}$ | $\bar{x}_{12\cdot}$ | $\cdots$ | $\bar{x}_{1s\cdot}$ | $\bar{x}_{1\cdot\cdot}$ |
| | $A_2$ | $\bar{x}_{21\cdot}$ | $\bar{x}_{22\cdot}$ | $\cdots$ | $\bar{x}_{2s\cdot}$ | $\bar{x}_{2\cdot\cdot}$ |
| | $\vdots$ | $\vdots$ | $\vdots$ | $\ddots$ | $\vdots$ | $\vdots$ |
| | $A_r$ | $\bar{x}_{r1\cdot}$ | $\bar{x}_{r2\cdot}$ | $\cdots$ | $\bar{x}_{rs\cdot}$ | $\bar{x}_{r\cdot\cdot}$ |
| $\bar{x}_{\cdot j\cdot}$ | | $\bar{x}_{\cdot 1\cdot}$ | $\bar{x}_{\cdot 2\cdot}$ | $\cdots$ | $\bar{x}_{\cdot s\cdot}$ | $\bar{x}$ |

**2. 计算离差平方和**

总离差平方和：$SS_{\mathrm{T}} = \sum_{i=1}^{r}\sum_{j=1}^{s}\sum_{k=1}^{c}(x_{ijk} - \bar{x})^2$

因素 $A$ 的离差平方和：$SS_{\mathrm{A}} = sc\sum_{i=1}^{r}(\bar{x}_{i\cdot\cdot} - \bar{x})^2$

因素 $B$ 的离差平方和：$SS_{\mathrm{B}} = rc\sum_{j=1}^{s}(\bar{x}_{\cdot j\cdot} - \bar{x})^2$

交互作用 $A\times B$ 的离差平方和：$SS_{\mathrm{A\times B}} = c\sum_{i=1}^{r}\sum_{j=1}^{s}(\bar{x}_{ij\cdot} - \bar{x}_{i\cdot\cdot} - \bar{x}_{\cdot j\cdot} + \bar{x})^2$

误差项的离差平方和：$SS_{\mathrm{E}} = \sum_{i=1}^{r}\sum_{j=1}^{s}\sum_{k=1}^{c}(x_{ijk} - \bar{x}_{ij\cdot})^2$

显然，它们存在加和关系：$SS_{\mathrm{T}}=SS_{\mathrm{A}}+SS_{\mathrm{B}}+SS_{\mathrm{A\times B}}+SS_{\mathrm{E}}$。

**3. 计算自由度**

$SS_A$ 的自由度为：$df_A=r-1$

$SS_B$ 的自由度为：$df_B=s-1$

$SS_{A\times B}$的自由度为：$df_{A\times B}=(r-1)(s-1)$

$SS_E$ 的自由度为：$df_E=rs(c-1)$

$SS_T$ 的自由度为：$df_T=n-1=rsc-1$

显然，它们存在加和关系：$df_T=df_A+df_B+df_{A\times B}+df_E$。

**4. 计算均方**

$$MS_A=\frac{SS_A}{r-1},\ MS_B=\frac{SS_B}{s-1},\ MS_{A\times B}=\frac{SS_{A\times B}}{(r-1)(s-1)},\ MS_E=\frac{SS_E}{rs(c-1)}$$

**5. F 检验**

$$F_A=\frac{MS_A}{MS_E},\ F_B=\frac{MS_B}{MS_E},\ F_{A\times B}=\frac{MS_{A\times B}}{MS_E}$$

$F_A$ 服从自由度为$(df_A,\ df_E)$的 $F$ 分布。给定显著性水平 $\alpha$，若 $F_A>F_\alpha(df_A,\ df_E)$，则推断因素 $A$ 对试验结果有显著性影响，否则无显著性影响。$F_B$ 服从自由度为$(df_B,\ df_E)$的 $F$ 分布，若 $F_B>F_\alpha(df_B,\ df_E)$，则推断因素 B 对试验结果有显著性影响，否则无显著性影响。$F_{A\times B}$服从自由度为$(df_{A\times B},\ df_E)$的 $F$ 分布，若 $F_{A\times B}>F_\alpha(df_{A\times B},\ df_E)$，则推断交互作用 $A\times B$ 对试验结果有显著性影响，否则无显著性影响。上述方差分析的结果汇总于表 4-17。

**表 4-17　有重复测量双因素方差分析**

| 差异来源 | $SS$ | $df$ | $MS$ | $F$ | 显著性 |
|---|---|---|---|---|---|
| 因素 $A$ | $SS_A$ | $r-1$ | $MS_A=\frac{SS_A}{r-1}$ | $F_A=\frac{MS_A}{MS_E}$ | |
| 因素 $B$ | $SS_B$ | $s-1$ | $MS_B=\frac{SS_B}{s-1}$ | $F_B=\frac{MS_B}{MS_E}$ | |
| 交互作用 $A\times B$ | $SS_{A\times B}$ | $(r-1)(s-1)$ | $MS_{A\times B}=\frac{SS_{A\times B}}{(r-1)(s-1)}$ | $F_{A\times B}=\frac{MS_{A\times B}}{MS_E}$ | |
| 误差 $E$ | $SS_E$ | $rs(c-1)$ | $MS_E=\frac{SS_E}{rs(c-1)}$ | | |
| 总和 $T$ | $SS_T$ | $n-1$ | | | |

**例题 4-6**　使用四种燃料和三种推进器做火箭射程(m)试验，每一种组合做 2 次试验得到的火箭射程数据如下表。试分析燃料 $A$、推进器 $B$ 和它们的交互作用 $A\times B$ 对火箭的射程有无显著性影响。

**表 4-18　火箭射程的试验方案与试验结果**

| | | 推进器 B 的各水平 | | |
|---|---|---|---|---|
| | | $B_1$ | $B_2$ | $B_3$ |
| 燃料 A 的各水平 | $A_1$ | 582,526 | 562,412 | 653,608 |
| | $A_2$ | 491,428 | 541,505 | 516,484 |
| | $A_3$ | 601,583 | 709,732 | 392,407 |
| | $A_4$ | 758,715 | 582,510 | 487,414 |

**解**　由题意知，$r=4$，$s=3$，$c=2$，$n=rsc=24$。

1)计算均值，结果汇总于表 4-19。

**表 4-19　例题 4-6 试验结果的均值**

| | | 推进器 B 的各水平 | | | $\bar{x}_{i\cdot\cdot}$ |
|---|---|---|---|---|---|
| | | $B_1$ | $B_2$ | $B_3$ | |
| 燃料 A 的各水平 | $A_1$ | $\bar{x}_{11\cdot}=554$ | $\bar{x}_{12\cdot}=487$ | $\bar{x}_{13\cdot}=631$ | $\bar{x}_{1\cdot\cdot}=557$ |
| | $A_2$ | $\bar{x}_{21\cdot}=460$ | $\bar{x}_{22\cdot}=523$ | $\bar{x}_{23\cdot}=500$ | $\bar{x}_{2\cdot\cdot}=494$ |
| | $A_3$ | $\bar{x}_{31\cdot}=592$ | $\bar{x}_{32\cdot}=721$ | $\bar{x}_{33\cdot}=400$ | $\bar{x}_{3\cdot\cdot}=571$ |
| | $A_4$ | $\bar{x}_{41\cdot}=737$ | $\bar{x}_{42\cdot}=546$ | $\bar{x}_{43\cdot}=451$ | $\bar{x}_{4\cdot\cdot}=578$ |
| $\bar{x}_{\cdot j\cdot}$ | | $\bar{x}_{\cdot 1\cdot}=586$ | $\bar{x}_{\cdot 2\cdot}=569$ | $\bar{x}_{\cdot 3\cdot}=495$ | $\bar{x}=550$ |

2)计算离差平方和及自由度

$$SS_T=\sum_{i=1}^{r}\sum_{j=1}^{s}\sum_{k=1}^{c}(x_{ijk}-\bar{x})^2=263830,\ df_T=n-1=rsc-1=23$$

$$SS_A=sc\sum_{i=1}^{r}(\bar{x}_{i\cdot\cdot}-\bar{x})^2=26168,\ df_A=r-1=3$$

$$SS_B=rc\sum_{j=1}^{s}(\bar{x}_{\cdot j\cdot}-\bar{x})^2=37098,\ df_B=s-1=2$$

$$SS_{A\times B}=c\sum_{i=1}^{r}\sum_{j=1}^{s}(\bar{x}_{ij\cdot}-\bar{x}_{i\cdot\cdot}-\bar{x}_{\cdot j\cdot}+\bar{x})^2=176869,\ df_{A\times B}=(r-1)(s-1)=6$$

$$SS_E=SS_T-SS_A-SS_B-SS_{A\times B}=23695,\ df_E=rs(c-1)=12$$

3)计算均方

$$MS_A=\frac{SS_A}{r-1}=\frac{26168}{4-1}=8723,\ MS_B=\frac{SS_B}{s-1}=\frac{37098}{3-1}=18549$$

$$MS_{A\times B}=\frac{SS_{A\times B}}{(r-1)(s-1)}=\frac{176869}{(4-1)\times(3-1)}=29478$$

$$MS_E=\frac{SS_E}{rs(c-1)}=\frac{23695}{4\times3\times(2-1)}=1975$$

4)统计量 $F$ 的计算与检验

$$F_A=\frac{MS_A}{MS_E}=\frac{8723}{1975}=4.42,\ F_B=\frac{MS_B}{MS_E}=\frac{18549}{1975}=9.39$$

$$F_{A\times B}=\frac{MS_{A\times B}}{MS_E}=\frac{29478}{1975}=14.93$$

根据 $\alpha=0.05$ 和各因素的自由度，查得 $F_{0.05}(3,12)=3.49$，$F_{0.01}(2,12)=6.93$，$F_{0.01}(6,12)=4.82$。现分别将因素 $A$、因素 $B$、交互作用 $A\times B$ 的统计量 $F$ 计算结果与各自的临界值比较，以推断它们的影响是否具有显著性。方差分析的结果汇总于表 4-20。

**表 4-20　例题 4-6 的方差分析**

| 差异来源 | $SS$ | $df$ | $MS$ | $F$ | 显著性 |
|---|---|---|---|---|---|
| 因素 $A$ | 26168 | 3 | 8723 | 4.42 | * |
| 因素 $B$ | 37098 | 2 | 18549 | 9.39 | ** |
| 交互作用 $A\times B$ | 176869 | 6 | 29478 | 14.93 | ** |
| 误差 $E$ | 23695 | 12 | 1975 | | |
| 总和 $T$ | 263830 | 23 | | | |

# 4.4　多因素方差分析

## 4.4.1　多因素的试验方案与试验结果

双因素方差分析方法可以推广到多因素情况。以三因素等重复试验为例，因素分别为A，$B$，$C$，其中因素 $A$ 有 $a$ 个水平 $A_1,A_2,\cdots,A_a$，因素 $B$ 有个 $b$ 水平 $B_1,B_2,\cdots,B_b$，因素C有 $c$ 个水平 $C_1,C_2,\cdots,C_c$。三个因素的水平组合共有 $abc$ 个，每个水平组合上重复 $r$ 次试验，总试验次数 $n=abcr$，试验结果记为 $x_{ijkl}(i=1,2,\cdots,a,j=1,2,\cdots,b,k=1,2,\cdots,c,l=1,2,\cdots,r)$。有重复测量三因素方差的试验方案和试验结果如表 4-21 所示。

**表 4-21　有重复测量三因素方差分析的试验方案与试验结果**

| $A_i$ | $B_j$ | $C_k$ | $x_{ijkl}(l=1,2,\cdots,r)$ | | | | $\sum_{l=1}^{r} x_{ijkl}$ |
|---|---|---|---|---|---|---|---|
| | | $C_1$ | $x_{1111}$ | $x_{1112}$ | $\cdots$ | $x_{111r}$ | $x_{111\cdot}$ |
| | $B_1$ | $C_2$ | $x_{1121}$ | $x_{1122}$ | $\cdots$ | $x_{112r}$ | $x_{112\cdot}$ |
| | | $\vdots$ | $\vdots$ | $\vdots$ | $\ddots$ | $\vdots$ | $\vdots$ |
| | | $C_c$ | $x_{11c1}$ | $x_{11c2}$ | $\cdots$ | $x_{11cr}$ | $x_{11c\cdot}$ |
| $A_1$ | $\vdots$ | $\vdots$ | $\vdots$ | $\ddots$ | $\vdots$ | $\vdots$ | $\vdots$ |
| | | $C_1$ | $x_{1b11}$ | $x_{1b12}$ | $\cdots$ | $x_{1b1r}$ | $x_{1b1\cdot}$ |
| | $B_b$ | $C_2$ | $x_{1b21}$ | $x_{1b22}$ | $\cdots$ | $x_{1b2r}$ | $x_{1b2\cdot}$ |
| | | $\vdots$ | $\vdots$ | $\vdots$ | $\ddots$ | $\vdots$ | $\vdots$ |
| | | $C_c$ | $x_{1bc1}$ | $x_{1bc2}$ | $\cdots$ | $x_{1bcr}$ | $x_{1bc\cdot}$ |
| | | $C_1$ | $x_{2111}$ | $x_{2112}$ | $\cdots$ | $x_{211r}$ | $x_{211\cdot}$ |
| | $B_1$ | $C_2$ | $x_{2121}$ | $x_{2122}$ | $\cdots$ | $x_{212r}$ | $x_{212\cdot}$ |
| | | $\vdots$ | $\vdots$ | $\vdots$ | $\ddots$ | $\vdots$ | $\vdots$ |
| | | $C_c$ | $x_{21c1}$ | $x_{21c2}$ | $\cdots$ | $x_{21cr}$ | $x_{21c\cdot}$ |
| $A_2$ | $\vdots$ | $\vdots$ | $\vdots$ | $\ddots$ | $\vdots$ | $\vdots$ | $\vdots$ |
| | | $C_1$ | $x_{2b11}$ | $x_{2b12}$ | $\cdots$ | $x_{2b1r}$ | $x_{2b1\cdot}$ |
| | $B_b$ | $C_2$ | $x_{2b21}$ | $x_{2b22}$ | $\cdots$ | $x_{2b2r}$ | $x_{2b2\cdot}$ |
| | | $\vdots$ | $\vdots$ | $\vdots$ | $\ddots$ | $\vdots$ | $\vdots$ |
| | | $C_c$ | $x_{2bc1}$ | $x_{2bc2}$ | $\cdots$ | $x_{2bcr}$ | $x_{2bc\cdot}$ |

**续表**

| $A_i$ | $B_j$ | $C_k$ | $x_{ijkl}(l=1,2,\cdots,r)$ | | | | $\sum_{l=1}^{r} x_{ijkl}$ |
|---|---|---|---|---|---|---|---|
| | | $C_1$ | $x_{i111}$ | $x_{i112}$ | $\cdots$ | $x_{i11r}$ | $x_{i11\cdot}$ |
| | | $C_2$ | $x_{i121}$ | $x_{i122}$ | $\cdots$ | $x_{i12r}$ | $x_{i12\cdot}$ |
| | $B_1$ | $\vdots$ | $\vdots$ | $\vdots$ | $\ddots$ | $\vdots$ | $\vdots$ |
| | | $C_c$ | $x_{i1c1}$ | $x_{i1c2}$ | $\cdots$ | $x_{i1cr}$ | $x_{i1c\cdot}$ |
| $A_i$ | $\vdots$ | $\vdots$ | $\vdots$ | $\ddots$ | $\vdots$ | $\vdots$ | $\vdots$ |
| | | $C_1$ | $x_{ib11}$ | $x_{ib12}$ | $\cdots$ | $x_{ib1r}$ | $x_{ib1\cdot}$ |
| | | $C_2$ | $x_{ib21}$ | $x_{ib22}$ | $\cdots$ | $x_{ib2r}$ | $x_{ib2\cdot}$ |
| | $B_b$ | $\vdots$ | $\vdots$ | $\vdots$ | $\ddots$ | $\vdots$ | $\vdots$ |
| | | $C_c$ | $x_{ibc1}$ | $x_{ibc2}$ | $\cdots$ | $x_{ibcr}$ | $x_{ibc\cdot}$ |
| | | $C_1$ | $x_{a111}$ | $x_{a112}$ | $\cdots$ | $x_{a11r}$ | $x_{a11\cdot}$ |
| | | $C_2$ | $x_{a121}$ | $x_{a122}$ | $\cdots$ | $x_{a12r}$ | $x_{a12\cdot}$ |
| | $B_1$ | $\vdots$ | $\vdots$ | $\vdots$ | $\ddots$ | $\vdots$ | $\vdots$ |
| | | $C_c$ | $x_{a1c1}$ | $x_{a1c2}$ | $\cdots$ | $x_{a1cr}$ | $x_{a1c\cdot}$ |
| $A_a$ | $\vdots$ | $\vdots$ | $\vdots$ | $\ddots$ | $\vdots$ | $\vdots$ | $\vdots$ |
| | | $C_1$ | $x_{ab11}$ | $x_{ab12}$ | $\cdots$ | $x_{ab1r}$ | $x_{ab1\cdot}$ |
| | | $C_2$ | $x_{ab21}$ | $x_{ab22}$ | $\cdots$ | $x_{ab2r}$ | $x_{ab2\cdot}$ |
| | $B_b$ | $\vdots$ | $\vdots$ | $\vdots$ | $\ddots$ | $\vdots$ | $\vdots$ |
| | | $C_c$ | $x_{abc1}$ | $x_{abc2}$ | $\cdots$ | $x_{abcr}$ | $x_{abc\cdot}$ |
| | | | | | | | $x_{\cdots\cdot}$ |

表中：

总和及总均值：$x_{\cdots\cdot} = \sum_{i=1}^{a}\sum_{j=1}^{b}\sum_{k=1}^{c}\sum_{l=1}^{r} x_{ijkl}$，$\bar{x}_{\cdots\cdot} = \dfrac{x_{\cdots\cdot}}{abcr}$

$A_i$ 的和及其均值：$x_{i\cdots} = \sum_{j=1}^{b}\sum_{k=1}^{c}\sum_{l=1}^{r} x_{ijkl}$，$\bar{x}_{i\cdots} = \dfrac{x_{i\cdots}}{bcr}$，$i = 1,2,\cdots,a$

$B_j$ 的和及其均值：$x_{\cdot j\cdot\cdot} = \sum_{i=1}^{a}\sum_{k=1}^{c}\sum_{l=1}^{r} x_{ijkl}$，$\bar{x}_{\cdot j\cdot\cdot} = \dfrac{x_{\cdot j\cdot\cdot}}{acr}$，$j = 1,2,\cdots,b$

$C_k$ 的和及其均值：$x_{\cdot\cdot k\cdot} = \sum_{i=1}^{a}\sum_{j=1}^{b}\sum_{l=1}^{r} x_{ijkl}$，$\bar{x}_{\cdot\cdot k\cdot} = \dfrac{x_{\cdot\cdot k\cdot}}{abr}$，$k = 1,2,\cdots,c$

$A_iB_j$ 的和及其均值：$x_{ij\cdot\cdot} = \sum_{k=1}^{c}\sum_{l=1}^{r} x_{ijkl}$，$\bar{x}_{ij\cdot\cdot} = \dfrac{x_{ij\cdot\cdot}}{cr}$，$i = 1,2,\cdots,a, j = 1,2,\cdots,b$

$A_iC_k$ 的和及其均值：$x_{i\cdot k\cdot} = \sum_{j=1}^{b}\sum_{l=1}^{r} x_{ijkl}$，$\bar{x}_{i\cdot k\cdot} = \dfrac{x_{i\cdot k\cdot}}{br}$，$i = 1,2,\cdots,a, k = 1,2,\cdots,c$

$B_jC_k$ 的和及其均值：$x_{\cdot jk\cdot} = \sum_{i=1}^{a}\sum_{l=1}^{r} x_{ijkl}$，$\bar{x}_{\cdot jk\cdot} = \dfrac{x_{\cdot jk\cdot}}{ar}$，$j = 1,2,\cdots,b, k = 1,2,\cdots,c$

$A_iB_jC_k$ 的和及其均值：$x_{ijk\cdot} = \sum_{l=1}^{r} x_{ijkl}$，$\bar{x}_{ijk\cdot} = \dfrac{x_{ijk\cdot}}{r}$，$i = 1,2,\cdots,a, j = 1,2,\cdots,b, k = 1,2,\cdots,c$。

## 4.4.2 多因素方差分析的基本步骤

### 1. 计算离差平方和

各离差平方和的简化计算，先准备辅助项：$M = \dfrac{1}{n}\left(\sum_{i=1}^{a}\sum_{j=1}^{b}\sum_{k=1}^{c}\sum_{l=1}^{r} x_{ijkl}\right)^2 = \dfrac{x_{\cdots\cdot}^2}{abcr}$。

总的离差平方和：$SS_{\mathrm{T}} = \sum_{i=1}^{a}\sum_{j=1}^{b}\sum_{k=1}^{c}\sum_{l=1}^{r}(x_{ijkl} - \bar{x}_{\cdots\cdot})^2 = \sum_{i=1}^{a}\sum_{j=1}^{b}\sum_{k=1}^{c}\sum_{l=1}^{r} x_{ijkl}^2 - M$

因素 $A$ 的离差平方和：$SS_{\mathrm{A}} = \sum_{i=1}^{a}\sum_{j=1}^{b}\sum_{k=1}^{c}\sum_{l=1}^{r}(\bar{x}_{i\cdots} - \bar{x}_{\cdots\cdot})^2 = \dfrac{1}{bcr}\sum_{i=1}^{a} x_{i\cdots}^2 - M$

因素 $B$ 的离差平方和：$SS_{\mathrm{B}} = \sum_{i=1}^{a}\sum_{j=1}^{b}\sum_{k=1}^{c}\sum_{l=1}^{r}(\bar{x}_{\cdot j\cdot\cdot} - \bar{x}_{\cdots\cdot})^2 = \dfrac{1}{acr}\sum_{j=1}^{b} x_{\cdot j\cdot\cdot}^2 - M$

因素 $C$ 的离差平方和：$SS_{\mathrm{C}} = \sum_{i=1}^{a}\sum_{j=1}^{b}\sum_{k=1}^{c}\sum_{l=1}^{r}(\bar{x}_{\cdot\cdot k\cdot} - \bar{x}_{\cdots\cdot})^2 = \dfrac{1}{abr}\sum_{k=1}^{c} x_{\cdot\cdot k\cdot}^2 - M$

一级交互项 $A\times B$ 的离差平方和：

因为 $SS_{AB} = \sum_{i=1}^{a}\sum_{j=1}^{b}\sum_{k=1}^{c}\sum_{l=1}^{r}(\bar{x}_{ij\cdot\cdot} - \bar{x}_{\cdots\cdot})^2 = \dfrac{1}{cr}\sum_{i=1}^{a}\sum_{j=1}^{b} x_{ij\cdot\cdot}^2 - M$

所以 $SS_{A\times B} = \sum_{i=1}^{a}\sum_{j=1}^{b}\sum_{k=1}^{c}\sum_{l=1}^{r}(\bar{x}_{ij\cdot\cdot} - \bar{x}_{i\cdots} - \bar{x}_{\cdot j\cdot\cdot} + \bar{x}_{\cdots\cdot})^2 = SS_{AB} - SS_A - SS_B$

同理 $SS_{A\times C} = SS_{AC} - SS_A - SS_C$，$SS_{B\times C} = SS_{BC} - SS_B - SS_C$

二级交互项 $A\times B\times C$ 的离差平方和：

因为 $SS_{ABC} = \sum_{i=1}^{a}\sum_{j=1}^{b}\sum_{k=1}^{c}\sum_{l=1}^{r}(\bar{x}_{ijk\cdot} - \bar{x}_{\cdots\cdot})^2 = \dfrac{1}{r}\sum_{i=1}^{a}\sum_{j=1}^{b}\sum_{k=1}^{c} x_{ijk\cdot}^2 - M$

所以 $SS_{A\times B\times C} = SS_{ABC} - SS_A - SS_B - SS_C - SS_{A\times B} - SS_{A\times C} - SS_{B\times C}$

误差项的离差平方和：$SS_E=\sum_{i=1}^{a}\sum_{j=1}^{b}\sum_{k=1}^{c}\sum_{l=1}^{r}(x_{ijkl}-\bar{x}_{ijk\cdot})^2=SS_T-SS_{ABC}$

显然，它们存在加和关系：

$$SS_T=SS_A+SS_B+SS_C+SS_{A\times B}+SS_{A\times C}+SS_{B\times C}+SS_{A\times B\times C}+SS_E$$

**2. 计算自由度**

$SS_T$ 的自由度：$df_T=n-1=abcr-1$

$SS_A$ 的自由度：$df_A=a-1$

$SS_B$ 的自由度：$df_B=b-1$

$SS_C$ 的自由度：$df_C=c-1$

$SS_{A\times B}$的自由度：$df_{A\times B}=(a-1)(b-1)$

$SS_{A\times C}$的自由度：$df_{A\times C}=(a-1)(c-1)$

$SS_{B\times C}$的自由度：$df_{B\times C}=(b-1)(c-1)$

$SS_{A\times B\times C}$的自由度：$df_{A\times B\times C}=(a-1)(b-1)(c-1)$

$SS_E$ 的自由度：$df_E=abc(r-1)$

显然，它们存在加和关系：$df_T=df_A+df_B+df_C+df_{A\times B}+df_{A\times C}+df_{B\times C}+df_{A\times B\times C}+df_E$

**3. 计算均方**

$$MS_A=\frac{SS_A}{df_A}=\frac{SS_A}{a-1},\ MS_B=\frac{SS_B}{df_B}=\frac{SS_B}{b-1},\ MS_C=\frac{SS_C}{df_C}=\frac{SS_C}{c-1}$$

$$MS_{A\times B}=\frac{SS_{A\times B}}{df_{A\times B}}=\frac{SS_{A\times B}}{(a-1)(b-1)},\ MS_{A\times C}=\frac{SS_{A\times C}}{df_{A\times C}}=\frac{SS_{A\times C}}{(a-1)(c-1)}$$

$$MS_{B\times C}=\frac{SS_{B\times C}}{df_{B\times C}}=\frac{SS_{B\times C}}{(b-1)(c-1)}$$

$$MS_{A\times B\times C}=\frac{SS_{A\times B\times C}}{df_{A\times B\times C}}=\frac{SS_{A\times B\times C}}{(a-1)(b-1)(c-1)}$$

$$MS_E=\frac{SS_E}{df_E}=\frac{SS_E}{abc(r-1)}$$

**4. F 检验**

$$F_A=\frac{MS_A}{MS_E},\ F_B=\frac{MS_B}{MS_E},\ F_C=\frac{MS_C}{MS_E}$$

$$F_{A\times B}=\frac{MS_{A\times B}}{MS_E},\ F_{A\times C}=\frac{MS_{A\times C}}{MS_E},\ F_{B\times C}=\frac{MS_{B\times C}}{MS_E}$$

$$F_{A\times B\times C}=\frac{MS_{A\times B\times C}}{MS_E}$$

$F_A$ 服从自由度为($df_A$，$df_E$)的 $F$ 分布。给定显著性水平 $\alpha$，若 $F_A>F_\alpha(df_A, df_E)$，则推断因素 $A$ 对试验结果有显著性影响，否则无显著性影响。因素 $B$ 和因素 $C$ 的统计推断，同此过程。

$F_{A\times B}$服从自由度为($df_{A\times B}$，$df_E$)的 $F$ 分布，若 $F_{A\times B}>F_\alpha(df_{A\times B}, df_E)$，则推断一级交互作用 $A\times B$ 对试验结果有显著性影响，否则无显著性影响。一级交互作用 $A\times C$ 和一级交互作用 $B\times C$ 的统计推断，同此过程。

$F_{A\times B\times C}$服从自由度为$(df_{A\times B\times C}, df_E)$的 $F$ 分布，若 $F_{A\times B\times C}>F_\alpha(df_{A\times B\times C}, df_E)$，则推断二级交互作用 $A\times B\times C$ 对试验结果有显著性影响，否则无显著性影响。

上述方差分析的结果汇总于表 4-22。

**表 4-22　有重复测量三因素方差分析**

| 变异来源 | SS | df | MS | F | 显著性 |
|---|---|---|---|---|---|
| 因素 $A$ | $SS_A$ | $a-1$ | $MS_A$ | $F_A=\dfrac{MS_A}{MS_E}$ | |
| 因素 $B$ | $SS_B$ | $b-1$ | $MS_B$ | $F_B=\dfrac{MS_B}{MS_E}$ | |
| 因素 $C$ | $SS_C$ | $c-1$ | $MS_C$ | $F_C=\dfrac{MS_C}{MS_E}$ | |
| 一级交互作用 $A\times B$ | $SS_{A\times B}$ | $(a-1)(b-1)$ | $MS_{A\times B}$ | $F_{A\times B}=\dfrac{MS_{A\times B}}{MS_E}$ | |
| 一级交互作用 $A\times C$ | $SS_{A\times C}$ | $(a-1)(c-1)$ | $MS_{A\times C}$ | $F_{A\times C}=\dfrac{MS_{A\times C}}{MS_E}$ | |
| 一级交互作用 $B\times C$ | $SS_{B\times C}$ | $(b-1)(c-1)$ | $MS_{B\times C}$ | $F_{B\times C}=\dfrac{MS_{B\times C}}{MS_E}$ | |
| 二级交互作用 $A\times B\times C$ | $SS_{A\times B\times C}$ | $(a-1)(b-1)(c-1)$ | $MS_{A\times B\times C}$ | $F_{A\times B\times C}=\dfrac{MS_{A\times B\times C}}{MS_E}$ | |
| 误差项 $E$ | $SSE$ | $abc(r-1)$ | $MS_E$ | | |
| 总和 $T$ | $SS_T$ | $abcr-1$ | | | |

若 $F$ 检验显著，现用 SSR 法或 $q$ 法进行各处理均值的多重比较，因素 $A$ 各水平的重复数为 $bcr$，标准误 $s_{\bar{x}_{i\cdots}}=\sqrt{MS_E/bcr}$。同理，因素 $B$ 各水平的重复数为 $acr$，标准误 $s_{\bar{x}_{\cdot j\cdot\cdot}}=\sqrt{MS_E/acr}$；因素 $C$ 各水平的重复数为 $abr$，标准误 $s_{\bar{x}_{\cdot\cdot k\cdot}}=\sqrt{MS_E/abr}$；一级交互作用 $A\times B$ 各水平的重复数为 $cr$，标准误 $s_{\bar{x}_{ij\cdot\cdot}}=\sqrt{MS_E/cr}$；一级交互作用 $A\times C$ 各水平的重复数为 $br$，标准误 $s_{\bar{x}_{i\cdot k\cdot}}=\sqrt{MS_E/br}$；一级交互作用 $B\times C$ 各水平的重复数为 $ar$，标准误 $s_{\bar{x}_{\cdot jk\cdot}}=\sqrt{MS_E/ar}$；二级交互作用 $A\times B\times C$ 各水平的重复数为 $r$，标准误 $s_{\bar{x}_{ijk\cdot}}=\sqrt{MS_E/r}$。

**例题 4-7**　某种水果发酵饮料的香气评分与工艺参数 $A$，$B$，$C$ 有关，它们的试验水平数分别为 2，2 和 3，每种水平组合重复 3 次试验，试验方案及香气评分结果如表 4-23 所示。试进行方差分析，以确定每个工艺参数对香气评分的影响是否显著，以及它们之间是否存在交互作用。

**表 4-23　水果发酵饮料香气评分的试验方案及试验结果**

| 因素及水平 | | | 重复试验 1 | 重复试验 2 | 重复试验 3 | $\sum_{l=1}^{r} x_{ijk\cdot}$ |
|---|---|---|---|---|---|---|
| $A_1$ | $B_1$ | $C_1$ | 12 | 14 | 13 | 39 |
| | | $C_2$ | 12 | 11 | 11 | 34 |
| | | $C_3$ | 10 | 9 | 9 | 28 |
| | $B_2$ | $C_1$ | 10 | 9 | 9 | 28 |
| | | $C_2$ | 9 | 9 | 8 | 26 |
| | | $C_3$ | 6 | 6 | 7 | 19 |
| $A_2$ | $B_1$ | $C_1$ | 3 | 2 | 4 | 9 |
| | | $C_2$ | 4 | 3 | 4 | 11 |
| | | $C_3$ | 7 | 6 | 7 | 20 |
| | $B_2$ | $C_1$ | 2 | 2 | 3 | 7 |
| | | $C_2$ | 3 | 4 | 5 | 12 |
| | | $C_3$ | 5 | 7 | 7 | 19 |
| | | | 83 | 82 | 87 | 252 |

**解**　为简化计算，将试验结果整理成双向表，如表 4-24 所示。

**表 4-24　水果发酵饮料香气评分的双因素双向表**

| $A$，$B$ 双向表 $x_{ij\cdot\cdot}$ | | | | $A$，$C$ 双向表 $x_{i\cdot k\cdot}$ | | | | | $B$，$C$ 双向表 $x_{\cdot jk\cdot}$ | | | | |
|---|---|---|---|---|---|---|---|---|---|---|---|---|---|
| | $B_1$ | $B_2$ | $x_{i\cdot\cdot\cdot}$ | | $C_1$ | $C_2$ | $C_3$ | $x_{i\cdot\cdot\cdot}$ | | $C_1$ | $C_2$ | $C_3$ | $x_{\cdot j\cdot\cdot}$ |
| $A_1$ | 101 | 73 | 174 | $A_1$ | 67 | 60 | 47 | 174 | $B_1$ | 48 | 45 | 48 | 141 |
| $A_2$ | 40 | 38 | 78 | $A_2$ | 16 | 23 | 39 | 78 | $B_2$ | 35 | 38 | 38 | 111 |
| $x_{\cdot j\cdot\cdot}$ | 141 | 111 | 252 | $x_{\cdot\cdot k\cdot}$ | 83 | 83 | 86 | 252 | $x_{\cdot\cdot k\cdot}$ | 83 | 83 | 86 | 252 |

计算离差平方和：

辅助项：

$$M = \frac{1}{n}\left(\sum_{i=1}^{a}\sum_{j=1}^{b}\sum_{k=1}^{c}\sum_{l=1}^{r} x_{ijkl}\right)^2 = \frac{x_{\cdots\cdot}^2}{abcr} = \frac{252^2}{2\times2\times3\times3} = 1764.0$$

总的离差平方和：

$$SS_T = \sum_{i=1}^{a}\sum_{j=1}^{b}\sum_{k=1}^{c}\sum_{l=1}^{r} x_{ijkl}^2 - M = 12^2 + 14^2 + 13^2 + \cdots + 7^2 - 1764.0 = 396.0$$

因素 $A$ 的离差平方和：

$$SS_A = \frac{1}{bcr}\sum_{i=1}^{a} x_{i\cdots}^2 - M = \frac{1}{2\times 3\times 3}(174^2 + 78^2) - 1764.0 = 256.0$$

因素 $B$ 的离差平方和：

$$SS_B = \frac{1}{acr}\sum_{j=1}^{b} x_{\cdot j\cdot\cdot}^2 - M = \frac{1}{2\times 3\times 3}(141^2 + 111^2) - 1764.0 = 25.0$$

因素 $C$ 的离差平方和：

$$SS_C = \frac{1}{abr}\sum_{k=1}^{c} x_{\cdot\cdot k\cdot}^2 - M = \frac{1}{2\times 2\times 3}(83^2 + 83^2 + 86^2) - 1764.0 = 0.5$$

一级交互作用 $A\times B$ 的离差平方和：

因为 $SS_{AB} = \frac{1}{cr}\sum_{i=1}^{a}\sum_{j=1}^{b} x_{ij\cdot\cdot}^2 - M = \frac{1}{3\times 3}(101^2 + 73^2 + 40^2 + 38^2) - 1764.0 = 299.78$

所以 $SS_{A\times B} = SS_{AB} - SS_A - SS_B = 299.78 - 256.0 - 25.0 = 18.78$

同理 $SS_{A\times C} = \frac{1}{2\times 3}(67^2 + 60^2 + \cdots + 39^2) - 1764.0 - 256.0 - 0.5 = 80.17$

$$SS_{B\times C} = \frac{1}{2\times 3}(48^2 + 45^2 + \cdots + 38^2) - 1764.0 - 25.0 - 0.5 = 1.50$$

二级交互作用 $A\times B\times C$ 的离差平方和：

因为 $SS_{ABC} = \frac{1}{r}\sum_{i=1}^{a}\sum_{j=1}^{b}\sum_{k=1}^{c} x_{ijk\cdot}^2 - M = \frac{1}{3}(39^2 + 34^2 + \cdots + 19^2) - 1764.0 = 382.0$

所以 $SS_{A\times B\times C} = SS_{ABC} - SS_A - SS_B - SS_C - SS_{A\times B} - SS_{A\times C} - SS_{B\times C}$

$= 382.0 - 256.0 - 25.0 - 0.5 - 18.78 - 80.17 - 1.5 = 0.05$

误差项离差平方和：$SS_E = SS_T - SS_{ABC} = 396.0 - 382.0 = 14.0$

上述方差分析的结果汇总于表 4-25。

**表 4-25　例题 4-7 的方差分析**

| 变异来源 | $SS$ | $df$ | $MS$ | $F$ | 显著性 |
|---|---|---|---|---|---|
| 因素 $A$ | 256.0 | 1 | 256.0 | 441.38 | ** |
| 因素 $B$ | 25.0 | 1 | 25.0 | 43.10 | ** |
| 因素 $C$ | 0.5 | 2 | 0.25 | 0.43 | |
| 一级交互作用 $A\times B$ | 18.78 | 1 | 18.78 | 32.38 | ** |
| 一级交互作用 $A\times C$ | 80.17 | 2 | 40.08 | 69.10 | ** |
| 一级交互作用 $B\times C$ | 1.5 | 2 | 0.75 | 1.29 | |

续表

| 变异来源 | $SS$ | $df$ | $MS$ | $F$ | 显著性 |
|---|---|---|---|---|---|
| 二级交互作用 $A\times B\times C$ | 0.05 | 2 | 0.025 | 0.05 | |
| 误差项 $E$ | 14.0 | 24 | 0.58 | | |
| 总和 $T$ | 396.0 | 35 | | | |

注：$F_{0.05}(1, 24)=4.26$，$F_{0.01}(1, 24)=7.82$，$F_{0.05}(2, 24)=3.40$，$F_{0.01}(2, 24)=5.61$。

方差分析的结果表明，因素 $A$、因素 $B$、一级交互作用 $A\times B$、一级交互作用 $A\times C$ 对发酵饮料香气评分结果的影响非常显著，因素 $C$、一级交互作用 $B\times C$、二级交互作用 $A\times B\times C$ 交互作用的影响不显著。

## 4.5　方差分析中的数据转换

方差分析的基本前提是试验数据满足效应可加、相互独立、分布正态和方差齐性等条件。然而，在实际应用中，由于种种原因，试验数据往往难以完全满足这些条件，因此需要采取适当的数据转换方法，使其近似符合方差分析的要求。例如，可以对数据进行平方根转换、对数转换等操作，以达到使数据近似满足方差齐性和正态分布的要求，从而保证方差分析结果的准确性和可靠性。

**1. 平方根转换**

平方根转换是指对原始试验数据进行平方根运算，并将平方根结果作为新的数据值。平方根转换适用于各处理组均值与其方差之间呈现某种比例关系的试验数据，尤其适用于总体呈泊松分布的试验数据。若原始试验数据中含有 0 或多个小于 10，则需要把原始数据 $x$ 先平移再平方根转换，比如 $\sqrt{x+1}$，$\sqrt{x+\frac{1}{2}}$。通过平方根转换，可以将试验数据中的大值和小值变得更加接近，从而使数据的方差更加平稳，符合齐次性的要求更加明显。同时，平方根转换也有利于满足效应可加性和分布正态性的要求。

**2. 反正弦转换**

反正弦转换，也称角度转换，是指对每个原始数据(常用百分数或小数表示)进行反正弦运算，转换后的数值是以度为单位的角度。反正弦转换适用于二项分布的试验数据，比如发病率、感染率、受胎率等。二项分布的特点是方差异质性以及方差与均值存在函数关系等。当均值接近极端值(0 和 100%)时，方差趋向于较小；而均值处于中间位置附近(50%左右)时，方差趋向于较大。将原始数据 $x$ 通过反正弦变换 $\arcsin\sqrt{x}$ 为角度后，接近于 0 和 100%的数据变异程度将变大，从而使得方差增大，有利于满足方差齐次性要求。若试验数据介于 30%～70%，数据变换与否影响不大，可直接进行方差分析。

**3. 对数转换**

对数转换是指对原始试验数据 $x$ 进行对数($\lg x$ 或 $\ln x$)运算，并将转换结果作为新的数据值。对数转换适用于各处理组数据的方差或全距与其均值大体上呈现比例关系，或者效应为相乘性或非相加性的场合。比如，药物剂量的效应往往是相乘而非相加的。如果原始试验数据 $x$ 中含有 0，则可以先平移再对数转换，比如 $\ln(x+1)$。通过对数转换，可使得各处理组新的数据值的方差比较一致，而且效应由相乘性变成相加性。对数转换对于削弱大数的作用要比平方根转换更强。比如，数据 1，10，100 做平方根转换是 1，3.16，10，而做对数转换则是 0，1，2。

## 4.6 缺失数据估计

在单因素或多因素的等重复试验中，若出现一个或多个试验数据缺失的情况，会破坏试验的均衡性。对于不等重复试验，可以直接进行方差分析，但需要注意自由度上的差异。如果仍按照等重复试验进行方差分析，则需要对缺失数据进行适当的估计与回填，以解决缺失数据的问题。

当一个试验仅缺失一个数据时，缺失数据的估计回填需要满足残差期望为 0。这样，估计回填的数据能够尽可能地接近实际情况，同时不会增加误差平方和。如果一个试验同时缺失多个数据，总自由度和误差自由度都会相应减少。在这种情况下，用估计回填代替缺失数据仅仅方便方差分析，而不会增加任何新的信息。因此，当试验丢失了 1～3 个数据时，可以使用估计回填代替缺失数据，对试验结果的影响较小。如果缺失的数据量较大，需要考虑重做试验或舍去较多的处理或区组，以保证试验结果的可靠性和准确性。

**例题 4-8** 现有 5 种治疗荨麻疹的药物，每种药物随机选择 6 个病人服用，并记录用药到痊愈的天数，收集的数据如表 4-26 所示。其中第 2 种药物只有 5 个病人服用，缺失了一个数据。为便于采用等重复试验的方差分析评估不同药物的疗效是否有显著性差异，请对缺失数据进行估计。

**表 4-26 服用荨麻疹药物的病人痊愈天数的试验数据**

| 5 种药物 | 随机病人 | | | | | | $\sum_j x_{ij} = T_i$ |
|---|---|---|---|---|---|---|---|
| | 病人 1 | 病人 2 | 病人 3 | 病人 4 | 病人 5 | 病人 6 | |
| $A_1$ | 6 | 8 | 7 | 7 | 10 | 8 | 46 |
| $A_2$ | 4 | 6 | 6 | 3 | 5 | $x$ | $24+x$ |
| $A_3$ | 6 | 4 | 4 | 5 | 3 | 2 | 24 |
| $A_4$ | 7 | 4 | 5 | 6 | 3 | 5 | 30 |
| $A_5$ | 9 | 4 | 6 | 7 | 7 | 6 | 39 |

**解**　本题为单因素等重复试验，因素的水平数 $a=5$，每个水平下重复的试验次数 $r=6$。现将服用荨麻疹药物的病人痊愈天数数据记为 $x_{i,j}(i=1,2,3,4,5,j=1,2,3,4,5,6)$，则第 2 种药物的缺失数据为 $x_{2,6}$。

依据 $\hat{\varepsilon}_i=0$ 的要求，即 $\hat{\varepsilon}_{2,6}=x_{2,6}-\bar{x}_{2\cdot}=0$，$\sum_{j=1}^{6}x_{2,j}=T_{2\cdot}=T'_{2\cdot}+x_{2,6}$，其中 $T'_{2\cdot}$ 为服用第 2 种药物 5 个病人的数据之和。

由于每种药物随机选择 6 个病人服用，即重复 6 次，则 $\bar{x}_{2\cdot}=\dfrac{T'_{2\cdot}+x_{2,6}}{6}$。现缺失数据为 $x_{2,6}$，于是有 $x_{2,6}-\dfrac{T'_{2\cdot}+x_{2,6}}{6}=0$ 或 $x_{2,6}=\dfrac{T'_{2\cdot}}{6-1}$。显然，$x_{2,6}$ 为服用第 2 种药物未缺失数据的 5 个病人的数据的均值。这样，$T'_{2\cdot}=24$，$x_{2,6}=\dfrac{24}{6-1}=4.8$。

将估计值 $x_{2,6}=4.8$ 回填，就可按重复试验进行方差分析，但自由度需要修正，即总的自由度 $df_T=5\times6-1-1=28$，误差项自由度 $df_E=5\times(6-1)-1=24$。

若将第 2 种药物与其他种药物进行多重比较，则均值差的标准误需按不等重复对待，即

$$s_{\bar{x}_{2\cdot}-\bar{x}_{i\cdot}}=\sqrt{\left(\frac{1}{6}+\frac{1}{6-1}\right)\times MS_E},\ i=1,3,4,5$$

对于没有缺失数据的药物的多重比较，其均值差的标准误仍然按等重复对待，即

$$s_{\bar{x}_{i\cdot}-\bar{x}_{k\cdot}}=\sqrt{\left(\frac{1}{6}+\frac{1}{6}\right)\times MS_E},\ i,k=1,3,4,5$$

**例题 4-9**　某双因素的试验中，为考察技术方法和原料配比对成品量(件/小时)的影响。技术方法共有 3 种，原料配比有 6 个，试验方案和成品量的试验数据如表 4-27 所示，其中含有 1 个缺失数据。试对缺失数据进行估计。

**表 4-27　技术方法和原料配比对成品量的试验数据**

| 因素 $A$ 的不同水平 | 因素 $B$ 的不同水平 | | | | | | $T_{i\cdot}$ | $\bar{x}_{i\cdot}$ |
|---|---|---|---|---|---|---|---|---|
| | $B_1$ | $B_2$ | $B_3$ | $B_4$ | $B_5$ | $B_6$ | | |
| $A_1$ | 8 | 14 | 12 | 8 | 16 | 11 | 69 | |
| $A_2$ | 9 | 11 | 10 | 7 | 11 | 9 | 57 | |
| $A_3$ | 16 | 17 | 14 | 12 | $x_{3,5}$ | 13 | $72+x_{3,5}$ | $(72+x_{3,5})/6$ |
| $T_{\cdot j}$ | 33 | 42 | 36 | 27 | $27+x_{3,5}$ | 33 | $198+x_{3,5}$ | |
| $\bar{x}_{\cdot j}$ | | | | | $(27+x_{3,5})/3$ | | | |

**解**　本题为双因素试验，因素 $A$ 有 $a$ 个水平，因素 $B$ 有 $r$ 个水平。方差分析的数学模型为 $\hat{\varepsilon}_{i,j}=x_{i,j}-\bar{x}_{i\cdot}-\bar{x}_{\cdot j}+\bar{x}_{\cdot\cdot}$。若 $x_{i,j}$ 为缺失数据，则对其估计应满足 $\hat{\varepsilon}_{i,j}=0$。

现将因素 $A$ 在缺失数据所对应的第 $i$ 水平上已有数据的和记为 $T'_{i\cdot}$，因素 $B$ 在缺失数

据所对应的第 $j$ 水平上已有数据的和记为 $T'_{.j}$，除缺失数据外的已有数据的总和记为 $T'_{..}$。根据 $\hat{\varepsilon}_{i,j}=0$ 的要求，则有

$$x_{i,j}-\frac{T'_{i.}+x_{i,j}}{r}-\frac{T'_{.j}+x_{i,j}}{a}+\frac{T'_{..}+x_{i,j}}{ar}=0$$

即
$$x_{i,j}=\frac{a\cdot T'_{i.}+r\cdot T'_{.j}-T'_{..}}{(a-1)(r-1)}$$

代入数据：$a=3$，$r=6$，$T'_{i.}=72+x_{3,5}$，$T'_{.j}=27+x_{3,5}$，$T'_{..}=198+x_{3,5}$，即有

$$x_{3,5}=\frac{3\times(72+x_{3,5})+6\times(27+x_{3,5})-(198+x_{3,5})}{(3-1)\times(6-1)}$$

求解可得：$x_{3,5}=90$

将估计值 $x_{3,5}=90$ 回填，就可进行方差分析，但自由度需要修正，即总的自由度为 $df_T=ar-1-1=16$，误差项自由度为 $df_E=(a-1)(r-1)-1=9$。

由于因素 A 的第 3 个水平存在缺失数据，所以因素 A 的第 3 个水平与第 1 个水平或第 2 个水平的均值进行多重比较，则均值差的标准误应校正，即

$$s_{x_{3.}-x_{i.}}=\sqrt{\left(\frac{1}{r}+\frac{1}{r-1}\right)\times MS_E}，i=1，2$$

对于没有缺失数据的因素 A 的第 1 个水平与第 2 个水平的均值进行比较，其均值差的标准误的计算仍为 $s_{x_{1.}-x_{2.}}=\sqrt{\frac{2MS_E}{r}}$。

同理，由于因素 $B$ 的第 5 个水平存在缺失数据，所以因素 $B$ 的第 5 个水平与其余 5 个水平中的任意一个水平的均值进行比较，其均值差的标准误应做校正，即

$$s_{x_{.5}-x_{.j}}=\sqrt{\left(\frac{1}{a}+\frac{1}{a-1}\right)\times MS_E}，j=1，2，3，4，6$$

对于除了因素 $B$ 的第 5 个水平外的其余 5 个没有缺失数据的水平均值进行多重比较，它们的均值差的标准误仍为 $s_{x_{.j}-x_{.k}}=\sqrt{\frac{2MS_E}{a}}(j，k=1，2，3，4，6)$。

**例题 4-10** 某双因素的试验中，研究不同种类的肥料及其用量对作物产量(100kg/亩)的影响。肥料品种共有 6 个，肥料施用量安排 3 个水平，试验方案和作物产量的结果数据如表 4-28 所示，其中含有 2 个缺失数据。试对缺失数据进行估计。

**表 4-28 肥料品种和施用量对作物产量的试验数据**

| 肥料品种 | 肥料施用量的不同水平 | | | $T_{i.}$ | $\bar{x}_{i.}$ |
|---|---|---|---|---|---|
| | $B_1$ | $B_2$ | $B_3$ | | |
| $A_1$ | 7 | 6 | 8 | 21 | 7 |
| $A_2$ | $x_1$ | 9 | 10 | $19+x_1$ | $\frac{1}{3}(19+x_1)$ |
| $A_3$ | 5 | 4 | 3 | 12 | 4 |

续表

| 肥料品种 | 肥料施用量的不同水平 | | | $T_{i\cdot}$ | $\bar{x}_{i\cdot}$ |
|---|---|---|---|---|---|
| | $B_1$ | $B_2$ | $B_3$ | | |
| $A_4$ | 6 | 6 | 7 | 19 | 6.33 |
| $A_5$ | 8 | $x_2$ | 9 | $17+x_2$ | $\frac{1}{3}(17+x_2)$ |
| $A_6$ | 7 | 6 | 5 | 18 | 6 |
| $T_{\cdot j}$ | $33+x_1$ | $31+x_2$ | 42 | $T_{\cdot\cdot}=106+x_1+x_2$ | |
| $\bar{x}_{\cdot j}$ | $\frac{1}{6}(33+x_1)$ | $\frac{1}{6}(31+x_2)$ | 7 | | |

**解**　本题为双因素试验，肥料种类因素 $A$ 的水平数 $a=6$，肥料施用量因素 $B$ 的水平数 $r=3$。现有 2 个缺失数据，根据 $\hat{\varepsilon}_{ij}=0$ 要求，列出估计方程组：

$$\begin{cases} x_1-\frac{1}{3}(19+x_1)-\frac{1}{6}(33+x_1)+\frac{1}{18}(106+x_1+x_2)=0 \\ x_2-\frac{1}{3}(17+x_2)-\frac{1}{6}(31+x_2)+\frac{1}{18}(106+x_1+x_2)=0 \end{cases}$$

求解得：$x_1=9.9, x_2=7.9$。

将 $x_1, x_2$ 估计值回填，就可进行方差分析，但自由度需要修正，即 $df_T=15$，$df_E=8$。

在多重比较时，若 $A_i$ 的实际重复为 $r_0$，与之比较的 $A_j$ 缺失 $m$ 个数据，则 $A_i$ 的有效重复数为：

$$r'_i=r_0-\frac{m}{a-1}$$

这样，均值差的标准误应修正为：

$$s_{x_{i\cdot}-x_{j\cdot}}=\sqrt{\left(\frac{1}{r'_i}+\frac{1}{r'_j}\right)\times MS_E}$$

比如，$\bar{x}_{1\cdot}$ 与 $\bar{x}_{2\cdot}$ 比较，则有：

$$r'_1=3-\frac{1}{5}=2.8,\ r'_2=2-\frac{0}{5}=2$$

因此 $s_{x_{1\cdot}-x_{2\cdot}}=\sqrt{\left(\frac{1}{2.8}+\frac{1}{2}\right)\times MS_E}$

## 习　题

1. 方差分析有哪些基本假定？为什么有些数据需经过转换才能做方差分析？有哪几种常用的转换方法？

2. 在单因素完全试验中，试说明方差分析的固定模型和随机模型的试验目的。

3. 为了探究不同类型的硼肥对苹果品质的影响，设计了 5 种硼肥 6 次重复试验，然后采样分析得到如下表所示的苹果叶内硼含量($mg \cdot kg^{-1}$)结果数据。试问硼肥对苹果叶内硼含量有无显著性影响？并用最小显著极差法进行多重比较。

| 硼肥 | 苹果叶内硼含量/($mg \cdot kg^{-1}$) | | | | | |
|---|---|---|---|---|---|---|
| A | 47.2 | 43.1 | 39.5 | 42.6 | 38.3 | 44.6 |
| B | 45.1 | 50.8 | 41.6 | 47.3 | 43.2 | 48.5 |
| C | 35.6 | 29.3 | 33.2 | 31.7 | 36.5 | 34.2 |
| D | 26.5 | 31.3 | 24.6 | 23.9 | 25.3 | 22.7 |
| E | 12.2 | 9.3 | 11.2 | 13.4 | 9.6 | 8.7 |

4. 某饮料生产企业研制出一种新型饮料，该饮料的颜色共有 4 种，分别为紫色、橙色、绿色和无色。2022 年 5 家超市饮料的销售量(万瓶)数据如下表。试问饮料的颜色是否对销售量产生影响？

| 超市 | 颜色 | | | |
|---|---|---|---|---|
| | 紫色 | 绿色 | 橙色 | 无色 |
| 1 | 22.3 | 34.8 | 41.2 | 20.5 |
| 2 | 24.2 | 39.7 | 42.4 | 19.3 |
| 3 | 25.4 | 35.6 | 45.8 | 18.8 |
| 4 | 20.8 | 33.2 | 50.2 | 21.6 |
| 5 | 26.2 | 29.3 | 48.3 | 15.6 |

5. 为了观察不同药剂对卵孵化成幼虫的影响，选取 5 种药剂(A，B，C，D，E)和一个对照(F)共 6 种处理，且每个处理都在 10 个卵块上进行，卵孵化成幼虫的数量(个)记录结果如下表。试问药剂对卵孵化成幼虫有无显著性影响？

| 药剂 | 卵块 | | | | | | | | | |
|---|---|---|---|---|---|---|---|---|---|---|
| | 1 | 2 | 3 | 4 | 5 | 6 | 7 | 8 | 9 | 10 |
| A | 0 | 0 | 0 | 0 | 0 | 0 | 0 | 0 | 0 | 0 |

**续表**

| 药剂 | 卵块 | | | | | | | | | |
|---|---|---|---|---|---|---|---|---|---|---|
| | 1 | 2 | 3 | 4 | 5 | 6 | 7 | 8 | 9 | 10 |
| B | 0 | 0 | 0 | 0 | 1 | 0 | 0 | 0 | 0 | 0 |
| C | 0 | 8 | 56 | 0 | 45 | 61 | 0 | 78 | 0 | 32 |
| D | 23 | 0 | 34 | 0 | 14 | 0 | 42 | 0 | 0 | 0 |
| E | 0 | 0 | 0 | 0 | 0 | 0 | 38 | 65 | 0 | 0 |
| F | 1 | 89 | 93 | 18 | 2 | 0 | 3 | 23 | 2 | 56 |

（提示：由于数据变动差异大，且数据中含有 0，可对数据做对数变换 $x'=\lg(x+1)$）

6. 试验研究 4 种不同材料 $A$，$B$，$C$，$D$ 的导热系数（$W \cdot m^{-1} \cdot K^{-1}$）有无明显不同，测定的结果数据如下表所示。

| 测量次数 | 导热系数/（$W \cdot m^{-1} \cdot K^{-1}$） | | | |
|---|---|---|---|---|
| | $A$ | $B$ | $C$ | $D$ |
| 1 | 123.4 | 223.5 | 159.3 | 178.2 |
| 2 | 135.2 | 218.4 | 160.4 | 180.4 |
| 3 | 129.5 | 220.3 | 155.6 | 182.8 |
| 4 | 128.6 | | | |

试问这 4 种材料在导热性能方面是否存在显著性差异？（$\alpha=0.01$）

7. 在选用的微量凯氏定氮法研究浸泡温度对大豆蛋白质提取率（%）的影响实验中，浸泡温度选取了 5 个不同水平，且每个水平重复 3 次实验，但它们分别由 3 位不同的实验员完成。试验测定的结果如下。试分析浸泡温度和实验员对测定大豆蛋白提取率是否有显著性影响，并确定最佳浸泡温度。

| 浸泡温度（℃） | 实验员 | | |
|---|---|---|---|
| | 甲 | 乙 | 丙 |
| 30 | 19.6 | 17.8 | 19.2 |
| 35 | 24.6 | 23.9 | 24.2 |

续表

| 浸泡温度（℃） | 实验员 | | |
|---|---|---|---|
| | 甲 | 乙 | 丙 |
| 40 | 32.7 | 34.5 | 33.8 |
| 45 | 45.5 | 47.4 | 45.8 |
| 50 | 43.8 | 44.6 | 43.5 |

8. 为了研究铝材材质在170℃的高温水中腐蚀性能的差异，现选取3种不同材质的铝材，并分别在去离子水和自来水中进行了一个月的腐蚀试验，测定腐蚀深度（$\mu$m）的结果数据如下。请问铝材材质和水质对腐蚀性能有无显著性影响？

| 铝材材质 | 水质 | |
|---|---|---|
| | 去离子水 | 自来水 |
| 1 | 2.5,2.2 | 5.2,4.9 |
| 2 | 1.8,1.9 | 4.8,5.2 |
| 3 | 1.7,2.0 | 6.3,6.8 |

9. 为了研究pH值和硫酸铜溶液浓度对血清中白蛋白与球蛋白的影响，选取了蒸馏水pH值($A$)的4个水平和硫酸铜溶液浓度($B$)的3个水平进行组合试验，每个水平组合下化验测定的血清中白蛋白与球蛋白之比数据如下表所示。试检验两个因素对化验结果有无显著影响。

| pH | 硫酸铜溶液浓度/% | | |
|---|---|---|---|
| | $B_1$ | $B_2$ | $B_3$ |
| $A_1$ | 3.2 | 2.5 | 2.2 |
| $A_2$ | 3.0 | 2.3 | 2.0 |
| $A_3$ | 2.6 | 1.8 | 1.3 |
| $A_4$ | 1.8 | 1.5 | 0.7 |

10. 考察食品喷雾干燥过程中进风温度和进料速率两个因素对出粉得率的影响，每个因素各取4个水平，且各个水平组合上重复一次试验，出粉得率的实验结果如下表。试问进风温度和进料速率对出粉得率有无显著性影响？这两个因素对出粉得率有无显著性的交互作用？

| 进风温度/℃ | 进料速率/(mL·min$^{-1}$) | | | |
|---|---|---|---|---|
| | 6.5 | 7.0 | 7.5 | 8.0 |
| 160 | 75，72 | 68，76 | 67，69 | 70，72 |
| 170 | 75，80 | 77，79 | 73，78 | 75，70 |
| 180 | 67，70 | 69，80 | 69，68 | 69，72 |
| 190 | 66，71 | 72，70 | 74，73 | 74，74 |

11. 现实验研究干燥过程中A，B，C，D，E等5种化学品的含水量。每次从每种化学品中随机选取两个试样，每个试样进行5次重复测定，水含量(%)的结果数据如下表。试进行方差分析，并使用LSD法进行多重比较，计算样点间的方差和样点内化学品小样间的方差。

| 品种 | 样点 | 含水量/% | | | | |
|---|---|---|---|---|---|---|
| A | 1 | 4.86 | 5.64 | 4.42 | 4.38 | 5.57 |
| | 2 | 5.52 | 5.48 | 4.18 | 5.32 | 6.18 |
| B | 3 | 10.96 | 9.82 | 10.20 | 11.55 | 9.54 |
| | 4 | 11.28 | 12.16 | 12.14 | 10.16 | 10.24 |
| C | 5 | 5.17 | 5.70 | 6.09 | 6.88 | 5.87 |
| | 6 | 7.34 | 7.06 | 6.91 | 7.33 | 6.34 |
| D | 7 | 10.56 | 7.98 | 8.70 | 8.80 | 11.75 |
| | 8 | 7.89 | 8.86 | 10.47 | 9.26 | 7.31 |
| E | 9 | 15.57 | 15.51 | 16.05 | 14.41 | 13.05 |
| | 10 | 15.49 | 13.50 | 12.86 | 15.40 | 12.51 |

12. 某种化工产品在3种浓度、4个温度水平下的产品得率数据如下。试检验各因素及交互作用对产品得率的影响是否显著。

| 浓度/% | 温度/℃ | | | |
|---|---|---|---|---|
| | 10 | 20 | 30 | 40 |
| 2.0 | 0.15，0.12 | 0.12，0.13 | 0.13，0.11 | 0.12，0.11 |
| 3.0 | 0.10，0.08 | 0.11，0.09 | 0.09，0.10 | 0.08，0.10 |
| 4.0 | 0.13，0.15 | 0.12，0.13 | 0.13，0.13 | 0.13，0.14 |

13. 在淀粉生产葡萄糖的过程中，残留的糖蜜可以作为生产酱色的原料。而为了保证酱色的质量，需要尽可能地除去残留的其他杂质。为此，选用5种不同的除杂方法进行试验，每种方法重复做4次试验，除杂量(g/kg)结果数据如下表。请问除杂方法对除杂效果有无显著性影响?

| 除杂方法 | 试验次数 | | | |
|---|---|---|---|---|
| | 第1次 | 第2次 | 第3次 | 第4次 |
| A | 26.6 | 25.2 | 25.0 | 25.5 |
| B | 27.2 | 27.3 | 26.8 | 27.5 |
| C | 26.9 | 27.2 | 27.3 | 26.8 |
| D | 28.4 | 29.5 | 27.9 | 28.5 |
| E | 22.7 | 23.2 | 23.7 | 23.6 |

14. 现有4种催化剂甲、乙、丙、丁，每种催化剂适宜的温度范围是不完全相同的，但每种催化剂温度都取了3个水平($A_1$，$A_2$，$A_3$)(单位：℃)，具体来说，甲：50，55，60；乙：70，80，90；丙：55，65，75；丁：90，95，100。试验各重复了一次，测得的转化率(%)数据如下表所示。

| 催化剂 | 温度/℃ | | | | | |
|---|---|---|---|---|---|---|
| | $A_1$ | | $A_2$ | | $A_3$ | |
| 甲 | 85 | 89 | 72 | 70 | 70 | 67 |

**续表**

| 催化剂 | 温度/℃ | | | | | |
|---|---|---|---|---|---|---|
| | $A_1$ | | $A_2$ | | $A_3$ | |
| 乙 | 82 | 84 | 91 | 88 | 85 | 83 |
| 丙 | 65 | 61 | 59 | 62 | 60 | 56 |
| 丁 | 67 | 71 | 75 | 78 | 85 | 89 |

试检验催化剂和温度对转化率的影响的显著性。

15. 在某橡胶配方中，考虑三种不同的促进剂(因素 $A$)和四种不同分量的氧化锌(因素 $B$)，同样的配方重复一次，测得 300%的定伸强力如下表所示。试问氧化锌、促进剂以及它们的交互作用对定伸强力有无显著性影响？

| 因素 $A$ | 因素 $B$ | | | | | | | |
|---|---|---|---|---|---|---|---|---|
| | $B_1$ | | $B_2$ | | $B_3$ | | $B_4$ | |
| $A_1$ | 41 | 42 | 44 | 43 | 45 | 46 | 49 | 50 |
| $A_2$ | 43 | 43 | 44 | 45 | 46 | 48 | 48 | 50 |
| $A_3$ | 45 | 44 | 45 | 46 | 48 | 49 | 50 | 52 |

16. 现有 3 个品种的苹果，每个品种安排 5 个区组实验，测得它们的含糖量(%)数据如下表，其中一个数据由于某种原因缺失。试选用相应方法估计并填充该缺失值。

| 品种 | 区组 | | | | |
|---|---|---|---|---|---|
| | 1 | 2 | 3 | 4 | 5 |
| $A$ | 15.3 | 16.5 | 17.2 | 14.6 | 13.2 |
| $B$ | 10.5 | 14.2 | 12.6 | 13.2 | 15.3 |
| $C$ | 12.2 | 10.6 | 13.3 | $x$ | 14.2 |

17. 为研究山楂色素的最佳提取条件，选取提取时间($A$)和乙醇浓度($B$)为影响因素，其中提取时间的3个水平为1.0h，1.5h，2.0h，乙醇浓度的3个水平为50%，70%，90%，且每个水平组合重复3次，试验结果如下表。请方差分析因素的显著性，并找出最佳提取方案。

| 乙醇浓度 | 提取时间/h | | |
|---|---|---|---|
| | 1.0 | 1.5 | 2.0 |
| 50% | 0.22,0.18,0.24 | 0.18,0.22,0.21 | 0.25,0.23,0.28 |
| 70% | 0.35,0.34,0.36 | 0.34,0.33,0.35 | 0.38,0.35,0.37 |
| 90% | 0.40,0.38,0.42 | 0.43,0.41,0.40 | 0.43,0.39,0.40 |

18. 为了从3种不同原料和3个不同发酵温度中筛选适宜的操作工况，现设计了这两个因素试验方案，测得乙醇含量(%)的结果数据如下表。试方差分析这两个因素的显著性影响，并选出最适宜的条件。

| 原料 | 温度/℃ | | | | | | | | | | | |
|---|---|---|---|---|---|---|---|---|---|---|---|---|
| | 30 | | | | 35 | | | | 40 | | | |
| A | 31.2 | 34.5 | 29.8 | 32.2 | 18.6 | 19.2 | 22.3 | 21.5 | 13.2 | 17.2 | 22.6 | 21.2 |
| B | 50.1 | 60.3 | 54.5 | 53.3 | 40.2 | 31.2 | 37.8 | 35.6 | 21.2 | 25.6 | 23.2 | 25.8 |
| C | 44.5 | 48.9 | 53.4 | 47.8 | 51.2 | 46.7 | 48.9 | 50.1 | 26.8 | 31.2 | 33.4 | 30.1 |

# 第 5 章　相关分析与模式识别

数据是表征事物特征的精确语言。大数据时代，如何让数据说话，洞察与探寻数据中潜藏的内在规律，"把数据屈打成招"，实现数据到信息、信息到知识的价值跃升，是数据分析的核心要务。

面对数据爆炸但知识贫乏的窘境，相关分析（correlation analysis）和回归分析（regression analysis）是基于数据研究变量之间相关关系的重要统计方法。相关分析关注变量之间的相关程度，回归分析关注变量之间的因果关系和预测效果。在数据的分析过程中，结合任务需求，选用模式识别技术可以开展对数据的聚类、分类、关联规则挖掘等分析，从中发现数据的潜在规律和模式，为生产生活和科学研究提供依据。

## 5.1　相关分析和相似性度量

### 5.1.1　相关分析的基本概念

#### 1. 函数关系与相关关系

客观现象的相互联系可以分为两类，一类是相关关系，另一类是函数关系，如图 5-1 所示。函数关系指的是一种确定性关系，即一个变量或几个变量取一定数值时，另一变量有

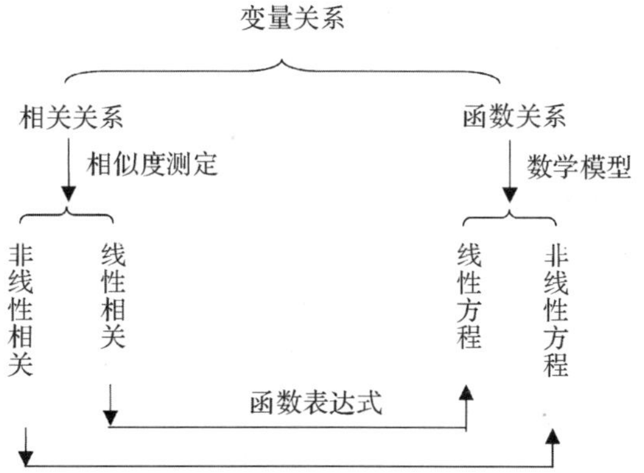


图 5-1　变量之间的相关关系与函数关系

确定的值与之对应，如理想气体的状态方程 $pV=nRT$。一般把作为影响因素的变量称为自变量，把发生对应变化的变量称为因变量。相关关系是指两个或多个变量之间的变化趋势相似或者相反的一种统计关系，但并不一定有因果关系。在一定条件下，变量之间的函数关系与相关关系可以相互转化。相关分析主要通过度量变量之间的相关程度，来确定它们之间关系的形态或类型。回归分析是在相关关系的基础上，通过选择合适的数学模型，来表达变量之间的相互依存规律。

**2. 相关关系的分类**

相关关系，按相关的程度分为完全相关、不完全相关和不相关，函数关系是完全相关关系的一种特例；按相关的方向分为正相关和负相关，当一个变量的数值由小变大，另一个变量的数值也相应地由小变大，即它们的变动方向一致，这种相关关系称为正相关，反之为负相关；按相关的形态可分为线性相关和非线性相关；按相关的变量个数可分为单相关、复相关和偏相关。3 个或 3 个以上变量的相关关系称为复相关。在固定其他变量后，其中 2 个变量的相关关系则为偏相关；在时间序列问题中，按相关的位置分为自相关和他相关，其中自相关是指同一变量的前后观测数据之间存在相关性或相依性。

**3. 相关关系的测定与表征方法**

相关关系的主要测定方法包括相关表、相关图、相关系数、互信息等。其中，相关表和相关图是用来展示变量之间的相关性，可以直观地认识变量之间的关系；相关系数是用来衡量变量之间相关性的强度和方向；互信息则是用来衡量两个变量之间的相关性或依赖性。

(1)相关表

相关表是用于展示两个或多个变量之间相关性的一种统计表。相关表是一种简单而直观的数据分析方法，可以帮助理解变量之间的关系。相关表分为简单相关表和分组相关表。

简单相关表是一种用于展示两个变量之间相关性的统计表。它由两列多行数据组成，每一列代表一个变量，每一行代表一个数据点。数据点依据一个变量的值从小到大排列，另一个变量的值与之一一对应地排列在另一列。

分组相关表是一种用于展示两个或多个变量之间相关性的统计表。它将数据按照某种特定的规则分成若干组，并按照组别进行排列。分组相关表又分为单变量分组和双变量分组两种情况。单变量分组是按照一个变量的单项方式或组距方式将数据点划分成若干组，然后计算组内另一个变量数据的统计量，比如平均值；双变量分组则是同时按照两个变量的单项方式或组距方式将数据点划分成若干组，然后计算每个组内数据的统计量。这种表格形似棋盘，故又称棋盘式相关表。分组相关表的分组设计能够更好地反映变量之间的关系，尤其是在变量之间存在非线性关系或者存在交互作用的情况。

(2)相关图

相关图，也称散点图，它是一种用于展示两个变量之间关系的二维图形表示方法。横轴表示一个变量，纵轴表示另一个变量，两个变量的一个数据对在图形上用一个点表示。散点图反映了两个变量之间的关系形态和强度。如果变量之间的关系近似为一条直线，则称为线性相关；如果近似为一条曲线，则称为非线性相关；如果两个变量的数据点很分散，则表示两个变量之间没有相关关系。在线性相关中，如果两个变量的变化方向相同，则为正相关；如果变化方向相反，则为负相关。散点图是一种简单而直观的数据可视化方式，不同关系的散点图如图 5-2 所示。

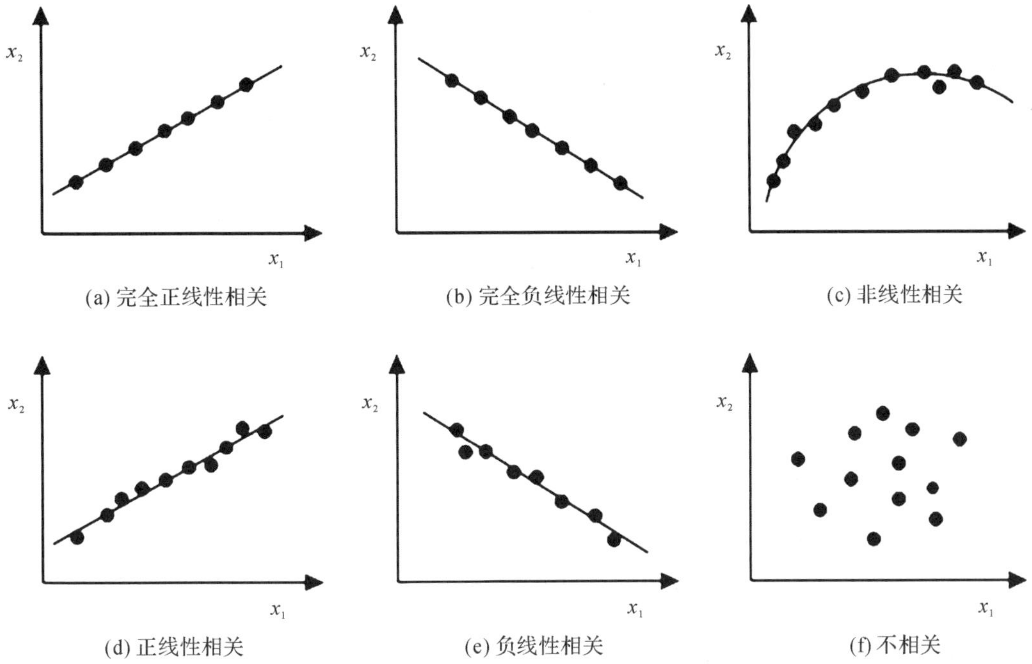


图 5-2　两个变量试验数据的散点图

(3)相关系数

相关表和相关图大体上能够直观地观察变量之间呈现何种类型的相关关系，但关系的紧密程度却无法表达。为准确度量变量之间关系的密切程度，需要计算相关系数。基于样本数据，变量 $x_1$ 和 $x_2$ 之间线性相关系数的计算公式为：

$$r = \frac{cov(x_1, x_2)}{\sqrt{var(x_1)}\ \sqrt{var(x_2)}}$$

$$= \frac{\frac{1}{n-1}\sum_{i=1}^{n}(x_{i1}-\bar{x}_1)(x_{i2}-\bar{x}_2)}{\sqrt{\frac{1}{n-1}\sum_{i=1}^{n}(x_{i1}-\bar{x}_1)^2}\cdot\sqrt{\frac{1}{n-1}\sum_{i=1}^{n}(x_{i2}-\bar{x}_2)^2}} \tag{5-1}$$

相关系数 $r$ 的取值范围为 $-1 \leqslant r \leqslant +1$，其中 $r>0$ 表示正相关，$r<0$ 表示负相关。相关系数的性质：①对称性，即 $r(x_1, x_2)=r(x_2, x_1)$；②$r$ 的大小与变量的原点和尺度无关；③$r$ 仅能描述线性关系，不能用于非线性关系。$r=0$ 仅仅表明这 2 个变量不存在线性相关关系，但不能说明它们不相关，或许它们之间存在非线性相关关系。表 5-1 列出了相关系数判断变量之间密切程度的经验分级标准。

**表 5-1　相关系数与相关程度的分级标准**

| 相关系数 | $r=0$ | $0<r\leqslant 0.3$ | $0.3<r\leqslant 0.5$ | $0.5<r\leqslant 0.8$ | $0.8<r<1.0$ | $r=1.0$ |
|---|---|---|---|---|---|---|
| 相关程度 | 完全不相关 | 微弱相关 | 低度相关 | 显著相关 | 高度相关 | 完全相关 |

(4)互信息

互信息(mutual information, MI)是一种用于度量两个随机变量之间相关性的指标。作为相关性分析的度量准则，互信息最大的优势在于能够有效刻画两个变量之间的非线性关系。它的计算公式为：

$$I(x_1, x_2)=H(x_1)+H(x_2)-H(x_1, x_2) \tag{5-2}$$

式中 $I(x_1, x_2)$ 表示变量 $x_1$ 和 $x_2$ 之间的互信息，其中 $H(x_1)$ 和 $H(x_2)$ 分别表示 $x_1$ 和 $x_2$ 的信息熵，$H(x_1, x_2)$ 表示 $x_1$ 和 $x_2$ 的联合信息熵。它们的计算方法是 $H(x_1)=-\sum_{i=1}^{n} p(x_{1,i})\log_2 p(x_{1,i})$，$H(x_2)=-\sum_{j=1}^{m} p(x_{2,j})\log_2 p(x_{2,j})$，$H(x_1, x_2)=-\sum_{i=1}^{n}\sum_{j=1}^{m} p(x_{1,i}, x_{2,j})\log_2 p(x_{1,i}, x_{2,j})$，其中 $p(x_{1,i})$ 表示变量 $x_1$ 在第 $i$ 取值点上的概率，$p(x_{2,j})$ 表示变量 $x_2$ 在第 $j$ 取值点上的概率，$p(x_{1,i}, x_{2,j})$ 表示变量 $x_1$ 在第 $i$ 取值点且 $x_2$ 在第 $j$ 取值点上的联合概率。

## 5.1.2　相似性度量

相似性是指两个向量可以通过放大、缩小、平移或旋转等方式重合的性质。相似度则是相似性的度量。根据变量之间相似性将变量分组的方式称为 R 型聚类，常用的统计量是相似系数。根据样本点之间相似性将样本分组的方式称为 Q 型聚类，常用的统计量是距离。

视频 5－1

**1. 变量相关统计量(R 型统计量)**

(1)相关系数(correlation coefficient)

相关系数，是指两个随机变量 $x_1$ 和 $x_2$ 之间的协方差与它们的标准差乘积之比，其计算方式采用式(5-1)。若有 $p$ 个随机变量 $x_1, x_2, \cdots, x_p$，将 $x_j$ 与 $x_k$ 之间的相关系数记为 $r_{jk}(j,k=1,2,\cdots,p)$，则相关矩阵 $\boldsymbol{R}$ 为：

$$\boldsymbol{R}=\begin{bmatrix} r_{11} & r_{12} & \cdots & r_{1p} \\ r_{21} & r_{22} & \cdots & r_{2p} \\ \vdots & \vdots & \ddots & \vdots \\ r_{p1} & r_{p2} & \cdots & r_{pp} \end{bmatrix}=\begin{bmatrix} 1 & r_{12} & \cdots & r_{1p} \\ r_{12} & 1 & \cdots & r_{2p} \\ \vdots & \vdots & \ddots & \vdots \\ r_{1p} & r_{2p} & \cdots & 1 \end{bmatrix}$$

显然，相关矩阵是对称的，即 $\boldsymbol{R}^{\mathrm{T}}=\boldsymbol{R}$。相关系数的显著性检验，就是将上式计算的 $r$ 与从附录 11 查取的相关系数临界值 $R_\alpha$(与显著性水平 $\alpha$ 和自由度 $df=n-2$ 有关，$n$ 为 $x_1$ 和 $x_2$ 观测数据对的个数)比较。若 $r\geqslant R_\alpha$，表明两个变量的线性相关关系为显著。反之，若 $r<R_\alpha$，则两个变量之间的线性相关关系为不显著。

(2)复相关系数(multiple correlation coefficient)

当有 $p$ 个随机变量 $x_1, x_2, \cdots, x_p$ 时，变量 $x_j$ 与其余变量 $x_1, x_2, \cdots, x_{j-1}, x_{j+1}, \cdots, x_p$ 的

综合线性依赖关系用复相关系数度量，其计算公式为：

$$r_{j(1,2,\cdots,j-1,j+1,\cdots p)}=\sqrt{1-\frac{D_R}{D_{jj}}} \tag{5-3}$$

式中 $D_R$ 为相关矩阵 $R$ 的行列式，$D_{jj}$ 为 $D_R$ 中元素 $r_{jj}$ 的余子式。

举例来说，若有 3 个随机变量 $x_1$，$x_2$，$x_3$，需要计算 $x_1$ 对 $x_2$ 和 $x_3$ 的复相关系数，则对应的公式是 $r_{1(2,3)}=\sqrt{1-\frac{D_R}{D_{11}}}=\sqrt{\frac{r_{12}^2+r_{13}^2-2r_{12}r_{13}r_{23}}{1-r_{23}^2}}$。当 $r_{1(23)}=\pm 1$ 时，$x_1$ 可精确地表示成 $x_2$，$x_3$ 的线性函数。

复相关系数的值介于 0 和 1 之间，其大小用来判断线性相关的密切程度。复相关系数的显著性检验，其方法和步骤同简单相关系数，区别是自变量的个数取为 $p$，自由度 $df=n-p-1$。

(3)偏相关系数(partial correlation coefficient)

当有 $p$ 个随机变量 $x_1,x_2,\cdots,x_p$ 时，在保持其他变量取值不变的条件下，变量 $x_j$ 与 $x_k$ 之间的线性相关程度用偏相关系数度量，其计算公式为：

$$r_{jk(1,\cdots,j-1,j+1,\cdots,k-1,k+1,\cdots,p)}=-\frac{D_{jk}}{\sqrt{D_{jj}D_{kk}}} \tag{5-4}$$

式中 $D_{jk}$，$D_{jj}$，$D_{kk}$ 分别为相关矩阵 $R$ 的行列式 $D_R$ 中元素 $r_{jk}$，$r_{jj}$，$r_{kk}$ 的余子式。

举例来说，若有 3 个随机变量 $x_1$，$x_2$，$x_3$，当 $x_3$ 的取值固定不变，则 $x_1$，$x_2$ 对 $x_3$ 的偏相关系数是 $r_{12(3)}=\frac{r_{12}-r_{13}\cdot r_{23}}{\sqrt{1-r_{13}^2}\sqrt{1-r_{23}^2}}$。

综上所述，变量之间相关关系的测定与判断，首先通过绘制散点图来检视变量之间的关系形态。若是线性关系，则进一步计算相关系数以测定两个变量之间的关系强度。最后，实施相关系数的显著性检验，以判断样本所反映的两个变量之间的关系能否代表它们在总体上的关系。

**2. 样本相关统计量($Q$ 型统计量)**

描述样本点之间的相似程度常用距离来度量。若样本点之间的距离越小，表明两个样本点之间的共同点越多；而距离越大，则共同点越少。

视频 5－2

(1)曼哈顿距离(Manhattan Distance)

$$d(x_i,\ x_k)=\sum_{j=1}^{p}|x_{ij}-x_{kj}|,i,k\in\{1,2,\cdots,n\} \tag{5-5}$$

曼哈顿距离特别适用于离散的网格结构或只能进行水平和垂直移动的距离测量，也常被用于厚尾分布数据的距离计算。

(2)欧氏距离(Euclidean Distance)

$$d(x_i,\ x_k)=\sqrt{\sum_{j=1}^{p}(x_{ij}-x_{kj})^2},\ i,k\in\{1,2,\cdots,n\} \tag{5-6}$$

欧氏距离是基于各个维度上特征的绝对数值，为此欧氏距离的度量需要保证各个维度的指标处于相同级别的刻度上。

(3)闵氏距离(Minkowski Distance)

$$d(x_i,x_k)=\sqrt[q]{\sum_{j=1}^{p}|x_{ij}-x_{kj}|^q},\ i,k\in\{1,2,\cdots,n\} \tag{5-7}$$

当 $q=1$ 时，即为曼哈顿距离。当 $q=2$ 时，则为欧氏距离。另外，上述这三个距离与各个变量的量纲有关，而且没有考虑指标间的相关性，更没有涉及各个变量的方差差异。

(4)切比雪夫距离(Chebishov Distance)

$$d(x_i,x_k)=\max_{1\leqslant j\leqslant p}|x_{ij}-x_{kj}|,\ i,k\in\{1,2,\cdots,n\} \tag{5-8}$$

切比雪夫距离没有考虑各个变量之间的相关性。

(5)马氏距离(Mahalanobis Distance)

$$d(x_i,x_k)=(x_i-x_k)\sum\nolimits^{-1}(x_i-x_k)^{\mathrm{T}},\ i,k\in\{1,2,\cdots,n\} \tag{5-9}$$

式中 $\sum$ 为样本数据矩阵的协方差阵，其元素 $\sum_{jl}=\frac{1}{n-1}\sum_{i=1}^{n}(x_{ij}-\bar{x}_j)(x_{il}-\bar{x}_l)$，$j,l=1,2,\cdots,p$。马氏距离通过 Cholesky 变换消除不同维度上变量的相关性和尺度的差异性。

(6)夹角余弦

在 $p$ 维向量空间中，两个样本点 $x_i$ 和 $x_k$ 的夹角记为 $\vartheta$，其余弦值可用来表征相似度，即 $\kappa_{ik}=\cos(\vartheta)$。基于样本数据计算余弦相似度 $\kappa$ 的计算公式为：

$$\kappa_{ik}=\frac{\sum_{j=1}^{p}x_{ij}\cdot x_{kj}}{\sqrt{\left(\sum_{j=1}^{p}x_{ij}^2\right)\left(\sum_{j=1}^{p}x_{ik}^2\right)}},\ i,k\in\{1,2,\cdots,n\} \tag{5-10}$$

式中 $\kappa_{ik}$ 的取值范围在 $-1\sim1$ 之间。当 $\vartheta$ 趋向 0 时，$\kappa_{ik}$ 接近 1，表示两个样本点贴得近，也就越相似；当夹角 $\vartheta$ 趋向 180°时，$\kappa_{ik}$ 接近 $-1$，表示两个样本点越不相似；当夹角 $\vartheta$ 等于 90°时，$\kappa_{ik}=0$，表明两个样本点没有相似性。余弦相似度与向量的幅值无关，仅与向量的方向有关。

(7)自相关系数

自相关是指同一个随机变量不同观测数据的前后相依关系，它是时间序列分析中的重要概念，也称序列自相关。自相关通常用自相关系数来度量，其计算方式是先将观测数据序列进行滞后操作，然后基于滞后的数据与原数据计算相关系数，其计算公式为

$$r_k=\frac{\sum_{i=k+1}^{n}(x_i-\bar{x})(x_{i-k}-\bar{x})}{\sum_{i=1}^{n}(x_i-\bar{x})^2} \tag{5-11}$$

式中 $r_k$ 表示滞后 $k$ 期的自相关系数($k$ 为正整数)，$x_i$ 表示时间序列数据在第 $i$ 个时刻位置的观测值，$\bar{x}$ 表示时间序列数据的均值，$n$ 表示时间序列数据的样本容量。

自相关系数介于 $-1\sim1$ 之间。自相关系数的绝对值越大，意味着随机变量前后观测数据之间的相关性越强。自相关系数为正，表示观测数据在不同时间位置上的变化是同向的，即数据变化趋势相同；自相关系数为负，表示观测数据在不同时间位置上的变化是反向的，即数据变化趋势相反；自相关系数为 0，表示观测数据在不同时间位置上的变化是独立的，即数据变化趋势不相关。

# 5.2　变量筛选和特征提取

随着分析测量技术的发展，研究对象可供测定的性质越来越多。然而，对于复杂的研究对象，需要获取更多的参数变量才能准确描述，这将导致变量个数增多，形成高维问题。为了解决这个问题，变量筛选(variables selection)和特征提取(features extraction)是两种常用的方法。变量筛选通过对变量的评估、筛选和剔除，挑选出对研究对象最具有代表性和预测能力的变量。变量筛选可以基于统计方法、机器学习方法、专家经验等多种途径实现。特征提取则是通过对原始变量进行变换和组合，提取最具有代表性和预测能力的特征。特征提取可以通过主成分分析、因子分析、独立成分分析等多种方法实现。特征提取得到的潜变量与原始变量不同，它们可能没有直接的物理或专业含义，但是它们是原始变量的线性组合，可以更好地反映原始变量的共性和变异性。总之，变量筛选和特征提取是非常重要的数据预处理步骤，可以帮助避免维度灾难，剔除不相关或冗余的特征，降低变量数和模型复杂度，从而提高模型的精确度和可解释性。图 5-3 为变量筛选与特征提取的方法分类。

- 数据降维
  - 变量筛选
    - 过滤法：方差分析法、相关系数法等
    - 封装法：穷举法、逐步回归、遗传算法等
    - 嵌入法：Lasso 法、决策树、深度学习等
  - 特征提取
    - 线性方法：主成分分析、多维尺度变换等
    - 非线性方法：等距映射、局部线性嵌入等

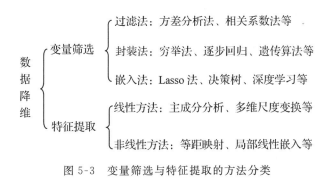

图 5-3　变量筛选与特征提取的方法分类

## 5.2.1　数据标准化

考虑到不同变量的观测数据往往具有不同的单位和不同的数量级，需要采取适当形式的变换，实现不同变量地位等同和数据规范化可比较。设有 $n$ 个观测数据 $x_1, x_2, \cdots, x_n$，每个观测数据中含有 $p$ 个变量，则样本矩阵记为

$$\boldsymbol{X}=\begin{bmatrix} x_1 \\ x_2 \\ \vdots \\ x_n \end{bmatrix}=\begin{bmatrix} x_{11} & x_{12} & \cdots & x_{1j} & \cdots & x_{1p} \\ x_{21} & x_{22} & \cdots & x_{2j} & \cdots & x_{2p} \\ \vdots & \vdots & \ddots & \vdots & \ddots & \vdots \\ x_{i1} & x_{i2} & \cdots & x_{ij} & \cdots & x_{ip} \\ \vdots & \vdots & \ddots & \vdots & \ddots & \vdots \\ x_{n1} & x_{n2} & \cdots & x_{nj} & \cdots & x_{np} \end{bmatrix}$$

式中 $x_{ij}$ 是第 $i$ 个样本个体的第 $j$ 个变量的观测值。常用的数据标准化方法如下：

**1. Z-Score 标准化(规范化)**

$$\tilde{x}_{ij}=\frac{x_{ij}-\bar{x}_j}{s_j},i=1,2,\cdots,n,j=1,2,\cdots,p \tag{5-12}$$

式中 $\bar{x}_j=\frac{1}{n}\sum_{i=1}^{n}x_{ij}$ 和 $s_j=\sqrt{\frac{1}{n}\sum_{i=1}^{n}(x_{ij}-\bar{x}_j)^2}$ 分别为第 $j$ 个变量的 $n$ 个观测数据的均值和标准差。经过 Z-Score 标准化后，样本数据各个变量的均值为 0，标准差为 1。

**2. Min-Max 标准化(归一化)**

$$\tilde{x}_{ij}=\frac{x_{ij}-\min\limits_{1\leqslant i\leqslant n}(x_{ij})}{\max\limits_{1\leqslant i\leqslant n}(x_{ij})-\min\limits_{1\leqslant i\leqslant n}(x_{ij})},i=1,2,\cdots,n,j=1,2,\cdots,p \tag{5-13}$$

式中 $\min\limits_{1\leqslant i\leqslant n}(x_{ij})$ 和 $\max\limits_{1\leqslant i\leqslant n}(x_{ij})$ 分别为第 $j$ 个变量的 $n$ 个观测数据中最小值和最大值。经过 Min-Max 标准化后，样本数据各个变量的取值范围是[0,1]。

## 5.2.2 变量和特征筛选的步骤与流程

视频 5—3

变量和特征筛选是模式识别的重要环节。初始采样数据通常为意义明确但高度冗余的数组或矩阵，一般还夹杂着噪声和干扰信号。因此，变量和特征筛选是依据数据的本征属性和应用需求，从初始采样数据中提取有用的信息，且尽可能地形成完备、紧致、区分性好的特征表达。变量和特征筛选的算法流程如图 5-4 所示，一般包括产生过程、评价函数、停止准则和验证过程这四个基本步骤。

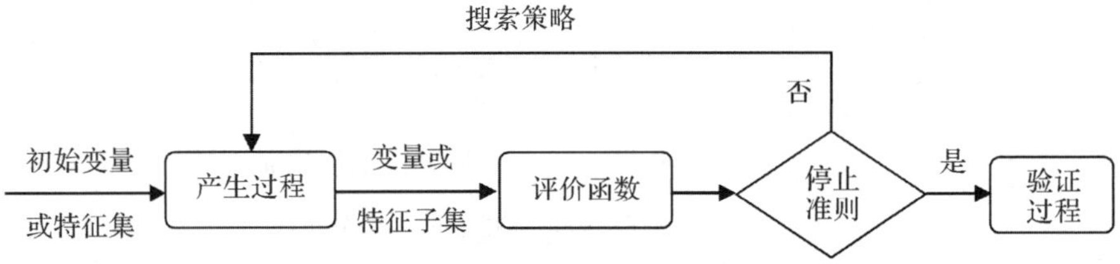


图 5-4　变量或特征筛选的算法流程

产生过程是一个搜索策略，产生用于评价的特征子集，包括前向搜索、后向搜索、双向搜索等。评价函数用于评价测试中候选子集的优劣，在回归问题中可以采用均方根误差、决定系数等，在分类问题中可使用分类正确率或错误率。停止准则决定什么时候停止搜索子集的过程，这可以通过设置阈值(如指定的分类准确率、最大运行时间、最大迭代次数等)实现。验证过程则是检查候选子集在验证集上是否合法有效。

## 5.2.3 变量和特征筛选方法

依据评价标准是否独立于模型学习算法，将变量和特征筛选的方法划分为过滤式、封装式、嵌入式三类。过滤法在选择变量或特征时对其进行独立评价，不考虑变量之间或特征之间的依赖性或协同性；封装法则考虑变量之间或特征之间的相关性，选择模型性能最优的变量组合或特征组合；嵌入法是在建立模型的同时完成对变量或特征的筛选与学习。

**1. 过滤式(filter)**

过滤式选择法是一种常用的变量或特征选择方法，它通过对每个变量或特征进行评分，并以评分高低为依据选择变量或特征，其算法流程如图 5-5 所示。评分的方式可以是离散性信息，如信息增益、方差分析等，也可以是相关性信息，如相关系数、互信息等。在设定评分阈值或特征个数后，只有满足条件的变量或特征才会被选中。常用的过滤式选择方法有方差选择法、相关系数法、卡方检验、最大信息系数、Relief 算法等。

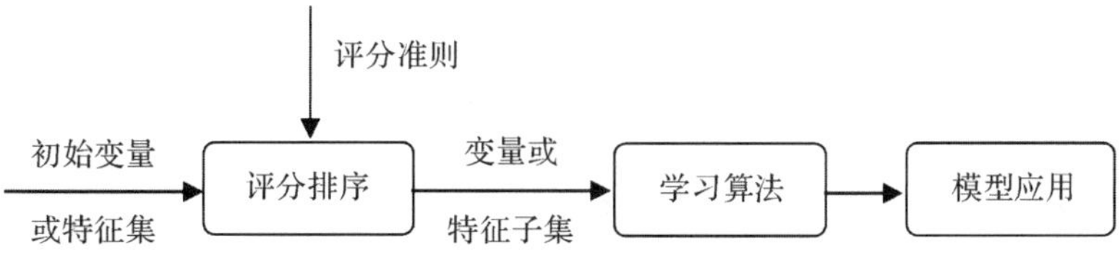


图 5-5　过滤式变量或特征筛选算法流程

(1)方差选择法

方差选择法是一种基于样本数据的方差来选择变量或特征的方法。方差越大的变量或特征被认为越重要，方差越小的变量或特征被认为越不重要。通过设置一个适当的阈值，删除方差小于阈值的变量或特征，从而实现变量或特征的筛选。

方差选择法的优点是简单快速，适用于处理高维样本数据，但缺点是没有考虑变量之间或特征之间的相互作用，而且方差很小的变量或特征也可能携带非常重要的信息。因此，在实际应用中，需要结合问题的实际情况选择合适的变量或特征选择方法。此外，方差的计算会受到异常数据的影响，因此使用前需要事先完成异常数据的识别与删除。

(2)相关系数法

相关系数法是指将相关系数选作评分指标来选取变量或特征的方法。相关系数的计算方法见式(5-1)。由于相关系数涉及两个变量或特征，为此将这两个变量或特征编列为一个变量对或特征对。相关系数越大的变量对或特征对被认为越重要，相关系数越小的变量对或特征对被认为越不重要。使用相关系数法时，通过设置合理的阈值，删除相关系数小于阈值的变量对或特征对，从而实现变量或特征的筛选。

经过相关系数阈值检验，初选出来若干个变量对或特征对。接下来，首先删除在不同变量对或特征对中重复出现的变量或特征，然后可以任选以下一种操作方式进一步删除变量或特征：

①统计计算保留下来的每个变量或特征的变异信息，如连续变量的方差、离散变量的 Gini 系数(Gini index)，删除变异信息含量少的变量或特征。Gini 系数的计算公式为：

$$\mathrm{Gini}(p) = \sum_{k=1}^{K} p_k(1 - p_k) = 1 - \sum_{k=1}^{K} p_k^2 \tag{5-14}$$

式中 $K$ 为离散变量或特征不同取值的类别数，$p_k$ 为第 $k$ 个类别的取值次数在样本容量 $n$ 中的占比。

②将变量或特征与应用建模相联结，选取能使模型性能更好的变量或特征。

相关系数法的优点是考虑了变量之间或特征之间的相互作用，适用于处理低维数据集，但缺点是不能处理非线性关系的变量或特征，而且变量之间或特征之间存在的多重共线性问题也会影响相关系数的计算。

(3)卡方检验

卡方检验(Chi-Square test)是一种假设检验方法，可用于检验两个分类变量或特征之间是否具有相关性。假设变量或特征 $x_1$ 有 $r$ 种取值，变量或特征 $x_2$ 有 $c$ 种取值，将样本数据在 $x_1$ 的第 $i$ 个取值且 $x_2$ 的第 $j$ 个取值下被观察到有数据的频数记为 $O_{ij}$，而期望频数 $E_{ij}$ 的计算公式为：

$$E_{ij} = \frac{\left(\sum_{k=1}^{c} O_{ik}\right)\left(\sum_{k=1}^{r} O_{kj}\right)}{n} \tag{5-15}$$

基于观察频数和期望频数，计算卡方统计量：

$$\chi^2 = \sum_{i=1}^{r}\sum_{j=1}^{c} \frac{(O_{ij} - E_{ij})^2}{E_{ij}} \tag{5-16}$$

根据显著性水平 $\alpha$ 和自由度 $df=(r-1)(c-1)$ 查取临界值 $\chi_\alpha^2(df)$。若 $\chi_\alpha^2(df) \geqslant \chi^2$，认为两个变量或两个特征之间的相关性为显著；反之，$\chi_\alpha^2(df) < \chi^2$，则认为两个变量或两个特征之间的相关性为不显著。实际应用中，将 $\chi^2$ 值选作评分标准用来对变量或特征的排序与筛选。

(4)最大信息系数

最大信息系数(maximal information coefficient，MIC)是在互信息基础上提出的一种测量两个变量或特征之间关系强度的方法。与传统的相关系数不同，MIC 方法可以用于发现任何类型的关系，包括线性关系和非线性关系。最大信息系数越大，表明两个变量或特征的相关性就越高。MIC 的计算公式如下：

$$MIC(x_1, x_2) = \max_{k_1 k_2 < B(n)} \left( \frac{\max\limits_{i,j} I(x_{1,i}, x_{2,j})}{\log_2^{\min(k_1, k_2)}} \right), i=1,2,\cdots,k_1, j=1,2,\cdots,k_2 \tag{5-17}$$

式中 $x_1$ 和 $x_2$ 为两个变量或特征，$k_1$ 和 $k_2$ 表示 $x_1$ 和 $x_2$ 各自值域上等分点的个数，$B(n)$是网格大小 $k_1k_2$ 的上界，一般取值为样本容量的 0.6 次方，即 $B(n)=n^{0.6}$。$I(x_{1,i}, x_{2,j})$表示在 $x_1$ 轴上的第 $i$ 等分点和 $x_2$ 轴上的第 $j$ 等分点的交叉区域里 $x_1$ 和 $x_2$ 之间的互信息，其计算采用式(5-2)。

MIC 值的范围是[0,1]，MIC 值越大表示两个变量或特征之间的相关关系越强。MIC 的大小可先用来对变量或特征的排序，再根据设定的阈值完成变量或特征的筛选。

MIC 作为一种无参数非线性关系的测量方法，其优点在于不依赖于任何假设，可以用于发现任何类型的关系，并且可以在不同的分辨率下进行计算。但是，MIC 的计算比较耗时，在大数据集上的应用受到限制。

(5)Relief 算法

Relief 是一种用于试验数据两分类问题的特征权重算法，其核心思想是通过计算每个变量或特征对于近邻样本的区分能力来为每个变量或特征赋予不同的权重，权重越高的变量或特征越重要。

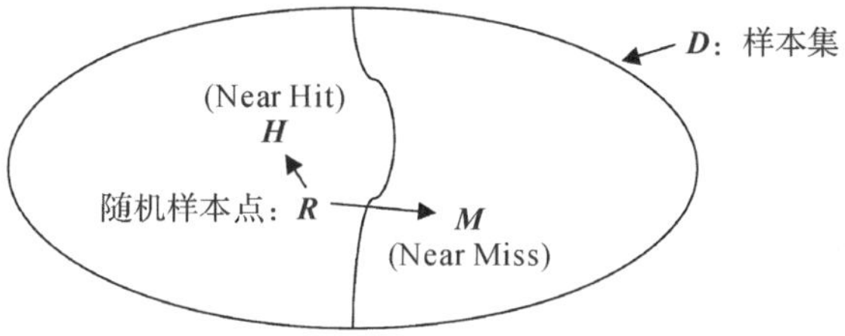


图 5-6　Relief 算法的实施过程

对于一个样本数据集 $D$，设定抽样次数为 $m$，最近邻样本点个数为 $k$，变量或特征权重的阈值为 $\eta$。Relief 算法的实施过程如图 5-6 所示，每次抽样从数据样本集 $D$ 中随机取出一个样本点 $R$，然后从与 $R$ 同类的样本点数据中寻找 $k$ 个最近邻的样本点组成集合 H，称为 Near Hit，再从与 $R$ 异类的样本点数据中寻找 $k$ 个最近邻的样本点组成集合 $M$，称为 Near Miss。然后根据以下规则更新每个变量或特征的权重：如果 $R$ 与 Near Hit 在某个变量或特征上的距离小于 $R$ 与 Near Miss 上的距离，则说明该变量或特征对区分同类和异类是有益的，则增加该变量或特征的权重；反之，如果 $R$ 与 Near Hit 在某个变量或特征的距离大于 $R$ 与 Near Miss 上的距离，说明该变量或特征对区分同类和异类起负面作用，则降低该变量或特征的权重。以上过程重复 $m$ 次，最后得到各个变量或特征的平均权重。权重越大的变量或特征，分类能力越强；反之，分类能力越弱。如果一个变量或特征的权重小于某个阈值 $\eta$，则将该变量或特征移除。

Relief 算法是一种简单且易于理解的变量或特征选择方法，但仅适用于两分类问题。针对多类别问题，常用其改进算法 ReliefF 和 RReliefF。Relief 算法的局限性在于权重的计算对距离的度量非常敏感，不同的距离度量方式可能产生不同的变量或特征筛选结果。

**2. 封装式(wrapper)**

封装式方法是一种基于模型的变量或特征选择方法，它采用搜索策略调整变量或特征子集，并通过构建一个模型来评估每个变量或特征子集的重要性，最终选择对模型性能有最大贡献的变量或特征子集，其算法流程如图 5-7 所示。封装式变量或特征筛选方法由两部分组成，即搜索策略和学习算法。搜索策略主要包括全局最优搜索、启发式搜索和随机搜索。学习算法可任意选用，主要用来评判特征子集的优劣，比如支持向量机、K 近邻、随机森林、XGBoost 等。

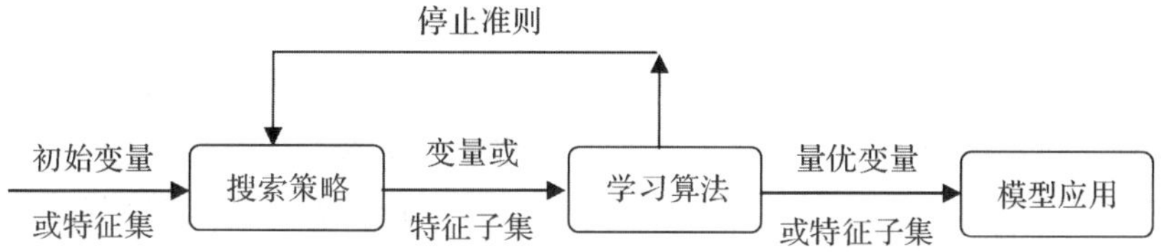


图 5-7　封装式变量或特征筛选的算法流程

(1)全局最优搜索

全局最优搜索是对所有可能的特征子集进行评估，找到对模型性能有最大贡献的特征子集。目前，全局最优搜索的具体实现方式有穷举法和分支定界法。

穷举法：也称为耗尽式搜索，它通过遍历每一个可能的变量或特征子集来发现并选取符合要求的最优变量或特征子集。穷举法可以保证找出全局范围内的最优变量或特征组合，但执行效率低，实用性不强，通常用于变量或特征个数很小的数据集。

分支定界法：通过剪枝操作将搜索空间分成若干子空间，然后通过评价函数来确定是否需要继续搜索该子空间。如果当前搜索到的子空间的评价函数值不如当前已知的最优解，则可以将该子空间剪枝。相反，需要继续搜索该子空间，以便找到更好的解。通过不断的剪枝和搜索操作，可以逐步缩小搜索空间，直至找到全局最优解。具体实现方式，则是在搜索空间的每个节点处选择一个变量或特征，并分别考虑该变量或特征被选择和不被选择两种情况，从而将搜索空间划分为两个子空间。然后，对每个子空间重复以上过程，直到找到全局最优解或搜索空间已被全部搜索。

(2)启发式搜索

启发式搜索是一种人工智能搜索算法，利用问题的启发信息指导搜索过程，以快速、高效地搜索最优解。启发式搜索包括启发式函数和搜索策略两个部分，前者估计目标状态距离，后者以最小代价优先扩展节点。根据起始变量或特征集合和搜索方向的不同，启发式搜索可分为前向选择、后向选择、双向选择、增 $L$ 去 $R$ 选择、浮动选择等。

前向选择：从空集开始，每次加入一个变量或特征，直到模型性能达到最优。在每一步中，选入能够最大限度提升模型性能的变量或特征。

后向选择：从全集开始，每次剔除一个变量或特征，直到模型性能达到最优。在每一步中，剔除对模型贡献最低的变量或特征。

双向选择：同时进行前向选择和后向选择，直到两种选择方法找到的最优变量或特征子集相同。需要注意的是，双向选择可能会陷入局部最优解。

增 $L$ 去 $R$ 选择：它有两种形式，一是从空集开始，每轮先加入 $L$ 个变量或特征，然后从中去除 $R$ 个变量或特征，使得评价函数值最优($L>R$)。二是从全集开始，每轮先去除 $R$ 个变量或特征，然后加入 $L$ 个变量或特征，使得评价函数值最优($L<R$)。它们都可以找到一个较优的变量或特征子集。

浮动选择：它将增 $L$ 去 $R$ 选择算法中的 $L$ 和 $R$ 由固定改为浮动，即它们是可以根据模型的性能进行动态调整的。算法的实现过程与增 $L$ 去 $R$ 选择相同。浮动选择结合了前向选择和后向选择以及增 $L$ 去 $R$ 选择的优点，使得该算法适用性更高。

(3)随机搜索

随机搜索是一种无序的搜索算法，它通过随机选择一些变量或特征，并用于计算模型的性能，并在目标函数指引下随机迭代寻优，直至筛选出满足要求的变量或特征。与其他搜索算法相比，随机搜索可以避免陷入局部最优解，并且不需要事先对搜索空间进行任何假设或限制。然而，由于随机搜索算法的无序性，它往往需要进行大量的随机迭代才能找到最优解，甚至可能会重复计算，导致搜索效率低下。常用的随机搜索方法有遗传(genetic algorithm，GA)算法、模拟退火(simulated annealing，SA)算法、差分进化(differential evolution，DE)算法、蚁群(ant colony optimization，ACO)算法、粒子群(particles warm optimization，PSO)算法等。

**3. 嵌入式(embedded)**

嵌入式方法是在模型学习过程中进行变量或特征选择，当模型学习结束就可以得到变量或特征的子集，其算法流程如图 5-8 所示。比如，多元逐步回归，回归方程建立的同时变量也随之被筛选出来。与过滤式和封装式选择方法相比，嵌入式方法具有更好的鲁棒性和稳定性，可以避免过拟合问题。

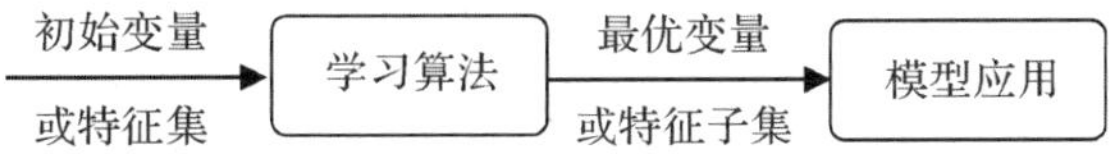


图 5-8　嵌入式变量或特征筛选的算法流程

(1)基于决策树模型

嵌入式选择方法中最典型的是决策树算法，如 ID3，C4.5 以及 CART 算法等。树的形成过程也就是变量或特征的筛选过程。具体来说，决策树算法通过计算每个变量或特征的信息增益或信息增益比来选择最佳变量或特征，在树的增长过程中每个递归步都必须选择一个最佳变量或特征将样本集划分成更加纯净的子集。划分后子节点越纯，该变量或特征的划分效果就越好。

(2)基于惩罚项模型

嵌入式选择方法通常使用带有惩罚项的模型，比如 Lasso 回归、Ridge 回归和 Elastic Net 回归。这些模型在学习过程中，利用损失函数中加入的正则化惩罚项便可实现对变量或特征的权重分配。正则化惩罚项可以将那些对模型预测效果没有贡献的变量或特征的回归系数压缩为 0，从而实现变量或特征的筛选。其中，Lasso 回归使用 $L_1$ 范数正则化，实现稀疏变量或特征选择，Ridge 回归使用 $L_2$ 范数正则化，在变量或特征相关性较高时保持稳定的筛选结果，Elastic Net 回归则是 $L_1$ 范数和 $L_2$ 范数正则化的结合。通过调整正则化惩罚项的系数，可以控制变量或特征的筛选数量。

(3)基于深度学习模型

深度学习是一种将特征表示和机器学习有机统一的模型方法。通过建立一个端到端的学习算法，深度学习能够有效地避免特征表示和模型学习准则的不一致性。在深度学习模型的端到端训练过程中，模型可以自动地学习到输入变量或特征的高层次抽象表示，从而实现变量选择或特征提取的功能。

变量选择和特征筛选是数据预处理的一个重要步骤。过滤式方法能够快速去除大量无关变量或特征，成本低，效率高，但没有考虑变量或特征之间的相互作用。封装式方法依靠学习算法，可选出建模效果更好的变量或特征子集，但计算复杂度高，不适合高维数据集。嵌入式方法结合了过滤式和封装式两类方法的优点，效果最好，速度最快，但是需要设置参数。总的来说，变量或特征筛选是一个复杂过程，需要平衡复杂度、可解释性、模型的稳定性、泛化能力等关系。在实践应用中，可以根据数据集的大小、维度、噪声等特点来选择适当的方法，也可以灵活组合使用多种方法，并结合领域知识和任务需求进行解释和分析。

# 5.3 特征提取方法

特征提取分为线性和非线性方法。线性方法有主成分分析(principal component analysis, PCA)、线性判别分析(linear discriminant analysis, LDA)、典型相关分析(canonical correlation analysis, CCA)、独立成分分析(independent component analysis, ICA)、多维尺度变换(multidimensional scaling, MDS)等;非线性方法有等距映射(isometric feature mapping, ISOMAP)、局部线性嵌入(locally linear embedding, LLE)、拉普拉斯特征映射(laplacian eigenmaps, LE)、局部保持投影(locality preserving projection, LPP)、非局部保持投影(non-locality preserving projection, NLPP)等。这些非线性方法大都是基于流形学习(manifold learning)策略提出的,它们将高维空间中的初始数据在保持一定几何特性的情况下映射到低维嵌入空间中表示。从形式上看,流形学习可以被视为从一组观测数据中推导其生成模型的过程。与传统的子空间方法相比,流形学习可以更好地处理高维非线性流形数据,已被广泛用于数据降维与特征提取。

## 5.3.1 主成分分析

主成分分析(principal component analysis, PCA)是一种常用的变量特征提取降维技术,它在保持数据方差最大的条件下通过线性变换将高维的初始变量转化为低维的特征变量(主成分)。作为一种非监督学习算法,PCA 提取的特征变量皆是原有初始变量的线性组合,但排除了初始变量共存中相互重叠的信息,而新的特征变量互不相关。

现有样本数据矩阵 $\boldsymbol{X}$,维度大小为 $n\times p$,其中 $n$ 代表样本容量,$p$ 代表初始变量个数。PCA 算法是将数据从初始变量的欧氏空间投射到主成分的特征向量空间:

$$\boldsymbol{X}=\boldsymbol{T}\boldsymbol{P}^{\mathrm{T}}+\boldsymbol{E}=\sum_{h=1}^{r}\boldsymbol{t}_h\boldsymbol{p}_h^{\mathrm{T}}+\boldsymbol{E} \tag{5-18}$$

式中 $\boldsymbol{t}_h$ 为提取的第 $h$ 个主成分特征向量;$\boldsymbol{p}_h$ 是相应的第 $h$ 个负荷矢量,即用于提取特征主成分的信息;$\boldsymbol{E}$ 为含有随机噪声和式(5-18)模型误差的残差矩阵。

本质上,特征向量空间的构造,就是 PCA 通过所提取 $r$ 个主成分($r\leqslant p$)代表样本数据中初始变量含有的大部分信息,其中第 $h$ 个主成分的信息贡献率可由下式计算

$$\tau_h=\lambda_h/\sum_{h=1}^{p}\lambda_h,h=1,2,\cdots,p \tag{5-19}$$

式中 $\lambda_1,\lambda_2,\cdots,\lambda_p$ 为样本矩阵$\boldsymbol{X}_{n\times p}$的协方差矩阵 $\sum=\mathrm{Cov}(\boldsymbol{X})=\frac{1}{n-1}(\boldsymbol{X}-\bar{\boldsymbol{X}})^{\mathrm{T}}(\boldsymbol{X}-\bar{\boldsymbol{X}})$的 $p$ 个特征根。PCA 提取主成分的算法步骤如下:

(1)样本数据标准化预处理,即按式(5-12)实施各个变量的标准化,并将标准化后的样本数据矩阵记为 $\widetilde{\boldsymbol{X}}$。此后,$\widetilde{\boldsymbol{X}}$ 的协方差矩阵 $\widetilde{\Sigma}=\mathrm{Cov}(\widetilde{\boldsymbol{X}})$ 与其相关矩阵 $\boldsymbol{R}=\widetilde{\boldsymbol{X}}^{\mathrm{T}}\widetilde{\boldsymbol{X}}$ 完全相同。

(2)实施相关矩阵 $\boldsymbol{R}=\widetilde{\boldsymbol{X}}^{\mathrm{T}}\widetilde{\boldsymbol{X}}$ 的奇异值(Singular Value Decomposition，SVD)分解，计算特征根和特征向量。

$$\boldsymbol{R}=\boldsymbol{U}\boldsymbol{\Lambda}U^{-1} \tag{5-20}$$

式中 $\boldsymbol{U}$ 为特征向量矩阵，其每一列为一个特征向量，$\boldsymbol{\Lambda}$ 为特征根 $\lambda_1,\lambda_2,\cdots,\lambda_p$ 构成的对角阵，特征向量在 $\boldsymbol{U}$ 中的顺序与特征根在 $\boldsymbol{\Lambda}$ 中的顺序一一对应。

**3. 提取主成分，即**

$$\boldsymbol{T}=\boldsymbol{X}\boldsymbol{U}=\begin{bmatrix} t_{11} & t_{12} & \cdots & t_{1p} \\ t_{21} & t_{22} & \cdots & t_{2p} \\ \vdots & \vdots & \ddots & \vdots \\ t_{n1} & t_{n2} & \cdots & t_{np} \end{bmatrix} \tag{5-21}$$

式中 $\boldsymbol{T}$ 为 PCA 提取的特征向量矩阵，它的第 $h$ 列向量$\boldsymbol{t}_h$，即为第 $h$ 个主成分特征向量。

评价变量的相关性是通过相关系数，评价主成分的重要性则是通过贡献率。从主成分的提取过程可以看到，特征根和特征向量是基于相关矩阵。若变量之间的相关系数越高，则计算出来的特征根差距就越大，由式(5-19)计算得到贡献率大的主成分含有的信息量就越多。为满足主成分特征变量包含有足够量的初始信息，一般要求所提取的 $r$ 个主成分的累计信息贡献率达到 85%或 90%以上。通常情况下，变量之间的相关性越高，主成分分析的效果越好。

主成分分析的几何意义，就是变量数据的线性旋轴变换，如图 5-9 所示。由于主成分是初始变量的线性组合，而且它们是按照变量数据的方差大小依次排列的。所以，第 1 个主成分$\boldsymbol{t}_1$ 是数据方差最大的方向，第 2 个主成分$\boldsymbol{t}_2$ 是与第 1 个主成分正交且方差次大的方向，以此类推。这些主成分通过线性组合，可以重构初始数据的大部分信息。当变量数据之间的相关性越高时，它们方差的交互影响就会增强，即协方差越大。此时，PCA 可以更好地捕捉数据中的共性特征，进而更加准确地进行降维和特征提取。而当变量数据之间的相关性较低时，PCA 的效果可能会受到一定的限制。因此，PCA 便是寻找多个变量的一个加权平均来反映所有变量的整体性特征，从而实现对数据的压缩和表示。

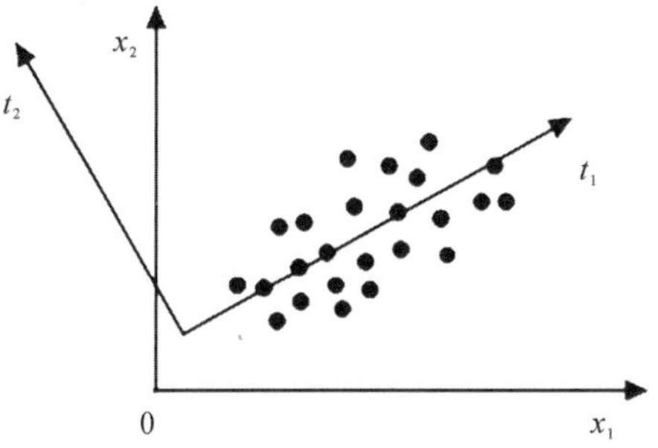


图 5-9　观测数据的 PCA 变换投影

主成分分析广泛应用于数据降维、特征提取、数据可视化和数据预处理等领域。通过 PCA 降维，可以减少数据的维度，降低计算复杂度，提高模型的效率和准确性。同时，PCA 还可以去除数据中的噪声和冗余信息，使数据更加干净和紧凑。

**例题 5-1** 已知样本数据矩阵 $\boldsymbol{X}=[\boldsymbol{x}_1, \boldsymbol{x}_2, \boldsymbol{x}_3]^{\mathrm{T}}$ 的协方差矩阵为

$$\sum=\begin{bmatrix}1 & -2.5 & 0\\ -2.5 & 6 & 0\\ 0 & 0 & 3\end{bmatrix}$$

试求 $\boldsymbol{X}$ 的各个 PCA 主成分。

**解** 基于协方差矩阵 $\sum$，采用 $SVD$ 求取特征根及相应的正交单位特征向量：

$$\lambda_1=7.04,\ \boldsymbol{u}_1=(-0.3827,0.9239,0)^{\mathrm{T}}$$

$$\lambda_2=3.00,\ \boldsymbol{u}_2=(0,0,1)^{\mathrm{T}}$$

$$\lambda_3=0.04,\ \boldsymbol{u}_3=(0.9239,0.3827,0)^{\mathrm{T}}$$

于是，$\boldsymbol{X}$ 的 3 个 PCA 主成分为：

$$t_1=\boldsymbol{u}_1^{\mathrm{T}}\boldsymbol{X}=-0.3827x_1+0.9239x_2$$

$$t_2=\boldsymbol{u}_2^{\mathrm{T}}\boldsymbol{X}=x_3$$

$$t_3=\boldsymbol{u}_3^{\mathrm{T}}\boldsymbol{X}=0.9239x_1+0.3827x_2$$

这里，$x_3$ 单独构成第 2 个 PCA 主成分，因为 $x_3$ 和 $x_1$、$x_2$ 均不相关。

第 1 个 PCA 主成分的贡献率为

$$\tau_1=\lambda_1/\sum_{h=1}^{3}\lambda_h=\frac{7.04}{7.04+3.00+0.04}=69.84\%$$

第 2 个 PCA 主成分的贡献率为

$$\tau_2=\lambda_2/\sum_{h=1}^{3}\lambda_h=\frac{3.00}{7.04+3.00+0.04}=29.76\%$$

这样，前两个 PCA 主成分的累计贡献率达到 99.60%。因此，两个 PCA 主成分代替初始三个变量，其信息损失是很小的。

## 5.3.2 ISOMAP 方法

ISOMAP 是一种无监督的非线性数据降维方法，其基本思想是用测地线距离(测地线是曲面上每个点的曲率都为零的一条曲线，曲线上两点间的距离即为测地线距离，它代表了两点在流形上的实际距离)代替欧氏距离，以保持数据内在的几何特性，并找出隐藏在高维数据中的非线性流形，实现高维变量系统的维数约简。ISOMAP 算法步骤归结如下：

(1)确定邻域，构造近邻赋权图 $G$。对于输入空间 $R^p$ 中的样本数据点 $\boldsymbol{x}_i$ 和 $\boldsymbol{x}_j$ $(i,j=1,2,\cdots,n,n$ 为样本容量)，计算它们的欧氏距离 $d_E(\boldsymbol{x}_i, \boldsymbol{x}_j)$。设定近邻点个数 $k$，将数据点的邻域关系表示成一个以数据点为结点的赋权图，即若点 $\boldsymbol{x}_j$ 是点 $\boldsymbol{x}_i$ 的近邻点(以欧氏距离 $d_E(\boldsymbol{x}_i, \boldsymbol{x}_j)$ 为测度指标 $\boldsymbol{x}_i$ 最近的 $k$ 个数据点)，则将点 $\boldsymbol{x}_i$ 与点 $\boldsymbol{x}_j$ 连接起来，边长赋值为 $d_E(\boldsymbol{x}_i, \boldsymbol{x}_j)$。对所有的样本数据点重复执行该步骤，将得到近邻赋权图 $G$。

(2)估算测地线距离矩阵 $\boldsymbol{D}_M$。用样本数据点 $\boldsymbol{x}_i$ 和 $\boldsymbol{x}_j$ 之间的最短路径 $d_G(\boldsymbol{x}_i, \boldsymbol{x}_j)$ 近似流形 $M$ 上的测地线距离 $d_M(\boldsymbol{x}_i, \boldsymbol{x}_j)$，得距离矩阵 $\boldsymbol{D}_M=\boldsymbol{D}_G=\{d_G(\boldsymbol{x}_i, \boldsymbol{x}_j)\}$。而最短路径可用 Dijkstra 算法或 Floyd 迭代算法计算。

(3)构造 $d$ 维嵌入。令 $\lambda_1\geqslant\lambda_2\geqslant\cdots\geqslant\lambda_d$ 是距离变换矩阵 $\tau(\boldsymbol{D}_G)=-\boldsymbol{H}\boldsymbol{S}_G\boldsymbol{H}/2$(其中 $\boldsymbol{S}_G=\{S_{ij}\}_G=\{D_{ij}^2\}_G$ 为平方距离矩阵，$\boldsymbol{H}=\{H_{ij}\}=\{\delta_{ij}-1/n\}$ 为集中矩阵，当 $i=j$ 时 $\delta_{ij}=1$，否

则 $\delta_{ij}=0$)的 $d$ 个最大特征值，$\boldsymbol{v}_1,\boldsymbol{v}_2,\cdots,\boldsymbol{v}_d$ 为对应的 $d$ 个特征向量，则样本数据矩阵$\boldsymbol{X}_{n\times p}$($p$ 为初始变量个数)在 $d$ 维嵌入空间 $R^d$ 中的表示$\boldsymbol{T}_{n\times d}$为：

$$\boldsymbol{T}=[\boldsymbol{t}_1,\ \boldsymbol{t}_2,\ \cdots,\boldsymbol{t}_n]^{\mathrm{T}}=[\sqrt{\lambda_1}\boldsymbol{v}_1,\sqrt{\lambda_2}\boldsymbol{v}_2,\cdots,\sqrt{\lambda_d}\boldsymbol{v}_d] \tag{5-22}$$

为适应数据的动态变化环境，需将处于训练集之外的新采样数据映射至嵌入空间。设 $\boldsymbol{x}_{new}\in R^p$ 为新的采样数据，则增量式 ISOMAP 学习过程为：首先，由低维嵌入空间中的采样矩阵 $\boldsymbol{T}$ 计算其相关矩阵 $\boldsymbol{R}=\boldsymbol{T}^{\mathrm{T}}\boldsymbol{T}$；然后，确定$\boldsymbol{x}_{new}$在初始样本数据矩阵 $X$ 中的 $k$ 个近邻点 $\boldsymbol{x}_{k1},x_{k2},\cdots,x_{kk}$，进而通过式(5-23)估算$x_{new}$到 $\boldsymbol{X}$ 中所有采样点$\boldsymbol{x}_i(i=1,2,\cdots,n)$的测地线距离

$$d_G(x_{new},x_i)=\min\{d_E(\boldsymbol{x}_{new},\boldsymbol{x}_{k1})+d_G(\boldsymbol{x}_{k1},\boldsymbol{x}_i),d_E(\boldsymbol{x}_{new},\ \boldsymbol{x}_{k2})+d_G(\boldsymbol{x}_{k2},\boldsymbol{x}_i),\cdots,\ d_E(\boldsymbol{x}_{new},\boldsymbol{x}_{kk})+d_G(\boldsymbol{x}_{kk},\boldsymbol{x}_i)\} \tag{5-23}$$

并将结果记为$\boldsymbol{D}_{new}=[d_G(\boldsymbol{x}_{new},\ \boldsymbol{x}_1),d_G(\boldsymbol{x}_{new},\ \boldsymbol{x}_2),\cdots,d_G(\boldsymbol{x}_{new},\ \boldsymbol{x}_n)]^{\mathrm{T}}$；最后由式(5-24)计算$\boldsymbol{x}_{new}$在嵌入空间的低维坐标$\boldsymbol{t}_{new}\in R^d$：

$$\boldsymbol{t}_{new}=\frac{1}{2}\boldsymbol{R}^{-1}\sum_{i=1}^{n}\boldsymbol{t}_i\left(\frac{1}{n}\sum_{i=1}^{n}d_G^2(\boldsymbol{x}_i,\ \boldsymbol{x}_j)-d_G^2(\boldsymbol{x}_{new},\ \boldsymbol{x}_i)\right) \tag{5-24}$$

嵌入空间维数 $d$ 的取值，要求嵌入变量张成的低维空间能够在充分解释初始变量的基础上达到较高的泛化预测能力。嵌入变量对初始变量的解释能力，可由线性相关系数 $\rho_{D_M,\ D_T}$来衡量，其中$\boldsymbol{D}_M$ 表示采样在初始变量空间中的测地距离矩阵，$\boldsymbol{D}_T$ 表示采样在 $d$ 维嵌入特征空间中的欧氏距离矩阵。$\rho_{D_M,\ D_T}$ 值越大，表明 $d$ 维嵌入变量取得对初始变量更多的解释。

ISOMAP 方法结合了 PCA 和多维尺度变换 MDS(Multi-Dimensional Scaling)原理，可以完成非线性降维和特征提取。相较于其他数据降维和特征提取方法，ISOMAP 方法可以更好地描述和保持数据的非线性几何结构。同时，ISOMAP 方法是基于邻域的选择，它对异常值不敏感，对噪声、采样密度等拥有较强鲁棒性。而在面对大数据时，由于需要计算每两个样本数据点之间的距离，ISOMAP 方法的计算复杂度则较高。

## 5.4　聚类和分类

模式识别是人工智能的核心之一，它是对具有相似性的过程或事件进行描述、辨识、分类与解释。模式识别可分为有监督学习的分类和无监督学习的聚类。聚类主要是“物以类聚”，通过相似性把同类数据聚集在一起，样本数据没有标签。分类是通过标签来训练已有数据生成一个模型，进而用于新数据的类别判断，已有样本数据带有标签。分类和聚类在本质上都是根据对象特征将其分为一个或多个类。

聚类的目标是聚类的结果具有较高的类内相似度和较低的类间相似度，使得类间的距离尽可能大，类内样本与类中心的距离尽可能小。在实践应用领域，聚类常被用于描述数据、衡量不同数据源之间的相似性以及将数据分为不同类别。常见的聚类算法有 K-Means 算法、层次聚类算法、高斯聚类算法、DBSCAN 算法等。分类的目标是利用已有类别标

视频 5—4

签的样本数据构建一个分类判别函数，该判别函数不仅要在已有样本数据上取得高的自检正确识别率，而且在面对新数据时也拥有高的预测正确识别率。常见的分类算法包括KNN算法、朴素贝叶斯算法、决策树算法、支持向量机、逻辑回归等。模式识别的步骤如图5-10所示，包括数据预处理、变量或特征筛选、模式识别、分类决策等组成部分。

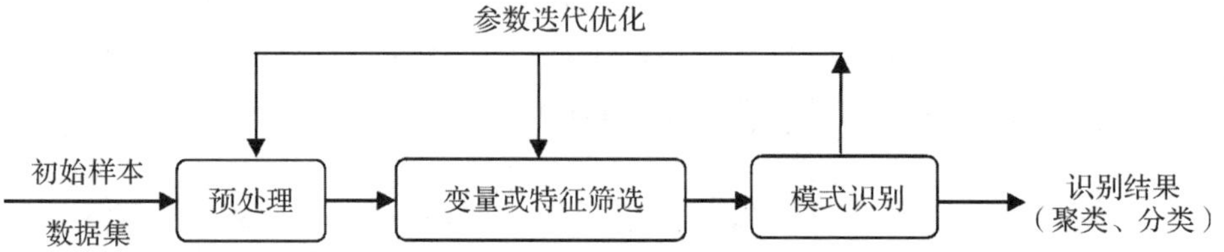


图 5-10　模式识别的步骤和流程

模式识别主要围绕三个核心要素展开，即特征提取、建模与推理、学习与优化。为了解决模式识别过程中面临的各种变化因素，需要尽可能提取鲁棒的特征表示，尽可能对影响识别任务的各种因素精准建模，提出能够获得全局最优解的模型学习算法，最终提升识别性能，这些都是推动模式识别发展的重要驱动力。当前，数据和知识联合驱动的感知、学习、推理，以及模型的可解释性、可泛化性、鲁棒性等，正成为模式识别领域关注的前沿研究方向。

## 5.4.1　K-Means 聚类法

K 均值聚类(K-Means)是一种无监督学习方法，它根据事先确定的类别数 $k$，把待聚类样本分为 $k$ 类，每个类中样本数据点之间的相似度较高，不同类的样本数据点之间的相似度较低。K-Means 方法的目标就是最小化样本数据点与所属类中心点之间的距离平方和，也就是类内的方差和。

视频 5—5

K-Means 算法是一个动态迭代处理过程，具体步骤如下：

(1)从 $n$ 个聚类样本点$\{\boldsymbol{x}_1, \boldsymbol{x}_2, \cdots, \boldsymbol{x}_n\}$中任意选择 $k$ 个样本点作为初始聚类中心；

(2)计算各个样本点与这 $k$ 个聚类中心之间的距离，并将它们划分到距离最近的那个类中；

(3)计算每个类中各样本点的均值，并将其作为新的中心点；

(4)计算各个样本点与这些新的中心点之间的距离，并根据最小距离原则将它们重新划分到各个类别中；

(5)计算目标函数误差平方和 $Q=\sum_{j=1}^{k}\sum_{i=1}^{n}\omega_{ij}\parallel \boldsymbol{x}_i-\boldsymbol{c}_j\parallel$，式中$\boldsymbol{c}_j$ 是第 $j$ 类的聚类中心，$\omega_{ij}$是逻辑函数，用以明示第 $i$ 个样本$\boldsymbol{x}_i$ 是否属于第 $j$ 类(如果$\boldsymbol{x}_i$ 属于第 $j$ 类，则 $\omega_{ij}=1$；否则，$\omega_{ij}=0$)；

(6)重复上述的步骤 3～步骤 5，直至目标函数 $Q$ 的结果不再发生明显变化，或者达到某个预先设置的最大迭代次数。

K-Means 算法的优点是计算速度快，容易实现，比较适合于大样本情况。但是该方法需要领域专家事先给出聚类数 $k$，若确定的 $k$ 不合适便会影响最终聚类结果。同时，该方法对于初始聚类中心点较为敏感，若选择不当可能会收敛到局部最优解，从而导致聚类结果不佳。

针对 K-Means 算法的弱点，出现了许多改进算法，比如二分 K-Means 算法、K-Medoids 算法、ISODATA 算法等。这些算法分别采取不同的方式来克服 K-Means 算法的弱点，其中 K-Medoids 算法选取类中心时采用实际存在的样本数据点，而不是用计算出来的平均值，这样能够有效避免 K-Means 对异常值的敏感性；二分 K-Means 算法是通过对聚类中心初始化的改进以避免 K-Means 收敛到局部最优解的问题。除了这些改进算法，还有将全局优化方法（遗传算法、模拟退火算法、蚁群算法、粒子群算法等）与 K-Means 算法集成以解决聚类数和聚类中心的寻优。

**例题 5-2**　已知薄层色谱法系统中有 A，B，C，D，E 等 5 个溶剂用于分离 a，b，c，d 这 4 种组分，试验测得的比移值 $hR_F$ 数据如表 5-2 所示。请采用 K-Means 方法对这 5 种溶剂进行二分聚类。

**表 5-2　薄层色谱法测定的比移值结果数据**

| 被分离的组分 | 分离用溶剂 | | | | |
|---|---|---|---|---|---|
| | A | B | C | D | E |
| a | 100 | 80 | 80 | 40 | 50 |
| b | 80 | 60 | 70 | 20 | 10 |
| c | 70 | 50 | 40 | 20 | 20 |
| d | 60 | 40 | 50 | 10 | 10 |

**解**　选用欧氏距离，通过式(5-6)计算各个样本点之间的距离，得到距离矩阵为：

| | A | B | C | D | E |
|---|---|---|---|---|---|
| A | 0 | 40 | 38.73 | 110.45 | 111.36 |
| B | 40 | 0 | 17.32 | 70.71 | 72.11 |
| C | 38.73 | 17.32 | 0 | 78.10 | 80.62 |
| D | 110.45 | 70.71 | 78.10 | 0 | 14.14 |
| E | 111.36 | 72.11 | 80.62 | 14.14 | 0 |

由上表结果可见，最小距离是溶剂 D 与溶剂 E，即 D 与 E 是具有相似性的溶剂体系。将 D 和 E 合并成为一类，记为(D，E)，并计算它们的均值 $hR_F$，结果如下表。

| 被分离的组分 | 分离用溶剂 | | | |
|---|---|---|---|---|
| | A | B | C | (D，E) |
| a | 100 | 80 | 80 | 45 |
| b | 80 | 60 | 70 | 15 |
| c | 70 | 50 | 40 | 20 |
| d | 60 | 40 | 50 | 10 |

由此，距离矩阵更新为：

| | A | B | C | (D，E) |
|---|---|---|---|---|
| A | 0 | 40 | 38.73 | 110.68 |
| B | 40 | 0 | 17.32 | 71.06 |
| C | 38.73 | 17.32 | 0 | 79.06 |
| (D，E) | 110.68 | 71.06 | 79.06 | 0 |

由该表结果可见，最小距离是溶剂B与溶剂C，即B与C是具有相似性的溶剂体系。将B和C合并成为一类，记为(B，C)，并计算它们的均值 $hR_F$，结果如下表。

| 被分离的组分 | 分离用溶剂 | | |
|---|---|---|---|
| | A | (B，C) | (D，E) |
| a | 100 | 80 | 45 |
| b | 80 | 65 | 15 |
| c | 70 | 45 | 20 |
| d | 60 | 45 | 10 |

同理，距离矩阵更新为：

| | A | (B，C) | (D，E) |
|---|---|---|---|
| A | 0 | 38.41 | 110.68 |

续表

| | A | (B, C) | (D, E) |
|---|---|---|---|
| (B, C) | 38.41 | 0 | 74.67 |
| (D, E) | 110.68 | 74.67 | 0 |

由该表结果可见，最小距离是溶剂 A 与溶剂(B, C)，即 A 与(B, C)是具有相似性的溶剂体系。将 A 和(B, C)合并成为一类，记为(A, B, C)。至此，5 种溶剂的二分聚类结果为(A, B, C)一类，(D, E)为另一类。

### 5.4.2　KNN 分类法

视频 5—6

最近邻分类(k-nearest neighbour，KNN)是一种有监督学习方法，其核心思想是一个样本数据点的类别由其相邻的样本数据点所决定，或者说该样本数据点与其周围的样本数据点同属于一个类别，实现方式则是通过计算该样本数据点与它的 $k$ 个最近邻样本数据点的距离来判断该样本数据点的类别属性。

设样本数据$\{\boldsymbol{X}, \boldsymbol{y}\}$，其中 $\boldsymbol{X}$ 为 $n \times p$ 的属性矩阵($p$ 为属性个数)，$\boldsymbol{y}$ 为 $n \times 1$ 的类别标签列向量。待识别的样本数据点属性行向量为$\boldsymbol{x}_{new}$。KNN 算法用来判别该样本数据点类别的步骤如下：

(1)设定近邻点个数 $k$；

(2)计算待判别样本数据点$\boldsymbol{x}_{new}$与样本数据集 $\boldsymbol{X}$ 中每一个样本数据点$\boldsymbol{x}_i$ 之间的距离 $d_i(i=1,2,\cdots,n)$；

(3)将步骤 2 中得到的 $d_i(i=1,2,\cdots,n)$按照由小到大排序；

(4)根据步骤 1 设定的近邻点个数 $k$，选取步骤 3 中前 $k$ 个样本数据点作为待判别样本数据点的邻居，即与该待判别样本数据点距离最近的 $k$ 个样本数据点；

(5)统计步骤 4 中最近邻的 $k$ 个样本数据点的类别频数；

(6)选用多数表决分类决策规则，将步骤 5 中频数最高的类别判别为样本数据点$\boldsymbol{x}_{new}$的类别。

近邻点个数 $k$ 和数据点距离度量方式是影响 KNN 算法性能的两个关键参数。为此，距离度量方式通常选择欧氏距离或马氏距离，而近邻点个数 $k$ 一般需要结合任务问题的数据量设定一个区间进行遍历寻优，或选用交叉验证法进行优选。另外，KNN 算法属于全局检测方法，它需要计算样本数据集中每个数据点与其他数据点之间的距离，并存储一个较大的距离矩阵。因此，当样本容量 $n$ 较大时，其计算效率会比较低，内存和计算资源消耗较多。

**例题 5-3**　现采用四种不同废弃生物质 A，B，C，D 分别在 3 个不同温度下热解炭化制备生物质炭。试验测定这些生物质炭的比表面积 BET($m^2 \cdot g^{-1}$)、孔容 Vpore($cm^3 \cdot g^{-1}$)以及 N，C，S，H 元素的含量(%)的理化性质数据如下表。请用 KNN 方法求取这四种不同生物质炭在不同近邻点个数 $k$ 下的自检正确识别率。

表 5-3　四种不同生物质炭的理化性质试验数据

| 样品编号 | BET ($m^2 \cdot g^{-1}$) | Vpore ($cm^3 \cdot g^{-1}$) | N(%) | C(%) | S(%) | H(%) |
|---|---|---|---|---|---|---|
| A-1 | 8.1334 | 0.013170 | 1.38 | 31.62 | 1.8685 | 0.208 |
| A-2 | 5.9812 | 0.011637 | 1.475 | 38.295 | 1.635 | 0.2175 |
| A-3 | 4.5576 | 0.008026 | 2.395 | 59.61 | 2.886 | 0.285 |
| B-1 | 7.0826 | 0.012144 | 2.47 | 56.545 | 3.0455 | 0.522 |
| B-2 | 11.5808 | 0.015840 | 1.83 | 41.05 | 2.022 | 0.349 |
| B-3 | 3.3157 | 0.006393 | 2.35 | 64.525 | 3.366 | 0.4105 |
| C-1 | 5.8013 | 0.016467 | 2.55 | 40.435 | 2.383 | 0.7005 |
| C-2 | 9.5956 | 0.023163 | 2.45 | 39.80 | 2.0305 | 0.5485 |
| C-3 | 8.0981 | 0.021994 | 2.00 | 33.955 | 1.5675 | 0.448 |
| D-1 | 9.7671 | 0.023904 | 2.05 | 34.40 | 2.015 | 0.396 |
| D-2 | 10.7840 | 0.025347 | 2.35 | 30.925 | 1.8975 | 0.5595 |
| D-3 | 37.717 | 0.049066 | 1.64 | 25.875 | 1.386 | 0.5465 |

**解**　依题意，同一种废弃生物质在 3 个不同温度下制备的生物质炭归为同一类，于是本题共有 4 类，类别号分别以 $\omega_1$，$\omega_2$，$\omega_3$，$\omega_4$ 标记。在对各个理化性质变量标准化后，选用欧氏距离，通过式(5-6)计算各样本点之间的距离，得到距离矩阵如下：

| | A-1 | A-2 | A-3 | B-1 | B-2 | B-3 | C-1 | C-2 | C-3 | D-1 | D-2 | D-3 |
|---|---|---|---|---|---|---|---|---|---|---|---|---|
| A-1 | 0 | | | | | | | | | | | |
| A-2 | 0.754 | 0 | | | | | | | | | | |
| A-3 | 3.813 | 3.515 | 0 | | | | | | | | | |
| B-1 | 4.363 | 4.155 | 1.686 | 0 | | | | | | | | |
| B-2 | 1.707 | 1.569 | 2.711 | 2.895 | 0 | | | | | | | |
| B-3 | 4.577 | 4.330 | 1.225 | 1.323 | 3.407 | 0 | | | | | | |
| C-1 | 4.479 | 4.326 | 3.377 | 2.112 | 3.039 | 3.338 | 0 | | | | | |
| C-2 | 3.624 | 3.465 | 3.107 | 2.361 | 2.117 | 3.496 | 1.387 | 0 | | | | |

续表

| | A-1 | A-2 | A-3 | B-1 | B-2 | B-3 | C-1 | C-2 | C-3 | D-1 | D-2 | D-3 |
|---|---|---|---|---|---|---|---|---|---|---|---|---|
| C-3 | 2.380 | 2.231 | 3.551 | 3.367 | 1.382 | 4.184 | 2.624 | 1.566 | 0 | | | |
| D-1 | 2.285 | 2.270 | 3.114 | 2.981 | 1.103 | 3.762 | 2.600 | 1.470 | 0.846 | 0 | | |
| D-2 | 3.493 | 3.452 | 3.756 | 3.069 | 2.228 | 4.183 | 1.798 | 0.828 | 1.336 | 1.360 | 0 | |
| D-3 | 5.193 | 5.413 | 6.800 | 6.284 | 4.628 | 7.240 | 5.532 | 4.595 | 4.260 | 4.240 | 4.132 | 0 |

判别函数是基于全部的 12 个样本数据点 4 个类别建立的。若近邻点个数 $k=1$，根据 KNN 算法的第 2 步，分别搜索每一个样本点的最近的 1 个样本点，并将对方的类别判别为自身的类别。自检识别中，待判别的每一个样本点由于均含在构建判别函数的 12 个样本点集合内，故最近邻的样本点就是自身，距离为 0，由此识别正确率为 100%。

若近邻点个数 $k=2$，需要搜索每一个样本点的最近邻的 2 个样本点。于是，每一个样本点除了自身占据 1 个近邻点外，还需要再找 1 个近邻点。举例来说，A-1 样本点，除了自身外，距离最近的是 A-2 样本点($d_{12}=d_{21}=0.754$)，而它们的类别号都是 $\omega_1$，故 KNN 识别为同类；B-3 样本点，除了自身外，距离最近的是 A-3 样本点($d_{32}=d_{23}=1.225$)，而 B-3 样本点的类别号为 $\omega_2$，A-3 样本点的类别号为 $\omega_1$，故 KNN 识别为对方类别。依此类推，最后统计 12 个样本点的自检识别正确率为 75%。不同近邻点个数 $k$ 下的自检正确识别率如图 5-11 所示。

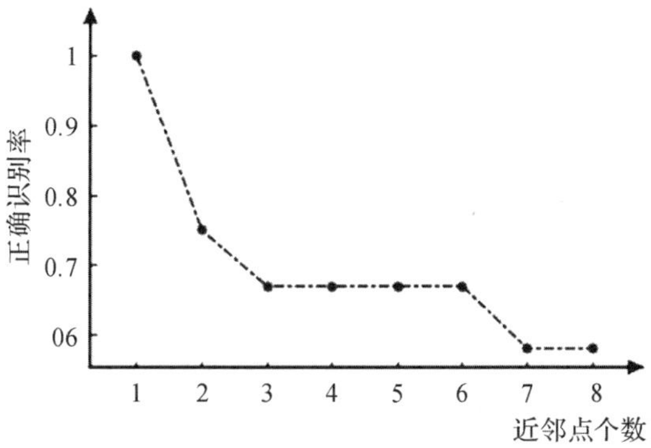


图 5-11　自检正确识别率随近邻点个数 $k$ 的变化

## 习　题

1. 数据预处理一般包括哪些内容和步骤？
2. 线性相关和非线性相关的测定与检验，如何选择指标以衡量和判断？
3. 相关系数、复相关系数、偏相关系数的计算公式分别是什么？它们之间有何联系？
4. 距离度量有哪些不同的计算方式？在应用中如何选择？

5. 什么是变量筛选？什么是特征提取？它们之间的区别与联系是什么？

6. PCA 主成分的基本思想是什么？PCA 在应用中，其主要作用是什么？

7. ISOMAP 算法中样本点之间的距离是如何计算的？它是如何实现非线性降维的？

8. 从样本的协方差矩阵出发与从样本的相关矩阵出发求取 PCA 主成分有什么不同？

9. 聚类和分类有什么区别？从过程上讲，聚类和分类在哪些方面是一致的？

10. 监督学习和非监督学习有何区别？

11. 下表为两个样品 10 个指标的试验数据，请分别计算其夹角余弦与相关系数。

| 样品 | 指标 | | | | | | | | | |
|---|---|---|---|---|---|---|---|---|---|---|
| | $x_1$ | $x_2$ | $x_3$ | $x_4$ | $x_5$ | $x_6$ | $x_7$ | $x_8$ | $x_9$ | $x_{10}$ |
| A | 3 | 2 | 1 | 4 | 5 | 3 | 2 | 1 | 4 | 5 |
| B | 2 | 1 | 4 | 2 | 1 | 2 | 3 | 2 | 1 | 6 |

12. 现有 $x_1, x_2, y$ 的观测数据如下表。试求：

(1) $y$ 对 $x_1$ 和 $x_2$ 的复相关系数；

(2) $y$ 对 $x_1$ 和 $y$ 对 $x_2$ 的偏相关系数。

| 编号 | 1 | 2 | 3 | 4 | 5 | 6 | 7 | 8 | 9 | 10 |
|---|---|---|---|---|---|---|---|---|---|---|
| $x_1$ | 2.00 | 2.16 | 2.46 | 2.60 | 2.76 | 2.89 | 2.95 | 3.01 | 3.11 | 3.20 |
| $x_2$ | 3.19 | 3.20 | 3.18 | 3.15 | 3.33 | 3.27 | 3.40 | 3.33 | 3.36 | 3.43 |
| $y$ | 4.76 | 4.90 | 5.31 | 5.58 | 5.87 | 5.80 | 5.96 | 5.88 | 6.01 | 6.15 |

13. 已知样本数据矩阵 $\boldsymbol{X}=[\boldsymbol{x}_1, \boldsymbol{x}_2]^{\mathrm{T}}$ 的协方差矩阵为 $\sum=\begin{bmatrix}1 & 4\\4 & 100\end{bmatrix}$，其对应的相关矩阵为 $R=\begin{bmatrix}1 & 0.4\\0.4 & 1\end{bmatrix}$。试分别从协方差矩阵和相关矩阵出发求 PCA 主成分并进行比较。

14. 已知样本数据矩阵 $\boldsymbol{X}=[\boldsymbol{x}_1, \boldsymbol{x}_2]^{\mathrm{T}}$ 的协方差矩阵为 $\sum=\begin{bmatrix}5 & 2\\2 & 2\end{bmatrix}$。试求 $\boldsymbol{X}$ 的 PCA 主成分，并计算第 1 个 PCA 主成分的贡献率。

15. 已知样本数据矩阵 $\boldsymbol{X}=[\boldsymbol{x}_1, \boldsymbol{x}_2, \boldsymbol{x}_3]^{\mathrm{T}}$ 的协方差矩阵为 $\sum=\begin{bmatrix}1 & -2 & 0\\-2 & 5 & 0\\0 & 0 & 2\end{bmatrix}$。试求 PCA 主成分，并对各个 PCA 主成分的贡献率及各个初始变量的信息提取率进行讨论。

16. 已知 $\boldsymbol{X}=[\boldsymbol{x}_1, \boldsymbol{x}_2]^{\mathrm{T}}$ 的协方差矩阵 $\sum=\begin{bmatrix}5 & 2\\2 & 2\end{bmatrix}$，求相关矩阵 $R$。然后从 $R$ 出发，

试求：

(1) 标准化变量的 PCA 主成分 $t_1^*$ 和 $t_2^*$ 以及第 1 个 PCA 主成分的贡献率；

(2)$t_1^*$ 与 $x_1^*$，$t_1^*$ 与 $x_2^*$ 及 $t_2^*$ 与 $x_1^*$ 之间的相关系数，其中 $x_1^*$ 与 $x_2^*$ 分别为 $x_1$ 与 $x_2$ 的标准化变量，这些量有何统计意义？

17. 已知样本数据矩阵 $\boldsymbol{X}=[\boldsymbol{x}_1, \boldsymbol{x}_2, \boldsymbol{x}_3]^{\mathrm{T}}$ 的相关矩阵为 $R=\begin{bmatrix}1 & \rho & \rho \\ \rho & 1 & \rho \\ \rho & \rho & 1\end{bmatrix}$，其中 $-1\leqslant\rho\leqslant 1$。(1)求 $X$ 的标准化变量的 PCA 主成分及各主成分的贡献率和累计贡献率；(2)将上述结果推广到 $p$ 维情形。

18. 已知 8 个数据点：(3，1)，(3，2)，(4，1)，(4，2)，(1，3)，(1，4)，(2，3)，(2，4)。请用 K-Means 算法对其进行聚类，设初始聚类中心分别定为(0，4) 和(3，3)。

19. 请将以下 8 个数据点分为 3 类：$A_1$(2，10)，$A_2$(2，5)，$A_3$(8，4)，$B_1$(5，8)，$B_2$(7，5)，$B_3$(6，4)，$C_1$(1，2)，$C_2$(4，9)。相似度测量选用欧氏距离。假设初始时将 $A_1$，$B_1$ 和 $C_1$ 分别选为 3 个类的中心。请用 K-Means 算法给出第一轮聚类后的 3 个类中心和最终的 3 个类中心。

20. 现有 10 个数据点的一维数据集{1,2,3,…,10}。写出当近邻点个数 $k=2$ 时 K-Means 算法的三次迭代过程，其中类中心子集初始化为(1，2)。若将类中心子集初始化为{2，9}，请说明类中心的不同初始化是如何影响聚类结果。

21. 现有三个类的一维数据集，第一类包含连续整数{1,…,5}，第二类包含连续整数{8,…,12}，第三类包含数据点{24，28，32，36，40}。若初始类中心选为 1，11，28。请问 K-Means 算法能正确分类吗？若将初始类中心改为 1，2 和 3，K-Means 算法还能正确分类吗？这说明了什么？

22. 现测得 20 个样品中 5 个组分的含量(%)试验数据如下表。试选用距离作为相似度度量完成 Q 型聚类分析。

| 样品编号 | 组分含量/% | | | | |
|---|---|---|---|---|---|
| | $SiO_2$ | FeO | $Al_2O_3$ | CaO | MgO |
| 1 | 13.21 | 0.87 | 2.34 | 35.68 | 10.06 |
| 2 | 64.84 | 0.54 | 14.43 | 0.54 | 2.27 |
| 3 | 60.84 | 8.10 | 9.51 | 0.06 | 1.01 |
| 4 | 48.12 | 3.98 | 4.96 | 0.46 | 1.40 |
| 5 | 12.15 | 0.67 | 2.29 | 35.05 | 10.75 |
| 6 | 65.53 | 0.23 | 14.03 | 0.33 | 1.64 |
| 7 | 60.74 | 3.68 | 14.42 | 0.06 | 1.28 |

续表

| 样品编号 | 组分含量/% | | | | |
|---|---|---|---|---|---|
| | $SiO_2$ | FeO | $Al_2O_3$ | CaO | MgO |
| 8 | 72.52 | 1.78 | 3.19 | 0.66 | 0.52 |
| 9 | 10.03 | 0.87 | 1.52 | 46.70 | 1.57 |
| 10 | 62.52 | 0.31 | 13.31 | 1.94 | 2.68 |
| 11 | 59.82 | 4.46 | 14.49 | 0.62 | 1.40 |
| 12 | 56.55 | 2.59 | 4.03 | 0.55 | 1.70 |
| 13 | 9.16 | 0.57 | 1.47 | 48.32 | 1.08 |
| 14 | 64.40 | 0.13 | 13.91 | 0.51 | 1.20 |
| 15 | 63.24 | 3.98 | 12.30 | 0.10 | 1.48 |
| 16 | 47.44 | 4.35 | 10.22 | 0.39 | 1.66 |
| 17 | 14.08 | 0.15 | 1.91 | 44.52 | 0.65 |
| 18 | 55.86 | 0.39 | 12.64 | 2.47 | 3.05 |
| 19 | 60.09 | 4.08 | 7.31 | 0.41 | 3.60 |
| 20 | 52.88 | 3.13 | 4.12 | 0.87 | 2.16 |

23. 某盐矿盆地分布有钾盐矿 A 和钠盐矿 B。现已采集到 A 矿 5 个(1～5 号)样品，B 矿 5 个(6～10 号)样品，还有未知类别的 2 个(11，12 号)样品。现分析测得上述所有样品中 4 个组分变量结果数据。试采用 KNN 方法确定两个未知样品的分类属性。

| 样品编号 | 组分含量/% | | | |
|---|---|---|---|---|
| | $x_1$ | $x_2$ | $x_3$ | $x_4$ |
| 1 | 13.85 | 2.79 | 7.80 | 9.60 |
| 2 | 22.31 | 4.67 | 12.31 | 47.80 |
| 3 | 28.82 | 4.63 | 15.18 | 62.15 |
| 4 | 15.29 | 3.54 | 7.58 | 43.20 |
| 5 | 28.29 | 4.90 | 16.12 | 58.70 |

**续表**

| 样品编号 | 组分含量/% | | | |
|---|---|---|---|---|
| | $x_1$ | $x_2$ | $x_3$ | $x_4$ |
| 6 | 2.18 | 1.06 | 1.22 | 20.60 |
| 7 | 3.85 | 0.80 | 4.06 | 47.10 |
| 8 | 11.40 | 0 | 3.50 | 0 |
| 9 | 3.66 | 2.42 | 2.14 | 15.10 |
| 10 | 12.10 | 0 | 5.68 | 0 |
| 11 | 8.85 | 3.38 | 5.17 | 26.10 |
| 12 | 28.60 | 2.40 | 1.20 | 12.70 |

24. 下表为一个样本数据集，若将近邻个数 $k$ 分别取 1，3，5，7，9，11，请用 KNN 方法对样本数据点 $x=4.0$ 进行分类，使用多数表决机制。

| $x$ | 0.3 | 1.9 | 2.7 | 3.4 | 3.7 | 4.1 | 4.2 | 4.5 | 4.8 | 5.1 | 5.6 | 6.4 | 7.3 | 7.8 | 8.5 |
|---|---|---|---|---|---|---|---|---|---|---|---|---|---|---|---|
| $y$ | + | − | + | + | − | − | + | + | − | + | − | − | + | − | + |

# 第6章　回归分析与建模方法

在生产实践或科学试验中，通常会涉及多个变量，这些变量之间存在着相互联系、相互制约的关系。为了深入了解事物的本质，需要找出这些变量之间的依存关系，并建立相应的数学模型来进行预测和解释。回归分析是一种常用的统计学方法，它可以选择不同的建模方法建立自变量与因变量之间的函数关系，并找出重要的影响因素，从而进行有效的预测和控制。为此，回归分析与建模方法讨论的内容主要包括以下三个方面：

(1)尝试不同的函数关系和建模方法对试验数据进行拟合，以建立变量之间合适的数学模型；

(2)检验所建立数学模型的显著性，识别变量的主次关系，并评估模型的质量性能；

视频6—1

(3)基于显著性优良的数学模型进行预测和控制。

回归分析与建模方法的分类如图6-1所示，根据自变量的个数可分为一元回归和多元回归，根据函数关系的形式分为线性回归和非线性回归。在实际应用中，非线性回归更为常见，但不少非线性回归可以转换为多元线性回归，而一元线性回归则是整个回归分析的理论和方法基础。

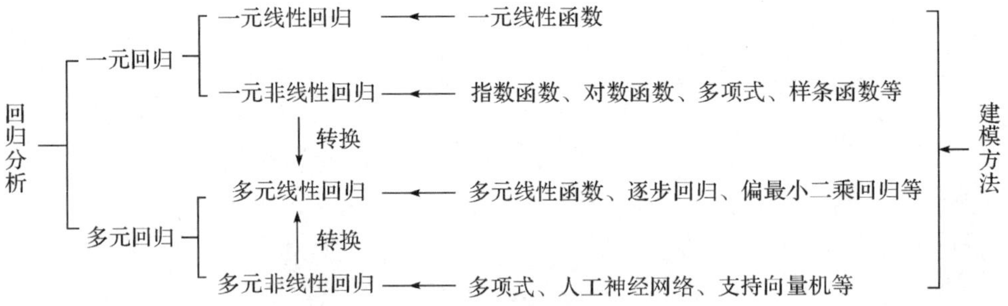


图6-1　回归分析与建模方法的分类

## 6.1　一元线性回归分析

视频6—2

一元线性回归分析的数学模型为：

$$y=\beta_0+\beta x \tag{6-1}$$

式中 $\beta_0$ 和 $\beta$ 为模型参数。试验采集的 $n$ 个数据点$(x_i, y_i)(i=1,2,\cdots,n)$，其自变量与因变量满足如下结构式：

$$y_i = b_0 + bx_i + \varepsilon_i, i=1,2,\cdots,n \tag{6-2}$$

式中 $\varepsilon_i$ 为第 $i$ 个数据点的随机误差，服从正态分布 $N(0, \sigma^2)$。$b_0$ 和 $b$ 则分别是 $\beta_0$ 和 $\beta$ 的最优无偏估计待定系数。

**1. $b_0$ 和 $b$ 的最小二乘估计**

一元线性回归拟合的数学原理如图 6-2 所示，将数据点$(x_i, y_i)$的自变量 $x_i$ 代入式(6-2)计算因变量的回归值 $\hat{y}_i = b_0 + bx_i$，而 $\hat{y}_i$ 与实际观察值 $y_i$ 的距离 $|\varepsilon_i| = |y_i - \hat{y}_i|$ 反映该方程对该数据点的拟合偏差。若所有数据点的拟合偏差距离都很小，方程的拟合性能就很好。

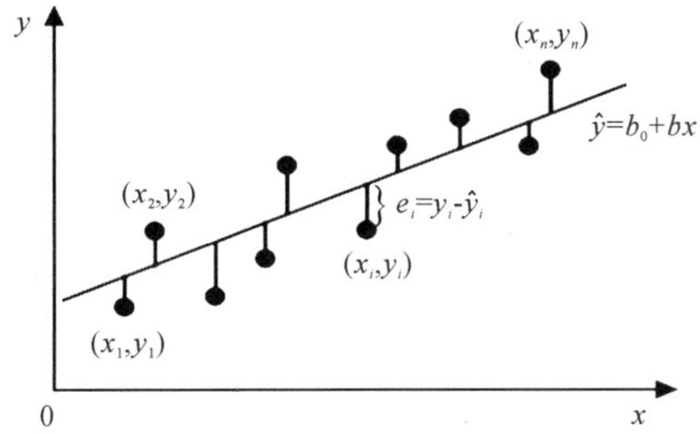


图 6-2　试验数据的一元线性回归拟合

显然，拟合的目标函数可以设计为 $y_i$ 与 $\hat{y}_i$ 的偏差平方和：

$$Q(b_0, b) = \sum_{i=1}^{n} (y_i - \hat{y}_i)^2 = \sum_{i=1}^{n} (y_i - b_0 - bx_i)^2 \tag{6-3}$$

最小二乘估计，就是通过最小化 $Q(b_0, b)$以确定模型中的参数，从而获得一个最优的拟合直线。由于 $Q(b_0, b)$是 $b_0$ 和 $b$ 的二次函数，且非负，所以最小值总是存在的。根据微积分学中的极值原理，$b_0$ 和 $b$ 是下列方程组的解：

$$\begin{cases} \dfrac{\partial Q}{\partial b_0} = -2\sum_{i=1}^{n}(y_i - b_0 - bx_i) = 0 \\ \dfrac{\partial Q}{\partial b} = -2\sum_{i=1}^{n}(y_i - b_0 - bx_i)x_i = 0 \end{cases} \tag{6-4}$$

方程组(6-4)称为正规方程组，它还可以写成如下形式：

$$\begin{cases} \sum_{i=1}^{n}(y_i - \hat{y}_i) = 0 \\ \sum_{i=1}^{n}(y_i - \hat{y}_i)x_i = 0 \end{cases} \tag{6-5}$$

解正规方程组(6-4)，求得模型参数：

$$\begin{cases} b_0 = \bar{y} - b\bar{x} \\ b = \dfrac{\sum\limits_{i=1}^{n} x_i y_i - \dfrac{1}{n}\left(\sum\limits_{i=1}^{n} x_i\right)\left(\sum\limits_{i=1}^{n} y_i\right)}{\sum\limits_{i=1}^{n} x_i^2 - \dfrac{1}{n}\left(\sum\limits_{i=1}^{n} x_i\right)^2} \end{cases} \tag{6-6}$$

式中 $\bar{x} = \frac{1}{n}\sum\limits_{i=1}^{n} x_i$，$\bar{y} = \frac{1}{n}\sum\limits_{i=1}^{n} y_i$。将 $b_0 = \bar{y} - b\bar{x}$ 代入式(6-2)，可得回归方程的另一种形式：

$$\hat{y} - \bar{y} = b(x - \bar{x}) \tag{6-7}$$

由此可见，样本数据点$(x_1, y_1)$，$(x_2, y_2)$，…，$(x_n, y_n)$的回归拟合直线是通过这些散点的几何中心$(\bar{x}, \bar{y})$。为了在计算操作上的方便，现引入记号：

$$L_{xx} = \sum_{i=1}^{n} (x_i - \bar{x})^2 = \sum_{i=1}^{n} x_i^2 - \frac{1}{n}\left(\sum_{i=1}^{n} x_i\right)^2 \tag{6-8}$$

$$L_{yy} = \sum_{i=1}^{n} (y_i - \bar{y})^2 = \sum_{i=1}^{n} y_i^2 - \frac{1}{n}\left(\sum_{i=1}^{n} y_i\right)^2 \tag{6-9}$$

$$L_{xy} = \sum_{i=1}^{n} (x_i - \bar{x})(y_i - \bar{y}) = \sum_{i=1}^{n} x_i y_i - \frac{1}{n}\left(\sum_{i=1}^{n} x_i\right)\left(\sum_{i=1}^{n} y_i\right) \tag{6-10}$$

于是，参数 $a$ 和 $b$ 的计算式可写成：

$$b = L_{xy}/L_{xx} \tag{6-11}$$

$$b_0 = \bar{y} - b\bar{x} \tag{6-12}$$

基于最小二乘估计的参数 $b_0$ 和 $b$，具有如下统计性质：

(1)$b_0$ 和 $b$ 分别是 $\beta_0$ 和 $\beta$ 的无偏估计；

(2)$\hat{y}$ 是 $y$ 的无偏估计，即回归值 $\hat{y}$ 可看作某一点观察值 $y$ 的平均值；

(3)$\sigma^2$ 大小可反映随机变量取值变化的幅度。回归系数 $b$ 的波动大小不仅取决于误差的方差 $\sigma^2$，还与自变量 $x$ 波动程度有关。如果自变量的值波动较大(比较分散)，则 $b$ 的波动就较小，估计结果也比较精确。反之，如果自变量的取值范围较小，则 $b$ 的估计就不会很精确。

(4)$b_0$ 的方差不仅与 $\sigma$ 和 $x$ 的波动幅度有关，而且与观察数据的个数 $n$ 有关。$n$ 越大，且 $x$ 值越分散，则 $b_0$ 估计值就越精确。

**2. $\sigma^2$ 的估计**

将式(6-3)中的 $Q$ 做如下分解：

$$\begin{aligned} Q &= \sum_{i=1}^{n} (y_i - \hat{y}_i)^2 = \sum_{i=1}^{n} [y_i - \bar{y} - b(x_i - \bar{x})]^2 \\ &= \sum_{i=1}^{n} (y_i - \bar{y})^2 - 2b\sum_{i=1}^{n} (x_i - \bar{x})(y_i - \bar{y}) + b^2 \sum_{i=1}^{n} (x_i - \bar{x})^2 \\ &= L_{yy} - 2bL_{xy} + b^2 L_{xx} \end{aligned} \tag{6-13}$$

将 $b = L_{xy}/L_{xx}$ 代入上式，得到 $Q = L_{yy} - bL_{xy}$。可以证明 $\frac{Q}{\sigma^2} \sim \chi^2(n-2)$。又有 $E\{[y-(a+bx)]^2\} = E(\varepsilon^2) = \sigma^2$，于是 $E\left(\frac{Q}{\sigma^2}\right) = n-2$，即 $E\left(\frac{Q}{n-2}\right) = \sigma^2$。因此，$\sigma^2$ 的无偏估计结果为：

$$\hat{\sigma}^2=\frac{Q}{n-2}=\frac{1}{n-2}(L_{yy}-bL_{xy}) \tag{6-14}$$

回归方程的预报精度通常以 $\hat{\sigma}$ 表示，$\hat{\sigma}$ 值越小，回归方程预报的 $y$ 就越精确。

**3. 回归方程的显著性检验**

(1)$F$ 检验法

回归方程的 $F$ 检验法，也即方差分析法，就是通过比较回归方程的均方与剩余的均方之间大小关系来判断回归方程是否具有统计显著性。为此，先计算离差平方和及自由度：

视频 6－3

总的离差平方和及自由度：$SS_T=\sum_{i=1}^{n}(y_i-\bar{y})^2$，$df_T=n-1$

回归离差平方和及自由度：$SS_R=\sum_{i=1}^{n}(\hat{y}_i-\bar{y})^2$，$df_R=p$

剩余离差平方和及自由度：$SS_E=\sum_{i=1}^{n}(y_i-\hat{y}_i)^2$，$df_E=n-p-1$

上述三个离差平方和及自由度具有加和关系：$SS_T=SS_R+SS_E$，$df_T=df_R+df_E$

接下来，计算它们的均方，以消除变量个数 $p$ 和样本容量 $n$ 的影响，实现数据标准化可比较。

$$MS_R=\frac{SS_R}{df_R}=\frac{SS_R}{p} \tag{6-15}$$

$$MS_E=\frac{SS_E}{df_E}=\frac{SS_E}{n-p-1} \tag{6-16}$$

最后，构造并计算回归方程的 $F$ 统计量：

$$F=\frac{MS_R}{MS_E} \tag{6-17}$$

根据给定显著性水平 $\alpha$，从附录 4 的 $F$ 分布表中查得临界值 $F_\alpha(p,n-p-1)$，若满足

$$F\geqslant F_\alpha(p,n-p-1) \tag{6-18}$$

表明该线性回归方程是显著的，反之为不显著。

一元线性回归方程的自变量个数 $p=1$，$F$ 检验可以看作单因素方差分析。将上述 $F$ 检验的计算内容和结果存放至格式化的方差分析表，见表 6-1 所示。

**表 6-1　一元线性回归方程显著性检验的方差分析表**

| 差异来源 | $SS$ | $df$ | $MS$ | $F$ | 显著性 |
|---|---|---|---|---|---|
| 回归(方程) | $SS_R$ | 1 | $MS_R$ | $F=\frac{MS_R}{MS_E}$ | |
| 剩余(误差) | $SS_E$ | $n-2$ | $MS_E$ | | |
| 总和 | $SS_T$ | $n-1$ | | | |

注：显著性水平 $\alpha$ 一般取值 0.05 和 0.01。

(2)相关系数法

相关系数是用来度量两个变量之间相关关系强度的指标。在回归分析中，借助相关系数可以判断自变量对因变量的解释能力是否显著。如果自变量和因变量之间的相关系数较大，表明它们之间的关系比较紧密，自变量对因变量的解释能力就较强，此时回归方程就比较显著。相关系数 $R$ 的定义公式为：

$$R=\frac{\mathrm{Cov}(x,y)}{s_x s_y} \tag{6-19}$$

式中 $s_x=\sqrt{\frac{1}{n-1}\sum_{i=1}^{n}(x_i-\bar{x})^2}$ 和 $s_y=\sqrt{\frac{1}{n-1}\sum_{i=1}^{n}(y_i-\bar{y})^2}$ 为变量 $x$ 和变量 $y$ 的样本标准差，$\mathrm{Cov}(x,y)=\frac{1}{n-1}\sum_{i=1}^{n}(x_i-\bar{x})(y_i-\bar{y})$ 为变量 $x$ 和变量 $y$ 之间的样本协方差。

相关系数 $R$ 是无量纲的统计量，其值域为 $-1\leqslant R\leqslant 1$。若 $R>0$ 表示两个变量正相关，$R<0$ 表示两个变量负相关，$R=0$ 表示两个变量之间没有线性相关关系。特殊地，当 $|R|=1$ 时，表示两个变量间有确定性的线性函数关系。当 $|R|=0$ 时，表示两个变量间无线性关系，而其可能的情况是没有关系或非线性关系。相关系数的平方 $R^2$，称为决定系数，其值越大表明两个变量之间的相关性就越强。

在一元线性回归方程中，相关系数 $R$ 的应用计算公式为：

$$R=\frac{L_{xy}}{\sqrt{L_{xx}L_{yy}}} \tag{6-20}$$

于是，回归方程的相关系数检验，就是将式(6-20)计算的 $R$ 与从附录 11 中查得的相关系数临界值 $R_\alpha$(与显著性水平 $\alpha$ 和样本容量 $n$ 有关)比较。若 $R\geqslant R_\alpha$，回归方程通过显著性检验，表明 $x$ 与 $y$ 之间的线性关系为显著。反之，若 $R<R_\alpha$，则 $x$ 与 $y$ 之间的线性关系为不显著。需要注意的是，该方法检验的前提是假定自变量和因变量之间的关系为线性。

**4. 回归方程的失拟性检验**

视频 6—4

回归方程的显著性检验，只能说明自变量对因变量的影响是主要的，无法确定是否存在其他因素对因变量的影响，也不能确定自变量和因变量之间的关系确实是线性的。失拟性检验是回归分析中的重要步骤，可以帮助评估回归方程的拟合程度和自变量对因变量的解释能力。如果回归方程失拟，需要考虑增加自变量、改变函数形式等措施来提高模型的拟合程度。

失拟性检验，需要通过多次重复试验以获得真正的误差平方和，并将其与失拟平方和比较。失拟平方和是指因回归方程中未考虑到的因素而导致的离差平方和，它是剩余平方和扣除误差平方和的部分。重复试验可以对部分试验点进行，也可以对全部试验点进行，对部分试验点进行重复试验时，又可以对一个或几个试验点进行重复。为了简单起见，下面仅讨论对第 $n$ 号试验点进行 $m$ 次重复，共有 $n+m-1$ 个试验数据：

$$y_1, y_2, \cdots, y_{n-1}, y_n, y_{n+1}, \cdots, y_{n+m-1}$$

基于 $n+m-1$ 个数据，计算各项离差平方和及自由度：

$$SS_T = \sum_{i=1}^{n+m-1} (y_i - \bar{y})^2, \; df_T = (n+m-1)-1 \tag{6-21}$$

$$SS_R = \sum_{i=1}^{n+m-1} (\hat{y}_i - \bar{y})^2, \; df_R = 1 \tag{6-22}$$

$$SS_{剩} = \sum_{i=1}^{n+m-1} (y_i - \hat{y}_i)^2, \; df_{剩} = n+m-3 \tag{6-23}$$

式中 $\bar{y}$ 为 $n+m-1$ 个数据的算术平均数。剩余平方和反映试验误差与其他未加控制因素的影响。$m$ 个重复试验数据计算的真正误差平方和：

$$SS_E = \sum_{i=n}^{n+m-1} (y_i - \bar{y}_n)^2, \; df_E = m-1 \tag{6-24}$$

式中 $\bar{y}_n$ 是 $y_n, y_{n+1}, \cdots, y_{n+m-1}$ 的算术平均数。$SS_{剩}$ 扣除 $SS_E$ 后的部分称为失拟平方和 $SS_{Lf}$：

$$SS_{Lf} = SS_{剩} - SS_E, \; df_{Lf} = (n+m-3)-(m-1) = n-2 \tag{6-25}$$

至此，上述离差平方和的加和关系演变为：

$$SS_T = SS_R + SS_{Lf} + SS_E \tag{6-26}$$

构造失拟性检验的统计量：

$$F_{Lf} = \frac{SS_{Lf}/df_{Lf}}{SS_E/df_E} \tag{6-27}$$

根据显著性水平 $\alpha$ 和自由度 $df_{Lf}$，$df_E$，从附录 4 查得临界值 $F_\alpha(df_{Lf}, df_E)$。若 $F_{Lf} < F_\alpha(df_{Lf}, df_E)$，则失拟性检验的结果为不显著，表明失拟平方和主要是由试验误差等偶然因素引起的，而非未考虑到的其他因素所致。这时，将 $SS_{Lf}$ 和 $SS_E$ 合并用来检验回归方程的显著性，即

$$F = \frac{SS_R/df_R}{(SS_{Lf}+SS_E)/(df_{Lf}+df_E)} \sim F(df_R, df_{Lf}+df_E) \tag{6-28}$$

这里，如果回归方程的 $F$ 检验结果为显著，表明回归方程是真正拟合得好。反之，如果为不显著。这时有两种可能：(1)没有什么因素对因变量有重要的影响；(2)试验误差过大，导致回归方程拟合不理想。

若 $F_{Lf} \geqslant F_\alpha(df_{Lf}, df_E)$，则失拟性检验结果为显著，表明失拟平方和中除含有试验误差外，还有一些未考虑的其他因素。这时有如下几种可能：(1)影响因变量 $y$ 的除自变量 $x$ 外，至少还有一个不可忽略的因素；(2)因变量 $y$ 和自变量 $x$ 是曲线关系；(3)因变量 $y$ 和自变量 $x$ 之间没有关系。这时，即使建立的一元线性回归方程通过了式(6-28)的显著性检验，仍不能简单地认为此回归方程是拟合得好的，这是因为回归方程的解释能力可能很低，即自变量无法很好地解释因变量的变异。为此，需要进一步探究原因，比如可能存在未考虑的重要因素，或者自变量和因变量之间的关系是非线性的。

**5. 回归方程的预测和控制**

回归方程的价值，体现在可以帮助解决以下两类很实用的问题：对于某个给定自变量 $x$，对因变量 $y$ 的取值做点估计或区间估计，即所谓的预测问题；若使因变量 $y$ 的取值落在某个指定的范围内，如何控制自变量 $x$ 的取值，即所谓的控制问题。

任一给定的自变量 $x_0$，代入回归方程可计算与其对应的因变量预测值：

$$\hat{y}_0 = b_0 + bx_0 \tag{6-29}$$

这里，$\hat{y}_0$ 便是在 $x_0$ 处的点估计。通常情况下，$\hat{y}_0$ 与在 $x_0$ 处的实际观测值 $y_0$ 之间存

在偏差，这就需要区间估计划出一个变动范围来刻画这种偏差的程度。具体来说，根据给定的显著性水平 $\alpha$，寻找一个半径 $\delta(>0)$，使得实际观测值 $y_0$ 以 $(1-\alpha)\times100\%$ 的概率落在区间 $[\hat{y}_0-\delta, \hat{y}_0+\delta]$ 内，即

$$p\{\hat{y}_0-\delta<y_0<\hat{y}_0+\delta\}=1-\alpha \tag{6-30}$$

式中 $\delta=t_{\alpha/2}(n-2)\hat{\sigma}\sqrt{1+\dfrac{1}{n}+\dfrac{(x_0-\bar{x})^2}{\sum\limits_{i=1}^{n}(x_i-\bar{x})^2}}$。当 $n$ 较大时，$\delta=t_{\alpha/2}(n-2)\hat{\sigma}$。

$\delta$ 不仅与 $\alpha$ 和 $n$ 有关，还与 $x_0$ 的位置有关，即 $\delta$ 是 $x$ 的函数：$\delta=\delta(x)$。当 $x_0$ 靠近 $\bar{x}$ 时，$\delta$ 就小；当 $x_0$ 远离 $\bar{x}$ 时，$\delta$ 就大。图 6-3 绘制了区间估计的下边界 $y=\hat{y}-\delta$ 和上边界 $y=\hat{y}+\delta$ 的函数曲线，两头皆呈喇叭形，而回归直线 $\hat{y}_0=b_0+bx_0$ 被夹在中间。

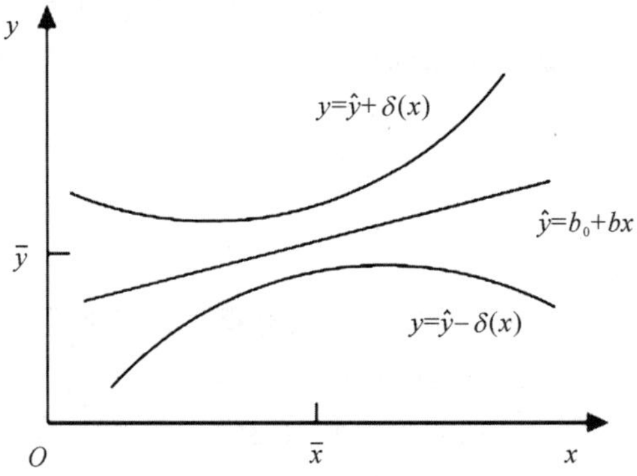


图 6-3　回归方程的区间估计

如何获得回归方程的 $\hat{\sigma}$？在没有重复试验的情况下，剩余平方和 $SS_{剩}$ 可以提供 $\sigma^2$ 的无偏估计，即 $\hat{\sigma}=\sqrt{SS_{剩}/(n-2)}$，同式(6-14)。而在有重复试验的情况下，误差平方和可以提供 $\sigma^2$ 的无偏估计，即 $\hat{\sigma}=\sqrt{SS_E/(m-1)}$（适用于上述同一试验点重复 $m$ 次）。

控制问题，实际上是预报的反问题。若要求观测值 $y$ 落在 $y_1<y<y_2$ 区间内，那么自变量 $x$ 的取值如何控制？为此，如图 6-4 所示，寻找两个数 $x_1$ 和 $x_2$，满足

$$\hat{y}-\delta(x_1)>y_1 \text{ 且 } \hat{y}+\delta(x_2)<y_2 \tag{6-31}$$

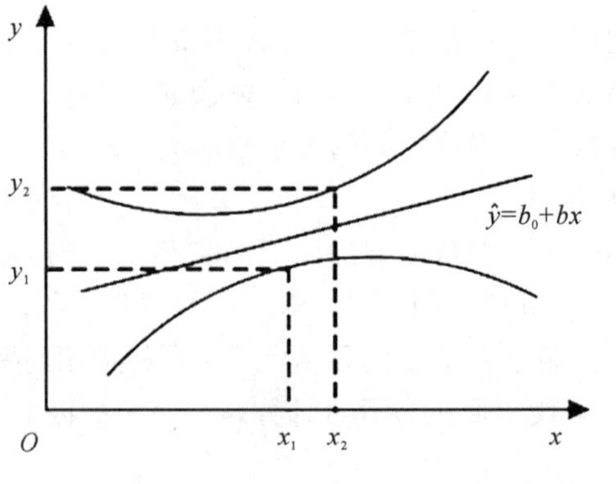


图 6-4　回归方程的控制问题

在此，给出它们的近似求解方法，即

$$\begin{cases} y_1=(b_0+bx_1)-t_{\alpha/2}(n-2)\hat{\sigma} \\ y_2=(b_0+bx_2)+t_{\alpha/2}(n-2)\hat{\sigma} \end{cases} \tag{6-32}$$

从式(6-32)可分别解出 $x_1$ 和 $x_2$，从而得 $x$ 的控制范围为 $[x_1, x_2]$。

根据拟合残差正态分布的假定：$y-\hat{y}\sim N(0,\hat{\sigma}^2)$，由自由度 $df=n-2$ 从附录 2 的 $t$ 分布表中查得不同 $\alpha$ 下的 $t_{\alpha/2}(n-2)$ 值。比如，当 $df=60$ 和 $\alpha=0.05$，查得 $t_{\alpha/2}\approx 2.0$，即

$$p\{y_1(x_1)-2\hat{\sigma}<y<y_2(x_2)+2\hat{\sigma}\}=1-\alpha=1-0.05=95.0\% \tag{6-33}$$

从式(6-32)中求出的 $x_1$ 和 $x_2$，如图 6-5 所示。依据回归方程 $\hat{y}=b_0+bx$ 中的系数 $b$ 的正负取值分为两种情况，左边的图(a)对应 $b>0$，$x$ 的控制范围为 $[x_1, x_2]$；右边的图(b)对应 $b<0$，$x$ 的控制范围为 $[x_2, x_1]$。

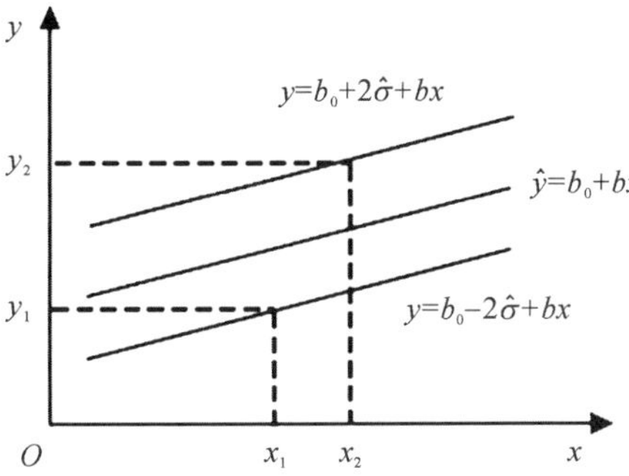


(a) 系数 $b>0$

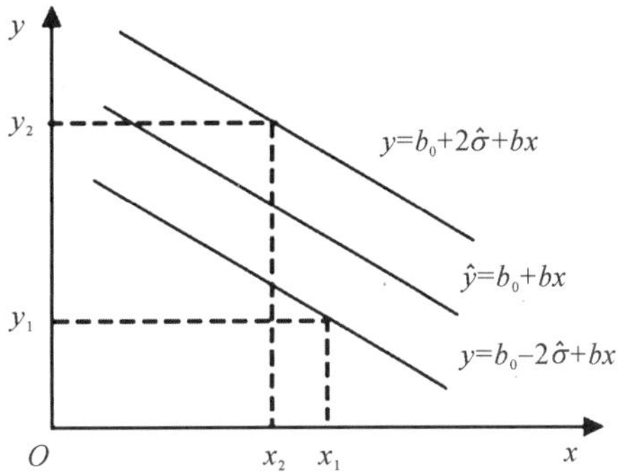


(b) 系数 $b<0$

图 6-5　回归方程控制问题的近似求解

在回归方程控制问题的实际应用中，偏差分配是很重要的一步。如果在给定因变量 $y$ 的限定范围后，其实际观测值 $y$ 的正向偏和负向偏的先验概率不相同，或者偏差的幅度不等，比如正向偏的幅度是负向偏的幅度的 3 倍，那么需要调整式(6-32)中的偏差分配，以求出相匹配的 $x_1$ 和 $x_2$，如图 6-6 所示。这种根据实际情况修改偏差分配，可以提高回归方程应用的实效性和控制精度。

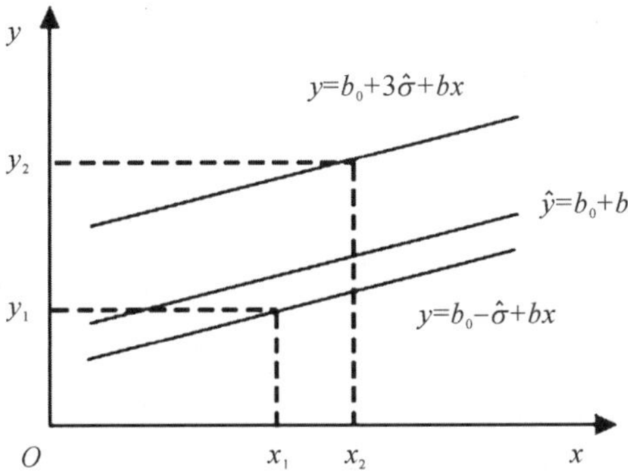


图 6-6　回归方程控制问题的偏差分配及近似求解

视频 6－5

**例题 6-1** 硝酸钠的溶解度试验，在 9 个温度下测得溶解于 100 份水中的硝酸钠份数如下表。试求硝酸钠溶解度与温度的线性回归方程。若温度为 25℃，硝酸钠可能溶解的份数是多少。

| 温度/℃ | 0 | 4 | 10 | 15 | 21 | 29 | 36 | 51 | 68 |
|---|---|---|---|---|---|---|---|---|---|
| 硝酸钠溶解份数 | 66.7 | 71.0 | 76.3 | 80.6 | 85.7 | 92.9 | 99.4 | 113.6 | 125.1 |

**解** 自变量温度记为 $x$，因变量硝酸钠溶解份数记为 $y$，它们之间的线性方程设为 $\hat{y}=b_0+bx$。

(1)$b_0$ 和 $b$ 的最小二乘估计

$$n=9,\ \bar{x}=\frac{1}{n}\sum_{i=1}^{n}x_i=26,\ \bar{y}=\frac{1}{n}\sum_{i=1}^{n}y_i=90.14$$

$$L_{xx}=\sum_{i=1}^{n}(x_i-\bar{x})^2=4060,\ L_{yy}=\sum_{i=1}^{n}(y_i-\bar{y})^2=3083.98$$

$$L_{xy}=\sum_{i=1}^{n}(x_i-\bar{x})(y_i-\bar{y})=3534.8$$

$$b=L_{xy}/L_{xx}=3534.8/4060=0.8706$$

$$b_0=\bar{y}-b\bar{x}=90.14-0.8706\times 26=67.51$$

由此，硝酸钠溶解度与温度的线性回归方程为：$\hat{y}=67.51+0.8706x$。

(2)回归方程的显著性检验

选用相关系数法，根据式(6-20)计算相关系数：

$$R=\frac{L_{xy}}{\sqrt{L_{xx}L_{yy}}}=\frac{3534.8}{\sqrt{4060\times 3083.98}}=0.999$$

自由度 $df=n-2=7$，若取 $\alpha=0.01$，从附录 11 查得临界值 $R_\alpha=0.798$。由于 $R>R_\alpha$，所以上述线性回归方程是非常显著的。

(3)回归方程的点预测和区间估计

将温度 25℃记为 $x_0$，将其代入回归方程：$\hat{y}=67.51+0.8706x$，得硝酸钠溶解份数的点估计值：$y_0=67.51+0.8706\times 25=89.3$。

接下来，先计算回归方程的方差：

$$\hat{\sigma}^2=\frac{Q}{n-2}=\frac{1}{n-2}(L_{yy}-bL_{xy})=\frac{1}{9-2}(3083.98-0.8706\times 3534.8)=0.9404$$

根据 $\alpha=0.01$ 和 $df=n-2=7$，查得 $t_{\alpha/2}(n-2)=3.499$。由此，计算区间估计的半径

$$\delta=t_{\alpha/2}(n-2)\hat{\sigma}\sqrt{1+\frac{1}{n}+\frac{(x_0-\bar{x})^2}{\sum_{i=1}^{n}(x_i-\bar{x})^2}}$$

$$=3.499\times\sqrt{0.9404\times\left(1+\frac{1}{9}+\frac{(25-26)^2}{4060}\right)}=3.58$$

因此，温度 25℃时硝酸钠溶解份数的 99％的置信区间为：

$$[\hat{y}_0-\delta,\ \hat{y}_0+\delta]=[89.3-3.58,\ 89.3+3.58]=[85.7,\ 92.9]$$

# 6.2　多元线性回归分析

因变量 $y$ 与 $p$ 个自变量 $x_1,x_2,\cdots,x_p$ 的关系是线性的。现采集样本容量为 $n$ 的试验数据：$x_{i1},x_{i2},\cdots,x_{ip}$；$y_i,i=1,2,\cdots,n$，则这些试验数据具有如下关系：

视频 6－6

$$\begin{cases} y_1=\beta_0+\beta_1 x_{11}+\beta_2 x_{12}+\cdots+\beta_p x_{1p}+\varepsilon_1 \\ y_2=\beta_0+\beta_1 x_{21}+\beta_2 x_{22}+\cdots+\beta_p x_{2p}+\varepsilon_2 \\ \quad\vdots \\ y_n=\beta_0+\beta_1 x_{n1}+\beta_2 x_{n2}+\cdots+\beta_p x_{np}+\varepsilon_n \end{cases} \tag{6-34}$$

式中 $\beta_0$，$\beta_1$，$\beta_2$，$\cdots$，$\beta_p$ 为 $p+1$ 个估计参数，$\varepsilon_1$，$\varepsilon_2$，$\cdots$，$\varepsilon_n$ 是 $n$ 个相互独立且服从同一正态分布 $N(0,\sigma^2)$的随机变量。若将上述变量和参数写成矩阵形式，即

$$\boldsymbol{Y}=\begin{bmatrix} y_1 \\ y_2 \\ \vdots \\ y_n \end{bmatrix},\ \boldsymbol{X}=\begin{bmatrix} 1 & x_{11} & x_{12} & \cdots & x_{1p} \\ 1 & x_{21} & x_{22} & \cdots & x_{2p} \\ \vdots & \vdots & \vdots & \ddots & \vdots \\ 1 & x_{n1} & x_{n1} & \cdots & x_{np} \end{bmatrix},\ \boldsymbol{\beta}=\begin{bmatrix} \beta_0 \\ \beta_1 \\ \vdots \\ \beta_p \end{bmatrix},\ \varepsilon=\begin{bmatrix} \varepsilon_1 \\ \varepsilon_2 \\ \vdots \\ \varepsilon_n \end{bmatrix}$$

于是，多元线性回归数学模型的矩阵形式为：

$$\boldsymbol{Y}=\boldsymbol{X\beta}+\varepsilon \tag{6-35}$$

**1. 参数 β 的最小二乘估计**

设 $b_0,b_1,b_2,\cdots,b_p$ 分别是参数 $\beta_0$，$\beta_1$，$\beta_2$，$\cdots$，$\beta_p$ 的最小二乘估计，则多元线性回归方程记为：

$$\hat{y}=b_0+b_1 x_1+b_2 x_2+\cdots+b_p x_p \tag{6-36}$$

类似一元线性回归方程系数的求解，系数 $b_0,b_1,b_2,\cdots,b_p$ 应使得全部观测值 $y_i$ 与预测值 $\hat{y}_i$ 的偏差平方和 $Q$ 最小，即目标函数：

$$\min Q=\sum_{i=1}^{n}(y_i-\hat{y}_i)^2=\sum_{i=1}^{n}[y_i-(b_0+b_1 x_{i1}+b_2 x_{i2}+\cdots+b_p x_{ip})]^2 \tag{6-37}$$

由于 $Q$ 是 $b_0,b_1,b_2,\cdots,b_p$ 的非负二次式，所以最小值一定存在。根据极值原理，$b_0$，$b_1,b_2,\cdots,b_p$ 应是如下正规方程组的解。

$$\begin{cases} \dfrac{\partial Q}{\partial b_0}=-2\sum\limits_{i=1}^{n}[y_i-(b_0+b_1 x_{i1}+\cdots+b_p x_{ip})]=0 \\ \dfrac{\partial Q}{\partial b_1}=-2\sum\limits_{i=1}^{n}[y_i-(b_0+b_1 x_{i1}+\cdots+b_p x_{ip})]\cdot x_{i1}=0 \\ \quad\vdots \\ \dfrac{\partial Q}{\partial b_p}=-2\sum\limits_{i=1}^{n}[y_i-(b_0+b_1 x_{i1}+\cdots+b_p x_{ip})]\cdot x_{ip}=0 \end{cases} \tag{6-38}$$

或者

$$\begin{cases}\sum_{i=1}^{n}(b_0+b_1x_{i1}+\cdots+b_px_{ip})=\sum_{i=1}^{n}y_i\\ \sum_{i=1}^{n}(b_0+b_1x_{i1}+\cdots+b_px_{ip})\cdot x_{i1}=\sum_{i=1}^{n}y_i\cdot x_{i1}\\ \quad\vdots\\ \sum_{i=1}^{n}(b_0+b_1x_{i1}+\cdots+b_px_{ip})\cdot x_{ip}=\sum_{i=1}^{n}y_i\cdot x_{ip}\end{cases}\tag{6-39}$$

求解此方程有两种算法，其中第一种形式：

$$\boldsymbol{Ab}=\boldsymbol{D}\tag{6-40}$$

式中 $\boldsymbol{A}=\boldsymbol{X}^{\mathrm{T}}\boldsymbol{X}=\begin{bmatrix}1&1&\cdots&1\\x_{11}&x_{21}&\cdots&x_{n1}\\x_{12}&x_{22}&\cdots&x_{n2}\\\vdots&\vdots&\ddots&\vdots\\x_{1p}&x_{2p}&\cdots&x_{np}\end{bmatrix}\begin{bmatrix}1&x_{11}&x_{12}&\cdots&x_{1p}\\1&x_{21}&x_{22}&\cdots&x_{2p}\\\vdots&\vdots&\vdots&\ddots&\vdots\\1&x_{n1}&x_{n2}&\cdots&x_{np}\end{bmatrix}$，$\boldsymbol{X}^{\mathrm{T}}$ 为 $\boldsymbol{X}$ 的转置矩阵。

$\boldsymbol{D}=\boldsymbol{X}^{\mathrm{T}}\boldsymbol{Y}=\begin{bmatrix}1&1&\cdots&1\\x_{11}&x_{21}&\cdots&x_{n1}\\x_{12}&x_{22}&\cdots&x_{n2}\\\vdots&\vdots&\ddots&\vdots\\x_{1p}&x_{2p}&\cdots&x_{np}\end{bmatrix}\begin{bmatrix}y_1\\y_2\\\vdots\\y_n\end{bmatrix}$。

于是，式(6-40)中系数的解为：

$$\boldsymbol{b}=\begin{bmatrix}b_1\\b_2\\\vdots\\b_p\end{bmatrix}=\boldsymbol{A}^{-1}\boldsymbol{D},b_0=\bar{y}-b_1\bar{x}_1-b_2\bar{x}_2-\cdots-b_p\bar{x}_p\tag{6-41}$$

式中 $\bar{x}_1$，$\bar{x}_2$，…，$\bar{x}_p$，$\bar{y}$ 分别为各个自变量及因变量的样本均值。

第二种形式：

$$b=L^{-1}F\tag{6-42}$$

式中$\boldsymbol{L}^{-1}$为 $\boldsymbol{L}$ 的逆矩阵，而 $\boldsymbol{L}=\begin{bmatrix}L_{11}&L_{12}&\cdots&L_{1p}\\L_{21}&L_{22}&\cdots&L_{2p}\\\vdots&\vdots&\ddots&\vdots\\L_{p1}&L_{p2}&\cdots&L_{pp}\end{bmatrix}$，$\boldsymbol{F}=\begin{bmatrix}L_{1y}\\L_{2y}\\\vdots\\L_{py}\end{bmatrix}$，其中

$L_{jk}=\sum_{i=1}^{n}(x_{ij}-\bar{x}_j)(x_{ik}-\bar{x}_k)$，$L_{jy}=\sum_{i=1}^{n}(x_{ij}-\bar{x}_j)(y_i-\bar{y}),j,k=1,2,\cdots,p$。

同样，利用求得的 $\boldsymbol{b}$ 计算常系数 $b_0$，即 $b_0=\bar{y}-b_1\bar{x}_1-b_2\bar{x}_2-\cdots-b_p\bar{x}_p$。

**2. $\sigma^2$ 的估计**

将自变量的各组观测值代入式(6-36)，可得到因变量的预测值 $\hat{\boldsymbol{Y}}=\boldsymbol{Xb}$，进而计算回归方程的残差向量 $\boldsymbol{\varepsilon}=\boldsymbol{Y}-\hat{\boldsymbol{Y}}=\boldsymbol{Y}-\boldsymbol{Xb}=[\boldsymbol{I}_n-\boldsymbol{X}(\boldsymbol{X}^{\mathrm{T}}\boldsymbol{X})^{-1}\boldsymbol{X}^{\mathrm{T}}]\boldsymbol{Y}=(\boldsymbol{I}_n-\boldsymbol{H})\boldsymbol{Y}$，其中$\boldsymbol{I}_n$ 为 $n$ 阶单位矩阵，$\boldsymbol{H}=\boldsymbol{X}(\boldsymbol{X}^{\mathrm{T}}\boldsymbol{X})^{-1}\boldsymbol{X}^{\mathrm{T}}$ 为 $n$ 阶对称幂等矩阵。

于是，回归方程的残差(剩余)平方和：

$$Q=\sum_{i=1}^{n}(y_i-\hat{y}_i)^2=\varepsilon^{\mathrm{T}}\varepsilon=\boldsymbol{Y}^{\mathrm{T}}(\boldsymbol{I}_n-\boldsymbol{H})\boldsymbol{Y}=\boldsymbol{Y}^{\mathrm{T}}\boldsymbol{Y}-\boldsymbol{b}^{\mathrm{T}}\boldsymbol{X}^{\mathrm{T}}\boldsymbol{Y}$$

由于 $\boldsymbol{E}(\boldsymbol{Y})=\boldsymbol{X}\boldsymbol{b}$ 且 $(\boldsymbol{I}_n-\boldsymbol{H})\boldsymbol{X}=\boldsymbol{0}$，则有

$$\boldsymbol{\varepsilon}^{\mathrm{T}}\boldsymbol{\varepsilon}=[\boldsymbol{Y}-E(\boldsymbol{Y})]^{\mathrm{T}}(\boldsymbol{I}_n-\boldsymbol{H})[\boldsymbol{Y}-E(\boldsymbol{Y})]=\boldsymbol{\varepsilon}^{\mathrm{T}}(\boldsymbol{I}_n-\boldsymbol{H})\boldsymbol{\varepsilon}$$

由此可得：

$$\begin{aligned}E(\boldsymbol{\varepsilon}^{\mathrm{T}}\boldsymbol{\varepsilon})&=E\{\mathrm{tr}[\varepsilon^{\mathrm{T}}(\boldsymbol{I}_n-\boldsymbol{H})\varepsilon]\}=\mathrm{tr}[(\boldsymbol{I}_n-\boldsymbol{H})E(\varepsilon\varepsilon^{\mathrm{T}})]\\&=\sigma^2\mathrm{tr}[\boldsymbol{I}_n-\boldsymbol{X}(\boldsymbol{X}^{\mathrm{T}}\boldsymbol{X})^{-1}\boldsymbol{X}^{\mathrm{T}}]=\sigma^2\{n-\mathrm{tr}[\boldsymbol{X}(\boldsymbol{X}^{\mathrm{T}}\boldsymbol{X})^{-1}\boldsymbol{X}^{\mathrm{T}}]\}\\&=\sigma^2(n-p-1)\end{aligned}$$

因此，$\sigma^2$ 的无偏估计结果为：

$$\hat{\sigma}^2=\frac{Q}{n-p-1}=\frac{\boldsymbol{\varepsilon}^{\mathrm{T}}\boldsymbol{\varepsilon}}{n-p-1}\tag{6-43}$$

**3. 回归方程的显著性检验**

若选用 $F$ 检验法，在满足矩阵 $X$ 为满秩条件下，其计算内容、公式及过程与一元线性回归方程的 $F$ 检验法相同。表 6-3 为格式化的多元线性回归方程显著性检验的方差分析表。

**表 6-3 多元线性回归方程显著性检验的方差分析**

| 变异来源 | SS | df | MS | F | 显著性 |
|---|---|---|---|---|---|
| 回归(方程) | $SS_R=\sum_{i=1}^{n}(\hat{y}_i-\bar{y})^2$ | $p$ | $MS_R$ | $F=\frac{MS_R}{MS_{剩}}$ | |
| 剩余(误差) | $SS_{剩}=\sum_{i=1}^{n}(y_i-\hat{y}_i)^2$ | $n-p-1$ | $MS_{剩}$ | | |
| 总和 | $SS_T=\sum_{i=1}^{n}(y_i-\bar{y})^2$ | $n-1$ | | | |

若选用相关系数法，则需计算多元线性回归方程的复相关系数 $R$：

$$R=\sqrt{SS_R/SS_T}\tag{6-44}$$

根据给定的显著性水平 $\alpha$ 和样本容量 $n$，从附录 11 查得相关系数临界值 $R_\alpha$。若 $R\geqslant R_\alpha$，表明所建立的多元线性回归方程整体上是显著的。反之，若 $R<R_\alpha$，则回归方程为不显著。

另外，根据离差平方和的加和关系、统计量 $F$ 和 $R$ 的定义式，可以导出 $R$ 与 $F$ 的关系式：

$$R=\sqrt{\frac{pF}{(n-p-1)+pF}}\tag{6-45}$$

在给定的显著性水平 $\alpha$，从附录 4 的 $F$ 分布表中查得临界值 $F_\alpha$，并将其代入式(6-45)求得对应的复相关系数临界值 $R_\alpha$。于是，回归方程整体显著性的判断标准为：$R\geqslant R_\alpha$。当然，任何回归分析，如果做了相关系数的检验，就不必再做方差分析中的 $F$ 检验，因为两者本质是相同的。

#### 4. 因素主次的判断方法

视频 6－7

多元线性回归方程通过显著性检验，只是表明回归方程在整体上是有意义的，但并不能说明每个自变量对因变量的影响是否显著。为了更好地了解各个自变量对因变量的影响程度，需要判断因素的主次。下面介绍判断因素主次的三种常用方法。

(1)标准化的偏回归系数

在多元线性回归方程中，偏回归系数 $b_1,b_2,\cdots,b_p$ 分别表示了相应的各个自变量对因变量的边际效应。但在一般情况下，$b_j(j=1,2,\cdots,p)$本身的大小并不能直接反映各个自变量的相对重要性，这是因为 $b_j$ 的取值受到对应因素的单位和取值大小的影响。如果对偏回归系数 $b_j$ 进行显著性检验，就可解决这一问题。为此，标准化回归系数：

$$b_j^* = b_j\sqrt{\frac{L_{jj}}{L_{yy}}} \tag{6-46}$$

若标准化后的回归系数 $b_j^*$ 绝对值大，则表明它所对应的自变量 $x_j$ 对因变量的影响大。通过比较各个自变量的标准化回归系数 $b_j^*$，即可实现自变量对因变量影响的重要性排序。

(2)偏回归系数的 $F$ 检验

计算每个偏回归系数的偏回归平方和：

$$SS_j = b_j L_{jy} = b_j^2 L_{jj}, j=1,2,\cdots,p \tag{6-47}$$

而 $SS_j$ 的自由度 $df_j=1$，因此 $MS_j=SS_j$。于是，构造并计算统计量：

$$F_j = \frac{MS_j}{MS_E} = \frac{SS_j}{MS_E} \tag{6-48}$$

服从自由度为(1，$n-p-1$)的 $F$ 分布。

根据给定的显著性水平 $\alpha$，从附录 4 的 $F$ 分布表中查取临界值 $F_\alpha(1, n-p-1)$。若 $F_j \geqslant F_\alpha(1, n-p-1)$，表明 $x_j$ 对 $y$ 的影响是显著的，反之为不显著。所以，可以根据各个自变量 $F_j$ 的大小来排列它们的主次顺序，即 $F_j$ 越大，其对应的因素越重要。

(3)偏回归系数的 $t$ 检验

每个偏回归系数的标准误：

$$s_{b_j} = \sqrt{\frac{MS_E}{L_{jj}}}, j=1,2,\cdots,p \tag{6-49}$$

统计量 $t$ 的计算公式为：

$$|t_j| = \frac{|b_j|}{s_{b_j}} = \frac{|b_j|}{\sqrt{MS_E/L_{jj}}} = \sqrt{\frac{b_j^2 L_{jj}}{MS_E}} = \sqrt{\frac{SS_j}{MS_E}} = \sqrt{F_j}, j=1,2,\cdots,p \tag{6-50}$$

根据给定的显著性水平 $\alpha$，从附录 2 的 $t$ 分布表(单侧)查得临界值 $t_{\alpha/2}(n-p-1)$。若 $|t_j| \geqslant t_{\alpha/2}(n-p-1)$，表明 $x_j$ 对 $y$ 的影响是显著的，反之为不显著。由公式(6-50)可以看出，$t$ 检验与 $F$ 检验实际上是一致的。

需要指出的是，当经由偏回归系数检验发现某个自变量 $x_j$ 对因变量的影响为不显著时，一般应将该自变量连同其回归系数 $b_j x_j$ 一并从方程中剔除，而后重新计算以建立更为简单的回归方程：

$$\hat{y}' = b'_0 + b'_1 x_1 + b'_2 x_2 + \cdots + b'_{j-1} x_{j-1} + b'_{j+1} x_{j+1} + \cdots + b'_p x_p \tag{6-51}$$

这里，$b'_j \neq b_j$。在删除不显著的自变量后，新的回归方程的显著性也得重新检验。另外，通常情况下一次只能删除一个不显著的自变量。

**5. 多元逐步回归分析**

(1)最优回归方程的选择

什么是“最优”的回归方程？一般来说，回归方程中包含的自变量越多，回归平方和 $SS_R$ 就越大，剩余平方和 $SS_{剩}$ 就越小，$MS_{剩}$ 和 $\hat{\sigma}^2$ 也随之变小，预报就会越精确。因此，“最优”的回归方程中尽可能多地包含那些对因变量有显著性影响的自变量，以提高模型的拟合效果和预测能力。同时，还要尽力移除不显著的自变量，因为 $SS_{剩}$ 不会由于这些变量的引入而明显减少，相反由于 $SS_{剩}$ 自由度的减少而使得 $\hat{\sigma}^2$ 增大，预报效果变差，还增加了噪声和回归模型复杂度。综上，“最优”回归方程，就是包含那些对因变量影响显著的自变量，而不包含那些对因变量影响不显著的自变量，这可以通过回归方程的显著性检验和变量选择技术来实现。

(2)逐步回归的基本原理

逐步回归分析方法是一种多元线性回归方程的自变量选择方法，它的基本思想是将自变量逐个引入，引入的条件是其偏回归平方和经检验后是显著的。同时，每引入一个新的自变量后，要对旧的自变量逐个检验，剔除偏回归平方和不显著的自变量。逐步回归方法的目的是建立一个“最优”的多元线性回归方程，该方程包含对因变量影响显著的自变量，同时避免多重共线性的影响。具体来说，逐步回归的实现方式分为前向法和后退法两种。

前向法(Forward)：将自变量按照贡献度从大到小排列逐个引入模型，且每引入一个自变量后需要使用 $F$ 检验来查看该自变量的引入是否使得回归方程发生显著性变化。如果发生了显著性变化，则可以将该自变量引入模型中，否则应该忽略该自变量，直至所有自变量都被考察一遍。它的具体步骤如下：

第一步：建立 $y$ 与每个自变量的一元线性回归方程，共 $p$ 个，即

$$y=\beta_0+\beta_i x_i+\varepsilon, i=1,2,\cdots,p$$

第二步：计算每个自变量回归系数的 $F$ 检验统计量，记为 $F_1^{(1)}, F_2^{(1)},\cdots,F_p^{(1)}$，取其中的最大值 $F_{i_1}^{(1)}$，即 $F_{i_1}^{(1)}=\max\{F_1^{(1)}, F_2^{(1)},\cdots,F_p^{(1)}\}$。根据给定的显著性水平 $\alpha$，查取相应的临界值为 $F^{(1)}$。若 $F_{i_1}^{(1)}\geqslant F^{(1)}$，将 $x_{i_1}$ 引入回归方程，记 $I_1$ 为入选自变量 $x_{i_1}$ 的序号 $i_1$ 集合。

第三步：建立因变量 $y$ 与自变量子集 $\{x_{i_1}, x_1\},\cdots,\{x_{i_1}, x_{i_1-1}\}$，$\{x_{i_1}, x_{i_1+1}\},\cdots,\{x_{i_1}, x_p\}$ 的二元线性回归方程，共 $p-1$ 个。计算各引入自变量回归系数的 $F$ 检验统计量，记为 $F_k^{(2)}(k\notin I_1)$，将其中最大者记为 $F_{i_2}^{(2)}$，其对应自变量的序号记为 $i_2$，即 $F_{i_2}^{(2)}=\max\{F_1^{(2)}, F_{i_1-1}^{(2)}, F_{i_1+1}^{(2)},\cdots,F_p^{(2)}\}$。根据给定的显著性水平 $\alpha$，查取相应的临界值 $F^{(2)}$。若 $F_{i_2}^{(1)}\geqslant F^{(2)}$，则将自变量 $x_{i_2}$ 引入回归方程。否则，终止自变量的引入过程。

第四步：从未引入回归方程的自变量集中选取一个 $x_k$，重复第三步，执行因变量对自变量子集 $\{x_{i_1}, x_{i_2}, x_k\}$ 的多元线性回归。重复此过程，直到经 $F$ 检验没有自变量可供引入结束。

前向法的特点是，自变量一旦选入将永远保留在模型中，不能反映自变量选入模型后回归方程本身的显著性变化情况。

后退法(backward)：与前向法正好相反，开始时先拟合包含所有自变量的回归方程，并预先设定留在回归方程中而不被剔除的自变量的假设检验标准。然后，按自变量对因变

量的贡献大小从小到大进行检验，对无贡献的自变量依次剔除。每剔除一个自变量，都要重新计算并检验尚未被剔除自变量对因变量的贡献，并决定是否剔除对回归方程贡献最小的自变量。重复上述过程，直到回归方程中没有自变量可被剔除为止。后退法的剔除过程是不可逆的，一旦剔除了某个自变量，就不会再次引入该自变量。

(3)逐步回归的算法步骤

逐步筛选法(stepwise)是一种结合了前向法和后退法的变量选择方法，它用于回归分析的实施过程如图 6-7 所示，主要包括以下三个步骤：

第一步，对已引入回归方程的自变量，分别计算它们的偏回归平方和(即贡献)，并选取偏回归平方和最小的自变量进行显著性检验。若结果为显著，则该自变量予以保留，同时其他自变量也无须剔除。若结果为不显著，则将该自变量剔除，然后按偏回归平方和由小到大依次对其他自变量进行检验，将影响不显著的自变量全部剔除。

第二步，对未引入回归方程中的变量，分别计算它们的偏回归平方和，并选取偏回归平方和最大的自变量进行显著性检验。若结果为显著，则将该自变量引入回归方程。若结果为不显著，则该自变量不引入回归方程。

第三步，重复步骤 1 和步骤 2，直至回归方程中所有自变量都无须剔除，且没有新的自变量可以引入时，逐步回归分析过程结束。

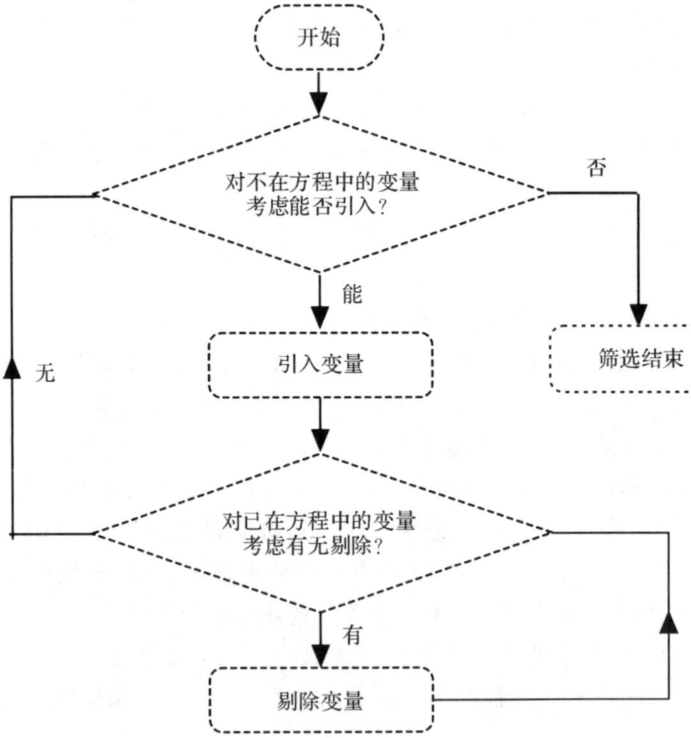


图 6-7　逐步回归的实施过程

逐步回归分析兼顾了回归方程的拟合和泛化能力，即避免了前向法过于追求模型的拟合能力以及后退法过于追求模型的泛化能力的问题。然而，逐步回归分析是一种启发式算法，它的结果会受到回归方程中初始自变量集合、引入和剔除的假设检验标准等因素的影响。因此，在使用逐步回归分析时，可结合其他变量特征选择方法或领域知识来验证和调整。

**例题 6-2**　某化学品的合成试验中，研究反应温度、反应时间和催化剂含量对产品得率的影响。假设产品与因素为线性关系，试求三元线性回归方程，并判断因素的主次（$\alpha=0.05$）。

**表 6-4　化学品得率的试验方案与结果**

| 试验号 | 反应温度 /℃ | 反应时间 /h | 催化剂用量/g | 得率/% |
|---|---|---|---|---|
| 1 | 70 | 10 | 1 | 7.6 |
| 2 | 70 | 10 | 3 | 10.3 |
| 3 | 70 | 30 | 1 | 8.9 |
| 4 | 70 | 30 | 3 | 11.2 |
| 5 | 90 | 10 | 1 | 8.4 |
| 6 | 90 | 10 | 3 | 11.1 |
| 7 | 90 | 30 | 1 | 9.8 |
| 8 | 90 | 30 | 3 | 12.6 |

**解**　记反应温度为 $x_1$、反应时间为 $x_2$、催化剂用量为 $x_3$，化学品得率为 $y$，它们之间的线性回归方程设为 $\hat{y}=b_0+b_1x_1+b_2x_2+b_3x_3$。

(1)$b_0$ 和 $b$ 的最小二乘估计

$$n=8,\ \bar{x}_1=\frac{1}{n}\sum_{i=1}^{n}x_{1,i}=80,\ \bar{x}_2=\frac{1}{n}\sum_{i=1}^{n}x_{2,i}=20,\ \bar{x}_3=\frac{1}{n}\sum_{i=1}^{n}x_{3,i}=2,$$

$$\bar{y}=\frac{1}{n}\sum_{i=1}^{n}y_i=9.99$$

选用多元线性回归方程求解的第 2 种算法，即式(6-42)$\boldsymbol{b}=\boldsymbol{L}^{-1}\boldsymbol{F}$。为此，先计算变量之间的方差和协方差：

$$L_{11}=\sum_{i=1}^{n}(x_{1i}-\bar{x}_1)^2=800,\ L_{12}=\sum_{i=1}^{n}(x_{1i}-\bar{x}_1)(x_{2i}-\bar{x}_2)=0$$

$$L_{13}=\sum_{i=1}^{n}(x_{1i}-\bar{x}_1)(x_{3i}-\bar{x}_3)=0,\qquad L_{22}=\sum_{i=1}^{n}(x_{2i}-\bar{x}_2)=800$$

$$L_{23}=\sum_{i=1}^{n}(x_{2i}-\bar{x}_2)(x_{3i}-\bar{x}_3)=0,\qquad L_{33}=\sum_{i=1}^{n}(x_{3i}-\bar{x}_3)^2=8$$

$$L_{1y}=\sum_{i=1}^{n}(x_{1i}-\bar{x}_1)(y_i-\bar{y})=39,\qquad L_{2y}=\sum_{i=1}^{n}(x_{2i}-\bar{x}_2)(y_i-\bar{y})=51$$

$$L_{3y}=\sum_{i=1}^{n}(x_{3i}-\bar{x}_3)(y_i-\bar{y})=10.5$$

整理得：$L=\begin{bmatrix} L_{11} & L_{12} & L_{13} \\ L_{21} & L_{22} & L_{23} \\ L_{31} & L_{32} & L_{33} \end{bmatrix}=\begin{bmatrix} 800 & 0 & 0 \\ 0 & 800 & 0 \\ 0 & 0 & 8 \end{bmatrix}$，$F=\begin{bmatrix} 39 \\ 51 \\ 10.5 \end{bmatrix}$。将它们代入式(6-42)计算得 $b=L^{-1}F=[0.0488,0.0638,1.3125]^{T}$。

进而求取常数项：

$$b_0=\bar{y}-b_1\bar{x}_1-b_2\bar{x}_2-b_3\bar{x}_3$$
$$=9.99-0.0488\times80-0.0638\times20-1.3125\times2=2.185$$

由此，化学品得率的三元线性回归方程为：$\hat{y}=2.1875+0.0488x_1+0.0638x_2+1.3125x_3$。

(2)回归方程的显著性检验

选用方差分析法。首先，计算总的离差平方和及自由度：

$$SS_T=\sum_{i=1}^{n}(y_i-\bar{y})^2=L_{yy}=19.07,\ df_T=n-1=7$$

计算方程的离差平方和及自由度：

$$SS_R=\sum_{i=1}^{n}(\hat{y}_i-\bar{y})^2=b_1L_{1y}+b_2L_{2y}+b_3L_{3y}=18.94,\ df_R=p=3$$

基于离差平方和及自由度的加权定理，计算剩余离差平方和及自由度：

$$SS_{剩}=SS_T-SS_R=19.07-18.94=0.13,\ df_{剩}=df_T-df_R=4$$

再计算均方：$MS_R=\dfrac{SS_R}{df_R}=\dfrac{18.94}{3}=6.31$，$MS_{剩}=\dfrac{SS_{剩}}{df_{剩}}=\dfrac{0.13}{4}=0.0325$

最后，计算检验统计量：$F=\dfrac{MS_R}{MS_{剩}}=\dfrac{6.31}{0.0325}=194.15$

将上面的计算结果一并列于格式化的方差分析表中，如下表所示。

**表 6-5　例题 6-2 的方差分析**

| 变异来源 | $SS$ | $df$ | $MS$ | $F$ | 显著性 |
|---|---|---|---|---|---|
| 回归(方程) | 18.94 | 3 | 6.31 | 194.15 | ** |
| 剩余(误差) | 0.13 | 4 | 0.0325 | | |
| 总和 | 19.07 | 7 | | | |

根据显著性水平及自由度，查得临界值 $F_{0.05}(df_R,df_{剩})=6.59$，$F_{0.01}(df_R,df_{剩})=16.69$。由于 $F>F_{0.01}(df_R,df_{剩})$，所以上述线性回归方程通过显著性检验。

(3)因素的主次判断

选用标准化的偏回归系数进行判断排序。根据式(6-46)分别计算各个因素的标准化回归系数，即有：

$$b_1^*=b_1\sqrt{\frac{L_{11}}{L_{yy}}}=0.0488\sqrt{800/19.07}=0.316$$

$$b_2^* = b_2\sqrt{\frac{L_{22}}{L_{yy}}} = 0.0638\sqrt{800/19.07} = 0.413$$

$$b_3^* = b_3\sqrt{\frac{L_{33}}{L_{yy}}} = 1.3125\sqrt{8/19.07} = 0.850$$

上述结果显示 $b_3^* > b_2^* > b_1^*$，所以这三个因素由主到次的顺序为催化剂用量、反应时间和反应温度。

## 6.3　多元线性回归的改进方法

在多元线性回归中，当式(6-38)的正规方程组为病态，亦即该方程组的信息矩阵 $\boldsymbol{A}=\boldsymbol{X}^{\mathrm{T}}\boldsymbol{X}$ 的条件数 Cond($\boldsymbol{A}$)太大时，模型参数的估计值 $\hat{\boldsymbol{\beta}}$ 与实际值 $\boldsymbol{\beta}$ 之间可能相距甚远，而且估计值 $\hat{\boldsymbol{\beta}}$ 也很不稳定，甚至在专业问题中会出现其符号与机理知识不一致的情况。

信息矩阵 $\boldsymbol{A}$ 接近为奇异的原因，在于数据矩阵 $\boldsymbol{X}$ 的列向量接近于线性相关，亦即各自变量之间存在近似的线性关系，称其为“复共线性关系”(multicollinearity)。这种复共线性关系将使得普通的最小二乘估计产生如下不良的影响：①引入或剔除自变量时，将使其他自变量的回归系数有较大的变化；②当引入或去掉一组数据时，回归系数的变化较大。而近几十年来，统计学家致力于改进普通的最小二乘估计，通过放弃最小二乘法的无偏性优势，以换取回归系数的稳定性，如岭回归、套索回归、偏最小二乘回归等，这些方法也是消除复共线性有效方法。

### 6.3.1　岭回归

岭回归(ridge regression)是一种正则化方法，它通过引入一个惩罚项来约束回归系数，从而降低方差，提高回归系数的稳定性。相比于最小二乘法的无偏性优势，岭回归以损失一定的信息和降低拟合精度为代价获得回归系数的稳定性，且岭回归系数更符合客观实际，也更为有效可靠。

视频 6－8

对于线性回归模型 $y=\boldsymbol{X\beta}+\varepsilon$，若 $|X^{\mathrm{T}}X|=0$，回归模型将出现多重共线性问题，即使在 $|X^{\mathrm{T}}X|\approx 0$ 时可以求出回归系数，但其估计值也会非常不稳定。岭回归估计，则是在 $X^{\mathrm{T}}X$ 中加入非零误差项，使得 $X^{\mathrm{T}}X$ 的行列式的值远离 0，便可以保证 $(X^{\mathrm{T}}X)^{-1}$ 的存在，从而获得回归系数的稳定估计值 $\hat{\boldsymbol{\beta}}=(\boldsymbol{X}^{\mathrm{T}}\boldsymbol{X}+\lambda\boldsymbol{I})^{-1}\boldsymbol{X}^{\mathrm{T}}\boldsymbol{y}$，其中 $\lambda$ 为大于 0 的常数，即岭参数，$\boldsymbol{I}$ 为单位矩阵。显然，当 $\lambda=0$ 时，岭回归估计就是最小二乘估计。相较于线性回归参数估计的经验风险最小化，岭回归通过添加表示模型复杂度的正则化项(regularization term)或称惩罚项(penalty term)，以结构风险最小化来避免过拟合，从而使得岭回归具有较好的泛化能力。岭回归的目标函数为：

$$\min Q = \|\boldsymbol{y}-\hat{\boldsymbol{y}}\|_2^2 + \lambda\|\hat{\boldsymbol{\beta}}\|_2^2 = (\boldsymbol{y}-\boldsymbol{X}\hat{\boldsymbol{\beta}})^{\mathrm{T}}(\boldsymbol{y}-\boldsymbol{X}\hat{\boldsymbol{\beta}}) + \lambda\hat{\boldsymbol{\beta}}^{\mathrm{T}}\hat{\boldsymbol{\beta}} \tag{6-52}$$

式中 $\lambda\|\hat{\boldsymbol{\beta}}\|_2^2$ 为 $L_2$ 范数的正则化项，$\lambda\geqslant 0$ 是控制模型收缩程度的可调参数。根据极值原理，将 $Q$ 对 $\hat{\boldsymbol{\beta}}$ 求导并令其等于零，即

$$\frac{\partial \boldsymbol{Q}}{\partial \hat{\boldsymbol{\beta}}} = 2\boldsymbol{X}^{\mathrm{T}}\boldsymbol{X}\hat{\boldsymbol{\beta}} - 2\boldsymbol{X}^{\mathrm{T}}y + 2\lambda\hat{\boldsymbol{\beta}} = 0 \tag{6-53}$$

由此解得回归系数：

$$\hat{\boldsymbol{\beta}}=(\boldsymbol{X}^{\mathrm{T}}\boldsymbol{X}+\lambda\boldsymbol{I})^{-1}\boldsymbol{X}^{\mathrm{T}}\boldsymbol{y} \tag{6-54}$$

$\hat{\boldsymbol{\beta}}$ 是 $\lambda$ 的函数，记为 $\hat{\boldsymbol{\beta}}(\lambda)$。若 $\lambda$ 越大，则 $\hat{\boldsymbol{\beta}}(\lambda)$ 的绝对值越小，$\hat{\boldsymbol{\beta}}(\lambda)$ 与其真实值的偏差便会越大；当 $\lambda$ 趋向于无穷大时，$\hat{\boldsymbol{\beta}}(\lambda)$ 将逼近于 0；而当 $\lambda$ 非常小时，岭回归估计便回复最小二乘估计。$\hat{\boldsymbol{\beta}}(\lambda)$ 随着 $\lambda$ 变化而变化的轨迹称为岭迹。为了确定最优的岭参数，可以使用岭迹法或交叉验证法。

实际应用中，岭回归往往是在试验数据标准化后实施。因此，上述岭回归估计得出的标准化回归方程如下：

$$\hat{y}=\hat{\beta}_0+\hat{\beta}_1x_1^*+\hat{\beta}_2x_2^*+\cdots+\hat{\beta}_px_p^* \tag{6-55}$$

式中 $x_1^*,x_2^*,\cdots,x_p^*$ 为 $x_1,x_2,\cdots,x_p$ 标准化后的数据。而未标准化的回归方程则为：

$$\hat{y}=\hat{\beta}_0+\sum_{j=1}^{p}\frac{\hat{\beta}_jx_j}{s_j}-\sum_{j=1}^{p}\frac{\hat{\beta}_j\bar{x}_j}{s_j} \tag{6-56}$$

式中 $\bar{x}_j$ 和 $s_j$ 分别为 $x_j$ 的均值与标准差（$j=1,2,\cdots,p$）。

## 6.3.2 套索回归

视频 6－9

套索回归（lasso regression）是一种多元线性回归的正则化方法，它通过限制回归系数的 $L_1$ 范数来避免过拟合问题的发生。套索回归的目标函数为：

$$\hat{\beta}=\arg\min_{\beta}\sum_{i=1}^{n}\Big(y_i-\beta_0-\sum_{j=1}^{p}x_{ij}\beta_j\Big)^2 \quad \text{s. t.} \sum_{j=1}^{p}|\beta_j|\leqslant t \tag{6-57}$$

式中 $t\geqslant0$ 是控制模型收缩程度的可调参数。

将其转化为无约束的优化问题，即等价的拉格朗日形式：

$$\hat{\beta}=\arg\min_{\beta}\Big\{\sum_{i=1}^{n}\Big(y_i-\beta_0-\sum_{j=1}^{p}x_{ij}\beta_j\Big)^2+\lambda\sum_{j=1}^{p}|\beta_j|\Big\} \tag{6-58}$$

式中 $\lambda$ 与式(60-57)中的 $t$ 存在一一对应的关系，$\lambda\sum_{j=1}^{p}|\beta_j|$ 为 $L_1$ 正则化项，肩负自变量选择的功能。若最小二乘估计的回归系数记为 $\hat{\beta}_j^{\mathrm{OLS}}$，并令 $t_0=\sum_{j=1}^{p}|\hat{\beta}_j^{\mathrm{OLS}}|$。那么，当 $t<t_0$ 时，将会有一些自变量的回归系数被压缩至 0。比如，若 $t=t_0/2$，则非零回归系数的个数平均将缩减为原来的一半。$t$ 控制着回归方程的复杂度，其取值可以借助交叉验证优化确定。

套索回归和岭回归的区别主要体现在正则化项上，即套索回归的约束条件为回归系数的 $L_1$ 范数：$\sum_{j=1}^{p}|\beta_j|\leqslant t$，而岭回归的约束条件为回归系数的 $L_2$ 范数：$\sum_{j=1}^{p}\beta_j^2\leqslant s$，两者的性质有很大的不同。现以二维数据空间为例，图 6-8 中的等高线表示剩余平方和 $SS_{剩}=\sum_{i=1}^{n}\Big(y-\sum_{j=1}^{p}x_{ij}\beta_j\Big)^2$ 跟随 $\lambda$ 变化的轨迹，椭圆的中心点 $\hat{\boldsymbol{\beta}}$ 则为回归系数的最小二乘估计。套索回归和岭回归的约束域，则分别对应图中的正方形与圆形。因此，回归系数的最优解应为等高线与约束域的切点。套索回归的切点更容易出现在正方形的顶点处，这将导致某些自变量回归系数为 0；而岭回归的切点只存在于圆周上，但不会落到坐标轴上，岭回归的回归系

数可能无限趋近于0，但不会等于0。所以，套索回归更加适用于变量选择问题，而岭回归更加适用于防止过拟合问题。

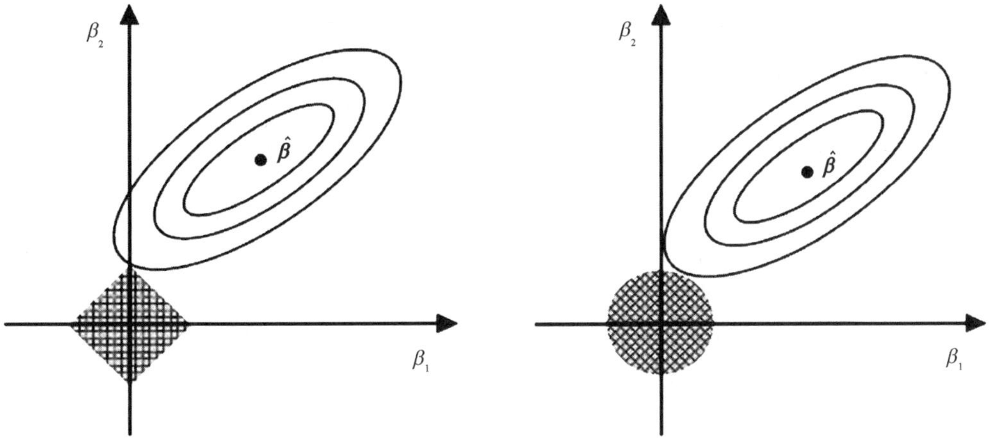


(a) 套索回归　　　　(b) 岭回归

图 6-8　套索回归和岭回归的约束域

## 6.3.3　偏最小二乘回归

偏最小二乘回归(partial least squares regression，PLSR)，是一种多变量的回归建模方法，它通过从原始数据矩阵中提取相互正交的成分来消除变量之间的共线性，并在保留较多方差和相关性的前提下，建立自变量和因变量之间的线性回归模型。PLSR 集多元线性回归分析、典型相关分析和主成分分析的基本功能于一体，先通过描述性方法即主成分分析和典型相关分析观察变量间的相关性，简化数据结构，再由解析性方法即多元线性回归分析建立因变量与自变量间的数学模型。PLSR 方法在解决自变量间复共线性、小样本等问题上具有良好的效果。PLSR 的建模思路如图 6-9 所示。

视频 6—10

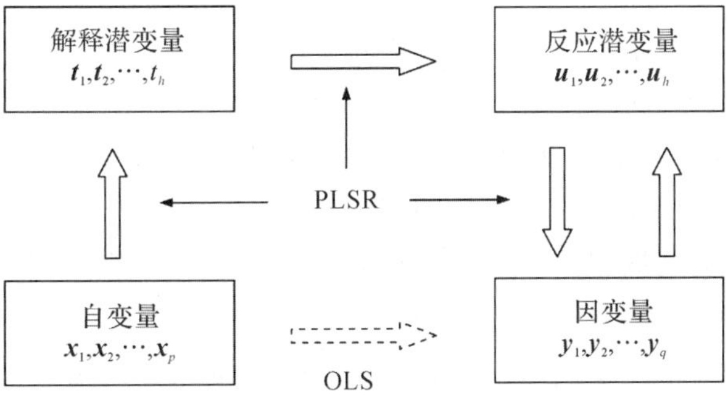


图 6-9　PLSR 建模思路

普通最小二乘(OLS)直接建立因变量与自变量之间的线性回归模型(图 6-9 中虚箭头表示)，PLSR 则是建立解释潜变量与反应潜变量之间的线性回归模型，它间接反映自变量与因变量之间的关系(图 6-9 中实箭头表示)。PLSR 同时从自变量与因变量中提取两组潜变量(也称 PLS 成分):解释潜变量和反应潜变量,它们分别是自变量与因变量的线性组合,且满足以下两个要求:①解释潜变量和反应潜变量分别最大限度地承载自变量和因变量的变异信息;②相互对应的解释潜变量与反应潜变量之间的相关性最大。

**1. PLSR 的数学模型**

自变量数据矩阵记为 $\boldsymbol{X}$,其维度大小为 $n\times p$,因变量数据矩阵记为 $\boldsymbol{Y}$,其维度大小为 $n\times q$,其中 $n$ 为样本容量,$p$ 为自变量个数,$q$ 为因变量个数。PLSR 的目标函数为:

$$\max\{[\mathrm{Cov}(w'\boldsymbol{X},c'\boldsymbol{Y})]^2\} \quad \mathrm{s.t.}\ w'w=1, c'c=1, w'\sum_X W=0, c'\sum_Y c=0 \tag{6-59}$$

式中 $\sum_X$ 和 $\sum_Y$ 分别是 $\boldsymbol{X}$ 和 $\boldsymbol{Y}$ 的离差矩阵,$W=[w_1, w_2,\cdots,w_h]_{p\times h}$,$C=[c_1, c_2,\cdots,c_h]_{q\times h}$ 分别是从 $\boldsymbol{X}$ 和 $\boldsymbol{Y}$ 中提取 PLS 成分的权重系数矩阵,$h$ 为提取的 PLS 成分个数。式(6-59)的解可表示为:

$$\{w,c\}=\{w_h, c_h\} \tag{6-60}$$

式中

$$w_h=\begin{cases}\sum_{XY}\sum_{YX} \text{最大特征根对应的特征向量}, h=1\\(\boldsymbol{I}-\boldsymbol{P}_X)\sum_{XY}(\boldsymbol{I}-\boldsymbol{P}_Y)\sum_{YX} \text{最大特征根对应的特征向量}, h>1\end{cases}$$

$$c_h=\begin{cases}\sum_{YX} w_h, \quad h=1\\(\boldsymbol{I}-\boldsymbol{P}_Y)\sum_{YX} w_h, \quad h>1\end{cases}$$

$$\boldsymbol{P}_X=(\sum_X W)[(\sum_X W)^{\mathrm{T}}(\sum_X W)]^{-1}(\sum_X W)^{\mathrm{T}}$$

$$\boldsymbol{P}_Y=(\sum_Y C)[(\sum_Y C)^{\mathrm{T}}(\sum_Y C)]^{-1}(\sum_Y C)^{\mathrm{T}}$$

由于 $\boldsymbol{X}$ 和 $\boldsymbol{Y}$ 可互换,故 $c_h$ 为 $(\boldsymbol{I}-\boldsymbol{P}_Y)\sum_{YX}(\boldsymbol{I}-\boldsymbol{P}_X)\sum_{XY}$ 最大特征根对应的特征向量。因此,从 $\boldsymbol{X}$ 和 $\boldsymbol{Y}$ 的空间中所提取的潜变量能够最大限度地反映各自空间的变异信息。

令 $\boldsymbol{T}=\boldsymbol{XW}$,即 $\boldsymbol{X}$ 中提取的 PLS 成分矩阵;$\boldsymbol{U}=\boldsymbol{YC}$,即 $\boldsymbol{Y}$ 中提取的 PLS 成分矩阵。由此,PLSR 的联立方程形式可表示为:

$$\begin{cases}\boldsymbol{T}=\boldsymbol{UB}^T\\\boldsymbol{X}=\boldsymbol{TP}^T+\boldsymbol{E}\\\boldsymbol{Y}=\boldsymbol{TQ}^T+\boldsymbol{F}\end{cases} \tag{6-61}$$

式中 $\boldsymbol{P}$ 称为 $\boldsymbol{X}$ 的载荷向量矩阵,$\boldsymbol{Q}$ 称为 $\boldsymbol{Y}$ 的载荷向量矩阵,$\boldsymbol{B}$ 是反应潜变量与解释潜变量之间的回归系数,$\boldsymbol{E}$ 和 $\boldsymbol{F}$ 分别是 $\boldsymbol{X}$ 和 $\boldsymbol{Y}$ 的残差矩阵。

为了明确 PLSR 数学模型的实质内涵,可以将式(6-59)做如下变换:

$$\begin{aligned}\max\{[\mathrm{Cov}(\boldsymbol{w}'\boldsymbol{X},\boldsymbol{c}'\boldsymbol{Y})]^2\}&=\max\{[\mathrm{Cov}(\boldsymbol{t},\boldsymbol{u})]^2\}\\&=\max(\sqrt{\mathrm{var}(\boldsymbol{t})\mathrm{var}(\boldsymbol{u})}\,r(\boldsymbol{t},\boldsymbol{u}))\end{aligned} \tag{6-62}$$

由此可见,PLSR 的实质是将解释潜变量与反应潜变量之间的协方差分解为三个部分:自变量空间潜变量的方差、因变量空间潜变量的方差、解释潜变量与反应潜变量之间的相关系数。协方差极大化就是上述三个部分极大化的折中,这正好符合偏最小二乘回归的两个基本要求。

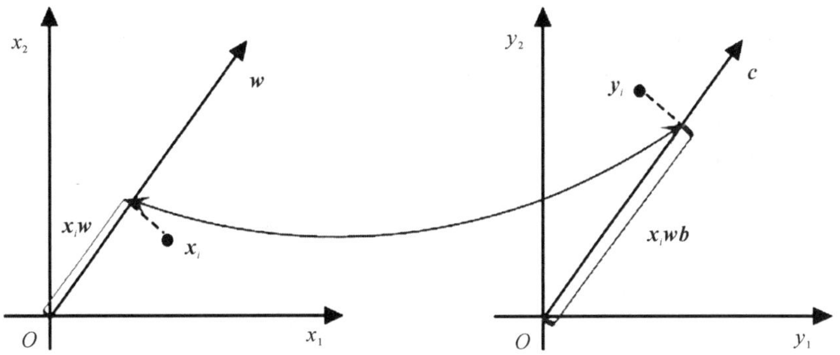


图 6-10　PLSR 的几何解释

图 6-10 是 PLSR 方法的几何解释，偏最小二乘回归算法的实质就是按照协方差极大化准则，将自变量空间和因变量空间同时分解，并且建立相互对应的解释潜变量与反应潜变量之间的回归关系方程。

**2. PLSR 的算法实现**

PLSR 的理论算法是以非线性迭代偏最小二乘（nonlinear iterative partial least squares，NIPALS）为基础的改进算法，其实现过程描述如下：

①将自变量矩阵 $\boldsymbol{X}$ 和因变量矩阵 $\boldsymbol{Y}$ 做标准化变换，变换后的矩阵分别记作 $\boldsymbol{E}_0$ 和 $\boldsymbol{F}_0$，作为迭代的初始矩阵，令 $h=1$。

②计算自变量空间的权重系数向量 $\boldsymbol{w}_h$ 和因变量空间的权重系数向量 $\boldsymbol{c}_h$。

$\boldsymbol{w}_h$ 为 $\boldsymbol{E}_{h-1}^{\mathrm{T}}\boldsymbol{F}_{h-1}\boldsymbol{F}_{h-1}^{\mathrm{T}}\boldsymbol{E}_{h-1}$ 的最大特征根对应的特征向量

$\boldsymbol{c}_h$ 为 $\boldsymbol{F}_{h-1}^{\mathrm{T}}\boldsymbol{E}_{h-1}\boldsymbol{E}_{h-1}^{\mathrm{T}}\boldsymbol{F}_{h-1}$ 的最大特征根对应的特征向量

③计算自变量空间的潜变量向量 $\boldsymbol{t}_k$ 和因变量空间的潜变量向量 $\boldsymbol{u}_k$。

$$\boldsymbol{t}_h=\boldsymbol{E}_{h-1}\boldsymbol{w}_h \tag{6-63}$$

$$\boldsymbol{u}_h=\boldsymbol{F}_{h-1}\boldsymbol{c}_h \tag{6-64}$$

④计算解释潜变量和反应潜变量的载荷向量 $\boldsymbol{p}_h$ 和 $\boldsymbol{q}_h$ 以及两者之间的回归系数 $\boldsymbol{b}_h$，即按照 OLS 方法计算式(6-61)PLSR 联立方程中的 3 个回归系数向量。

$$\boldsymbol{p}_h^{\mathrm{T}}=(\boldsymbol{t}_h^{\mathrm{T}}\boldsymbol{t}_h)^{-1}\boldsymbol{t}_h^{\mathrm{T}}\boldsymbol{E}_{h-1} \tag{6-65}$$

$$\boldsymbol{q}_h^{\mathrm{T}}=(\boldsymbol{t}_h^{\mathrm{T}}\boldsymbol{t}_h)^{-1}\boldsymbol{t}_h^{\mathrm{T}}\boldsymbol{F}_{h-1} \tag{6-66}$$

$$\boldsymbol{b}_h^{\mathrm{T}}=(\boldsymbol{t}_h^{\mathrm{T}}\boldsymbol{t}_h)^{-1}\boldsymbol{t}_h^{\mathrm{T}}\boldsymbol{u}_h \tag{6-67}$$

⑤计算自变量和因变量的残差矩阵 $\boldsymbol{E}_h$ 和 $\boldsymbol{F}_h$。

$$\boldsymbol{E}_h=\boldsymbol{E}_{h-1}-\boldsymbol{t}_h\boldsymbol{p}_h^{\mathrm{T}} \tag{6-68}$$

$$\boldsymbol{F}_h=\boldsymbol{F}_{h-1}-\boldsymbol{t}_h\boldsymbol{q}_h^{\mathrm{T}} \tag{6-69}$$

将 $\boldsymbol{E}_h$ 和 $\boldsymbol{F}_h$ 取代 $\boldsymbol{E}_{h-1}$ 和 $\boldsymbol{F}_{h-1}$，重复步骤②～⑤，直到迭代至 $h+1$ 停止，即完成所需要的 PLS 成分个数为 $h$。然后，建立 $\boldsymbol{F}$ 与 $\boldsymbol{E}$ 之间的线性回归方程：

$$\boldsymbol{F}=\boldsymbol{t}_1\boldsymbol{q}_1^{\mathrm{T}}+\boldsymbol{t}_2\boldsymbol{q}_2^{\mathrm{T}}+\cdots+\boldsymbol{t}_h\boldsymbol{q}_h^{\mathrm{T}}=\boldsymbol{E}\hat{\boldsymbol{\beta}} \tag{6-70}$$

式中 $\hat{\boldsymbol{\beta}}=\sum\limits_{i=1}^{h}\left[\prod\limits_{j=1}^{i-1}(\boldsymbol{I}-\boldsymbol{w}_j\boldsymbol{p}_j^{\mathrm{T}})\boldsymbol{w}_i\boldsymbol{q}_i^{\mathrm{T}}\right]$。自变量和因变量的数据矩阵 $\boldsymbol{X}$ 和 $\boldsymbol{Y}$ 则被分解为：

$$\boldsymbol{X}=\boldsymbol{t}_1\boldsymbol{p}_1^{\mathrm{T}}+\boldsymbol{t}_2\boldsymbol{p}_2^{\mathrm{T}}+\cdots+\boldsymbol{t}_h\boldsymbol{p}_h^{\mathrm{T}}+\boldsymbol{X}_{h+1} \tag{6-71}$$

$$\boldsymbol{Y}=\boldsymbol{u}_1\boldsymbol{q}_1^{\mathrm{T}}+\boldsymbol{u}_2\boldsymbol{q}_2^{\mathrm{T}}+\cdots+\boldsymbol{u}_h\boldsymbol{q}_h^{\mathrm{T}}+\boldsymbol{Y}_{h+1} \tag{6-72}$$

至此，在提取 $h$ 个 *PLS* 成分后，得解释潜变量矩阵 $\boldsymbol{T}=[\boldsymbol{t}_1,\boldsymbol{t}_2,\cdots,\boldsymbol{t}_h]$，自变量权重系数矩阵 $\boldsymbol{W}=[\boldsymbol{w}_1,\boldsymbol{w}_2,\cdots,\boldsymbol{w}_h]$，自变量载荷向量矩阵 $\boldsymbol{P}=[\boldsymbol{p}_1,\boldsymbol{p}_2,\cdots,\boldsymbol{p}_h]$，以及反应潜变量矩阵 $\boldsymbol{U}=[\boldsymbol{u}_1,\boldsymbol{u}_2,\cdots,\boldsymbol{u}_h]$，因变量权重系数矩阵 $\boldsymbol{C}=[\boldsymbol{c}_1,\boldsymbol{c}_2,\cdots,\boldsymbol{c}_h]$，因变量载荷向量矩阵 $\boldsymbol{Q}=[\boldsymbol{q}_1,\boldsymbol{q}_2,\cdots,\boldsymbol{q}_h]$，如图 6-11 所示。

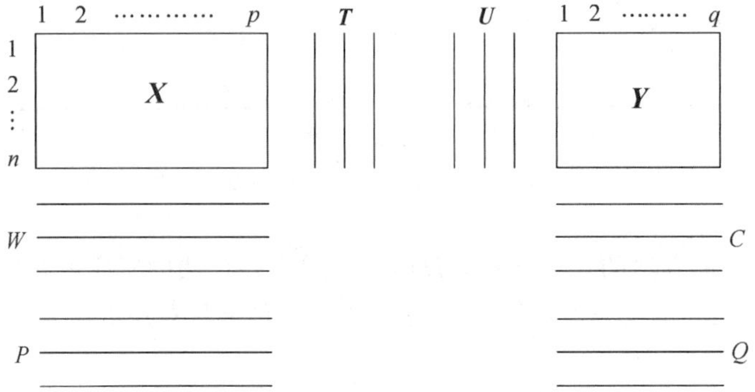


图 6-11 PLSR 方法的成分与参数

实施式(6-70)中 $\boldsymbol{F}$ 和 $\boldsymbol{E}$ 的逆标准化变换，将得到因变量 $\boldsymbol{Y}$ 与自变量 $\boldsymbol{X}$ 之间的多元线性回归方程：

$$\boldsymbol{Y}=\hat{\boldsymbol{\beta}}_0^*+\boldsymbol{x}_1\hat{\boldsymbol{\beta}}_1^*+\boldsymbol{x}_2\hat{\boldsymbol{\beta}}_2^*+\cdots+\boldsymbol{x}_p\hat{\boldsymbol{\beta}}_p^*=\boldsymbol{X}\hat{\boldsymbol{\beta}}^* \tag{6-73}$$

在偏最小二乘回归中，选定合适的 PLS 成分数 $h$ 参与回归建模非常重要。如果 $h$ 太少，不足以反映因变量的变化，模型的预测能力可能会受到限制，而 $h$ 过多，后续的 PLS 成分可能会包含噪声或复共线性，导致模型的稳定性降低。应用实践中，通常使用交叉验证法(cross validation，CV)作为迭代停止准则，或信息准则方法来选择 PLS 成分数。其中，交叉验证法以模型的预测误差最小确定最优的 PLS 成分数。而信息准则方法，比如赤池信息量准则(akaike information criterion，AIC)和贝叶斯信息准则(Bayesian information criterion，BIC)等，则是通过计算模型的信息指标选择最优的成分数。

## 6.4 非线性回归分析

非线性回归分析，需要解决两个主要问题。第一，选择非线性函数的结构型式。与线性回归不同，非线性回归函数有多种多样的具体型式，这往往需要根据所研究问题的专业知识和试验数据的分布情况做出恰当的选择。第二，估计函数中的参数。非线性回归分析最常用的方法仍然是最小二乘法，但需要根据函数的不同型式，做适当的变换处理。通常，可以使用迭代法(如牛顿法、高斯-牛顿法等)来估计非线性函数中的参数。此外，还可以选用启发式算法估计非线性回归模型中的参数，如遗传算法、粒子群优化算法等。

## 6.4.1　一元非线性回归

一元非线性回归，也称为曲线回归，用于研究一个自变量和一个因变量之间的非线性关系。在一元非线性回归分析时，首先需要通过绘制图形曲线或理论分析，初步确定回归方程的型式，比如抛物线、双曲线、对数、指数、幂函数、S 形等。然后选择某种数学变换，将曲线转化为直线，进而利用线性回归方法估计方程中的参数。最后施行逆变换，将估计的直线回归方程还原为初始变量的曲线方程。

**1. 双曲线方程**

若由观测数据绘制的趋势线呈双曲线函数型式 $y=a+\frac{b}{x}$ 或 $\frac{1}{y}=a+\frac{b}{x}$，如图 6-12 所示。

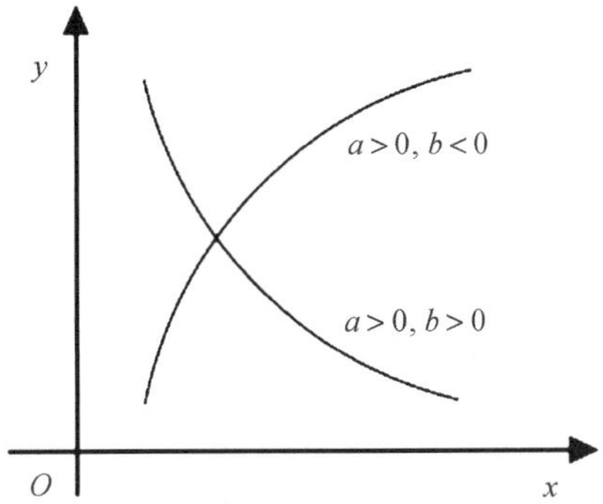


图 6-12　双曲线函数图像

前者，令 $x'=\frac{1}{x}$，则双曲线化为直线 $y=a+bx'$；后者，令 $x'=\frac{1}{x}$ 和 $y'=\frac{1}{y}$，则双曲线化为直线 $y'=a+bx'$。这样，便将双曲线方程转化为直线方程。操作上，在完成试验数据的上述非线性变换后，通过线性回归的最小二乘方法估计参数值 $a$ 和 $b$，而它们即为原双曲线方程中的参数值。

**2. 对数曲线方程**

若由观测数据绘制的趋势线呈对数曲线函数型式 $y=a+b\ln x$ 或 $\ln y=a+b\ln x$，如图 6-13 所示。

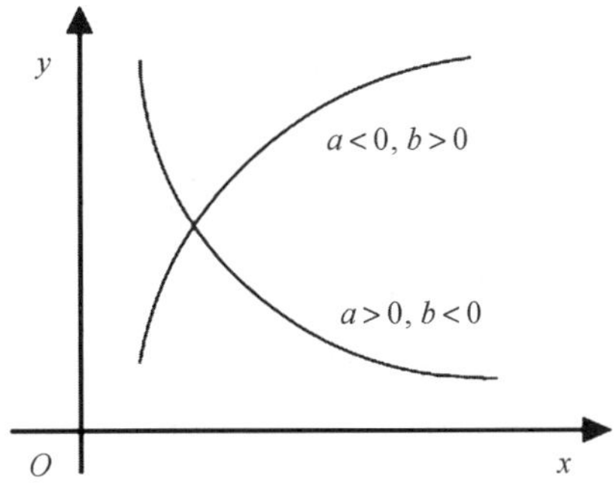


图 6-13　对数曲线函数图像

前者，令 $x'=\ln x$，则对数曲线化为直线 $y=a+bx'$；后者，令 $x'=\ln x$ 和 $y'=\ln y$，则对数曲线化为直线 $y'=a+bx'$。这样，便将对数曲线方程转化为直线方程。操作上，在完成试验数据的上述非线性变换后，通过线性回归的最小二乘方法估计参数值 $a$ 和 $b$，而它们即为原对数曲线方程中的参数值。

**3. 指数曲线方程**

若由观测数据绘制的趋势线呈指数曲线函数型式 $y=ae^{bx}$ 或 $y=ae^{b/x}$，如图 6-14 所示。

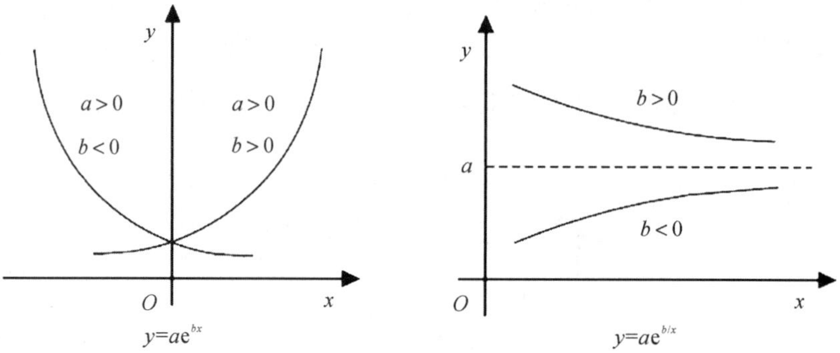


图 6-14　指数曲线函数图像

对这两个指数曲线方程的等式两边分别进行对数变换，得到 $\ln y=\ln a+bx$ 和 $\ln y=\ln a+\frac{b}{x}$。前者，令 $y'=\ln y$ 和 $a'=\ln a$，则转化为直线 $y'=a'+bx$；后者，令 $y'=\ln y, a'=\ln a$ 和 $x'=\frac{1}{x}$，则转化为直线 $y'=a'+bx'$。这样，便将指数曲线方程转化为直线方程。操作上，在完成试验数据的上述非线性变换后，通过线性回归的最小二乘方法估计参数值 $a'$ 和 $b$，并将 $a'$ 回代上述的变换方程 $a'=\ln a$ 计算，即可获得参数值 $a$。$a$ 和 $b$ 即为原指数曲线方程中的参数值。

**4. 幂函数曲线方程**

若由观测数据绘制的趋势线呈幂函数曲线型式 $y=ax^{b}$ 或 $y=ax^{-b}$，如图 6-15 所示。

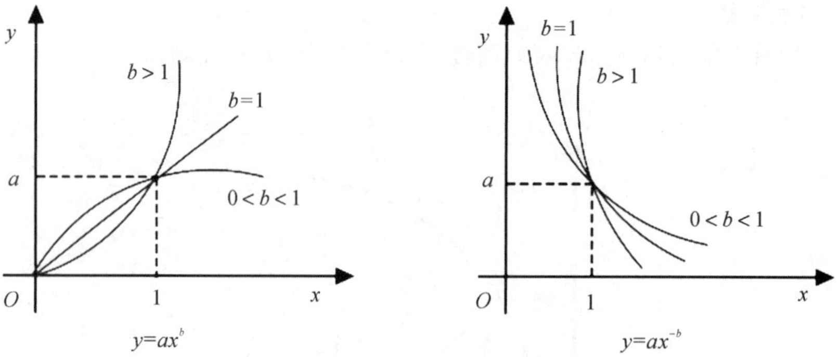


图 6-15　幂函数曲线图像

对这两个幂函数曲线方程的等式两边分别进行对数变换，得到 $\ln y=\ln a+b\ln x$ 和 $\ln y=\ln a-b\ln x$。前者，令 $y'=\ln y, a'=\ln a$ 和 $x'=\ln x$，则转化为直线 $y'=a'+bx'$；后者，令 $y'=\ln y, a'=\ln a$ 和 $x'=\ln x$，则转化为直线 $y'=a'-bx'$。这样，便将幂函数曲线方程转化为直线方程。操作上，在完成试验数据的上述非线性变换后，通过线性回归的最小二乘方法估计参数值 $a'$ 和 $b$，并将 $a'$ 回代上述的变换方程 $a'=\ln a$ 计算，即可获得参数值 $a$。$a$ 和 $b$ 即为原幂函数曲线方程中的参数值。

**5. S 形逻辑曲线方程**

若由观测数据绘制的趋势线呈 S 形逻辑曲线函数型式 $y=\dfrac{k}{a+be^{-x}}$，如图 6-16 所示。

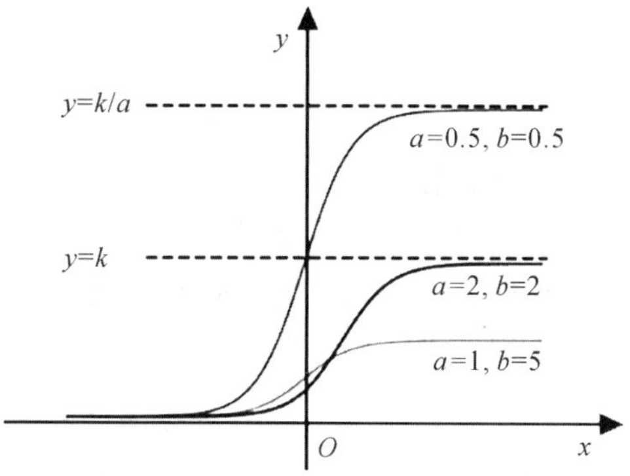


图 6-16　S 形逻辑曲线图像

对该 S 形逻辑曲线方程的等式两边分别取倒数并整理，得 $\dfrac{k}{y}=a+be^{-x}$。令 $y'=\dfrac{k}{y}$ 和 $x'=e^{-x}$，则转化为直线 $y'=a+bx'$。这样，便将 S 形逻辑曲线方程转化为直线方程。操作上，在完成试验数据的上述非线性变换后，通过线性回归的最小二乘方法估计参数值 $a$ 和 $b$，它们即为原 S 形逻辑曲线方程中的参数值。

综上，这几种曲线方程的线性化变换方法如表 6-6 所示。

**表 6-6　一元非线性回归的线性化变换**

| 曲线类型 | 非线性函数型式 | 线性化变换 | | | | 线性方程 |
|---|---|---|---|---|---|---|
| | | $y'$ | $x'$ | $a'$ | $b'$ | |
| 双曲线 | $y=a+b/x$ | $y$ | $1/x$ | $a$ | $b$ | $y=a+bx'$ |
| | $1/y=a+b/x$ | $1/y$ | $1/x$ | $a$ | $b$ | $y'=a+bx'$ |
| 对数 | $y=a+b\ln x$ | $y$ | $\ln x$ | $a$ | $b$ | $y=a+bx'$ |
| | $\ln y=a+b\ln x$ | $\ln y$ | $\ln x$ | $a$ | $b$ | $y'=a+bx'$ |

续表

| 曲线类型 | 非线性函数型式 | 线性化变换 | | | | 线性方程 |
|---|---|---|---|---|---|---|
| | | $y'$ | $x'$ | $a'$ | $b'$ | |
| 指数 | $y=ae^{bx}$ | $\ln y$ | $x$ | $\ln a$ | $b$ | $y'=a'+bx$ |
| | $y=ae^{b/x}$ | $\ln y$ | $1/x$ | $\ln a$ | $b$ | $y'=a'+bx'$ |
| 幂函数 | $y=ax^{b}$ | $\ln y$ | $\ln x$ | $\ln a$ | $b$ | $y'=a'+bx'$ |
| | $y=ax^{-b}$ | $\ln y$ | $\ln x$ | $a$ | $-b$ | $y'=a'+b'x'$ |
| S形 | $y=\dfrac{k}{a+be^{-x}}$ | $k/y$ | $e^{-x}$ | $a$ | $b$ | $y'=a+bx'$ |

需要指出的是，对于同一组试验数据，选用不同曲线型式的方程拟合都有可能通过显著性检验。为此，在选择回归方程的结构型式时，通常需要结合问题的物理意义选用一个方程，这样建立的回归模型解释性更好。如果缺乏问题的背景知识，则选择一个数学形式相对简单且操作性强的方程，这样建立的回归方程在预测与控制应用时非常方便。

**例题 6-3** 速率常数 $k$ 与温度 $T$ 的关系式为 $k=k_0e^{-\frac{E_a}{RT}}$，其中 $E_a$ 为反应的表观活化能，$k_0$ 为指前因子。试验测得某反应的速率常数 $k/\text{min}^{-1}$ 和绝对温度 $T/\text{K}$ 的数据如下表所示。试估计模型中参数 $k_0$ 和 $E_a$，并检验方程的显著性($\alpha=0.01$)。

| $T/K$ | 356 | 365 | 376 | 384 | 395 |
|---|---|---|---|---|---|
| $k/\text{min}^{-1}$ | $6.92\times10^{-3}$ | $1.43\times10^{-2}$ | $2.67\times10^{-2}$ | $4.98\times10^{-2}$ | $8.26\times10^{-2}$ |

**解** (1)模型中参数 $k_0$ 和 $E_a$ 的估计

将速率常数 $k$ 与温度 $T$ 的关系式 $k=k_0e^{-\frac{E_a}{RT}}$ 做线性化处理，即首先对方程两边分别取对数得 $\ln k=\ln k_0-\dfrac{E_a}{RT}$。然后，令 $x=1/T$，$y=\ln k$，$a=\ln k_0$，$b=-\dfrac{E_a}{R}$，便转化为一元线性回归方程 $y=a+bx$。由此，测定的试验数据经上述非线性变换后的结果如下表。

| $T/K$ | 356 | 365 | 376 | 384 | 395 |
|---|---|---|---|---|---|
| $k/\text{min}^{-1}$ | $6.92\times10^{-3}$ | $1.43\times10^{-2}$ | $2.67\times10^{-2}$ | $4.98\times10^{-2}$ | $8.26\times10^{-2}$ |
| $x=1/T$ | $2.81\times10^{-3}$ | $2.74\times10^{-3}$ | $2.66\times10^{-3}$ | $2.60\times10^{-3}$ | $2.53\times10^{-3}$ |
| $y=\ln k$ | $-4.973$ | $-4.248$ | $-3.623$ | $-3.000$ | $-2.494$ |

$n=5$，$\bar{x}=2.67\times10^{-3}$，$\bar{y}=-3.668$

$$L_{xx}=\sum_{i=1}^{n}(x_i-\bar{x})^2=[(2.81-2.67)^2+\cdots+(2.53-2.67)^2]\times(10^{-3})^2=4.78\times10^{-8}$$

$$L_{xy}=\sum_{i=1}^{n}(x_i-\bar{x})(y_i-\bar{y})=[(2.81-2.67)(-4.973+3.668)+\cdots+(2.53-2.67)(-2.494+3.668)]\times10^{-3}=-4.29\times10^{-4}$$

$$L_{yy}=\sum_{i=1}^{n}(y_i-\bar{y})^2=[(-4.973+3.668)^2+\cdots+(-2.494+3.668)^2]=3.866$$

$$b=\frac{L_{xy}}{L_{xx}}=\frac{-4.29\times10^{-4}}{4.78\times10^{-8}}=-8.98\times10^3$$

$$a=\bar{y}-b\bar{x}=-3.668-(-8.98\times10^3)\times2.67\times10^{-3}=20.31$$

将它们回代入：$a=\ln k_0$，$b=-\dfrac{E_a}{R}$，得 $k_0=6.61\times10^8$，$E_a=7.47\times10^4$。因此，所求解的数学模型为：

$$k=6.61\times10^8e^{\frac{-8985}{T}}$$

(2)检验方程的显著性

计算相关系数：$R=\dfrac{L_{xy}}{\sqrt{L_{xx}L_{yy}}}=\dfrac{-4.29\times10^{-4}}{\sqrt{4.78\times10^{-8}\times3.866}}=-0.9980$

根据 $\alpha=0.01$，$df_R=1$，$df_E=n-1-1=5-2=3$，查得临界值 $R_{0.01}(1,3)=0.959$。由于 $|r|>r_{0.01}(1,3)$，所以回归方程通过显著性检验。

### 6.4.2　多项式回归

多项式回归是一种特殊的非线性回归分析，它通过多项式函数来拟合数据。在一元非线性回归中，因变量 $y$ 与自变量 $x$ 的多项式回归方程为：

$$y_i=\beta_0+\beta_1x_i+\beta_2x_i^2+\cdots+\beta_px_i^p+\varepsilon_i,i=1,2,\cdots,n \tag{6-74}$$

式中 $\varepsilon_i(i=1,2,\cdots,n)$为拟合残差，服从正态分布 $N(0,\sigma^2)$，$p$ 为多项式的阶数。

令 $x_{i1}=x_i,x_{i2}=x_i^2,\cdots,x_{ip}=x_i^p$，式(6-74)就转化为多元线性回归方程：

$$y_i=\beta_0+\beta_1x_{i1}+\beta_2x_{i2}+\cdots+\beta_px_{ip}+\varepsilon_i,i=1,2,\cdots,n \tag{6-75}$$

对照多元线性回归方程的参数估计，在式(6-74)的多项式回归方程中，结构矩阵、系数矩阵及常数项矩阵分别为：

$$\boldsymbol{X}=\begin{bmatrix}1 & x_1 & x_1^2 & \cdots & x_1^p\\ 1 & x_2 & x_2^2 & \cdots & x_2^p\\ \vdots & \vdots & \vdots & \ddots & \\ 1 & x_n & x_n^2 & \cdots & x_n^p\end{bmatrix}$$

$$
\boldsymbol{A}=\boldsymbol{X}^{\mathrm{T}}\boldsymbol{X}=\begin{bmatrix}
n & \sum_{i=1}^{n}x_i & \sum_{i=1}^{n}x_i^2 & \cdots & \sum_{i=1}^{n}x_i^p \\
\sum_{i=1}^{n}x_i & \sum_{i=1}^{n}x_i^2 & \sum_{i=1}^{n}x_i^3 & \cdots & \sum_{i=1}^{n}x_i^{p+1} \\
\sum_{i=1}^{n}x_i^2 & \sum_{i=1}^{n}x_i^3 & \sum_{i=1}^{n}x_i^4 & \cdots & \sum_{i=1}^{n}x_i^{p+2} \\
\vdots & \vdots & \vdots & \ddots & \vdots \\
\sum_{i=1}^{n}x_i^p & \sum_{i=1}^{n}x_i^{p+1} & \sum_{i=1}^{n}x_i^{p+2} & \cdots & \sum_{i=1}^{n}x_i^{2p}
\end{bmatrix}
$$

$$
\boldsymbol{B}=\boldsymbol{X}^{\mathrm{T}}\boldsymbol{Y}=\begin{bmatrix}
\sum_{i=1}^{n}y_i \\
\sum_{i=1}^{n}x_i y_i \\
\sum_{i=1}^{n}x_i^2 y_i \\
\vdots \\
\sum_{i=1}^{n}x_i^p y_i
\end{bmatrix}
$$

于是，式(6-74)多项式回归方程中参数的最小二乘估计为：

$$\hat{\boldsymbol{\beta}}=\boldsymbol{A}^{-1}\boldsymbol{B}=(\boldsymbol{X}^{\mathrm{T}}\mathrm{X})^{-1}\mathrm{X}^{\mathrm{T}}\boldsymbol{Y} \tag{6-76}$$

需要指出的是，在多项式回归中检验 $b_j(j=1,2,\cdots,p)$ 是否显著，实质上就是判断 $x$ 的 $j$ 次项 $x^j$ 对 $y$ 是否有显著性影响。

类似地，多元多项式回归问题也可化为多元线性回归问题来解决。比如，对于包含多变量的任意多项式回归方程：$y_i=\beta_0+\beta_1 z_{i1}+\beta_2 z_{i2}+\beta_3 z_{i1}^2+\beta_4 z_{i1}z_{i2}+\beta_5 x_{i2}^2+\cdots+\varepsilon_i$。令 $x_{i1}=z_{i1}$，$x_{i2}=z_{i2}$，$x_{i3}=z_{i1}^2$，$x_{i4}=z_{i1}z_{i2}$，$x_{i5}=z_{i2}^2$，就可使其化为多元线性回归问题来解决。

多项式回归在回归分析中占有重要地位，技术也相对成熟，可以处理相当多的非线性问题。微积分中的泰勒公式指出，任何一个光滑函数都可以在一定范围内分段用多项式来逼近。因此，在实际问题中，不论因变量与各个自变量的关系如何，通常都可以采用多项式回归来进行分析和计算。当然，多项式阶数的选择，一般需要平衡拟合精度和预测能力。

### 6.4.3 人工神经网络回归

人工神经网络(artificial neural networks，ANN)，是借鉴人类大脑和神经系统储存、处理信息的某些特性而抽象出来的一种数学模型，属非线性建模方法，具有自组织、自适应、自学习和容错性好等特性。与传统的数理建模方法相比，它具有强大的非线性拟合能力，又不以一定的分布为前提，能逐步掌握自变量与因变量的内在联系，在处理背景知识不清、因果关系不明、数据中含有噪声方面具有独到的优势，已成为处理复杂信息模式的有力工具。

人工神经网络的性能主要取决于三大要素：神经元的特性、神经元之间相互连接的拓扑结构、为适应数据特征而改善性能的学习规则。而人工神经网络的建模过程分为两个阶段：训练学习和预测工作。在训练学习阶段，神经元之间的连接权值通过学习规则进行训练修改，以使目标(或准则)函数达到最小。在预测工作阶段，将输入代入训练学习好的网络(神经元之间的连接权值不变)映射，便得到相应的输出。人工神经网络的拓扑结构类型很多，比如多层感知机、BP(back propagation)神经网络、RBF(radial basis function)神经网络、递归神经网络、长短时记忆网络等。选择哪种类型的神经网络进行回归建模，往往需要结合数据的特点、求解问题的要求、不同神经网络的特点等综合考虑。

**1. BP 神经网络**

BP 神经网络是一种前馈神经网络，通过反向传播算法来训练网络，适用于线性回归和非线性回归等问题，具有较强的适应性和泛化能力。BP 神经网络的拓扑结构如图 6-17 所示，它是一种具有 3 层或更多层的神经网络，每一层都由若干个神经元组成。BP 神经网络的学习规则采用最速下降法，通过拟合误差反向传播来不断调整网络的权值和阈值，从而使得整个网络输出的误差平方和最小。

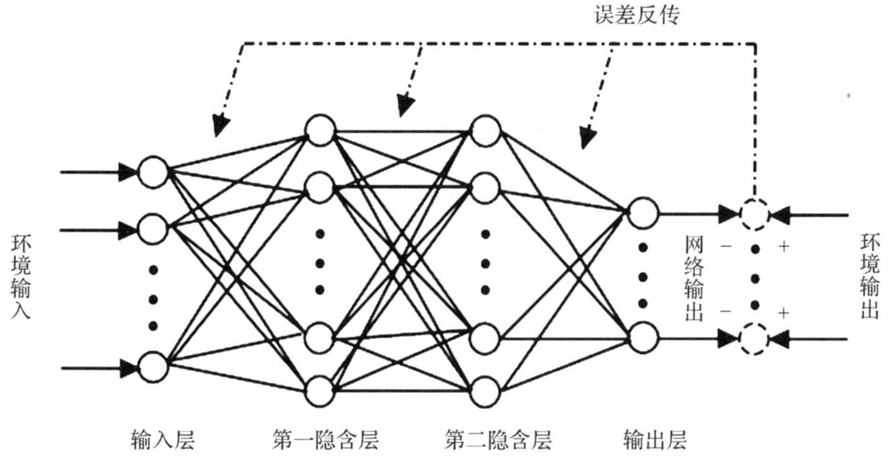


图 6-17　BP 神经网络的拓扑结构

BP 神经网络模型的拓扑结构由输入层、隐含层和输出层组成。输入层负责接收来自外界的输入信息，传递给隐含层各个神经元；隐含层是信息处理层，负责信息的非线性变换，并将信息传递至输出层；输出层则负责向外界输出结果。经过一轮正向传递，完成了输入到输出的学习过程。当输出与期望不符时，误差按梯度下降的方式由输出层向输入层逐层反传修正各层的权值。这个过程不断迭代，直到输出误差达到规定值或者达到预设定的学习次数结束。

样本数据的自变量阵为$\boldsymbol{X}_{n\times p}$，因变量阵为$\boldsymbol{Y}_{n\times q}$，其中 $n$ 为样本容量，$p$ 为自变量个数，$q$ 为因变量个数，即 BP 神经网络模型的输入向量为 $x=(x_1,x_2,\cdots,x_p)$，输出向量为 $y=(y_1,y_2,\cdots,y_q)$。每一个神经元的激活函数选用 Sigmoid 函数 $f(x)=1/(1+\mathrm{e}^{-x})$。BP 神经网络对该样本数据的回归建模过程如图 6-18 所示，这里仅设置一个隐含层。

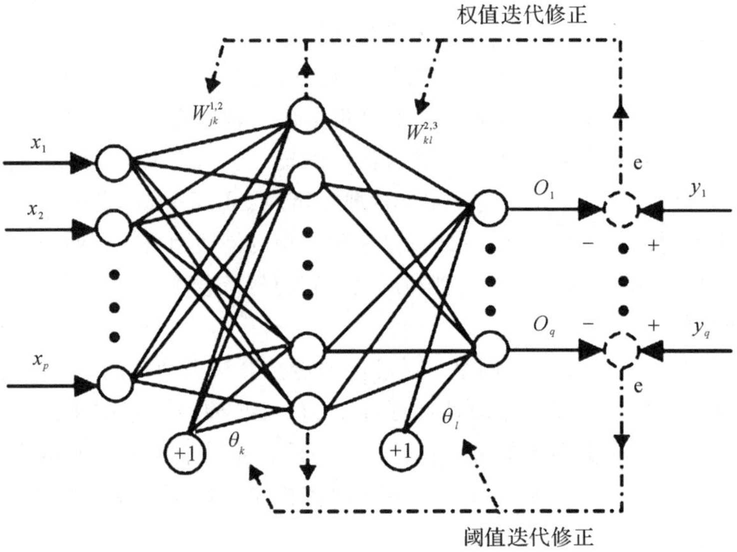


图 6-18　BP 神经网络的建模过程

输入层中每个神经元分别负责接收每个来自外界的输入信息，并经神经元的 Sigmoid 激活函数的变换处理，计算得输入层各个神经元的输出，即

$$O_j^1 = f(x_j) = 1/(1+e^{-x_j}), j=1,2,\cdots,p \tag{6-77}$$

式中 $O_j^1$ 为第一层即输入层第 $j$ 个神经元的输出，$p$ 为输入层神经元个数，同输入的自变量个数相等。

隐含层中各个神经元接收输入层各个神经元的输出信息，并经输入层与隐含层的连接权值以及神经元阈值的变换处理，计算得隐含层各个神经元的输出，即

$$O_k^2 = f\left(\sum_{j=1}^{p} w_{kj}^{1,2} O_j^1 - \theta_k\right), k = 1,2,\cdots,m \tag{6-78}$$

式中 $O_k^2$ 为第二层即隐含层第 $k$ 个神经元的输出，$m$ 为隐含层神经元个数，$w_{kj}^{1,2}$ 为输入层第 $j$ 个神经元与隐含层第 $k$ 个神经元的连接权值，$\theta_k$ 为隐含层第 $k$ 个神经元的激活阈值。$f(\cdot)$由选定的 Sigmoid 激活函数负责处理，以下同此。

同样，输出层中各个神经元接收隐含层各个神经元的输出信息，并经隐含层与输出层的连接权值以及神经元阈值的变换处理，计算得输出层各个神经元的输出，即

$$O_l^3 = f\left(\sum_{k=1}^{m} w_{lk}^{2,3} O_k^2 - \theta_l\right), l = 1,2,\cdots,q \tag{6-79}$$

式中 $O_l^3$ 为第三层即输出层第 $l$ 个神经元的输出，$q$ 为输出层神经元个数，同输出的因变量个数相等。$w_{lk}^{2,3}$ 为隐含层第 $k$ 个神经元与输出层第 $l$ 个神经元的连接权值，$\theta_l$ 为输出层第 $l$ 个神经元的激活阈值。

输出层的输出就是 BP 神经网络对样本数据因变量的回归值，即有：

$$\hat{y}_l = O_l^3, l=1,2,\cdots,q \tag{6-80}$$

BP 网络的学习过程，就是通过误差反传算法调整神经网络中的连接权值神经元的激活阈值，使其对样本数据因变量的估计值与实际值之间的误差平方和最小。

$$\min Q = \sum_{j=1}^{q} \sum_{i=1}^{n} (y_{il} - \hat{y}_{il})^2 \tag{6-81}$$

BP 神经网络的误差计算与传递从输出层开始，然后逐层递归传递到输入层。在这个反向传递的过程中，经过样本数据的反复训练学习，不断迭代修正网络的连接权值和神经元阈值，使得拟合的误差平方和逐渐减小，直至满足精度要求。具体的实现算法如下：

①计算输出层神经元的误差变化率。因为 $O_j^1 = f(x_j) = 1/(1+e^{-x_j})$

$$E_l = O_l^3(1-O_l^3)(y_l - O_l^3), l=1,2,\cdots,q \tag{6-82}$$

式中 $O_l^3$ 表示输出层第 $l$ 个神经元的网络输出，$y_l$ 表示输出层第 $l$ 个神经元对应第 $l$ 个因变量的样本实际值。

②计算隐含层神经元的误差变化率。

$$E_k = O_k^2(1-O_k^2)\sum_{l=1}^{q} E_l W_{kl}, k=1,2,\cdots,m \tag{6-83}$$

式中 $W_{kl}$ 表示隐含层第 $k$ 个神经元到输出层第 $l$ 个神经元的连接权值，$E_l$ 为输出层第 $l$ 个神经元的误差变化率。

③计算输入层神经元的误差变化率。

$$E_j = O_j^1(1-O_j^1)\sum_{k=1}^{m} E_k W_{jk}, j = 1,2,\cdots,p \tag{6-84}$$

式中 $W_{jk}$ 表示输入层第 $j$ 个神经元到隐含层第 $k$ 个神经元的连接权值，$E_k$ 为隐含层第 $k$ 个神经元的误差变化率。

④更新神经元的连接权值和阈值。

输出层与隐含层：

$$\Delta W_{kl} = \lambda E_l O_k^2,\ W_{kl}^{(s+1)} = W_{kl}^{(s)} + \Delta W_{kl},\ \Delta\theta_l = \lambda E_l,\ \theta_l^{(s+1)} = \theta_l^s + \Delta\theta_l \tag{6-85}$$

隐含层与输入层：

$$\Delta W_{jk} = \lambda E_k O_j^1,\ W_{jk}^{(s+1)} = W_{jk}^{(s)} + \Delta W_{jk},\ \Delta\theta_k = \lambda E_k,\ \theta_k^{(s+1)} = \theta_k^s + \Delta\theta_k \tag{6-86}$$

式中 $s$ 表示迭代次数，当 $s=0$，需要随机初始化权值和阈值。$\lambda$ 表示学习速率，速率越大，收敛就越快，但神经网络容易陷入局部最优解；学习速率越小，收敛速度就越慢，但可以逐步逼近全局最优解。在实际应用中，学习速率通常在 0～1 之间。

需要指出的是，BP 神经网络在实际应用中也会遇到一些困难，比如网络结构的确定、初始权值和阈值的随机化、容易出现过拟合和陷入局部极小、每次训练学习结果存在不确定性等问题。

**2. RBF 神经网络**

RBF 神经网络是一种基于径向基函数的神经网络，它能够处理复杂的非线性关系，具有较强的适应性和泛化能力，且训练速度较快。

样本数据的自变量阵为$\boldsymbol{X}_{n\times p}$，因变量阵为$\boldsymbol{Y}_{n\times q}$，其中 $n$ 为样本容量，$p$ 为自变量个数，$q$ 为因变量个数，即输入向量为 $\boldsymbol{x}=(x_1, x_2, \cdots, x_p)$，输出向量 $\boldsymbol{y}=(y_1, y_2, \cdots, y_q)$。隐含层神经元的活化函数选用径向基函数 $f(x) = \exp(-\|x-c_j\|^2/\sigma_j^2)$，其中$c_j$ 为径向基函数的中心，其维数为 $p$，即与输入向量的维数相同，$\sigma_j$ 为径向基函数的宽度系数。RBF 的网络结构分为三层：输入层、隐含层和输出层，各层的神经元个数分别为 $p$，$m$ 和 $q$，其建模过程与图 6-18 相同。

输入层用于接受输入向量的数据信息，而它的神经元的活化函数为等同函数，因此输入层各个神经元的输出，即为：

$$O_j^1 = x_j, j=1,2,\cdots,p \tag{6-87}$$

隐含层中各个神经元接收输入层各个神经元的输出信息，并经输入层与隐含层的连接权值以及神经元阈值的变换处理，计算得隐含层各个神经元的输出，即

$$O_k^2 = f\left(\sum_{j=1}^{p} w_{kj}^{1;2} O_j^1\right), k = 1,2,\cdots,m \tag{6-88}$$

式中 $O_k^2$ 为隐含层第 $k$ 个神经元的输出，$m$ 为隐含层神经元个数，$w_{kj}^{1;2}$ 为输入层第 $j$ 个神经元与隐含层第 $k$ 个神经元的连接权值。隐含层神经元的活化函数 $f(\cdot)$选用径向基函数 $f(x)=\exp(-\| x-c_k \|^2/\sigma_k^2)$，其中$c_k$ 为径向基函数的中心，其维数为 $p$，即与输入向量的维数相同，$\sigma_k$ 为径向基函数的宽度系数，$\| \ \|$ 是一种距离测度(比如欧氏距离)。

输出层的神经元均是对隐含层各个神经元的输出进行线性加和，即输出层各个神经元的输出为：

$$O_l^3 = g\left(\sum_{k=1}^{m} O_k^2\right), l = 1,2,\cdots,q \tag{6-89}$$

式中 $O_l^3$ 为输出层第 $l$ 个神经元的输出，$q$ 为输出层神经元个数，同输出的因变量个数相等。

输出层神经元的活化函数 $g(\cdot)$为等同函数。因此，输出层的输出就是 RBF 神经网络对样本数据因变量的回归值，即有：

$$\hat{y}_l = O_l^3, l=1,2,\cdots,q \tag{6-90}$$

对于整个样本数据，RBF 神经网络的全部输出可用矩阵形式表示为：

$$\hat{\boldsymbol{Y}} = \boldsymbol{U}\boldsymbol{W} \tag{6-91}$$

式中$\boldsymbol{U}_{n\times m}$为隐含层各个神经元的输出所构成的矩阵(称为活化矩阵)，$\boldsymbol{W}_{m\times p}$是隐含层到输出层的权值系数矩阵。

RBF 神经网络的训练学习过程通常选用最小二乘法或者梯度下降法，拟合的目标函数同式(6-81)。最小二乘法是一种基于矩阵运算的方法，可以直接求解权值系数矩阵$\boldsymbol{W}_{m\times p}$，梯度下降法则是一种基于迭代的方法，通过不断调整权值系数$\boldsymbol{W}_{m\times p}$的值来逼近最优解。

值得关注的是，RBF 的性能取决于它的结构和参数，其中输入层和输出层的神经元个数 $p$ 和 $q$ 由样本数据的自变量和因变量的个数对应确定，而隐含层的神经元个数 $m$、隐含层神经元的径向基函数参数$c_j$ 和 $\sigma_j$ 的确定并没有一定的方法可循，通常需要通过试错和经验来不断调整，也可借助遗传算法、粒子群优化算法等完成寻优。此外，无论是 BP 神经网络还是 RBF 神经网络，它们都不能直接提供因变量与自变量之间明晰的解析式，这使得人工神经网络的解释和理解相对传统数学模型变得困难。

近年来，随着大数据涌现和计算力的大幅提升，神经网络的发展趋势是层数变得越来越多，形成了新的研究方向——深度学习，包括卷积神经网络、循环神经网络等。其中一个代表性的改进是利用 ReLU 激活函数替代了传统的 Sigmoid 激活函数，使得深度学习得以有效训练。另外一个代表性的改进是残差学习通过引入跳跃式的连接(skip connection)有效缓解了梯度消失的问题，使得网络层数可以大大增加。

## 6.4.4 支持向量机回归

支持向量机(support vector machine，SVM)是一种机器学习方法，它基于结构风险最小化原则，借助非线性变换将低维空间的非线性问题映射成高维空间的线性问题，并在这个高维空间中进行线性回归。

传统的回归建模方法，通常会将样本数据中的误差也拟合进入回归模型，出现过拟合现象。比如，采用函数 $y(x)=w^{\mathrm{T}}x+b$ 拟合数据点$(x_i,y_i)$时，满足$|y_i-w^{\mathrm{T}}x_i-b|\leqslant\varepsilon$ 的解不是唯一的，而是无限多个。SVM 方法采用“不敏感函数”，在约束条件下以 $\|w\|$ 极小寻找模型的唯一解，这一求解策略在最小化建模样本拟合偏差的同时缩小了模型泛化偏差的上界，从而避免过拟合且提高模型的泛化能力。

**1. 核函数的类型与选择**

核函数是 SVM 的关键，它负责低维输入空间至高维特征空间的映射。然而，与传统的非线性变换不同，SVM 是以低维输入空间的核函数取代高维特征空间的点积运算 $K(x_i,\ x_j)=\varphi(x_i)\cdot\varphi(x_j)$，以避开复杂的非线性变换 $\varphi(x)$。这种方式，不仅可以大大简化计算，并且避免了高维特征空间中的维度灾难问题。目前常用的核函数型式有以下三类：

①多项式核函数 $K(x_i,\ x_j)=(\nu x_i^{\mathrm{T}}x_j+\eta)^d$，其中 $d$ 为多项式的阶数，$v$ 和 $\eta$ 为可调参数。

②径向基核函数 $K(x_i,\ x_j)=\exp(-\|x_i-x_j\|^2/\sigma^2)$，其中 $\sigma$ 为径向基核函数的宽度系数。

③Sigmoid 核函数 $K(x_i,\ x_j)=\tanh(\gamma x_i^{\mathrm{T}}x_j+\theta)$，其中 $\gamma$ 和 $\theta$ 为可调参数。

**2. SVM 的回归建模**

样本数据集为：$(x_1,y_1)$，$(x_2,y_2)$，…，$(x_i,y_i)$，…，$(x_n,y_n)$，$x_i\in R^p$，$y_i\in R$，$i=1,2,\cdots,n$。在非线性映射函数 $\varphi(x)$构造的高维特征空间中，输入变量与输出变量间的回归模型构建，即为寻找最佳拟合函数：

$$y(x)=w^{\mathrm{T}}\varphi(x)+b \tag{6-92}$$

式中 $w$ 为高维特征空间中待估计的权系数向量，$b$ 则是常数偏置项。若非线性核运算选择了 $v$ 个支持向量，则 SVM 模型的功能结构如图 6-19 所示。

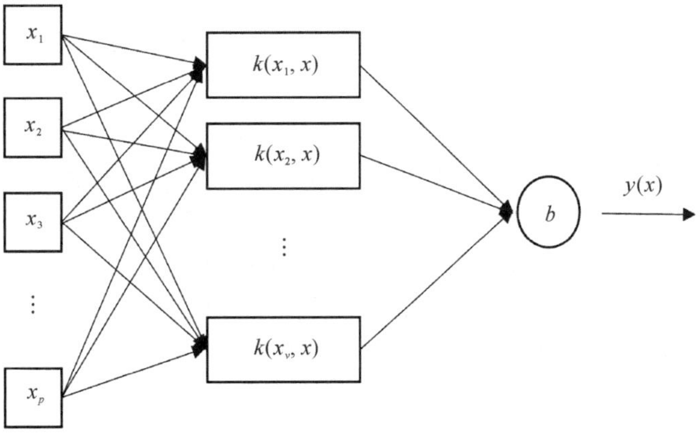


图 6-19　SVM 模型的功能结构

在 SVM 方法中，式(6-92)中的参数估计，即满足下列等式约束条件下：

$$y_i = w^{\mathrm{T}}\varphi(x_i) + b + \xi_i, i = 1,2,\cdots,n \tag{6-93}$$

求解最小化优化问题：

$$\min_{w,b,\xi} J(w,b,\xi) = \frac{1}{2}w^{\mathrm{T}}w + \frac{1}{2}\gamma\sum_{i=1}^{n}\xi_i^2 \tag{6-94}$$

式中 $\xi_i$ 为第 $i$ 个样本点的拟合误差，$\gamma$ 为惩罚因子，亦称正则化参数，用以平衡模型的复杂性与逼近精度。若引入 Lagrange 乘子 $\alpha_i$，上述等式约束优化问题便转化为无约束优化问题：

$$L(w,b,\xi,\alpha) = J(w,b,\xi) - \sum_{i=1}^{n}\alpha_i(w^T\varphi(x_i) + b + \xi_i - y_i) \tag{6-95}$$

利用 KKT(Karush-Kuhn-Tucker conditions)最优化条件对上式求解，即对 $w$，$b$，$\xi_i$，$\alpha_i$ 分别求偏导，得：

$$\begin{cases} \dfrac{\partial L}{\partial w} = 0 \rightarrow w = \sum\limits_{i=1}^{n}\alpha_i\varphi(x_i) \\ \dfrac{\partial L}{\partial b} = 0 \rightarrow \sum\limits_{i=1}^{n}\alpha_i = 0 \\ \dfrac{\partial L}{\partial \xi_i} = 0 \rightarrow \alpha_i = \gamma\xi_i, i = 1,2,\cdots,n \\ \dfrac{\partial L}{\partial \alpha_i} = 0 \rightarrow w^T\varphi(x_i) + b + \xi_i - y_i = 0, i = 1,2,\cdots,n \end{cases} \tag{6-96}$$

从上述方程组中消元 $w$，$\xi_i$，优化问题就可以转化为下面的线性方程组求解问题：

$$\begin{bmatrix} 0 & 1_v^{\mathrm{T}} \\ 1_v & \boldsymbol{K} + \gamma^{-1}\boldsymbol{I} \end{bmatrix}\begin{bmatrix} b \\ \boldsymbol{\alpha} \end{bmatrix} = \begin{bmatrix} 0 \\ y \end{bmatrix} \tag{6-97}$$

式中 $y = [y_1, y_2, \cdots, y_n]^{\mathrm{T}}$，$1_v = [1, 1, \cdots, 1_n]^{\mathrm{T}}$，$\alpha = [\alpha_1, \alpha_2, \cdots, \alpha_n]^{\mathrm{T}}$，$k_{ij}(x_i, x_j) = \varphi(x_i)^{\mathrm{T}}\varphi(x_j)$，$\boldsymbol{I}$ 为单位矩阵。通过最小二乘法完成上述线性方程组中 $\alpha_i$ 与 $b$ 参数求解后，构建的 SVM 回归模型为：

$$\hat{y}(x) = \sum_{i=1}^{n}\alpha_i K(x, x_i) + b \tag{6-98}$$

若 SVM 模型中常选用径向基核函数 $K(x, x_i, \sigma) = \exp(-\| x - x_i \|^2/\sigma^2)$，其中核函数宽度 $\sigma$ 和式(6-94)中惩罚因子 $\gamma$ 两个参数对回归模型的性能具有较大影响，可考虑借助启发式优化算法完成全局寻优。

相对通用非线性回归分析方法，基于核方法的支持向量机具有明显的优势：第一，核方法的非线性映射由于面向具体应用问题设计，因而便于集成问题相关的先验知识；第二，在非线性映射后的高维特征空间中，构建的线性学习器相对于非线性学习器有更好的过拟合控制，从而可以更好地保证泛化性能；第三，在可再生核希尔伯特空间(reproducing Kernel Hilbert space)中，核方法解决了显式特征映射方法中存在的计算代价大和计算复杂度高的缺点，有效地避免了“维数灾难”的问题。

# 习　题

1. 什么是直线回归分析？回归截距、回归系数与回归估计值的统计意义是什么？

2. 决定系数、相关系数的意义是什么？如何计算？

3. 哪些类型的曲线可以化为直线？可直线化的曲线回归分析的基本过程是什么？

4. 多元线性回归的显著性检验包含哪些内容？如何进行？

5. 在多元线性回归分析中，如何剔除不显著的自变量？“最优模型”如何建立？

6. 如何将多项式回归转化为多元线性回归？

7. 在什么情况下多元线性回归的最小二乘估计法可能会失效？

8. 相对传统的多元线性回归，岭回归、套索回归、偏最小二乘回归这些方法有什么改进，而它们之间又有什么区别与联系？

9. 叙述人工神经网络的基本思想、分层结构和计算特性。

10. 在大数据处理与应用方面，人工神经网络方法将如何应对？

11. 神经元的激活函数的功能是什么？一般有什么特殊要求？

12. 人工神经网络在学习训练期间是如何进行误差估计及权值迭代调整的？

13. 如何理解人工神经网络的学习能力和预测能力？BP 神经网络陷入局部极小解的原因是什么？

14. 支持向量机中常见的核函数有哪几种？参数一般如何选取确定？

15. 支持向量机回归建模的目标函数是什么？它是如何防止过拟合现象？

16. 在 $y$ 关于 $x$ 的直线回归方程 $y=a+bx$ 中，$b$ 的统计意义是什么？中心化和标准化的直线回归方程是什么？

17. 在 $n$ 个观测数据点对 $(x_i, y_i)(i=1,2,\cdots,n)$ 中蕴含着 $y=a+bx$ 直线关系。现依据这 $n$ 个观测数据可计算 $L_{xx}=\sum_{i=1}^{n}(x_i-\bar{x})^2$，$L_{xy}=\sum_{i=1}^{n}(x_i-\bar{x})(y_i-\bar{y})$，$L_{yy}=\sum_{i=1}^{n}(y_i-\bar{y})^2$ 以及 $\bar{x}=\frac{1}{n}\sum_{i=1}^{n}x_i$ 和 $\bar{y}=\frac{1}{n}\sum_{i=1}^{n}y_i$。试问：①$a$ 和 $b$ 的最小二乘估计是什么？②回归平方和 $SS_R$ 和剩余平方和 $SS_{剩}$ 各等于多少？③检验回归方程是否显著的统计量是什么？

18. 基于 $n$ 个观测数据对 $(x_i, y_i)$ 的回归方程 $y=a+bx$ 经检验为显著，且 $a$ 和 $b$ 具有重要的物理意义。试问：①$b$ 的标准差？$b$ 的 $(1-\alpha)\times100\%$ 置信区间是多少？②$a$ 的标准差？$a$ 的 $(1-\alpha)\times100\%$ 置信区间是什么？

19. 将下列非线性方程选用变量替换转化为线性形式。

(1) $y=a+b\ln(x^2+1)$　　　　(2) $y=a+be^{-x}$

(3) $y=a+\dfrac{b}{x^2}$　　　　(4) $y=ae^{b/x^2}$

20. 在食品的挤压膨化加工过程中，产品的含水量受物料含水量影响，其试验结果数据如下表所示。试建立它们之间的数学模型。

| 物料含水量 $x$/% | 14.5 | 15 | 15.5 | 16 | 17 | 18 | 20 |
|---|---|---|---|---|---|---|---|
| 产品含水量 $y$/% | 7.99 | 7.96 | 8.35 | 8.53 | 8.68 | 9.64 | 9.98 |

21. 采用比色法测定葡萄酒中的总酚含量，试验数据如下表。试建立总酚含量对吸光度的线性回归方程，并求相关系数及剩余标准差。若吸光度为 0.3，请预测葡萄酒中总酚浓度。

| 吸光度 $x$ | 0 | 0.095 | 0.179 | 0.270 | 0.365 | 0.520 | 0.880 |
|---|---|---|---|---|---|---|---|
| 总酚浓度 $y(g \cdot L^{-1})$ | 0 | 0.05 | 0.10 | 0.15 | 0.25 | 0.30 | 0.50 |

22. 已知数据如下表，请拟合线性回归模型 $y=b_0+b_1x$，并计算拟合残差平方和。

| $x$ | 10 | 5 | 7 | 19 | 11 | 8 |
|---|---|---|---|---|---|---|
| $y$ | 15 | 9 | 3 | 25 | 7 | 13 |

23. 已知数据如下表，请先对变量标准化，然后拟合回归模型 $y=b_1x_1+b_2x_2$，并将该拟合方程还原为原变量(标准化之前)的回归方程。

| $x_1$ | 10 | 5 | 7 | 19 | 11 | 8 |
|---|---|---|---|---|---|---|
| $x_2$ | 2 | 3 | 3 | 6 | 7 | 9 |
| $y$ | 15 | 9 | 3 | 25 | 7 | 13 |

24. 某组分对氨的脱吸量 $y(g \cdot m^{-2})$与温度 $x$(℃)的试验数据如下：

| $x$/℃ | 5 | 10 | 15 | 20 | 25 | 30 | 35 |
|---|---|---|---|---|---|---|---|
| $y/(g \cdot m^{-2})$ | 123 | 321 | 509 | 658 | 689 | 675 | 598 |

试拟合 $y=a+bx+cx^2$。

25. 物质的吸附能力与温度有关，现考察一种活性炭材料在不同温度下对特定污染物的吸附，试验测试数据如下表。

| 温度/℃ | 1.5 | 1.8 | 2.4 | 3.0 | 3.5 | 3.9 | 4.4 | 4.8 | 5.0 |
|---|---|---|---|---|---|---|---|---|---|
| 吸附量/mg | 4.8 | 5.7 | 7.0 | 8.3 | 10.9 | 12.4 | 13.1 | 13.6 | 15.3 |

试建立吸附量与温度之间的一元回归方程，并用相关系数法和方差分析法对方程的显著性进行检验。

26. 合成纤维抽丝工段第一导丝盘速度是影响丝质量的重要参数，研究发现它与电流周波有密切关系。现生产中获得的试验数据如下表。

| 电流周波 | 49.2 | 50.0 | 49.3 | 49.0 | 49.5 | 49.8 | 49.9 | 50.2 | 50.2 |
|---|---|---|---|---|---|---|---|---|---|
| 导丝盘速度 | 16.7 | 17.0 | 16.8 | 16.6 | 16.7 | 16.8 | 16.9 | 17.0 | 17.1 |

试求导丝盘速度关于电流周波的一元回归方程，并用相关系数和方差分析方法对方程进行显著性检验。

27. 为研究超声波声速 $v$ 与混凝土的抗压强度 $f$ 之间的定量函数关系，试验采集的 12 组数据如下表。

| $v$/km·s$^{-1}$ | 3.32 | 3.48 | 3.45 | 3.77 | 3.75 | 3.78 | 3.98 | 4.02 | 4.07 | 4.35 | 4.40 | 4.70 |
|---|---|---|---|---|---|---|---|---|---|---|---|---|
| $f$/MPa | 3.8 | 4.0 | 4.7 | 8.4 | 8.8 | 8.8 | 11.2 | 11.6 | 12.0 | 19.6 | 20.0 | 23.4 |

若抗压强度与波速之间的函数关系近似为 $f=ae^{bv}$。试估计该方程中的参数，并用方差分析法完成显著性检验。

28. 在电池性能的研究测试中，现采集到影响电池失效周期 $y$ 的充电电流 $x_1$、放电电流 $x_2$、放电深度 $x_3$、温度 $x_4$、充电极限电压 $x_5$ 等试验数据。

| 充电电流/A | 放电电流/A | 放电深度/% | 温度/℃ | 充电极限电压/V | 失效周期/d |
|---|---|---|---|---|---|
| 0.375 | 3.13 | 60.0 | 40 | 2.00 | 101 |
| 1.000 | 3.13 | 76.8 | 30 | 1.99 | 141 |
| 1.000 | 3.13 | 60.0 | 20 | 2.00 | 96 |
| 1.000 | 3.13 | 60.0 | 20 | 1.98 | 125 |

**续表**

| 充电电流/A | 放电电流/A | 放电深度/% | 温度/℃ | 充电极限电压/V | 失效周期/d |
|---|---|---|---|---|---|
| 1.625 | 3.13 | 43.2 | 10 | 2.01 | 43 |
| 1.625 | 3.13 | 60.0 | 20 | 2.00 | 16 |
| 1.625 | 3.13 | 60.0 | 20 | 2.02 | 188 |
| 0.375 | 5.00 | 76.8 | 10 | 2.01 | 10 |
| 1.000 | 5.00 | 43.2 | 10 | 1.99 | 3 |
| 1.000 | 5.00 | 43.2 | 30 | 2.01 | 386 |
| 1.000 | 5.00 | 100 | 20 | 2.00 | 45 |
| 1.625 | 5.00 | 76.8 | 10 | 1.99 | 2 |
| 0.375 | 1.25 | 76.8 | 10 | 2.01 | 76 |
| 1.000 | 1.25 | 43.2 | 10 | 1.99 | 78 |
| 1.000 | 1.25 | 76.8 | 30 | 2.00 | 160 |
| 1.000 | 1.25 | 60.0 | 0 | 2.00 | 3 |
| 1.625 | 1.25 | 43.2 | 30 | 1.99 | 216 |
| 1.625 | 1.25 | 60.0 | 20 | 2.00 | 73 |
| 0.375 | 3.13 | 76.8 | 30 | 1.99 | 314 |
| 0.375 | 3.13 | 60.0 | 20 | 2.00 | 170 |

试求 $\ln(y)$ 的一个“最佳”变量子集的线性回归方程。

29. 为了提高某化合物的合成试验中的产品得率，选取配比、溶剂量和反应时间这三个主要影响因素，试验数据如下表所示。试用线性回归模型拟合试验数据，并完成回归方程的显著性检验。

| 试验号 | 配比 | 溶剂量/mL | 反应时间/h | 得率/% |
|---|---|---|---|---|
| 1 | 1.0 | 13 | 1.5 | 33.0 |
| 2 | 1.4 | 19 | 3.0 | 33.6 |
| 3 | 1.8 | 25 | 1.0 | 29.4 |

续表

| 试验号 | 配比 | 溶剂量/mL | 反应时间/h | 得率/% |
|---|---|---|---|---|
| 4 | 2.2 | 10 | 2.5 | 47.6 |
| 5 | 2.6 | 16 | 0.5 | 20.9 |
| 6 | 3.0 | 22 | 2.0 | 45.1 |
| 7 | 3.4 | 28 | 3.5 | 48.2 |

30. 某合金钢的抗拉强度 $y(\mathrm{kg \cdot mm^{-1}})$与含碳量 $x(\%)$之间存有一定的关系，它们的试验数据如下：

| 试验号 | 含碳量/% | 抗拉强度/$(\mathrm{kg \cdot mm^{-1}})$ | 试验号 | 含碳量/% | 抗拉强度/$(\mathrm{kg \cdot mm^{-1}})$ |
|---|---|---|---|---|---|
| 1 | 0.05 | 40.8 | 8 | 0.13 | 45.6 |
| 2 | 0.07 | 41.7 | 9 | 0.14 | 45.1 |
| 3 | 0.08 | 41.9 | 10 | 0.16 | 48.9 |
| 4 | 0.09 | 42.8 | 11 | 0.18 | 50.0 |
| 5 | 0.10 | 42.9 | 12 | 0.20 | 55.0 |
| 6 | 0.11 | 43.6 | 13 | 0.21 | 54.8 |
| 7 | 0.12 | 44.8 | 14 | 0.22 | 60.0 |

(1)试求抗拉强度对钢中含碳量的线性回归方程。

(2)求当钢中含碳量 $x_0=0.15\%$ 时，抗拉强度 $y_0$ 的置信度为 95%的预测区间。

(3)若要以 95%的置信度将抗拉强度落在 38.1～49.5 $\mathrm{kg \cdot mm^{-1}}$ 区间内，则含碳量应控制在什么范围?

31. 为研究石油化工产品辛烷值在不同馏分中的分布规律，现采样 12 种混合物并试验测定 7 个组分组成数据，即直接蒸馏成分 $x_1$、重整汽油 $x_2$、原油热裂化油 $x_3$、原油催化裂化油 $x_4$、聚合物 $x_5$、烷基化物 $x_6$、天然香精 $x_7$，以及辛烷值 $y$。试建立辛烷值对混合物中组分组成的回归方程，并分析这 7 个组分组成对辛烷值的影响。

| 试验号 | $x_1$ | $x_2$ | $x_3$ | $x_4$ | $x_5$ | $x_6$ | $x_7$ | $y$ |
|---|---|---|---|---|---|---|---|---|
| 1 | 0.00 | 0.23 | 0.00 | 0.00 | 0.00 | 0.74 | 0.03 | 98.7 |

**续表**

| 试验号 | $x_1$ | $x_2$ | $x_3$ | $x_4$ | $x_5$ | $x_6$ | $x_7$ | $y$ |
|---|---|---|---|---|---|---|---|---|
| 2 | 0.00 | 0.10 | 0.00 | 0.00 | 0.12 | 0.74 | 0.04 | 97.8 |
| 3 | 0.00 | 0.00 | 0.00 | 0.10 | 0.12 | 0.74 | 0.04 | 96.6 |
| 4 | 0.00 | 0.49 | 0.00 | 0.00 | 0.12 | 0.37 | 0.02 | 92.0 |
| 5 | 0.00 | 0.00 | 0.00 | 0.62 | 0.12 | 0.18 | 0.08 | 86.6 |
| 6 | 0.00 | 0.62 | 0.00 | 0.00 | 0.00 | 0.37 | 0.01 | 91.2 |
| 7 | 0.17 | 0.27 | 0.10 | 0.38 | 0.00 | 0.00 | 0.08 | 81.9 |
| 8 | 0.17 | 0.19 | 0.10 | 0.38 | 0.02 | 0.06 | 0.08 | 83.1 |
| 9 | 0.17 | 0.21 | 0.10 | 0.38 | 0.00 | 0.06 | 0.08 | 82.4 |
| 10 | 0.17 | 0.15 | 0.10 | 0.38 | 0.02 | 0.10 | 0.08 | 83.2 |
| 11 | 0.21 | 0.36 | 0.12 | 0.25 | 0.00 | 0.00 | 0.06 | 81.4 |
| 12 | 0.00 | 0.00 | 0.00 | 0.55 | 0.00 | 0.37 | 0.08 | 88.1 |

# 第7章　试验设计基础与优选法

试验设计是一项通用的优化技术，它以概率论和数理统计为理论基础，经济又科学地安排试验。试验设计与数据分析互为前提和条件。只有在掌握一定的数据分析方法基础上，结合扎实的专业知识和实践经验，才能进行正确的试验设计。试验设计需要考虑与规划诸多要素，比如试验指标、影响因素、水平选择、样本大小、随机化、重复次数等，以确保试验的科学性和可靠性。反过来，只有在正确的试验设计基础上，通过科学地分析试验数据，才能得出可靠的结论，揭示事物的本质特性和内在联系。

优选法，又称试验最优化方法，是根据生产和科研中的不同问题，利用数学原理，合理安排试验点，减少试验次数，力求快速找到因素水平的优化区间或多个因素的最佳水平组合。优选法可以解决那些试验指标与影响因素之间不能用数学形式表达，或虽有表达式但很复杂的问题。试验设计和优选法，自 20 世纪 20 年代问世至今，发展大致经历三个阶段，即早期的单因素和多因素方差分析、传统的正交试验法和近代的调优设计法。

## 7.1　试验设计基础

### 7.1.1　试验设计的基本概念

视频 7－1

**1. 试验与试验设计**

(1)试验

试验是对客观世界变化规律在试验室或生产现场进行科学模拟的过程。试验既是获得感性认识的基本途径，也是发展、形成和检验新概念、新科学理论的实践基础。科学试验是人们获得信息最直接、最可靠的方法，也是人们认识世界、改造世界的必由之路。比如，合成某一个化工产品，首先需要在热力学理论上论证其可行性，然后通过试验获得具体的合成方法。那么怎样来安排试验呢？这也是一门学问，即试验设计的方法问题。

(2)试验设计

试验设计(design of experiment，DOE)是一种数理统计学的应用方法，旨在通过合理安排试验，以最快速、最经济的方式获取丰富且有效的试验信息和成果。试验设计包括试验方案的安排和试验数据的分析这两项重要内容。一个好的试验方案设计可以显著减少试验次数，获得充分的信息，并可简化试验数据的分析过程，达到节省人力、物力和时间资源。而且，科学的试验设计可以显著提高试验结果的可靠性。

试验设计的本质就是通过合理的设计和安排试验条件，从研究对象的外部环境或大自然中获取所需的信息和结果。图 7-1 展示了在当前反应温度和反应时间的工况条件下，收率较低（＜83％）的生产状态。为了获得更高的收率（＝89％），需要通过试验设计寻找反应温度和反应时间的更佳搭配。

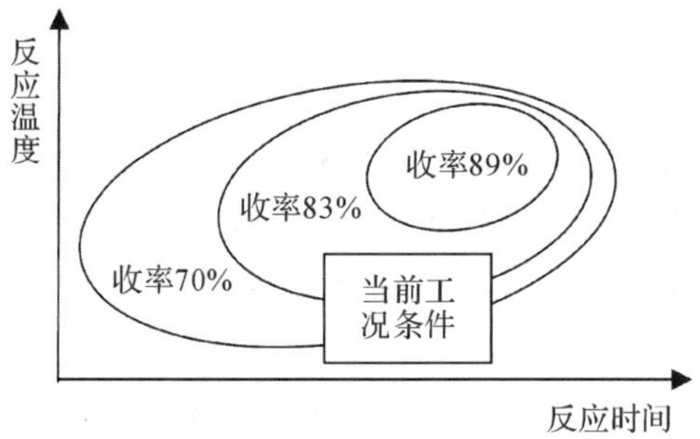


图 7-1 试验设计的概念

**2. 试验设计的基本术语**

试验设计的三个最基本术语：衡量结果好坏的量值“指标”、可能影响“指标”的原因“因素”、“因素”所处的各种状态“水平”。

(1)试验指标

在试验设计中，用于评判试验结果好坏的物理量或标准被称为指标，通常也称为响应，比如收率、转化率、选择性、纯度、熔点、杂质含量等。试验指标的选择，首先要根据具体的研究目的和试验对象的特性来选择。科学合理的指标应能够准确反映试验结果的重要特征和性能，帮助试验者评估试验的成功程度和目标的实现程度。其次，要考虑这个指标是否容易取得，如取样方法、测定方法、计算方法等。另外，指标应具备可测性、可重复性和可比性，以确保试验结果的可靠性和可验证性。

试验指标可以分为定量指标和定性指标。定量指标是可以用具体数值来表示，比如收率、纯度等。定性指标则是通过描述、分类等方式来表示，比如色泽、外观等。为了便于分析试验结果，定性指标通常需要进行定量化处理，比如色泽可以按照不同的深度将其分成不同的等级。试验指标可以是一个，也可以是多个。当试验只选择一个指标进行评价时，称为单指标试验设计；当试验选择多个指标进行评价时，称为多指标试验设计。

(2)试验因素

试验因素，也被称为试验因子，是指影响试验指标的各种条件或变量。比如，化学反应中影响收率的温度、压力、反应时间、催化剂用量、原料纯度等。为系统研究试验因素对试验指标的影响，常常使用 $A$，$B$，$C$ 等表示不同的试验因素，以方便进行试验方案设计与数据分析。除了试验因素外，试验中还存在其他影响试验指标的因素，称为条件因素。在试验设计中，通常将条件因素的水平值固定不变。

试验因素的选择是试验设计中的重要环节，确保选择的因素具有科学合理性是关键。在选择试验因素时，应考虑以下要点：①可控性：选择那些可以在试验过程中进行调节和控制的因素，以确保对试验因素的变化进行准确的观察；②可变性：选择那些具有一定变化范围的因素，以便观察因素的不同水平对试验指标的影响；③可行性：选择那些在实验室或生产现场条件限制下可以实际操作和控制的因素；④重要性：选择那些对试验指标具有显著影响的因素，以便更好地了解试验指标的变化规律；⑤关联性：考虑因素之间的关联性，以更好地理解因素之间的相互作用和综合效应。因此，根据试验的目的和任务要求，结合对象机理和实践经验，选择关键和重要的影响因素进行研究是科学合理的做法。

(3)因素的水平

因素所处的状态称为水平，也称为处理。因素取值变化的次数，称为水平数。在试验设计中，一个因素选取几个水平就称该因素为几水平的因素。比如，对于一个化学反应来说，若反应温度设定 60℃，70℃，80℃这 3 个不同状态，即温度为 3 水平的因素。

水平范围的选择应当适宜，水平范围太窄则试验指标的变化幅度也较小，可能无法察看水平对指标的影响，水平范围太宽则无法准确地反映水平的转折点。而因素水平间隔的选取，应根据指标对因素水平的灵敏程度来确定，指标反应灵敏的，因素的水平间隔可小一些，反之则大一些。同时，还要注意以下几点：①不要选择试验前就已经知晓会导致指标结果不好的因素水平，或将来在实际应用或生产操作中不可能用到的因素水平；②不要漏掉可能是最适宜的水平和水平组合；③水平数尽可能地少。对于多个因素的试验，每个因素通常取 2～3 个水平，最多 4～6 个水平。当然，这也不是绝对的。

常用的因素水平确定方法，包括等差法、等比法、优选法和随机法等。其中，优选法又可细分为黄金分割法、分数法、对分法、抛物线法、逐步提高法等。

**3. 试验设计的作用与意义**

方案设计是所有科学试验的“龙头”。如果你是一位科学家，正在开发一种新的试验方法，试验设计中的主要因素有哪些？每个因素影响程度有多大？哪些试验过程可能产生较大的误差？如何进行过程控制？控制前后的误差差别有多大？如果你是一名工程师，正在开发一种新产品或新仪器设备，如何寻找原材料的配方？在该配方下如何进行生产？最优的产品配方及配套的工艺条件如何实现？等等一系列的问题，这些都是科学研究和技术创新中必须面对、思考和解决的问题。试验设计在其中的作用和意义主要体现在以下几个方面：

◆ 确定试验因素对试验指标影响大小的排序，找出主要因素；

◆ 提高试验精度，明确试验因素之间的相互作用；

◆ 寻找最优方案，并能预估或控制一定条件下试验指标响应值及其波动范围；

◆ 正确评估、有效控制和降低试验误差，从而提高试验的整体精度；

◆ 通过对试验结果的分析，明确进一步研究的方向。

如果试验设计得法，结果分析到位，就能以较少的试验次数、较短的试验周期、较低的成本迅速地获得较好的试验结果和正确的研究结论。反之，则增加试验次数、延长试验周期，浪费大量人力、物力、财力和时间，也难以达到预期的效果，甚至导致试验的失败。

### 7.1.2 试验设计的基本原则

试验设计的创始人费歇尔(Fisher)提出了试验设计的三个基本原则，即重复性、随机化与局部控制。

**1. 重复性原则(principle of replication)**

重复性是指试验在因素取相同水平条件下进行多次观察或测量。任何试验必须有一定数量的重复，这是一条为了保证试验精度、评定试验误差所必须遵守的原则。通过重复观察，不仅可以减少随机误差的影响，提高试验结果的可靠性和稳定性，还可以帮助评估试验指标的变异程度，从而更好地判断因素影响的显著性。

根据概率论的中心极限定理，当试验样本数据 $x_1, x_2, \cdots, x_n$ 的方差为 $s_x^2$ 时，则样本均数 $\bar{x}$ 的方差为 $s_{\bar{x}}^2 = s_x^2/n = \sum_{i=1}^{n}(x_i - \bar{x})^2/[n \times (n-1)]$。重复次数 $n$ 越大，$s_{\bar{x}}^2$ 越小，但下降的幅度变缓。一般情况下，$n$ 取 3 ～ 5 次，多则达到 6 ～ 20 次或更大。

**2. 随机化原则(principle of randomization)**

这是一条系统误差随机化的原则，也是一条如何安排试验中固定条件的重要原则。随机化是指因素的每一种水平组合及其组合的每一个重复都有同等的机会。通过随机化原则安排试验，可以让不同水平组合之间在其他因素上的分布相似，以消除某些水平的组合或其组合的重复可能占有的“优势”或“劣势”，保证试验条件在空间和时间上的均匀性。

随机化虽然不能完全消除系统误差，但可以减少试验中潜在的偏倚，从而使得试验结果更加可信和可靠。随机化安排试验主要有两种方法，一种是利用抽签或掷骰子的方法决定试验的先后顺序，另一种是利用随机数表。

**3. 局部控制原则(principle of local control)**

在试验中，当外部条件或环境差异较大时，仅靠重复试验和随机化原则是不能将它们所引起的变异从试验误差中分离出来，试验误差会比较大，试验的精确性与检验的灵敏度会比较低。为解决这一问题，常采用区组设置技术。

所谓区组，就是一致性的试验外部条件和环境。局部控制，也称区组管理，指的是将整个试验环境或外部条件分成若干个区组，组内的非试验因素和外部条件在宏观上是保持一致性的，而区组之间外部条件的差异引起的系统误差可通过方差分析将其从试验误差中分离出来。局部控制原则实际上是对随机化的限制，它能较好地控制和降低试验因素以外其他条件对试验结果带来的影响。

随机误差影响指标的微小波动，系统误差影响指标的严重偏离。试验设计的三个原则是为了分离随机误差，化变值系统误差为随机误差，消除常值系统误差对试验数据影响的有效措施。试验设计的三个基本原则及其作用与关系如图 7-2 所示。

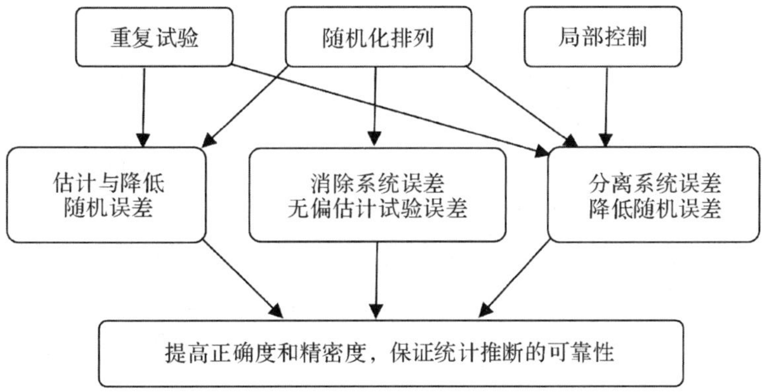


图 7-2　试验设计的三个基本原则及其作用

# 7.2　优选法

## 7.2.1　单因素优选法

如果在试验中只有一个影响因素，或虽有多个影响因素，但在安排试验时，只考虑一个因素对指标的影响，而其他因素保持不变的试验，即为单因素试验。

如果因素 $x$ 的水平取值范围为[$a$，$b$]($a<b$，$a$，$b$ 为常数)，而 $f(x)$为其响应函数，但表达式未知。假定 $f(x)$在区间[$a$，$b$]上有唯一的极大值点(或者极小值点)$x^*$，且满足在区间[$a$，$x^*$]上，函数 $f(x)$严格增加(或者减少)，在区间[$x^*$，$b$]上，函数 $f(x)$严格减少(或增加)，则称 $f(x)$为区间[$a$，$b$]上的单峰函数。单峰函数不一定连续、可微。图 7-3 中的左边极大值点和右边极小值点是单峰函数的两种示例。

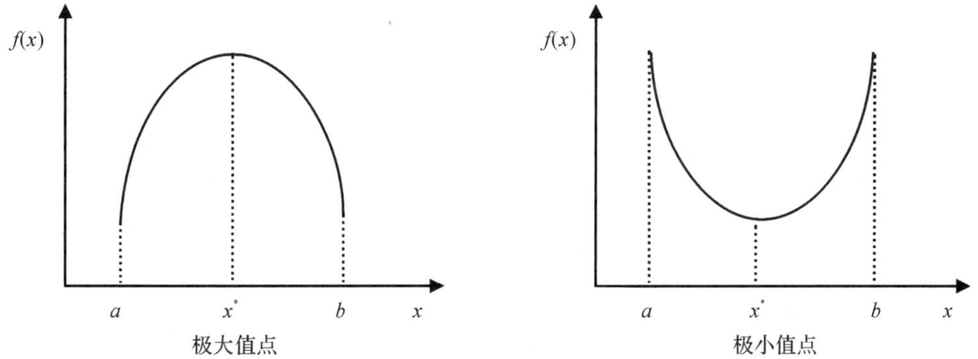


图 7-3　单峰函数的两种示例

单因素优选法，就是用尽量少的试验次数来确定单峰函数 $f(x)$极值点的近似位置或存优区间。在数学上，优选法就是寻找某个函数极值点的既快又精确的计算方法。目前，常用的单因素优选法包括黄金分割法、分数法、均分法、抛物线法、平分法和比例分割法等。

视频 7—2

**1. 黄金分割法**

黄金分割法，又称 0.618 法，它首先在试验范围内安排两个试验点，再比较这两个试验点的指标结果，留好舍坏，再确定下一个试验点的位置，如此迭代直至找到最优点或水平区间长度满足精度要求为止。黄金分割法常用于连续物理量的试验因素的优化设计，其方法的操作要点如下：

第一个试验点 $x_1$ 在试验区间范围$[a, b]$的 0.618 位置上，第二个试验点 $x_2$ 则是 $x_1$ 的对称点，即

$$x_1 = a + 0.618 \times (b - a) \tag{7-1}$$

$$x_2 = a + b - x_1 \text{或} \ x_2 = a + 0.382 \times (b - a) \tag{7-2}$$

两个试验点的指标测定结果分别记为 $f(x_1)$和 $f(x_2)$。如果 $f(x_1) > f(x_2)$，则划去试验区间范围$[a, x_2]$。如果 $f(x_1) < f(x_2)$，则划去试验区间范围$[x_1, b]$。下一个试验点，则在余下的试验区间范围内找到新的对称点。新的对称点计算方法仍然选用式(7-1)或式(7-2)，只是需要将区间长度由$(b-a)$改为 $0.618(b-a)$。

**例题 7-1** 某酒厂在酿造淡色啤酒时，100L 麦汁中添加某种类型的酒花 80～330g，现用黄金分割法对酒花的加入量进行优选，探究风味稳定性好的最优酒花添加量，试验精度要求控制在 40g 以下。

**解** 依题意，试验区间范围为[80，330]，即 $a=80$，$b=330$，现选用黄金分割法安排试验点。第一个试验点 $x_1$ 和第二个试验点 $x_2$ 分别由式(7-1)和式(7-2)计算得到。

$$x_1 = 80 + 0.618 \times (330 - 80) = 234.5, x_2 = 80 + 330 - 234.5 = 175.5$$

若在这两个试验点采集的试验指标结果的大小关系为 $f(x_1) < f(x_2)$，则划去试验区间范围[234.5，330]。第三个试验点 $x_3$ 在留下来的存优区间范围[80，234.5]内通过式(7-2)计算得到，它就是 $x_2$ 在新的区间范围内新的对称点。如此迭代计算的具体步骤如表 7-1 所示。

**表 7-1 黄金分割法试验优选方案**

| 试验序号 | 试验点位置 | 试验指标 | 指标比较 | 好点判断 | 存优区间 |
|---|---|---|---|---|---|
| 1 | $x_1 = 80 + 0.618 \times (330 - 80) = 234.5$ | $f(x_1)$ | | | |
| 2 | $x_2 = 80 + 330 - 234.5 = 175.5$ | $f(x_2)$ | $f(x_1) < f(x_2)$ | 2 | [80，234.5] |
| 3 | $x_3 = 80 + 0.382 \times (234.5 - 80) = 139.0$ | $f(x_3)$ | $f(x_2) < f(x_3)$ | 3 | [80，175.5] |
| 4 | $x_4 = 80 + 0.382 \times (175.5 - 80) = 116.5$ | $f(x_4)$ | $f(x_4) < f(x_3)$ | 3 | [116.5，175.5] |
| 5 | $x_5 = 116.5 + 0.618 \times (175.5 - 116.5) = 153.0$ | $f(x_5)$ | $f(x_4) < f(x_5)$ | 5 | [139，175.5] |

在迭代至第五个试验点，留存的区间范围长度 $L=175.5-139=36.5\text{g}$，已低于精度控制的要求 40g，试验结束。

**2. 分数法**

分数法是以斐波那契数列(Fibonacci sequence)为基础而提出的一种优选法。与黄金分割法的不同之处，分数法要求预先给出试验总次数，或者知道试验区间范围和精度，试验总次数通过计算可以得到。

视频 7—3

斐波那契数列为：

$$F_n=\frac{1}{\sqrt{5}}\times\left[\left(\frac{1+\sqrt{5}}{2}\right)^{n+1}-\left(\frac{1-\sqrt{5}}{2}\right)^{n+1}\right],\ n\geqslant 0 \tag{7-3}$$

容易证明，存在下面的递推公式

$$F_n=F_{n-1}+F_{n-2},\ n\geqslant 2 \tag{7-4}$$

于是，方便地计算得到斐波那契数列

$$1,1,2,3,5,8,13,21,34,55,89,\cdots$$

利用该数列可以生成一组数值逐渐逼近 0.618 的分数，即

$$\frac{1}{2},\frac{2}{3},\frac{3}{5},\frac{5}{8},\frac{8}{13},\frac{13}{21},\frac{21}{34},\frac{34}{55},\frac{55}{89},\cdots$$

通过此分数数列安排试验时，需要分为以下两种情况：

(1)可能的试验总次数正好等于某一个 $F_n-1$。

若满足此条件，则前两个试验点放在试验区间范围的$\frac{F_{n-1}}{F_n}$和$\frac{F_{n-2}}{F_n}$位置上，也就是先在第 $F_{n-1}$，$F_{n-2}$分点上进行试验，如图 7-4 所示。然后比较这两个试验点的指标结果，如果第 $F_{n-1}$分点的指标结果为好，则划去第 $F_{n-2}$点以下的试验区间范围；如果第 $F_{n-2}$分点的指标结果为好，则划去 $F_{n-1}$分点以上的试验区间范围。在留存的试验区间范围内，剩下 $F_{n-1}-1$ 个试验点，重新编号，其中第 $F_{n-2}$ 和 $F_{n-3}$ 分点中的一个是刚好留下的好点，另一个则是下一步要做的新试验点。照此步骤重复进行，直至试验区间范围内没有可以做的好点为止。

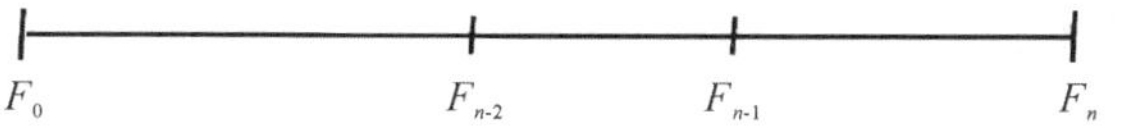


图 7-4　分数法的试验点设计安排

容易看出，用分数法安排试验，在 $F_n-1$ 个可能的试验点中，最多只需要做 $n-1$ 次试验就能找到它们中的最好点。在试验过程中，如果遇到一个已经满足要求的好点，也可以直接停下来，无需再做后面的试验。

**例题 7-2**　卡那霉素生物测定培养温度优选，国内外都有规定培养温度为(37±1)℃，培养时间在 16h 以上。某制药厂为缩短时间，决定优选培养温度，试验范围选定为 29～50℃，精确度要求±1℃，请用分数法安排试验。

**解**　由题意可知，试验可能的总次数等于 $F_7-1=20$。选用$\frac{13}{21}$分数法安排试验，中间试验点共有 20 个，第一个试验点在第 8 个分点 37℃，第二个试验点在第 13 个分点 42℃。

经过 6 次试验，发现在 43℃培养的最好，只需 8～9h。优选过程如图 7-5 所示。

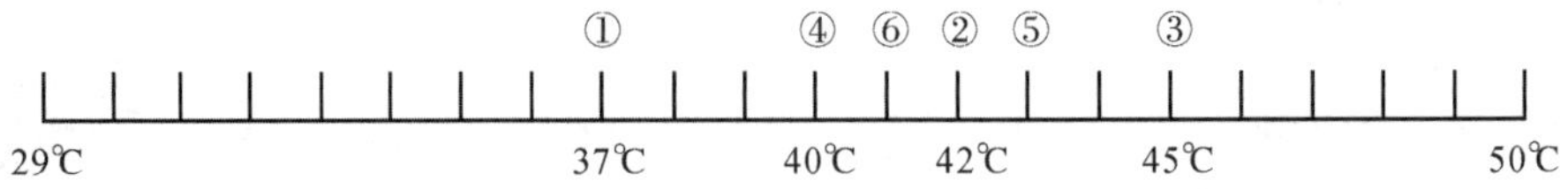


图 7-5　卡那霉素生物测定培养温度的分数法优选过程

由此图可见，由于 $F_7=21$，所以共需做 7－1＝6 次试验。

(2)可能的试验总次数大于 $F_n-1$ 而小于 $F_{n+1}-1$。

若属于此类情况，只需在试验区间范围之外虚设几个试验点，且虚设的试验点可以安排在试验区间的一端或两端，以凑成 $F_{n+1}-1$ 个试验。而对于虚设的试验点，无需开展真正的试验，直接判断它们的指标结果比其他试验点差即可。显然，虚设试验点并不增加实际的试验次数。

**例题 7-3**　在混凝沉淀试验中，若所用的混凝剂为某阳离子型聚合物与硫酸铝，其中硫酸铝的投入量恒定为 10mg・$L^{-1}$，而某阳离子聚合物的投加量可能为 0.10，0.15，0.20，0.25，0.30(单位：mg・$L^{-1}$)。试用分数法安排试验，确定最佳阳离子型聚合物的投加量。

**解**　根据题意，可能的试验总次数为 $n=5$ 次。由裴波那契数列可知 $F_5-1=8-1=7$，$F_4-1=5-1=4$。由于 $F_4-1<n<F_5-1$，因此需要增加两个虚设试验点，使其可能的试验总次数提升为 7 次，虚设试验点可以安排在试验范围的一端或两端。如果安排在两端，即一端一个虚设点，如图 7-6 所示。

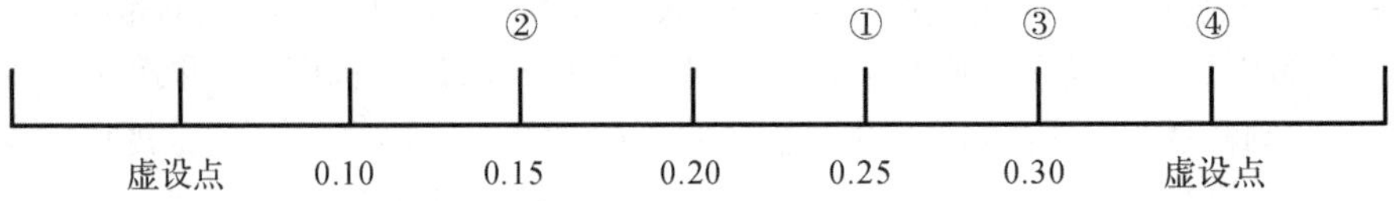


图 7-6　阳离子型聚合物投加量的分数法优选过程

接下来，便是借助试验开展具体的优选过程：

第①个试验点选在第 5 个分点 0.25mg・$L^{-1}$，第②个试验点选在第 3 个分点 0.15mg・$L^{-1}$。假设试验指标①点为好，则划去第 3 个分点以下的，并重新编号。

第③个试验点选在第 6 个分点 0.30mg・$L^{-1}$，然后进行①③试验点的比较，假设试验指标③点为好，则划去第 2 个分点以下的，再重新编号。

第④个试验点选在第 7 个分点，它刚好是虚设的试验点，直接认定它的效果差，也就是第③试验点仍然为好。至此试验结束，该阳离子型聚合物的最佳投加量为 0.30mg・$L^{-1}$。

分数法同黄金分割法的区别之处在于，用分数 $F_{n-1}/F_n$ 和 $F_{n-2}/F_n$ 代替 0.618 和 0.382 确定试验点的位置。如果 $F_{n-1}/F_n$ 确定了第一个试验点，则可以根据式(7-4)导出如上完全一样的优选试验点序列。

分数法适用于试验点全部取整数的情况。在使用时，先根据试验的整数个数来选用合适的分数，常用的分数法试验表见表 7-2。

表 7-2　分数法试验

| 分数 $F_n/F_{n+1}$ | 第一批试验点位置 | 等分试验范围分数 $F_{n+1}$ | 试验次数 |
|---|---|---|---|
| 2/3 | 1/3，2/3 | 3 | 2 |
| 3/5 | 2/5，3/5 | 5 | 3 |
| 5/8 | 3/8，5/8 | 8 | 4 |
| 8/13 | 5/13，8/13 | 13 | 5 |
| 13/21 | 8/21，13/21 | 21 | 6 |
| 21/34 | 13/34，21/34 | 34 | 7 |
| 34/55 | 21/55，34/55 | 55 | 8 |

### 3. 对分法

对分法，又称平分法，每次的试验点都安排在试验区间范围的平分点上，然后根据试验指标大小判断并舍掉不符合要求的一半长度的区间范围。假设试验区间范围为$[a, b]$，则第一次试验点安排在$(a+b)/2$，并根据这次试验的指标结果判断并留存下一次试验所在的区间范围，其长度为原来区间范围的一半。第二次试验点的位置则为留存下来的试验区间范围的中点，并根据其试验指标的结果再删除一半的试验区间范围，如此继续下去，直至找到最佳试验点或试验精度满足要求为止。

**例题 7-4**　高级纱上浆要加些乳化油脂，以增加柔软性，而油脂乳化需加碱加热。某纺织厂以前乳化油脂加烧碱为 1%，加热处理 4 小时。加碱量多可以缩短乳化时间，但过多又会皂化。现请在区间范围 1.0%～4.4%内进行加碱量的寻优。

**解**　第一次加碱量的试验点：$\frac{1}{2}\times(1.0\%+4.4\%)=2.7\%$

试验结果发现有皂化，说明加碱量偏多了，于是划去 2.7%以上的区间范围。

第二次加碱量的试验点：$\frac{1}{2}\times(1.0\%+2.7\%)=1.85\%$

试验结果油脂乳化良好。为进一步减小乳化时间，不再考虑少于 1.85%的加减量。

第三次加碱量的试验点：$\frac{1}{2}\times(1.85\%+2.7\%)=2.28\%$。

试验结果油脂乳化仍然良好，乳化时间已减少到 1 小时，结果满意，试验停止。上述优选的试验过程如图 7-7 所示。

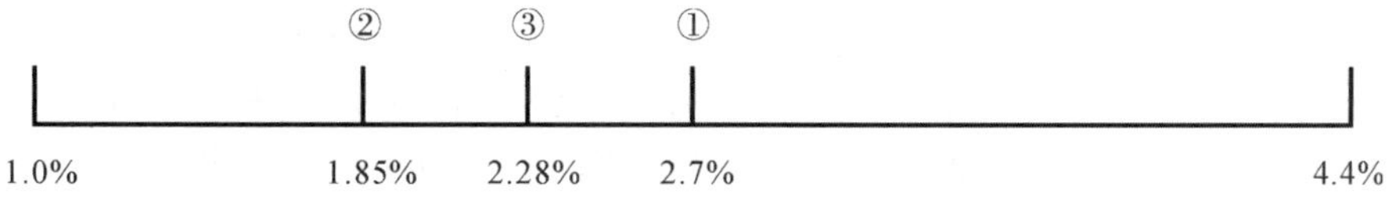


图 7-7　乳化油加碱量的对分法优选过程

对分法的优点是每次试验都能去掉试验区间长度的50%，且每次试验点都在试验区间的中点。但是，选用对分法需要满足以下两个条件中的一个：

①要有一个评价标准或具体指标。由于对分法每次只做一次试验，如果没有一个标准或指标，就无法判别试验结果的好与坏，比如天平平衡就可作为一个标准；

②已知因素对指标的影响规律，也就是说，能够从一个试验的结果直接关联或分析出该因素的水平取值是大还是小。如果没有这一条件就不能确定舍去试验区间范围的哪一端，也就无从确定下一次试验点的位置。

视频 7—4

**4. 抛物线法**

无论是黄金分割法、分数法还是对分法，都只是简单比较试验指标的大小关系，而下一次试验点位置的确定没有充分利用试验指标结果的信息。抛物线法则是根据已完成的三个试验点的位置和指标结果数据，拟合生成一条抛物线的方程，然后求出该抛物线的极值点并作为下一次试验点的位置。具体操作如下：

初始化三个试验点的位置 $x_1$，$x_2$ 和 $x_3(x_1<x_2<x_3)$，并试验采集它们的指标结果 $y_1$，$y_2$ 和 $y_3$。根据拉格朗日插值法，基于这三个试验点$(x_1, y_1)$，$(x_2, y_2)$和$(x_3, y_3)$可以构造一个二次函数。具体过程如下：

设三个试验点的抛物线方程为 $y=b_0+b_1x+b_2x^2$，则有：

$$\begin{cases} b_0+b_1x_1+b_2x_1^2=y_1 \\ b_0+b_1x_2+b_2x_2^2=y_2 \\ b_0+b_1x_3+b_2x_3^2=y_3 \end{cases} \tag{7-5}$$

由此可求算出 $b_0$，$b_1$，$b_2$，从而得抛物线方程为：

$$y=\frac{(x-x_2)(x-x_3)}{(x_1-x_2)(x_1-x_3)}y_1+\frac{(x-x_1)(x-x_3)}{(x_2-x_1)(x_2-x_3)}y_2 +\frac{(x-x_1)(x-x_2)}{(x_3-x_1)(x_3-x_2)}y_3 \tag{7-6}$$

根据函数极值的求导方法，计算抛物线方程的极值点位置 $x_4$：

$$x_4=\frac{1}{2}\frac{y_1(x_2^2-x_3^2)+y_2(x_3^2-x_1^2)+y_3(x_1^2-x_2^2)}{y_1(x_2-x_3)+y_2(x_3-x_1)+y_3(x_1-x_2)} \tag{7-7}$$

第四次试验安排在 $x_4$ 处，采集得到试验指标结果为 $y_4$。如果 $y_1$，$y_2$，$y_3$，$y_4$ 中的最大值是由 $x'_i$ 给出的，除 $x'_i$ 之外，在 $x_1$，$x_2$，$x_3$，$x_4$ 中取较靠近 $x'_i$ 的左右两点，将这三点记为 $x'_1$，$x'_2$，$x'_3$，且满足 $x'_1<x'_2<x'_3$。若在 $x'_1$，$x'_2$，$x'_3$ 处的函数值分别为 $y'_1$，$y'_2$，$y'_3$，则基于这三点又可导出一条抛物线方程。如此继续下去，直至函数的极大点(或它的充分邻近的一个点)被找到为止。

粗略地说，对于同样的试验效果要求，如果穷举法(在每个试验点上都做试验)要做 $n$ 次试验，黄金分割法则需要 $\lg n$ 次，而抛物线法仅仅需要 $\lg(\lg n)$次。诚然，抛物线法的起步需要三个试验点，因此它常常用在黄金分割法或分数法已取得一些试验数据的情况下。

**例题 7-5** 在测定某离心泵效率 $\eta$ 与流量 $Q$ 之间关系曲线的试验中，已经测得三组数据如表 7-3 所示。如何利用抛物线法尽快地找到最高效率点？

表 7-3　离心泵效率与流量的试验数据

| 流量 $Q/(\text{L}\cdot\text{s}^{-1})$ | 8 | 20 | 32 |
|---|---|---|---|
| 效率 $\eta/\%$ | 50 | 75 | 70 |

**解**　首先，根据这三组数据确定抛物线的极值点，即下一次试验点的位置。

$$Q_4=\frac{1}{2}\times\frac{\eta_1(Q_2^2-Q_3^2)+\eta_2(Q_3^2-Q_1^2)+\eta_3(Q_1^2-Q_2^2)}{\eta_1(Q_2-Q_3)+\eta_2(Q_3-Q_1)+\eta_3(Q_1-Q_2)}$$
$$=\frac{1}{2}\times\frac{0.50(20^2-32^2)+0.75(32^2-8^2)+0.70(8^2-20^2)}{0.50(20-32)+0.75(32-8)+0.70(8-20)}=24$$

将流量设置在 $Q=24\text{L}\cdot\text{s}^{-1}$，试验采集得离心泵效率 $\eta=78\%$。该效率已经非常好，试验至此结束。

**5. 爬山法**

爬山法，也称逐步提高法，它通过不断地尝试邻近试验点，并选择使试验指标增加或减少的方向来逐步接近最佳试验点，或者缩小因素水平的区间范围。具体做法是，先选择一个起始试验点 $P_0$，并向因素水平取值增加或减少的方向找一个试验点 $P_1$，采集 $P_0$ 和 $P_1$ 两个试验点的试验指标结果并比较。如果试验指标是 $P_1$ 点的好，就沿着该方向上继续增加因素的水平取值；如果试验指标是 $P_0$ 点的好，则掉头往因素水平取值减少的方向再找一个新的试验点 $P_2$，采集 $P_2$ 点的试验指标结果并比较。如此一步一步地增加或减少因素的水平取值，直至爬到某个试验点，再增加或减少时试验指标反而变差，则该试验点就是最佳试验点。

爬山法的效率与试验起点的选择关系很大，起点如果选得好，则可以大大节省试验次数。此外，每次爬山的步长，即试验点的间隔大小也对试验效率影响很大。在实践中，爬山法往往采取“两头小，中间大”的原则。也就是说，先用“小步”试探一下寻优方向，当方向确定后，则跨“大步”往前走，而当快接近最佳点时再改用“小步”。如果“大步”不小心跨过了最佳试验点，可以回退一个“小步”。一般来说，越接近最佳试验点的时候，试验指标随因素水平取值的变化越缓慢。

**6. 分批试验法**

在生产和科学研究中，为了加速试验，常常一批同时进行多次试验，即分批试验法。下面介绍均分法和比例分割分批法。

(1)均分法

假设第一批做 $2n$ 个试验($n$ 为任意正整数)，则先把试验区间范围等分为 $2n+1$ 段。在 $2n$ 个分点上开始第一批试验，并比较指标结果，留下最好的试验点及其左右各一段区间。然后，将这两段区间再分别等分为 $n+1$ 段，在生成的新分点处开始第二批试验(共 $2n$ 个试验点)，如此不断地进行下去，直至找到最佳点或精度达到要求为止。图 7-8 示意了 $n=2$ 的前两批试验点的分布与安排。

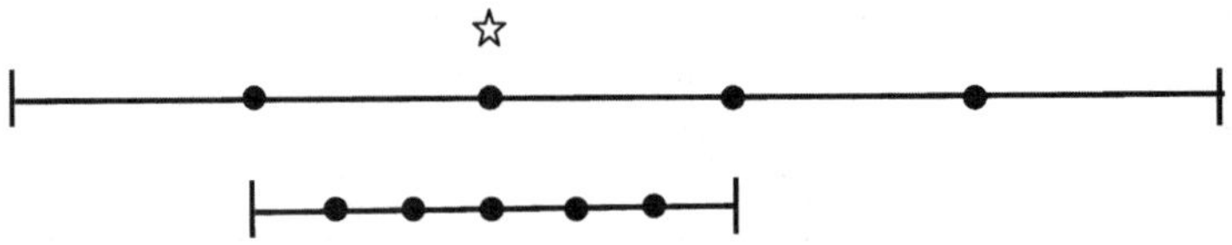

图 7-8　均分法的优选过程示意

均分法的特点是对试验区间范围进行“普查”，常常用于试验指标对因素的响应函数没有掌握或很少掌握的情况，而其试验精度取决于试验点数目的多少。

**例题 7-6**　试验研究提取时间对某一天然产物中有效成分得率的影响，提取时间控制在 4 小时之内。请用均分法找出天然产物有效成分提取得率高的最佳提取时间。

**解**　根据规定的提取时间范围[0,240]min 和以往的实践经验，选定试验精度萃取时间间隔 $\delta=30$min 的均分法安排试验，则每批试验点的个数 $2n=\frac{240-0}{30}=8$。第一批的试验点位置，即提取时间为 30min，60min，90min，120min，150min，180min，210min，240min，由此采集这 8 个试验点的天然产物有效成分得率。试验结果表明，当提取时间为 150min 时有效成分得率最高，也即最佳提取时间。

现将上述不同优选法进行精度比较。如果试验区间范围为$[a,b]$，则其长度 $L=b-a$，每一种优选法在 $n$ 次试验后留存的试验区间长度，即精度如表 7-4 所示。

**表 7-4　不同优选法的试验精度**

| 优选方法 | 0.618 法 | 分数法 | 平分法 | 均分法 |
|---|---|---|---|---|
| 精确度 $\delta$ | $L/1.618^n$ | $L/F_{n+1}$ | $L/2^n$ | $L/(n+1)$ |

基于表 7-4 的两个反问题，即若已知精度 $\delta$ 和初始试验范围$[a, b]$，则可以推算试验次数 $n$，或若已知精度 $\delta$ 和试验次数 $n$，则可以推算试验的“搜索范围”$[a, b]$。

(2)比例分割分批法

假设每批试验点的数目相同且为奇数 $2n+1$ 个，比例分割分批法的寻优操作如下：

首先，将试验区间范围划分为 $2n+2$ 段，相邻两段的长度为 $a$ 和 $b(a>b)$。长段 $a$ 和短段 $b$ 有两种排法，一种是自左到右先短段后长段且交替排列，另一种则是相反，即自左到右先长段后短段且交替排列。在 $2n+1$ 个分点上开始第一批试验，并比较它们的指标结果，留下最好的试验点及其左右的一长段一短段或一短段一长段，而试验区间长度收缩为 $a+b$。

然后，将留下的长段 $a$ 分成 $2n+2$ 段，其中相邻的两段长度分别为 $a_1$ 和 $b_1(a_1>b_1)$，且 $a_1=b$，即第一批试验中的短段在第二批试验中变成了长段。于是在长段的 $2n+1$ 个分点上开始第二批试验，并将这批 $2n+1$ 个试验点的指标结果与第一批试验中最好的试验点指标结果进行比较，留下最好的试验点及其左右的一长段一短段或一短段一长段。如此不断地进行下去，直至找到最佳点或精确度达到要求为止。图 7-9 示意了 $n=2$，即每批 5 个试验点的分布与安排。

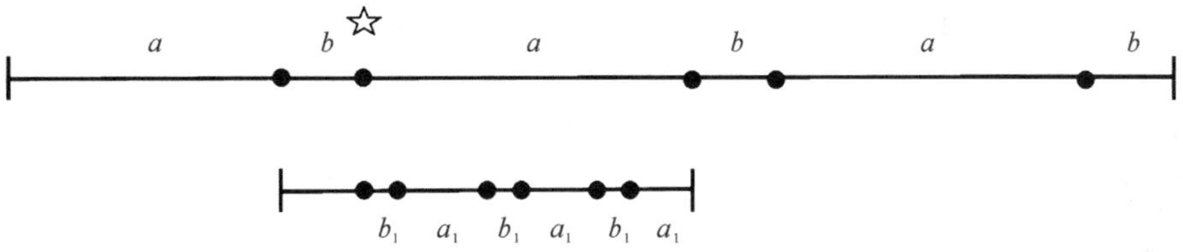


图 7-9　比例分割分批法的优选过程

若设试验区间范围长度为 $L$，而短段和长段的比值为 $\lambda$，即

$$\frac{b}{a}=\frac{b_1}{a_1}=\frac{a}{L}=\lambda \tag{7-8}$$

第二批试验点的区间范围长度为 $a$，将其各划分为 $n+1$ 个长段和短段，即有：

$$(n+1)\times(a_1+b_1)=a,\ n=0,1,2,3,\cdots$$

将 $a_1=b$ 及等式(7-8)代入，便可得：

$$(n+1)\times(\lambda^2L+\lambda^3L)=\lambda L$$

整理上式，解得：

$$\lambda=\frac{1}{2}\left(\sqrt{\frac{n+5}{n+1}}-1\right),\ n=0,1,2,3,\cdots \tag{7-9}$$

从式(7-9)可以看出，若每批的试验次数 $2n+1$ 取值不同，则短段和长段的比值 $\lambda$ 也将不相同。特别地，当试验区间范围为[0，1]时，$a=\lambda$。而当 $n=0$ 时，即每次仅做一次试验，则 $\lambda=\frac{1}{2}\left(\sqrt{\frac{n+5}{n+1}}-1\right)=\frac{1}{2}(\sqrt{5}-1)=0.618$，这也就是黄金分割法。因此，比例分割法是黄金分割法的推广。表 7-5 为试验区间范围为[0，1]时每批试验次数不同的条件下第一批试验点的安排情况。

**表 7-5　比例分割分批法第一批试验点的安排(试验初始范围[0，1])**

| $n$ | $\lambda$ | 每批试验次数 $2n+1$ | 第一批试验点位置 |
|---|---|---|---|
| 0 | 0.618 | 2 | 0.382，0.618 |
| 1 | 0.366 | 3 | 0.134，0.500，0.634<br>或 0.366，0.500，0.866 |
| 2 | 0.264 | 5 | 0.070，0.333，0.403，0.667，0.736<br>或 0.264，0.333，0.597，0.667，0.930 |
| 3 | 0.207 | 7 | 0.043，0.250，0.293，0.500，0.543，0.750，0.793<br>或 0.207，0.250，0.457，0.500，0.707，0.750，0.957 |
| 4 | 0.171 | 9 | 0.171，0.200，0.371，0.400，0.571，0.600，0.771，0.800，0.971<br>或 0.029，0.200，0.229，0.400，0.429，0.600，0.629，0.800，0.829 |

### 7.2.2 双因素优选法

视频 7—5

如果用 $x_1$ 和 $x_2$ 指代两个试验因素，双因素优选问题就是要快速地找到二元函数 $y=f(x_1, x_2)$的最大值以及对应的试验点$(x_1, x_2)$。假定 $y=f(x_1, x_2)$为单峰函数，试验因素 $x_1$ 和 $x_2$ 的取值范围构成试验点的域值平面，试验指标 $y$ 则可以看成域值平面内不同试验点的高度，如此形成的图形就像一座山。双因素优选法的几何意义就是寻找这座山的山峰，如图 7-10 所示。如果在平面图上画出该座山的等高线，就是 $y$ 值相等的点在 $x_1-x_2$ 平面上的投影，曲线最里边的一圈等高线即为最佳试验点。

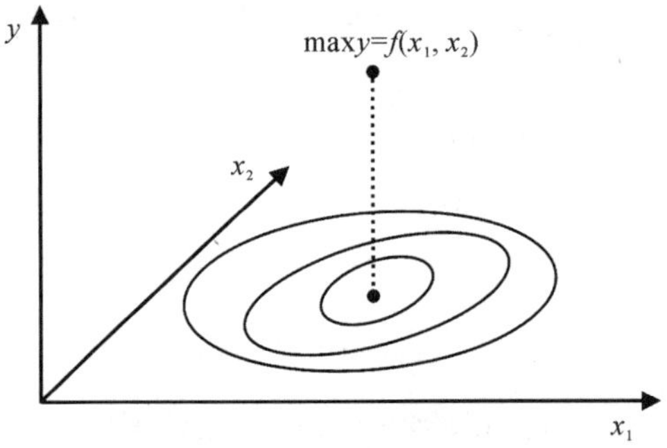


图 7-10 双因素优选的几何含义

双因素优选法，常常采用“降维法”来解决，就是先把双因素问题变成单因素问题。在操作上，交替轮换两个因素进行寻优，即先固定一个因素，优选另一个因素，然后反过来，直至找到最优的试验方案为止。常用的双因素优选法包括对开法、旋升法、平行线法、陡度法、单纯形法等。

**1. 对开法**

对开法，又称纵横对折法，根据实践经验确定检测范围后，先将一个因素固定在它的试验区间范围的中点，然后对第二个因素实施单因素优选法，再将第二个因素固定在它的试验区间范围的中点，实施第一个因素的单因素优选法，随后比较这两个单因素的优选试验点的指标结果，并沿着“较差”试验点所在的直线，舍弃不含好点的半个平面。在留存下来的另半个平面，重复实施上述优选过程，直到找到最佳试验点。

对开法的优选过程如图 7-11 所示，双因素 $x_1$ 和 $x_2$ 的优选区域为直角坐标系中的一个矩形：$a \leqslant x_1 \leqslant b$，$c \leqslant x_2 \leqslant d$。先固定因素 $x_1$ 的水平在中线 $x_1=(a+b)/2$ 上，对因素 $x_2$ 实施单因素优选法，找到最优点 $P$。再固定因素 $x_2$ 的水平在中线 $x_2=(c+d)/2$ 上，对因素 $x_1$ 实施单因素优选法，找到最优点 $Q$。比较 $P$ 和 $Q$ 这两个点的试验指标 $y_P$ 和 $y_Q$，如果 $y_Q > y_P$，去掉 $x_1 < (a+b)/2$ 的左边半个平面部分；如果 $y_Q < y_P$，则去掉 $x_2 < (c+d)/2$的下边半个平面部分。基于留存的半个矩形区域，重复上述优选过程，并每轮缩减一半的寻优区域，直至获得满意的试验指标结果或者留存的区域达到控制精度要求为止。

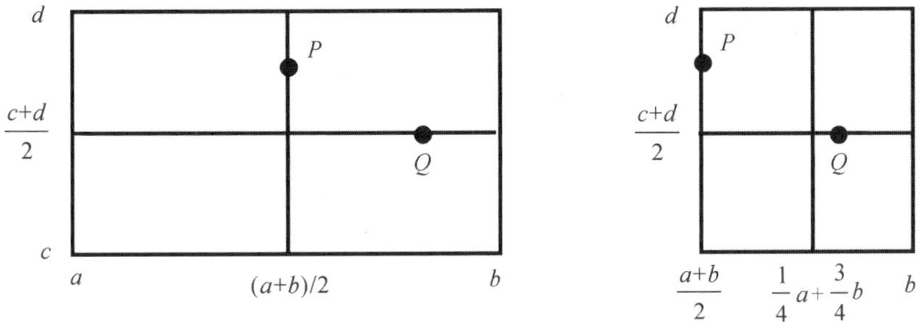


图 7-11　对开法的优选法过程

当遇到 $P$ 和 $Q$ 两点的试验指标结果相等或十分接近时，表明 $P$ 和 $Q$ 两点可能位于同一条等高线上，此时可以将矩形区域的左半块和下半块同时去掉，也就是直接丢掉矩形区域的 3/4，仅留下第一象限。

**例题 7-7**　磺酸钡是一种很好的防锈添加剂，生产磺酸钡的原料磺酸是从磺化油中经乙醇水溶液萃取出来的。为了制备粉末状产品，试验研究乙醇水溶液的浓度和用量对萃取效果的影响。根据经验，乙醇水溶液的浓度 $x_1$ 变化范围为 50％～90％(体积百分数)，用量 $x_2$ 变化范围为 30％～70％(质量百分数)。称取磺化油 200 克，在常温下加入乙醇水溶液后搅拌加热至 70℃时停止，沉降分层静置 2 小时，称量分离出的白油量，且量多的为好。

**解**　选用对开法进行寻优，图 7-12 为实施过程，即先将用量 $x_2$ 固定在 50％，通过单因素的黄金分割法优选得到浓度的最优点为 80％，即图中的点③。而后纵向对折，将浓度 $x_1$ 固定在 70％，通过单因素的黄金分割法优选得到用量的最优点为 35％，即图中的点⑨。比较点③和点⑨的试验指标 $y_3$ 和 $y_9$，结论是 $y_3 > y_9$，于是丢掉试验矩形区域的左边半个部分。在留存的矩形区域内再纵向对折，将浓度固定在 80％，对用量继续单因素优选，具体的优选过程和结果如图 7-12 和表 7-6 所示。

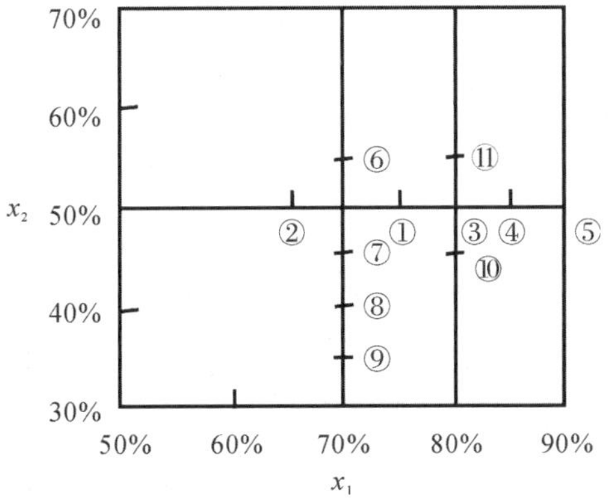


图 7-12　磺酸萃取条件对开法的优选法过程

**表 7-6　磺酸萃取条件对开法的优选法过程**

| 试验序号 | 因素水平取值 | | 试验指标结果<br>白油/g | 备注 |
|---|---|---|---|---|
| | $x_1$ | $x_2$ | | |
| 1 | 75% | 50% | 187.0 | |
| 2 | 65% | 50% | 186.0 | |
| 3 | 80% | 50% | 188.4 | 最好 |
| 4 | 85% | 50% | 188.7 | 色深，有沉淀 |
| 5 | 90% | 50% | 168.2 | |
| 6 | 70% | 55% | 185.4 | |
| 7 | 70% | 45% | 185.9 | |
| 8 | 70% | 40% | 187.1 | |
| 9 | 70% | 35% | 187.3 | 次好 |
| 10 | 80% | 45% | 185.7 | |
| 11 | 80% | 55% | 185.8 | 酸中带油多 |

**2. 旋升法**

旋升法，也称从好点出发法，它是在交替轮换执行一个因素的优选时，固定另一个因素的水平在其已寻得的好点上。实践证明，相比于对开法始终固定一个因素于其试验区间范围的中点(已优选的好点水平置之不用)，旋升法的寻优效率要好很多。

旋升法的优选过程如图 7-13 所示，双因素 $x_1$ 和 $x_2$ 的优选区域为直角坐标系中的一个矩形：$a\leqslant x_1\leqslant b$，$c\leqslant x_2\leqslant d$。先固定因素 $x_1$ 的水平在中线 $x_1=(a+b)/2$ 上，对因素 $x_2$ 实施单因素优选法，找到最优点 $P_1$。然后固定因素 $x_2$ 的水平在 $P_1$ 点上，即 $x_2=x_{P_1}$，对因素 $x_1$ 实施单因素优选法，找到最优点 $P_2$。比较 $P_1$ 和 $P_2$ 这两个点的试验指标 $y_{P_1}$ 和 $y_{P_2}$，如果 $y_{P_2}>y_{P_1}$，去掉 $x_1<(a+b)/2$ 的左边部分；如果 $y_{P_2}<y_{P_1}$，则去掉 $x_1>(a+b)/2$ 的右边部分。如果留存的试验矩形区域为右边部分，则再固定因素 $x_1$ 的水平在 $P_2$ 点上，即 $x_1$

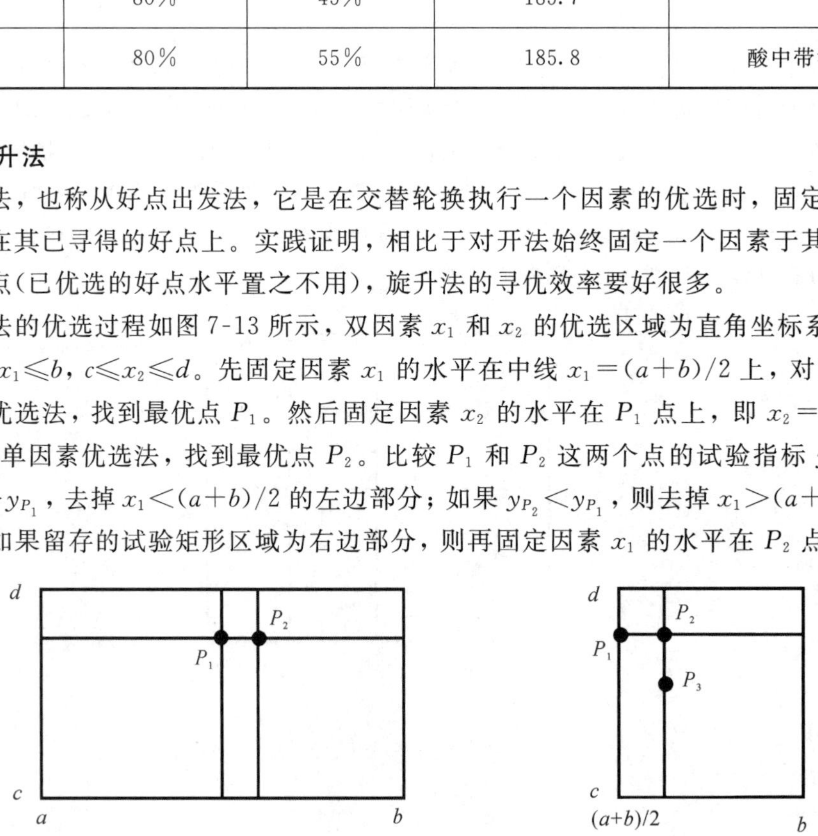


图 7-13　旋升法的优选过程

$=x_{P_2}$，对因素 $x_2$ 实施单因素优选法，找到最优点 $P_3$。比较 $P_2$ 和 $P_3$ 这两个点的试验指标 $y_{P_2}$ 和 $y_{P_3}$，如果 $y_{P_2}>y_{P_3}$，去掉 $x_2<x_{P_3}$ 的下边部分；如果 $y_{P_2}<y_{P_3}$，则去掉 $x_2>x_{P_2}$ 的上边部分。重复上述优选过程，直至获得满意的试验指标结果或者留存的区域达到控制精度要求为止。

旋升法进行优选时，因素的顺序对于优化速度具有重要影响。通常情况下，按照各个因素对试验指标影响程度的顺序进行优选，往往能够更快地获得满意的结果。

**例题 7-8**　阿托品是一种抗胆碱药，其生产工艺中主要的影响因素及其变动区间范围为：反应温度 55～75℃，反应时间 30～310min。为了提高产量降低成本，请采用旋升法选择合适的酯化工艺条件。

**解**　选用旋升法进行寻优，图 7-14 为实施过程。先固定反应温度为 65℃，实施单因素优选法寻优反应时间，得到该反应温度下的最优反应时间为 150min，即图 7-14 中的 $P_1$ 点，其试验指标得率为 41.6%。再固定反应时间为 150min，实施单因素优选法寻优反应温度，得到该反应时间下的最优反应温度为 67℃，即图 7-14 中的 $P_2$ 点，其试验指标得率为 51.6%。

由于 $P_2$ 点的试验指标好于 $P_1$ 点的，因此去掉试验矩形区域反应温度小于 65℃的左边部分。然后固定反应温度为 $P_2$ 点的 67℃，实施单因素优选法寻优反应时间，得以该反应温度下的最优反应时间为 80min，即图 7-14 中的 $P_3$ 点，其试验指标得率为 56.9%。

由于 $P_3$ 点的试验指标好于 $P_2$ 点的，因此去掉试验矩形区域反应时间大于 150min 的上边部分。再固定反应时间为 $P_3$ 点的 80min，实施单因素优选法寻优反应温度，这时反应温度的优选范围为 65～75℃，优选结果还是 67℃。至此试验结束，最好的工艺条件为：反应温度 67℃和反应时间 80min，相应的得率为 56.9%。

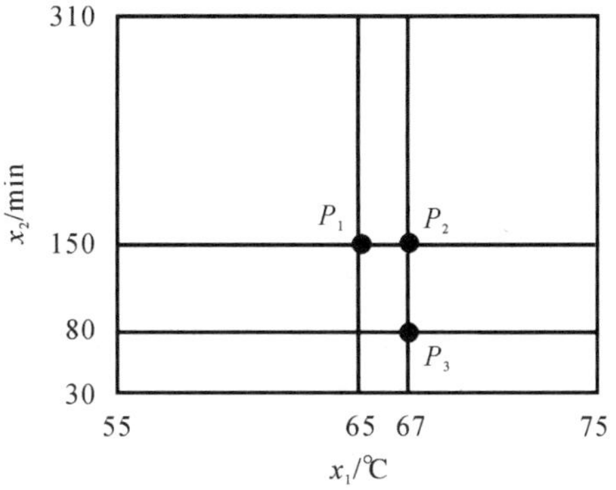


图 7-14　阿托品酯化工艺条件旋升法的优选过程

**3. 平行线法**

两个因素中，若一个因素的水平取值易于调整，而另一个因素的水平取值不易调整，则宜采用平行线法。平行线法的优选过程如图 7-15 所示，先将不易调整的因素 $x_2$ 固定在区间范围[$c$, $d$]的 0.618 处（或其他能够满足因素 $x_2$ 取点的方法），即 $x_2=c+0.618(d-c)$，实施因素 $x_1$ 的单因素优选，并将寻优的最好试验点记为 $P_1$。再将因素 $x_2$ 固定在区间范围[$c$, $d$]的 0.382 处，即 $x_2=c+0.382(d-c)$，仍然实施因素 $x_1$ 的单因素优选，并将寻优的最好试验点记为 $P_2$。

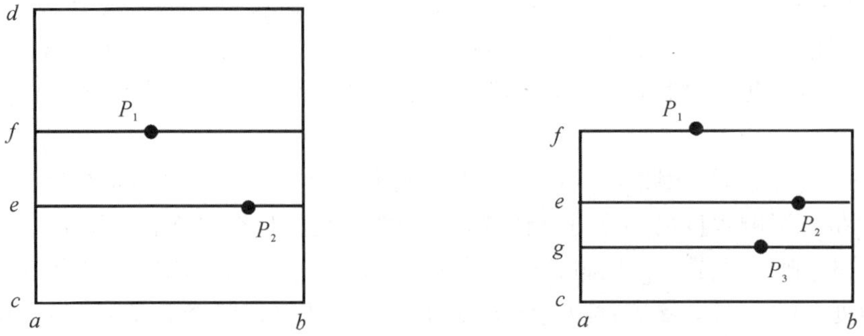


图 7-15　平行线法的优选过程

比较 $P_1$ 和 $P_2$ 这两个点的试验指标 $y_{P_1}$ 和 $y_{P_2}$，如果 $y_{P_1}>y_{P_2}$，去掉 $x_2<c+0.382(d-c)$ 的下边部分；如果 $y_{P_1}<y_{P_2}$，则去掉 $x_2>c+0.618(d-c)$ 的上边部分。基于留存的半个矩形区域，重复上述优选过程，直至获得满意的试验指标结果或者留存的区域达到控制精度要求为止。

视频 7－6

**4. 陡度法**

陡度法是一种双因素优选法，它根据试验区间范围内各个试验点的指标结果，计算出各个试验点之间的上升陡度，然后沿着陡度最大的方向进行下一次试验，即沿着达到顶点最有利的方向再取点进行试验。通过重复这个寻优过程，就可以找到最优点或最满意的结果。

设 $P_1=(x_{11}, x_{21})$，$P_2=(x_{12}, x_{22})$是试验区间范围内的两个试验点，$P_1$ 和 $P_2$ 的试验指标分别记为 $y_1$ 和 $y_2$，这两个试验点之间的距离为：

$$d(P_1, P_2)=\sqrt{(x_{11}-x_{12})^2+(x_{21}-x_{22})^2} \tag{7-10}$$

如果 $y_2>y_1$，则称 $\dfrac{y_2-y_1}{d(P_1, P_2)}$ 为由 $P_1$ 点上升到 $P_2$ 点的陡度。陡度法的优选步骤如下：

(1)在试验区间范围内任取一点(可取纵横对折线的交点，或试验区间范围的中心点，或由经验确定)，并在其周围选取四个试验点①、②、③、④，如图 7-16 所示。然后，根据

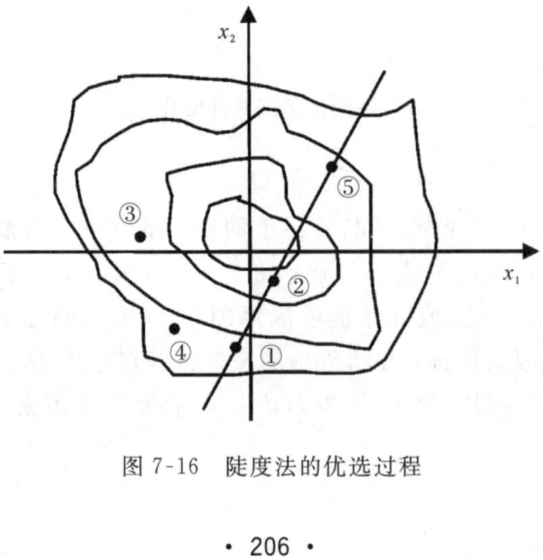


图 7-16　陡度法的优选过程

这四个点的试验指标计算得到 6 个陡度，即①－②、①－③、①－④、②－③、②－④、③－④。假定①－②为最陡，则将①和②两个试验点用直线连接起来，该直线就是通向最优点的最有利方向。

(2)在①－②的直线上采用单因素优选法找出这条线上的最优点，比如试验点⑤。

(3)在试验点⑤的周围再选四个点进行试验，重复步骤(1)和(2)，直至获得满意的试验结果为止。

**5. 单纯形法**

单纯形法，它利用几何三角形来确定试验点的位置和寻优的方向。首先，它选择一个初始试验点，然后根据选定三角形的数学模型确定其他试验点的位置，并试验采集对应的试验指标。通过对试验点位置和试验指标等数据信息的分析和优化，确定下一次试验点的位置。重复这个过程，直至找到满意的试验点或试验次数达到限制。

视频 7—7

单纯形法中若取三角形为正三角形，则为正规单纯形，如图 7-17 所示。试验从某个起始点 $P_0=(x_{1,0}, x_{2,0})$出发，首先构造一个边长为 $a$ 的正三角形，而正三角形的另外两个顶点 $P_1$ 和 $P_2$ 取值为：

$$P_1=(x_{1,0}+p, x_{2,0}+q), P_2=(x_{1,0}+q, x_{2,0}+p)$$

式中 $p=\frac{\sqrt{3}+1}{2\sqrt{2}}a=0.966a$，$q=\frac{\sqrt{3}-1}{2\sqrt{2}}a=0.259a$。

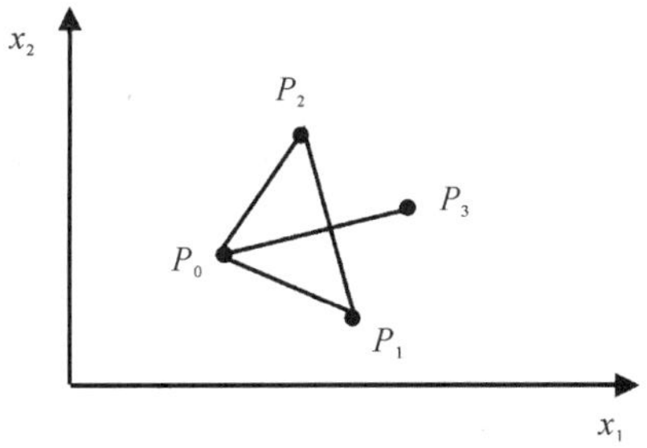


图 7-17　正规单纯形法的优选过程

在 $P_0$，$P_1$，$P_2$ 三点上分别安排试验，并比较它们的试验指标结果，将其中最差点删除，用其对称点作为新的试验点。若 $P_0$ 点最差，则取其对称点 $P_3$ 作为新的试验点，而 $P_3$ 点应满足对称公式，即新的试验点坐标等于留下的两个试验点坐标之和减去被删除点的坐标：

$$P_3=P_1+P_2-P_0=(x_{1,0}+p+q, x_{2,0}+p+q)$$

继续试验，并加以比较，不断去掉最差点和引入对称点。若某一个试验点总是被保留下来，则可以采取重复、停止或缩短步长的方法，直至找到满意的结果为止。

在工程中经常遇到量纲不同的试验因素，为此可将上述正三角形改为直角三角形，不同长度的两个直角边对应于不同量纲的因素，便形成直角单纯形法。需要注意的是，直角单纯形法仍然遵循单纯形法的基本原则，即通过迭代调整试验点的位置来逼近最优解。

# 习　题

1. 试说明试验设计的一般含义，它应包括哪两项内容？

2. 什么是试验指标、试验因素和因素水平？它们之间有什么关系？

3. 试验设计应遵循哪三条基本原则？这三条基本原则的相互关系与作用是什么？

4. 已知某个合成试验中反应温度的范围为 340～420℃，通过单因素优选法得到温度为 400℃时产品的合成率高。若选用 0.618 法，请写出 5 个试验点的位置(假设在试验范围内合成率是温度的单峰函数)。

5. 在配置一定量的某种清洗液时需要加入某种溶剂，经验表明加入溶剂量大于 5000ml 或小于 3000ml 时效果不好。若选用 0.618 法来确定这种溶剂的最佳加入量，请写出前 2 次试验加入的溶剂量分别是多少？

6. 调酒师为了调制一种鸡尾酒，每 100kg 烈性酒中需要加入柠檬汁 1～2kg。若选用 0.618 法寻找最佳加入量，且要求误差不超出 5g(柠檬汁)，问最少需要做多少次试验？

7. 某厂在制作某种饮料时需要加入白砂糖，为了工人操作和投料的方便，白砂糖的加入以桶为单位。经初步摸索，加入量在 3～8 桶范围中优选。由于桶数只宜取整数，现采用分数法进行单因素优选，优选结果为 6 桶。试问优选过程是如何进行的(假设在试验范围内试验指标是白砂糖桶数的单峰函数)。

8. 某氮肥厂在尾气回收的生产流程中，要将硫酸吸收塔所排出的废气送入尾气吸收塔进行吸收，为了使吸收率高，氨损失小，该厂抓住控制碱度这个主要矛盾，确定了碱度优选范围为 9～30 滴度，请选用分数法写出优选碱度的过程及试验点位置，精度控制在 2 滴度(滴度仅取整数，终值在 23 滴度左右)。

9. 某电化学反应中电流对电解产物中的产率影响存在最佳值。试用单因素优选法确定最佳电流值。试验精度为 1mA，试验范围为 5～40mA。

10. 炼某种合金钢，需添加某种化学元素以增加强度，加入量的范围是 1000～2000g。请用单因素优选法寻找最佳加量(精度要求控制在 10g)。

11. 求下述方程 $x^2+x-1=0$ 的一个正根，精度为 0.01。

12. 现有 3 个已知的试验点(－1，－1)，(0，1)，(1，2)。请用抛物线法寻找下一个试验点。

13. 在测定某生物活性物质的纯度 $P$ 与洗脱流速 $V$ 之间的关系曲线时，已测定的 3 组数据如下表所示。请用抛物线法找出最高纯度值和下一个试验点。

| 流速 $V/(\mathrm{mL\cdot min^{-1}})$ | 1 | 2 | 4 |
|---|---|---|---|
| 纯度 $P/\%$ | 68 | 92 | 59 |

14. 某厂在电解工艺技术改进时，希望提高电解率，做了初步的试验，结果如下表所示。请用抛物线法确定下一个试验点。

| 电解质温度 $x$/℃ | 65 | 74 | 80 |
|---|---|---|---|
| 电解率 $y$/% | 94.3 | 98.9 | 81.5 |

15. 要将 200mL 的某酸性溶液中和到中性(可用 pH 试纸判断)，已知需要加入 20～80mL 的某碱溶液，假设合适的碱液用量为 50～55mL。请问使用哪种单因素优选法可以较快地找到最合适碱液用量，并说明优选过程。

16. 现有一双因素优选试验：$20 \leqslant x \leqslant 40, 10 \leqslant y \leqslant 20$。若选用纵横对折法进行优选，分别对因素 $x$ 和 $y$ 进行了一次优选，则新的存优范围的面积为多少？

17. 现有一个面积为 $1\text{km}^2$ 的正方形池塘，为寻找池塘的最深点，计划每隔 1m 测量 1 次，问需要测量多少次？

18. 在某个化学反应中，温度和反应时间会影响最终化合物的生成量。根据以往经验，给定其试验范围为：温度 20～40℃，反应时间 20～100min。请选用双因素优选法安排试验。

# 第 8 章　正交试验设计

正交试验设计(orthogonal design)，是在大量实践的基础上总结出来的一种多因素试验设计方法。它是利用一套规格化的正交表格，采用均衡分散性、整齐可比性的设计原则，科学合理地安排试验方案。“均衡分散性”的目的是使试验点具有代表性，而“整齐可比性”是为了便于试验的数据分析。正交试验设计是多因素分析的有力工具，通过正交试验设计不仅可以厘清每个因素对试验指标的影响情况，还可以辨明因素的主次以及它们之间的交互作用，并选出最优的试验方案。

## 8.1　正交试验设计的基本概念

在工业生产和科学研究等实践中，所需要考察的因素往往比较多，而且每个因素的水平数也可能很多。如果每个因素的每个水平都相互搭配(或称水平组合)进行全面试验，试验次数将会惊人的增加。比如，三个因素 4 水平的试验，全面试验需要完成 $4^3=64$ 次试验，而五个因素 4 水平的全面试验则需要完成 $4^5=1024$ 次试验。开展如此多的试验，需要耗费大量的人力和物力，而且试验数据的统计分析与计算也将变得复杂。选择正交试验设计，则不仅可以大大减少试验次数，而且还能简化试验数据的分析与计算。

### 8.1.1　正交试验设计法

现通过一个案例说明正交试验设计方法的产生背景。在一项化工试验研究中，为优化产品产量的生产条件，选择了反应温度($A$)、反应时间($B$)和用碱量($C$)这三个因素，每个因素分别选取了如下的 3 个水平：

反应温度，$A_1$：80℃，$A_2$：85℃，$A_3$：90℃；

反应时间：$B_1$：90min，$B_2$：120min，$B_3$：150min；

用 碱 量：$C_1$：5%，$C_2$：6%，$C_3$：7%。

为此，可以选择如下的 3 种方法开展试验方案设计。

视频 8—1

**1. 全面设计法**

让所有因素的全部水平进行组合以开展试验，并进行直接比较。比如，三个因素 $A$，$B$，$C$，且每个因素都有 3 个水平，采用全面设计法则需要 $n=m^k=3^3=27$ 次试验，这些所有的水平组合如图 8-1 所示。

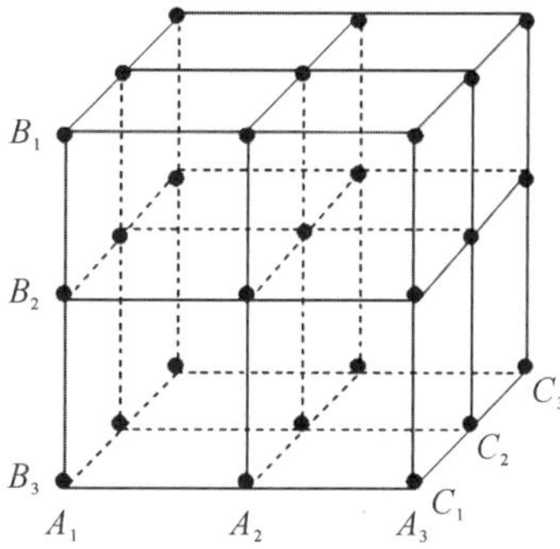


图 8-1　三个因素 3 水平的全面设计法

全面设计法的试验次数随着因素个数及因素水平数的增加而急剧增加。六个因素且每个因素有 5 个水平，则一共需要 $n=5^6=15625$，如此多的实验在实践中不具有可行性。

**2. 轮换比较法**

改变一个因素的水平，而其他因素的水平则固定不变。比如，先固定因素 $B$ 和 $C$ 在各自的 $B_1$ 和 $C_1$ 水平上，开展因素 $A$ 的 3 个水平试验。

$$B_1C_1\left\langle\begin{array}{ll} A_1 & （第1次实验） \\ A_2 & （第2次实验） \\ A_3 & （第3次实验） \end{array}\right.$$

如果试验结果以 $A_3$ 为好，则将因素 $A$ 固定在 $A_3$ 水平上，而因素 $C$ 仍然固定在 $C_1$ 水平上，开展因素 $B$ 的水平试验，即如下的 2 次试验：

$$A_3C_1\left\langle\begin{array}{ll} B_1 & （已做过） \\ B_2 & （第4次实验） \\ B_3 & （第5次实验） \end{array}\right.$$

同理，若试验结果以 $B_2$ 为好，则将因素 $B$ 固定在 $B_2$ 水平上，而因素 $A$ 仍固定在 $A_3$ 水平上，开展因素 $C$ 的水平试验，即如下的 2 次试验：

$$A_3B_2\left\langle\begin{array}{ll} C_1 & （已做过） \\ C_2 & （第6次实验） \\ C_3 & （第7次实验） \end{array}\right.$$

如果试验结果以 $C_2$ 为好，至此，则整个的最优水平组合为 $A_3B_2C_2$。轮换比较法可将试验次数大大缩减，但缺点是试验点的代表性差，分布不均匀，如图 8-2 所示。因此，该方法所获得的最优水平组合可能并不是所有可能的水平组合中的最佳者。加上试验缺少重复，所得结论稳定性差。

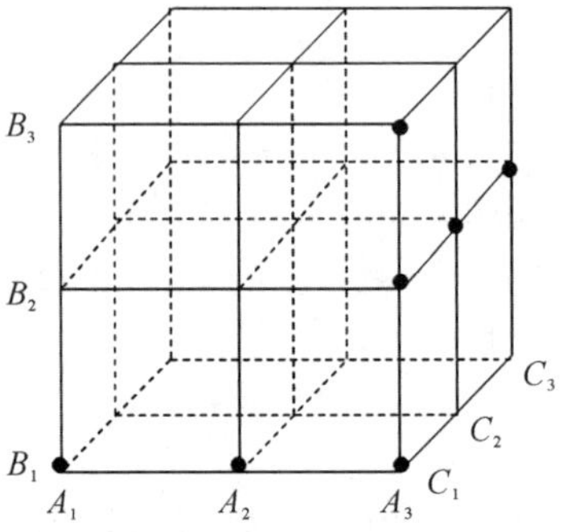


图 8-2　三个因素 3 水平的轮换比较法

**3. 正交试验设计法**

通过对因素及水平进行系统化的分组和排列组合，构造正交表来安排试验。比如，选用表 8-1 所示的 $L_9(3^4)$正交表安排上述案例三因素 3 水平的试验方案，表中 1,2,3 分别代表因素的 3 个水平状态，9 次试验的水平组合分别为 $A_1B_1C_1$，$A_1B_2C_2$，$A_1B_3C_3$，$A_2B_1C_2$，$A_2B_2C_3$，$A_2B_3C_1$，$A_3B_1C_3$，$A_3B_2C_1$，$A_3B_3C_2$，这些试验点的分布如图 8-3 所示。

**表 8-1　正交表 $L_9(3^4)$**

| 试验号 | 列号 | | | |
|---|---|---|---|---|
| | 1 | 2 | 3 | 4 |
| 1 | 1 | 1 | 1 | 1 |
| 2 | 1 | 2 | 2 | 2 |
| 3 | 1 | 3 | 3 | 3 |
| 4 | 2 | 1 | 2 | 3 |
| 5 | 2 | 2 | 3 | 1 |
| 6 | 2 | 3 | 1 | 2 |
| 7 | 3 | 1 | 3 | 2 |
| 8 | 3 | 2 | 1 | 3 |
| 9 | 3 | 3 | 2 | 1 |

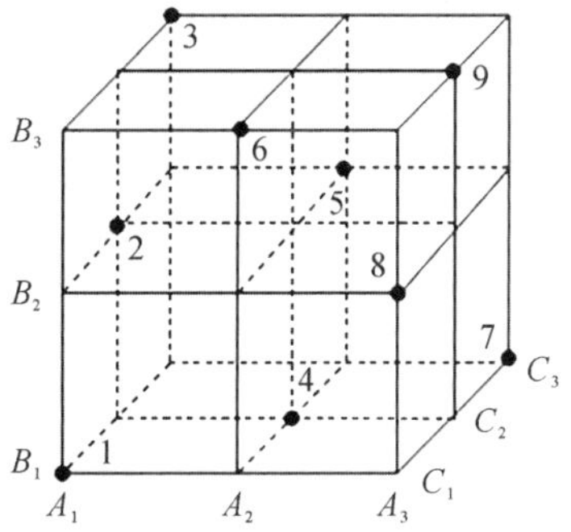


图 8-3　三个因素 3 水平的正交试验设计法

正交试验设计法的 9 个试验点分散在正方体的不同部位，但各个部位选取点的比例相同，且代表性强，正方体六个面的每个面有且只有 3 个试验点，每条线段上有且只有 1 个试验点。这 9 个试验点是全面设计法 27 个试验点的 1/3。因此，正交试验设计借助正交表安排试验，既能使试验点分布均匀分散，又能减少试验次数，而且通过试验数据分析与计算能够清楚地阐明试验因素与试验指标之间的关系或规律。

## 8.1.2　正交表

正交表是一种设计好的固定格式，其表示形式一般记为 $L_n(m^k)$，其中 $L$(latin square)表示正交表的代号；$n$ 是表的行数，也是试验要安排的次数；$k$ 为表中的列数，表示最多可安排的因素个数；$m$ 是各因素的水平数，如 $L_8(2^7)$，$L_9(3^4)$，$L_{27}(3^{13})$，$L_{16}(4^2\times 2^9)$等都是常用正交表，其中 $L_9(3^4)$如表 8-1 所示。正交表符号中各个数字的含义如下：

视频 8－2

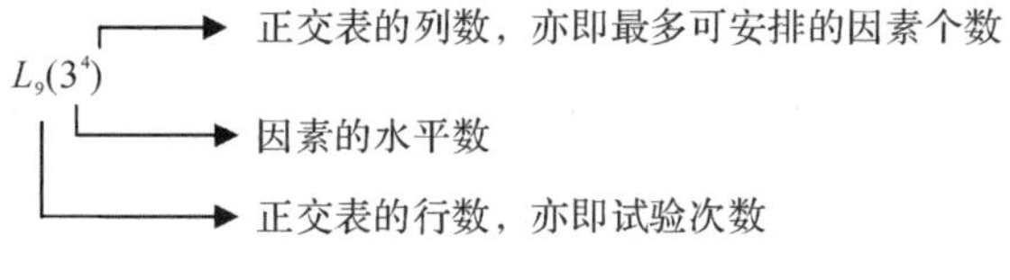


正交表中的各列都由从 1 开始的若干数字 1,2,3,…组成，且各列两两正交，构成矩形表。正交表的正交性就是指正交表的任意两个数列对应的元素之积的和(称两数列的内积)为零。一般正交表记为 $L_n(m_1\times m_2\times\cdots\times m_k)$，其中 $m_1,m_2,\cdots,m_k$ 分别表示第 1 列，第 2 列，…，第 $k$ 列的水平数，比如 $L_{18}(2\times 3^7)$需做 18 次试验，最多可以安排 1 个 2 水平因素和 7 个 3 水平因素。如果有 $m_1=m_2=\cdots=m_k=m$，则正交表可简记为 $L_n(m^k)$。

**1. 正交表的性质**

正交表具有如下两条性质：①每一列中各数字出现次数一样多；②任何两列所构成的有序数对出现的次数都一样多。

以正交表 $L_9(3^4)$为例，每一列中 1，2，3 三个数字均各出现 3 次，而且 1，2，3 这三个数字两两形成的有序数对可能是(1，1)，(1，2)，(1，3)，(2，1)，(2，2)，(2，3)，(3，1)，(3，2)，(3，3)，它们在 $L_9(3^4)$ 正交表中的任意两列，正好是各出现 1 次，这两个特性反映了试验点分布的均匀分散性。

**2. 正交表的类型**

正交表 $L_n(m_1 \times m_2 \times \cdots \times m_k)$，若 $m_1 = m_2 = \cdots = m_k = m$，则将该正交表简记为 $L_n(m^k)$，称为等水平的正交表。在该类型的正交表中，试验次数 $n = \sum_{i=1}^{k}(m_i - 1) + 1 = k(m-1) + 1$。若 $m_1 \neq m_2 \neq \cdots \neq m_k$，则将该正交表简记为 $L_n(m_1^{k_1} \times m_2^{k_2})$，称为混合水平的正交表。在该类型的正交表中，试验次数 $n \geqslant \sum_{i=1}^{k}(m_i - 1) + 1$。利用上述关系式可以根据所需考察的因素水平数来决定最低的试验次数，进而合理选择适当的正交表。

用 $L_n(m_1^{k_1} \times m_2^{k_2})$ 型正交表安排试验时，最多可安排 $k_1$ 个 $m_1$ 水平数的因素和 $k_2$ 个 $m_2$ 水平数的因素，总试验次数为 $n$ 次。常见的混合水平正交表有 $L_8(4 \times 2^4)$，$L_{16}(4 \times 2^{12})$，$L_{16}(4^2 \times 2^9)$，$L_{18}(2 \times 3^7)$ 等。

常用的正交表见附录 12。需要说明的是，并非说对任意给定的参数 $n, k, m_1, m_2, \cdots, m_k$，就一定能构造出一张 $L_n(m_1 \times m_2 \times \cdots \times m_k)$ 正交表。到目前为止，部分正交表在构造上仍存在一些未解决的数学问题。

## 8.1.3 正交表的构造

不同水平数的正交表构造方法不同，两水平正交表采用哈达马矩阵法，三水平和四水平的正交表采用拉丁方法，而混合水平正交表多采用并列设计法。

**1. 两水平正交表的哈阵构造法**

构造两水平正交表的简便方法是哈达马(Hadamard)矩阵法，简称哈阵法。哈阵是以 +1 和 −1 为元素，并且任意两列正交的方阵。哈阵法是从最简单的 $H_2 = \begin{bmatrix} 1 & 1 \\ 1 & -1 \end{bmatrix}$ 出发，利用直积(Kronecker 乘积)的方法，逐步地构造出高阶的哈阵。

设有两个 2 阶方阵 $A$ 和 $B$，其中 $A = \begin{bmatrix} a_{11} & a_{12} \\ a_{21} & a_{22} \end{bmatrix}$，$B = \begin{bmatrix} b_{11} & b_{12} \\ b_{21} & b_{22} \end{bmatrix}$，则 $A$ 和 $B$ 的直积 $A \otimes B$ 为：

$$A \otimes B = \begin{bmatrix} a_{11} & a_{12} \\ a_{21} & a_{22} \end{bmatrix} \otimes \begin{bmatrix} b_{11} & b_{12} \\ b_{21} & b_{22} \end{bmatrix} = \begin{bmatrix} a_{11}b_{11} & a_{11}b_{12} & a_{12}b_{11} & a_{12}b_{12} \\ a_{11}b_{21} & a_{11}b_{22} & a_{12}b_{21} & a_{12}b_{22} \\ a_{21}b_{11} & a_{21}b_{12} & a_{22}b_{11} & a_{22}b_{12} \\ a_{21}b_{21} & a_{21}b_{22} & a_{22}b_{21} & a_{22}b_{22} \end{bmatrix} \tag{8-1}$$

哈阵具有以下两个性质：①2 阶方阵 $A$ 和 $B$，如果它们中的两列是正交的，则它们的直积 $A \otimes B$ 中任意两列也是正交的；②2 个哈阵的直积是一个高阶的哈阵。

因此，可以从简单的哈阵用直积的方法计算高阶的哈阵。比如，$H_4$ 的构造方法为：

$$H_4=H_2\otimes H_2=\begin{bmatrix}1 & 1\\ 1 & -1\end{bmatrix}\otimes\begin{bmatrix}1 & 1\\ 1 & -1\end{bmatrix}=\begin{bmatrix}1\otimes\begin{bmatrix}1 & 1\\ 1 & -1\end{bmatrix} & 1\otimes\begin{bmatrix}1 & 1\\ 1 & -1\end{bmatrix}\\ 1\otimes\begin{bmatrix}1 & 1\\ 1 & -1\end{bmatrix} & -1\otimes\begin{bmatrix}1 & 1\\ 1 & -1\end{bmatrix}\end{bmatrix}$$

$$=\begin{bmatrix}1 & 1 & 1 & 1\\ 1 & -1 & 1 & -1\\ 1 & 1 & -1 & -1\\ 1 & -1 & -1 & 1\end{bmatrix} \tag{8-2}$$

将构造的 $H_4$ 中第 1 列去掉，再将 $-1$ 改为 2，便得到两水平正交表 $L_4(2^3)$。将 $H_2$ 与 $H_4$ 直积得到 $H_8$，再将 $H_8$ 中第 1 列去掉，便得到正交表 $L_8(2^7)$。如此继续下去，$H_2$ 与 $H_8$，$H_2$ 与 $H_{16}$，$H_2$ 与 $H_{32}$，…，通过直积运算将分别得到 $H_{16}$，$H_{32}$，$H_{64}$ 等。同理，去掉第 1 列便分别得到 $L_{16}(2^{15})$，$L_{32}(2^{31})$，$L_{64}(2^{63})$ 等正交表。

综上所述，哈阵法构造两水平正交表的程序步骤：首先取一个合适的标准哈阵 $H_n$，去掉全 1 列，再将 $-1$ 改写为 2，最后配注上列号和行号，就可得到正交表 $L_n(2^{n-1})$。哈阵法构造的正交表，它的列数比行数总是少 1。由于哈阵的阶数都是偶数，所以两水平正交表的行数总是偶数。

**2. 三水平正交表的拉丁方构造法**

将 $n$ 个不同的拉丁字母排成一个 $n(n\leqslant 26)$ 阶方阵，如果每个字母在任意一行、任意一列中只出现 1 次，则称该方阵为 $n\times n$ 的拉丁方，简称 $n$ 阶拉丁方。若有 2 个同为 $n$ 阶的拉丁方，在同一位置上的字母依次配置成对时，如果每对有序字母恰好各不相同(一般处理方法是将其中某些行或列对调)，则称这两个拉丁方为互相正交的拉丁方，简称正交拉丁方。比如：

3 阶拉丁方中，$\begin{bmatrix}A & B & C\\ B & C & A\\ C & A & B\end{bmatrix}$ 与 $\begin{bmatrix}A & B & C\\ C & A & B\\ B & C & A\end{bmatrix}$ 是正交拉丁方。

4 阶拉丁方中，$\begin{bmatrix}A & B & C & D\\ B & A & D & C\\ C & D & A & B\\ D & C & B & A\end{bmatrix}$ 与 $\begin{bmatrix}A & B & C & D\\ D & C & B & A\\ B & A & D & C\\ C & D & A & B\end{bmatrix}$ 与 $\begin{bmatrix}A & B & C & D\\ C & D & A & B\\ D & C & B & A\\ B & A & D & C\end{bmatrix}$ 是正交拉丁方。

在各阶拉丁方中，正交拉丁方的个数都是确定的。3 阶拉丁方中，正交拉丁方只有 2 个；4 阶拉丁方中，正交拉丁方只有 3 个；5 阶拉丁方中，正交拉丁方只有 4 个；6 阶拉丁方中没有正交拉丁方。数学上已经证明，对 $n$ 阶拉丁方，如果有正交拉丁方，最多只有 $n-1$ 个。为了使用方便，可将字母拉丁方改成数字拉丁方。

设有四个因素 $A$，$B$，$C$，$D$，且每个因素均有 3 个水平。首先，考虑因素 $A$ 和 $B$，将它们的所有搭配排列构成两个基本列，见表 8-2 的第 1 列和第 2 列，这样共需 $3^2=9$ 次全面试验。

**表 8-2 拉丁方构造三水平正交表**

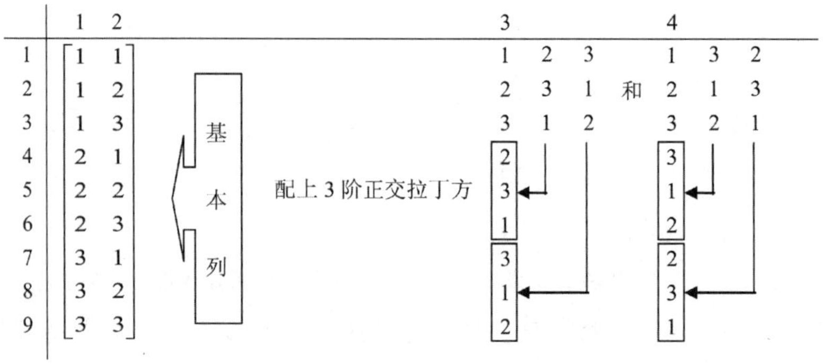


然后，写出两个 3 阶的正交拉丁方，并分别将这两个正交拉丁方的第 1，2，3 列按顺序连成一列，再将得到的两列放置在两个基本列的右面，于是便构成一个 4 列 9 行的矩阵，再配注上列号和行号，就可得到正交表 $L_9(3^4)$，如表 8-3 所示。

**表 8-3 正交拉丁方构造的正交表 $L_9(3^4)$**

| 试验号 | 因素列号 | | | |
|---|---|---|---|---|
| | 1(*A*) | 2(*B*) | 3(*C*) | 4(*D*) |
| 1 | 1 | 1 | 1 | 1 |
| 2 | 1 | 2 | 2 | 2 |
| 3 | 1 | 3 | 3 | 3 |
| 4 | 2 | 1 | 2 | 3 |
| 5 | 2 | 2 | 3 | 1 |
| 6 | 2 | 3 | 1 | 2 |
| 7 | 3 | 1 | 3 | 2 |
| 8 | 3 | 2 | 1 | 3 |
| 9 | 3 | 3 | 2 | 1 |

**3. 四水平正交表的拉丁方构造法**

四水平正交表的构造法，与三水平正交表的相似。首先，考虑两个因素 $A$ 和 $B$，并将它们所有的水平搭配排列构成两个基本列，见表 8-4 的第 1 列和第 2 列。然后，写出三个 4 阶正交拉丁方，并分别将这三个正交拉丁方的第 1，2，3，4 列按顺序连成 1 列。再将得到的 3 列放在基本列的右面，便可得到一个 5 列 16 行的矩阵，再配注上行号和列号，即得到 $L_{16}(4^5)$正交表(见附录 12)。

**表 8-4　拉丁方构造四水平正交表**

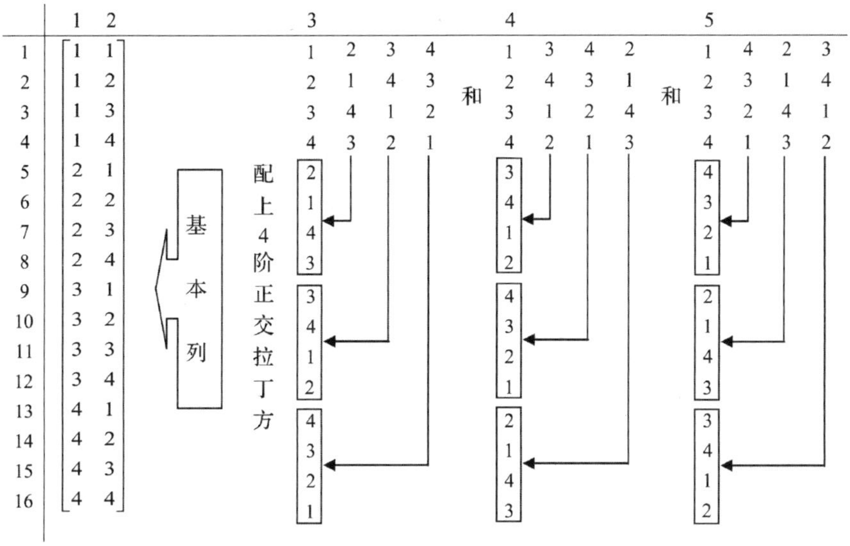


在学习以上三水平和四水平正交表的构造后，我们可以总结正交拉丁方构造正交表的一般程序和步骤：首先根据水平数 $m$ 排列组合两个基本列($m^2$ 行)，然后写出 $m$ 阶的全部正交拉丁方(最多 $m-1$ 个)，并分别将这些正交拉丁方的各列连成 1 列，按序放在基本列的右边，便可得到 $m$ 水平的正交表 $L_{m^2}(m^{2+t})$，其中 $t$ 是 $m$ 阶正交拉丁方的个数。比如，5 个水平的正交表为 $L_{25}(5^6)(t=4)$；7 个水平的正交表为 $L_{49}(7^8)(t=6)$；9 个水平的正交表为 $L_{81}(9^{10})(t=8)$。由于 6 阶正交拉丁方不存在，所以就没有 6 个水平的正交表。另外，拉丁方设计的阶数不宜取太大，一般小于或等于 8。

对于四个以上水平的正交表，比如 $L_{25}(5^6)$，$L_{49}(7^8)$等，也可采用同样的方法构造。

**4. 混合水平正交表的并列设计法**

某些类型的混合水平正交表的构造是基于标准正交表实施并列设计法构造出来的，即由水平数相同的正交表构造水平数不同的正交表。比如，由标准正交表 $L_n(m^k)$构造混合水平正交表 $L_n(m_1^{k_1}\times m_2^{k_2})$，并列设计法是将水平数为 $m$ 的标准正交表任意两列合并，同时划去交互作用列，这样便得到一个 $m^2$ 的等水平数列。交互作用列一般是由两列对应元素相乘(数学概念中的点乘)所得到的列。比如，正交表 $L_8(2^7)$构造 $L_8(4\times2^4)$，取出 $L_8(2^7)$正交表中的第 1，2 列，这两列中组合的数对共有 4 种：(1，1)，(1，2)，(2，1)，(2，2)。将这 4 种数对依次与单数字 1，2，3，4 对应，也就是将(1，1)变成 1，(1，2)变成 2，(2，1)变成 3，(2，2)变成 4，如式 8-3 所示。

$$
\begin{aligned}
(1,1) &\rightarrow 1 \\
(1,2) &\rightarrow 2 \\
(2,1) &\rightarrow 3 \\
(2,2) &\rightarrow 4
\end{aligned} \tag{8-3}
$$

这样，第1,2列便可合并成了一个4水平的列。在$L_8(2^7)$表中，去掉第1,2列换成这个4水平列，并作为新的第1列，如表8-5所示。

**表8-5　拉丁方构造混合水平正交表**

| 试验号 | 列号 | | | | | | |
|---|---|---|---|---|---|---|---|
| | 1 | 2 | 3 | 4 | 5 | 6 | 7 |
| 1 | 1 | | 1 | 1 | 1 | 1 | 1 |
| 2 | 1 | | 1 | 2 | 2 | 2 | 2 |
| 3 | 2 | | 2 | 1 | 1 | 2 | 2 |
| 4 | 2 | | 2 | 2 | 2 | 1 | 1 |
| 5 | 3 | | 2 | 1 | 2 | 1 | 2 |
| 6 | 3 | | 2 | 2 | 1 | 2 | 1 |
| 7 | 4 | | 1 | 1 | 2 | 2 | 1 |
| 8 | 4 | | 1 | 2 | 1 | 1 | 2 |

然后将$L_8(2^7)$正交表中第1，2列的交互作用列第3列去掉。再将$L_8(2^7)$中其余的第4，5，6，7列依次改为新表的第2，3，4，5列，这样就得到混合型正交表$L_8(4\times2^4)$。此表共5列，第1列是4水平列，其余4列仍是2水平列，如表8-6所示。

**表8-6　拉丁方构造的$L_8(4\times2^4)$**

| 试验号 | 列号 | | | | |
|---|---|---|---|---|---|
| | 1 | 2 | 3 | 4 | 5 |
| 1 | 1 | 1 | 1 | 1 | 1 |
| 2 | 1 | 2 | 2 | 2 | 2 |
| 3 | 2 | 1 | 1 | 2 | 2 |

续表

| 试验号 | 列号 | | | | |
|---|---|---|---|---|---|
| | 1 | 2 | 3 | 4 | 5 |
| 4 | 2 | 2 | 2 | 1 | 1 |
| 5 | 3 | 1 | 2 | 1 | 2 |
| 6 | 3 | 2 | 1 | 2 | 1 |
| 7 | 4 | 1 | 2 | 2 | 1 |
| 8 | 4 | 2 | 1 | 1 | 2 |

同理，基于正交表 $L_{16}(2^{15})$可以构造 $L_{16}(4\times2^{12})$，$L_{16}(4^2\times2^9)$，$L_{16}(4^3\times2^6)$，$L_{16}(4^4\times2^3)$，$L_{16}(8\times2^8)$，基于正交表 $L_{27}(3^{13})$构造 $L_{27}(9\times3^9)$等。

并列设计法主要用于构造水平个数成倍数的混合水平正交表。对于水平数不成比例的混合水平表，可以通过组合法、追加法、直积法等方法构造，常用的混合水平正交表如附录 12 所示。

### 8.1.4　正交试验设计的基本步骤

正交试验设计的内容包括正交试验方案设计、正交试验方案实施、试验结果计算与分析、最优试验方案验证等四个部分。

**1. 正交试验方案设计**

(1)明确试验目的，确定试验指标

正交试验方案设计之前，需要根据试验解决的问题确定相应的试验指标。

(2)挑选因素与水平，编列因素水平表

一般来说，影响试验指标的因素可能很多。但在实践中，挑选主要因素，略去次要因素，以减少试验工作量。如果缺乏对试验问题的了解，则可以适当多取一些因素。而在确定因素的水平时，一是要求所选取的水平区间能够较好地反映试验指标的变化情况，二是水平数不宜太大，以免试验次数太多。最后，编列出各个因素的水平表。

(3)选择合适的正交表，并进行表头设计

视频 8－3

根据因素个数和水平数选择合适的正交表，即因素的水平数与正交表对应的水平数一致，因素的个数小于或等于正交表的列数。在满足上述条件的前提下，则尽可能选择试验次数少的正交表。比如，四个因素 3 水平的试验方案设计，$L_9(3^4)$和 $L_{27}(3^{13})$都满足要求，但选择试验次数少的 $L_9(3^4)$即可。若从提高试验精度出发，并且试验条件允许，则可以选择次数更多的 3 水平正交表。考虑到正交表不同列组合的不等价性，通过正交表的使用表将试验因素安排到所选正交表相应列的过程称为表头设计。

(4)确定试验方案

根据表头设计，将各个因素及其各个水平按“对号入座”的方式匹配到所选用的正交表中，即完成试验方案设计。试验方案中，每一行都是各个因素水平的一个组合，对应于一个具体的试验条件，多少行表示要做多少号试验。

**2. 正交试验方案实施**

按照正交试验方案中每号试验的组合条件开展试验，采集以试验指标形式表示的试验结果。在开展试验时，应当注意以下几个方面：

(1)必须严格按照试验方案完成每一号试验，不能随意改动试验组合条件；

(2)试验进行的次序可以按照试验号的顺序，也可以随机选择。事实上，试验次序可能会对试验结果产生影响，比如试验先后的操作熟练程度不同所带来的误差干扰、外界条件变化引起的系统误差等；

(3)每一号试验的指标需要多次重复测定，结果取其平均值。

**3. 试验结果计算与分析**

正交试验结果的分析方法，包括直观分析法和方差分析法。通过对试验结果的计算与分析，可以提供以下有用信息：

(1)厘清各个因素对指标影响的主次顺序，即哪些是主要因素，哪些是次要因素；

(2)找出优化的试验方案，即每个因素分别取哪个水平才能到达最佳的试验指标；

(3)辨明因素与指标的关系，找出指标随因素变化的规律和趋势，以指出进一步试验研究的方向。

**4. 最优试验方案验证**

最优试验方案是基于实验数据通过理论分析与计算导出，它还需要借助试验实践加以验证，以检验最优方案的真实可靠。

(1)将已做过试验中试验指标最好的条件组合与最优试验方案同时验证，比较并确定其中的优劣；

(2)结合因素的主次和趋势图(主要因素按照有利于指标要求选取，次要因素可以考虑实际生产条件)，选取贴近实际的最好条件，并将之与最优试验方案进行综合分析和试验验证，以确定最优方案。

## 8.2 正交试验结果的直观分析法

直观分析法，又称为极差分析法，是指通过计算极差，绘制散点趋势图、编列交互作用搭配表等手段和方式将试验结果以图表的形式呈现出来，以便于直观地观察试验结果的规律和趋势，识别试验因素对试验结果的影响，以及找出最优试验方案。直观分析法简单易懂，实用性强。

视频 8—4

### 8.2.1 单指标正交设计的直观分析

**例题 8-1** 某化工厂为了提高产品的转化率，经分析选定考察反应温度($A$)，反应时间($B$)和用碱量($C$)对指标的影响，且每个因素都取 3 个水平，试验方案及测定的指标结果如表 8-7 所示。请通过直观分析法找出各个因素的最佳水平组合，并排列各个因素对转化率影响的主次顺序。

表 8-7　单指标的正交试验设计方案及结果数据

| 试验号 | 因素 | | | | 转化率(%) |
|---|---|---|---|---|---|
| | 反应温度(*A*) | 反应时间(*B*) | 用碱量(*C*) | 空列 | |
| 1 | 1(80℃) | 1(90min) | 1(5%) | 1 | 31 |
| 2 | 1 | 2(120min) | 2(6%) | 2 | 54 |
| 3 | 1 | 3(150min) | 3(7%) | 3 | 38 |
| 4 | 2(85℃) | 1 | 2 | 3 | 53 |
| 5 | 2 | 2 | 3 | 1 | 49 |
| 6 | 2 | 3 | 1 | 2 | 42 |
| 7 | 3(90℃) | 1 | 3 | 2 | 57 |
| 8 | 3 | 2 | 1 | 3 | 62 |
| 9 | 3 | 3 | 2 | 1 | 64 |

**解**　(1)计算各因素各水平下试验指标之和 $K_1$，$K_2$，$K_3$。

$$K_{1A}=\sum_{i=1,2,3}y_i=123,\ K_{2A}=\sum_{i=4,5,6}y_i=144,\ K_{3A}=\sum_{i=7,8,9}y_i=183$$

$$K_{1B}=\sum_{i=1,4,7}y_i=141,\ K_{2B}=\sum_{i=2,5,8}y_i=165,\ K_{3B}=\sum_{i=3,6,9}y_i=144$$

$$K_{1C}=\sum_{i=1,6,8}y_i=135,\ K_{2C}=\sum_{i=2,4,9}y_i=171,\ K_{3C}=\sum_{i=3,5,7}y_i=144$$

(2)计算各因素各水平下试验指标均值 $k_1$，$k_2$，$k_3$。

$$k_{1A}=K_{1A}/3=41,\ k_{2A}=K_{2A}/3=48,\ k_{3A}=K_{3A}/3=61$$

$$k_{1B}=K_{1B}/3=47,\ k_{2B}=K_{2B}/3=55,\ k_{3B}=K_{3B}/3=48$$

$$k_{1C}=K_{1C}/3=45,\ k_{2C}=K_{2C}/3=57,\ k_{3C}=K_{3C}/3=48$$

为探明指标结果随因素水平变化的规律和趋势，分别用各个因素的水平选为横坐标、指标平均值选为纵坐标，画出各个因素与指标的关联趋势图，如图 8-4 所示。

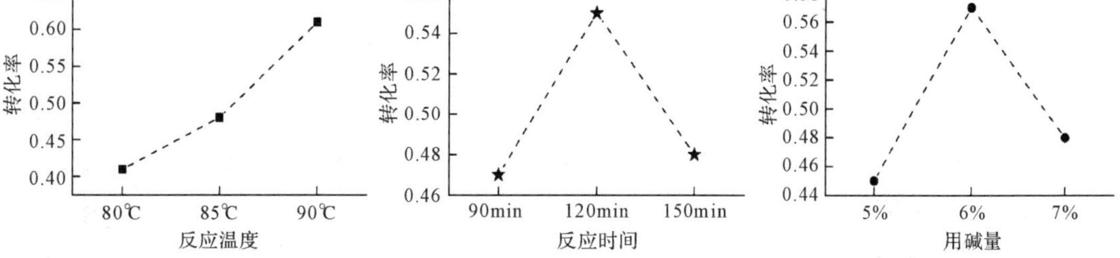


图 8-4　多因素与单指标的关系趋势图

在绘制关联趋势图时，对于数量因素，若水平号顺序排列与水平的实际大小顺序排列不一致时，横坐标上的点应按水平的实际大小顺序排列，并将各个数据点连成折线图，这样便于直接从图中看出指标随因素水平取值变化的联动趋势。如果是属性因素，由于不是连续变化的数值，则可不考虑横坐标的顺序，也不用将数据点连成折线。

(3)计算各个因素的试验指标极差 $R$。

各个因素的试验指标极差 $R$，是指各个因素所有水平试验指标均值 $k_1$，$k_2$，$k_3$ 中大数减去小数，即

因素 $A$(第 1 列)：$R_A=k_{3A}-k_{1A}=61-41=20$

因素 $B$(第 2 列)：$R_B=k_{2B}-k_{1B}=55-47=8$

因素 $C$(第 3 列)：$R_C=k_{2C}-k_{1C}=57-45=12$

极差 $R$ 的大小反映试验中因素的重要性。若因素的极差大，表明这个因素对指标的影响大，通常为重要因素；若因素的极差小，表明这个因素对指标的影响小，通常为次要因素。依极差大小，本例题中因素的主次顺序为：$A$，$C$，$B$。

**表 8-8 单指标正交试验设计的直观分析**

| 直观分析统计量 | 因素 | | |
|---|---|---|---|
| | 反应温度($A$) | 反应时间($B$) | 用碱量($C$) |
| $K_1$ | 123 | 141 | 135 |
| $K_2$ | 144 | 165 | 171 |
| $K_3$ | 183 | 144 | 144 |
| $k_1$ | 41 | 47 | 45 |
| $k_2$ | 48 | 55 | 57 |
| $k_3$ | 61 | 48 | 48 |
| $R$ | 20 | 8 | 12 |

从表 8-8 直观分析的统计量计算结果和图 8-4 看出：①反应温度越高，转化率越高，以 90℃为最好。考虑该温度水平取值处于区间端点，提醒进一步提高温度仍有可能提高产品转化率；(2)反应时间以 120min 的转化率为最高；(3)用碱量以 6%转化率最高。综上，最优试验方案确定为 $A_3B_2C_2$。

在决定每个因素选取哪个水平时，可以比较各个因素的 $k_1$，$k_2$，$k_3$ 大小。若各个因素的水平数及其重复的次数相同时，也可直接比较 $K_1$，$K_2$，$K_3$ 大小。如果寻找使指标越大越好的条件，就选取使各个因素 $k_1$，$k_2$，$k_3$ 为最大的水平组合为最优水平的组合；如果寻找使指标越小越好的条件，就选取使各个因素 $k_1$，$k_2$，$k_3$ 为最小的水平组合为最优水平的组合。

需要说明的是，通常将各个因素最好的水平组合在一起就是最好的生产条件，但在生

产或科研的实践中往往还要考虑因素的主次和彼此间的交互作用。对于主要因素，一般按照有利于指标要求选取，但次要因素可以结合其他条件(如生产成本、加工时长、原料用量等)来选取，最后找出最符合生产实际的最优或较优生产条件。

为了考察最优或较优生产条件的可行性和重现性，需要开展补充试验予以验证。在本例题中，将选出的最优工艺条件 $A_3B_2C_2$ 与已完成的 9 次试验中最好工艺条件 $A_3B_3C_2$(第 9 号试验)进行试验，结果显示 $A_3B_2C_2$ 的转化率为 74%，$A_3B_3C_2$ 的转化率为 64%，从而证实了直观分析找到的最优工艺条件确实是最好的，而且该最优工艺条件并不在已做过的 9 次试验之中，这也正是体现了正交试验设计的优越性。

### 8.2.2　多指标正交设计的直观分析

在实际生产和科学试验中，考察的指标往往不止一个，将这类的试验设计称为多指标试验设计。在多指标试验设计中，各个因素对不同指标的影响程度是不完全相同的，不同指标的重要程度往往也是不一致的，有些指标之间可能存在一定的矛盾，如何兼顾各个指标，寻找出使每个指标都尽可能好的最优组合方案，便成为多指标正交试验设计的关键。常用的多指标正交试验的数据分析方法包括综合平衡法和综合评分法。

(1)综合平衡法

综合平衡法，是先对每个指标实施单指标的直观分析，并得到每个指标的影响因素主次顺序和最佳水平组合，然后根据理论知识和实践经验，对各个指标的分析结果进行综合比较和平衡，最后得出试验优化方案。在试验方案安排和各个指标的数据分析计算上，综合平衡法与单指标直观分析完全一样。但不同的是，在综合平衡法中，需要在单个指标的最优生产条件的基础上，考虑其他指标的影响，以兼顾每个指标都能够达到较优的生产条件。

视频 8—5

**例题 8-2**　在用乙醇溶液提取葛根中有效成分的试验中，为了提高葛根中有效成分的提取率，实施提取工艺的优化试验，考察 3 项指标：提取物得率(为提取物质量与葛根质量之比)、提取物中葛根黄酮含量、总黄酮中葛根素含量，且这 3 个指标都是越大越好。根据前期探索性试验，选取乙醇浓度、液固比(乙醇溶液与葛根质量之比)和提取剂回流次数这 3 个相对重要的因素，且每个因素都取 3 个水平。若不考虑因素之间的交互作用，选用正交表 $L_9(3^4)$安排试验，表头设计、试验方案及指标结果数据如表 8-9 所示。请完成数据的直观分析，并找出较好的提取工艺条件。

**表 8-9　多指标的正交试验设计方案及结果数据**

| 试验号 | 因素 | | | | 提取物得率(%) | 葛根黄酮含量(%) | 葛根素含量(%) |
|---|---|---|---|---|---|---|---|
| | 乙醇浓度($A$) | 液固比($B$) | 空列 | 回流次数($C$) | | | |
| 1 | 1(80%) | 1(7) | 1 | 1(1) | 6.2 | 5.1 | 2.1 |
| 2 | 1 | 2(6) | 2 | 2(2) | 7.4 | 6.3 | 2.5 |

续表

| 试验号 | 因素 | | | | 提取物得率(%) | 葛根黄酮含量(%) | 葛根素含量(%) |
|---|---|---|---|---|---|---|---|
| | 乙醇浓度(*A*) | 液固比(*B*) | 空列 | 回流次数(*C*) | | | |
| 3 | 1 | 3(8) | 3 | 3(3) | 7.8 | 7.2 | 2.6 |
| 4 | 2(60%) | 1 | 2 | 3 | 8.0 | 6.9 | 2.4 |
| 5 | 2 | 2 | 3 | 1 | 7.0 | 6.4 | 2.5 |
| 6 | 2 | 3 | 1 | 2 | 8.2 | 6.9 | 2.5 |
| 7 | 3(70%) | 1 | 3 | 2 | 7.4 | 7.3 | 2.8 |
| 8 | 3 | 2 | 1 | 3 | 8.2 | 8.0 | 3.1 |
| 9 | 3 | 3 | 2 | 1 | 6.6 | 7.0 | 2.2 |

**解**　与单指标试验的数据分析方法相同，先完成每个指标的直观分析，得到因素的主次和优化试验方案，结果如表8-10所示，并分别画出各个因素与每个指标的关系趋势图，如图8-5所示。

**表8-10　多指标正交试验设计的综合平衡分析**

| 试验指标 | 直观分析项目 | 因素 | | | |
|---|---|---|---|---|---|
| | | 乙醇浓度(*A*) | 液固比(*B*) | 空列 | 回流次数(*C*) |
| 提取物得率(%) | $K_1$ | 21.4 | 21.6 | 22.6 | 19.8 |
| | $K_2$ | 23.2 | 22.6 | 22.0 | 23.0 |
| | $K_3$ | 22.2 | 22.6 | 22.2 | 24.0 |
| | $k_1$ | 7.13 | 7.20 | 7.53 | 6.60 |
| | $k_2$ | 7.73 | 7.53 | 7.33 | 7.67 |
| | $k_3$ | 7.40 | 7.53 | 7.40 | 8.00 |
| | $R$ | 0.60 | 0.33 | 0.20 | 1.40 |
| | 因素主次顺序 | $C$，$A$，$B$ | | | |
| | 优化方案 | $A_2B_2C_3$或$A_2B_3C_3$ | | | |

**续表**

| 试验指标 | 直观分析项目 | 因素 | | | |
|---|---|---|---|---|---|
| | | 乙醇浓度(*A*) | 液固比(*B*) | 空列 | 回流次数(*C*) |
| 葛根黄酮含量(%) | $K_1$ | 18.6 | 19.3 | 20.0 | 18.5 |
| | $K_2$ | 20.2 | 20.7 | 20.2 | 20.5 |
| | $K_3$ | 22.3 | 21.1 | 20.9 | 22.1 |
| | $k_1$ | 6.20 | 6.43 | 6.67 | 6.17 |
| | $k_2$ | 6.73 | 6.90 | 6.73 | 6.83 |
| | $k_3$ | 7.43 | 7.03 | 6.97 | 7.37 |
| | $R$ | 1.23 | 0.60 | 0.30 | 1.20 |
| | 因素主次顺序 | *A*，*C*，*B* | | | |
| | 优化方案 | $A_3B_3C_3$ | | | |
| 葛根素含量(%) | $K_1$ | 7.2 | 7.3 | 7.7 | 6.8 |
| | $K_2$ | 7.4 | 8.1 | 7.1 | 7.8 |
| | $K_3$ | 8.1 | 7.3 | 7.9 | 8.1 |
| | $k_1$ | 2.40 | 2.43 | 2.57 | 2.27 |
| | $k_2$ | 2.47 | 2.70 | 2.37 | 2.60 |
| | $k_3$ | 2.70 | 2.43 | 2.63 | 2.70 |
| | $R$ | 0.30 | 0.27 | 0.26 | 0.43 |
| | 因素主次顺序 | *C*，*A*，*B* | | | |
| | 优化方案 | $A_3B_2C_3$ | | | |

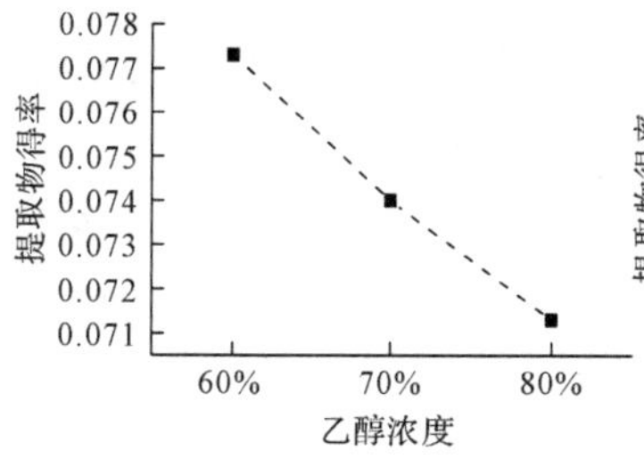


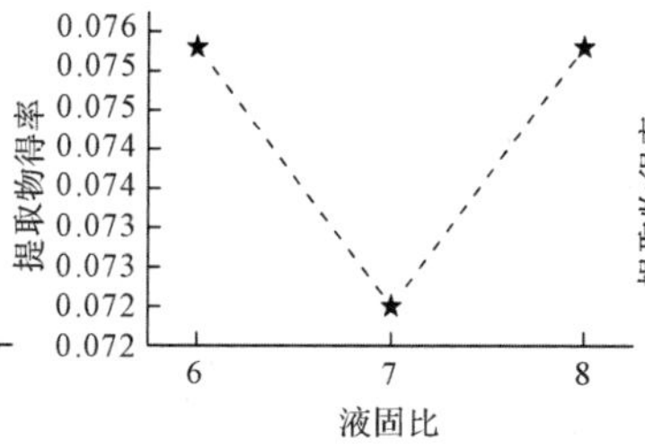


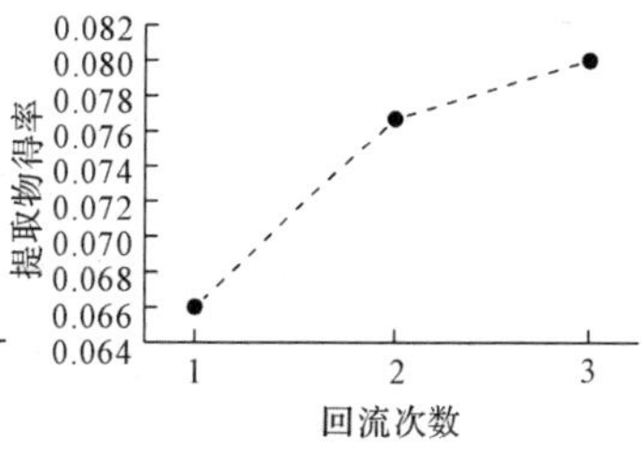

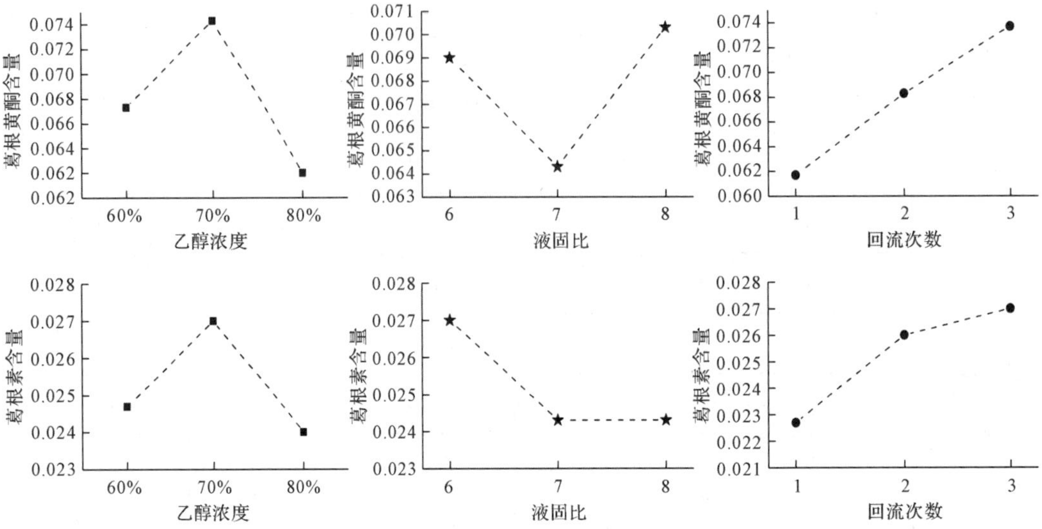


图 8-5　多因素与多指标的关系趋势图

由表 8-10 可以看出，对于不同的指标而言，不同因素的影响程度是不一样的。因此，将多个因素对多个指标的主次顺序统一起来是困难的，不同指标所对应的优化方案也是不同的。综合平衡法则可以根据各个指标的权重和因素的影响程度寻求综合的优化方案，以兼顾各个指标的要求。该例题的综合平衡过程如下：

因素 $A$：对于后面的 2 个试验指标而言，都是水平 $A_3$好，而且在葛根黄酮含量指标上 $A$ 属最主要的因素，这在确定它的最优水平时需要重点考虑。而在提取物得率指标上，水平 $A_2$为好。另外，从图 8-5 的趋势图或 $K_i(k_i)$的大小可以看出，因素 $A$ 取水平 $A_2$和 $A_3$时提取物得率相差不大，且在极差分析中 $A$ 属较次要的因素。根据多数投票机制，并结合因素 $A$ 对不同指标的重要程度，最后最优水平选取 $A_3$。

因素 $B$：在提取物得率指标上，水平 $B_2$或 $B_3$基本相同，在葛根黄酮含量指标上水平 $B_3$为好，在葛根素含量上则是水平 $B_2$为好。另外，对于这 3 个指标而言，$B$ 都是处于末位的次要因素。因此，本着减少溶剂耗量的考虑，最后选取水平 $B_2$。

因素 $C$：对于 3 个指标来说，因素 $C$ 都是以水平 $C_3$为最佳，因此就选取水平 $C_3$。

综合平衡以上的分析结果，确定的最终优化试验方案为 $A_3B_2C_3$，即乙醇浓度 70%、液固比 6、回流 3 次。

综合平衡法在多指标优化问题中的 4 条原则：

第一，如果某个因素对于某个指标来说是主要因素，对于其他指标来说是次要因素，那么在确定该因素的优化水平时应优先考虑作为主要因素的优化水平；

第二，如果某个因素对各个指标的影响程度相差不大，那么可以按照"少数服从多数"的原则，选取出现次数较多的优化水平；

第三，当某个因素的各个水平对各个指标的影响程度相差不大时，可依据降低消耗、提高效率的原则来选取合适的水平；

第四，如果多个试验指标的重要程度不同，那么在确定因素的优化水平时，应该优先考虑满足重要的指标要求。

诚然，在实际运用中仅凭其中一条原则可能无法确定各个因素的优化水平，这时需要将几条原则一起应用，综合分析来确定最优试验方案。

(2)综合评分法

综合评分法是根据各个试验指标的重要程度配置不同的权重系数，先将多个指标加权汇总为一个总的指标(综合评分)，然后基于这个总的指标执行单指标的直观分析，以确定最终的试验优化方案。综合评分法的关键是如何评分，下面介绍几种常用的评分方法。

视频8－6

①对每号试验结果的各个指标统一权衡和综合评价，直接给出每一号试验结果的综合评分。

②先对每号试验的每个指标按一定的评分标准评出分数，如果各个指标的重要性相同，可以将同一号试验中各个指标的分数加和作为该号试验的综合评分；

③先对每号试验的每个指标按一定的评分标准评出分数，如果各个指标的重要性不同，此时先确定各个指标相对重要性的权重系数，然后求加权和并作为该号试验的综合评分。

第①种评分方法常用于指标难以量化的试验，比如食品的评价，这就需要具有丰富实践经验的专家从色、香、味、口感等不同维度给出每号试验的一个综合评分。第③种评分方法的关键是如何给出每个指标的权重系数。对于定性指标，可以根据经验和专业知识给出权重系数；对于定量指标，可以将指标值作为分数，比如回收率、纯度等。需要注意的是，不同指标的量纲和量级可能不同，需要进行标准化或归一化处理。但不是所有的指标值本身都能作为分数，这时可以采用"隶属度"来表示分数。隶属度的计算方法如下：

$$\omega_{ij}=\frac{y_{ij}-y_{j,\min}}{y_{j,\max}-y_{j,\min}},i=1,2,\cdots,n,j=1,2,\cdots,m \tag{8-4}$$

式中 $\omega_{ij}$ 为第 $i$ 试验号第 $j$ 个指标 $y_{ij}$ 的隶属度，$y_{j,\min}$ 和 $y_{j,\max}$ 分别为第 $j$ 个指标的最小值和最大值。隶属度的值域范围是0～1。如果各个指标的重要性相同，就可以直接将各个指标的隶属度加和作为综合评分，否则求出加权和作为综合评分。综合评分的计算公式为：

$$Y_i=\sum_{j=1}^{m}w_j\omega_{ij}=w_1\omega_{i1}+w_2\omega_{i2}+\cdots+w_m\omega_{im},i=1,2,\cdots,n \tag{8-5}$$

式中 $Y_i$ 为第 $i$ 试验号的综合评分，$w_j$ 为第 $j$ 个指标的权重系数。

如果考察指标的要求趋势相同，则符号相同；趋势不同，则符号相异。比如，前3个指标都是越小越好，则第4个指标是越大越好，若前3者取正，则第4项应取负号，即

$$Y_i=\sum_{j=1}^{4}w_j\omega_{ij}=w_1\omega_{i1}+w_2\omega_{i2}+w_3\omega_{i3}-w_4\omega_{i4} \tag{8-6}$$

现回到例题8-2，若3个指标的重要性不一样，提取物得率、葛根黄酮含量、葛根素含量的权重系数分别为0.2，0.3，0.5，于是每号试验的综合评分＝提取物得率×0.2＋葛根黄酮含量×0.3＋葛根素含量×0.5。综合评分作为单指标的直观分析结果，如表8-11所示。

表 8-11　多指标正交试验设计的综合评分分析

| 试验号 | 因素 | | | | 提取物得率（%） | 葛根黄酮含量（%） | 葛根素含量（%） | 综合评分 |
|---|---|---|---|---|---|---|---|---|
| | 乙醇浓度（$A$） | 液固比（$B$） | 空列 | 回流次数（$C$） | | | | |
| 1 | 1(80%) | 1(7) | 1 | 1(1) | 6.2 | 5.1 | 2.1 | 3.82 |
| 2 | 1 | 2(6) | 2 | 2(2) | 7.4 | 6.3 | 2.5 | 4.62 |
| 3 | 1 | 3(8) | 3 | 3(3) | 7.8 | 7.2 | 2.6 | 5.02 |
| 4 | 2(60%) | 1 | 2 | 3 | 8.0 | 6.9 | 2.4 | 4.87 |
| 5 | 2 | 2 | 3 | 1 | 7.0 | 6.4 | 2.5 | 4.57 |
| 6 | 2 | 3 | 1 | 2 | 8.2 | 6.9 | 2.5 | 4.96 |
| 7 | 3(70%) | 1 | 3 | 2 | 7.4 | 7.3 | 2.8 | 5.07 |
| 8 | 3 | 2 | 1 | 3 | 8.2 | 8.0 | 3.1 | 5.59 |
| 9 | 3 | 3 | 2 | 1 | 6.6 | 7.0 | 2.2 | 4.52 |
| $k_1$ | 4.49 | 4.59 | | 4.30 | | | | |
| $k_2$ | 4.80 | 4.93 | | 4.88 | | | | |
| $k_3$ | 5.06 | 4.83 | | 5.16 | | | | |
| $R$ | 0.57 | 0.34 | | 0.86 | | | | |

从表 8-11 综合评分的直观分析可以看出，最优试验方案为 $A_3B_2C_3$，这与综合平衡法的结论一致，而且该最优试验方案也恰巧是正交表中最好的第 8 号试验。

由此可见，综合评分法的优点在于将多指标问题转换为单指标问题，从而使得试验数据的分析计算变得简单方便。但是，基于综合评分的结论可靠性主要取决于评分的合理性。如果评分标准、方法不合适，或者各个指标的权重系数不恰当，分析得出的结论就不能贴近客观实际。因此，确定合理的评分标准和各个指标的权重系数是综合评分的关键。这需要结合专业知识、专家经验和问题实际，通过科学的方法得出合理的评分结果，而单纯从数学上是无法解决该问题的。

## 8.2.3　混合水平正交设计的直观分析

在实际工作中，由于设备、原材料、生产条件等方面的限制，有些因素可能遇到无法开展它的所有水平试验研究。而在另外的一些试验中，可能需要对某些因素安排更多的水平以进行重点考察。若遇到这些情况，选择混合型正交表安排试验则是一种常用的解决方法，但该类型试验的数据分析与计算需要注意如下两点：

(1)各个因素的 $K$ 和 $k$ 计算时，由于水平数不同而存在差异；

(2)不同水平数因素的极差 $R$ 折算。

当因素的水平数相同时，因素的主次顺序完全由 $R$ 决定，但当因素的水平数不同时，

直接比较 $R$ 变得不可行。一般来说，水平数多的因素的 $R$ 倾向性会更大一些。因此，采用一个系数，将不同水平数因素的极差 $R$ 折算，然后再做比较。极差的折算公式如下：

$$R' = dR\sqrt{r} \tag{8-7}$$

式中 $R'$ 为折算后的极差，$r$ 为因素的每一个水平的重复试验次数，$d$ 为折算系数，其数值如表 8-12 所示。

**表 8-12　不同水平数的极差折算系数 $d$**

| 水平数 $m$ | 2 | 3 | 4 | 5 | 6 | 7 | 8 | 9 | 10 |
|---|---|---|---|---|---|---|---|---|---|
| 折算系数 $d$ | 0.71 | 0.52 | 0.45 | 0.40 | 0.37 | 0.35 | 0.34 | 0.32 | 0.31 |

### 8.2.4　有交互作用正交设计的直观分析

在许多试验中，不仅因素对指标有影响，而且因素之间还会联合搭配起来对指标产生作用。因素对试验的总效果是由因素的单独作用再加上因素之间的搭配效应所决定的，而这种联合搭配效应称为交互作用，它反映了因素之间相互促进或相互抑制这种客观存在的现象。在某些试验中，因素之间的交互作用甚至超过因素自身的作用。

视频 8－7

因素之间的交互作用可以分为一级交互作用和高级交互作用。2 个因素之间的作用称为一级交互作用，比如 $A \times B$，$A \times C$ 等。3 个及以上因素之间的作用则为高级交互作用，比如 $A \times B \times C$ 为二级交互作用，$A \times B \times C \times D$ 为三级交互作用。

需要指出的是，交互作用不是具体的因素，而是因素之间形成的联合搭配作用，当然也就无所谓水平。因此，交互作用占的列在试验方案中是不起作用的，只是在计算、分析试验结果时要用到它。在最优方案的确定上，若交互作用的影响超过其包含的因素自身，通常列出这两个因素的搭配表并从中选取最有利的水平搭配。

**例题 8-3**　为寻找某矿中提取稀土元素的最优工艺方案，根据生产经验，影响从矿物中提取稀土元素的主要因素包括酸用量 $A$(mL)、水用量 $B$(mL)、反应时间 $C$(h)和有无添加剂 $D$ 等四个因素，每个因素取 2 个水平。试验指标稀土元素提取量越高越好。选用正交表$L_8(2^7)$安排试验方案。除上述四个因素外，还要考察交互作用 $A \times B$，$A \times C$，$B \times C$。各个因素的水平取值、试验方案及指标提取量的结果如表 8-13 所示。

**表 8-13　有交互作用的正交试验方案及数据结果的直观分析**

| 试验号 | $A$ | $B$ | $A \times B$ | $C$ | $A \times C$ | $B \times C$ | $D$ | 提取量/mL |
|---|---|---|---|---|---|---|---|---|
| | 1 | 2 | 3 | 4 | 5 | 6 | 7 | |
| 1 | 1(25) | 1(20) | 1 | 1(1) | 1 | 1 | 1(有) | 1.10 |
| 2 | 1 | 1 | 1 | 2(2) | 2 | 2 | 2(无) | 1.33 |

续表

| 试验号 | $A$ | $B$ | $A\times B$ | $C$ | $A\times C$ | $B\times C$ | $D$ | 提取量/mL |
|---|---|---|---|---|---|---|---|---|
| | 1 | 2 | 3 | 4 | 5 | 6 | 7 | |
| 3 | 1 | 2(40) | 2 | 1 | 1 | 2 | 2 | 1.13 |
| 4 | 1 | 2 | 2 | 2 | 2 | 1 | 1 | 1.06 |
| 5 | 2(20) | 1 | 2 | 1 | 2 | 1 | 2 | 1.03 |
| 6 | 2 | 1 | 2 | 2 | 1 | 2 | 1 | 0.80 |
| 7 | 2 | 2 | 1 | 1 | 2 | 2 | 1 | 0.76 |
| 8 | 2 | 2 | 1 | 2 | 1 | 1 | 2 | 0.56 |
| $K_1$ | 4.62 | 4.26 | 3.75 | 4.02 | 3.59 | 3.75 | 3.72 | $\sum_{i=1}^{8} y_i = 7.77$ |
| $K_2$ | 3.15 | 3.51 | 4.02 | 3.75 | 4.18 | 4.02 | 4.05 | |
| $R$ | 1.47 | 0.75 | 0.27 | 0.27 | 0.59 | 0.27 | 0.33 | |

**解** 考虑到本试验中因素的水平数相同，各个因素的极差 $R$ 的计算，直接用各个水平的指标总和代替平均值。

由极差 $R$ 计算结果可知，各个因素对指标的影响主次顺序是：$A$，$B$，$A\times C$，$D$，$C$，$A\times B$，$B\times C$。由于 $A$，$B$ 是重要的影响因素，所以它们取各自的最好水平，即 $A$ 取水平 $A_1$，$B$ 取水平 $B_1$。接下来是 $A\times C$ 交互作用，由于其含有的因素 $C$ 排序在它的交互作用之后，所以因素 $C$ 的水平需要通过 $A\times C$ 的搭配表来选择。表 8-14 为因素 $A$ 和 $C$ 的搭配表，表中 $A_1C_1$ 栏内的数据是因素 $A$ 和 $C$ 都取第 1 水平的试验的指标结果加和，即表 8-13 中的第 1 号和第 3 号试验的指标数据加和。同理，$A_1C_2$，$A_2C_1$，$A_2C_2$ 这三栏中的数据通过同样的方法计算获得。显然，搭配表中 $A_1C_2$ 的结果数据为最大最好，由此确定因素 $C$ 的最优水平为 $C_2$。最后是因素 $D$，比较表 8-13 中它的 $K_1$ 和 $K_2$ 结果，确定选择水平 $D_2$。至于交互作用 $A\times B$ 和 $B\times C$，也可列出它们的搭配表，但因为属极次要因素，仅用作参考。

综合以上分析，最后确定的最优试验方案为 $A_1B_1C_2D_2$，即酸用量 25mL，水用量 20mL，反应时间 2h，不加添加剂，此方案恰巧是正交表中已做过的 8 次试验中最好的第 2 号试验。

**表 8-14 因素 A 与 C 的搭配**

| | | 因素 $A$ | |
|---|---|---|---|
| | | $A_1$ | $A_2$ |
| 因素 $C$ | $C_1$ | 1.10+1.13=2.23 | 1.03+0.76=1.79 |
| | $C_2$ | 1.33+1.06=2.39 | 0.80+0.56=1.36 |

在正交试验设计时，交互作用需要当作因素并通过正交表的使用表安排在正交表相应的列上，它们对试验指标的影响效应也都可以分析清楚，而且直观分析计算与各个因素自身的一样非常简便。但交互作用与因素之间的区别主要体现如下两点：

(1)占有正交表的交互作用列不影响试验方案的实施。交互作用不是具体的因素，只是因素之间的搭配，当然也就没有水平。交互作用对指标的影响，则可以借助该交互作用列计算它的极差，以其反映交互作用的效应强弱。

(2)两个因素的交互作用可能需要占有正交表的$(m-1)^p$列，即与因素水平数 $m$ 和交互作用的级数 $p$ 有关。比如，五因素 2 水平的正交试验设计，如果要考察因素之间的所有各级交互作用，那么连同各个因素自身，总计需要占有的列数为 $C_5^1+C_5^2+C_5^3+C_5^4+C_5^5=31$。为此，需要选择 $L_{32}(2^{31})$正交表，试验次数几乎接近全面试验设计的 $n=2^5=32$ 次。因此，面对多因素的试验设计，通常不考虑高级交互作用的影响，而且一级交互作用也不必全部考察，尤其是根据专业知识知晓两个因素之间没有交互作用或者交互作用不大时。

# 8.3　正交试验结果的方差分析法

直观分析法具有简单直观、计算量小等优点，但不能估计误差的大小，也不能精确地估计各个因素对试验结果的影响程度，而方差分析法可以弥补这些不足。

## 8.3.1　无交互作用正交设计的方差分析

多个因素而且没有交互作用的正交设计，其试验数据的方差分析类似于无重复测量双因素的方差分析，其具体计算内容、步骤等可参见本书第 4.3.1 节。设多因素 $A$，$B$，$C$，其中 $A$ 有 $a$ 个水平，$B$ 有 $b$ 个水平，$C$ 有 $c$ 个水平。现以正交表 $L_9(3^4)$为例说明其实施过程。类似于直观分析，先计算各个因素的 $K_1$，$K_2$，$K_3$，结果如表 8-15 所示。

**表 8-15　无交互作用正交设计的数据整理**

| 试验号 | 因素 $A$ | 因素 $B$ | 因素 $C$ | 试验指标 |
|---|---|---|---|---|
| 1 | 1 | 1 | 1 | $y_1$ |
| 2 | 1 | 2 | 2 | $y_2$ |
| 3 | 1 | 3 | 3 | $y_3$ |
| 4 | 2 | 1 | 2 | $y_4$ |
| 5 | 2 | 2 | 3 | $y_5$ |
| 6 | 2 | 3 | 1 | $y_6$ |

续表

| 试验号 | 因素 $A$ | 因素 $B$ | 因素 $C$ | 试验指标 |
|---|---|---|---|---|
| 7 | 3 | 1 | 3 | $y_7$ |
| 8 | 3 | 2 | 1 | $y_8$ |
| 9 | 3 | 3 | 2 | $y_9$ |
| $K_1$ | $y_1+y_2+y_3$ | $y_1+y_4+y_7$ | $y_1+y_6+y_8$ | $\sum_{i=1}^{n} y_i$ |
| $K_2$ | $y_4+y_5+y_6$ | $y_2+y_5+y_8$ | $y_2+y_4+y_9$ | |
| $K_3$ | $y_7+y_8+y_9$ | $y_3+y_6+y_9$ | $y_3+y_5+y_7$ | |

因素 $A$，$B$，$C$ 在相同水平下的试验重复次数分别为 $n_A$，$n_B$ 和 $n_C$。进而计算各个因素的离差平方和：

$$P=\frac{1}{n}\left(\sum_{i=1}^{n} y_i\right)^2;\ R=\sum_{i=1}^{n} y_i^2;\ Q_A=\frac{1}{n_A}(K_{A_1}^2+K_{A_2}^2+K_{A_3}^2);$$

$$Q_B=\frac{1}{n_B}(K_{B_1}^2+K_{B_2}^2+K_{B_3}^2);\ Q_C=\frac{1}{n_C}(K_{C_1}^2+K_{C_2}^2+K_{C_3}^2)。$$

所以 $SS_T=R-P$，$df_T=n-1$

$SS_A=Q_A-P$，$df_A=a-1$

$SS_B=Q_B-P$，$df_B=b-1$

$SS_C=Q_C-P$，$df_C=c-1$

$SS_E=SS_T-SS_A-SS_B-SS_C$，$df_E=df_T-df_A-df_B-df_C=n-a-b-c+2$。

如果在正交设计中包含空列，则 $SS_E$ 还包含该空列误差。

**例题 8-4** 某企业利用工业废料煤渣制备墙体砖，通过试验寻找合理的生产工艺以提高煤渣砖的抗折强度。从生产实践中得知，成型水分($A$)、碾压时间($B$)、每次碾压料重($C$)这三个因素会影响墙体砖抗折强度(MPa)。选用正交表 $L_9(3^4)$安排的试验方案及采集的试验数据如表 8-16 所示。请对试验数据进行方差分析。

**表 8-16 煤渣制砖的试验方案及试验结果**

| 试验号 | 因素 | | | | 抗折强度/MPa |
|---|---|---|---|---|---|
| | 1($A$) | 2($B$) | 3($C$) | 4(空列) | |
| 1 | 1(9%) | 1(8min) | 1(330kg) | 1 | 1.69 |
| 2 | 1 | 2(10min) | 2(360kg) | 2 | 1.91 |
| 3 | 1 | 3(12min) | 3(400kg) | 3 | 1.67 |
| 4 | 2(10%) | 1 | 2 | 3 | 1.98 |

续表

| 试验号 | 因素 | | | | 抗折强度/MPa |
|---|---|---|---|---|---|
| | 1(*A*) | 2(*B*) | 3(*C*) | 4(空列) | |
| 5 | 2 | 2 | 3 | 1 | 2.37 |
| 6 | 2 | 3 | 1 | 2 | 1.90 |
| 7 | 3(11%) | 1 | 3 | 2 | 2.53 |
| 8 | 3 | 2 | 1 | 3 | 2.04 |
| 9 | 3 | 3 | 2 | 1 | 2.31 |
| $K_1$ | 5.27 | 6.20 | 5.63 | 6.37 | $\sum_{i=1}^{9} y_i = 18.4$ |
| $K_2$ | 6.25 | 6.32 | 6.20 | 6.34 | |
| $K_3$ | 6.88 | 5.88 | 6.57 | 5.69 | |

**解**　$P=\frac{1}{n}\left(\sum_{i=1}^{n} y_i\right)^2=37.618$；$R=\sum_{i=1}^{n} y_i^2=38.339$；

$Q_A=\frac{1}{n_A}(K_{A_1}^2+K_{A_2}^2+K_{A_3}^2)=38.057$；$Q_B=\frac{1}{n_B}(K_{B_1}^2+K_{B_2}^2+K_{B_3}^2)=37.652$；

$Q_C=\frac{1}{n_C}(K_{C_1}^2+K_{C_2}^2+K_{C_3}^2)=37.767$

所以　$SS_T=R-P=0.721$，$df_T=n-1=8$

$SS_A=Q_A-P=0.439$，$df_A=a-1=2$

$SS_B=Q_B-P=0.034$，$df_B=b-1=2$

$SS_C=Q_C-P=0.149$，$df_C=c-1=2$

$SS_E=SS_T-SS_A-SS_B-SS_C=0.099$，$f_E=n-a-b-c+2=2$。

**表 8-17　无交互作用正交设计的方差分析**

| 方差来源 | *SS* | *df* | *MS* | *F* | 显著性 |
|---|---|---|---|---|---|
| 因素 A | 0.439 | 2 | 0.2195 | 4.43 | |
| 因素 B | 0.034 | 2 | 0.017 | 3.43 | |
| 因素 C | 0.149 | 2 | 0.0745 | 1.51 | |
| 试验误差 E | 0.099 | 2 | 0.0495 | | |
| 总和 T | 0.721 | 8 | | | |

表 8-17 的方差分析结果可以看到，$df_E=2$ 偏少，这样 $F$ 检验的灵敏度则不高。如果

取显著性水平 $\alpha=0.05$，从附录 4 中查得 $F_{0.05}(2,2)=19.00$，而三个因素的 $F$ 计算值都小于该临界值，因此各个因素对指标抗折强度的影响均不大。如果排列三个因素对抗折强度影响的主次顺序，则成型水分的影响为最大，其次是碾压时间，影响可以忽略的是每次碾压料重。方差分析只需对有显著性影响的因素进行水平选择，而不显著因素的水平可在水平区间范围内结合问题实际完成选择。

## 8.3.2 有交互作用正交设计的方差分析

视频 8－8

多个因素而且存在交互作用的正交设计，其试验数据的方差分析类似于有重复测量双因素的方差分析，其具体计算内容、步骤等可参见本书第 4.3.2 节。需要注意的是，如果交互作用占据两列，则交互作用的离差平方和等于这两列的离差平方和，即 $SS_{A\times B}=SS_{(A\times B)_1}+SS_{(A\times B)_2}$，总的离差平方和 $SS_T=SS_{因}+SS_{交}+SS_E$。而两个因素交互作用列的自由度等于这两个因素自由度的乘积，即 $df_{A\times B}=df_A\times df_B$。

**例题 8-5** 某农药厂生产某种农药，指标是农药的收率，越大越好。据经验所知，影响农药收集的因素有四个：反应温度($A$)、反应时间($B$)、原料配比($C$)、真空度($D$)，且每个因素都有 2 个水平，它们的具体取值为：$A_1$：60℃，$A_2$：80℃；$B_1$：2.5h，$B_2$：3.5h；$C_1$：1.1∶1，$C_2$：1.2∶1；$D_1$：66500Pa，$D_2$：79800Pa，并考虑因素 $A$ 和 $B$ 的交互作用。选用正交表 $L_8(2^7)$安排的试验方案和指标收率结果如表 8-18 所示，请完成数据的方差分析。

**表 8-18　农药正交设计的试验方案及试验结果**

| 试验号 | 列号 | | | | | | | 试验指标/% |
|---|---|---|---|---|---|---|---|---|
| | 1($A$) | 2($B$) | 3($A\times B$) | 4($C$) | 5 | 6 | 7($D$) | |
| 1 | 1 | 1 | 1 | 1 | 1 | 1 | 1 | 86 |
| 2 | 1 | 1 | 1 | 2 | 2 | 2 | 2 | 95 |
| 3 | 1 | 2 | 2 | 1 | 1 | 2 | 2 | 91 |
| 4 | 1 | 2 | 2 | 2 | 2 | 1 | 1 | 94 |
| 5 | 2 | 1 | 2 | 1 | 2 | 1 | 2 | 91 |
| 6 | 2 | 1 | 2 | 2 | 1 | 2 | 1 | 92 |
| 7 | 2 | 2 | 1 | 1 | 2 | 2 | 1 | 83 |
| 8 | 2 | 2 | 1 | 2 | 1 | 1 | 2 | 88 |
| $K_1$ | 366 | 364 | 352 | 351 | 357 | 359 | 355 | |
| $K_2$ | 354 | 356 | 368 | 369 | 363 | 361 | 365 | |

**解**　$K=\sum_{i=1}^{n}y_i=720$；$P=\frac{1}{n}\left(\sum_{i=1}^{n}y_i\right)^2=64800$；$R=\sum_{i=1}^{n}y_i^2=64916$；

$$Q_A=\frac{1}{n_A}(K_{A_1}^2+K_{A_2}^2)=64818；Q_B=\frac{1}{n_B}(K_{B_1}^2+K_{B_2}^2)=64808；$$

$$Q_{A\times B}=\frac{1}{n_{A\times B}}(K_{(A\times B)_1}^2+K_{(A\times B)_2}^2)=64832；$$

$$Q_C=\frac{1}{n_C}(K_{C_1}^2+K_{C_2}^2)=64840.5；Q_D=\frac{1}{n_D}(K_{D_1}^2+K_{D_2}^2)=64812.5$$

所以　$SS_T=R-P=116$，$df_T=n-1=7$

$SS_A=Q_A-P=18$，$df_A=a-1=1$

$SS_B=Q_B-P=8$，$df_B=b-1=1$

$SS_{A\times B}=Q_{A\times B}-P=32$，$df_{A\times B}=df_A\times df_B=1$

$SS_C=Q_C-P=40.5$，$df_C=c-1=1$

$SS_D=Q_D-P=12.5$，$df_D=d-1=1$

$SS_E=SS_T-SS_A-SS_B-SS_{A\times B}-SS_C-SS_D=5$

$df_E=df_T-df_A-df_B-df_{A\times B}-df_C-df_D=2$

最后计算各自的均方 $MS$ 和统计量 $F$ 值，列出方差分析表 8-19。从中可以看出，各个因素对试验指标影响的主次顺序为 $C$，$A\times B$，$A$，$D$，$B$。如果各个因素分别选取最优水平，则最优试验方案为 $A_1B_1C_2D_2$，但考虑到 $A\times B$ 的交互作用对指标的影响超过因素 $A$ 和 $B$ 自身，而且它的第 2 个水平为好。考虑到 $A\times B$ 的第 2 个水平下包括 $B_1A_2$ 和 $B_2A_1$ 两种情形，而且 $A$ 的影响比 $B$ 大，因此先对因素 $A$ 选取水平 $A_1$，再对因素 $B$ 选取水平 $B_2$。这样，确定的最优方案便是 $A_1B_2C_2D_2$。

**表 8-19　农药有交互作用正交设计的方差分析**

| 方差来源 | $SS$ | $df$ | $MS$ | $F$ | 显著性 |
|---|---|---|---|---|---|
| 因素 $A$ | 18 | 1 | 18 | 7.2 | |
| 因素 $B$ | 8 | 1 | 8 | 3.2 | |
| 交互作用 $A\times B$ | 32 | 1 | 32 | 12.8 | |
| 因素 $C$ | 40.5 | 1 | 40.5 | 16.2 | |
| 因素 $D$ | 12.5 | 1 | 12.5 | 5.0 | |
| 试验误差 $E$ | 5.0 | 2 | 2.5 | | |
| 总和 $T$ | 116 | 7 | | | |

注：$F_{0.05}(1,2)=18.51$，$F_{0.01}(1,2)=98.50$。

### 8.3.3　重复试验正交设计的方差分析

用正交表安排试验时，常会遇到以下情况：正交表的各列都已排满因素或交互作用，没有空列，为了估计试验误差和进行方差分析，需要进行重复试验；虽然正交表的所有列并没有被因素或交互作用排满，但为了提高试验统计分析的精确性和可靠性，往往也要进行重复试验。所谓重复试验，就是在安排试验时，将同号试验重复若干次，从而得到同一条件下若干次试验的数据。重复试验的方差分析与无重复试验的方差分析比较，有以下几点不同。

(1)如果每号试验重复数 $c$，则在统计第 $j$ 列各个水平的 $K_{1j}$，$K_{2j}$，…时，是以各水平各号试验下"$c$ 个试验数据之和"进行计算；

(2)重复试验时，总离差平方和 $SS_T$ 及其自由度 $df_T$ 按下式计算：

$$SS_T = \sum_{i=1}^{n}\sum_{h=1}^{c} y_{ih}^2 - \frac{K^2}{nc},\ df_T = nc - 1 \tag{8-8}$$

式中 $n$ 为正交表试验号个数，$c$ 为各号试验的重复数，$y_{ih}$ 为第 $i$ 号试验第 $h$ 次重复试验数据（$i=1,2,\cdots,n,h=1,2,\cdots,c$）；$K = \sum_{i=1}^{n}\sum_{h=1}^{c} y_{ih}$ 为所有试验数据之和(包括重复试验)；

(3)重复试验时，各列偏差平方和计算公式中的水平重复数改为"水平重复数 $r$ 乘以试验重复数 $c$"，$SS_j$ 的自由度 $df_j$ 仍为水平数 $m$ 减 1，即

$$SS_j = \frac{1}{rc}\sum_{k=1}^{m} K_{kj}^2 - \frac{K^2}{nc},\ df_j = m - 1 \tag{8-9}$$

(4)重复试验时，总误差平方和包括空列误差(第一类误差)$SS_{E_1}$ 和重复试验误差(第二类误差)$SS_{E_2}$，即 $SS_E = SS_{E_1} + SS_{E_2}$，其自由度 $df_E$ 等于 $SS_{E_1}$ 的自由度 $df_{E_1}$ 和 $SS_{E_2}$ 的自由度 $df_{E_2}$ 之和，即 $df_E = df_{E_1} + df_{E_2}$，其中 $SS_{E_2}$ 和 $df_{E_2}$ 的计算公式分别为：

$$SS_{E_2} = \sum_{i=1}^{n}\sum_{h=1}^{c} y_{ih}^2 - \frac{1}{c}\sum_{i=1}^{n}\left(\sum_{h=1}^{c} y_{ih}\right)^2,\ df_{E_2} = n(c-1) \tag{8-10}$$

(5)重复试验时，用 $MS_E = SS_E/df_E$ 检验各因素及其交互作用的显著性。当正交表的各列都已排满因素及其交互作用而没有空列时，用 $MS_{E_2} = SS_{E_2}/df_{E_2}$ 来检验因素及交互作用的显著性。

**例题 8-6** 在某中药浸膏制备工艺的研究中选用正交表 $L_9(3^4)$ 安排实验方案，试验因素包括酸浓度($A$)、温浸时间($B$)、温浸温度($C$)和醇浓度($D$)。各个因素的水平取值和试验结果如表 8-20 所示，每号试验重复做 4 次，指标氨基酸含量 $y$ 越大越好。试进行方差分析，确定最优方案。

**表 8-20 中药浸膏制备工艺重复试验正交设计的试验方案及结果**

| 试验号 | 试验因素 | | | | 氨基酸含量/(mg/100g) | | | |
|---|---|---|---|---|---|---|---|---|
| | 1($A$) | 2($B$) | 3($C$) | 4($D$) | 重复 1 | 重复 2 | 重复 3 | 重复 4 |
| 1 | 1(0.01N) | 1(1.5h) | 1(40℃) | 1(30%) | 5.24 | 5.50 | 5.49 | 5.73 |
| 2 | 1 | 2(2.0h) | 2(50℃) | 2(50%) | 6.48 | 6.12 | 5.76 | 5.84 |
| 3 | 1 | 3(2.5h) | 3(60℃) | 3(70%) | 5.99 | 6.13 | 5.67 | 6.45 |
| 4 | 2(0.6N) | 1 | 2 | 3 | 6.08 | 6.53 | 6.35 | 6.56 |

续表

| 试验号 | 试验因素 | | | | 氨基酸含量/(mg/100g) | | | |
|---|---|---|---|---|---|---|---|---|
| | 1(A) | 2(B) | 3(C) | 4(D) | 重复 1 | 重复 2 | 重复 3 | 重复 4 |
| 5 | 2 | 2 | 3 | 1 | 5.81 | 5.94 | 5.62 | 6.13 |
| 6 | 2 | 3 | 1 | 2 | 5.93 | 6.08 | 5.67 | 6.34 |
| 7 | 3(1.2N) | 1 | 3 | 2 | 6.17 | 6.29 | 5.96 | 6.50 |
| 8 | 3 | 2 | 1 | 3 | 6.32 | 6.63 | 6.35 | 6.10 |
| 9 | 3 | 3 | 2 | 1 | 6.11 | 6.59 | 6.31 | 6.39 |

**解**　(1)计算各因素各水平的 $K_{1j}$，$K_{2j}$ 和 $K_{3j}$。

因素 $A$：

$$K_{1A}=\sum_{i=1,2,3}\sum_{h=1}^{4}y_{ih}=70.4,\ K_{2A}=\sum_{i=4,5,6}\sum_{h=1}^{4}y_{ih}=73.04,\ K_{3A}=\sum_{i=7,8,9}\sum_{h=1}^{4}y_{ih}=75.72$$

因素 $B$：

$$K_{1B}=\sum_{i=1,4,7}\sum_{h=1}^{4}y_{ih}=72.4,\ K_{2B}=\sum_{i=2,5,8}\sum_{h=1}^{4}y_{ih}=73.10,\ K_{3B}=\sum_{i=3,6,9}\sum_{h=1}^{4}y_{ih}=73.66$$

因素 $C$：

$$K_{1C}=\sum_{i=1,6,8}\sum_{h=1}^{4}y_{ih}=71.38,\ K_{2C}=\sum_{i=2,4,9}\sum_{h=1}^{4}y_{ih}=75.12,\ K_{3C}=\sum_{i=3,5,7}\sum_{h=1}^{4}y_{ih}=72.66$$

因素 $D$：

$$K_{1D}=\sum_{i=1,5,9}\sum_{h=1}^{4}y_{ih}=70.86,\ K_{2D}=\sum_{i=2,6,7}\sum_{h=1}^{4}y_{ih}=73.14,\ K_{3D}=\sum_{i=3,4,8}\sum_{h=1}^{4}y_{ih}=75.16$$

(2)计算总的离差平方和 $SS_T$ 及其自由度 $df_T$。

$$K=\sum_{i=1}^{9}\sum_{h=1}^{4}y_{ih}=219.16$$

$$SS_T=\sum_{i=1}^{9}\sum_{h=1}^{4}y_{ih}^2-\frac{K^2}{nc}=1338.5-\frac{219.16^2}{9\times 4}=4.3$$

$$df_T=nc-1=9\times 4-1=35$$

(3)计算各因素离差平方和及自由度。

$$SS_A=\frac{1}{3\times 4}\sum_{k=1}^{3}K_{kA}^2-\frac{219.16^2}{9\times 4}=\frac{16024.52}{12}-\frac{219.16^2}{9\times 4}=1.18$$

$$df_A=m-1=3-1=2$$

$$SS_B=\frac{1}{3\times 4}\sum_{k=1}^{3}K_{kB}^2-\frac{219.16^2}{9\times 4}=\frac{16011.17}{12}-\frac{219.16^2}{9\times 4}=0.067$$

$$df_B=m-1=3-1=2$$

$$SS_C = \frac{1}{3\times4}\sum_{k=1}^{3}K_{kC}^2 - \frac{219.16^2}{9\times4} = \frac{16017.59}{12} - \frac{219.16^2}{9\times4} = 0.60$$

$$df_C = m-1 = 3-1 = 2$$

$$SS_D = \frac{1}{3\times4}\sum_{k=1}^{3}K_{kD}^2 - \frac{219.16^2}{9\times4} = \frac{16019.62}{12} - \frac{219.16^2}{9\times4} = 0.77$$

$$df_D = m-1 = 3-1 = 2$$

$$SS_E = SS_T - SS_A - SS_B - SS_C - SS_D = 1.7$$

$$df_E = df_T - df_A - df_B - df_C - df_D = 27$$

(4)计算重复试验离差平方和及自由度。

$$SS_{E_2} = \sum_{i=1}^{9}\sum_{h=1}^{4}y_{ih}^2 - \frac{1}{4}\sum_{i=1}^{9}\left(\sum_{h=1}^{4}y_{ih}\right)^2 = 1338.5 - 1336.8 = 1.7$$

$$df_{E_2} = n(c-1) = 9\times(4-1) = 27$$

由此可见，在没有空列时，$SS_E = SS_{E_2}$，$df_E = df_{E_2}$。

(5)因素的显著性检验。

**表 8-21　中药浸膏制备工艺重复试验正交设计的方差分析**

| 方差来源 | $SS$ | $df$ | $MS$ | $F$ | 显著性 |
|---|---|---|---|---|---|
| 因素 $A$ | 1.18 | 2 | 0.59 | 9.37 | ** |
| 因素 $B$ | 0.067 | 2 | 0.0335 | 0.53 | |
| 因素 $C$ | 0.60 | 2 | 0.30 | 4.76 | * |
| 因素 $D$ | 0.77 | 2 | 0.385 | 6.11 | ** |
| 重复试验误差 $E_2$ | 1.70 | 27 | 0.063 | | |
| 总和 $T$ | 4.30 | 35 | | | |

根据显著性水平 $\alpha$ 和相应的自由度，查得临界值 $F_{0.05}(2,27)=3.35$，$F_{0.01}(2,27)=5.49$。将各因素的统计量 $F$ 值与之比较，得到因素 $A$ 和因素 $D$ 对试验指标有非常显著性的影响，因素 $C$ 有显著性影响，而因素 $B$ 的影响不显著。

(6)预测最佳试验方案。因素 $A$ 取 $A_3$、因素 $D$ 取 $D_3$、因素 $C$ 取 $C_2$、根据实际因素 $B$ 取 $B_1$ 以缩短生产周期，即最佳试验方案为 $A_3B_1C_2D_3$，也就是 1.2mol·$L^{-1}$的酸、70%的醇、温度 50℃、温浸 1.5h。

## 8.3.4　重复取样正交设计的方差分析

重复试验虽然可以提高试验结果统计分析的可靠性，但同时也随试验次数的成倍增加而增加试验费用。在实际工作中，更常用的是对每一号试验同时抽取 $r$ 个样品进行测试，这种方法叫重复取样。重复抽样可提高统计分析的可靠性，但它与重复试验又有区别。重复试验反映的是整个试验过程中的各种干扰引起的误差，是整体误差；重复抽样仅反映了产品的不均匀性及测定试验指标时的测量误差，不能反映整个试验过程中的干扰情况，属于局部误差。通常局部误差比试验误差要小些。原则上，不能用局部误差来检验各因素及其交互作用的显著性，否则会得出几乎所有因素及其交互作用都是显著的不正确结论。但是，若符合下面两种情况，也可以把重复抽样得到的误差平方和 $SS_{E_2}$ 作为试验误差进行检验。

(1)正交表各列已排满，无空列提供一次误差 $SS_{E_1}$。这时，为了少做试验而用重复抽样误差作为试验误差检验各因素及其交互作用的显著性。若检验结果有一半左右的因素及其交互作用不显著，就可以认为这种检验是合理的。

(2)若重复取样得到的局部试验误差 $SS_{E_2}$ 与整体试验误差 $SS_{E_1}$ 相差不大，也就是说，这两类误差的统计量 $F$ 值

$$F=\frac{SS_{E_1}/df_{E_1}}{SS_{E_2}/df_{E_2}} \tag{8-11}$$

对于给定的显著性水平 $\alpha$，若满足 $F<F_\alpha(df_{E_1}, df_{E_2})$，则可将 $SS_{E_1}$ 和 $SS_{E_2}$ 合起来作为试验误差 $SS_E$，即 $SS_E=SS_{E_1}+SS_{E_2}$，$df_E=df_{E_1}+df_{E_2}$。若 $F\geqslant F_\alpha(df_{E_1}, df_{E_2})$，则两类误差有显著性差异，不能合并使用。在 $SS_{E_1}$ 和 $SS_{E_2}$ 可以合并的情况下，重复抽样方差分析的计算方法和步骤同重复试验的方差分析一致。

**例题 8-7**　在研究墨曲霉 AS3.396 在液体培养基条件下生物合成果胶酶时，为寻找发酵培养基的最优配方，安排了三个因素：麸皮 $A$(%)、硫酸铵 $B$(%)、发酵时间 $C$(天)，每个因素取 3 个水平。选用 $L_9(3^4)$ 正交表安排试验，测试指标为果胶酶活力($U\cdot g^{-1}$)，且每号试验得到的发酵液重复取样 3 次，试验方案和试验结果如表 8-22 所示。请对试验结果进行方差分析。

**表 8-22　果胶酶活力重复取样正交设计的试验方案和结果**

| 试验号 | 试验因素 | | | | 果胶酶活力/($U\cdot g^{-1}$) | | |
|---|---|---|---|---|---|---|---|
| | 1($A$) | 2($B$) | 3($C$) | 4(空列) | 取样 1 | 取样 2 | 取样 3 |
| 1 | 1(3%) | 1(1%) | 1(3$d$) | 1 | 83.4 | 75.3 | 69.3 |
| 2 | 1 | 2(2%) | 2(4$d$) | 2 | 116.7 | 109.2 | 122.7 |
| 3 | 1 | 3(3%) | 3(5$d$) | 3 | 84.9 | 78.9 | 91.2 |
| 4 | 2(5%) | 1 | 2 | 3 | 126.0 | 136.8 | 131.4 |
| 5 | 2 | 2 | 3 | 1 | 138.0 | 123.9 | 130.2 |
| 6 | 2 | 3 | 1 | 2 | 130.5 | 138.0 | 123.0 |
| 7 | 3(7%) | 1 | 3 | 2 | 66.0 | 57.3 | 73.2 |

续表

| 试验号 | 试验因素 | | | | 果胶酶活力/(U·g$^{-1}$) | | |
|---|---|---|---|---|---|---|---|
| | 1(A) | 2(B) | 3(C) | 4(空列) | 取样 1 | 取样 2 | 取样 3 |
| 8 | 3 | 2 | 1 | 3 | 57.6 | 68.1 | 71.4 |
| 9 | 3 | 3 | 2 | 1 | 69.3 | 78.3 | 88.5 |

**解** (1)计算各因素各水平的 $K_{1j}$，$K_{2j}$ 和 $K_{3j}$。

因素 $A$：

$$K_{1A}=\sum_{i=1,2,3}\sum_{h=1}^{3}y_{ih}=831.6,\ K_{2A}=\sum_{i=4,5,6}\sum_{h=1}^{3}y_{ih}=1177.8,\ K_{3A}=\sum_{i=7,8,9}\sum_{h=1}^{3}y_{ih}=629.7$$

因素 $B$：

$$K_{1B}=\sum_{i=1,4,7}\sum_{h=1}^{3}y_{ih}=818.7,\ K_{2B}=\sum_{i=2,5,8}\sum_{h=1}^{3}y_{ih}=937.8,\ K_{3B}=\sum_{i=3,6,9}\sum_{h=1}^{3}y_{ih}=882.6$$

因素 $C$：

$$K_{1C}=\sum_{i=1,6,8}\sum_{h=1}^{3}y_{ih}=816.6,\ K_{2C}=\sum_{i=2,4,9}\sum_{h=1}^{3}y_{ih}=978.9,\ K_{3C}=\sum_{i=3,5,7}\sum_{h=1}^{3}y_{ih}=843.6$$

空列 $E_1$：

$$K_{1E_1}=\sum_{i=1,6,8}\sum_{h=1}^{3}y_{ih}=856.2,\ K_{2E_1}=\sum_{i=2,4,9}\sum_{h=1}^{3}y_{ih}=936.6,\ K_{3E_1}=\sum_{i=3,5,7}\sum_{h=1}^{3}y_{ih}=846.3$$

(2)计算总的离差平方和 $SS_T$ 及其自由度 $df_T$。

$$K=\sum_{i=1}^{9}\sum_{h=1}^{3}y_{ih}=2639.1$$

$$SS_T=\sum_{i=1}^{9}\sum_{h=1}^{3}y_{ih}^2-\frac{K^2}{nc}=279300.1-\frac{2639.1^2}{9\times3}=21043.4$$

$$df_T=nc-1=9\times3-1=26$$

(3)计算各因素离差平方和及自由度。

$$SS_A=\frac{1}{3\times3}\sum_{k=1}^{3}K_{kA}^2-\frac{2639.1^2}{9\times3}=\frac{2475293.49}{9}-\frac{2639.1^2}{9\times3}=17075.2$$

$$df_A=m-1=3-1=2$$

$$SS_B=\frac{1}{3\times3}\sum_{k=1}^{3}K_{kB}^2-\frac{2639.1^2}{9\times3}=\frac{2328721.29}{9}-\frac{2639.1^2}{9\times3}=789.4$$

$$df_B=m-1=3-1=2$$

$$SS_C=\frac{1}{3\times3}\sum_{k=1}^{3}K_{kC}^2-\frac{2639.1^2}{9\times3}=\frac{2336741.73}{12}-\frac{2639.1^2}{9\times3}=1680.6$$

$$df_C=m-1=3-1=2$$

$$SS_{E_1}=\frac{1}{3\times3}\sum_{k=1}^{3}K_{kE_1}^2-\frac{2639.1^2}{9\times3}=\frac{2326521.69}{9}-\frac{2639.1^2}{9\times3}=545.0$$

$$df_{E_1}=m-1=3-1=2$$

$SS_E=SS_T-SS_A-SS_B-SS_C=1498.2$，$df_E=df_T-df_A-df_B-df_C=20$

(4)计算重复取样离差平方和及自由度。

$SS_{E_2}=SS_E-SS_{E_1}=953.2$

$df_{E_2}=n(c-1)=9\times(3-1)=18$

(5)因素的显著性检验。

**表 8-23　果胶酶活力重复取样正交设计的方差分析**

| 方差来源 | $SS$ | $df$ | $MS$ | $F$ | 显著性 |
|---|---|---|---|---|---|
| 因素 $A$ | 17075.2 | 2 | 8537.6 | 113.97 | ** |
| 因素 $B$ | 789.4 | 2 | 394.7 | 5.27 | * |
| 因素 $C$ | 1680.6 | 2 | 840.3 | 11.22 | ** |
| 第一类误差 $E_1$ | 545.0 | 2 | 272.5 | | |
| 第二类误差 $E_2$ | 953.2 | 18 | 52.96 | | |
| 试验误差 $E$ | 1498.2 | 20 | 74.91 | | |
| 总和 $T$ | 21043.4 | 26 | | | |

先对两类误差之间的差异进行显著性检验。为此，计算 $F=\dfrac{SS_{E_1}/df_{E_1}}{SS_{E_2}/df_{E_2}}=\dfrac{272.5}{52.96}=5.15$。若取 $\alpha=0.01$，查得临界值 $F_{0.01}(2,18)=6.01$。由于 $F<F_{0.01}(2,18)$，故用 $SS_{E_1}$ 和 $SS_{E_2}$ 合起来的试验误差 $SS_E$ 进行各个因素的显著性检验。同样，若取 $\alpha=0.01$，查得临界值 $F_{0.01}(2,20)=5.85$，$F_{0.05}(2,20)=3.49$。将 3 个因素的统计量 $F$ 值与此临界值比较，可得出因素 $A$ 和因素 $C$ 对试验指标有非常显著性的影响，因素 $B$ 则为显著性影响。

### 8.3.5　混合水平正交设计的方差分析

混合型正交设计和拟水平正交设计中的方差分析，本质上与一般水平数相等的正交设计相同，只是在计算时需要注意各列水平数不同，由此相应的自由度也不相等。

对于混合型正交表 $L_8(4\times2^4)$，第 1 列是 4 个水平，第 2～5 列皆是 2 个水平。总的离差平方和计算公式仍然是

$$SS_T=Q-P=\sum_{i=1}^{n}y_i^2-\frac{1}{n}\Big(\sum_{i=1}^{n}y_i\Big)^2$$

对于各个因素的离差平方和，则分为以下两种情况：

①第 2～5 列的 2 个水平因素，其离差平方和 $SS_j=\dfrac{1}{8}(K_1-K_2)^2$，自由度 $df_j=2-1=1$，每个水平下的重复试验次数 $n_j=4(j=2,3,4,5)$。

②第 1 列的 4 个水平因素，其离差平方和 $SS_1=\dfrac{1}{2}(K_1^2+K_2^2+K_3^2+K_4^2)-\dfrac{1}{8}\Big(\sum_{i=1}^{8}y_i\Big)^2$，

自由度 $df_1 = 4 - 1 = 3$，每个水平下的重复试验次数 $n_1 = 2$。

**例题 8-8** 钢片在镀锌前要用酸洗的方法除锈，为了提高除锈效率，缩短酸洗时间，先安排酸洗试验，考察指标是酸洗时间。在除锈效果达到要求的情况下，酸洗时间越短越好，要考虑的因素及其水平如表 8-24 所示。

**表 8-24 钢片酸洗的试验因素及混合水平**

| 水平 | 因素 | | | |
|---|---|---|---|---|
| | $A$：$H_2SO_4/(g \cdot L^{-1})$ | $B$：$CH_4N_2S/(g \cdot L^{-1})$ | $C$：洗涤剂/$(70g \cdot L^{-1})$ | D：槽温/℃ |
| 1 | 300 | 12.0 | OP 牌 | 60 |
| 2 | 200 | 4.0 | 海鸥牌 | 70 |
| 3 | 250 | 8.0 | | 80 |

选取正交表 $L_9(3^4)$，并将因素 $C$ 安排在第 1 列，因素 $B$，$A$，$D$ 依次安排在第 2，3，4 列。根据经验反馈，海鸥牌比 OP 牌的效果好，故将因素 $C$ 虚拟第 2 水平(海鸥牌)，并由此将第 1 列重新编列为第 1′列。试验方案及指标结果数据如表 8-25 所示。请对试验结果进行方差分析，并寻找最优试验方案。

**表 8-25 钢片酸洗混合水平正交设计的试验方案和结果**

| 试验号 | 因素列号 | | | | | 酸洗时间($y$) min |
|---|---|---|---|---|---|---|
| | 1 | 1′($C$) | 2($B$) | 3($A$) | 4($D$) | |
| 1 | 1 | 1 | 1 | 1 | 1 | 36 |
| 2 | 1 | 1 | 2 | 2 | 2 | 32 |
| 3 | 1 | 1 | 3 | 3 | 3 | 20 |
| 4 | 2 | 2 | 1 | 2 | 3 | 22 |
| 5 | 2 | 2 | 2 | 3 | 1 | 34 |
| 6 | 2 | 2 | 3 | 1 | 2 | 21 |
| 7 | 3 | 2 | 1 | 3 | 2 | 16 |
| 8 | 3 | 2 | 2 | 1 | 3 | 19 |
| 9 | 3 | 2 | 3 | 2 | 1 | 37 |

**解** 表 8-25 中因素 $C$ 的第 1 个水平重复 3 次，虚拟的第 2 个水平重复 6 次。因此，离差平方和的计算需要考虑这两个水平的重复次数差异。另外，因素 $C$ 的自由度也需要相应

减少1个。方差分析的计算过程和结果如下：

$$K=\sum_{i=1}^{9}y_i=237；P=\frac{1}{9}\left(\sum_{i=1}^{9}y_i\right)^2=6241；R=\sum_{i=1}^{9}y_i^2=6787；$$

$$Q_A=\frac{1}{3}(K_{A_1}^2+K_{A_2}^2+K_{A_3}^2)=6319；Q_B=\frac{1}{3}(K_{B_1}^2+K_{B_2}^2+K_{B_3}^2)=6261.7；$$

$$Q_C=\frac{1}{3}K_{C_1}^2+\frac{1}{6}K_{C_2}^2=6281.5；Q_D=\frac{1}{3}(K_{D_1}^2+K_{D_2}^2+K_{D_3}^2)=6643.7。$$

所以　$SS_T=R-P=546，df_T=n-1=8$

$SS_A=Q_A-P=78，df_A=a-1=2$

$SS_B=Q_B-P=20.7，df_B=b-1=2$

$SS_C=Q_C-P=40.5，df_C=c-1=1$

$SS_D=Q_D-P=402.7，df_D=d-1=2$

$SS_E=SS_T-SS_A-SS_B-SS_C-SS_D=4.1，df_E=df_T-df_A-df_B-df_C-df_D=1$

**表8-26　钢片酸洗混合水平正交设计的方差分析**

| 差异来源 | $SS$ | $df$ | $MS$ | $F$ | 显著性 |
|---|---|---|---|---|---|
| 因素 $A$ | 78.0 | 2 | 39.00 | 9.51 | |
| 因素 $B$ | 20.7 | 2 | 10.35 | 2.52 | |
| 因素 $C$ | 40.5 | 1 | 40.50 | 9.88 | |
| 因素 $D$ | 402.7 | 2 | 201.35 | 49.11 | |
| 误差 $E$ | 4.1 | 1 | 4.1 | | |
| 总和 $T$ | 546.0 | 8 | | | |

根据显著性水平 $\alpha$ 和相应的自由度，查得临界值 $F_{0.05}(2，1)=199.50$，$F_{0.10}(2，1)=49.50$，$F_{0.05}(1，1)=161.40$，$F_{0.10}(1，1)=39.80$。将各个因素的统计量 $F$ 计算值与上述相应的临界值比较，发现各个因素均无显著性影响。相对来说，因素 $D$ 的影响大些。将影响最小的因素 $B$ 并入误差项，调整后的新误差平方和 $SS_E{}'=SS_E+SS_B$，并由此得到表8-27调整后的方差分析表。

**表8-27　钢片酸洗混合水平正交设计调整后的方差分析**

| 差异来源 | $SS$ | $df$ | $MS$ | $F$ | 显著性 |
|---|---|---|---|---|---|
| 因素 $A$ | 78.0 | 2 | 39.00 | 4.72 | |
| 因素 $C$ | 40.5 | 1 | 40.50 | 4.90 | |

续表

| 差异来源 | $SS$ | $df$ | $MS$ | $F$ | 显著性 |
|---|---|---|---|---|---|
| 因素 $D$ | 402.7 | 2 | 201.35 | 24.35 | * |
| 误差 $E'$ | 24.8 | 3 | 8.27 | | |
| 总和 $T$ | 546.00 | 8 | | | |

根据显著性水平 $\alpha$ 和调整后的自由度，查得临界值 $F_{0.05}(2,3)=9.55$，$F_{0.01}(2,3)=30.82$，$F_{0.10}(2,3)=5.46$，$F_{0.05}(1,3)=10.13$，$F_{0.10}(1,3)=5.54$。由此方差分析表的结果可以看出，因素 $D$ 有显著性影响，因素 $A$ 和 $C$ 均无显著性影响。由此，因素的重要性顺序为 $D$，$C$，$A$，$B$，最优试验方案为 $A_3B_1C_2D_3$。正交表已完成的 9 个试验中最好的是第 7 号试验，因素水平组合是 $A_3B_1C_2D_2$，其与寻找到的最优试验方案仅在因素 $D$ 的水平取值上不一致。这也显示出数据方差分析的价值，并通过开展 $A_3B_1C_2D_3$ 试验以求证。

## 习　题

1. 什么是正交设计？正交设计有何特点？其基本步骤是什么？

2. 试说明下列正交表符号及数字的含义：$L_{12}(2^{11})$，$L_{27}(3^{13})$，$L_{16}(4^5)$，$L_{16}(4^2\times2^9)$，$L_{125}(5^{31})$，$L_{18}(2\times3^7)$，$L_{20}(10\times2^2)$，$L_{21}(6\times4\times2^3)$。

3. 什么是表头设计，进行表头设计应注意哪些问题？

4. 指出正交表 $L_{16}(2^{15})$中第 5,11 列的交互作用列是那一列？第 9,12 列的交互作用列是哪一列？

5. 现有 2 水平的因素 $A$，$B$，$C$，$D$，并需要考察交互作用 $A\times B$，$B\times C$，请问选用什么正交表？表头设计如何安排？

6. 两水平的正交表是如何构造的？三水平的正交表是如何构造的？

7. 混合水平的正交表采用什么方法构造？如何判断其中的交互作用？

8. 某项研究中拟选用四个因素 $A$，$B$，$C$，$D$ 的 2 水平正交试验，并考察交互作用$A\times D$和 $A\times B$。请选用一张正交表，并用其制定 5 种不同的表头设计。

9. 针对四个因素 $A$，$B$，$C$，$D$ 的 2 水平正交试验：(1)若需要考察交互作用 $A\times B$，$A\times C$和 $B\times C$，应如何进行表头设计？(2)若需要考察交互作用 $A\times B$，$A\times C$ 和 $A\times D$，又如何进行表头设计？

10. 选用试验次数最少的正交表，并给出下列问题的表头设计：(1)考察五个 2 水平因素 $A$，$B$，$C$，$D$，$E$，并需要考察交互作用 $D\times E$；(2)考察七个 2 水平因素 $A$，$B$，$C$，$D$，$E$，$F$，$G$，并需要考察交互作用 $A\times B$，$A\times C$，$A\times D$，$B\times C$，$B\times D$ 和 $C\times D$；(3)考察六个 3 水平因素 $A$，$B$，$C$，$D$，$E$，$F$，并需要考察交互作用 $B\times D$，$B\times C$ 和 $C\times D$。

11. 在某项试验研究中，考察三个因素 $A$，$B$，$C$ 以及 $A\times B$，$B\times C$，$A\times C$ 一级交互作用对试验指标的影响。每个因素皆取 3 个水平。试根据 $L_{27}(3^{13})$正交表及其交互作用表，进行两种以上的表头设计。

12. 在一项试验研究中欲考察两个 4 水平因素 $A$，$B$ 和一个 3 水平因素 $C$。

(1)若选用正交表 $L_{16}(4^5)$，请采用拟水平法给出表头设计，并写出各个试验水平组合中因素 $C$ 对应的水平号；

(2)写出各列偏差平方和的计算公式及 $SS_C$ 与 $SS_E$ 的表达式。

13. 在某项研究中选用 $L_8(2^7)$正交表开展三个因素 2 水平的试验，因素 $A$，$B$，$C$ 分别排在第 1,2,4 列上，试验结果依次为 600.0，613.3，600.6，603.6，674.0，746.0，688.0，686.6。请通过直观分析法排出因素的主次顺序，并确定最佳工艺条件。

14. 某农药厂在生产某种农药中发现影响收率(%)的因素有四个，即反应温度 $A$、反应时间 $B$、配比 $C$、真空度 $D$，且每个因素都有 2 种状态水平。现选用正交表 $L_8(2^7)$安排的试验方案及采集的指标农药收率(%)结果如下表。试问：

(1)因素 $A$，$B$，$C$，$D$ 对指标收率是否有显著性影响；

(2)如果有显著性影响，它们各自取哪个水平为好；

(3)寻找最佳工艺条件，并估计该条件下指标值。

| 试验号 | 因素 | | | | | | | 收率/% |
|---|---|---|---|---|---|---|---|---|
| | 1($A$) | 2($B$) | 3 | 4($C$) | 5 | 6 | 7($D$) | |
| 1 | 1(60℃) | 1(2.5h) | 1 | 1(1.1∶1) | 1 | 1 | 1(500mmHg) | 83.8 |
| 2 | 1 | 1 | 1 | 2(1.2∶1) | 2 | 2 | 2(600mmHg) | 89.2 |
| 3 | 1 | 2(3.5h) | 2 | 1 | 1 | 2 | 2 | 91.6 |
| 4 | 1 | 2 | 2 | 2 | 2 | 1 | 1 | 93.5 |
| 5 | 2(80℃) | 1 | 2 | 1 | 2 | 1 | 2 | 90.8 |
| 6 | 2 | 1 | 2 | 2 | 1 | 2 | 1 | 93.7 |
| 7 | 2 | 2 | 1 | 1 | 2 | 2 | 1 | 87.5 |
| 8 | 2 | 2 | 1 | 2 | 1 | 1 | 2 | 89.6 |

15. 某化工厂开展苯酚合成研究以提高苯酚的产率(%)。根据以往的经验，选择了反应温度($A$)、反应时间($B$)、反应压力($C$)、催化剂种类($D$)、NaOH 溶液用量($E$)这五个因素，它们的水平取值、试验方案及采集的指标产率结果数据如下表。试通过数据分析寻找最佳生产条件，并估计该最优条件下苯酚产率。

| 试验号 | 因素 | | | | | | | 产率/% |
|---|---|---|---|---|---|---|---|---|
| | 1($A$) | 2($B$) | 3 | 4($C$) | 5($D$) | 6($E$) | 7 | |
| 1 | 1(300℃) | 1(20min) | 1 | 1(200atm) | 1(甲) | 1(80L) | 1 | 83.4 |

**续表**

| 试验号 | 因素 | | | | | | | 产率/% |
|---|---|---|---|---|---|---|---|---|
| | 1(*A*) | 2(*B*) | 3 | 4(*C*) | 5(*D*) | 6(*E*) | 7 | |
| 2 | 1 | 1 | 1 | 2(250atm) | 2(乙) | 2(100L) | 2 | 84.0 |
| 3 | 1 | 2(30min) | 2 | 1 | 1 | 2 | 2 | 87.0 |
| 4 | 1 | 2 | 2 | 2 | 2 | 1 | 1 | 84.3 |
| 5 | 2(320℃) | 1 | 2 | 1 | 2 | 1 | 2 | 87.3 |
| 6 | 2 | 1 | 2 | 2 | 1 | 2 | 1 | 88.0 |
| 7 | 2 | 2 | 1 | 1 | 2 | 2 | 1 | 82.3 |
| 8 | 2 | 2 | 1 | 2 | 1 | 1 | 2 | 90.4 |

16. 在合成氨的最佳工艺条件试验中，选取了三个因素：反应温度(*A*)，反应压力(*B*)，催化剂种类(*C*)，且每个因素取 3 个水平。试验指标为氨产量(吨)。试问：

(1)因素 A，B，C 对指标的影响是否显著？

(2)如果某个因素的影响为显著，那么它的水平如何取值？

(3)估计最佳工艺条件下的氨产量。

| 试验号 | 因素 | | | | 氨产量/吨 |
|---|---|---|---|---|---|
| | 1(*A*) | 2(*B*) | 3(*C*) | 4 | |
| 1 | 1(460℃) | 1(250atm) | 1(甲) | 1 | 1.72 |
| 2 | 1 | 2(270atm) | 2(乙) | 2 | 1.82 |
| 3 | 1 | 3(300atm) | 3(丙) | 3 | 1.80 |
| 4 | 2(490℃) | 1 | 2 | 3 | 1.92 |
| 5 | 2 | 2 | 3 | 1 | 1.83 |
| 6 | 2 | 3 | 1 | 2 | 1.98 |
| 7 | 3(520℃) | 1 | 3 | 2 | 1.59 |
| 8 | 3 | 2 | 1 | 3 | 1.60 |
| 9 | 3 | 3 | 2 | 1 | 1.81 |

17. 为提高化工酸洗过程中产品的收率，考核反应温度 $A$(℃)，反应时间 $B$(min)，加酸量 $C$(Vol)和酸的浓度 $D$(%)对收率 $y$(%)的影响。选用 $L_9(3^4)$进行试验，试验方案和指标收率结果如下表。求：

(1)因素 $A$，$B$，$C$，$D$ 对指标的影响是否显著？

(2)如果某个因素的影响为显著，那么它的水平如何取值？

(3)估计最佳工艺条件下的产品收率。

| 试验号 | 因素 | | | | 收率/% |
|---|---|---|---|---|---|
| | 1(*A*) | 2(*B*) | 3(*C*) | 4(*D*) | |
| 1 | 1(85℃) | 1(90min) | 1(1∶1) | 1(10%) | 22 |
| 2 | 1 | 2(120min) | 2(2∶1) | 2(15%) | 52 |
| 3 | 1 | 3(150min) | 3(3∶1) | 3(20%) | 43 |
| 4 | 2(90℃) | 1 | 2 | 3 | 58 |
| 5 | 2 | 2 | 3 | 1 | 61 |
| 6 | 2 | 3 | 1 | 2 | 61 |
| 7 | 3(95℃) | 1 | 3 | 2 | 55 |
| 8 | 3 | 2 | 1 | 3 | 70 |
| 9 | 3 | 3 | 2 | 1 | 64 |

18. 为了改进钛合金的冷加工工艺，欲考察退火温度($A$)、保温时间($B$)和冷却介质($C$)对钛合金洛氏硬度(HRc)的影响。试验选用正交表 $L_8(4\times2^4)$，试验方案和指标测定结果如下表所示。试分析各个因素对钛合金的冷加工工艺的影响。

| 试验号 | 因素 | | | | | HRc |
|---|---|---|---|---|---|---|
| | 1(*A*) | 2(*B*) | 3(*C*) | 4 | 5 | |
| 1 | 1(730℃) | 1(1h) | 1(空气) | 1 | 1 | 32.60 |
| 2 | 1 | 2(2h) | 2(水) | 2 | 2 | 31.00 |
| 3 | 2(760℃) | 1 | 1 | 2 | 2 | 31.60 |
| 4 | 2 | 2 | 2 | 1 | 1 | 30.50 |
| 5 | 3(790℃) | 1 | 2 | 1 | 2 | 31.20 |

**续表**

| 试验号 | 因素 | | | | | HRc |
|---|---|---|---|---|---|---|
| | 1(*A*) | 2(*B*) | 3(*C*) | 4 | 5 | |
| 6 | 3 | 2 | 1 | 2 | 1 | 31.00 |
| 7 | 4(820℃) | 1 | 2 | 2 | 1 | 33.00 |
| 8 | 4 | 2 | 1 | 1 | 2 | 30.30 |

19. 为解决铬污水超标问题，拟通过试验研究改进工艺以提高树脂的使用时间。现选取四个3水平因素 $A$，$B$，$C$，$D$，并采用正交表 $L_9(3^4)$ 安排试验，因素依次放在第1～4列上，且9次试验的指标结果数据为：185，180，179，183，179，182，160，165，150。请通过直观分析，找出因素的主次关系，选出最佳的水平组合，并画出各个因素的影响趋势图。

| 水平 | 因素 | | | |
|---|---|---|---|---|
| | pH(*A*) | 污水进水流量<br>(*B*)/$m^3 \cdot h^{-1}$ | 污水进水浓度<br>(*C*)/$mg \cdot L^{-1}$ | 树脂填装高度<br>(*D*)/体积比 |
| 1 | 4.0 | 3 | 30 | 1∶2 |
| 2 | 4.5 | 4 | 40 | 2∶3 |
| 3 | 6.0 | 5 | 50 | 3∶4 |

20. 某工厂为提高产品收率而进行工序优化试验，选取的因素及其水平取值如下表所示。考察因素的交互作用有 $A \times B$，$A \times C$ 和 $B \times C$，试验指标为产品收率(%)，且指标值越高越好。正交表 $L_8(2^7)$ 安排试验的8次结果依次为75，84，81，83，80，84，72，77。请对试验结果进行直观分析，找出因素的主次关系，并选出最佳工艺条件。

| 水平 | 因素 | | | |
|---|---|---|---|---|
| | 反应温度(*A*)/℃ | 反应时间(*B*)/min | 原料配比(*C*) | 搅拌速度(*D*) |
| 1 | 30 | 60 | 1∶1 | 慢 |
| 2 | 40 | 90 | 1.5∶1 | 快 |

21. 在提高光弹性材料的试验中，为寻找合适的原料配方和固化工艺条件，试验选取了一个4水平的因素和三个2水平的因素，同时还需要考察 $A\times B$，$A\times C$，$B\times C$ 的一级交互作用，因素及其水平的取值如下表所示。试验指标为质量系数 $Q$ 值，且该指标值越大越好。若选用正交表 $L_{16}(4\times 2^{12})$ 安排实验，请给出表头设计。试验指标 $Q$ 值的结果依次为：1069，913，695，751，533，487，1010，921，919，915，823，733，466，425，981，916。请通过直观分析寻找优化工艺条件。

| 水平 | 因素 | | | |
|---|---|---|---|---|
| | 失水苯果酸酐 (A)/% | 苯甲酸二丁酯 (B)/% | 低温固化时间 (C)/d | 高温固化时间 (D)/h |
| 1 | 39 | 5 | 10 | 12 |
| 2 | 32 | 10 | 7 | 6 |
| 3 | 25 | | | |
| 4 | 46 | | | |

22. 在改进某晶体的退火工艺试验中，选取的因素与水平如下表所示。现采用 $L_9(3^4)$ 正交表安排试验方案，将因素 $A$，$B$，$C$，$D$ 依次放在第1～4列上，所得试验指标“应力”(度)的结果依次为6，7，15，8，0.5，7，1，6，13(该指标越低越好)。请通过直观分析法排出因素的主次顺序，并找出最佳因素的水平组合。

| 水平 | 因素 | | | |
|---|---|---|---|---|
| | 升温速度 (A)/℃·$h^{-1}$ | 恒温温度 (B)/℃ | 恒温时间 (C)/h | 降温速度 (D)/℃·$h^{-1}$ |
| 1 | 30 | 600 | 6 | 1.5 |
| 2 | 50 | 450 | 2 | 1.7 |
| 3 | 100 | 500 | 4 | 15 |

23. 某厂进行氯丁胶合剂的试验中，除考察氯丁胺 $A$(%)、天然胶 $B$(%)、反应时间 $C$(h)、水用量 $D$(%)等4个因素外，还需要考察 $A\times B$，$A\times C$，$B\times C$ 的交互作用。因素的水平取值、试验方案及试验指标剪切强度(MPa)结果如下表所示。试通过直观分析法确定因素的主次顺序，并找出最佳水平组合。

| 试验号 | 因素 | | | | | | | 剪切强度(MPa) |
|---|---|---|---|---|---|---|---|---|
| | 1(A) | 2(B) | 3(A×B) | 4(C) | 5(A×C) | 6(B×C) | 7(D) | |
| 1 | 1(25) | 1(20) | 1 | 1(1) | 1 | 1 | 1(2) | 1.10 |
| 2 | 1 | 1 | 1 | 2(2) | 2 | 2 | 2(4) | 1.33 |
| 3 | 1 | 2(40) | 2 | 1 | 1 | 2 | 2 | 1.13 |
| 4 | 1 | 2 | 2 | 2 | 2 | 1 | 1 | 1.06 |
| 5 | 2(20) | 1 | 2 | 1 | 2 | 1 | 2 | 1.03 |
| 6 | 2 | 1 | 2 | 2 | 1 | 2 | 1 | 0.80 |
| 7 | 2 | 2 | 1 | 1 | 2 | 2 | 1 | 0.76 |
| 8 | 2 | 2 | 1 | 2 | 1 | 1 | 2 | 0.56 |

24. 在用石墨炉原子吸收分光光度法测定食品中铅的实验中，为提高吸光度，选取灰化温度 $A$、原子化温度 $B$ 和灯电流 $C$ 进行正交试验，各个因素的水平取值如下表所示。考虑因素的一级交互作用，并选用正交表 $L_8(2^7)$ 安排试验，将各个因素依次放在第 1，2，4 列上，8 次试验所得的吸光度依次为 0.242，0.224，0.266，0.258，0.236，0.240，0.279，0.276。请对试验结果进行分析，并找出最优水平组合。

| 水平 | 因素 | | |
|---|---|---|---|
| | A | B | C |
| 1 | 300℃ | 1800℃ | 8mA |
| 2 | 700℃ | 2400℃ | 10mA |

25. 为提高某药品的合成率，对工序进行试验优化，各个因素及其水平取值如下表所示，其中因素 $A$ 为温度(℃)，因素 $B$ 为甲醇钠量(mL)，因素 $C$ 为醛的状态，因素 $D$ 为缩合剂量(mL)。现将第 2 水平虚拟成第 3 水平的拟水平法安排试验，选取正交表 $L_9(3^4)$，各个因素依序放在正交表的 1～4 列上，9 次试验所得合成率(%)依次为 69.2，71.8，78.0，74.1，77.6，66.5，69.2，69.7，78.8。试分析试验结果，并选出最好的生产条件。

| 水平 | 因素 | | | |
|---|---|---|---|---|
| | 温度(A) | 甲醇钠量(B) | 醛的状态(C) | 缩合剂量(D) |
| 1 | 35℃ | 3mL | 固态 | 0.9mL |

续表

| 水平 | 因素 | | | |
|---|---|---|---|---|
| | 温度($A$) | 甲醇钠量($B$) | 醛的状态($C$) | 缩合剂量($D$) |
| 2 | 24℃ | 5mL | 液态 | 1.2mL |
| 3 | 45℃ | 4mL | | 1.5mL |

26. 某厂生产化工产品产量低，成本高。在分析原因后，挑选了反应温度($A$)、反应压力($B$)、溶液浓度($C$)和催化剂种类($D$)四个因素，并确定了两个水平如下表所示。根据经验，$A$，$B$，$C$ 这三个因素之间可能存在一级交互作用。若选用正交表 $L_8(2^7)$，并将 $A$，$B$，$C$ 按序放置在第 1、第 2 和第 4 列，而产量指标依试验号分别为 1.98，2.23，2.45，1.45，1.65，1.74，1.39，2.05。请设计试验方案，并通过直观分析完成因素的主次排序，并找出最佳生产条件。

| 水平 | 因素 | | | |
|---|---|---|---|---|
| | 反应温度($A$) | 反应压力($B$) | 溶液浓度($C$) | 催化剂种类($D$) |
| 1 | 60℃ | 1.2MPa | 5% | 甲 |
| 2 | 70℃ | 1.5MPa | 8% | 乙 |

27. 某厂为了研究 400Pa 真空泵代替 600Pa 真空泵生产合格的三聚氰胺树脂的可行性，拟用正交表安排试验，因素和水平的取值如下表所示。试问：(1)如果选用正交表 $L_4(2^3)$，请排出试验方案；(2)如果将三个因素依次放在 $L_4(2^3)$表的第 1～3 列上，所得试验结果的综合评分依次为 90 分、85 分、55 分、75 分。试对试验结果进行分析，找出好的工艺条件。

| 水平 | 因素 | | |
|---|---|---|---|
| | 苯酐($A$) | pH($B$) | 丁醇加法($C$) |
| 1 | 0.15 | 6.0 | 一次 |
| 2 | 0.20 | 6.5 | 二次 |

28. 针对白地霉核酸生产中得率低成本高的弊端，拟通过试验优化工艺条件以提高含量。现选取时间 $A$(小时)、含量 $B$(%)、pH 值 $C$、加水量 $D$ 等四个因素，且每个因素取 3 个水平，并将这四个因素依次放在正交表 $L_9(3^4)$的 1～4 列上。考察指标有两个：纯度 $y_1$(%)和回收率 $y_2$(%)。综合评分 $y$ 的公式为：$y=2.5y_1+0.5y_2$，得分高的水平组合为好。

试验方案及结果如下表所示，试通过综合评分法寻找较好的水平组合。

| 试验号 | 因素 | | | | 试验指标 | |
|---|---|---|---|---|---|---|
| | 1(*A*) | 2(*B*) | 3(*C*) | 4(*D*) | $y_1/\%$ | $y_2/\%$ |
| 1 | 1(24) | 1(7.4%) | 1(4.8) | 1(1∶4) | 17.8 | 29.8 |
| 2 | 1 | 2(8.7%) | 2(6.0) | 2(1∶3) | 12.2 | 41.3 |
| 3 | 1 | 3(6.2%) | 3(9.0) | 3(1∶2) | 6.2 | 59.9 |
| 4 | 2(4) | 1 | 2 | 3 | 8.0 | 24.3 |
| 5 | 2 | 2 | 3 | 1 | 4.5 | 50.6 |
| 6 | 2 | 3 | 1 | 2 | 4.1 | 58.2 |
| 7 | 3(14) | 1 | 3 | 2 | 8.5 | 30.9 |
| 8 | 3 | 2 | 1 | 3 | 7.3 | 20.4 |
| 9 | 3 | 3 | 2 | 1 | 4.4 | 73.4 |

29. 某纤维增强材料的研究汇总，根据经验选取了 4 个因素：搅拌时间 $A$(min)、矿棉含量 $B$(%)、水灰比 $C$、脱水时间 $D$(min)，每个因素选择了 3 个水平，试验指标有抗折强度 $y_1$(MPa)、抗冲击强度 $y_2$($kJ \cdot m^{-2}$)和吸水率 $y_3$(%)，前两者越大越好，后者越小越好。同样选择正交表 $L_9(3^4)$，其试验方案表及其试验结果如下表所示。试用综合平衡法寻找较好的水平组合。

| 试验号 | 因素 | | | | 试验指标 | | |
|---|---|---|---|---|---|---|---|
| | 1(*A*) | 2(*B*) | 3(*C*) | 4(*D*) | $y_1$ | $y_2$ | $y_3$ |
| 1 | 1(3) | 1(6) | 1(1.1) | 1(3) | 14.2 | 1.26 | 14.6 |
| 2 | 1 | 2(4) | 2(1.3) | 2(4) | 11.9 | 1.69 | 15.4 |
| 3 | 1 | 3(8) | 3(1.5) | 3(5) | 14.8 | 2.00 | 15.7 |
| 4 | 2(4) | 1 | 2 | 3 | 13.5 | 1.56 | 14.9 |
| 5 | 2 | 2 | 3 | 1 | 11.4 | 1.27 | 16.8 |
| 6 | 2 | 3 | 1 | 2 | 15.0 | 1.54 | 17.8 |
| 7 | 3(5) | 1 | 3 | 2 | 11.5 | 1.21 | 18.0 |

**续表**

| 试验号 | 因素 | | | | 试验指标 | | |
|---|---|---|---|---|---|---|---|
| | 1(*A*) | 2(*B*) | 3(*C*) | 4(*D*) | $y_1$ | $y_2$ | $y_3$ |
| 8 | 3 | 2 | 1 | 3 | 11.4 | 1.05 | 18.2 |
| 9 | 3 | 3 | 2 | 1 | 14.1 | 1.32 | 16.5 |

30. 某厂生产一种化工产品，需要检验其核酸纯度和回收率，且这两个指标都是越大越好。为优化和改进生产工艺，选取了四个影响因素，且各有 3 个水平，具体取值情况如下表所示。

| 水平 | 因素 | | | |
|---|---|---|---|---|
| | 时间(*A*)/h | 加料中核酸含量(*B*) | pH(*C*) | 加水量(*D*) |
| 1 | 25 | 7.5 | 5.0 | 1∶6 |
| 2 | 5 | 9.0 | 6.0 | 1∶4 |
| 3 | 1 | 6.0 | 9.0 | 1∶2 |

现选用 $L_9(3^4)$正交表安排试验，*A*，*B*，*C*，*D* 依次放置在第 1～4 列。检测的试验结果分别为：纯度(%)，17.5，12.0，6.0，8.0，4.5，4.0，8.5，7.0，4.5；回收率(%)，30.0，41.2，60.0，24.2，51.0，58.4，31.0，20.5，73.5。综合评分法的计算公式：综合分数＝核酸纯度×4＋回收率×1。(1)完成试验方案的设计，并指出第 5 个试验号的实验条件；(2)通过直观分析辨析因素的主次关系，并找出最佳的试验条件。

31. 为提高产品产量，选用 $L_{27}(3^{13})$正交表安排实验以优化反应温度 *A*、反应压力 *B*、溶液浓度 *C* 等工艺条件，每个因素取 3 个水平，并将 *A*，*B*，*C* 依次放在第 1，2，5 列，且考虑因素之间的所有一级交互作用，试验指标产量(kg)的结果依试验号分别为 1.30，4.63，7.23，0.50，3.67，6.23，1.37，4.73，7.07，0.47，3.47，6.13，0.33，3.4，5.8，0.63，3.97，6.5，0.03，3.4，6.8，0.57，3.97，6.83，1.07，3.97，6.57。试通过方差分析找出最好的工艺条件。

| 水平 | 因素 | | |
|---|---|---|---|
| | 反应温度(*A*)/℃ | 反应压力(*B*)/$10^5$ Pa | 溶液浓度(*C*)/% |
| 1 | 60 | 2.0 | 0.5 |
| 2 | 65 | 2.5 | 1.0 |

**续表**

| 水平 | 因素 | | |
|---|---|---|---|
| | 反应温度(A)/℃ | 反应压力(B)/$10^5$ Pa | 溶液浓度(C)/% |
| 3 | 70 | 3.0 | 2.0 |

32. 某工厂为提高农产品综合利用价值，从废弃的洋葱皮中提取总黄酮。为获取较高的提取得率，实施的正交试验方案和采集的试验指标黄酮得率(%)的结果见下表所示。若不考虑因素间的交互作用，请分析确定各个影响因素的主次顺序和最佳工艺条件。

| 试验号 | 因素 | | | | 黄酮得率/% |
|---|---|---|---|---|---|
| | A(乙醇浓度)/ % | B(超声波提取时间)/min | C(料液比)/g · $mL^{-1}$ | D(超声波提取温度)/℃ | |
| 1 | 1(60) | 1(20) | 1(1 ∶ 15) | 1(45) | 3.22 |
| 2 | 1 | 2(25) | 2(1 ∶ 20) | 2(50) | 4.14 |
| 3 | 1 | 3(30) | 3(1 ∶ 25) | 3(55) | 3.51 |
| 4 | 2(70) | 1 | 2 | 3 | 3.79 |
| 5 | 2 | 2 | 3 | 1 | 4.06 |
| 6 | 2 | 3 | 1 | 2 | 3.47 |
| 7 | 3(80) | 1 | 3 | 2 | 3.59 |
| 8 | 3 | 2 | 1 | 3 | 4.40 |
| 9 | 3 | 3 | 2 | 1 | 4.31 |

33. 某厂对生产液体葡萄糖的工艺进行优选试验，各个因素及其水平的取值如下表所示。

| 水平 | 因素 | | | |
|---|---|---|---|---|
| | 粉浆浓度(A)/% | 粉浆pH(B) | 稳压时间(C)/min | 工作压力(D)/$10^5$ Pa |
| 1 | 16 | 1.5 | 0 | 2.2 |
| 2 | 18 | 2.0 | 5 | 2.7 |
| 3 | 20 | 2.5 | 10 | 3.2 |

试验指标有两个：(1)产量，越高越好；(2)总还原糖，范围为32%～40%。现用正交表$L_9(3^4)$安排试验，并将各个因素依次放在正交表的1～4列上。9次试验所得结果依次如下：产量(kg)：498，568，568，577，512，540，501，550，510；还原糖(%)：41.6，39.4，31.0，42.4，37.2，30.2，42.4，40.4，30.0。请用综合平衡法对结果进行分析，找出最好的生产方案。

34. 为提高大蒜素浸提液中蒜素和总硫化合物含量，对乙醇浸提工艺进行优化。影响因素及其水平取值如下表所示。试验指标有两个：(1)蒜素含量，越高越好；(2)总硫化合物含量，越高越好。选用正交表$L_9(3^4)$安排试验，并将各个因素依次放在正交表的1～4列上。

| 水平 | 因素 | | | |
|---|---|---|---|---|
| | 脱臭剂用量 ($A$)/% | 乙醇浓度 ($B$)/% | 浸提真空度 ($C$)/10kPa | 浸提时间 ($D$)/h |
| 1 | 10 | 15 | 6.9800 | 20 |
| 2 | 15 | 35 | 7.7308 | 40 |
| 3 | 20 | 55 | 9.0637 | 60 |

这9次试验的结果依次如下。蒜素含量(%)：0.0486，0.0426，0.0445，0.0301，0.0283，0.0311，0.0391，0.0301，0.0389；总硫化合物含量(%)：0.2647，0.3049，0.3582，0.3118，0.3011，0.3611，0.2914，0.3121，0.3570。请用综合平衡法对结果进行分析，找出最好的生产工艺方案。

35. 采用磁力搅拌包结法进行姜黄挥发油包结的最佳试验条件研究，选择的因素及其水平如下表所示。试验指标有两个：(1)挥发油的利用率(%)，越高越好；(2)包结物的用量(g)，越低越好。选用正交表$L_9(3^4)$安排试验，将各因素依次放在正交表的1～3列上。

| 水平 | 因素 | | |
|---|---|---|---|
| | 包结温度($A$)/℃ | 油：β-CD($B$) | 包结时间($C$)/h |
| 1 | 25 | 1∶4 | 0.5 |
| 2 | 45 | 1∶6 | 1.0 |
| 3 | 60 | 1∶8 | 2.0 |

这9次试验的结果依次如下。挥发油的利用率(%)：56.40，72.37，80.40，73.44，83.16，84.80，51.09，72.23，86.13；包结物的用量(g)：2.82，3.34，6.70，4.59，6.00，4.24，4.29，6.99，7.60。试用综合平衡法对结果进行分析，找出最好的生产工艺方案。

36. 为提高某种药品的合成率，现对工序进行试验，因素及其水平如下表所示。用拟水平法(将第2水平虚拟成第3水平)安排试验，选正交表$L_9(3^4)$将因素按C，B，A，D的顺序放置在正交表的1～4列上。9次试验所得的合成率(%)依次为69.2，71.8，78.0，74.1，77.6，66.5，69.2，69.7，78.8。试用方差法分析试验结果，选出最好的生产条件。

| 水平 | 因素 | | | |
|---|---|---|---|---|
| | 温度 $(A)$/℃ | 甲醇钠量 $(B)$/mL | 醛的状态 $(C)$ | 缩合剂量 $(D)$/mL |
| 1 | 35 | 3 | 固态 | 0.9 |
| 2 | 25 | 5 | 液态 | 1.2 |
| 3 | 45 | 4 | | 1.5 |

37. 寻找离子刻蚀全息光栅最佳生产条件的试验。影响因素包括衬底材料$A$、束流密度$B$(mA·cm$^{-2}$)、工作能量$C$(eV)、刻蚀时间$D$(min)等4个，光栅的指标是质量优劣程度的评分(100分制)，共做3次试验。现选取$L_9(3^4)$正交表，因素的水平、表头设计、试验方案及结果如下表所示。试用方差法分析试验结果，选出最好的生产条件。

| 试验号 | 因素 | | | | 试验指标 | | |
|---|---|---|---|---|---|---|---|
| | 1($A$) | 2($B$) | 3($C$) | 4($D$) | 评分1 | 评分2 | 评分3 |
| 1 | 1(玻璃) | 1(0.4) | 1(500) | 1(10) | 40 | 45 | 50 |
| 2 | 1 | 2(0.5) | 2(550) | 2(15) | 50 | 45 | 50 |
| 3 | 1 | 3(0.6) | 3(600) | 3(20) | 45 | 50 | 55 |
| 4 | 2(二氧化硅) | 1 | 2 | 3 | 75 | 80 | 75 |
| 5 | 2 | 2 | 3 | 1 | 80 | 85 | 80 |
| 6 | 2 | 3 | 1 | 2 | 85 | 80 | 90 |
| 7 | 3(铝) | 1 | 3 | 2 | 80 | 70 | 60 |
| 8 | 3 | 2 | 1 | 3 | 70 | 75 | 80 |
| 9 | 3 | 3 | 2 | 1 | 80 | 75 | 80 |

# 第 9 章　均匀试验设计

均匀试验设计是中国数学家方开泰和王元于 1981 年首先提出来的，它是在均匀性度量下通过精心设计的均匀表来安排多因素多水平的试验，并对试验结果进行回归分析的一种试验设计方法。均匀试验设计仅考虑试验点的“均匀散布”，而不考虑“整齐可比”，从而大大地减少了试验次数。

## 9.1　均匀试验设计的理论与方法

### 9.1.1　均匀试验设计的概念

20 世纪 70 年代，我国原七机部航天三院由于导弹设计的要求，提出一个五因素的试验，且每个因素都有 31 个水平，而试验次数不能超过 50 次。如果采用全面试验，则试验次数高达 2800 多万次，若改用正交试验设计，最少也得 $31^2=961$ 次试验。为了解决该难题，我国著名的数理统计专家方开泰与数论专家王元合作，将数论理论成功地应用于试验设计问题，共同创造“均匀设计”(uniform design)这一种全新的试验设计方法。运用均匀设计的试验方案解决上述五个因素各 31 个水平的试验，仅需要做 31 次试验，而其效果接近于 2800 多万次的全面试验，成功地解决了该难题。目前，均匀试验设计已广泛应用于化工、医药、生物、食品、材料、电子等诸多领域，并取得了显著的经济和社会效益。

均匀试验设计方法多用于多因素、多水平的试验设计。与正交试验设计相比，均匀试验设计的思想是去掉“整齐可比”的要求，通过提高试验点“均匀分散”的程度，让试验点具有更好的代表性，使得能用较少的试验获得较多的信息。均匀试验设计也是仿真试验设计和稳健试验设计的重要方法之一。

### 9.1.2　均匀表的构造

每张均匀表都是一个 $n$ 行 $m$ 列的长方阵，每列皆是 $\{1,2,\cdots,n\}$ 的一个置换(重新排列)，每行皆是 $\{1,2,\cdots,n\}$ 的一个子集，可以是真子集。好格子点法(good lattice point)构造均匀表的算法过程如下：

(1)根据设定的试验次数 $n$，寻找比 $n$ 小的正整数 $h$，且满足 $n$ 和 $h$ 的最大公约数为 1。符合该条件的正整数有 $s$ 个，从小到大排序为 $h_1, h_2, \cdots, h_s$，并以行向量 $h=[h_1, h_2, \cdots, h_s]$ 表示。

(2)均匀表第 $j$ 列的水平编码，由公式(9-1)算法生成

$$u_{ij}=(i\times h_j)[\mathrm{mod}\,n],\ i=1,2,\cdots,n, j=1,2,\cdots,s \tag{9-1}$$

式中$[mod\,n]$为模余运算，即 $i\times h_j$ 的值若超过 $n$，则用它减去 $n$ 的一个适当倍数，得到小于 $n$ 的余数 $u_{ij}$ 便是第 $i$ 行第 $j$ 列的水平编码。

举例来说，当 $n=9$ 时，符合条件(1)的 $h$ 有 1，2，4，5，7，8 共 6 个正整数，即均匀表的列数 $s=6$。而正整数 3 和 6 不符合该条件，因为它们的最大公约数(3，9)＝3 和(6，9)＝3 均大于 1。接下来，若要生成均匀表的第 3 列水平编码，即取 $h_3=4$，代入公式(9-1)进行模余运算，则第 3 列的各行的结果依次如下：

$$u_{13}=1\times 4[\mathrm{mod}9]=4;\ u_{23}=2\times 4[\mathrm{mod}9]=8;\ u_{33}=3\times 4[\mathrm{mod}9]=3$$
$$u_{43}=4\times 4[\mathrm{mod}9]=7;\ u_{53}=5\times 4[\mathrm{mod}9]=2;\ u_{63}=6\times 4[\mathrm{mod}9]=6$$
$$u_{73}=7\times 4[\mathrm{mod}9]=1;\ u_{83}=8\times 4[\mathrm{mod}9]=5;\ u_{93}=n=9$$

(最后一行的水平编码皆为 $n$)

同理，可以计算其他各列各行的水平编码。表 9-1 为好格子点法在 $n=9$ 和 $s=6$ 下构造的均匀表 $U_9(9^6)$。

**表 9-1　好格子点法构造的均匀表 $U_9(9^6)$**

| 试验号 | 列号 | | | | | |
|---|---|---|---|---|---|---|
| | 1 | 2 | 3 | 4 | 5 | 6 |
| 1 | 1 | 2 | 4 | 5 | 7 | 8 |
| 2 | 2 | 4 | 8 | 1 | 5 | 7 |
| 3 | 3 | 6 | 3 | 6 | 3 | 6 |
| 4 | 4 | 8 | 7 | 2 | 1 | 5 |
| 5 | 5 | 1 | 2 | 7 | 8 | 4 |
| 6 | 6 | 3 | 6 | 3 | 6 | 3 |
| 7 | 7 | 5 | 1 | 8 | 4 | 2 |
| 8 | 8 | 7 | 5 | 4 | 2 | 1 |
| 9 | 9 | 9 | 9 | 9 | 9 | 9 |

好格子点法构造的均匀表记为 $U_n(n^s)$，行向量 $\boldsymbol{h}=[h_1, h_2, \cdots, h_s]$称为均匀表的生成向量。表的列数 $s$ 是 $n$ 的一个函数，记为 $s=E(n)$，称为欧拉函数，其取值分为以下 3 种情况：

①当 $n$ 为素数时，均匀表的列数最多可达到 $s=E(n)=n-1$。所谓素数就是一个正整数，它与所有比它小的正整数的最大公约数均为 1，如 2，3，5，7，11，13，…均为素数。

②当 $n$ 为素数幂时，即 $n$ 可表示为 $n=p^l$，其中 $p$ 为素数，$l$ 为正整数，此时列数 $s$ 为：

$$s=E(n)=n\times\left(1-\frac{1}{p}\right) \tag{9-2}$$

比如，$n=9$ 可表示为 $n=3^2$，于是 $s=E(9)=9\times\left(1-\frac{1}{3}\right)=6$，即 $U_9$ 均匀表至多有 6 列。

③当 $n$ 不属于上述两种情形，这时 $n$ 可以表示为不同素数的方幂积，即 $n=p_1^{l_1}p_2^{l_2}\cdots p_s^{l_s}$，其中 $p_1, p_2, \cdots, p_s$ 为不同的素数，$l_1, l_2, \cdots, l_s$ 为正整数，此时列数 $s$ 为：

$$s=E(n)=n\times\left(1-\frac{1}{p_1}\right)\times\cdots\times\left(1-\frac{1}{p_s}\right) \tag{9-3}$$

比如，$n=12$ 可表示为 $n=2^2\times3$，于是 $s=E(12)=12\times\left(1-\frac{1}{2}\right)\left(1-\frac{1}{3}\right)=4$，即 $U_{12}$ 均匀表至多有 4 列。

综上，以 $n$ 为素数的情形为最好，可以获得最多的 $n-1$ 列均匀表。而 $n$ 为非素数，通过该算法构造均匀表的列数总要少于 $n-1$ 列。为此，可将非素数的 $n$ 增加 1，先构造 $U_{n+1}$ 均匀表，再将均匀表的最后一行去掉，并标记为 $U_n^*$，以区别由 $n$ 直接构造的均匀表 $U_n$。比如，$n=6$ 为非素数，通过该算法构造的均匀表只有 2 列。为此，可先构造 $n+1=7$ 的均匀表 $U_7(7^6)$，然后去掉最后一行便得到均匀表 $U_6^*(6^6)$，而该均匀表有 6 列。

$U_n$ 均匀表和 $U_n^*$ 均匀表之间的区别与联系：①$U_n$ 均匀表的最后一行全部由水平 $n$ 组成，而 $U_n^*$ 表的最后一行则不然。若每个因素的水平取值都是由低到高排列，$U_n$ 均匀表的最后一号试验将是所有因素的最高水平组合，这样的试验条件可能过于剧烈，甚至爆炸。然而 $U_n^*$ 均匀表则没有类似现象，比较容易安排试验；②若 $n$ 为偶数，$U_n^*$ 均匀表比 $U_n$ 均匀表有更多的列。若 $n$ 为奇数，则 $U_n^*$ 均匀表的列数通常少于 $U_n$ 均匀表的列数；③$U_n^*$ 均匀表比 $U_n$ 均匀表有更好的均匀性，应用中优先选择 $U_n^*$ 均匀表；④若将 $U_n$ 或 $U_n^*$ 的元素组成一个矩阵的秩最多分别为$\frac{E(n)+1}{2}$和$\frac{E(n+1)+1}{2}$。

书后附录 13 列出了 $5\leqslant n\leqslant13$，$2\leqslant s\leqslant10$ 的 $U_n$ 均匀表或 $U_n^*$ 均匀表，供直接选用。

## 9.1.3　均匀表的类型与使用

均匀试验设计表，简称均匀表，它分为等水平和混合水平两种类型。等水平均匀表中每个因素的水平个数相同，以确保各个因素水平的均衡分布。混合水平均匀表是考虑因素的重要性和变化范围，对不同因素设置不同的水平个数，以实现更精确的试验设计。

视频 9－1

**1. 等水平均匀表 $U_n(q^s)$**

等水平均匀表 $U_n(q^s)$，其中 $U$ 是均匀表的代号，$n$ 表示均匀表的横行数(试验次数)，$q$ 表示因素的水平个数，其值与 $n$ 相等，$s$ 表示均匀表的列数。表 9-2 为 $U_7(7^4)$ 等水平均匀表，它含有 7 行 4 列，每个因素都有 7 个水平。

表 9-2　等水平均匀表 $U_7(7^4)$

| 试验号 | 列号 | | | |
|---|---|---|---|---|
| | 1 | 2 | 3 | 4 |
| 1 | 1 | 2 | 3 | 6 |
| 2 | 2 | 4 | 6 | 5 |
| 3 | 3 | 6 | 2 | 4 |
| 4 | 4 | 1 | 5 | 3 |
| 5 | 5 | 3 | 1 | 2 |
| 6 | 6 | 5 | 4 | 1 |
| 7 | 7 | 7 | 7 | 7 |

等水平均匀表 $U_n(q^s)$具有如下两个特点：①对任意的 $n$，都可以构造等水平均匀表 $U_n(q^s)$，且各个因素的每个水平仅做一次试验，即行数 $n$ 与水平数 $q$ 相等，因此均匀试验的次数较少；②均匀表的列数可按以下规则给出：当 $n$ 为素数时，均匀表的列数最多等于 $n-1$，如表 9-2 中 $n=7$，列数 $s<n-1=6$；当 $n$ 为合数时，均匀表的最大列数可由式(9-3)计算得到。

**2. 等水平均匀表 $U_n^*(n^s)$**

等水平均匀表 $U_n^*(n^s)$，其中 $U$ 右上角加“$*$”表示均匀表具有更好的均匀性，应优先选用。表 9-3 为 $U_7^*(7^4)$等水平均匀表，它含有 7 行 4 列，每个因素都有 7 个水平。

表 9-3　等水平均匀表 $U_7^*(7^4)$

| 试验号 | 列号 | | | |
|---|---|---|---|---|
| | 1 | 2 | 3 | 4 |
| 1 | 1 | 3 | 5 | 7 |
| 2 | 2 | 6 | 2 | 6 |
| 3 | 3 | 1 | 7 | 5 |
| 4 | 4 | 4 | 4 | 4 |
| 5 | 5 | 7 | 1 | 3 |
| 6 | 6 | 2 | 6 | 2 |
| 7 | 7 | 5 | 3 | 1 |

观察均匀表 $U_7(7^4)$ 和 $U_7^*(7^4)$，可以总结得到等水平均匀表具有以下共同性质：

(1)均匀表的每列的不同水平编码都只出现一次。也就是说，每个因素在每个水平上仅做一次试验；

(2)任意两个因素的试验点绘制在平面的网格点上，每行每列有且仅有一个试验点；

以上 2 个性质反映了试验安排的“均衡性”，即对各因素的每个水平是一视同仁的。

(3)等水平均匀表的试验次数与水平个数是一致的。当因素的水平个数增加时，试验次数的增加具有“连续性”，比如，当水平个数从 6 增加到 7 时，试验次数 $n$ 也从 6 增加到 7。而在正交设计中，当水平个数增加时，试验次数是按水平个数平方的比例增加，即试验次数的增加是“跳跃性”，比如，当水平个数从 6 到 7 时，正交设计的试验次数将从 36 增至 49。因此，遇上因素的水平个数较多时，均匀设计具有更大的灵活性。

**3. 均匀表的使用表**

均匀表的任意两列组合的试验方案一般并不等价。比如，均匀表 $U_7^*(7^4)$ 的第 1，3 列和第 1,4 列的水平组合的网格点如图 9-1 所示。从此图可以看到，第 1，3 列组合的试验点散布得比较均匀，而第 1,4 列组合的试验点仅散布在对角线。

每个均匀表都附有一张使用表，其作用是指导将试验因素安排在表的适当的列中。比如，表 9-4 是均匀表 $U_7(7^4)$ 的使用表，当有 2 个试验因素时，应选用第 1,3 这两列来安排试验；当有 3 个试验因素时，应选用第 1，2，3 这三列。使用表的最后一列“偏离度”(discrepancy)，它是因素水平组合均匀性的度量指标，偏离度越小，表示试验点的均匀分散性越好。使用表中列写的偏离度指标，是指在对应因素个数下的最小偏离度。仍以 $U_7(7^4)$ 的使用表为例，若有 2 个因素，则第 1,3 列组合的试验点的偏离度最小，其值为 $D=0.2398$，而其他任意两列的偏离度均高于此偏离度。

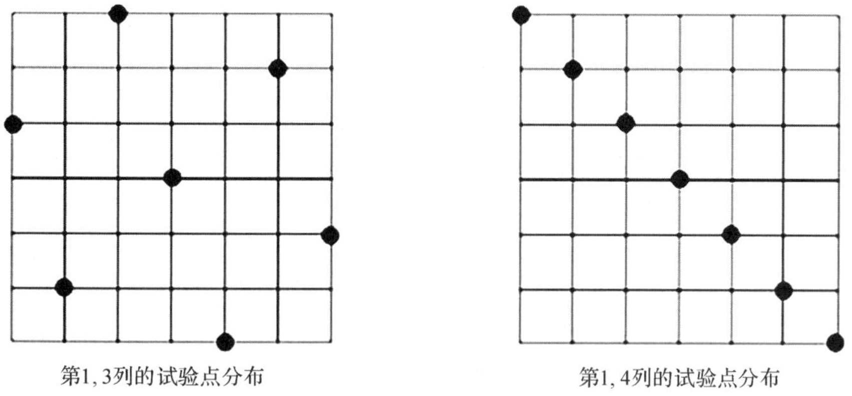


图 9-1　$U_7^*(7^4)$ 均匀表不同列组合的试验点分布

表 9-5 是均匀表 $U_7^*(7^4)$ 的使用表，其第 1，3 列的偏离度 $D=0.1582$。两者比较可知，当 $U_n$ 和 $U_n^*$ 的均匀表都能满足试验设计时，应优先选用 $U_n^*$ 均匀表。

**表 9-4　$U_7(7^4)$的使用表**

| 因素个数 | 列号 | | | | 偏离度 |
|---|---|---|---|---|---|
| 2 | 1 | 3 | | | 0.2398 |
| 3 | 1 | 2 | 3 | | 0.3721 |
| 4 | 1 | 2 | 3 | 4 | 0.4760 |

**表 9-5　$U_7^*(7^4)$的使用表**

| 因素个数 | 列号 | | | 偏离度 |
|---|---|---|---|---|
| 2 | 1 | 3 | | 0.1582 |
| 3 | 2 | 3 | 4 | 0.2132 |

**4. 混合水平均匀表**

均匀设计适用于因素水平个数较多的试验，但在具体的试验中常常会遇到非主要因素的水平个数并不是一样的多，这样直接利用等水平的均匀表来安排试验就有一定的困难。下面介绍采用拟水平法将等水平均匀表转化成混合水平均匀表的方法。

若某项试验中有 $A$，$B$，$C$ 三个因素，其中因素 $A$ 和 $B$ 都有 3 个水平，而因素 $C$ 有 2 个水平，现将它们分别记作 $A_1$，$A_2$，$A_3$，$B_1$，$B_2$，$B_3$ 和 $C_1$，$C_2$。显然，这个试验可以用混合正交表 $L_{18}(2^1\times3^7)$来安排，但 18 次试验几乎等价于全面试验。现选用均匀表$U_6^*(6^4)$，并用拟水平法将其转化为混合水平均匀表来安排试验。根据 $U_6^*(6^4)$的使用表，需要将这 3 个因素放在均匀表 $U_6^*(6^4)$的前 3 列。现将 $A$，$B$ 放在前两列，$C$ 放在第 3 列，并将前两列的 6 个水平合并为 3 个水平，即{1，2}→1，{3，4}→2，{5，6}→3。同时，将第 3 列的 6 个水平合并为 2 个水平，即{1，2，3}→1，{4，5，6}→2，如此转化便得到表 9-6 所示的混合水平均匀表 $U_6(3^2\times2^1)$。该混合水平均匀表有很好的均衡性，比如 $A$ 列和 $C$ 列、$B$ 列和 $C$ 列的两个因素水平组合正好是它们的全面试验方案，而 $A$ 列和 $B$ 列组合的试验点中没有重复试验。

**表 9-6　拟水平法设计的混合水平均匀表 $U_6(3^2\times2^1)$**

| 试验号 | 因素及水平 | | | 试验号 | 因素及水平 | | |
|---|---|---|---|---|---|---|---|
| | $A$ | $B$ | $C$ | | $A$ | $B$ | $C$ |
| 1 | 1(1) | 2(1) | 3(1) | 4 | 4(2) | 1(1) | 5(2) |
| 2 | 2(1) | 4(2) | 6(2) | 5 | 5(3) | 3(2) | 1(1) |
| 3 | 3(2) | 6(3) | 2(1) | 6 | 6(3) | 5(3) | 4(2) |

再如，要求设计一个含有 3 个因素的试验方案，其中因素 $A$ 和因素 $B$ 各有 5 个水平，因素 $C$ 有 2 个水平。若选用正交设计，可选用 $L_{25}(5^6)$ 正交表并通过拟水平法转化生成混合水平正交表，但 25 次试验仍然偏多。若选用均匀设计，并直接采用 $U_{10}(5^2\times2^1)$ 混合水平均匀表，只需要 10 次试验。$U_{10}(5^2\times2^1)$ 是经由 $U_{10}^*(10^8)$ 转化生成。而均匀表 $U_{10}^*(10^8)$ 共有 8 列，需要从中选择 3 列。考虑到选择的 3 列在转化为混合水平均匀表 $U_{10}(5^2\times2^1)$ 时要有好的均衡性，于是选用第 1,2,5 这三列，其中对第 1,2 列采用水平合并：{1，2}→1,…,{9，10}→5；对第 5 列采用水平合并：{1，2，3，4，5}→1，{6，7，8，9，10}→2，这样便可得到表 9-7 所示的混合水平均匀表 $U_{10}^*(5^2\times2^1)$。

**表 9-7　拟水平法设计的混合水平均匀表 $U_{10}^*(5^2\times2^1)$**

| 试验号 | 因素及水平 | | | 试验号 | 因素及水平 | | |
|---|---|---|---|---|---|---|---|
| | $A$ | $B$ | $C$ | | $A$ | $B$ | $C$ |
| 1 | 1(1) | 2(1) | 5(1) | 6 | 6(3) | 1(1) | 8(2) |
| 2 | 2(1) | 4(2) | 10(2) | 7 | 7(4) | 3(2) | 2(1) |
| 3 | 3(2) | 6(3) | 4(1) | 8 | 8(4) | 5(3) | 7(2) |
| 4 | 4(2) | 8(4) | 9(2) | 9 | 9(5) | 7(4) | 1(1) |
| 5 | 5(3) | 10(5) | 3(1) | 10 | 10(5) | 9(5) | 6(2) |

如果参照使用表，选用 $U_{10}^*(10^8)$ 的第 1，5，6 这三列，采用同样的拟水平法，便可得到表 9-8 所示的混合水平均匀表 $U_{10}(5^2\times2^1)$。在该混合水平均匀表中，$A$ 和 $C$ 这两列的水平组合中，含有两个(2，2)，但没有(2，1)，含有两个(4，1)，但没有(4，2)，因此该混合水平均匀表的均衡性不如表 9-7。

**表 9-8　拟水平法设计的混合水平均匀表 $U_{10}(5^2\times2^1)$**

| 试验号 | 因素及水平 | | | 试验号 | 因素及水平 | | |
|---|---|---|---|---|---|---|---|
| | $A$ | $B$ | $C$ | | $A$ | $B$ | $C$ |
| 1 | 1(1) | 5(3) | 7(2) | 6 | 6(3) | 8(4) | 9(2) |
| 2 | 2(1) | 10(5) | 3(1) | 7 | 7(4) | 2(1) | 5(1) |
| 3 | 3(2) | 4(2) | 10(2) | 8 | 8(4) | 7(4) | 1(1) |
| 4 | 4(2) | 9(5) | 6(2) | 9 | 9(5) | 1(1) | 8(2) |
| 5 | 5(3) | 3(2) | 2(1) | 10 | 10(5) | 6(3) | 4(1) |

由此可见，同一个等水平均匀表通过拟水平法可以得到不同的混合水平均匀表，而这些均匀表的均衡性也不同。参照使用表得到的混合水平均匀表也不一定都有较好的均衡性。本书附录 13 也给出了一些常用的混合水平均匀表，可以直接选用。

值得注意的是，混合水平均匀表的任一列上不同水平重复的次数是相同的，且重复次数大于等于 1，所以它的试验次数与各个因素的水平个数一般并不一致，这是与等水平均匀表的不同之处。

## 9.1.4 均匀试验设计的步骤

与正交试验设计的步骤相似，均匀试验设计的一般步骤如下：

(1)明确试验目的，确定试验指标。如果试验中要考察多个指标，则一般还需要对各个指标进行综合分析。

(2)选择试验因素。根据实际经验和专业知识，挑选对试验指标有较大影响的因素。

(3)确定因素的水平。结合试验条件和以往的实践经验，先确定各个因素的取值区间范围，然后在这个区间范围内设置适当的水平。

(4)选择均匀表。均匀表的选用是均匀设计的关键一步，考虑到试验结果多采用多元回归分析法，因此在选用均匀表时应注意均匀表的试验次数与回归方程中待估计的参数个数的关系。

(5)进行表头设计。根据因素个数和均匀表对应的使用表，将各个因素安排在均匀表相应的列中。需要指出的是，均匀表中的空列，既不能安排交互作用，也不能用来估计试验误差，所以在接下来的试验方案和试验结果分析时均不用列出；

(6)明确试验方案，开展试验并采集数据。按照试验方案中每个试验号各个因素的水平组合对应的试验条件，开展试验并记录试验结果。

(7)试验结果分析。由于均匀表没有整齐可比性，试验结果不能用方差分析法，可采用直观分析法和回归分析方法。

(8)优化条件的试验验证。回归分析方法推导的优化试验条件，交由实际试验予以考察验证。

(9)缩小因素的试验区间范围，开展更为精确的试验，寻找更好的试验条件，直至达到试验目的。

## 9.1.5 均匀试验设计需要事先考虑的几个问题

**1. 试验次数为奇数时的均匀表的问题**

奇数均匀表 $U_n$ 的最后一行是各个因素的最大水平号，若各个因素的水平序号与水平的实际赋值大小顺序一致，则会出现所有因素的高水平或低水平相遇的情形。倘若是化学反应，则可能出现因反应太剧烈而无法控制的现象，或者反应太慢得不到试验结果。为了避免这些情况，可以随机排列因素的水平序号，或选用 $U_n^*$ 均匀表以避免上述情况。

**2. 均匀表的试验次数与回归模型中待估计参数个数的匹配问题**

均匀试验的结果一般采用回归分析法，其数学模型的一般形式为：

$$y = \beta_0 + \sum_{j=1}^{p}\beta_j x_j + \sum_{j=1}^{p-1}\sum_{k=j+1}^{p}\beta_{jk}x_j x_k + \sum_{j=1}^{p}\beta_{jj}x_j^2 \tag{9-4}$$

由式(9-4)可见，为满足回归模型中待估计的参数个数，均匀设计中的因素个数和因素的方次大小将直接影响试验次数。为了尽量减少试验次数，在试验方案设计前需要借助专业知识判断各个因素对试验指标影响的大致情况，以及各个因素之间是否存在交互作用，删去影响不显著的或影响较小的交互作用项和二次项，以压缩回归方程待估计的参数个数，从而减少试验次数。若无可靠的经验知识利用，则可以采用逐步回归的方式根据回归系数的显著性检验结果来决定每一项的取舍问题。此外，当遇到确实没有办法达到试验次数大于回归方程待估计参数个数，以及多个试验指标对多个因素同时回归分析等普通最小二乘回归方法无法解决的问题时，建议改用偏最小二乘回归方法。

**3. 均匀设计试验次数少、无重复试验、试验精度差的问题**

由于均匀试验设计法的试验次数少且无重复试验，为了提高试验精度，可采用试验次数较多的均匀设计表来重复安排因素各个水平的试验。比如，五个因素的均匀设计，每个因素有 6 个水平，则可以选用 $U_{13}(13^{12})$ 均匀表来安排试验。根据该均匀表的使用表，分别将因素 $A$，$B$，$C$，$D$，$E$ 安排在均匀表相应的列内，再将该均匀表的第 13 号试验划去，并将每个因素的 6 个水平的每一个水平在该均匀表中重复安排一次。举例因素 $A$ 来说，将水平 1 安排为第 1 号和第 2 号试验，水平 2 安排为第 3 号和第 4 号试验，水平 3 安排为第 5 号和第 6 号试验，水平 4 安排为第 7 号和第 8 号试验，水平 5 安排为第 9 号和第 10 号试验，水平 6 安排为第 11 号和第 12 号试验。各个因素的水平安排如表 9-9 所示。

**表 9-9　重复水平试验的具体安排**

| 试验号 | 列号与因素 | | | | | | | | | |
|---|---|---|---|---|---|---|---|---|---|---|
| | 1 列 | ($A$) | 2 列 | ($B$) | 3 列 | ($C$) | 4 列 | ($D$) | 5 列 | ($E$) |
| 1 | 1 | ($A_1$) | 6 | ($B_3$) | 8 | ($C_4$) | 9 | ($D_5$) | 10 | ($E_5$) |
| 2 | 2 | ($A_1$) | 12 | ($B_6$) | 3 | ($C_2$) | 5 | ($D_3$) | 7 | ($E_4$) |
| 3 | 3 | ($A_2$) | 5 | ($B_3$) | 11 | ($C_6$) | 1 | ($D_1$) | 4 | ($E_2$) |
| 4 | 4 | ($A_2$) | 11 | ($B_6$) | 6 | ($C_3$) | 10 | ($D_5$) | 1 | ($E_1$) |
| 5 | 5 | ($A_3$) | 4 | ($B_2$) | 10 | ($C_1$) | 6 | ($D_3$) | 11 | ($E_6$) |
| 6 | 6 | ($A_3$) | 10 | ($B_5$) | 9 | ($C_5$) | 2 | ($D_1$) | 8 | ($E_4$) |
| 7 | 7 | ($A_4$) | 3 | ($B_2$) | 4 | ($C_2$) | 11 | ($D_6$) | 5 | ($E_3$) |
| 8 | 8 | ($A_4$) | 9 | ($B_5$) | 12 | ($C_6$) | 7 | ($D_4$) | 2 | ($E_1$) |
| 9 | 9 | ($A_5$) | 2 | ($B_1$) | 7 | ($C_4$) | 3 | ($D_2$) | 12 | ($E_6$) |
| 10 | 10 | ($A_5$) | 8 | ($B_4$) | 2 | ($C_1$) | 12 | ($D_6$) | 9 | ($E_5$) |
| 11 | 11 | ($A_6$) | 1 | ($B_1$) | 10 | ($C_5$) | 8 | ($D_4$) | 6 | ($E_3$) |

**续表**

| 试验号 | 列号与因素 | | | | | | | | | |
|---|---|---|---|---|---|---|---|---|---|---|
| | 1 列 | ($A$) | 2 列 | ($B$) | 3 列 | ($C$) | 4 列 | ($D$) | 5 列 | ($E$) |
| 12 | 12 | ($A_6$) | 7 | ($B_4$) | 5 | ($C_3$) | 4 | ($D_2$) | 3 | ($E_2$) |
| 13 | 13 | | 13 | | 13 | | 13 | | 13 | |

## 9.2 均匀试验设计的结果分析

由于均匀表没有整齐可比性，试验结果的分析不能用方差分析法，而通常采用直观分析法和回归分析法。

### 9.2.1 均匀试验结果的直观分析法

如果试验目的只是为了寻找一个可行的试验方案或确定适宜的试验范围，就可以采用直观分析法。它直接对均匀表中的试验结果进行比较分析，从中挑选试验指标最好的试验点。由于均匀设计的因素水平数较多，水平间隔较小，试验点分布均匀，所以均匀试验方案中试验指标最好的试验点所对应的试验条件，即使不是全面试验中最佳的条件，相对来说，也是更接近于全面试验中最佳条件的，因此可以直接将它作为较优的试验条件来使用。

### 9.2.2 均匀试验结果的回归分析法

视频 9—2

**1. 最小二乘回归分析法**

均匀试验设计的结果最好采用多元回归分析，而通过基于最小二乘原理的多元回归分析可以帮助得到如下结论：

(1)反映各个试验因素与试验指标之间关系的回归方程；

(2)标准化回归系数和偏回归系数的统计量 $t$ 的大小，凭此可以推断各个因素对试验指标影响的主次顺序和影响的显著性程度；

(3)通过求解回归方程的极值点，导出最优试验条件。

**例题 9-1** 在发酵法生产肌苷中，培养基由葡萄糖、酵母粉、玉米浆、尿素、硫酸铵、磷酸氢二钠、氯化钾、硫酸镁和碳酸氢钙等成分组成。由于培养基成分较多，不便运用正交试验设计方法，今拟通过均匀试验设计方法确定最佳培养基配方。现根据专业知识和有关资料，选取的因素及其水平取值如表 9-10 所示。请通过回归分析法找出较优的工艺条件，并预测该条件下肌苷产量。

表 9-10　发酵法生产肌苷的试验因素及水平取值

| 水平号 | 因素及水平取值 | | | | |
|---|---|---|---|---|---|
| | 葡萄糖/% ($x_1$) | 尿素/% ($x_2$) | 酵母/% ($x_3$) | 硫酸铵/% ($x_4$) | 玉米浆/% ($x_5$) |
| 1 | 8.5 | 0.25 | 1.5 | 1.00 | 0.55 |
| 2 | 9.0 | 0.30 | 1.6 | 1.05 | 0.60 |
| 3 | 9.5 | 0.35 | 1.7 | 1.10 | 0.65 |
| 4 | 10.0 | 0.40 | 1.8 | 1.15 | 0.70 |
| 5 | 10.5 | 0.45 | 1.9 | 1.20 | 0.75 |
| 6 | 11.0 | 0.50 | 2.0 | 1.25 | 0.80 |
| 7 | 11.5 | 0.55 | 2.1 | 1.30 | 0.85 |
| 8 | 12.0 | 0.60 | 2.2 | 1.35 | 0.90 |
| 9 | 12.5 | 0.65 | 2.3 | 1.40 | 0.95 |
| 10 | 13.0 | 0.70 | 2.4 | 1.45 | 1.00 |

**解**　1)试验方案设计及结果

选用 $U_{11}(11^6)$ 均匀表安排试验，删除最后一行。再根据其使用表，将 5 个因素分别放在该均匀表的第 1，2，3，4，5 列上，所得的试验方案及采集的指标结果如表 9-11 所示。

表 9-11　发酵法生产肌苷的均匀设计试验方案与结果

| 试验号 | 因素及水平取值 | | | | | 肌苷产量 (mg・mL$^{-1}$) |
|---|---|---|---|---|---|---|
| | 1($x_1$) | 2($x_2$) | 3($x_3$) | 4($x_4$) | 5($x_5$) | |
| 1 | 8.5 | 0.30 | 1.7 | 1.20 | 0.85 | 20.87 |
| 2 | 9.0 | 0.40 | 2.0 | 1.45 | 0.65 | 17.15 |
| 3 | 9.5 | 0.50 | 2.3 | 1.15 | 1.00 | 21.09 |
| 4 | 10.0 | 0.60 | 1.5 | 1.40 | 0.80 | 23.60 |
| 5 | 10.5 | 0.70 | 1.8 | 1.10 | 0.60 | 23.48 |
| 6 | 11.0 | 0.25 | 2.1 | 1.35 | 0.95 | 23.40 |

**续表**

| 试验号 | 因素及水平取值 | | | | | 肌苷产量 (mg·mL$^{-1}$) |
|---|---|---|---|---|---|---|
| | 1($x_1$) | 2($x_2$) | 3($x_3$) | 4($x_4$) | 5($x_5$) | |
| 7 | 11.5 | 0.35 | 2.4 | 1.05 | 0.75 | 17.87 |
| 8 | 12.0 | 0.45 | 1.6 | 1.30 | 0.55 | 26.17 |
| 9 | 12.5 | 0.55 | 1.9 | 1.00 | 0.90 | 26.79 |
| 10 | 13.0 | 0.65 | 2.2 | 1.25 | 0.70 | 14.80 |

2)试验结果分析

(1)直观分析法

从表 9-11 的试验结果可见，第 9 号试验的肌苷产量 26.79mg·mL$^{-1}$为最高，故第 9 号试验条件即为较优的工艺条件，即葡萄糖 12.5%、尿素 0.55%、酵母 1.9%、硫酸铵 1.00%、玉米浆 0.90%。

(2)回归分析法

①建立试验因素与试验指标之间的多元线性回归方程

设肌苷产量与各个因素之间的线性回归方程为 $\hat{y}=b_0+b_1x_1+b_2x_2+b_3x_3+b_4x_4+b_5x_5$，其参数 $b_0$ 和 $b$ 经由最小二乘原理估计的结果为：

$$\hat{y}=42.9688+0.7791x_1-4.8545x_2-12.0545x_3-9.1455x_4+9.2818x_5$$

②回归方程的显著性检验

**表 9-12　发酵法生产肌苷的多元线性回归方程显著性检验的方差分析**

| 变异来源 | $SS$ | $df$ | $MS$ | $F$ | 显著性 |
|---|---|---|---|---|---|
| 回归(方程) | 94.210 | 5 | 18.842 | 1.672 | *ns* |
| 剩余(误差) | 45.073 | 4 | 11.268 | | |
| 总和 | 139.283 | 9 | | | |

若取显著性水平 $\alpha=0.05$，根据显著性水平及自由度，查得临界值 $F_{0.05}(5,4)=6.26$。由于 $F<F_{0.05}(5,6)$，所以上述线性回归方程没有通过显著性检验(见表 9-12)。

③改建试验因素与试验指标之间的二次非线性回归方程

考虑到试验数据样本容量对方程中待估计参数个数的约束限制，采用逐步回归法筛选出显著的数学模型方程：

$$\hat{y}=75.022+12.882x_1-4.852x_2-106.321x_4-120.996x_5$$
$$-0.563x_1^2-3.089x_3^2+39.665x_4^2+84.048x_5^2$$

该回归方程的显著性检验结果如表 9-13 所示。

**表 9-13　发酵法生产肌苷的二次非线性回归方程显著性检验的方差分析**

| 变异来源 | $SS$ | $df$ | $MS$ | $F$ | 显著性 |
|---|---|---|---|---|---|
| 回归（方程） | 139.2781 | 8 | 17.4098 | 3553.02 | * |
| 剩余（误差） | 0.0049 | 1 | 0.0049 | | |
| 总和 | 139.283 | 9 | | | |

若取显著性水平 $\alpha=0.05$，根据显著性水平及自由度，查得临界值 $F_{0.05}(8,1)=238.9$。由于 $F>F_{0.05}(8,1)$，表明上述二次非线性回归方程通过显著性检验。

④选用标准化的偏回归系数进行因素及其二次项的主次排序

为了更好地了解各个因素（自变量）对指标（因变量）的影响程度，计算回归方程中各项的标准化回归系数及统计量 $t$，结果如表 9-14 所示。

**表 9-14　发酵法生产肌苷的二次非线性回归方程系数的显著性检验**

| 检验项 | 回归系数 | 标准化回归系数 | 标准误差 | 统计量 $t$ | 显著性 |
|---|---|---|---|---|---|
| 常数 | 75.022 | | 3.421 | 21.932 | * |
| $x_1$ | 12.882 | 4.957 | 0.294 | 43.886 | * |
| $x_2$ | −4.852 | −0.187 | 0.180 | −26.953 | * |
| $x_4$ | −106.321 | −4.091 | 3.339 | −31.840 | * |
| $x_5$ | −120.996 | −4.656 | 2.216 | −54.600 | * |
| $x_1^2$ | −0.563 | −4.667 | 0.014 | −41.335 | * |
| $x_3^2$ | −3.089 | −0.929 | 0.023 | −134.105 | ** |
| $x_4^2$ | 39.665 | 3.745 | 1.361 | 29.133 | * |
| $x_5^2$ | 84.048 | 5.030 | 1.424 | 59.021 | * |

首先，根据偏回归系数的统计量 $t$ 计算结果推断回归方程中各项的显著性。从附录 2 的 $t$ 分布表（单侧）查得临界值：$t_{0.05/2}(1)=12.706$ 和 $t_{0.01/2}(1)=63.657$。将表 9-14 中各检验项的统计量 $t$ 与之比较，发现回归方程中各项均有显著性影响，其中 $x_3^2$ 的影响甚为显著。

然后，由标准化回归系数的计算结果，排列它们的主次顺序为：

$$x_5^2>x_1>x_1^2>x_5>x_4>x_4^2>x_3^2>x_2$$

由此推断影响肌苷产量的这 5 个因素的主次顺序为：玉米浆浓度、葡萄糖浓度、硫酸铵浓度、酵母浓度、尿素浓度。

⑤最优试验条件及其指标预测

基于上述回归方程，并结合各个因素的水平取值区间，可求得优化的试验条件为 $x_1=11.44\%$，$x_2=0.25\%$，$x_3=1.5\%$，$x_4=1.34\%$，$x_5=0.72\%$。将该条件代入回归方程得到预测的肌苷产量 $25.753mg \cdot mL^{-1}$，该指标结果低于已做过的 10 次试验中的第 8 号和第 9 号的。为此，需要对这 3 个试验条件开展试验验证，以确定最优试验条件。

最后需要说明的是，在均匀设计的回归分析中，回归方程的数学模型一般是未知的，需要试验者结合自己的专业理论知识和经验，先初步设计一个简单模型(如线性模型)，如果经检验不显著，再增加交互项和平方项，直至找到检验显著的回归方程。

**2. 偏最小二乘回归分析方法**

在实际操作和应用中，基于最小二乘原理的多元线性回归和逐步回归分析方法可能会遇到以下几个问题：

(1)多重共线性问题：在试验方案中当多个因素的水平取值存在严重的多重共线性时，构建的指标与因素之间的回归方程将变得不稳定。某个或某些因素的选入对回归方程产生很大的影响，导致难以确定最终的模型。

(2)变量选择问题：在逐步回归中，选留的试验因素有时与专业知识的预期存在较大的差异，特别是机理知识认为重要的试验因素在逐步回归时却被排除在最优回归模型之外。

(3)系数符号异常问题：建立的回归方程模型中，某些试验因素的回归系数符号与实际生产或专业机理不符。这可能是由于数据错误或模型设置上的问题，可通过扩大样本容量或使用其他统计方法来校验模型的稳定性和可靠性。

为了有效地克服上述回归建模中的实际问题，偏最小二乘回归分析法则是一个可以选择的方法。该方法可以有效处理变量(因素)之间存在的多重共线性问题，并根据相关性选择最相关的变量(因素)。同时，它通过将自变量(因素)和因变量(指标)进行分解，找到它们之间的最大协方差方向，从而建立最优的回归模型。

**例题 9-2** 一种以芳基卟吩和铁盐为原料大批量合成 $\mu$-氧代双铁卟啉的一步合成中，选择影响 $\mu$-氧代双铁卟啉产率的因素及区间范围：对-氯四苯基卟吩 Tp-ClPPH$_2$浓度 $x_1 \in [0.038, 0.133] mol \cdot L^{-1}$、铁盐 $FeCl_2 \cdot 4H_2O$ 用量 $x_2 \in [0.30, 0.80]$g、加入铁盐后反应时间 $x_3 \in [20, 45]$min、碱 NaOH 用量 $x_4 \in [0.10, 0.35]$g、加入碱后反应时间 $x_5 \in [30, 55]$min。每个因素在各自区间范围内均取 6 个水平，且采用拟水平法通过$U_{12}(12^{10})$均匀表安排试验，各个因素的水平取值、试验方案及指标产率 $y$ 的结果如表 9-15 所示。

**表 9-15 一步合成 $\mu$-氧代双铁卟啉的均匀试验设计方案及结果**

| 实验号 | 因素及水平取值 | | | | | 产率% |
|---|---|---|---|---|---|---|
| | $x_1$ | $x_2$ | $x_3$ | $x_4$ | $x_5$ | |
| 1 | 0.1336 | 0.5070 | 35 | 0.2026 | 55 | 60.27 |
| 2 | 0.0892 | 0.8095 | 25 | 0.3012 | 50 | 44.68 |

续表

| 实验号 | 因素及水平取值 | | | | | 产率% |
|---|---|---|---|---|---|---|
| | $x_1$ | $x_2$ | $x_3$ | $x_4$ | $x_5$ | |
| 3 | 0.0666 | 0.5032 | 45 | 0.1001 | 45 | 52.54 |
| 4 | 0.0535 | 0.8063 | 30 | 0.2555 | 40 | 54.92 |
| 5 | 0.0445 | 0.4000 | 20 | 0.3531 | 35 | 91.48 |
| 6 | 0.0380 | 0.6969 | 40 | 0.1608 | 30 | 49.25 |
| 7 | 0.1336 | 0.3950 | 25 | 0.2905 | 55 | 75.76 |
| 8 | 0.0888 | 0.6975 | 45 | 0.1160 | 50 | 45.17 |
| 9 | 0.0663 | 0.3011 | 35 | 0.1972 | 45 | 69.86 |
| 10 | 0.0532 | 0.6132 | 20 | 0.3555 | 40 | 78.38 |
| 11 | 0.0446 | 0.2979 | 40 | 0.1557 | 35 | 87.71 |
| 12 | 0.0381 | 0.6079 | 30 | 0.2585 | 30 | 59.43 |

**解**　设收率与因素之间的多元线性回归方程为 $\hat{y}=b_0+b_1x_1+b_2x_2+b_3x_3+b_4x_4+b_5x_5$，其参数 $b_0$ 和 $b$ 通过最小二乘估计的结果为：

$$\hat{y}=-2.6262-0.6472x_1-0.8435x_2+0.0631x_3+7.4388x_4+0.00062x_5$$

方程的检验统计量 $F=11.46$。若取显著性水平 $\alpha=0.05$，根据显著性水平及自由度，查得临界值 $F_{0.05}(5,6)=4.39$。由于 $F>F_{0.05}(5,6)$，所以上述线性回归方程通过显著性检验。另外，选用标准化的偏回归系数进行因素的主次排序，其结果为 $x_4>x_3>x_2>x_1>x_5$。基于上述回归方程，得其最优试验条件为 $x_1=0.038\text{mol}\cdot\text{L}^{-1}$，$x_2=0.30\text{g}$，$x_3=45\text{min}$，$x_4=0.35\text{g}$，$x_5=55\text{min}$。在该条件下预测的产率为 $y=257.31\%$，该结果明显不合理。

初始样本数据 $X$ 经 Z-Score 标准化后的信息矩阵的条件数 Cond(A)＝1904.9 和 5 个特征根 22.39，21.04，10.88，0.68，0.01，此结果表明这 5 个因素在这 12 个试验号上的水平取值存在“复共线性关系”，若提取 3 个特征成分即可含有原始数据的信息量 98.75%。若改用偏最小二乘回归方法(参见本书 6.3.3 节)，且 PLS 成分数设置为 3，则构建的指标与因素之间稳健的数学模型为：

$$\hat{y}=1.5027+0.0047x_1-0.7005x_2-0.009x_3-0.0091x_4-0.0042x_5$$

同样，选用标准化的偏回归系数进行因素的主次排序结果为 $x_2>x_3>x_4>x_5>x_1$。基于该回归方程，得其最优试验条件为 $x_1=0.133\text{mol}\cdot\text{L}^{-1}$，$x_2=0.30\text{g}$，$x_3=20\text{min}$，$x_4=0.10\text{g}$，$x_5=30\text{min}$。在该优化条件下预测的产率为 $y=98.53\%$。而已做过的 12 次实验中最高产率为第 5 号试验 $y_5=91.48\%$。该优化条件下预测的产率可通过试验验证以证明其可靠性。

# 习　题

1. 均匀试验设计方法的基本原理是什么？均匀表具有哪些特点？

2. 什么是等水平、混合水平的均匀试验设计？

3. 为什么每一个均匀表都附有一个相应的使用表？

4. 与正交试验设计方法相比，均匀试验设计方法的最大优点是什么？

5. 采用均匀表设计试验方案时，应注意的问题是什么？

6. 均匀表的试验点是否具有整齐可比性？如果没有，如何对试验结果进行分析？

7. 已知某项试验中包括 $A$，$B$，$C$，$D$，$E$ 等共五个因素，每个因素均有 6 个水平。试选择适当的均匀表完成相应的试验方案设计。

8. 无粮上浆是纺织工业的一项重要改革，通过选用化学原料代替淀粉，可节省大量的粮食。CMC(羧基甲纤维钠)就是一种代替淀粉的化学原料。为了寻找 CMC 的最佳生产条件，欲考察三个主要因素及它们的取值范围如下：碱化时间($A$)：120～180min；烧碱浓度($B$)：25%～29%；醚化时间($C$)：90～150min，各个因素的具体水平取值如下表所示。试选用合适的均匀表安排试验。

| 试验因素 | 因素水平 | | | | |
|---|---|---|---|---|---|
| | 1 | 2 | 3 | 4 | 5 |
| 碱化时间 $A$/min | 120 | 135 | 150 | 165 | 180 |
| 烧碱浓度 $B$/% | 25 | 26 | 27 | 28 | 29 |
| 醚化时间 $C$/min | 90 | 105 | 120 | 135 | 150 |

9. 在淀粉接枝丙烯酸制备高吸水性树脂的试验中，为了提高树脂吸盐水的能力，考察了丙烯酸用量($x_1$)、引发剂量($x_2$)、丙烯酸中和度($x_3$)和甲醛用量($x_4$)这四个因素，且每个因素都取了 9 个水平，如下表所示。

| 水平编号 | 因素 | | | |
|---|---|---|---|---|
| | 丙烯酸用量 $x_1$/mL | 引发剂量 $x_2$/% | 丙烯酸中和度 $x_3$/% | 甲醛用量 $x_4$/mL |
| 1 | 12.0 | 0.3 | 48.0 | 0.20 |
| 2 | 14.5 | 0.4 | 53.5 | 0.35 |
| 3 | 17.0 | 0.5 | 59.0 | 0.50 |

续表

| 水平编号 | 因素 | | | |
|---|---|---|---|---|
| | 丙烯酸用量 $x_1$/mL | 引发剂量 $x_2$/% | 丙烯酸中和度 $x_3$/% | 甲醛用量 $x_4$/mL |
| 4 | 19.5 | 0.6 | 64.5 | 0.65 |
| 5 | 22.0 | 0.7 | 70.0 | 0.80 |
| 6 | 24.5 | 0.8 | 75.5 | 0.95 |
| 7 | 27.0 | 0.9 | 81.0 | 1.10 |
| 8 | 29.5 | 1.0 | 86.5 | 1.25 |
| 9 | 32.0 | 1.1 | 92.0 | 1.40 |

若选用均匀表 $U_9(9^5)$安排试验，并将四个因素分别放在第 1，2，3，5 列，指标吸盐水倍率的测定结果依次为 35，33，43，44，59，56，63，64，62。试通过直观分析法和回归分析法寻找最优的试验条件。

10. 冰片是中医临床应用上一种常用的药物。在冰片粉碎过程中，由于研磨时产生热量，使其黏附在容器壁上形成团块，很难将其粉碎。为解决此问题，试验研究可能会影响冰片微粉化的四个因素，它们的取值范围分别为：滴加水量 $x_1$：20～90mL；滴水速度 $x_2$：7～9mL·min$^{-1}$；乙醇用量 $x_3$：10～25mL；真空干燥温度 $x_4$：25～50℃。其中，滴加水量取 8 个水平，其余三个因素各取 4 个水平，且将 4 个水平的这三个因素采用拟水平法，每个水平重复一次。每个因素的水平取值如下表所示。

| 因素 | 水平 | | | | | | | |
|---|---|---|---|---|---|---|---|---|
| | 1 | 2 | 3 | 4 | 5 | 6 | 7 | 8 |
| $x_1$ | 20 | 30 | 40 | 50 | 60 | 70 | 80 | 90 |
| $x_2$ | 7 | 7 | 8 | 8 | 8.5 | 8.5 | 9 | 9 |
| $x_3$ | 10 | 10 | 15 | 15 | 20 | 20 | 25 | 25 |
| $x_4$ | 25 | 25 | 30 | 30 | 40 | 40 | 50 | 50 |

选取 $U_8^*(8^5)$均匀表安排试验方案，将上述各个因素依次放在第 1，2，3，5 列，试验指标产品得率(%)的结果依试验号分别为 41.8，45.3，57.7，61.3，77.4，81.2，91.3，94.8。试通过直观分析法和回归分析法寻找最优试验条件。

11. 在阿魏酸的合成工艺中，为了提高产量，选取了三个因素：原料配比 $x_1$、吡啶量 $x_2$ 和反应时间 $x_3$，且每个因素均取了 7 个水平：

原料配比/%：1.0，1.4，1.8，2.2，2.6，3.0，3.4；

吡啶量/mL：10，13，16，19，22，25，28；

反应时间/h：0.5，1.0，1.5，2.0，2.5，3.0，3.5。

选用均匀表 $U_7^*(7^4)$安排试验方案，将上述各个因素依次放在第 2，3，4 列。试验结果收率依试验号分别为 0.6146，0.3506，0.7537，0.8195，0.097，0.7114，0.4186。试对试验结果进行回归分析。

12. 为了探讨桐油中主要成分桐油酸精制的工艺条件，欲考察两个因素：冷冻温度 $x_1$ 和冷冻时间 $x_2$ 对桐油酸结晶的影响，每个因素都取 5 个水平。均匀试验设计的方案及结果如下表所示。

| 试验号 | 试验因素 | | 桐油酸纯度/% |
|---|---|---|---|
| | 冷冻温度 $x_1$/℃ | 冷冻时间 $x_2$/h | |
| 1 | 4 | 12 | 82.57 |
| 2 | 0 | 24 | 85.92 |
| 3 | −4 | 6 | 86.59 |
| 4 | −8 | 18 | 91.47 |
| 5 | −12 | 30 | 92.55 |

试对试验结果进行回归分析。

13. 用二甲酚橙分光光度法测定微量的锆，为寻找较好的显色条件，选取了以下四个因素，每个因素都取了 12 个水平，具体取值如下表所示。试选用合适的均匀表安排试验，并列出每号试验的条件。

| 水平编号 | 试验因素 | | | |
|---|---|---|---|---|
| | 显色剂用量 $x_1$/mL | 酸度 $x_2$/mol·L$^{-1}$ | 温度 $x_3$/℃ | 稳定时间 $x_4$/h |
| 1 | 0.1 | 0.1 | 20 | 0 |
| 2 | 0.2 | 0.2 | 25 | 2 |
| 3 | 0.3 | 0.3 | 30 | 4 |
| 4 | 0.4 | 0.4 | 35 | 6 |
| 5 | 0.5 | 0.5 | 40 | 8 |

**续表**

| 水平编号 | 试验因素 | | | |
|---|---|---|---|---|
| | 显色剂用量 $x_1$/mL | 酸度 $x_2$/mol · $L^{-1}$ | 温度 $x_3$/℃ | 稳定时间 $x_4$/h |
| 6 | 0.6 | 0.6 | 45 | 10 |
| 7 | 0.7 | 0.7 | 50 | 12 |
| 8 | 0.8 | 0.8 | 55 | 14 |
| 9 | 0.9 | 0.9 | 60 | 16 |
| 10 | 1.0 | 1.0 | 65 | 18 |
| 11 | 1.1 | 1.1 | 70 | 20 |
| 12 | 1.2 | 1.2 | 75 | 22 |

14. Tollens 反应是制备 2-羟甲基环戊酮的一种常用方法。为了提高收率，考察如下影响因素：环戊酮与甲醛的比 $A$：1.0～5.5；反应温度 $B$：5～60℃；反应时间 $C$：1.0～6.5h；碱量(1mol · $L^{-1}$碳酸钾水溶液)$D$：15～70mL。试验方案及指标结果如下表所示。试通过直观分析法和回归分析法寻找最优试验条件。

| 试验号 | 影响因素 | | | | 收率 |
|---|---|---|---|---|---|
| | $A$ | $B$ | $C$ | $D$ | |
| 1 | 1 (1.0) | 6 (30) | 8 (4.5) | 10 (60) | 0.0220 |
| 2 | 2 (1.4) | 12 (60) | 3 (2.0) | 7 (45) | 0.0283 |
| 3 | 3 (1.8) | 5 (25) | 11 (6.0) | 4 (30) | 0.0620 |
| 4 | 4 (2.2) | 11 (55) | 6 (3.5) | 1 (15) | 0.1049 |
| 5 | 5 (2.6) | 4 (20) | 1 (1.0) | 11 (65) | 0.0420 |
| 6 | 6 (3.0) | 10 (50) | 9 (5.0) | 8 (50) | 0.0987 |
| 7 | 7 (3.4) | 3 (15) | 4 (2.5) | 5 (35) | 0.1022 |
| 8 | 8 (3.8) | 9 (45) | 12 (6.5) | 2 (20) | 0.2424 |
| 9 | 9 (4.2) | 2 (10) | 7 (4.0) | 12 (70) | 0.0938 |
| 10 | 10 (4.6) | 8 (40) | 2 (1.5) | 9 (55) | 0.1327 |

**续表**

| 试验号 | 影响因素 | | | | 收率 |
|---|---|---|---|---|---|
| | *A* | *B* | *C* | *D* | |
| 11 | 11 (5.0) | 1 (5) | 10 (5.5) | 6 (40) | 0.1243 |
| 12 | 12 (5.4) | 7 (35) | 5 (3.0) | 3 (25) | 0.2777 |

15. 对某煤样进行干燥实验，均匀试验方案及指标结果如下表所示。求使煤样水分小于3%的最节省能量的干燥温度、热风流量和干燥时间的工艺条件。

| 试验号 | 试验因素 | | | 指标试验结果 | |
|---|---|---|---|---|---|
| | 干燥温度<br>$A$/℃ | 热风流量<br>$B/\mathrm{m^3\cdot h^{-1}}$ | 干燥时间<br>$C$/min | 水含量<br>/% | 能量<br>/kJ |
| 1 | 195.5 | 3348 | 47 | 8.96 | 3927.4 |
| 2 | 257 | 2326 | 102 | 17.23 | 6983.3 |
| 3 | 359.5 | 2180 | 41.5 | 7.94 | 6057.6 |
| 4 | 462 | 1888 | 80 | 2.83 | 8198.3 |
| 5 | 318.5 | 2618 | 25 | 14.61 | 5256.6 |
| 6 | 236.5 | 1742 | 30.5 | 19.06 | 3233.9 |
| 7 | 441.5 | 2910 | 36 | 3.55 | 6021.5 |
| 8 | 298 | 1596 | 91 | 14.12 | 6923.7 |
| 9 | 339 | 3494 | 74.5 | 0.98 | 7040.9 |
| 10 | 421 | 2472 | 63.5 | 0.78 | 7082.9 |
| 11 | 175 | 2034 | 69 | 12.93 | 2732.2 |
| 12 | 216 | 2764 | 85.5 | 10.97 | 5410.9 |
| 13 | 380 | 1450 | 52.5 | 7.27 | 6714.7 |
| 14 | 277.5 | 3056 | 58 | 4.83 | 5638.2 |
| 15 | 400.5 | 3202 | 96.5 | 5.69 | 8363.8 |

16. 在啤酒生产的某项工艺试验中，选取了底水量($A$)和吸氨时间($B$)这两个因素，每个因素都取 8 个水平，它们的具体取值如下表所示。试验指标为吸氨量，越大越好。现选用均匀表 $U_8^*$ ($8^5$)安排试验，8 个试验结果(吸氨量/g)依试验号分别为：5.8，6.3，4.9，5.4，4.0，4.5，3.0，3.6。已知试验指标与两个因素之间成二元线性关系，试用回归分析法找出较好的工艺条件，并预测该条件下相应的吸氨量。

| 因素 | 水平 | | | | | | | |
|---|---|---|---|---|---|---|---|---|
| | 1 | 2 | 3 | 4 | 5 | 6 | 7 | 8 |
| 底水量 $x_1$/g | 136.5 | 137 | 137.5 | 138 | 138.5 | 139 | 139.5 | 140 |
| 吸氨时间 $x_2$/min | 170 | 180 | 190 | 200 | 210 | 220 | 230 | 240 |

17. 在玻璃防雾剂配方研究中，考察了三种主要成分用量对玻璃防雾性能的影响，每个因素的水平取值如下表所示。

| 因素 | 水平 | | | | | | |
|---|---|---|---|---|---|---|---|
| | 1 | 2 | 3 | 4 | 5 | 6 | 7 |
| PVA $x_1$/g | 0.5 | 1.0 | 1.5 | 2.0 | 2.5 | 3.0 | 3.5 |
| ZC $x_2$/g | 3.5 | 4.5 | 5.5 | 6.5 | 7.5 | 8.5 | 9.5 |
| LAS $x_3$/g | 0.1 | 0.4 | 0.7 | 1.0 | 1.3 | 1.6 | 1.9 |

选用均匀表 $U_7^*$ ($7^4$)安排试验，试验结果 $y$(防雾性能综合评分)依试验号分别为：3.8，2.5，3.9，4.0，5.1，3.1，5.6。试用回归分析法确定因素的主次，找出较好的配方，并预测该条件下相应的防雾性能综合评分。已知试验指标 $y$ 与 $x_1$，$x_2$，$x_3$ 之间近似满足的关系式为：$y=b_0+b_1x_1+b_3x_3+b_{23}x_2x_3$。

18. 采用物理和化学相结合的办法来提取海藻糖，先用微波处理，后用溶剂来提取。考察的因素及其取值范围分别为微波时间 $x_1$：2～5.0min，提取体积 $x_2$：10～50mL，提取时间 $x_3$：10～60min 和提取温度 $x_4$：0～100℃。每个因素各取 6 个水平，试验指标为海藻糖含量 $y$/mg·g$^{-1}$。选用均匀表 $U_6^*$ ($6^4$)安排的试验方案及试验结果如下表所示。

| 试验号 | 试验因素 | | | | $y$ /mg·g$^{-1}$ |
|---|---|---|---|---|---|
| | $x_1$/min | $x_2$/mL | $x_3$/min | $x_4$/℃ | |
| 1 | 2.0(1) | 40(2) | 30(3) | 100(6) | 160 |
| 2 | 2.5(2) | 20(4) | 60(6) | 80(5) | 270 |

**续表**

| 试验号 | 试验因素 | | | | $y$ /mg·g$^{-1}$ |
|---|---|---|---|---|---|
| | $x_1$/min | $x_2$/mL | $x_3$/min | $x_4$/℃ | |
| 3 | 3.0(3) | 10(6) | 20(2) | 60(4) | 390 |
| 4 | 4.0(4) | 50(1) | 50(5) | 40(3) | 60 |
| 5 | 4.5(5) | 30(3) | 10(1) | 20(2) | 150 |
| 6 | 5.0(6) | 15(5) | 40(4) | 0(1) | 150 |

请通过回归分析法完成试验结果的分析。

19. 通过均匀试验设计研究氯化钙含量、加工温度和螺杆转速对尼龙6熔点的影响，三个因素的水平取值如下表所示。

| 水平编号 | 试验因素 | | |
|---|---|---|---|
| | 氯化钙含量 $x_1$/% | 加工温度 $x_2$/℃ | 螺杆转速 $x_3$/r·min$^{-1}$ |
| 1 | 3 | 240 | 40 |
| 2 | 4 | 255 | 55 |
| 3 | 5 | 270 | 70 |
| 4 | 6 | | |
| 5 | 7 | | |
| 6 | 8 | | |

选用均匀表 $U_6(6\times3^2)$安排试验，试验结果 $y$(尼龙6熔点/℃)依试验号分别为：221，208，205，206，199，190。熔点越高越好。试用三元线性回归分析法确定回归方程、偏回归系数的显著性及因素主次，并预测较好的配方及该条件下尼龙6的熔点。

20. 利用废弃塑料制备清漆的研究中，以提高清漆漆膜的附着力作为试验目的。结合专业知识，选定了以下四个因素，并确定了每个因素的考察范围：废弃塑料质量 $x_1$/kg：14～32；改性剂用量 $x_2$/kg：5～15；增塑剂用量 $x_3$/kg：5～20；混合溶剂用量 $x_4$/kg：50～68。每个因素都取10个水平，它们的具体取值如下表所示。

| 因素 | 水平 | | | | | | | | | |
|---|---|---|---|---|---|---|---|---|---|---|
| | 1 | 2 | 3 | 4 | 5 | 6 | 7 | 8 | 9 | 10 |
| $x_1$/kg | 14 | 16 | 18 | 20 | 22 | 24 | 26 | 28 | 30 | 32 |

续表

| 因素 | 水平 | | | | | | | | | |
|---|---|---|---|---|---|---|---|---|---|---|
| | 1 | 2 | 3 | 4 | 5 | 6 | 7 | 8 | 9 | 10 |
| $x_2$/kg | 5 | 6 | 7 | 8 | 9 | 10 | 11 | 12 | 13 | 15 |
| $x_3$/kg | 5 | 8 | 10 | 12 | 14 | 16 | 17 | 18 | 19 | 20 |
| $x_4$/kg | 50 | 52 | 54 | 56 | 58 | 60 | 62 | 64 | 66 | 68 |

若选用 $U_{10}^{*}(10^8)$ 均匀表安排试验，并将这四个因素依次放置在第 1，3，4，5 列上，请列出每号试验的条件。如果指标附着力评分结果依试验号分别为 40，45，90，41，40，90，87，40，48，100，请通过直观分析和回归分析寻找优化的试验条件。

21. 在碳纳米管纳米流体研究中，选择了四个因素：碳纳米管质量分数 $x_1$、分散剂质量分数 $x_2$、pH 值 $x_3$ 和超声振荡时间 $x_4$，每个因素都取 12 个水平。试验指标稳定性用 Zeta 电位($y$)表征，其绝对值越大，分散体系越稳定。选用均匀表安排的试验方案及结果如下表所示。

| 试验号 | 试验因素 | | | | 试验指标 |
|---|---|---|---|---|---|
| | $x_1$/% | $x_2$/% | $x_3$ | $x_4$/min | $y$/mV |
| 1 | 0.56 | 2.55 | 9.01 | 5.00 | −28.5 |
| 2 | 0.65 | 5.00 | 4.23 | 3.50 | −26.7 |
| 3 | 0.74 | 2.14 | 12.06 | 2.00 | −36.9 |
| 4 | 0.83 | 4.59 | 6.96 | 0.50 | −28.2 |
| 5 | 0.92 | 1.73 | 2.26 | 5.50 | −13.0 |
| 6 | 1.00 | 4.18 | 10.01 | 4.00 | −32.9 |
| 7 | 1.10 | 1.32 | 5.08 | 2.50 | −36.2 |
| 8 | 1.18 | 3.77 | 13.03 | 1.00 | −20.0 |
| 9 | 1.27 | 0.91 | 8.07 | 6.00 | −32.6 |
| 10 | 1.36 | 3.36 | 3.30 | 4.50 | −20.9 |
| 11 | 1.45 | 0.50 | 11.30 | 3.00 | −42.1 |
| 12 | 1.54 | 2.96 | 6.10 | 1.50 | −32.5 |

试采用二次多项式逐步回归分析上述数据，建立碳纳米管纳米流体稳定性与四个因素

之间的回归模型，并给出最优条件下 Zeta 电位的预测结果。

22. 在芥菜多糖提取工艺研究中，考察四个因素：超声波提取时间 $x_1$，料液比 $x_2$，超声波功率 $x_3$，超声波后热水提取时间 $x_4$。采用 $U_{12}^{*}(12^{10})$ 均匀表设计的试验方案及多糖提取率 $y$ 结果如下表所示。

| 试验号 | 试验因素 | | | | 多糖提取率 $y$/% |
|---|---|---|---|---|---|
| | $x_1$/min | $x_2$/(g∶mL) | $x_3$/W | $x_4$/min | |
| 1 | 5(1) | 1∶35(6) | 400(8) | 100(10) | 8.816 |
| 2 | 10(2) | 1∶65(12) | 150(3) | 70(7) | 13.364 |
| 3 | 15(3) | 1∶30(5) | 550(11) | 40(4) | 9.679 |
| 4 | 20(4) | 1∶60(11) | 300(6) | 10(1) | 10.109 |
| 5 | 25(5) | 1∶25(4) | 50(1) | 110(11) | 8.252 |
| 6 | 30(6) | 1∶55(10) | 450(9) | 80(8) | 10.593 |
| 7 | 35(7) | 1∶20(3) | 200(4) | 50(5) | 8.317 |
| 8 | 40(8) | 1∶50(9) | 600(12) | 20(2) | 8.369 |
| 9 | 45(9) | 1∶15(2) | 350(7) | 120(12) | 7.488 |
| 10 | 50(10) | 1∶45(8) | 100(2) | 90(9) | 11.524 |
| 11 | 55(11) | 1∶10(1) | 500(10) | 60(6) | 9.610 |
| 12 | 60(12) | 1∶40(7) | 250(5) | 30(3) | 9.181 |

试采用二次多项式逐步回归法分析数据，完成因素的主次排序，并寻优试验条件。

23. 均匀试验设计法优化分光光度法测定抗坏血酸的试验条件，影响因素及其取值范围：$Fe^{3+}$ 溶液的用量 $x_1$：0.75～5.00mL；磺基水杨酸溶液的用量 $x_2$：0.20～4.45mL；缓冲溶液的用量 $x_3$：4.00～14.20mL；显色时间 $x_4$：15～100min。选用均匀表 $U_{18}^{*}(18^{11})$ 安排实验，考察指标为吸光度 $y$(L · $g^{-1}$ · $cm^{-1}$)，试验方案及数据结果如下表。

| 试验号 | 试验因素 | | | | 吸光度 $y$/L · $g^{-1}$ · $cm^{-1}$ |
|---|---|---|---|---|---|
| | $x_1$/mL | $x_2$/mL | $x_3$/mL | $x_4$/min | |
| 1 | (1)0.75 | (5)1.20 | (7)7.60 | (9)55 | 0.249 |
| 2 | (2)1.00 | (10)2.45 | (14)11.80 | (18)100 | 0.310 |

续表

| 试验号 | 试验因素 | | | | 吸光度 $y$/L · $g^{-1}$ · $cm^{-1}$ |
|---|---|---|---|---|---|
| | $x_1$/mL | $x_2$/mL | $x_3$/mL | $x_4$/min | |
| 3 | (3)1.25 | (15)3.70 | (2)4.60 | (8)50 | 0.369 |
| 4 | (4)1.50 | (1)0.20 | (9)8.80 | (17)95 | 0.486 |
| 5 | (5)1.75 | (6)1.45 | (16)13.00 | (7)45 | 0.576 |
| 6 | (6)2.00 | (11)2.70 | (4)5.80 | (16)90 | 0.622 |
| 7 | (7)2.25 | (16)3.95 | (11)10.00 | (6)40 | 0.708 |
| 8 | (8)2.50 | (2)0.45 | (18)14.20 | (15)85 | 0.790 |
| 9 | (9)2.75 | (7)1.70 | (6)7.00 | (5)35 | 0.854 |
| 10 | (10)3.00 | (12)2.95 | (13)11.20 | (14)80 | 0.810 |
| 11 | (11)3.25 | (17)4.20 | (1)4.00 | (4)30 | 0.858 |
| 12 | (12)3.50 | (3)0.70 | (8)8.20 | (13)75 | 0.837 |
| 13 | (13)3.75 | (8)1.95 | (15)12.40 | (3)25 | 0.842 |
| 14 | (14)4.00 | (13)3.20 | (3)5.20 | (12)70 | 0.866 |
| 15 | (15)4.25 | (18)4.45 | (10)9.40 | (2)20 | 0.871 |
| 16 | (16)4.50 | (4)0.95 | (17)13.60 | (11)65 | 0.852 |
| 17 | (17)4.75 | (9)2.20 | (5)6.40 | (1)15 | 0.842 |
| 18 | (18)5.00 | (14)3.45 | (12)10.60 | (10)60 | 0.849 |

试采用二次多项式逐步回归法分析上述试验数据。

24. 选用 $U_{10}^{*}(10^8)$ 均匀表安排试验方案以优化异亮氨酸发酵条件，考察的六个因素分别为葡萄糖($x_1$)，$(NH_4)_2SO_4$($x_2$)，$KH_2PO_4$($x_3$)，VH($x_4$)，VB1($x_5$)，Met($x_6$)，每个因素都取 10 个水平，它们的水平取值及指标产酸率($y$)的结果如下表所示。

**因素的水平取值**

| 因素 | 水平 | | | | | | | | | |
|---|---|---|---|---|---|---|---|---|---|---|
| | 1 | 2 | 3 | 4 | 5 | 6 | 7 | 8 | 9 | 10 |
| $x_1$/g · $100mL^{-1}$ | 10 | 11 | 12 | 13 | 14 | 15 | 16 | 17 | 18 | 19 |

**续表**

| 因素 | 水平 | | | | | | | | | |
|---|---|---|---|---|---|---|---|---|---|---|
| | 1 | 2 | 3 | 4 | 5 | 6 | 7 | 8 | 9 | 10 |
| $x_2$/g・100mL$^{-1}$ | 1 | 1.5 | 2 | 2.5 | 3 | 3.5 | 4 | 4.5 | 5 | 5.5 |
| $x_3$/g・100mL$^{-1}$ | 0.1 | 0.15 | 0.2 | 0.25 | 0.3 | 0.35 | 0.4 | 0.45 | 0.5 | 0.55 |
| $x_4$/g・100mL$^{-1}$ | 6 | 8 | 10 | 12 | 14 | 16 | 18 | 20 | 22 | 24 |
| $x_5$/g・100mL$^{-1}$ | 0.1 | 0.2 | 0.3 | 0.4 | 0.5 | 0.6 | 0.7 | 0.8 | 0.9 | 1 |
| $x_6$/g・100mL$^{-1}$ | 1 | 2 | 3 | 4 | 5 | 6 | 7 | 8 | 9 | 10 |

**试验方案及结果**

| 试验号 | 试验因素 | | | | | | 产酸率 $y$/g・L$^{-1}$ |
|---|---|---|---|---|---|---|---|
| | $x_1$ | $x_2$ | $x_3$ | $x_4$ | $x_5$ | $x_6$ | |
| 1 | 1 | 2 | 3 | 5 | 7 | 10 | 6.33 |
| 2 | 2 | 4 | 6 | 10 | 3 | 9 | 6.18 |
| 3 | 3 | 6 | 9 | 4 | 10 | 8 | 4.36 |
| 4 | 4 | 8 | 1 | 9 | 6 | 7 | 2.18 |
| 5 | 5 | 10 | 4 | 3 | 2 | 6 | 2.55 |
| 6 | 6 | 1 | 7 | 8 | 9 | 5 | 9.45 |
| 7 | 7 | 3 | 10 | 2 | 5 | 4 | 11.64 |
| 8 | 8 | 5 | 2 | 7 | 1 | 3 | 13.09 |
| 9 | 9 | 7 | 5 | 1 | 8 | 2 | 2.18 |
| 10 | 10 | 9 | 8 | 6 | 4 | 1 | 1.45 |

试采用二次多项式逐步回归法分析上述试验数据。

# 第 10 章　响应面试验设计

响应面试验设计是一种结合试验设计、数理统计和最优化技术的多因素优选法。当试验指标与其影响因素之间存在着非线性关系时，响应面法通过建模和分析，拟合出试验指标与影响因素之间的全局函数，并运用图形技术对函数的响应面和等高线进行分析，精确研究各个影响因素与试验指标之间的关系，包括各个因素及其交互作用的效应评价、快速有效地确定最佳条件等。响应面试验设计方法具有试验次数少、优选周期短、寻优精度高等特点，已在工程制造、化工材料、药物研发、农业食品、环境科学等领域广泛应用。

## 10.1　响应面试验设计的理论基础

### 10.1.1　响应面试验设计

在工程实践或科学研究中经常遇到这样的问题：调控工艺参数 $x_1$，$x_2$，…，$x_p$ 的状态水平使得观测指标 $y$ 达到最优。为此，需要试验研究并建立 $y$ 与 $x_1$，$x_2$，…，$x_p$ 之间的定量函数关系，建立形如式(10-1)的数学模型：

视频 10－1

$$y=f(x_1,x_2,\cdots,x_p) \tag{10-1}$$

响应面方法(response surface methodology，RSM)是一种最优化技术，它将研究问题的观测指标响应 $y$(比如树脂的吸水倍率)作为一个或多个试验因素 $x_1$，$x_2$，…，$x_p$(如丙烯酸中和度、交联剂用量等)的函数，经由试验设计、回归建模、数据分析、图形可视化等方式或手段建立并表达出来，以供人们凭借直观的观察来选择试验的最优条件。由于指标响应 $y$ 与影响因素 $x_1$，$x_2$，…，$x_p$ 之间的关系在图形表达上为一个曲面，所以将该方法称为响应面试验设计。

由于响应面试验设计可以拟合连续的函数关系式，这样它就能够通过所建立的函数方程预测任意组合条件下的指标响应值。相比之下，正交试验设计仅限于优化离散试验点的条件组合，无法提供连续函数关系式的建模能力。此外，图形可视化可以帮助洞察试验数据的特征、模式和趋势，并有助于激发创造力，识别可以改进或优化的潜在方向。比如，一位化学工程师探究丙烯酸中和度($x_1$)与交联剂用量($x_2$)的怎样水平组合可以使得某种淀粉类树脂的吸水倍率($y$)达到最大。在固定丙烯酸中和度这个试验因素的水平取值后，吸水倍率 $y$ 和单一因素交联剂用量之间的相关关系如图 10-1 所示。从此图可以看到，交联剂用量存在最佳值，添加的交联剂用量过少或过多均会使得树脂的吸水倍率下降。

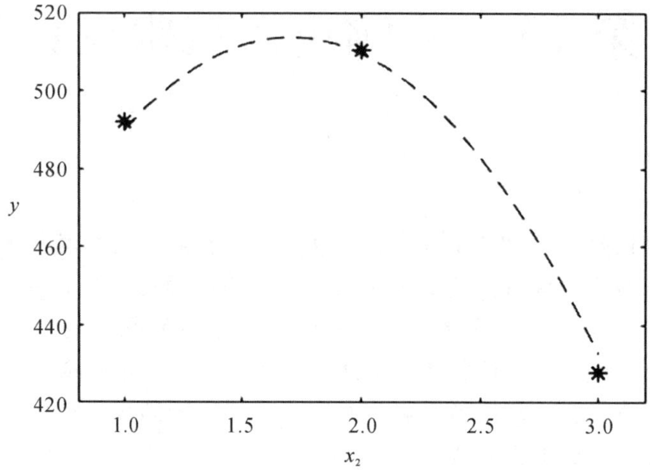


图 10-1　单个试验因素对指标的影响趋势

若要考察双因素对指标响应值的影响，可以在平面图上选用等高线来表示，如图 10-2。从图中可以看到，丙烯酸中和度与交联剂用量的不同水平组合可以得到吸水倍率相同的等高线。图 10-3 是吸水倍率在丙烯酸中和度与交联剂用量试验区域内的三维响应面，从图中可以看到，平面图中两个坐标轴上丙烯酸中和度与交联剂用量的不同水平组合可以得到在纵轴上树脂吸水倍率的不同响应点，而将这些点连接起来便是响应面。

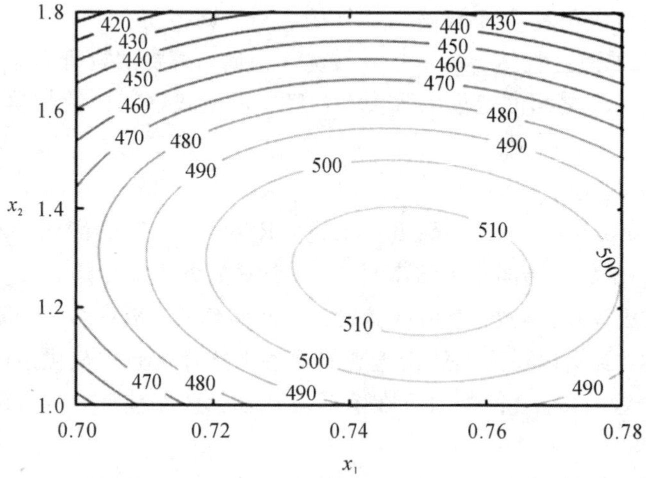


图 10-2　试验指标的等高线

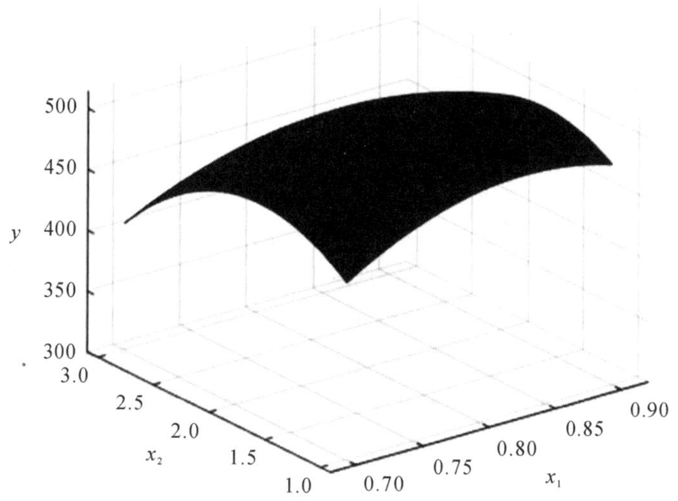


图 10-3　试验指标的三维响应面

为便于直观洞察响应面的形状特征和变化趋势，经常将等高线和响应面有机整合在一张图上，如图 10-4 所示，将试验指标不同响应值的等高线画在平面上，而每一条等高线对应于响应面的一个特定高度。

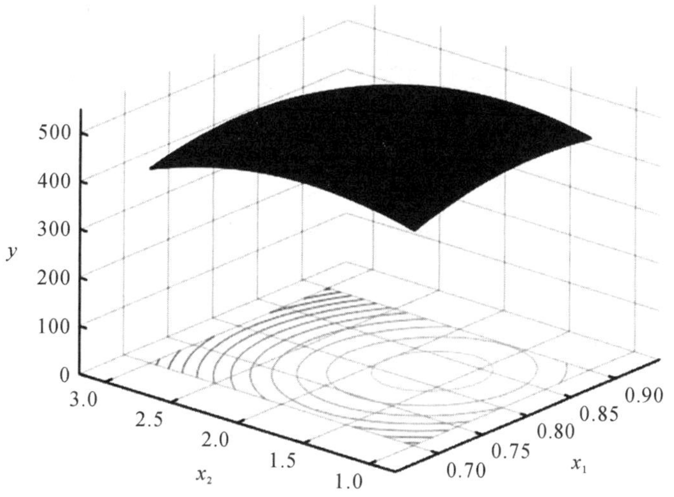


图 10-4　响应面及其投影等高线

值得注意的是，在试验设计的初期阶段，一般采用正交设计或均匀设计来剔除不重要的试验因素，以降低试验研究的空间维度。随后，响应面试验设计聚焦于重要的试验因素定量规律研究，以提高试验设计的效率和精度。

### 10.1.2　响应面试验设计的序贯特性

响应面试验设计一般分为两个阶段。其中，第一个阶段的主要目标是确定当前的试验条件或因素的水平是否接近响应面的最优位置(最大或最小)。当试验条件部分远离响应面的最优位置时，通常使用试验区域范围内的一阶模型(first-order model)来逼近。

$$y = \beta_0 + \sum_{j=1}^{p} \beta_j x_j + \varepsilon \tag{10-2}$$

式中 $\beta_j$ 表示第 $j$ 个因素 $x_j$ 的线性效应，$p$ 为试验因素个数，$\varepsilon$ 为模型逼近误差。能使式(10-2)中参数 $\beta_0$ 和 $\beta_j$ 可以估计的试验称为一阶试验(first-order experiment)。若将试验区域中心点添加到一阶试验中，就可以对响应面进行曲度检测。而曲度检测搜索必须限制在 $x_1, x_2, \cdots, x_p$ 的试验区域范围内进行，并根据搜索结果以决定是继续进行一阶试验，还是由于曲度的出现而换用更为细致的二阶试验。目前，常用的两种搜索方法是最速上升法(steepest ascent search)和方格搜索法(rectangular grid search)。

当试验区域接近响应面的最优区域时，响应面试验设计进入第二个阶段。这个阶段的目标是在试验指标最优值周围的一个小范围内获得响应面的精确逼近，并识别出最优试验条件或试验因素的最佳水平组合。在响应面的最优点附近，曲度效应是主导项，此时响应面改用二阶模型(second-order model)来逼近。

$$y = \beta_0 + \sum_{j=1}^{p} \beta_j x_j + \sum_{j=1}^{p-1} \sum_{k=j+1}^{p} \beta_{jk} x_j x_k + \sum_{j=1}^{p} \beta_{jj} x_j^2 + \varepsilon \tag{10-3}$$

式中 $\beta_j$ 表示 $x_j$ 的线性效应，$\beta_{jj}$ 表示 $x_j$ 的二阶效应，$\beta_{jk}$ 表示 $x_j$ 与 $x_k$ 的一级交互作用效应。能使式(10-3)中参数 $\beta_0$，$\beta_j$，$\beta_{jk}$，$\beta_{jj}$ 可以估计的试验称为二阶试验(second-order experiment)。响应面试验设计两个阶段的几何解释如图 10-5 所示。

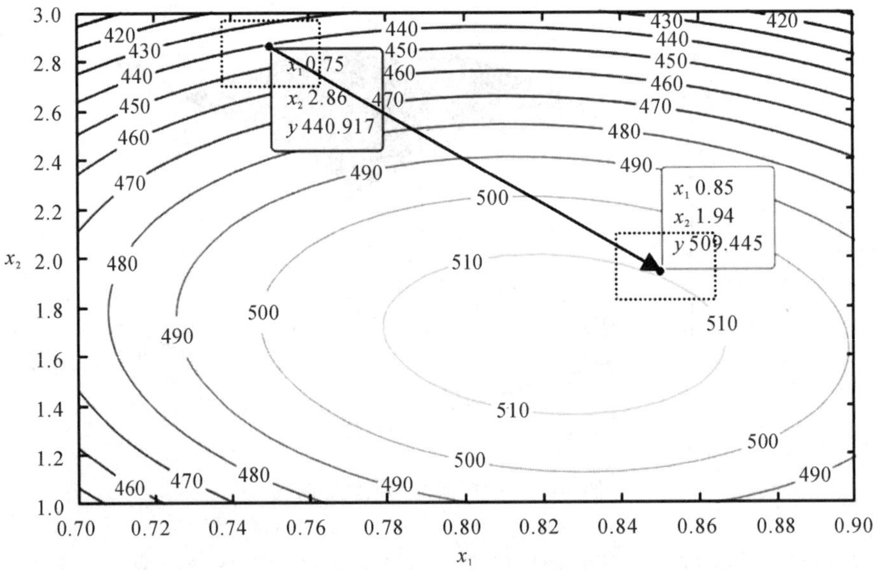


图 10-5　响应面的序贯寻优

几乎所有的响应面试验设计问题都可以通过一阶模型和二阶模型中的一个或两个来解决。诚然，由于试验因素的相关性和非线性特征，一个多项式模型不可能在试验因素的整个变量空间中都是真实的函数关系的合理近似式。然而，在一个相对较小的区域内，一阶模型或二阶模型通常能够提供合理的近似。

响应面法的特点和优势就是通过设计合理的有限次试验，建立一个包括各个显著影响因素的一次项、平方项和一级交互项的数学模型，实现试验因素与指标之间全局函数关系的拟合，然后通过对函数响应面和等高线的分析，优化与评价各个试验因素的水平取值及交互作用效应，从而快速有效地确定试验的最佳条件。

### 10.1.3　响应面的构造及优化

响应面方法是试验设计、数理统计和最优化技术的一种综合应用，其实施过程包括试验设计、响应面构造、优化计算等主要步骤。首先，以满足响应面回归方程中参数估计要求，利用试验设计方法在试验因素的多变量空间中安排一定数量的试验点，并采集试验指标的结果数据；然后，基于试验数据拟合响应面回归方程并进行显著性检验，以筛选满足要求的响应面模型；最后，利用最优化技术进行寻优搜索与计算，找到试验因素水平的最佳组合及其指标最优响应值。其中，响应面构造是关键步骤，其基本思路是用显式数学模型去替代试验因素与试验指标之间的隐式功能函数，从而便于优化搜索最佳试验条件。

**1. 响应面的构造**

在诸多实际问题中，试验因素(或因素变量)与试验指标(即响应变量)之间的关系往往是未知的，或者它们之间的关系是隐含的，无法用显式来表达，这给预测和控制等实际应用造成很大困难。目前解决此问题的常用办法就是响应面法，利用最小二乘法构造试验因素与试验指标之间的定量函数关系。

现考虑只有一个响应变量的情况，并设 $y$ 为响应变量，$x_1, x_2, \cdots, x_p$ 为因素变量，且它们之间存在如下函数关系：

$$y=\beta_0+\beta_1\varphi_1+\beta_2\varphi_2+\cdots+\beta_m\varphi_m+\varepsilon \tag{10-4}$$

式中 $\varphi_h=\varphi_h(x_1, x_2, \cdots, x_p)$表示第 $h$ 个基函数($h=1,2,\cdots,m$)，$\varepsilon \sim N(0, \sigma^2)$为残差。

将 $n$ 个试验点的指标结果记为 $y=(y_1, y_2, \cdots, y_n)^{\mathrm{T}}$，则有

$$y_i=\beta_0+\beta_1\varphi_{1,i}+\beta_2\varphi_{2,i}+\cdots+\beta_m\varphi_{m,i}+\varepsilon_i, i=1,2,\cdots,n \tag{10-5}$$

式中 $\varphi_{h,i}$表示第 $h$ 个基函数在第 $i$ 个试验点上的取值。可将式(10-5)写成矩阵形式：

$$\begin{bmatrix} y_1 \\ y_2 \\ \vdots \\ y_n \end{bmatrix}=\begin{bmatrix} 1 & \varphi_{1,1} & \cdots & \varphi_{m,1} \\ 1 & \varphi_{1,2} & \cdots & \varphi_{m,2} \\ \vdots & \vdots & \ddots & \vdots \\ 1 & \varphi_{1,n} & \cdots & \varphi_{m,n} \end{bmatrix}\begin{bmatrix} \beta_0 \\ \beta_1 \\ \vdots \\ \beta_m \end{bmatrix}+\begin{bmatrix} \varepsilon_1 \\ \varepsilon_2 \\ \vdots \\ \varepsilon_n \end{bmatrix} \tag{10-6}$$

简记为

$$\boldsymbol{y}=\boldsymbol{X\beta}+\boldsymbol{\varepsilon} \tag{10-7}$$

此式可以看作是参数向量 $\boldsymbol{\beta}=[\beta_0, \beta_1, \cdots, \beta_m]$的多元线性回归方程，并由试验数据通过最小二乘法完成对其估计：$\hat{\boldsymbol{\beta}}=(\boldsymbol{X}^{\mathrm{T}}\boldsymbol{X})^{-1}\boldsymbol{X}^{\mathrm{T}}\boldsymbol{y}$。于是，得到因素变量与响应变量之间的函数方程：

$$\hat{y}=\hat{\beta}_0+\hat{\beta}_1\varphi_1+\hat{\beta}_2\varphi_2+\cdots+\hat{\beta}_m\varphi_m \tag{10-8}$$

式(10-8)为响应面函数方程，由于参数向量 $\hat{\boldsymbol{\beta}}$ 是 $m+1$ 维，所以试验点个数必须满足 $n \geqslant m+1$，这样才可以求算该参数向量。如果 $n=m+1$，则拟合变为插值，随机误差被纳入

响应面函数，模型的预测精度将下降。因此，在试验设计上一般要求 $n>m+1$，确保足够的剩余自由度，以平衡响应面函数的拟合性能与预测能力，从而有望减小响应面函数的预测误差。

在实际应用中，响应面函数通常设计为多元低阶方程。若不考虑交互项和平方项，式(10-8)则简化为如下的线性函数：

$$\hat{y}=\hat{\beta}_0+\hat{\beta}_1x_1+\hat{\beta}_2x_2+\cdots+\hat{\beta}_px_p \tag{10-9}$$

式中 $p$ 即为试验因素的个数，此时试验至少需要 $p+1$ 次。若增加两个因素之间的一级交互作用及平方项，则式(10-8)的响应面函数演变为

$$\hat{y}=\hat{\beta}_0+\sum_{j=1}^{p}\hat{\beta}_jx_j+\sum_{j=1}^{p-1}\sum_{k=j+1}^{p}\hat{\beta}_{jk}x_jx_k+\sum_{j=1}^{p}\hat{\beta}_{jj}x_j^2 \tag{10-10}$$

此时所需的试验次数 $n\geqslant\frac{1}{2}(p+1)(p+2)$ 次。为筛选检验显著性最优的响应面函数，可以剔除方程中不显著的项。当然，使用较低阶数的响应面函数可以有效地减少试验次数，并由于函数的形式相对简单，参数的估计和解释变得容易。特别是具有非线性特征的二次多项式，能够很好地适应试验因素的水平变化，在响应面试验设计中成为最常用的函数模型。

**2. 响应面的显著性检验**

响应面函数对试验数据的拟合程度，可以选用第 6 章“回归分析与建模方法”中式(6-44)的复相关系数 $R=\sqrt{SS_R/SS_T}=\sqrt{1-SS_E/SS_T}$ 进行表征与检验。但考虑到 $R$ 有一个缺陷，即 $R$ 值的大小会随着回归方程中自变量个数的增多而增大，这样势必会诱导更多的因素变量保留在回归方程中。而非重要的试验因素或不显著的回归项，并不能真正帮助提高函数方程的逼近程度和预测精度。诚然，$R$ 可用于比较相同自变量个数的不同回归方程的逼近程度，$R^2$ 越大的回归方程拟合效果越好。比较不同自变量个数的回归方程的逼近程度，则需要进行如下修正：

$$R_{adj}^2=1-\left(\frac{n-1}{n-m}\right)\frac{SS_E}{SS_T} \tag{10-11}$$

称 $R_{adj}^2$ 为修正的复相关系数，它考虑了回归方程中参数个数$(m+1)$带来的影响。当参数个数$(m+1)$增加时，$R_{adj}^2$ 不一定增加。

$F$ 检验法也可以用于响应面函数的显著性检验，其统计量 $F$ 为：

$$F=\frac{SSR/m}{SSE/(n-m-1)} \tag{10-12}$$

根据给定的显著性水平 $\alpha$ 和相应的自由度，从附录 4 中查得临界值 $F_\alpha(m, n-m-1)$。若 $F>F_\alpha(m, n-m-1)$，表明所建立的响应面函数方程在整体上是显著的。通过显著性检验的响应面模型，还可进一步对模型中的每一个回归项进行显著性检验，即系数的显著性检验。

**3. 最优响应面的确定**

如果试验因素与试验指标之间的响应面函数方程采用的是式(10-10)二阶模型，并且通过了显著性检验，那么确定试验指标的最优值(最大或最小)可以通过以下步骤进行：

(1)将响应面函数方程对各个试验因素求一阶偏导数，即

$$\frac{\partial \hat{y}}{\partial x_j}=\hat{\beta}_j+\sum_{k=1,k\neq j}^{p}\hat{\beta}_{jk}x_k+2\hat{\beta}_{jj}x_j \tag{10-13}$$

(2)令各个试验因素的一阶偏导数为零，构造联合方程组，即

$$\begin{cases}\dfrac{\partial \hat{y}}{\partial x_1}=\hat{\beta}_1+\sum\limits_{k=2}^{p}\hat{\beta}_{1k}x_k+2\hat{\beta}_{11}x_1=0\\ \dfrac{\partial \hat{y}}{\partial x_2}=\hat{\beta}_2+\sum\limits_{k=1,3}^{p}\hat{\beta}_{2k}x_k+2\hat{\beta}_{22}x_2=0\\ \qquad\vdots\\ \dfrac{\partial \hat{y}}{\partial x_p}=\hat{\beta}_p+\sum\limits_{k=1}^{p-1}\hat{\beta}_{pk}x_k+2\hat{\beta}_{pp}x_p=0\end{cases} \tag{10-14}$$

(3)求解该方程组，将得到的各个试验因素水平取值记为 $x_1^*,x_2^*,\cdots,x_p^*$，此即为最优的试验条件。

下面借助实例重点介绍一阶响应面设计及其寻优的最速上升法、二阶响应面的中心复合设计和 Box-Behnken 设计。

# 10.2　一阶响应面的试验设计

一阶响应面的试验设计，就是利用正交设计和多元线性回归方法建立试验指标 $y$ 与 $p$ 个试验因素 $x_1,x_2,\cdots,x_p$ 之间的一次响应函数 $\hat{y}=\hat{\beta}_0+\hat{\beta}_1x_1+\hat{\beta}_2x_2+\cdots+\hat{\beta}_px_p$，并基于该响应函数优选最佳试验条件。

## 10.2.1　因素水平的编码变换

在多因素试验设计中，各个试验因素的水平取值范围一般各不相同。设第 $j$ 个试验因素即自然变量 $x_j$ 的水平区间为$[x_{j1},x_{j2}]$$(j=1,2,\cdots,p)$，其中 $x_{j1}$和 $x_{j2}$分别称为因素 $x_j$ 的下水平和上水平，而因素 $x_j$ 的零水平即区间中心点，则是它们的算术平均值：

$$x_{j0}=\frac{x_{j1}+x_{j2}}{2} \tag{10-15}$$

将上水平与零水平，或零水平与下水平之间的差值定义为区间半径，并记为 $\Delta_j$，即

$$\Delta_j=x_{j2}-x_{j0}=x_{j0}-x_{j1} \tag{10-16}$$

因素水平的编码，就是将自然变量 $x_j$ 的各个水平做如下线性变换：

$$z_j=\frac{x_j-x_{j0}}{\Delta_j},j=1,2,\cdots,p \tag{10-17}$$

经过编码变换后，自然变量 $x_j$ 的试验区间范围$[x_{j1}, x_{j2}]$转换成规范变量 $z_j$ 的变化范围$[-1, 1]$，这样就将形如“长方体”的试验区域变换成中心在原点的“立方体”区域。试验因素的水平编码，就是为了使每个因素的每个水平在编码空间上是“平等”的，即规范变量

$z_j$ 的取值范围不会受到自然变量 $x_j$ 的单位和取值大小的影响。所以，编码能将试验指标 $y$ 与各个试验因素的自然变量 $x_j(j=1,2,\cdots,p)$之间的回归问题，转换成试验指标 $y$ 与各个试验因素的规范变量 $z_j(j=1,2,\cdots,p)$之间的回归问题，从而可以大大简化回归计算工作量。

## 10.2.2 一阶响应面的正交设计

### 1. 一阶响应面的正交设计编码表

视频 10—2

选用二水平正交表，并将表中的两个水平分别改用“1”和“−1”进行编码，这样就得到一阶响应面的正交设计编码表。比如，基于试验因素的个数和因素之间的交互作用表，先从附录 12 中选择满足要求的正交表 $L_8(2^7)$，再将表中的编码“2”改用“1”替换，便得到如表 10-1 所示的一阶响应面的正交设计编码表。

**表 10-1 基于 $L_8(2^7)$的一阶响应面的正交设计编码表**

| 试验号 | 列号及因素水平编码 | | | | | | |
|---|---|---|---|---|---|---|---|
| | 1 | 2 | 3 | 4 | 5 | 6 | 7 |
| 1 | 1 | 1 | 1 | 1 | 1 | 1 | 1 |
| 2 | 1 | 1 | 1 | −1 | −1 | −1 | −1 |
| 3 | 1 | −1 | −1 | 1 | 1 | −1 | −1 |
| 4 | 1 | −1 | −1 | −1 | −1 | 1 | 1 |
| 5 | −1 | 1 | −1 | 1 | −1 | 1 | −1 |
| 6 | −1 | 1 | −1 | −1 | 1 | −1 | 1 |
| 7 | −1 | −1 | 1 | 1 | −1 | −1 | 1 |
| 8 | −1 | −1 | 1 | −1 | 1 | 1 | −1 |

### 2. 一阶响应面设计的试验方案

与正交试验设计类似，在确定试验方案之前，需将规范变量 $z_j(j=1,2,\cdots,p)$安排在一阶响应面的正交设计编码表相应的列中，即表头设计。由于上述步骤已将两个水平用“1”和“−1”进行编码，这样交互作用列的编码也就等于对应两个因素列编码的乘积。因此，在一阶响应面的正交设计编码表中安排试验因素时，可以直接根据这一规律而无需参考正交表的交互作用表。

表 10-2　基于 $L_8(2^7)$ 的一阶响应面设计的试验方案

| 试验号 | 列号 | | | | | | |
|---|---|---|---|---|---|---|---|
| | 1($z_1$) | 2($z_2$) | 3($z_1z_2$) | 4($z_3$) | 5($z_1z_3$) | 6($z_2z_3$) | 7 |
| 1 | 1 | 1 | 1 | 1 | 1 | 1 | 1 |
| 2 | 1 | 1 | 1 | −1 | −1 | −1 | −1 |
| 3 | 1 | −1 | −1 | 1 | 1 | −1 | −1 |
| 4 | 1 | −1 | −1 | −1 | −1 | 1 | 1 |
| 5 | −1 | 1 | −1 | 1 | −1 | 1 | −1 |
| 6 | −1 | 1 | −1 | −1 | 1 | −1 | 1 |
| 7 | −1 | −1 | 1 | 1 | −1 | −1 | 1 |
| 8 | −1 | −1 | 1 | −1 | 1 | 1 | −1 |
| 9 | 0 | 0 | 0 | 0 | 0 | 0 | 0 |
| 10 | 0 | 0 | 0 | 0 | 0 | 0 | 0 |
| 11 | 0 | 0 | 0 | 0 | 0 | 0 | 0 |

表 10-2 的试验方案中第 9，10，11 号试验称为零水平试验或中心试验。安排零水平试验的主要目的是进行更精确的统计分析(如回归方程的失拟检验等)和获得精度较高的回归方程。当然，如果不考虑失拟检验，也可不安排零水平试验。一阶响应面设计的试验方案具有如下特点：

①任一列编码之和为 0，即

$$\sum_{i=1}^{n} z_{j,i} = 0, j = 1,2,\cdots,p \tag{10-18}$$

基于式(10-18)，可以导出

$$\bar{z}_j = 0, j = 1,2,\cdots,p \tag{10-19}$$

②任两列编码的乘积之和等于零，即

$$\sum_{i=1}^{n} z_{j,i} z_{k,i} = 0, j,k = 1,2,\cdots,p, j \neq k \tag{10-20}$$

这些特点表明编码转换之后的正交表同样具有正交性，并可使得回归计算大大简化。

**3. 一阶响应面的构造**

响应面的构造，关键是确定回归方程中的待估计参数。设总的试验次数为 $n$，其中包括所选用的二水平正交表中的试验次数 $n_c$ 和零水平试验次数 $n_0$，即

$$n = n_c + n_0 \tag{10-21}$$

如果试验指标结果为 $y_i(i=1,2,\cdots,n)$，则根据最小二乘原理和一阶响应面设计试验方

案的两个特点，可以导出一阶响应面函数方程中参数的计算公式：

$$\hat{\beta}_0 = \frac{1}{n}\sum_{i=1}^{n} y_i = \bar{y} \tag{10-22}$$

$$\hat{\beta}_j = \frac{1}{n_c}\sum_{i=1}^{n} z_{j,i} y_i, j = 1,2,\cdots,p \tag{10-23}$$

在计算获得回归系数 $\hat{\beta}_j(j=1,2,\cdots,p)$之后，就可以直接根据它们绝对值的大小来判断各个因素的相对重要性。这是因为所有的试验因素水平经过了无量纲的编码变换，它们的地位是“平等的”，因而所求得的回归系数可以直接反映各个因素的作用大小，而回归系数的符号则反映该因素对试验指标影响的正负方向。

**4. 一阶响应面的检验与优选**

(1)响应面回归方程的显著性检验

一阶响应面回归方程在整体上的显著性检验，可以选用式(10-11)基于修正的复相关系数 $R^2_{adj}$，或者式(10-12)基于方差分析的 $F$ 统计量。在响应面的筛选优化中，若某个试验因素项的回归系数经检验为不显著，则可以将该试验因素项连同它的系数从响应面的回归方程中剔除，而且这不会影响到其他试验因素的回归系数，也无需重新建立响应面的回归方程。但是，需要将被剔除试验因素的偏回归平方和、自由度并入到剩余平方和与自由度中，并对优化调整后的回归方程再次进行显著性检验。如此操作，直至找出一个满意的一阶响应面回归方程为止。

(2)响应面回归方程的失拟性检验

通过显著性检验的响应面回归方程，只能表明该回归方程在试验点上与试验数据拟合得较好，并且可以确定各个因素对试验结果的影响是否显著，然而这并不能说明在整个试验区域范围内回归方程都能与试验数据有良好的拟合。为了检验响应面回归方程在整个试验区域范围内的拟合性能，则需要安排 $n_0 \geqslant 2$ 的零水平试验，并进行响应面回归方程的失拟性(lack of fit)检验。

设 $n_0$ 次零水平的重复试验结果为 $y_{0,1}, y_{0,2}, \cdots, y_{0,n_0}$，其误差平方和 $SS_{E0}$ 和自由度 $df_{E0}$ 分别为：

$$SS_{E0} = \sum_{s=1}^{n_0} (y_{0,s} - \bar{y}_0)^2 \tag{10-24}$$

$$df_{E0} = n_0 - 1 \tag{10-25}$$

由式(10-22)可知，仅有回归系数 $\hat{\beta}_0$ 与零水平试验有关，而其他各个因素的回归系数都只与二水平试验有关。所以，增加零水平试验后回归方程的平方和 $SS_R$ 没有变化，于是失拟平方和 $SS_{Lf}$ 被定义为：

$$SS_{Lf} = SS_T - SS_R - SS_{E0} \tag{10-26}$$

或者

$$SS_{Lf} = SS_E - SS_{E0} \tag{10-27}$$

由此可见，失拟平方和表示了回归方程未能拟合的部分，包括未考虑的其他因素及各个因素的高次项等所引起的差异。相应地，自由度 $df_{Lf}$ 为：

$$df_{Lf} = df_E - df_{E0} \tag{10-28}$$

而失拟性检验的统计量定义为：

$$F_{Lf}=\frac{SS_{Lf}/df_{Lf}}{SS_{E0}/df_{E0}} \tag{10-29}$$

根据给定的显著性水平 $\alpha$ 和相应的自由度，从附录 4 的 $F$ 分布表中查取临界值 $F_{\alpha}(df_{Lf}, df_{E0})$。若 $F<F_{\alpha}(df_{Lf}, df_{E0})$，就认定响应面回归方程失拟不显著，失拟平方和 $SS_{Lf}$ 是由随机误差造成的；否则，建立的响应面回归方程在试验区域范围内拟合得不好，需要进一步改进回归模型，比如建立更高次的回归方程。只有当响应面的回归方程检验显著、失拟检验不显著时，才能说明所建立的响应面回归方程在试验区域范围内拟合得很好。

最后需要指出的是，响应面回归方程是规范变量与试验指标之间的关系式。若想要获得自然变量与试验指标之间的回归关系式，则可以将编码公式代入回归方程进行逆变换，即回代计算便可。

**例题 10-1**　为提高硝基蒽醌中某物质的含量，采用一阶响应面试验设计优选最佳试验条件。根据机理知识和专家经验，选取的试验因素及其取值区间范围分别为：亚硝酸钠($x_1$)5.0～9.0g，硫代硫酸钠($x_2$)2.5～4.5g；反应时间($x_3$)1～3h。试建立试验指标硝基蒽醌中某物质的含量 $y$(%)与因素变量 $x_1$，$x_2$，$x_3$ 的响应面方程，并导出最佳试验条件。

视频 10－3

**解**　(1)试验因素的水平编码变换

根据选定的 3 个试验因素各自水平变化区间，通过式(10-15)、式(10-16)和式(10-17)，完成它们的水平编码，结果如表 10-3 所示。

**表 10-3　硝基蒽醌中某物质含量一阶响应面试验设计的因素水平与编码值**

| 因素水平编码值 $z_j$ | 因素水平取值 | | |
|---|---|---|---|
| | $x_1$ | $x_2$ | $x_3$ |
| +1 | 9.0 | 4.5 | 3 |
| 0 | 7.0 | 3.5 | 2 |
| −1 | 5.0 | 2.5 | 1 |
| $\Delta_j$ | 2.0 | 1.0 | 1 |

(2)安排试验方案

由于试验因素的个数为 3，并考虑到试验因素之间可能存在的一级交互作用，选取二水平正交表 $L_8(2^7)$。将 3 个因素分别放置于第 1，2，4 列，再将表中的编码“2”改用“1”替换，便得到如表 10-4 所示的一阶响应面试验方案。表 10-4 中最右边的一列，则是各个试验号条件下采集的试验指标结果数据。由于该试验方案没有安排零水平的重复试验，所以无需进行响应面回归方程的失拟性检验。

表 10-4　硝基蒽醌中某物质含量优化的试验方案及试验结果

| 试验号 | 因素编码(水平取值) | | | 试验指标 $y$/% |
|---|---|---|---|---|
| | $z_1(x_1)$ | $z_2(x_2)$ | $z_3(x_3)$ | |
| 1 | 1(9) | 1(4.5) | 1(3) | 92.35 |
| 2 | 1(9) | 1(4.5) | −1(1) | 86.10 |
| 3 | 1(9) | −1(2.5) | 1(3) | 89.58 |
| 4 | 1(9) | −1(2.5) | −1(1) | 87.05 |
| 5 | −1(5) | 1(4.5) | 1(3) | 85.70 |
| 6 | −1(5) | 1(4.5) | −1(1) | 83.26 |
| 7 | −1(5) | −1(2.5) | 1(3) | 83.95 |
| 8 | −1(5) | −1(2.5) | −1(1) | 83.38 |

(3)建立一阶响应面回归方程

设试验指标 $y$ 与 3 个试验因素经编码后的规范变量 $z_1$，$z_2$，$z_3$ 之间的一阶响应函数为 $y=b_0+b_1z_1+b_2z_2+b_3z_3$。于是，基于表 10-4 的试验数据，可计算得：

$$b_0=\frac{1}{n}\sum_{i=1}^{n}y_i=\frac{691.37}{8}=86.42$$

$$b_1=\frac{1}{n}\sum_{i=1}^{n}z_{1i}y_i=\frac{18.79}{8}=2.35$$

$$b_2=\frac{1}{n}\sum_{i=1}^{n}z_{2i}y_i=\frac{3.45}{8}=0.43$$

$$b_3=\frac{1}{n}\sum_{i=1}^{n}z_{3i}y_i=\frac{11.79}{8}=1.47$$

由此，试验指标与规范变量之间的回归方程为 $\hat{y}=86.42+2.35z_1+0.43z_2+1.47z_3$。比较该方程中 3 个规范变量前的系数，得到这 3 个试验因素的主次顺序为：$z_1>z_3>z_2$。

(4)响应面回归方程的显著性检验

计算各项的离差平方和及自由度：

$$SS_T=\sum_{i=1}^{n}y_i^2-\frac{1}{n}\left(\sum_{i=1}^{n}y_i\right)^2=71.50,\ df_T=n-1=8-1=7$$

$$SS_1=m_cb_1^2=8\times2.35^2=44.13,\ df_1=1$$

$$SS_2=m_cb_2^2=8\times0.43^2=1.49,\ df_2=1$$

$$SS_3=m_cb_3^2=8\times1.47^2=17.38,\ df_3=1$$

$$SS_R=SS_1+SS_2+SS_3=63.00,\ df_R=df_1+df_2+df_3=p=3$$

$$SS_E=SS_T-SS_R=8.50,\ df_E=df_T-df_R=7-3=4$$

由于响应面回归方程中 $z_2$ 项的均方小于剩余误差项的均方，因此将该项合并至剩余误差项，对应的自由度也做相应合并。这样，调整后的方差分析如表 10-5 所示。

**表 10-5　硝基蒽醌中某物质含量试验结果的方差分析表**

| 方差来源 | $SS$ | $df$ | $MS$ | $F$ | 显著性 |
|---|---|---|---|---|---|
| $z_1$ | 44.13 | 1 | 44.13 | 22.09 | ** |
| $z_3$ | 17.38 | 1 | 17.38 | 8.70 | * |
| 回归(方程) | 61.51 | 2 | 30.75 | 15.39 | ** |
| $z_2$ | 1.49 | 5 | 1.998 | | |
| 剩余(误差) | 8.50 | | | | |
| 总和 | 138 | 7 | | | |

从附录 4 中查得临界值：$F_{0.05}(1, 5)=6.61$，$F_{0.01}(1, 5)=16.26$，$F_{0.01}(2, 5)=13.27$。由于 $F_R=15.39>F_{0.01}(2, 5)$，因此响应面回归方程 $\hat{y}=86.42+2.35z_1+1.47z_3$ 是非常显著的，即对试验点拟合得很好。

(5)响应面回归方程的逆变换回代

将编码公式 $z_1=\dfrac{x_1-7.0}{2.0}$ 和 $z_3=\dfrac{x_3-2}{1}$ 代入 $\hat{y}=86.42+2.35z_1+1.47z_3$，计算并整理得到试验指标与自然变量之间的回归方程：

$$\hat{y}=75.255+1.175x_1+1.47x_3$$

(6)最优方案确定及试验指标预测

从拟合的响应面回归方程 $\hat{y}=75.255+1.175x_1+1.47x_3$ 可以看出，当 $x_1$ 或 $x_3$ 增大时，$y$ 都会相应地增大。因此，这两个因素在他们各自水平取值范围内的优选试验条件为：亚硝酸钠 9.0g，反应时间 3h。而硫代硫酸钠的用量为非显著性影响的试验因素，为节约用量其水平取值为 2.5g。将上述试验因素的优选条件代入响应面回归方程，计算便可获得试验指标的预测值，即硝基蒽醌中某物质的含量为 $y=90.24\%$。

### 10.2.3　最速上升法

一阶响应面试验设计常用于系统最优运行条件的初步估计，其主要原因是初期试验条件常常远离实际的最优点。在这样的情况下，试验的目的便是希望利用既简单又经济有效的试验方法，快速地进入最优点的附近区域。由于初期试验条件往往远离最优点，通常假定在试验区域的一个小范围内，一阶模型是真实曲面的合适近似。简单地说，如果试验目标是在当前试验区域内对试验指标有个大致了解，并想找出进一步改进的方向，那么采用一阶响应面设计方法就足够了。比如，图 10-6 为硝基蒽醌中某物质的含量的等高线，箭头是用来表示物质的含量可能提高的方向。

视频 10－4

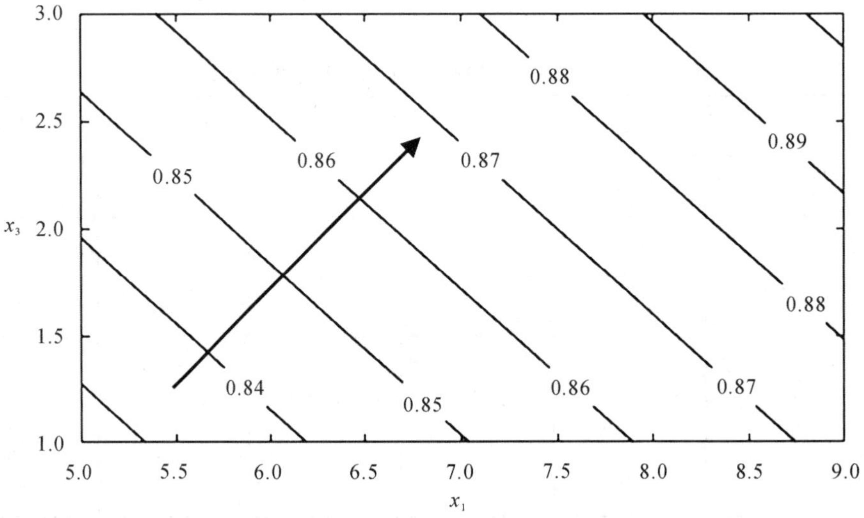


图 10-6　硝基蒽醌中某物质含量的等高线

最速上升法，是一种沿着指标响应值有最大增量的方向逐步搜索寻找最佳试验条件的方法。该方法的搜索策略是在每一步选择响应变量增量最大的方向，以逐步接近最大响应值。如果寻优求解最小响应值，则可以使用最速下降法。无论是最速上升法还是最速下降法，它们都是基于梯度的优化方法，通过沿着响应变量增量或减量最大的方向进行移动，逐步优化试验条件。

如果将拟合获得的一阶响应面回归方程记为 $\hat{y}=\hat{\beta}_0+\sum_{j=1}^{p}\hat{\beta}_j x_j$，则将 $\hat{y}$ 对 $x_j$ 求导可得：

$$\frac{\partial \hat{y}}{\partial x_j}=\hat{\beta}_j,j=1,2,\cdots,p \tag{10-30}$$

最速上升的方向就是向量$(\hat{\beta}_1,\hat{\beta}_2,\cdots,\hat{\beta}_p)$所指示的方向。沿着该方向序贯地移动，一般可到达最优点附近。如图 10-6 所示，试验指标 $\hat{y}$ 的等高线是一组平行直线，而最速上升的方向就是 $\hat{y}$ 增加得最快的方向，它与拟合响应面等高线的法线方向平行。实际操作上，最速上升路径通常选择通过感兴趣试验区域的中心，并且垂直于拟合响应面等高线的直线。这样，沿着最速上升路径的步长大小便与回归系数 $\hat{\beta}_j$ 成正比，而实际的步长大小可以根据经验或其他的实际情况综合考虑确定。

综上，寻找最佳条件区域的最速上升法，其算法的实施一般包括以下几个步骤：

(1)在因素变量 $x_1,x_2,\cdots,x_p$ 的某个试验区域内，实施一阶响应面试验设计，并对拟合的一阶响应面回归方程进行显著性检验；

(2)基于通过显著性检验的一阶响应面回归方程，经由式(10-30)确定最速上升方向，并选定上升路线；

(3)沿最速上升路线进行一轮序列试验，直至试验指标观测值不再明显地增大(或减小)时进入下一步，否则继续本轮试验；

(4)在寻得的该试验指标最优点附近重设 $x_1,x_2,\cdots,x_p$ 的小区域，重复步骤(1)至步骤(3)；

(5)当步骤(1)的一阶响应面回归方程检验不显著，则表明拟合的响应面模型有明显的弯曲，需升级改用二阶响应面模型。

**例题 10-2**　某化工产品的收率 $y$ 受到两个可控因素：反应时间 $x_1$ 和反应温度 $x_2$ 的影响，它们的取值区间范围是 $x_1 \in [30, 40]$min，$x_2 \in [150, 160]$℉。工程师当前使用的操作条件为 $x_1 = 35$min 和 $x_2 = 155$℉，收率 $y$ 约为 40%。现拟采用如下的试验方案，通过增加 5 个中心点的重复试验估计试验误差，并用于检验一阶模型的失拟性，而当前运行条件就设置在中心点处。化工产品收率试验的因素水平、试验方案及结果数据见表 10-6 所示。

**表 10-6　化工产品收率试验的因素水平、试验方案及结果数据**

| 试验号 | 试验因素 | | 因素编码 | | 试验指标 $y$/% |
|---|---|---|---|---|---|
| | $x_1$ | $x_2$ | $z_1$ | $z_2$ | |
| 1 | 30 | 150 | −1 | −1 | 39.3 |
| 2 | 40 | 150 | 1 | −1 | 40.0 |
| 3 | 30 | 160 | −1 | 1 | 40.9 |
| 4 | 40 | 160 | 1 | 1 | 41.5 |
| 5 | 35 | 155 | 0 | 0 | 40.3 |
| 6 | 35 | 155 | 0 | 0 | 40.5 |
| 7 | 35 | 155 | 0 | 0 | 40.7 |
| 8 | 35 | 155 | 0 | 0 | 40.2 |
| 9 | 35 | 155 | 0 | 0 | 40.6 |

**解**　1)试验因素的编码和响应面回归方程的建立：

$$z_1 = \frac{x_1 - 35}{5}, \quad z_2 = \frac{x_2 - 155}{5}$$

通过最小二乘法，求得一阶响应面回归方程 $\hat{y} = 40.44 + 0.325z_1 + 0.775z_2$。

2)响应面回归方程的显著性检验

选用 $F$ 检验法，计算各项的离差平方和及自由度：

$$SS_T = \sum_{i=1}^{n} y_i^2 - \frac{1}{n}\left(\sum_{i=1}^{n} y_i\right)^2 = 3.002, \quad df_T = n - 1 = 9 - 1 = 8$$

$$SS_1 = m_c b_1^2 = 4 \times 0.325^2 = 0.4225, \quad df_1 = 1$$

$$SS_2 = m_c b_2^2 = 4 \times 0.775^2 = 2.4025, \quad df_2 = 1$$

$$SS_R = SS_1 + SS_2 = 2.8250, \quad df_R = df_1 + df_2 = p = 2$$

$$SS_E = SS_T - SS_R = 0.177, \quad df_E = df_T - df_R = 8 - 2 = 6$$

将上述计算结果整理列于表 10-7 的方差分析。

表 10-7　化工产品收率一阶响应面模型的方差分析

| 方差来源 | $SS$ | $df$ | $MS$ | $F$ | 显著性 |
|---|---|---|---|---|---|
| 回归(方程) | 2.825 | 2 | 1.4125 | 47.88 | ** |
| 剩余(误差) | 0.177 | 6 | 0.0295 | | |
| 总和 | 3.002 | 8 | | | |

从附录 4 中查得临界值 $F_{0.01}(2, 6)=10.93$。由于 $F_R=47.88>F_{0.01}(2, 6)$，因此响应面回归方程 $\hat{y}=40.44+0.325z_1+0.775z_2$ 是非常显著的，即对试验点拟合得很好。

3)响应面回归方程的失拟性检验

基于中心点处重复试验的观测值，计算随机误差平方和及自由度：

$$SS_{E0}=\sum_{i=5}^{9}(y_{0,i}-\bar{y}_0)^2=0.172,\ df_{E0}=n_0-1=5-1=4$$

于是，失拟平方和及自由度分别为：

$$SS_{Lf}=SS_E-SS_{E0}=0.177-0.172=0.005$$

$$df_{Lf}=df_E-df_{E0}=6-4=2$$

根据式(10-29)，计算失拟性检验的统计量：

$$F_{Lf}=\frac{SS_{Lf}/df_{Lf}}{SS_{E0}/df_{E0}}=\frac{0.005/2}{0.172/4}=0.058$$

从附录 4 的 $F$ 分布表中查得临界值 $F_{0.05}(2, 4)=6.94$。由于 $F_{Lf}<F_{0.05}(2, 4)$，因此响应面回归方程 $\hat{y}=40.44+0.325z_1+0.775z_2$，失拟不显著。

4)响应面回归方程的曲度检验

先计算一级交互作用 $z_1z_2$ 的离差平方和及自由度：

$$b_{12}=\frac{1}{n_c}\sum_{i=1}^{n_c}(z_1z_2)_iy_i=\frac{1}{4}\times(-0.1)=-0.025$$

$$SS_{z_1z_2}=n_cb_{12}^2=4\times(-0.025)^2=0.0025,\ df_{z_1z_2}=1$$

构造并计算它的显著性检验统计量：

$$F_{z_1z_2}=\frac{SS_{z_1z_2}/df_{z_1z_2}}{SS_{E0}/df_{E0}}=\frac{0.0025/1}{0.172/4}=0.058$$

从附录 4 的 $F$ 分布表中，查得临界值 $F_{0.05}(1, 4)=7.71$。由于 $F_{z_1z_2}<F_{0.05}(1, 4)$，因此一级交互作用 $z_1z_2$ 不显著。

再计算平方项 $z_1^2$ 和 $z_2^2$ 的离差平方和及自由度：

二水平试验点的平均响应 $\bar{y}_c$ 与中心试验点的平均响应 $\bar{y}_0$ 之间的差异 $\bar{y}_c-\bar{y}_0$，便是响应面曲度的度量。设“纯二次”项 $z_1^2$ 与 $z_2^2$ 的系数为 $\beta_{11}$ 和 $\beta_{22}$，则 $\bar{y}_c-\bar{y}_0$ 便是 $\beta_{11}+\beta_{22}$ 的估计。据此，计算得：

$$\hat{\beta}_{11}+\hat{\beta}_{22}=\bar{y}_c-\bar{y}_0=40.425-40.46=-0.035$$

于是，纯二次项的离差平方和为：

$$SS_{z_1^2+z_2^2}=\frac{n_cn_0(\bar{y}_c-\bar{y}_0)^2}{n_c+n_0}=\frac{4\times5\times(-0.035)^2}{4+5}=0.0027$$

式中 $n_c$ 和 $n_0$ 分别是二水平正交试验和中心点处的试验点个数。

由此，计算它的显著性检验统计量：

$$F_{z_1^2+z_2^2}=\frac{SS_{z_1^2+z_2^2}/df_{z_1^2+z_2^2}}{SS_{E0}/df_{E0}}=\frac{0.0027}{0.043}=0.063$$

由于 $F_{z_1z_2}<F_{0.05}(1,4)$，因此纯二次项不显著。综上，由于交互作用和纯二次项的曲度检验都不显著，因此一阶响应面模型是合适的。

5)最速上升法试验寻优

基于通过显著性检验的一阶响应面回归方程 $\hat{y}=40.44+0.325z_1+0.775z_2$，选用最速上升法进行寻优。若起点选为试验区域中心点($z_1=0$，$z_2=0$)，则最速上升法的移动路径对应于沿 $z_2$ 方向每移动 0.325 个单位，则需沿 $z_1$ 方向移动 0.775 个单位。也就是，最速上升路径经过点($z_1=0$，$z_2=0$)且斜率为 0.325/0.775。若本题选定 5min 反应时间作为基本步长，依据 $x_1$ 与 $z_1$ 之间的编码转换公式，则其规范变量的步长 $\Delta z_1=1$。因此，沿最速上升路径的步长是 $\Delta z_1=1.00$ 和 $\Delta z_2=(0.325/0.775)=0.42$。

沿着此最速上升路径进行一轮序列试验，并观测这些试验点的指标产率，当遇到产率有下降则本轮试验结束，具体结果如表 10-8 所示。

**表 10-8　化工产品收率的最速上升路径寻优试验**

| 步长 | 规范变量 | | 自然变量 | | 产率 $y$/% |
|---|---|---|---|---|---|
| | $z_1$ | $z_2$ | $x_1$ | $x_2$ | |
| 原点(起点) | 0.00 | 0.00 | 35 | 155 | 40.5 |
| Δ(步长) | 1.00 | 0.42 | 5 | 2 | |
| 原点+Δ | 1.00 | 0.42 | 40 | 157 | 41.0 |
| 原点+2Δ | 2.00 | 0.84 | 45 | 159 | 42.9 |
| 原点+3Δ | 3.00 | 1.26 | 50 | 161 | 47.1 |
| 原点+4Δ | 4.00 | 1.68 | 55 | 163 | 49.7 |
| 原点+5Δ | 5.00 | 2.10 | 60 | 165 | 53.8 |
| 原点+6Δ | 6.00 | 2.52 | 65 | 167 | 59.9 |
| 原点+7Δ | 7.00 | 2.94 | 70 | 169 | 65.0 |
| 原点+8Δ | 8.00 | 3.36 | 75 | 171 | 70.4 |
| 原点+9Δ | 9.00 | 3.78 | 80 | 173 | 77.6 |
| 原点+10Δ | 10.00 | 4.20 | 85 | 175 | 80.3 |
| 原点+11Δ | 11.00 | 4.62 | 90 | 177 | 76.2 |

**续表**

| 步长 | 规范变量 | | 自然变量 | | 产率 $y/\%$ |
|---|---|---|---|---|---|
| | $z_1$ | $z_2$ | $x_1$ | $x_2$ | |
| 原点＋12Δ | 12.00 | 5.04 | 95 | 179 | 75.1 |

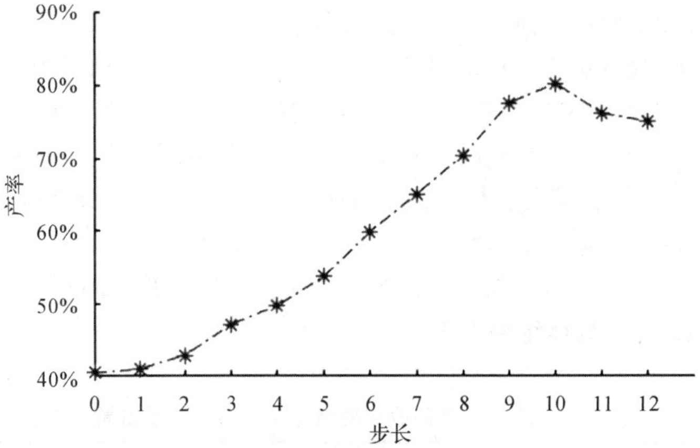


图 10-7　最速上升路径上产率与步长的关系

图 10-7 是化工产品收率沿着最速上升路径中每一个步长的散点趋势图。从此图可以看到，前 10 步试验点的产率一直在渐进增加，而第 11 步的收率则掉头减少。因此，根据最速上升法，新的一阶响应面模型应选在第 10 步的试验点($x_1=85$，$x_2=175$)附近区域进行重新试验设计与响应面拟合。若选定新的试验区域为 $x_1\in[80, 90]$，$x_2\in[170, 180]$，这样规范变量的编码公式更新为 $z_1=\dfrac{x_1-85}{5}$，$z_2=\dfrac{x_2-175}{5}$，并再次设置 5 个中心点的重复试验，试验方案和指标结果数据如表 10-9 所示。

**表 10-9　化工产品收率第 2 个一阶响应模型的试验方案与结果**

| 试验号 | 试验因素水平 | | 因素水平编码 | | 试验指标 $y/\%$ |
|---|---|---|---|---|---|
| | $x_1$ | $x_2$ | $z_1$ | $z_2$ | |
| 1 | 80 | 170 | −1 | −1 | 76.5 |
| 2 | 90 | 170 | 1 | −1 | 77.0 |
| 3 | 80 | 180 | −1 | 1 | 78.0 |
| 4 | 90 | 180 | 1 | 1 | 79.5 |
| 5 | 85 | 175 | 0 | 0 | 79.9 |
| 6 | 85 | 175 | 0 | 0 | 80.3 |

续表

| 试验号 | 试验因素水平 | | 因素水平编码 | | 试验指标 $y/\%$ |
|---|---|---|---|---|---|
| | $x_1$ | $x_2$ | $z_1$ | $z_2$ | |
| 7 | 85 | 175 | 0 | 0 | 80.0 |
| 8 | 85 | 175 | 0 | 0 | 79.7 |
| 9 | 85 | 175 | 0 | 0 | 79.8 |

基于表 10-9 新的试验设计数据，拟合得到新的一阶响应面回归方程：

$$\hat{y}=78.97+1.00z_1+0.50z_2 \tag{10-31}$$

通过方差分析对式(10-31)一阶响应面回归方程进行显著性检验，计算结果如表 10-10 所示。从附录 4 的 $F$ 分布表查得临界值 $F_{0.05}(2,6)=5.14$，由 $F_R=1.35<F_{0.05}(2,6)$，因此该一阶响应面回归方程是不合适的拟合。

**表 10-10　化工产品收率第 2 个一阶响应面模型的方差分析**

| 方差来源 | $SS$ | $df$ | $MS$ | $F$ | 显著性 |
|---|---|---|---|---|---|
| 回归(方程) | 5.000 | 2 | 2.500 | 1.35 | |
| 剩余(误差) | 11.120 | 6 | 1.853 | | |
| 总和 | 16.120 | 8 | | | |

通过上述的实例应用可以发现，最速上升路径与一阶响应面回归方程系数的符号及大小成正比。假定 $z_1=z_2=\cdots=z_p=0$ 是在区域试验中选定的起点或原点，则最速上升路径上序列试验点的设置方法如下：

(1)选取一个规范变量 $z_j$ 为基变量，并取步长为 1，即 $\Delta z_j=1$(通常选取水平取值在试验操作上易控易测的试验因素对应的变量，或回归系数绝对值$|\hat{\beta}_j|$最大的变量)；

(2)计算其他规范变量的步长：$\Delta z_k=\dfrac{\hat{\beta}_k}{\hat{\beta}_j/\Delta z_j},k=1,2,\cdots,p,k\neq j$；

(3)将规范变量的步长 $\Delta z_j$ 编码逆变换至自然变量的步长 $\Delta x_j,j=1,2,\cdots,p$；

(4)本轮最速上升路径上 $r$ 个序列试验点设置$(x_1+l\times\Delta x_1,x_2+l\times\Delta x_2,\cdots,x_p+l\times\Delta x_p),l=1,2,\cdots,r$。

## 10.3　二阶响应面的试验设计

当试验安排接近最优点时，一般需要改用式(10-10)具有弯曲性的二阶响应面模型 $\hat{y}=\hat{\beta}_0+\sum_{j=1}^{p}\hat{\beta}_jx_j+\sum_{j=1}^{p-1}\sum_{k=j+1}^{p}\hat{\beta}_{jk}x_jx_k+\sum_{j=1}^{p}\hat{\beta}_{jj}x_j^2$ 来逼近。目前，二阶响应面的试验设计方法主要包

括中心复合试验设计、BBD 设计(box-behnken design)等。

## 10.3.1 中心复合试验设计

视频 10－5

中心复合试验设计(central composite design，CCD)是采用多元二次回归方程来拟合试验因素与指标响应值之间的函数关系，并通过对回归方程的分析寻求因素水平的最优组合的一种多因素试验设计方法。

**1. CCD 的水平及编码**

CCD 是在因素的水平编码空间中选择 3 类不同特性的试验点进行组合形成试验方案。

$$n=n_c+n_\gamma+n_0 \tag{10-32}$$

式中 $n_c$ 为所有因素的二水平(＋1，－1)全面组合试验点；$n_\gamma=2p$ 为位于 $p$ 个因素坐标轴上的星号试验点，它们与中心试验点的距离 $\gamma$(待定参数)称为星号臂；$n_0$ 为各个因素均取零水平的中心试验点，通常 $n_0\geqslant 2$。

为了使 CCD 具有正交性，即满足式(10-18)和式(10-20)，则对于不同的 $p$ 值和 $n_0$ 值，可通过式(10-33)求得相应的 $\gamma$ 值，结果如表 10-11 所示。

$$\gamma=\sqrt{\frac{\sqrt{(n_c+2p+n_0)n_c}-n_c}{2}} \tag{10-33}$$

表 10-11　二阶响应面的正交组合试验设计常用的 $\gamma$ 值

| 零水平试验数 $n_0$ | 因素个数 $p$ | | | | | |
|---|---|---|---|---|---|---|
| | 2 | 3 | 4(1/2 实施) | 4 | 5(1/2 实施) | 5 |
| 1 | 1.000 | 1.215 | 1.353 | 1.414 | 1.547 | 1.596 |
| 2 | 1.078 | 1.287 | 1.414 | 1.483 | 1.607 | 1.662 |
| 3 | 1.147 | 1.353 | 1.471 | 1.547 | 1.664 | 1.724 |
| 4 | 1.210 | 1.414 | 1.525 | 1.607 | 1.719 | 1.784 |
| 5 | 1.267 | 1.471 | 1.575 | 1.664 | 1.771 | 1.841 |
| 6 | 1.320 | 1.525 | 1.623 | 1.719 | 1.820 | 1.896 |
| 7 | 1.369 | 1.575 | 1.668 | 1.771 | 1.868 | 1.949 |
| 8 | 1.414 | 1.623 | 1.711 | 1.820 | 1.914 | 2.000 |
| 9 | 1.457 | 1.668 | 1.752 | 1.868 | 1.958 | 2.049 |
| 10 | 1.498 | 1.711 | 1.792 | 1.914 | 2.000 | 2.097 |

举例来说，当 $p=2$ 和 $p=3$ 时，在编码空间上 CCD 的试验点分布如图 10-8 所示，而 $p=2$，$n_0=4$ 对应的试验方案如表 10-12 所示。

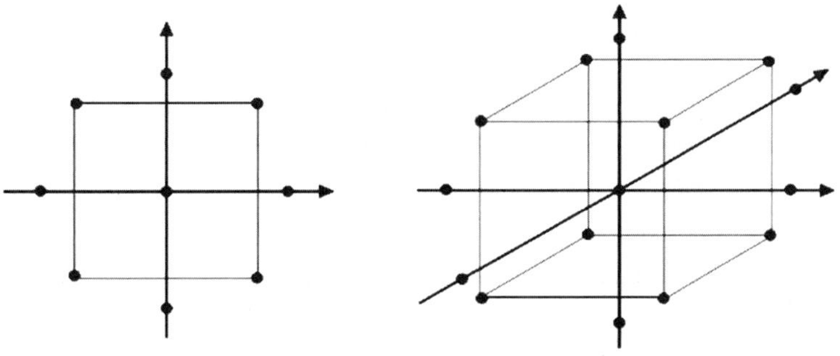


图 10-8　CCD 设计的试验点分布

**表 10-12　$p=2$ 和 $n_0=4$ 的中心复合试验方案**

| 试验号 | 因素水平编码 | | 试验点类别 |
|---|---|---|---|
| | $z_1$ | $z_2$ | |
| 1 | −1 | −1 | 二水平全面试验 $n_c=2^p=4$ |
| 2 | 1 | −1 | |
| 3 | −1 | 1 | |
| 4 | 1 | 1 | |
| 5 | −1.210 | 0 | 星号试验 $n_\gamma=2p=4$ |
| 6 | 1.210 | 0 | |
| 7 | 0 | −1.210 | |
| 8 | 0 | 1.210 | |
| 9 | 0 | 0 | 零水平重复试验 $n_0=4$ |
| 10 | 0 | 0 | |
| 11 | 0 | 0 | |
| 12 | 0 | 0 | |

若第 $j$ 个试验因素即自然变量 $x_j$ 的水平变化区间为$[x_{j1}, x_{j2}]$，则 $x_{j1}$ 和 $x_{j2}$ 分别对应于因素 $x_j$ 的星号臂水平$-\gamma$ 和$+\gamma$，而因素 $x_j$ 的零水平仍是它们的算术平均值 $x_{j0}=\frac{x_{j1}+x_{j2}}{2}$。

试验因素 $x_j$ 的水平变化半径定义为：

$$\Delta_j=\frac{x_{j0}-x_{j1}}{\gamma}\text{或 }\Delta_j=\frac{x_{j2}-x_{j0}}{\gamma},j=1,2,\cdots,p \tag{10-34}$$

试验因素的下水平(−1)和上水平(+1)，则分别对应于 $x_{j0}-\Delta_j$ 和 $x_{j0}+\Delta_j$。综上，试验因素 $x_j$ 的水平及编码对应关系如表 10-13 所示。

**表 10-13　响应面试验设计的因素水平与编码对应**

| 因素水平 | $x_{j1}$ | $x_{j0}-\Delta_j$ | $x_{j0}$ | $x_{j0}+\Delta_j$ | $x_{j2}$ |
|---|---|---|---|---|---|
| 水平编码 | $-\gamma$ | $-1$ | 0 | 1 | $+\gamma$ |

在 CCD 中，$n_c=2^p$ 个二水平全面试验点，主要是为了求取响应面模型中一次项和交互作用项的 $L=C_p^1+C_p^2$ 个回归系数。当 $p\geqslant 4$ 时，由于 $L$ 远小于 $n_c$ 而带来剩余自由度 $df_E$ 较多，这将可能造成响应面回归方程的过度拟合以及浪费试验点资源。为此，可以对试验点选择 $\lambda=1/2^m(m=1,2,\cdots)$ 的部分实施，但必须满足

$$n_c=\lambda\times 2^p\geqslant L=C_p^1+C_p^2 \tag{10-35}$$

比如，当 $p=6$ 时，$n_c=2^p=64$ 个二水平试验点过多，此时可取 $\lambda=1/2$，则 $n_c=\lambda\times 2^p=32>L=C_6^1+C_6^2=21$，这样选用 $L_{32}(2^{31})$ 正交表便能安排 $L$ 个试验因素和一级交互作用。

CCD 有一个很重要的前提，便是试验区域范围含有最佳的试验条件。如果试验点的选取不当，使用响应面试验设计法不能得到很好的优化结果。因而，在使用响应面试验设计方法之前，应当通过大量的准备试验来确定试验因素的最佳水平区域范围。

**2. 平方项的中心化变换**

实施二阶响应面回归方程 $\hat{y}=\hat{\beta}_0+\sum_{j=1}^{p}\hat{\beta}_j x_j+\sum_{j=1}^{p-1}\sum_{k=j+1}^{p}\hat{\beta}_{jk}x_j x_k+\sum_{j=1}^{p}\hat{\beta}_{jj}x_j^2$ 中平方项 $x_j^2$ 的中心化变换，使其满足正交性要求。若平方项 $x_j^2$ 在试验方案中对应的编码用 $z_{ji}^2$ 来表示，则其中心化变换的公式为：

$$z'_{ji}=z_{ji}^2-\frac{1}{n}\sum_{i=1}^{n}z_{ji}^2,j=1,2,\cdots,p,i=1,2,\cdots,n \tag{10-36}$$

式中 $z'_{ji}$ 是 $x_j^2$ 中心化之后的编码。

**3. CCD 的正交性和旋转性**

CCD 包括正交组合设计和旋转组合设计。调节星号臂 $\gamma$ 的大小可以获得具有优良性质的设计，如正交性、旋转性。如前文所述，采用式(10-33)计算导出的 $\gamma$，其试验设计具有正交性，后继的试验数据分析将会非常方便，即响应面回归方程系数的估计互不相关，删除某个或某些试验因素项不会影响模型中其他参数的估计，从而很容易写出包含全部有显著性影响的试验因素在内的响应面回归方程。

旋转性，是指中心组合试验设计中星号试验点的拟合值具有相同的预测方差。在满足旋转性的前提下，通过选择适当数量的中心试验点，可以使整个试验区域内的预测值都具有一致且均匀的精度，从而提高试验指标预测值的可靠性。为此，二阶响应面组合设计的旋转性条件为：

$$\gamma=\sqrt[4]{n_c} \tag{10-37}$$

如果同时要求二阶响应面的组合设计具有正交性，则 $n_0$ 必须满足

$$\frac{(n_c+n_\gamma+n_0)(n_0n_c+2\gamma^4)}{(n_0+2)(n_c+2\gamma^2)^2}=1 \tag{10-38}$$

二阶响应面的旋转设计分为两种情况，一种是二阶响应面的组合设计具有正交性，即二阶响应面的正交旋转组合设计，另一种是二阶响应面的通用旋转组合设计。其中，二阶响应面的正交旋转组合设计的参数见表 10-14。

**表 10-14　二阶响应面的正交旋转组合设计参数**

| 因素个数 $p$ | $n_c$ | $n_\gamma$ | $\gamma$ | $n_0$ | $n$ |
|---|---|---|---|---|---|
| 2 | 4 | 4 | 1.414 | 8 | 16 |
| 3 | 8 | 6 | 1.682 | 9 | 23 |
| 4(1/2 实施) | 8 | 8 | 1.682 | 7 | 23 |
| 4 | 16 | 8 | 2.000 | 12 | 36 |
| 5(1/2 实施) | 16 | 10 | 2.000 | 10 | 36 |
| 5 | 32 | 10 | 2.378 | 17 | 59 |
| 6(1/4 实施) | 16 | 12 | 2.000 | 8 | 36 |
| 6(1/2 实施) | 32 | 12 | 2.378 | 15 | 59 |

二阶响应面组合设计的通用性是指在与中心试验点距离小于 1 的任意点$(x_1,x_2,\cdots,x_p)$上，试验指标预测值的方差近似相等，即不受位置影响。由于旋转设计各个试验点指标预测值的方差仅与到中心试验点的距离有关，若设 $\rho^2=\sum_{j=1}^{p}x_j^2$，则 $Var(\hat{y}(x_1,x_2,\cdots,x_p))=f(\rho)$。而通用设计要求 $\rho<1$ 时 $f(\rho)$ 基本上为一个常数，由此可以通过数值方法确定 $n_0$，表 10-15 列出了二阶响应面通用旋转组合设计的相关参数。

**表 10-15　二阶响应面的通用旋转组合设计参数**

| 因素个数 $p$ | $n_c$ | $n_\gamma$ | $\gamma$ | $n_0$ | $n$ |
|---|---|---|---|---|---|
| 2 | 4 | 4 | 1.414 | 5 | 13 |
| 3 | 8 | 6 | 1.682 | 6 | 20 |
| 4 | 16 | 8 | 2.000 | 7 | 31 |
| 5(1/2 实施) | 16 | 10 | 2.000 | 6 | 32 |
| 6(1/2 实施) | 32 | 12 | 2.378 | 9 | 53 |

比较表 10-14 和表 10-15 可以发现，在相同的因素个数 $p$ 及实施方式下，通用旋转设计的试验次数要比正交旋转设计的少。同时，由于单位超球体内各试验点的方差近似相等，因此在实践应用中通用旋转设计更受欢迎，尽管其计算比正交旋转设计稍麻烦些。

下面以正交组合试验设计为例，介绍 CCD 的实施过程和基于二阶响应面模型的试验条件寻优，而旋转组合试验设计的应用实例可查阅相关文献。

**例题 10-3** 为了提高某种淀粉类高吸水性树脂的吸水倍率，在其他合成条件一定的情况下，重点考察丙烯酸中和度和交联剂用量对试验指标产品吸水倍率($y$)的影响。已知丙烯酸中和度($x_1$)的变化范围为 0.70～0.90，交联剂用量($x_2$)的变化范围为 1.0～3.0mL。试通过正交组合试验设计建立因素与指标之间的二阶响应面模型，并预测最优条件下的吸水倍率。

**解** (1)试验因素的水平编码变换

由于因素个数 $p=2$，若取零水平重复试验次数 $n_0=2$，先通过式(10-33)计算或表 10-11查得星号臂长 $\gamma=1.078$，再基于这两个试验因素各自取值的变化区间，通过式(10-34)计算它们各自的水平变化半径 $\Delta_j$，最后按照表 10-13 完成这 2 个试验因素的水平与编码，结果如表 10-16 所示。

**表 10-16 淀粉类高吸水性树脂二阶响应面试验设计的因素水平与编码值**

| 试验因素 | 水平编码及取值 | | | | | |
|---|---|---|---|---|---|---|
| | $-\gamma$ | $-1$ | 0 | 1 | $+\gamma$ | $\Delta_j$ |
| $x_1$ | 0.70 | 0.707 | 0.80 | 0.893 | 0.90 | 0.093 |
| $x_2$/mL | 1.0 | 1.07 | 2.0 | 2.93 | 3.0 | 0.93 |

(2)安排试验方案

由于试验因素的个数为 2，并考虑到试验因素之间可能存在的一级交互作用，选取 2 个水平正交表 $L_4(2^3)$。将两个因素分别置于第 1，2 列，再将表中的编码“2”改用“1”替换，便得到如表 10-17 所示的试验方案。表 10-17 中最右边的一列，则是各个试验号条件下观测的试验指标结果数据。

**表 10-17 淀粉类高吸水性树脂的二阶响应面试验方案及结果**

| 试验号 | 因素水平编码 | | 因素水平取值 | | 吸水倍率 |
|---|---|---|---|---|---|
| | $z_1$ | $z_2$ | $x_1$ | $x_2$ | $y$ |
| 1 | 1 | 1 | 0.893 | 2.93 | 423 |
| 2 | 1 | $-1$ | 0.893 | 1.07 | 486 |

续表

| 试验号 | 因素水平编码 | | 因素水平取值 | | 吸水倍率 $y$ |
|---|---|---|---|---|---|
| | $z_1$ | $z_2$ | $x_1$ | $x_2$ | |
| 3 | −1 | 1 | 0.707 | 2.93 | 418 |
| 4 | −1 | −1 | 0.707 | 1.07 | 454 |
| 5 | 1.078 | 0 | 0.9 | 2.0 | 491 |
| 6 | −1.078 | 0 | 0.7 | 2.0 | 472 |
| 7 | 0 | 1.078 | 0.8 | 3.0 | 428 |
| 8 | 0 | −1.078 | 0.8 | 1.0 | 492 |
| 9 | 0 | 0 | 0.8 | 2.0 | 512 |
| 10 | 0 | 0 | 0.8 | 2.0 | 509 |

(3)二阶响应面回归方程中平方项的中心化变换

根据二元二次回归正交组合设计的要求，按照式(10-36)将回归方程中平方项 $z_1^2$ 和 $z_2^2$ 分别进行中心化，并将它们的编码分别记为 $z'_1$ 和 $z'_2$，即

$$z'_1 = z_1^2 - \frac{1}{10}\sum_{i=1}^{10} z_{1i}^2 = z_1^2 - 0.6324, z'_2 = z_2^2 - \frac{1}{10}\sum_{i=1}^{10} z_{2i}^2 = z_2^2 - 0.6324$$

平方项中心化后的编码结果如表 10-18 所示。

**表 10-18　二阶响应面回归方程中平方项的中心化变换**

| 试验号 | 因素水平编码 | | | | | | | 吸水倍率 $y$ |
|---|---|---|---|---|---|---|---|---|
| | $z_1$ | $z_2$ | $z_1z_2$ | $z_1^2$ | $z_2^2$ | $z'_1$ | $z'_2$ | |
| 1 | 1 | 1 | 1 | 1 | 1 | 0.368 | 0.368 | 423 |
| 2 | 1 | −1 | −1 | 1 | 1 | 0.368 | 0.368 | 486 |
| 3 | −1 | 1 | −1 | 1 | 1 | 0.368 | 0.368 | 418 |
| 4 | −1 | −1 | 1 | 1 | 1 | 0.368 | 0.368 | 454 |
| 5 | 1.078 | 0 | 0 | 1.162 | 0 | 0.530 | −0.632 | 491 |
| 6 | −1.078 | 0 | 0 | 1.162 | 0 | 0.530 | −0.632 | 472 |
| 7 | 0 | 1.078 | 0 | 0 | 1.162 | −0.632 | 0.530 | 428 |
| 8 | 0 | −1.078 | 0 | 0 | 1.162 | −0.632 | 0.530 | 492 |

续表

| 试验号 | 因素水平编码 | | | | | | | 吸水倍率 $y$ |
|---|---|---|---|---|---|---|---|---|
| | $z_1$ | $z_2$ | $z_1z_2$ | $z_1^2$ | $z_2^2$ | $z'_1$ | $z'_2$ | |
| 9 | 0 | 0 | 0 | 0 | 0 | −0.632 | −0.632 | 512 |
| 10 | 0 | 0 | 0 | 0 | 0 | −0.632 | −0.632 | 509 |

(4)建立二阶响应面回归方程

设二阶响应面回归方程为 $y=b_0+b_1z_1+b_2z_2+b_{12}z_1z_2+b_{11}z'_1+b_{22}z'_2$。于是，基于表 10-18的试验数据，可计算得：

$$b_0=\frac{1}{n}\sum_{i=1}^{n}y_i=\frac{4685}{10}=468.5,\quad b_1=\frac{\sum_{i=1}^{n}z_{1i}y_i}{\sum_{i=1}^{n}z_{1i}^2}=\frac{57.482}{6.324}=9.09$$

$$b_2=\frac{\sum_{i=1}^{n}z_{2i}y_i}{\sum_{i=1}^{n}z_{2i}^2}=\frac{-167.992}{6.324}=-26.56,\quad b_{12}=\frac{\sum_{i=1}^{n}(z_{1i}z_{2i})y_i}{\sum_{i=1}^{n}(z_{1i}z_{2i})^2}=\frac{-27}{4}=-6.75$$

$$b_{11}=\frac{\sum_{i=1}^{n}z'_{1i}y_i}{\sum_{i=1}^{n}(z'_{1i})^2}=\frac{-62.786}{2.701}=-23.24,\quad b_{22}=\frac{\sum_{i=1}^{n}z'_{2i}y_i}{\sum_{i=1}^{n}(z'_{2i})^2}=\frac{-112.755}{2.701}=-41.74$$

由此，试验指标与规范变量之间的回归方程为：

$$y=468.5+9.09z_1-26.56z_2-6.75z_1z_2-23.24z'_1-41.74z'_2$$

比较回归方程中各项系数的绝对值，推得它们的主次顺序为：$z'_2>z_2>z'_1>z_1>z_1z_2$。

(5)响应面回归方程及回归系数的显著性检验

计算各项的离差平方和及自由度：

$$SS_T=\sum_{i=1}^{n}y_i^2-\frac{1}{n}\left(\sum_{i=1}^{n}y_i\right)^2=11380.5,\ df_T=n-1=10-1=9$$

$$SS_1=b_1^2\sum_{i=1}^{n}z_{1i}^2=9.09^2\times 6.324=522.5,\ df_1=1$$

$$SS_2=b_2^2\sum_{i=1}^{n}z_{2i}^2=26.56^2\times 6.324=4461.2,\ df_2=1$$

$$SS_{12}=b_{12}^2\sum_{i=1}^{n}(z_{1i}z_{2i})^2=6.75^2\times 4=182.3,\ df_{12}=1$$

$$SS_{11}=b_{11}^2\sum_{i=1}^{n}(z'_{1i})^2=23.24^2\times 2.701=1458.8,\ df_{11}=1$$

$$SS_{22}=b_{22}^2\sum_{i=1}^{n}(z'_{2i})^2=41.74^2\times 2.701=4705.8,\ df_{22}=1$$

$$SS_R = SS_1 + SS_2 + SS_{12} + SS_{11} + SS_{22} = 11330.6$$
$$df_R = df_1 + df_2 + df_{12} + df_{11} + df_{22} = 5$$
$$SS_E = SS_T - SS_R = 49.9,\ df_E = df_T - df_R = 9 - 5 = 4$$

上述方差分析的结果列于表 10-19。

**表 10-19　淀粉类高吸水性树脂的二阶响应面试验结果的方差分析**

| 方差来源 | $SS$ | $df$ | $MS$ | $F$ | 显著性 |
|---|---|---|---|---|---|
| $z_1$ | 522.5 | 1 | 522.5 | 41.8 | ** |
| $z_2$ | 4461.2 | 1 | 4461.2 | 356.9 | ** |
| $z_{12}$ | 182.3 | 1 | 182.3 | 14.6 | * |
| $z'_1$ | 1458.8 | 1 | 1458.8 | 116.7 | ** |
| $z'_2$ | 4705.8 | 1 | 4705.8 | 376.5 | ** |
| 回归(方程) | 11330.6 | 5 | 2266.1 | 181.3 | ** |
| 剩余(误差) | 49.9 | 4 | 12.5 | | |
| 总和 | 11380.5 | 9 | | | |

从附录 4 中查得临界值：$F_{0.05}(1,4)=7.71$，$F_{0.01}(1,4)=21.20$，$F_{0.01}(5,4)=15.52$。将表 10-19 中 $F$ 统计量的计算结果与各自相应的临界值进行比较，结果显示回归方程以及各个回归系数都通过显著性检验。

(6)响应面回归方程的失拟性检验

基于中心点处重复试验的观测值，计算随机误差平方和及自由度：

$$SS_{E0} = \sum_{i=9}^{10} (y_{0,i} - \bar{y}_0)^2 = 4.5,\ df_{E0} = n_0 - 1 = 2 - 1 = 1$$

于是，失拟平方和及自由度分别为：

$$SS_{Lf} = SS_E - SS_{E0} = 49.9 - 4.5 = 45.4$$
$$df_{Lf} = df_E - df_{E0} = 4 - 1 = 3$$

根据式(10-29)，计算失拟性检验的统计量

$$F_{Lf} = \frac{SS_{Lf}/df_{Lf}}{SS_{E0}/df_{E0}} = \frac{45.5/3}{4.5/1} = 3.37$$

从附录 4 的 $F$ 分布表中，查得临界值 $F_{0.05}(3,1)=215.7$。由于 $F_{Lf}<F_{0.05}(3,1)$，因此响应面回归方程失拟不显著，即所建立的响应面回归方程在试验区域范围内拟合良好。

(7)响应面回归方程的逆变换回代

将编码公式 $z_1 = \dfrac{x_1 - 0.80}{0.093}$，$z_2 = \dfrac{x_2 - 2.0}{0.93}$ 及步骤(3)中的中心化变换公式代入步骤(4)通过显著性检验的二阶响应面回归方程，计算并整理将得到试验指标与自然变量之间的回

归方程：

$$y=-1549.1+4553.1x_1+226.9x_2-78.0x_1x_2-2687.0x_1^2-48.3x_2^2$$

(8)最优方案确定及试验指标预测

根据函数方程的极值条件$\frac{\partial y}{\partial x_j}=0(j=1,2,\cdots,p)$，将步骤(7)建立的二阶响应面回归方程分别对两个试验因素变量 $x_1$ 和 $x_2$ 求偏导数，并令其等于 0，得到如下方程组：

$$\begin{cases}\frac{\partial y}{\partial x_1}=4553.1-78.0x_2-2\times2687.0x_1=0\\\frac{\partial y}{\partial x_2}=226.9-78.0x_1-2\times48.3x_2=0\end{cases}$$

求解该方程组，得到 $x_1=0.82$ 和 $x_2=1.7$。因此，最优试验方案为丙烯酸中和度 0.82、交联剂用量 1.7mL，此条件下淀粉类高吸水性树脂的吸水倍率达最大值 515。

## 10.3.2 Box-Behnken 试验设计

### 1. Box-Behnken 试验设计的概念

Box-Behnken 试验设计(Box-Behnken Design，BBD)是一种 3 水平的响应面优化方法，它采用多元二次方程来拟合试验因素和指标之间的非线性关系，并通过对回归方程的分析来寻求最优试验方案。

视频 10－6

BBD 具有旋转对称性或近似旋转对称性，试验次数与因素个数相对应，因素越多，试验次数就越多。表 10-20 列出了试验因素个数 $p=3$ 的 BBD 试验方案及因素水平编码，图 10-9则是它的试验点几何分布，所有试验点都位于等距的球面上，而且 BBD 不包含由各个试验因素变量的上限和下限所生成的立方体区域顶点处的任一点，即不存在轴向点。

**表 10-20　三因素 3 水平 BBD 的试验方案及因素水平编码**

| 试验号 | 因素水平编码 | | |
|---|---|---|---|
| | A | B | C |
| 1 | −1 | −1 | 0 |
| 2 | −1 | 1 | 0 |
| 3 | 1 | −1 | 0 |
| 4 | 1 | 1 | 0 |
| 5 | −1 | 0 | −1 |
| 6 | −1 | 0 | 1 |
| 7 | 1 | 0 | −1 |

续表

| 试验号 | 因素水平编码 | | |
|---|---|---|---|
| | A | B | C |
| 8 | 1 | 0 | 1 |
| 9 | 0 | −1 | −1 |
| 10 | 0 | −1 | 1 |
| 11 | 0 | 1 | −1 |
| 12 | 0 | 1 | 1 |
| 13 | 0 | 0 | 0 |
| 14 | 0 | 0 | 0 |
| 15 | 0 | 0 | 0 |

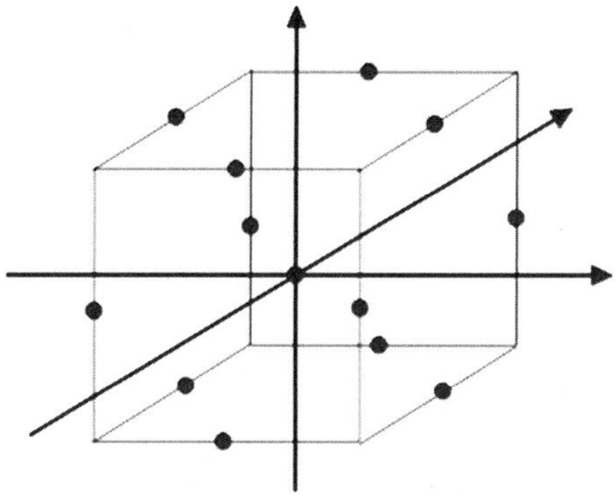

图 10-9　三因素 3 水平 BBD 的试验点分布

**2. Box-Behnken 试验设计的特点**

(1)适于因素个数 $p$ 为 3～7 且水平取值为数值型的试验；

(2)试验次数一般为 15～62。在因素个数 $p$ 相同的条件下，BBD 的试验次数比 CCD 的要少，因而更经济；

(3)BBD 可以评估试验因素的非线性影响。BBD 的一个重要的特性就是以较少的试验次数去估计一次、二次及一级交互作用项的多项式模型，其试验点的选择使得二阶模型的系数估计更为有效；

(4)BBD 试验点中没有同为高水平(或低水平)的试验组合。与 CCD 相比，BBD 不存在轴向试验点，因而对某些有特殊需要或安全要求的试验尤为适用。

**例题 10-4**　试验研究微生物菌群降解石油的优化操作条件，试验因素包括海藻酸钠浓度 $x_1$(%)、壳聚糖浓度 $x_2$(%)、聚二甲基二烯丙基氯化铵(PD)的作用时长 $x_3$(h)。采用的

Box-Behnken 试验方案及测定的石油降解率结果 $y$(%)如表 10-21 所示。试建立试验因素与指标之间的二阶响应面模型，并导出最优操作条件。

**表 10-21 微生物菌群降解石油的 BBD 试验方案及结果**

| 试验号 | 因素水平编码 | | | 因素水平取值 | | | 石油降解率 $y$/% |
|---|---|---|---|---|---|---|---|
| | $z_1$ | $z_2$ | $z_3$ | $x_1$ | $x_2$ | $x_3$ | |
| 1 | 1 | −1 | 0 | 2.5 | 1.2 | 8 | 45.64 |
| 2 | 0 | 0 | 0 | 2.0 | 1.6 | 8 | 82.02 |
| 3 | −1 | 0 | 1 | 1.5 | 1.6 | 11 | 69.80 |
| 4 | 1 | 1 | 0 | 2.5 | 2.0 | 8 | 41.80 |
| 5 | 0 | 0 | 0 | 2.0 | 1.6 | 8 | 76.00 |
| 6 | 0 | −1 | −1 | 2.0 | 1.2 | 5 | 74.05 |
| 7 | −1 | 0 | −1 | 1.5 | 1.6 | 5 | 88.95 |
| 8 | 1 | 0 | 1 | 2.5 | 1.6 | 11 | 78.06 |
| 9 | 0 | −1 | 1 | 2.0 | 1.2 | 11 | 83.74 |
| 10 | −1 | −1 | 0 | 1.5 | 1.2 | 8 | 50.10 |
| 11 | 0 | 1 | 1 | 2.0 | 2.0 | 11 | 50.01 |
| 12 | −1 | 1 | 0 | 1.5 | 2.0 | 8 | 55.11 |
| 13 | 0 | 1 | −1 | 2.0 | 2.0 | 5 | 64.49 |
| 14 | 1 | 0 | −1 | 2.5 | 1.6 | 5 | 45.33 |
| 15 | 0 | 0 | 0 | 2.0 | 1.6 | 8 | 79.64 |

**解** (1)建立二阶响应面回归方程

基于 BBD 试验数据，采用完整的二次多项式拟合二阶响应面回归方程，得：

$$y=-294.53+163.433x_1+385.066x_2-18.912x_3-11.063x_1x_2+8.647x_1x_3-5.035x_2x_3-57.047x_1^2-104.860x_2^2+0.628x_3^2$$

(2)响应面回归方程及偏回归系数的显著性检验

选用方差分析，计算各项的离差平方和、自由度、均方、$F$ 统计量结果一并列于表 10-22。

**表 10-22　微生物菌群降解石油 BBD 试验结果的方差分析**

| 方差来源 | $SS$ | $df$ | $MS$ | $F$ | 显著性 |
|---|---|---|---|---|---|
| $x_1$ | 352.85 | 1 | 352.85 | 5.09 | |
| $x_2$ | 221.76 | 1 | 221.76 | 3.20 | |
| $x_3$ | 9.66 | 1 | 9.66 | 0.14 | |
| $x_1x_2$ | 19.58 | 1 | 19.58 | 0.28 | |
| $x_1x_3$ | 672.88 | 1 | 672.88 | 9.71 | ** |
| $x_2x_3$ | 146.05 | 1 | 146.05 | 2.11 | |
| $x_1^2$ | 754.78 | 1 | 754.78 | 10.90 | ** |
| $x_2^2$ | 1037.16 | 1 | 1037.16 | 14.97 | ** |
| $x_3^2$ | 116.31 | 1 | 116.31 | 1.68 | |
| 回归(方程) | 3317.39 | 9 | 368.60 | 5.32 | * |
| 剩余(误差) | 346.33 | 5 | 69.27 | | |
| 失拟(误差) | 327.94 | 3 | 109.31 | 11.88 | |
| 随机(误差) | 18.39 | 2 | 9.20 | | |
| 总和 | 3663.72 | 14 | | | |

从附录 4 中查得临界值：$F_{0.05}(9,5)=4.77$，$F_{0.05}(3,2)=19.16$，$F_{0.05}(1,5)=6.61$。将表 10-22 中各项 $F$ 统计量的计算结果与相应的临界值比较，结果为回归方程显著、失拟不显著，方程中 $x_1x_3$，$x_1^2$，$x_2^2$ 这三项显著。

考虑到回归方程中不显著项较多，改用逐步回归方法对该方程进行优化，最终选择如下方程为试验因素与指标之间的二阶响应面模型：

$$y=-245.02+153.212x_1+330.672x_2-16.927x_3+8.647x_1x_3-58.917x_1^2-107.448x_2^2$$

根据函数方程的极值条件，求解得到最优试验方案为海藻酸钠浓度 1.96%、壳聚糖浓度 1.54%、PD 作用时长 8.96h，将此条件代入响应面模型得到石油降解率的预测结果为 83.54%，而 BBD 试验方案中第 7 号的实测结果明显高于该预测结果，由此表明该响应面模型还有待进一步试验优化提升。

图 10-10 为 BBD 试验结果的响应面和等高线，其中子图(A)、子图(B)、子图(C)分别是固定一个试验因素水平后在其他两个因素试验区域内绘制的试验指标响应面及其投影的等高线。从子图(A)、子图(B)可以直观地观察到石油降解率在试验区域的边界处达到最大极值点，并且呈现出增大的趋势，这一观察结果可以证实此响应面模型仍有进一步优化的潜力。

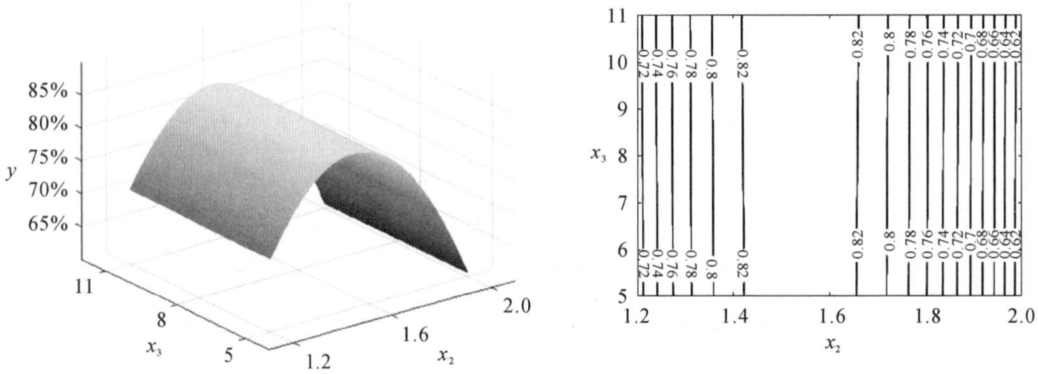


（A）$x_2$~$x_3$的响应面及其等高线（$x_1$=1.96%）

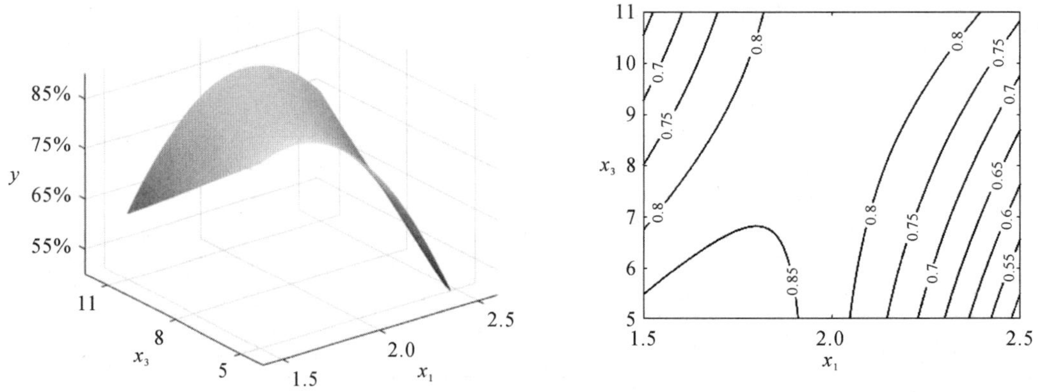


（B）$x_1$~$x_3$的响应面及其等高线（$x_2$=1.54%）

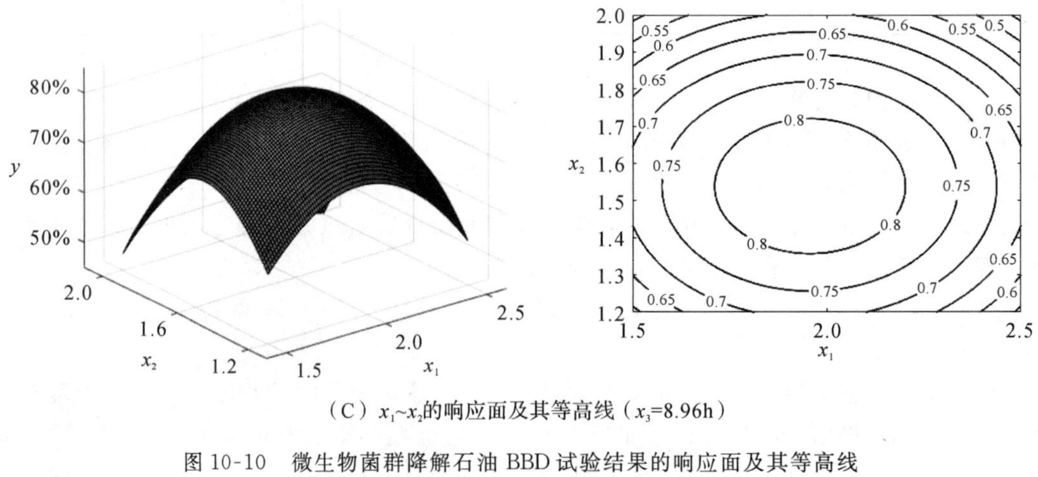


（C）$x_1$~$x_2$的响应面及其等高线（$x_3$=8.96h）

图 10-10　微生物菌群降解石油 BBD 试验结果的响应面及其等高线

# 习　题

1. 响应面试验设计中编码的作用是什么？零水平重复试验的作用是什么？

2. 在二阶响应面试验设计中，为什么要进行星号试验，如何计算星号臂？

3. 什么是正交性？什么是旋转性？如何实现正交性？如何实现旋转性？

4. 简述中心复合试验设计的原理、特点和适应范围。

5. 简述 Box-Behnken 试验设计的原理、特点和适应范围。

6. 一阶响应面试验设计、二阶响应面试验设计各有什么优缺点，两者都具有正交性吗？

7. 某化学反应中有两个重要影响因素：时间 $x_1$(min)和温度 $x_2$(℃)，它们的可能取值范围为：$70 \leqslant x_1 \leqslant 130$，$140 \leqslant x_2 \leqslant 200$。试：(1)给出编码公式，使它们的编码空间为 $[-1,1]\times[-1,1]$；(2)若已知编码值 $z_1=0.3$，$z_2=0.2$，试求自然变量 $x_1$ 和 $x_2$ 的对应值。

8. 某种化工产品的纯度(%)受反应温度和反应压力的影响，它们的变化区间范围为反应温度：−200～−220℃；反应压力：1.0～1.4kPa。采用的试验方案与纯度指标结果如下表所示，其中反应温度安排在第 1 列，反应压力安排在第 2 列。

| 试验号 | 第 1 列 | 第 2 列 | 第 3 列 | 产品纯度/% |
|---|---|---|---|---|
| 1 | −1 | −1 | 1 | 81.6 |
| 2 | −1 | 1 | −1 | 83.8 |
| 3 | 1 | −1 | −1 | 85.4 |
| 4 | 1 | 1 | 1 | 86.3 |
| 5 | 0 | 0 | 0 | 84.7 |
| 6 | 0 | 0 | 0 | 85.2 |
| 7 | 0 | 0 | 0 | 84.2 |
| 8 | 0 | 0 | 0 | 83.9 |

试完成：(1)各个因素的编码值；(2)建立试验指标与两个因素之间的一次回归方程 $y=b_0+b_1x_1+b_2x_2+b_{12}x_1x_2$；(3)对回归方程进行失拟性检验和显著性检验($\alpha=0.05$)；(4)在$\alpha=0.05$ 下对各项的偏回归系数进行显著性检验，并给出系数均为显著的回归方程。

9. 为考察烧结矿的烧结速度与试验因素的关系，拟用响应面试验设计。选取的五个试验因素的取值范围分别是：水分($x_1$)6.45%～9.55%，燃料($x_2$)7.22～8.78，碱度($x_3$)1.02～1.18，返矿($x_4$)22.2～37.8，生石灰($x_5$)0～8。请给出在中心点进行3次试验的二阶响应面中心组合设计的编码表与试验方案。

10. 欲建立镓溶液电导率$y$与镓的浓度$x_1$、苛性碱的浓度$x_2$的函数关系，各个因素的试验区间范围为$x_1$：30～70g・L$^{-1}$，$x_2$：90～150g・L$^{-1}$。拟采用$L_4(2^3)$正交表进行一阶响应面试验设计，并进行4次零水平的重复试验，依照试验号测定的指标结果如下表所示。请建立镓溶液电导率的线性回归模型，并优化因素的试验条件。

| 试验号 | 1 | 2 | 3 | 4 | 5 | 6 | 7 | 8 |
|---|---|---|---|---|---|---|---|---|
| 电导率 $y$ | 5.0 | 6.7 | 8.5 | 2.0 | 2.8 | 3.2 | 3.4 | 3.0 |

11. 欲建立镓溶液电导率$y$与温度$x_1$、镓的浓度$x_2$、苛性碱的浓度$x_3$的非线性关系，各个因素的试验区间范围为$x_1$：30～80℃，$x_2$：20～120g・L$^{-1}$，$x_3$：0～300g・L$^{-1}$。试验方案与指标结果如下表所示。

| 试验序号 | 试验因素的水平编码 | | | 电导率 $y$ |
|---|---|---|---|---|
| | $z_1$ | $z_2$ | $z_3$ | |
| 1 | 1 | 1 | 1 | 0.485 |
| 2 | 1 | 1 | −1 | 0.242 |
| 3 | 1 | −1 | 1 | 0.720 |
| 4 | 1 | −1 | −1 | 0.435 |
| 5 | −1 | 1 | 1 | 0.322 |
| 6 | −1 | 1 | −1 | 0.159 |
| 7 | −1 | −1 | 1 | 0.453 |
| 8 | −1 | −1 | −1 | 0.304 |
| 9 | −1.682 | 0 | 0 | 0.284 |
| 10 | 1.682 | 0 | 0 | 0.536 |
| 11 | 0 | −1.682 | 0 | 0.568 |
| 12 | 0 | 1.682 | 0 | 0.291 |

续表

| 试验序号 | 试验因素的水平编码 | | | 电导率 $y$ |
|---|---|---|---|---|
| | $z_1$ | $z_2$ | $z_3$ | |
| 13 | 0 | 0 | −1.682 | 0.143 |
| 14 | 0 | 0 | 1.682 | 0.521 |
| 15 | 0 | 0 | 0 | 0.433 |
| 16 | 0 | 0 | 0 | 0.422 |
| 17 | 0 | 0 | 0 | 0.435 |
| 18 | 0 | 0 | 0 | 0.436 |
| 19 | 0 | 0 | 0 | 0.423 |
| 20 | 0 | 0 | 0 | 0.440 |

试建立镓溶液电导率 $y$ 关于试验因素 $x_1, x_2, x_3$ 的二次回归模型方程，并优选试验条件。

12. 在寻找萃取微量元素铪的最优工艺条件中，试验指标 $y$ 为铪的分布系数，它与初始水溶液中硝酸当量浓度 $x_1$、磷酸三丁酯在二甲苯中体积百分比 $x_2$、两种原料比 $x_3$、萃取时间(min)$x_4$ 有关，而且 $x_1$，$x_2$，$x_3$ 之间可能存在交互作用。因素的编码及水平取值如下表所示。

| 因素水平编码 | 因素及水平取值 | | | |
|---|---|---|---|---|
| | $x_1$ | $x_2$ | $x_3$ | $x_4$ |
| +1 | 5 | 40 | 2.5：1 | 25 |
| −1 | 1 | 20 | 0.5：1 | 5 |
| 0 | 3 | 30 | 1.5：1 | 15 |

现希望找出各个因素的适当水平取值使得分布系数达到最大。若采用 $L_8(2^7)$来安排试验，$x_4$ 放在三个因素乘积的列上，最后得到在显著性水平 $\alpha=0.05$ 下各个系数均为显著的规范变量表示的回归方程为：$\hat{y}=0.0648+0.0195z_1+0.02038z_2-0.01375z_3-0.00668z_4-0.0138z_1z_3$。若 $x_2$ 以 5 作为步长，请给出快速登高的试验计划。

14. 为研究使某聚合物弹性高的条件，考察三个因素：成分 A 的浓缩比例 $x_1$，成分 B 的浓缩比例 $x_2$ 和试验反应温度 $x_3$(℃)。因素的水平取值、试验方案和指标结果如下表所示示。请完成试验结果的二阶响应面分析，并寻找使聚合物弹性高的条件。

| 试验号 | 试验因素编码(水平取值) | | | 弹性 $y/\%$ |
|---|---|---|---|---|
| | $z_1(x_1)$ | $z_2(x_2)$ | $z_3(x_3)$ | |
| 1 | 1(21) | 1(3.1) | 1(155) | 27.70 |
| 2 | 1 | 1 | −1(135) | 35.94 |
| 3 | 1 | −1(2.3) | 1 | 50.10 |
| 4 | 1 | −1 | −1 | 48.98 |
| 5 | −1(15) | 1 | 1 | 46.06 |
| 6 | −1 | 1 | −1 | 42.78 |
| 7 | −1 | −1 | 1 | 41.50 |
| 8 | −1 | −1 | −1 | 25.75 |
| 9 | 2(24) | 0(2.7) | 0(145) | 44.18 |
| 10 | −2(12) | 0 | 0 | 35.50 |
| 11 | 0(18) | −2(1.9) | 0 | 28.46 |
| 12 | 0 | 2(3.5) | 0 | 38.58 |
| 13 | 0 | 0 | 2(165) | 42.02 |
| 14 | 0 | 0 | −2(125) | 33.50 |
| 15 | 0 | 0 | 0 | 57.52 |
| 16 | 0 | 0 | 0 | 59.68 |

15. 为了对从某种植物中提取黄酮类物质的工艺进行优化，选取三个重要的影响因素，即乙醇浓度 $x_1(\%)$、液固比 $x_2$ 和回流次数 $x_3$ 进行了一阶响应面试验设计，试验方案、因素水平取值及指标结果如下表。

| 试验号 | 试验因素编码(水平取值) | | | 提取率 $y/\%$ |
|---|---|---|---|---|
| | $z_1(x_1)$ | $z_2(x_2)$ | $z_3(x_3)$ | |
| 1 | 1(80) | 1(12) | 1(3) | 8.0 |

**续表**

| 试验号 | 试验因素编码(水平取值) | | | 提取率 $y/\%$ |
|---|---|---|---|---|
| | $z_1(x_1)$ | $z_2(x_2)$ | $z_3(x_3)$ | |
| 2 | 1 | 1 | −1(1) | 7.3 |
| 3 | 1 | −1(8) | 1 | 6.9 |
| 4 | 1 | −1 | −1 | 6.4 |
| 5 | −1(60) | 1 | 1 | 6.9 |
| 6 | −1 | 1 | −1 | 6.5 |
| 7 | −1 | −1 | 1 | 6.0 |
| 8 | −1 | −1 | −1 | 5.1 |
| 9 | 0(70) | 0(10) | 0(2) | 6.6 |
| 10 | 0(70) | 0(10) | 0(2) | 6.5 |
| 11 | 0(70) | 0(10) | 0(2) | 6.6 |

试通过回归分析确定黄酮提取率与三个因素之间的函数关系式，并优选试验条件。

16. 某橡胶制品由橡胶、树脂和改良剂复合而成。为提高撕裂强度，考虑进行一次响应面设计，三个试验因素的取值范围为：橡胶中等成分的含量($x_1$)10%～20%，树脂中等成分的含量($x_2$)10%～30%，改良剂的百分比($x_3$)0.1～0.3。试验方案与试验指标结果如下表所示。

| 试验号 | 试验因素编码 | | | 试验指标 $y$ |
|---|---|---|---|---|
| | $z_1$ | $z_2$ | $z_3$ | |
| 1 | −1 | −1 | −1 | 407 |
| 2 | 1 | −1 | −1 | 421 |
| 3 | −1 | 1 | −1 | 322 |
| 4 | 1 | 1 | −1 | 371 |
| 5 | −1 | −1 | 1 | 230 |
| 6 | 1 | −1 | 1 | 243 |

**续表**

| 试验号 | 试验因素编码 | | | 试验指标 $y$ |
|---|---|---|---|---|
| | $z_1$ | $z_2$ | $z_3$ | |
| 7 | −1 | 1 | 1 | 250 |
| 8 | 1 | 1 | 1 | 259 |

试完成：(1)对试验数据进行统计分析，建立 $y$ 关于 $x_1$，$x_2$，$x_3$ 的一次响应面方程；(2)如果在试验中心进行了 4 次重复试验，结果分别为：417，401，455，439，试检验在试验区域中心的一次响应面方程是否合适？

17. 下表为一位化学工程师实施中心复合设计所采集的试验数据，其中试验指标($y$)为渗透时间(小时)，试验因素则为温度($x_1$)和压强($x_2$)。

| 试验序号 | 试验因素编码 | | 试验指标 $y$ | 试验序号 | 试验因素编码 | | 试验指标 $y$ |
|---|---|---|---|---|---|---|---|
| | $z_1$ | $z_2$ | | | $z_1$ | $z_2$ | |
| 1 | −1 | −1 | 54 | 8 | 0 | 1.414 | 51 |
| 2 | 1 | −1 | 45 | 9 | 0 | 0 | 41 |
| 3 | −1 | 1 | 32 | 10 | 0 | 0 | 39 |
| 4 | 1 | 1 | 47 | 11 | 0 | 0 | 44 |
| 5 | −1.414 | 0 | 50 | 12 | 0 | 0 | 42 |
| 6 | 1.414 | 0 | 53 | 13 | 0 | 0 | 40 |
| 7 | 0 | −1.414 | 47 | | | | |

试完成：(1)试验数据的二阶响应面分析；(2)如果试验的目标是最小化渗透时间，应该选择什么运行条件？(3)如果试验的目标是将平均渗透时间控制在 46 小时左右运行，应该选择什么运行条件？

18. 试验研究卵清蛋白糖基化反应过程的优化条件。试验因素选取了糖添加量、反应时间和反应温度，它们的水平取值如下表所示。

| 水平编码 | 试验因素及水平取值 | | |
|---|---|---|---|
| | 糖添加量 $x_1$/% | 反应时间 $x_2$/h | 反应温度 $x_3$/℃ |
| −1 | 8 | 24 | 50 |

续表

| 水平编码 | 试验因素及水平取值 | | |
|---|---|---|---|
| | 糖添加量 $x_1$/% | 反应时间 $x_2$/h | 反应温度 $x_3$/℃ |
| 0 | 9 | 48 | 60 |
| 1 | 10 | 72 | 70 |

现采用 Box-Behnken 响应面设计安排试验方案，并测定各个组合试验条件下指标糖基化程度 $y$(%)，结果如下表。

| 试验序号 | 试验因素编码 | | | 试验指标 $y$/% | 试验序号 | 试验因素编码 | | | 试验指标 $y$/% |
|---|---|---|---|---|---|---|---|---|---|
| | $z_1$ | $z_2$ | $z_3$ | | | $z_1$ | $z_2$ | $z_3$ | |
| 1 | 0 | 0 | 0 | 24.43 | 10 | 1 | 1 | 0 | 38.58 |
| 2 | 0 | 0 | 0 | 25.56 | 11 | 0 | 0 | 0 | 24.64 |
| 3 | 0 | −1 | 1 | 34.71 | 12 | 1 | 0 | 1 | 44.27 |
| 4 | −1 | 1 | 0 | 32.52 | 13 | −1 | 0 | −1 | 16.02 |
| 5 | 0 | 0 | 0 | 25.67 | 14 | 1 | 0 | −1 | 20.41 |
| 6 | 0 | 0 | 0 | 23.21 | 15 | 0 | −1 | −1 | 11.63 |
| 7 | 0 | 1 | −1 | 17.26 | 16 | −1 | −1 | 0 | 18.50 |
| 8 | 1 | −1 | 0 | 20.24 | 17 | 0 | 1 | 1 | 46.78 |
| 9 | −1 | 0 | 1 | 35.95 | | | | | |

试完成：(1)二阶响应面模型；(2)在稳定点处，试验因素 $x_1$，$x_2$，$x_3$ 的取值水平？

19. 为研究电泳工艺参数对漆膜厚度与附着力的影响，根据实验分析和专家经验，选择了电泳电压 $x_1$(V)、电泳时间 $x_2$(s)和固体物质量分数 $x_3$(%)为关键工艺参数，中心组合响应面试验设计方案和指标结果如下表所示。

| 试验号 | 试验因素水平取值 | | | 漆膜厚度 $y_1$/μm | 附着力 $y_2$/MPa |
|---|---|---|---|---|---|
| | $x_1$/V | $x_2$/s | $x_3$/% | | |
| 1 | 260 | 230 | 20 | 24.0 | 5.5 |

**续表**

| 试验号 | 试验因素水平取值 | | | 漆膜厚度 $y_1/\mu m$ | 附着力 $y_2/MPa$ |
|---|---|---|---|---|---|
| | $x_1/V$ | $x_2/s$ | $x_3/\%$ | | |
| 2 | 240 | 260 | 23 | 22.5 | 4.8 |
| 3 | 240 | 200 | 17 | 18.2 | 4.6 |
| 4 | 280 | 260 | 17 | 24.5 | 5.8 |
| 5 | 260 | 230 | 20 | 24.0 | 5.4 |
| 6 | 260 | 230 | 20 | 24.0 | 5.4 |
| 7 | 240 | 200 | 23 | 18.6 | 4.7 |
| 8 | 280 | 200 | 17 | 21.0 | 5.4 |
| 9 | 260 | 230 | 20 | 24.0 | 5.5 |
| 10 | 240 | 260 | 17 | 19.3 | 4.7 |
| 11 | 280 | 200 | 23 | 21.0 | 5.5 |
| 12 | 280 | 260 | 23 | 26.0 | 5.9 |
| 13 | 260 | 279 | 20 | 24.1 | 5.6 |
| 14 | 260 | 230 | 25 | 23.5 | 5.2 |
| 15 | 260 | 230 | 20 | 23.5 | 5.4 |
| 16 | 227 | 230 | 20 | 18.0 | 4.5 |
| 17 | 293 | 230 | 20 | 24.5 | 6.0 |
| 18 | 260 | 181 | 20 | 19.5 | 5.4 |
| 19 | 260 | 230 | 15 | 20.9 | 5.2 |
| 20 | 260 | 230 | 20 | 24.0 | 5.5 |

请分别完成漆膜厚度和附着力的响应面回归分析，并完成最佳工艺参数的优选。

20. 采用响应面试验设计方法对野菊花总黄酮提取工艺进行研究，试验因素选取了提取时间 $x_1$(h)，乙醇浓度 $x_2$(%)，提取温度 $x_3$(℃)和液固比 $x_4$，试验指标 $y$ 为总黄酮得率(%)。试验方案及指标结果如下表所示。

| 试验号 | 试验因素的编码(水平取值) | | | | 总黄酮得率 $y$/% |
|---|---|---|---|---|---|
| | $z_1(x_1)$ | $z_2(x_2)$ | $z_3(x_3)$ | $z_4(x_4)$ | |
| 1 | 1(4h) | 1(70%) | −1(60℃) | −1(15) | 4.04 |
| 2 | −1(2h) | 0(60%) | 0(70℃) | 0(20) | 4.38 |
| 3 | −1 | −1(50%) | −1 | −1 | 4.01 |
| 4 | −1 | −1 | 1(80℃) | −1 | 4.51 |
| 5 | 0(3h) | 0 | −1 | 0 | 4.46 |
| 6 | 1 | 0 | 0 | 0 | 4.44 |
| 7 | 1 | 1 | 1 | 1(25) | 4.25 |
| 8 | 0 | 0 | 0 | 0 | 4.36 |
| 9 | −1 | −1 | −1 | 1 | 4.16 |
| 10 | −1 | 1 | 1 | 1 | 4.46 |
| 11 | 0 | 1 | 0 | 0 | 4.35 |
| 12 | 1 | −1 | −1 | −1 | 4.32 |
| 13 | 0 | 0 | 0 | 0 | 4.55 |
| 14 | −1 | −1 | 1 | 1 | 4.27 |
| 15 | 0 | −1 | 0 | 0 | 4.38 |
| 16 | −1 | 1 | −1 | −1 | 3.82 |
| 17 | 0 | 0 | 0 | 0 | 4.56 |
| 18 | 1 | −1 | 1 | 1 | 4.64 |
| 19 | 1 | −1 | 1 | −1 | 4.54 |
| 20 | 1 | −1 | −1 | 1 | 4.36 |
| 21 | 0 | 0 | 0 | 0 | 4.46 |
| 22 | −1 | 1 | −1 | 1 | 4.20 |

续表

| 试验号 | 试验因素的编码(水平取值) | | | | 总黄酮得率 $y/\%$ |
|---|---|---|---|---|---|
| | $z_1(x_1)$ | $z_2(x_2)$ | $z_3(x_3)$ | $z_4(x_4)$ | |
| 23 | 0 | 0 | 0 | 1 | 4.36 |
| 24 | 0 | 0 | 0 | 0 | 4.54 |
| 25 | 0 | 0 | 1 | 0 | 4.56 |
| 26 | 0 | 0 | 0 | −1 | 4.47 |
| 27 | 0 | 0 | 0 | 0 | 4.49 |
| 28 | −1 | 1 | 1 | −1 | 4.46 |
| 29 | 1 | 1 | 1 | −1 | 4.19 |
| 30 | 1 | 1 | −1 | 1 | 4.21 |

试对数据进行二阶响应面回归分析，并完成最佳提取工艺条件的优选。

21. 为了解决某天然气净化厂加氢进料燃烧炉燃料消耗量大、出口烟气温度高的问题，实施了响应面试验设计方法对其操作参数燃料气流量 $x_1(\mathrm{g\cdot s^{-1}})$，空气流量 $x_2(\mathrm{g\cdot s^{-1}})$和上游尾气流量 $x_3(\mathrm{g\cdot s^{-1}})$的优化研究。试验指标为出口温度 $y_1(\mathrm{K})$和出口氢气摩尔分数 $y_2(\%)$。

| 试验号 | 试验因素的编码(水平取值) | | | $y_1/\mathrm{K}$ | $y_2/\%$ |
|---|---|---|---|---|---|
| | $z_1(x_1/(\mathrm{g\cdot s^{-1}}))$ | $z_2(x_2/(\mathrm{g\cdot s^{-1}}))$ | $z_3(x_3/(\mathrm{g\cdot s^{-1}}))$ | | |
| 1 | 0(139.7) | 0(1702) | 1(23133) | 543 | 1.93 |
| 2 | 0 | 0 | 0(21030) | 555 | 1.96 |
| 3 | −1(97.8) | 1(2213) | 0 | 560 | 1.53 |
| 4 | 0 | 0 | 0 | 556 | 1.96 |
| 5 | 0 | −1(1191) | 1 | 488 | 2.48 |
| 6 | −1 | 0 | −1(18927) | 574 | 1.56 |
| 7 | 1(181.6) | −1 | 0 | 493 | 2.68 |
| 8 | 0 | −1 | 0 | 496 | 2.55 |
| 9 | 1 | 0 | −1 | 549 | 2.75 |

**续表**

| 试验号 | 试验因素的编码(水平取值) | | | $y_1$/K | $y_2$/% |
|---|---|---|---|---|---|
| | $z_1(x_1/(g\cdot s^{-1}))$ | $z_2(x_2/(g\cdot s^{-1}))$ | $z_3(x_3/(g\cdot s^{-1}))$ | | |
| 10 | 0 | 0 | −1 | 571 | 1.99 |
| 11 | 0 | 0 | 0 | 556 | 1.96 |
| 12 | −1 | −1 | −1 | 526 | 1.91 |
| 13 | 0 | 1 | 0 | 508 | 1.59 |
| 14 | −1 | −1 | 1 | 505 | 1.87 |
| 15 | −1 | −1 | 0 | 514 | 1.89 |
| 16 | −1 | 0 | 0 | 559 | 1.57 |
| 17 | 0 | 1 | 1 | 592 | 1.59 |
| 18 | −1 | 1 | 1 | 547 | 1.54 |
| 19 | −1 | 1 | −1 | 575 | 1.51 |
| 20 | 0 | 1 | −1 | 628 | 1.57 |
| 21 | 1 | 1 | −1 | 613 | 2.07 |
| 22 | 0 | −1 | −1 | 505 | 2.64 |
| 23 | 0 | 0 | 0 | 556 | 1.96 |
| 24 | 0 | 0 | 0 | 556 | 1.96 |
| 25 | 1 | −1 | −1 | 502 | 2.74 |
| 26 | 1 | 0 | 1 | 526 | 2.58 |
| 27 | 1 | −1 | 1 | 485 | 2.56 |
| 28 | 0 | 0 | 0 | 556 | 1.96 |
| 29 | 1 | 1 | 1 | 580 | 2.01 |
| 30 | 1 | 1 | 0 | 595 | 2.03 |

请分别完成出口温度和出口氢气摩尔分数的二阶响应面回归分析，并完成最佳工艺参数的优选。

22. 试完成下表试验结果数据的二阶响应面分析，并计算试验指标 $y$ 位于最值点处时试验因素 $x_1$，$x_2$，$x_3$ 的水平取值分别是多少？同时，绘制响应面图形。

| 实验序号 | 试验因素水平编码 | | | 试验指标 $y$ | 实验序号 | 试验因素水平编码 | | | 试验指标 $y$ |
|---|---|---|---|---|---|---|---|---|---|
| | $z_1$ | $z_2$ | $z_3$ | | | $z_1$ | $z_2$ | $z_3$ | |
| 1 | −1 | −1 | −1 | 66 | 11 | 0 | −1.682 | 0 | 68 |
| 2 | −1 | −1 | 1 | 70 | 12 | 0 | 1.682 | 0 | 63 |
| 3 | −1 | 1 | −1 | 78 | 13 | 0 | 0 | −1.682 | 65 |
| 4 | −1 | 1 | 1 | 60 | 14 | 0 | 0 | 1.682 | 82 |
| 5 | 1 | −1 | −1 | 80 | 15 | 0 | 0 | 0 | 113 |
| 6 | 1 | −1 | 1 | 70 | 16 | 0 | 0 | 0 | 100 |
| 7 | 1 | 1 | −1 | 100 | 17 | 0 | 0 | 0 | 118 |
| 8 | 1 | 1 | 1 | 75 | 18 | 0 | 0 | 0 | 88 |
| 9 | −1.682 | 0 | 0 | 100 | 19 | 0 | 0 | 0 | 100 |
| 10 | 1.682 | 0 | 0 | 80 | 20 | 0 | 0 | 0 | 85 |

23. 采用中心复合试验设计方法优化 SiC 单晶片超声振动复合加工工艺条件，选取线锯速度 $x_1$($m \cdot s^{-1}$)、工件进给速度 $x_2$($mm \cdot min^{-1}$)、工件转速 $x_3$($r \cdot min^{-1}$)和超声波振幅 $x_4$(mm)等四个主要影响因素，而试验指标是切向锯切力 $y_1$(N)和表面粗糙度 $y_2$($\mu m$)。试验因素水平取值、试验方案及指标结果如下表所示。

| 试验号 | 试验因素的水平取值 | | | | $y_1$/N | $y_2$/$\mu$m |
|---|---|---|---|---|---|---|
| | $x_1$ /($m \cdot s^{-1}$) | $x_2$ /($mm \cdot min^{-1}$) | $x_3$ /($r \cdot min^{-1}$) | $x_4$ /mm | | |
| 1 | 1.3 | 0.025 | 8 | 0 | 5.34 | 0.842 |
| 2 | 1.9 | 0.025 | 8 | 0 | 4.99 | 0.791 |
| 3 | 1.3 | 0.080 | 8 | 0 | 8.21 | 1.121 |
| 4 | 1.9 | 0.080 | 8 | 0 | 7.97 | 1.040 |
| 5 | 1.3 | 0.025 | 16 | 0 | 5.31 | 0.831 |

**续表**

| 试验号 | 试验因素的水平取值 | | | | $y_1$/N | $y_2$/μm |
|---|---|---|---|---|---|---|
| | $x_1$ /(m·s$^{-1}$) | $x_2$ /(mm·min$^{-1}$) | $x_3$ /(r·min$^{-1}$) | $x_4$ /mm | | |
| 6 | 1.9 | 0.025 | 16 | 0 | 5.14 | 0.815 |
| 7 | 1.3 | 0.080 | 16 | 0 | 8.16 | 1.152 |
| 8 | 1.9 | 0.080 | 16 | 0 | 7.68 | 1.020 |
| 9 | 1.3 | 0.025 | 8 | 0.002 | 3.92 | 0.470 |
| 10 | 1.9 | 0.025 | 8 | 0.002 | 3.70 | 0.360 |
| 11 | 1.3 | 0.080 | 8 | 0.002 | 5.15 | 0.837 |
| 12 | 1.9 | 0.080 | 8 | 0.002 | 4.73 | 0.773 |
| 13 | 1.3 | 0.025 | 16 | 0.002 | 3.74 | 0.399 |
| 14 | 1.9 | 0.025 | 16 | 0.002 | 3.52 | 0.313 |
| 15 | 1.3 | 0.080 | 16 | 0.002 | 5.02 | 0.824 |
| 16 | 1.9 | 0.080 | 16 | 0.002 | 4.53 | 0.754 |
| 17 | 1.3 | 0.050 | 12 | 0.001 | 4.78 | 0.633 |
| 18 | 1.9 | 0.050 | 12 | 0.001 | 4.49 | 0.580 |
| 19 | 1.6 | 0.025 | 12 | 0.001 | 3.08 | 0.320 |
| 20 | 1.6 | 0.080 | 12 | 0.001 | 4.31 | 0.708 |
| 21 | 1.6 | 0.050 | 8 | 0.001 | 4.27 | 0.592 |
| 22 | 1.6 | 0.050 | 16 | 0.001 | 4.09 | 0.569 |
| 23 | 1.6 | 0.050 | 12 | 0 | 6.27 | 0.910 |
| 24 | 1.6 | 0.050 | 12 | 0.002 | 4.03 | 0.543 |
| 25 | 1.6 | 0.050 | 12 | 0.001 | 4.15 | 0.527 |
| 26 | 1.6 | 0.050 | 12 | 0.001 | 3.97 | 0.508 |
| 27 | 1.6 | 0.050 | 12 | 0.001 | 4.11 | 0.534 |
| 28 | 1.6 | 0.050 | 12 | 0.001 | 3.90 | 0.515 |

续表

| 试验号 | 试验因素的水平取值 | | | | $y_1$/N | $y_2$/μm |
|---|---|---|---|---|---|---|
| | $x_1$ /(m·s$^{-1}$) | $x_2$ /(mm·min$^{-1}$) | $x_3$ /(r·min$^{-1}$) | $x_4$ /mm | | |
| 29 | 1.6 | 0.050 | 12 | 0.001 | 4.13 | 0.506 |
| 30 | 1.6 | 0.050 | 12 | 0.001 | 4.02 | 0.529 |

试：(1)建立工艺条件的二阶响应面模型；

(2)绘制响应面和等高线；

(3)优选最佳工艺条件。

24. 通过 Box-Behnken 试验设计优化鼻鼽颗粒一步制粒的显著性因素，以颗粒合格率 $y_1$(%)，含水量 $y_2$(%)为试验指标，选取进风温度 $x_1$(℃)，进样速度 $x_2$(r·min$^{-1}$)和浸膏相对密度 $x_3$ 等 3 个影响因素，它们的水平取值、试验方案及指标结果如下表所示。

| 试验号 | 试验因素编码(水平取值) | | | 颗粒合格率 $y_1$/% | 含水量 $y_2$/% |
|---|---|---|---|---|---|
| | $z_1(x_1)$ | $z_2(x_2)$ | $z_3(x_3)$ | | |
| 1 | 1(90℃) | 0(40r·min$^{-1}$) | −1(1.10) | 86.41 | 3.04 |
| 2 | 0(80℃) | 0 | 0(1.15) | 94.56 | 3.68 |
| 3 | 1 | −1(30r·min$^{-1}$) | 0 | 82.64 | 3.11 |
| 4 | 0 | 0 | 0 | 95.02 | 3.70 |
| 5 | 0 | −1 | −1 | 95.84 | 3.48 |
| 6 | 0 | 0 | 0 | 93.98 | 3.69 |
| 7 | 0 | 1(50r·min$^{-1}$) | −1 | 92.15 | 3.72 |
| 8 | 1 | 0 | 1(1.20) | 84.16 | 3.15 |
| 9 | −1(70℃) | 1 | 0 | 88.72 | 3.95 |
| 10 | 1 | 1 | 0 | 82.56 | 3.25 |
| 11 | −1 | −1 | 0 | 90.84 | 3.91 |
| 12 | −1 | 0 | −1 | 89.57 | 3.86 |
| 13 | −1 | 0 | 1 | 91.04 | 3.89 |
| 14 | 0 | −1 | 1 | 90.28 | 3.57 |
| 15 | 0 | 1 | 1 | 91.37 | 3.90 |

试：(1)完成试验结果的回归分析，并对方程进行显著性检验；(2)绘制响应面和等高线；(3)优选最佳工艺参数。

25. 通过 Box-Behnken 试验设计优化萃取海带中叶绿素的工艺，选择萃取温度 $x_1$(℃)，萃取压力 $x_2$(MPa)、夹带剂用量 $x_3$($mL \cdot g^{-1}$)等 3 个对海带叶绿素含量 $y$($mg \cdot g^{-1}$)有较大影响的因素，因素的水平取值、试验方案及指标结果如下表所示。

| 试验号 | 试验因素编码(水平取值) | | | 叶绿素含量 $y/(mg \cdot g^{-1})$ |
|---|---|---|---|---|
| | $z_1(x_1)$ | $z_2(x_2)$ | $z_3(x_3)$ | |
| 1 | 1(50℃) | 1(14MPa) | 0($4mL \cdot g^{-1}$) | 2.617 |
| 2 | 0(40℃) | −1(10MPa) | 1($6mL \cdot g^{-1}$) | 2.872 |
| 3 | −1(30℃) | 0(12MPa) | −1($2mL \cdot g^{-1}$) | 2.820 |
| 4 | 0 | −1 | −1 | 2.748 |
| 5 | −1 | 1 | 0 | 2.630 |
| 6 | 0 | 1 | 1 | 2.739 |
| 7 | 1 | −1 | 0 | 2.635 |
| 8 | 1 | 0 | −1 | 2.583 |
| 9 | 0 | 0 | 0 | 3.121 |
| 10 | 0 | 0 | 0 | 3.164 |
| 11 | −1 | −1 | 0 | 2.906 |
| 12 | −1 | 0 | 1 | 2.946 |
| 13 | 1 | 0 | 1 | 2.731 |
| 14 | 0 | 1 | −1 | 2.689 |
| 15 | 0 | 0 | 0 | 3.058 |

试：(1)建立试验数据的二阶响应面模型，并进行显著性检验；(2)绘制响应面和等高线；(3)优选萃取的最佳工艺参数。

# 参考文献


[1]Hey T, Tansley S, Tolle K, et al., The Fourth Paradigm: Data-Intensive Scientific Discovery[M]. Redmond, WA: Microsoft Research, 2009.

[2]操秀英，科技日报，重磅！自然科学基金委成立交叉科学部[EB/OL].(2020-11-30)[2022-06-09]. https://www.nsfc.gov.cn//publish/portal0/tab440/info79287. htm.

[3]赵斌．第四范式：基于大数据的科学研究[EB/OL].(2015-10-26)[2022-08-02]. http://blog.sciencenet.cn/blog-502444-931155.html.

[4]吴翌琳，房祥忠．大数据探索性分析[M].2版．北京：中国人民大学出版社，2020.

[5]李云雁，胡传荣.试验设计与数据处理[M].3版.北京:化学工业出版社,2017.

[6]王岩，隋思涟.试验设计与MATLAB数据分析[M].北京:清华大学出版社,2012.

[7]丁亚军.统计分析:从小数据到大数据[M].北京:电子工业出版社,2020.

[8]周志华.机器学习[M].北京:清华大学出版社,2016.

[9]莫雷拉，卡瓦略，霍瓦斯.数据分析—统计、描述、预测与应用[M].吴常玉，译.北京:清华大学出版社,2021.

[10]胡上序，陈德钊.观测数据的分析与处理[M].杭州:浙江大学出版社,1996.

[11]栾春晖，刘旭光.化学化工中的试验设计与数据处理[M].北京:科学出版社,2017.

[12]陆文聪，李敏杰，纪晓波.材料数据挖掘方法与应用[M].北京:化学工业出版社,2022.

[13]刘振学，王力.实验设计与数据处理[M].2版.北京:化学工业出版社,2015.

[14]陈德钊.多元数据处理[M].北京:化学工业出版社,1998.

[15]中国科学院.模式识别[M].北京:科学出版社,2022.

[16]Gregory S. Nelson.数据分析即未来[M].陈道斌，万芊，等，译.北京:机械工业出版社,2020.

[17]吕英海，于昊，李国平.试验设计与数据处理[M].北京:化学工业出版社,2021.

[18]何为，薛卫东，唐斌.优化试验设计方法及数据分析[M].北京:化学工业出版社,2016.

[19]杜双奎.试验优化设计与统计分析[M].2版.北京:科学出版社,2020.

[20]庞超明，黄弘.试验方案优化设计与数据分析[M].南京:东南大学出版社,2018.

[21]茆诗松.试验设计[M].3版.北京:中国统计出版社,2020.

[22]郑明东，刘炼杰，余亮，姚伯元.化工数据建模与试验优化设计[M].合肥:中国科学技术大学出版社,2001.

[23]袁志发，贠海燕.试验设计与分析[M].2版.北京:中国农业出版社,2007.

[24]张新平，江金国等.材料科学与工程实验设计与数据处理[M].北京:化学工业出版社,2021.

[25]方开泰，刘民千，周永道.试验设计与建模[M].北京:高等教育出版社,2011.

[26]何少华，文竹青，娄涛.试验设计与数据处理[M].长沙:国防科技大学出版社,2002.

[27]陈林林.食品试验设计与数据处理[M].北京:中国轻工业出版社,2017.

# 附录 1　标准正态分布表

$$\varphi(u)=\frac{1}{\sqrt{2\pi}}\int_{-\infty}^{u} e^{-\frac{u^2}{2}}du$$

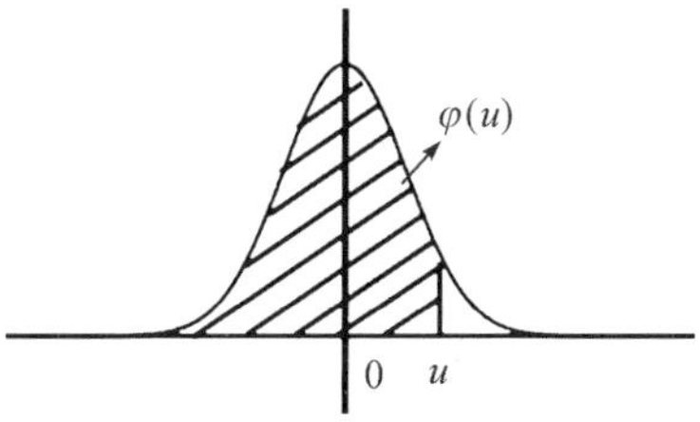


| u | 0.00 | 0.01 | 0.02 | 0.03 | 0.04 | 0.05 | 0.06 | 0.07 | 0.08 | 0.09 |
|---|---|---|---|---|---|---|---|---|---|---|
| 0.0 | 0.5000 | 0.5040 | 0.5080 | 0.5120 | 0.5160 | 0.5199 | 0.5239 | 0.5279 | 0.5319 | 0.5359 |
| 0.1 | 0.5398 | 0.5438 | 0.5478 | 0.5517 | 0.5557 | 0.5596 | 0.5636 | 0.5675 | 0.5714 | 0.5753 |
| 0.2 | 0.5793 | 0.5832 | 0.5871 | 0.5910 | 0.5948 | 0.5987 | 0.6026 | 0.6064 | 0.6103 | 0.6141 |
| 0.3 | 0.6179 | 0.6217 | 0.6255 | 0.6293 | 0.6331 | 0.6368 | 0.6404 | 0.6443 | 0.6480 | 0.6517 |
| 0.4 | 0.6554 | 0.6591 | 0.6628 | 0.6664 | 0.6700 | 0.6736 | 0.6772 | 0.6808 | 0.6844 | 0.6879 |
| 0.5 | 0.6915 | 0.6950 | 0.6985 | 0.7019 | 0.7054 | 0.7088 | 0.7123 | 0.7157 | 0.7190 | 0.7224 |
| 0.6 | 0.7257 | 0.7291 | 0.7324 | 0.7357 | 0.7389 | 0.7422 | 0.7454 | 0.7486 | 0.7517 | 0.7549 |
| 0.7 | 0.7580 | 0.7611 | 0.7642 | 0.7673 | 0.7703 | 0.7734 | 0.7764 | 0.7794 | 0.7823 | 0.7852 |
| 0.8 | 0.7881 | 0.7910 | 0.7939 | 0.7967 | 0.7995 | 0.8023 | 0.8051 | 0.8078 | 0.8106 | 0.8133 |
| 0.9 | 0.8159 | 0.8186 | 0.8212 | 0.8238 | 0.8264 | 0.8289 | 0.8355 | 0.8340 | 0.8365 | 0.8389 |
| 1.0 | 0.8413 | 0.8438 | 0.8461 | 0.8485 | 0.8508 | 0.8531 | 0.8554 | 0.8577 | 0.8599 | 0.8621 |
| 1.1 | 0.8643 | 0.8665 | 0.8686 | 0.8708 | 0.8729 | 0.8749 | 0.8770 | 0.8790 | 0.8810 | 0.8830 |
| 1.2 | 0.8849 | 0.8869 | 0.8888 | 0.8907 | 0.8925 | 0.8944 | 0.8962 | 0.8980 | 0.8997 | 0.9015 |
| 1.3 | 0.9032 | 0.9049 | 0.9066 | 0.9082 | 0.9099 | 0.9115 | 0.9131 | 0.9147 | 0.9162 | 0.9177 |

续表

| $u$ | 0.00 | 0.01 | 0.02 | 0.03 | 0.04 | 0.05 | 0.06 | 0.07 | 0.08 | 0.09 |
|---|---|---|---|---|---|---|---|---|---|---|
| 1.4 | 0.9192 | 0.9207 | 0.9222 | 0.9236 | 0.9251 | 0.9265 | 0.9279 | 0.9292 | 0.9306 | 0.9319 |
| 1.5 | 0.9332 | 0.9345 | 0.9357 | 0.9370 | 0.9382 | 0.9394 | 0.9406 | 0.9418 | 0.9430 | 0.9441 |
| 1.6 | 0.9452 | 0.9463 | 0.9474 | 0.9484 | 0.9495 | 0.9505 | 0.9515 | 0.9525 | 0.9535 | 0.9535 |
| 1.7 | 0.9554 | 0.9564 | 0.9573 | 0.9582 | 0.9591 | 0.9599 | 0.9608 | 0.9616 | 0.9625 | 0.9633 |
| 1.8 | 0.9641 | 0.9648 | 0.9656 | 0.9664 | 0.9672 | 0.9678 | 0.9686 | 0.9693 | 0.9700 | 0.9706 |
| 1.9 | 0.9713 | 0.9719 | 0.9726 | 0.9732 | 0.9738 | 0.9744 | 0.9750 | 0.9756 | 0.9762 | 0.9767 |
| 2.0 | 0.9772 | 0.9778 | 0.9783 | 0.9788 | 0.9793 | 0.9798 | 0.9803 | 0.9808 | 0.9812 | 0.9817 |
| 2.1 | 0.9821 | 0.9826 | 0.9830 | 0.9834 | 0.9838 | 0.9842 | 0.9846 | 0.9850 | 0.9854 | 0.9857 |
| 2.2 | 0.9861 | 0.9864 | 0.9868 | 0.9871 | 0.9874 | 0.9878 | 0.9881 | 0.9884 | 0.9887 | 0.9890 |
| 2.3 | 0.9893 | 0.9896 | 0.9898 | 0.9901 | 0.9904 | 0.9906 | 0.9909 | 0.9911 | 0.9913 | 0.9916 |
| 2.4 | 0.9918 | 0.9920 | 0.9922 | 0.9925 | 0.9927 | 0.9929 | 0.9931 | 0.9932 | 0.9934 | 0.9936 |
| 2.5 | 0.9938 | 0.9940 | 0.9941 | 0.9943 | 0.9945 | 0.9946 | 0.9948 | 0.9949 | 0.9951 | 0.9952 |
| 2.6 | 0.9953 | 0.9955 | 0.9956 | 0.9957 | 0.9959 | 0.9960 | 0.9961 | 0.9962 | 0.9963 | 0.9964 |
| 2.7 | 0.9965 | 0.9966 | 0.9967 | 0.9968 | 0.9969 | 0.9970 | 0.9971 | 0.9972 | 0.9973 | 0.9974 |
| 2.8 | 0.9974 | 0.9975 | 0.9976 | 0.9977 | 0.9977 | 0.9978 | 0.9979 | 0.9979 | 0.9980 | 0.9981 |
| 2.9 | 0.9981 | 0.9982 | 0.9982 | 0.9983 | 0.9984 | 0.9984 | 0.9985 | 0.9985 | 0.9986 | 0.9986 |
| 3.0 | 0.9987 | 0.9990 | 0.9993 | 0.9995 | 0.9997 | 0.9998 | 0.9998 | 0.9999 | 0.9999 | 1.0000 |

# 附录 2 t 分布表

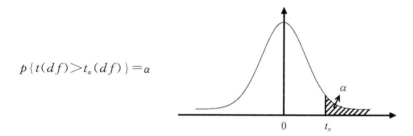

$p\{t(df) > t_\alpha(df)\} = \alpha$

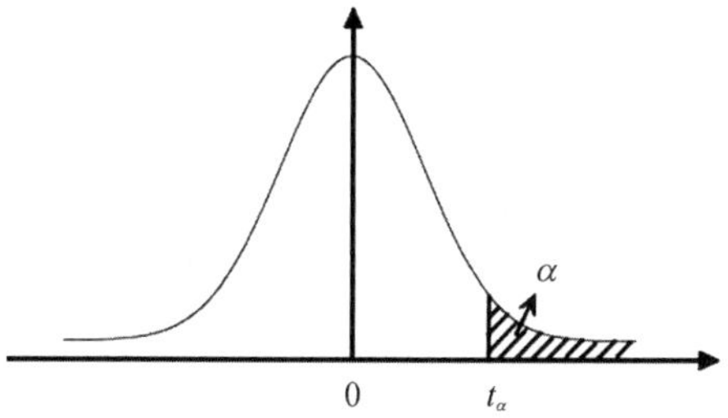


| df | α | | | | | | | | |
|---|---|---|---|---|---|---|---|---|---|
| | 0.25 | 0.10 | 0.05 | 0.025 | 0.01 | 0.005 | 0.0025 | 0.001 | 0.0005 |
| 1 | 1.000 | 3.078 | 6.314 | 12.706 | 31.821 | 63.657 | 127.321 | 318.309 | 636.619 |
| 2 | 0.816 | 1.886 | 2.920 | 4.303 | 6.965 | 9.925 | 14.089 | 22.327 | 31.599 |
| 3 | 0.765 | 1.638 | 2.353 | 3.182 | 4.541 | 5.841 | 7.453 | 10.215 | 12.924 |
| 4 | 0.741 | 1.533 | 2.132 | 2.776 | 3.747 | 4.604 | 5.598 | 7.173 | 8.610 |
| 5 | 0.727 | 1.476 | 2.015 | 2.571 | 3.365 | 4.032 | 4.773 | 5.893 | 6.869 |
| 6 | 0.718 | 1.440 | 1.943 | 2.447 | 3.143 | 3.707 | 4.317 | 5.208 | 5.959 |
| 7 | 0.711 | 1.415 | 1.895 | 2.365 | 2.998 | 3.499 | 4.029 | 4.785 | 5.408 |
| 8 | 0.706 | 1.397 | 1.860 | 2.306 | 2.896 | 3.355 | 3.833 | 4.501 | 5.041 |
| 9 | 0.703 | 1.383 | 1.833 | 2.262 | 2.821 | 3.250 | 3.690 | 4.297 | 4.781 |
| 10 | 0.700 | 1.372 | 1.812 | 2.228 | 2.764 | 3.169 | 3.581 | 4.144 | 4.587 |
| 11 | 0.697 | 1.363 | 1.796 | 2.201 | 2.718 | 3.106 | 3.497 | 4.025 | 4.437 |
| 12 | 0.695 | 1.356 | 1.782 | 2.179 | 2.681 | 3.055 | 3.428 | 3.930 | 4.318 |

**续表**

| $df$ | $\alpha$ | | | | | | | | |
|---|---|---|---|---|---|---|---|---|---|
| | 0.25 | 0.10 | 0.05 | 0.025 | 0.01 | 0.005 | 0.0025 | 0.001 | 0.0005 |
| 13 | 0.694 | 1.350 | 1.771 | 2.160 | 2.650 | 3.012 | 3.372 | 3.852 | 4.221 |
| 14 | 0.692 | 1.345 | 1.761 | 2.145 | 2.624 | 2.977 | 3.326 | 3.787 | 4.140 |
| 15 | 0.691 | 1.341 | 1.753 | 2.131 | 2.602 | 2.947 | 3.286 | 3.733 | 4.073 |
| 16 | 0.690 | 1.337 | 1.746 | 2.12 | 2.583 | 2.921 | 3.252 | 3.686 | 4.015 |
| 17 | 0.689 | 1.333 | 1.740 | 2.110 | 2.567 | 2.898 | 3.222 | 3.646 | 3.965 |
| 18 | 0.688 | 1.330 | 1.734 | 2.101 | 2.552 | 2.878 | 3.197 | 3.610 | 3.922 |
| 19 | 0.688 | 1.328 | 1.729 | 2.093 | 2.539 | 2.861 | 3.174 | 3.579 | 3.883 |
| 20 | 0.687 | 1.325 | 1.725 | 2.086 | 2.528 | 2.845 | 3.153 | 3.552 | 3.850 |
| 21 | 0.686 | 1.323 | 1.721 | 2.080 | 2.518 | 2.831 | 3.135 | 3.527 | 3.819 |
| 22 | 0.686 | 1.321 | 1.717 | 2.074 | 2.508 | 2.819 | 3.119 | 3.505 | 3.792 |
| 23 | 0.685 | 1.319 | 1.714 | 2.069 | 2.500 | 2.807 | 3.104 | 3.485 | 3.768 |
| 24 | 0.685 | 1.318 | 1.711 | 2.064 | 2.492 | 2.797 | 3.091 | 3.467 | 3.745 |
| 25 | 0.684 | 1.316 | 1.708 | 2.06 | 2.485 | 2.787 | 3.078 | 3.450 | 3.725 |
| 26 | 0.684 | 1.315 | 1.706 | 2.056 | 2.479 | 2.779 | 3.067 | 3.435 | 3.707 |
| 27 | 0.684 | 1.314 | 1.703 | 2.052 | 2.473 | 2.771 | 3.057 | 3.421 | 3.69 |
| 28 | 0.683 | 1.313 | 1.701 | 2.048 | 2.467 | 2.763 | 3.047 | 3.408 | 3.674 |
| 29 | 0.683 | 1.311 | 1.699 | 2.045 | 2.462 | 2.756 | 3.038 | 3.396 | 3.659 |
| 30 | 0.683 | 1.310 | 1.697 | 2.042 | 2.457 | 2.750 | 3.030 | 3.385 | 3.646 |
| 31 | 0.682 | 1.309 | 1.696 | 2.04 | 2.453 | 2.744 | 3.022 | 3.375 | 3.633 |
| 32 | 0.682 | 1.309 | 1.694 | 2.037 | 2.449 | 2.738 | 3.015 | 3.365 | 3.622 |
| 33 | 0.682 | 1.308 | 1.692 | 2.035 | 2.445 | 2.733 | 3.008 | 3.356 | 3.611 |
| 34 | 0.682 | 1.307 | 1.091 | 2.032 | 2.441 | 2.728 | 3.002 | 3.348 | 3.601 |
| 35 | 0.682 | 1.306 | 1.690 | 2.030 | 2.438 | 2.724 | 2.996 | 3.340 | 3.591 |
| 36 | 0.681 | 1.306 | 1.688 | 2.028 | 2.434 | 2.719 | 2.99 | 3.333 | 3.582 |

**续表**

| $df$ | $\alpha$ | | | | | | | | |
|---|---|---|---|---|---|---|---|---|---|
| | 0.25 | 0.10 | 0.05 | 0.025 | 0.01 | 0.005 | 0.0025 | 0.001 | 0.0005 |
| 37 | 0.681 | 1.305 | 1.687 | 2.026 | 2.431 | 2.715 | 2.985 | 3.326 | 3.574 |
| 38 | 0.681 | 1.304 | 1.686 | 2.024 | 2.429 | 2.712 | 2.980 | 3.319 | 3.566 |
| 39 | 0.681 | 1.304 | 1.685 | 2.023 | 2.426 | 2.708 | 2.976 | 3.313 | 3.558 |
| 40 | 0.681 | 1.303 | 1.684 | 2.021 | 2.423 | 2.704 | 2.971 | 3.307 | 3.551 |
| 50 | 0.679 | 1.299 | 1.676 | 2.009 | 2.403 | 2.678 | 2.937 | 3.261 | 3.496 |
| 60 | 0.679 | 1.296 | 1.671 | 2.000 | 2.390 | 2.660 | 2.915 | 3.232 | 3.460 |
| 70 | 0.678 | 1.294 | 1.667 | 1.994 | 2.381 | 2.648 | 2.899 | 3.211 | 3.436 |
| 80 | 0.678 | 1.292 | 1.664 | 1.99 | 2.374 | 2.639 | 2.887 | 3.195 | 3.416 |
| 90 | 0.677 | 1.291 | 1.662 | 1.987 | 2.368 | 2.632 | 2.878 | 3.183 | 3.402 |
| 100 | 0.677 | 1.290 | 1.660 | 1.984 | 2.364 | 2.626 | 2.871 | 3.174 | 3.390 |
| 200 | 0.676 | 1.286 | 1.653 | 1.972 | 2.345 | 2.601 | 2.839 | 3.131 | 3.340 |
| 500 | 0.675 | 1.283 | 1.648 | 1.965 | 2.334 | 2.586 | 2.820 | 3.107 | 3.310 |
| 1000 | 0.675 | 1.282 | 1.646 | 1.962 | 2.33 | 2.581 | 2.813 | 3.098 | 3.300 |
| ∞ | 0.6745 | 1.2816 | 1.6449 | 1.960 | 2.3263 | 2.5758 | 2.8070 | 3.0902 | 3.2905 |

# 附录3　$\chi^2$ 分布表

$$p\{\chi^2(df)>\chi^2_\alpha(df)\}=\alpha$$

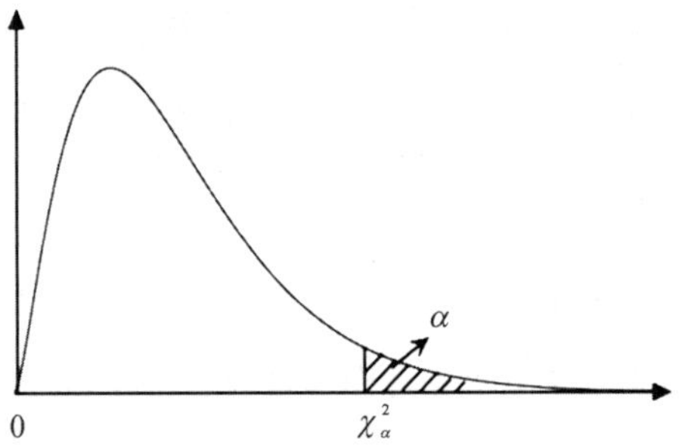

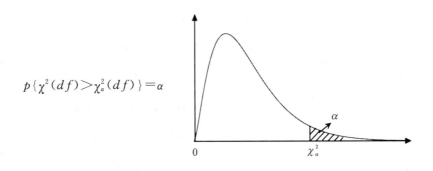

| $df$ | $\alpha$ | | | | | | | | | |
|---|---|---|---|---|---|---|---|---|---|---|
| | 0.995 | 0.99 | 0.975 | 0.95 | 0.90 | 0.10 | 0.05 | 0.025 | 0.001 | 0.0005 |
| 1 | 0.0000 | 0.0002 | 0.0010 | 0.0039 | 0.0158 | 2.7055 | 3.8415 | 5.0239 | 10.8276 | 12.1157 |
| 2 | 0.0100 | 0.0201 | 0.0506 | 0.1026 | 0.2107 | 4.6052 | 5.9915 | 7.3778 | 13.8155 | 15.2018 |
| 3 | 0.0717 | 0.1148 | 0.2158 | 0.3518 | 0.5844 | 6.2514 | 7.8147 | 9.3484 | 16.2662 | 17.7300 |
| 4 | 0.2070 | 0.2971 | 0.4844 | 0.7107 | 1.0636 | 7.7794 | 9.4877 | 11.1433 | 18.4668 | 19.9974 |
| 5 | 0.4117 | 0.5543 | 0.8312 | 1.1455 | 1.6103 | 9.2364 | 11.0705 | 12.8325 | 20.5150 | 22.1053 |
| 6 | 0.6757 | 0.8721 | 1.2373 | 1.6354 | 2.2041 | 10.6446 | 12.5916 | 14.4494 | 22.4577 | 24.1028 |
| 7 | 0.9893 | 1.2390 | 1.6899 | 2.1673 | 2.8331 | 12.0170 | 14.0671 | 16.0128 | 24.3219 | 26.0178 |
| 8 | 1.3444 | 1.6465 | 2.1797 | 2.7326 | 3.4895 | 13.3616 | 15.5073 | 17.5345 | 26.1245 | 27.8680 |
| 9 | 1.7349 | 2.0879 | 2.7004 | 3.3251 | 4.1682 | 14.6837 | 16.9190 | 19.0228 | 27.8772 | 29.6658 |
| 10 | 2.1559 | 2.5582 | 3.2470 | 3.9403 | 4.8652 | 15.9872 | 18.3070 | 20.4832 | 29.5883 | 31.4198 |
| 11 | 2.6032 | 3.0535 | 3.8157 | 4.5748 | 5.5778 | 17.2750 | 19.6751 | 21.9200 | 31.2641 | 33.1366 |
| 12 | 3.0738 | 3.5706 | 4.4038 | 5.2260 | 6.3038 | 18.5493 | 21.0261 | 23.3367 | 32.9095 | 34.8213 |

续表

| df | α | | | | | | | | | |
|---|---|---|---|---|---|---|---|---|---|---|
| | 0.995 | 0.99 | 0.975 | 0.95 | 0.90 | 0.10 | 0.05 | 0.025 | 0.001 | 0.0005 |
| 13 | 3.5650 | 4.1069 | 5.0088 | 5.8919 | 7.0415 | 19.8119 | 22.3620 | 24.7356 | 34.5282 | 36.4778 |
| 14 | 4.0747 | 4.6604 | 5.6287 | 6.5706 | 7.7895 | 21.0641 | 23.6848 | 26.1189 | 36.1233 | 38.1094 |
| 15 | 4.6009 | 5.2293 | 6.2621 | 7.2609 | 8.5468 | 22.3071 | 24.9958 | 27.4884 | 37.6973 | 39.7188 |
| 16 | 5.1422 | 5.8122 | 6.9077 | 7.9616 | 9.3122 | 23.5418 | 26.2962 | 28.8454 | 39.2524 | 41.3081 |
| 17 | 5.6972 | 6.4078 | 7.5642 | 8.6718 | 10.0852 | 24.7690 | 27.5871 | 30.1910 | 40.7902 | 42.8792 |
| 18 | 6.2648 | 7.0149 | 8.2307 | 9.3905 | 10.8649 | 25.9894 | 28.8693 | 31.5264 | 42.3124 | 44.4338 |
| 19 | 6.8440 | 7.6327 | 8.9065 | 10.1170 | 11.6509 | 27.2036 | 30.1435 | 32.8523 | 43.8202 | 45.9731 |
| 20 | 7.4338 | 8.2604 | 9.5908 | 10.8508 | 12.4426 | 28.4120 | 31.4104 | 34.1696 | 45.3147 | 47.4985 |
| 21 | 8.0337 | 8.8972 | 10.2829 | 11.5913 | 13.2396 | 29.6151 | 32.6706 | 35.4789 | 46.7970 | 49.0108 |
| 22 | 8.6427 | 9.5425 | 10.9823 | 12.3380 | 14.0415 | 30.8133 | 33.9244 | 36.7807 | 48.2679 | 50.5111 |
| 23 | 9.2604 | 10.1957 | 11.6886 | 13.0905 | 14.8480 | 32.0069 | 35.1725 | 38.0756 | 49.7282 | 52.0002 |
| 24 | 9.8862 | 10.8564 | 12.4012 | 13.8484 | 15.6587 | 33.1962 | 36.4150 | 39.3641 | 51.1786 | 53.4788 |
| 25 | 10.5197 | 11.5240 | 13.1197 | 14.6114 | 16.4734 | 34.3816 | 37.6525 | 40.6465 | 52.6197 | 54.9475 |
| 26 | 11.1602 | 12.1981 | 13.8439 | 15.3792 | 17.2919 | 35.5632 | 38.8851 | 41.9232 | 54.0520 | 56.4069 |
| 27 | 11.8076 | 12.8785 | 14.5734 | 16.1514 | 18.1139 | 36.7412 | 40.1133 | 43.1945 | 55.4760 | 57.8576 |
| 28 | 12.4613 | 13.5647 | 15.3079 | 16.9279 | 18.9392 | 37.9159 | 41.3371 | 44.4608 | 56.8923 | 59.3000 |
| 29 | 13.1211 | 14.2565 | 16.0471 | 17.7084 | 19.7677 | 39.0875 | 42.5570 | 45.7223 | 58.3012 | 60.7346 |
| 30 | 13.7867 | 14.9535 | 16.7908 | 18.4927 | 20.5992 | 40.2560 | 43.7730 | 46.9792 | 59.7031 | 62.1619 |
| 31 | 14.4578 | 15.6555 | 17.5387 | 19.2806 | 21.4336 | 41.4217 | 44.9853 | 48.2319 | 61.0983 | 63.5820 |
| 32 | 15.1340 | 16.3622 | 18.2908 | 20.0719 | 22.2706 | 42.5847 | 46.1943 | 49.4804 | 62.4872 | 64.9955 |
| 33 | 15.8153 | 17.0735 | 19.0467 | 20.8665 | 23.1102 | 43.7452 | 47.3999 | 50.7251 | 63.8701 | 66.4025 |
| 34 | 16.5013 | 17.7891 | 19.8063 | 21.6643 | 23.9523 | 44.9032 | 48.6024 | 51.9660 | 65.2472 | 67.8035 |
| 35 | 17.1918 | 18.5089 | 20.5694 | 22.4650 | 24.7967 | 46.0588 | 49.8018 | 53.2033 | 66.6188 | 69.1986 |
| 36 | 17.8867 | 19.2327 | 21.3359 | 23.2686 | 25.6433 | 47.2122 | 50.9985 | 54.4373 | 67.9852 | 70.5881 |

**续表**

| df | α | | | | | | | | | |
|---|---|---|---|---|---|---|---|---|---|---|
| | 0.995 | 0.99 | 0.975 | 0.95 | 0.90 | 0.10 | 0.05 | 0.025 | 0.001 | 0.0005 |
| 37 | 18.5858 | 19.9602 | 22.1056 | 24.0749 | 26.4921 | 48.3634 | 52.1923 | 55.6680 | 69.3465 | 71.9722 |
| 38 | 19.2889 | 20.6914 | 22.8785 | 24.8839 | 27.3430 | 49.5126 | 53.3835 | 56.8955 | 70.7029 | 73.3512 |
| 39 | 19.9959 | 21.4262 | 23.6543 | 25.6954 | 28.1958 | 50.6598 | 54.5722 | 58.1201 | 72.0547 | 74.7253 |
| 40 | 20.7065 | 22.1643 | 24.4330 | 26.5093 | 29.0505 | 51.8051 | 55.7585 | 59.3417 | 73.4020 | 76.0946 |
| 41 | 21.4208 | 22.9056 | 25.2145 | 27.3256 | 29.9071 | 52.9485 | 56.9424 | 60.5606 | 74.7449 | 77.4593 |
| 42 | 22.1385 | 23.6501 | 25.9987 | 28.1440 | 30.7654 | 54.0902 | 58.1240 | 61.7768 | 76.0838 | 78.8197 |
| 43 | 22.8595 | 24.3976 | 26.7854 | 28.9647 | 31.6255 | 55.2302 | 59.3035 | 62.9904 | 77.4186 | 80.1757 |
| 44 | 23.5837 | 25.1480 | 27.5746 | 29.7875 | 32.4871 | 56.3685 | 60.4809 | 64.2015 | 78.7495 | 81.5277 |
| 45 | 24.3110 | 25.9013 | 28.3662 | 30.6123 | 33.3504 | 57.5053 | 61.6562 | 65.4102 | 80.0767 | 82.8757 |
| 46 | 25.0413 | 26.6572 | 29.1601 | 31.4390 | 34.2152 | 58.6405 | 62.8296 | 66.6165 | 81.4003 | 84.2198 |
| 47 | 25.7746 | 27.4158 | 29.9562 | 32.2676 | 35.0814 | 59.7743 | 64.0011 | 67.8206 | 82.7204 | 85.5603 |
| 48 | 26.5106 | 28.1770 | 30.7545 | 33.0981 | 35.9491 | 60.9066 | 65.1708 | 69.0226 | 84.0371 | 86.8971 |
| 49 | 27.2493 | 28.9406 | 31.5549 | 33.9303 | 36.8182 | 62.0375 | 66.3386 | 70.2224 | 85.3506 | 88.2305 |
| 50 | 27.9907 | 29.7067 | 32.3574 | 34.7643 | 37.6886 | 63.1671 | 67.5048 | 71.4202 | 86.6608 | 89.5605 |
| 51 | 28.7347 | 30.4750 | 33.1618 | 35.5999 | 38.5604 | 64.2954 | 68.6693 | 72.6160 | 87.9680 | 90.8872 |
| 52 | 29.4812 | 31.2457 | 33.9681 | 36.4371 | 39.4334 | 65.4224 | 69.8322 | 73.8099 | 89.2722 | 92.2108 |
| 53 | 30.2300 | 32.0185 | 34.7763 | 37.2759 | 40.3076 | 66.5482 | 70.9935 | 75.0019 | 90.5734 | 93.5312 |
| 54 | 30.9813 | 32.7934 | 35.5863 | 38.1162 | 41.1830 | 67.6728 | 72.1532 | 76.1920 | 91.8718 | 94.8487 |
| 55 | 31.7348 | 33.5705 | 36.3981 | 38.9580 | 42.0596 | 68.7962 | 73.3115 | 77.3805 | 93.1675 | 96.1632 |
| 56 | 32.4905 | 34.3495 | 37.2116 | 39.8013 | 42.9373 | 69.9185 | 74.4683 | 78.5672 | 94.4605 | 97.4749 |
| 57 | 33.2484 | 35.1305 | 38.0267 | 40.6459 | 43.8161 | 71.0397 | 75.6237 | 79.7522 | 95.7510 | 98.7838 |
| 58 | 34.0084 | 35.9135 | 38.8435 | 41.4920 | 44.6960 | 72.1598 | 76.7778 | 80.9356 | 97.0388 | 100.0901 |
| 59 | 34.7704 | 36.6982 | 39.6619 | 42.3393 | 45.5770 | 73.2789 | 77.9305 | 82.1174 | 98.3242 | 101.3937 |
| 60 | 35.5345 | 37.4849 | 40.4817 | 43.1880 | 46.4589 | 74.3970 | 79.0819 | 83.2977 | 99.6072 | 102.6948 |

**续表**

| df | α | | | | | | | | | |
|---|---|---|---|---|---|---|---|---|---|---|
| | 0.995 | 0.99 | 0.975 | 0.95 | 0.90 | 0.10 | 0.05 | 0.025 | 0.001 | 0.0005 |
| 61 | 36.3005 | 38.2732 | 41.3031 | 44.0379 | 47.3418 | 75.5141 | 80.2321 | 84.4764 | 100.8879 | 103.9933 |
| 62 | 37.0684 | 39.0633 | 42.1260 | 44.8890 | 48.2257 | 76.6302 | 81.3810 | 85.6537 | 102.1662 | 105.2895 |
| 63 | 37.8382 | 39.8551 | 42.9503 | 45.7414 | 49.1105 | 77.7454 | 82.5287 | 86.8296 | 103.4424 | 106.5832 |
| 64 | 38.6098 | 40.6486 | 43.7760 | 46.5949 | 49.9963 | 78.8596 | 83.6753 | 88.0041 | 104.7163 | 107.8747 |
| 65 | 39.3831 | 41.4436 | 44.6030 | 47.4496 | 50.8829 | 79.9730 | 84.8206 | 89.1771 | 105.9881 | 109.1639 |
| 66 | 40.1582 | 42.2402 | 45.4314 | 48.3054 | 51.7705 | 81.0855 | 85.9649 | 90.3489 | 107.2579 | 110.4508 |
| 67 | 40.9350 | 43.0384 | 46.2610 | 49.1623 | 52.6588 | 82.1971 | 87.1081 | 91.5194 | 108.5256 | 111.7356 |
| 68 | 41.7135 | 43.8380 | 47.0920 | 50.0202 | 53.5481 | 83.3079 | 88.2502 | 92.6885 | 109.7913 | 113.0183 |
| 69 | 42.4935 | 44.6392 | 47.9242 | 50.8792 | 54.4381 | 84.4179 | 89.3912 | 93.8565 | 111.0551 | 114.2990 |
| 70 | 43.2752 | 45.4417 | 48.7576 | 51.7393 | 55.3289 | 85.5270 | 90.5312 | 95.0232 | 112.3169 | 115.5776 |
| 71 | 44.0584 | 46.2457 | 49.5922 | 52.6003 | 56.2206 | 86.6354 | 91.6702 | 96.1887 | 113.5769 | 116.8542 |
| 72 | 44.8431 | 47.0510 | 50.4279 | 53.4623 | 57.1129 | 87.7430 | 92.8083 | 97.3531 | 114.8351 | 118.1289 |
| 73 | 45.6293 | 47.8577 | 51.2648 | 54.3253 | 58.0061 | 88.8499 | 93.9453 | 98.5163 | 116.0915 | 119.4017 |
| 74 | 46.4170 | 48.6657 | 52.1028 | 55.1892 | 58.9000 | 89.9560 | 95.0815 | 99.6783 | 117.3462 | 120.6727 |
| 75 | 47.2060 | 49.4750 | 52.9419 | 56.0541 | 59.7946 | 91.0615 | 96.2167 | 100.8393 | 118.5991 | 121.9418 |
| 76 | 47.9965 | 50.2856 | 53.7821 | 56.9198 | 60.6899 | 92.1662 | 97.3510 | 101.9993 | 119.8503 | 123.2091 |
| 77 | 48.7884 | 51.0974 | 54.6234 | 57.7864 | 61.5858 | 93.2702 | 98.4844 | 103.1581 | 121.1000 | 124.4747 |
| 78 | 49.5816 | 51.9104 | 55.4656 | 58.6539 | 62.4825 | 94.3735 | 99.6169 | 104.3159 | 122.3480 | 125.7386 |
| 79 | 50.3761 | 52.7247 | 56.3089 | 59.5223 | 63.3799 | 95.4762 | 100.7486 | 105.4728 | 123.5944 | 127.0008 |
| 80 | 51.1719 | 53.5401 | 57.1532 | 60.3915 | 64.2778 | 96.5782 | 101.8795 | 106.6286 | 124.8392 | 128.2613 |
| 81 | 51.9690 | 54.3566 | 57.9984 | 61.2615 | 65.1765 | 97.6796 | 103.0095 | 107.7834 | 126.0826 | 129.5202 |
| 82 | 52.7674 | 55.1743 | 58.8446 | 62.1323 | 66.0757 | 98.7803 | 104.1387 | 108.9373 | 127.3244 | 130.7776 |
| 83 | 53.5669 | 55.9931 | 59.6918 | 63.0039 | 66.9756 | 99.8805 | 105.2672 | 110.0902 | 128.5648 | 132.0333 |
| 84 | 54.3677 | 56.8130 | 60.5398 | 63.8763 | 67.8761 | 100.9800 | 106.3948 | 111.2423 | 129.8037 | 133.2876 |

**续表**

| df | α | | | | | | | | | |
|---|---|---|---|---|---|---|---|---|---|---|
| | 0.995 | 0.99 | 0.975 | 0.95 | 0.9 | 0.1 | 0.05 | 0.025 | 0.001 | 0.0005 |
| 85 | 55.1696 | 57.6339 | 61.3888 | 64.7494 | 68.7772 | 102.0789 | 107.5217 | 112.3934 | 131.0412 | 134.5403 |
| 86 | 55.9727 | 58.4559 | 62.2386 | 65.6233 | 69.6788 | 103.1773 | 108.6479 | 113.5436 | 132.2773 | 135.7916 |
| 87 | 56.7769 | 59.2790 | 63.0894 | 66.4979 | 70.5810 | 104.2750 | 109.7733 | 114.6929 | 133.5121 | 137.0414 |
| 88 | 57.5823 | 60.1030 | 63.9409 | 67.3732 | 71.4838 | 105.3722 | 110.8980 | 115.8414 | 134.7455 | 138.2897 |
| 89 | 58.3888 | 60.9281 | 64.7934 | 68.2493 | 72.3872 | 106.4689 | 112.0220 | 116.9891 | 135.9776 | 139.5367 |
| 90 | 59.1963 | 61.7541 | 65.6466 | 69.1260 | 73.2911 | 107.5650 | 113.1453 | 118.1359 | 137.2084 | 140.7823 |
| 91 | 60.0049 | 62.5811 | 66.5007 | 70.0035 | 74.1955 | 108.6606 | 114.2679 | 119.2819 | 138.4379 | 142.0265 |
| 92 | 60.8146 | 63.4090 | 67.3556 | 70.8816 | 75.1005 | 109.7556 | 115.3898 | 120.4271 | 139.6661 | 143.2694 |
| 93 | 61.6253 | 64.2379 | 68.2112 | 71.7603 | 76.0060 | 110.8502 | 116.5110 | 121.5715 | 140.8931 | 144.5110 |
| 94 | 62.4370 | 65.0677 | 69.0677 | 72.6398 | 76.9119 | 111.9442 | 117.6317 | 122.7151 | 142.1189 | 145.7513 |
| 95 | 63.2496 | 65.8984 | 69.9249 | 73.5198 | 77.8184 | 113.0377 | 118.7516 | 123.8580 | 143.3435 | 146.9903 |
| 96 | 64.0633 | 66.7299 | 70.7828 | 74.4005 | 78.7254 | 114.1307 | 119.8709 | 125.0001 | 144.5670 | 148.2280 |
| 97 | 64.8780 | 67.5624 | 71.6415 | 75.2819 | 79.6329 | 115.2232 | 120.9896 | 126.1414 | 145.7892 | 149.4646 |
| 98 | 65.6936 | 68.3957 | 72.5009 | 76.1638 | 80.5408 | 116.3153 | 122.1077 | 127.2821 | 147.0104 | 150.6999 |
| 99 | 66.5101 | 69.2299 | 73.3611 | 77.0463 | 81.4493 | 117.4069 | 123.2252 | 128.4220 | 148.2304 | 151.9340 |
| 100 | 67.3276 | 70.0649 | 74.2219 | 77.9295 | 82.3581 | 118.4980 | 124.3421 | 129.5612 | 149.4493 | 153.1670 |

# 附录4　F 分布表

$$p\{F(df_1, df_2) > F_\alpha(df_1, df_2)\} = \alpha$$

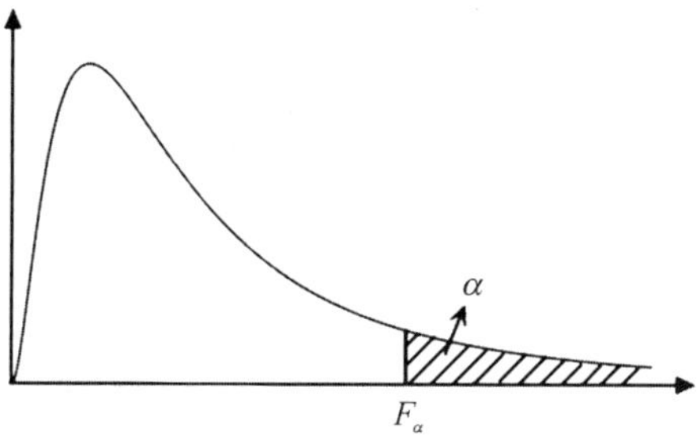


**α=0.05**

| $df_2$ \ $df_1$ | 1 | 2 | 3 | 4 | 5 | 6 | 7 | 8 | 9 | 10 | 12 | 15 | 20 | 24 | 30 | 40 | 60 | 120 | ∞ |
|---|---|---|---|---|---|---|---|---|---|---|---|---|---|---|---|---|---|---|---|
| 1 | 161.4 | 199.5 | 215.7 | 224.6 | 230.2 | 234.0 | 236.8 | 238.9 | 240.5 | 241.9 | 243.9 | 245.9 | 248.0 | 249.1 | 250.1 | 251.1 | 252.2 | 253.3 | 254.3 |
| 2 | 18.51 | 19.00 | 19.16 | 19.25 | 19.30 | 19.33 | 19.35 | 19.37 | 19.38 | 19.40 | 19.41 | 19.43 | 19.45 | 19.45 | 19.46 | 19.47 | 19.48 | 19.49 | 19.50 |
| 3 | 10.13 | 9.55 | 9.28 | 9.12 | 9.01 | 8.94 | 8.89 | 8.85 | 8.81 | 8.79 | 8.74 | 8.70 | 8.66 | 8.64 | 8.62 | 8.59 | 8.57 | 8.55 | 8.53 |
| 4 | 7.71 | 6.94 | 6.59 | 6.39 | 6.26 | 6.16 | 6.09 | 6.04 | 6.00 | 5.96 | 5.91 | 5.86 | 5.80 | 5.77 | 5.75 | 5.72 | 5.69 | 5.66 | 5.63 |
| 5 | 6.61 | 5.79 | 5.41 | 5.19 | 5.05 | 4.95 | 4.88 | 4.82 | 4.77 | 4.74 | 4.68 | 4.62 | 4.56 | 4.53 | 4.50 | 4.46 | 4.43 | 4.40 | 4.36 |
| 6 | 5.99 | 5.14 | 4.76 | 4.53 | 4.39 | 4.28 | 4.21 | 4.15 | 4.10 | 4.06 | 4.00 | 3.94 | 3.87 | 3.84 | 3.81 | 3.77 | 3.74 | 3.70 | 3.67 |
| 7 | 5.59 | 4.74 | 4.35 | 4.12 | 3.97 | 3.87 | 3.79 | 3.73 | 3.68 | 3.64 | 3.57 | 3.51 | 3.44 | 3.41 | 3.38 | 3.34 | 3.30 | 3.27 | 3.23 |
| 8 | 5.32 | 4.46 | 4.07 | 3.84 | 3.69 | 3.58 | 3.50 | 3.44 | 3.39 | 3.35 | 3.28 | 3.22 | 3.15 | 3.12 | 3.08 | 3.04 | 3.01 | 2.97 | 2.93 |
| 9 | 5.12 | 4.26 | 3.86 | 3.63 | 3.48 | 3.37 | 3.29 | 3.23 | 3.18 | 3.14 | 3.07 | 3.01 | 2.94 | 2.90 | 2.86 | 2.83 | 2.79 | 2.75 | 2.71 |
| 10 | 4.96 | 4.10 | 3.71 | 3.48 | 3.33 | 3.22 | 3.14 | 3.07 | 3.02 | 2.98 | 2.91 | 2.85 | 2.77 | 2.74 | 2.70 | 2.66 | 2.62 | 2.58 | 2.54 |
| 11 | 4.84 | 3.98 | 3.59 | 3.36 | 3.20 | 3.09 | 3.01 | 2.95 | 2.90 | 2.85 | 2.79 | 2.72 | 2.65 | 2.61 | 2.57 | 2.53 | 2.49 | 2.45 | 2.40 |
| 12 | 4.75 | 3.89 | 3.49 | 3.26 | 3.11 | 3.00 | 2.91 | 2.85 | 2.80 | 2.75 | 2.69 | 2.62 | 2.54 | 2.51 | 2.47 | 2.43 | 2.38 | 2.34 | 2.30 |
| 13 | 4.67 | 3.81 | 3.41 | 3.18 | 3.03 | 2.92 | 2.83 | 2.77 | 2.71 | 2.67 | 2.60 | 2.53 | 2.46 | 2.42 | 2.38 | 2.34 | 2.30 | 2.25 | 2.21 |
| 14 | 4.60 | 3.74 | 3.34 | 3.11 | 2.96 | 2.85 | 2.76 | 2.70 | 2.65 | 2.60 | 2.53 | 2.46 | 2.39 | 2.35 | 2.31 | 2.27 | 2.22 | 2.18 | 2.13 |

**续表**

| $df_2$ \ $df_1$ | 1 | 2 | 3 | 4 | 5 | 6 | 7 | 8 | 9 | 10 | 12 | 15 | 20 | 24 | 30 | 40 | 60 | 120 | ∞ |
|---|---|---|---|---|---|---|---|---|---|---|---|---|---|---|---|---|---|---|---|
| 15 | 4.54 | 3.68 | 3.29 | 3.06 | 2.90 | 2.79 | 2.71 | 2.64 | 2.59 | 2.54 | 2.48 | 2.40 | 2.33 | 2.29 | 2.25 | 2.20 | 2.16 | 2.11 | 2.07 |
| 16 | 4.49 | 3.63 | 3.24 | 3.01 | 2.85 | 2.74 | 2.66 | 2.59 | 2.54 | 2.49 | 2.42 | 2.35 | 2.28 | 2.24 | 2.19 | 2.15 | 2.11 | 2.06 | 2.01 |
| 17 | 4.45 | 3.59 | 3.20 | 2.96 | 2.81 | 2.70 | 2.61 | 2.55 | 2.49 | 2.45 | 2.38 | 2.31 | 2.23 | 2.19 | 2.15 | 2.10 | 2.06 | 2.01 | 1.96 |
| 18 | 4.41 | 3.55 | 3.16 | 2.93 | 2.77 | 2.66 | 2.58 | 2.51 | 2.46 | 2.41 | 2.34 | 2.27 | 2.19 | 2.15 | 2.11 | 2.06 | 2.02 | 1.97 | 1.92 |
| 19 | 4.38 | 3.52 | 3.13 | 2.90 | 2.74 | 2.63 | 2.54 | 2.48 | 2.42 | 2.38 | 2.31 | 2.23 | 2.16 | 2.11 | 2.07 | 2.03 | 1.98 | 1.93 | 1.88 |
| 20 | 4.35 | 3.49 | 3.10 | 2.87 | 2.71 | 2.60 | 2.51 | 2.45 | 2.39 | 2.35 | 2.28 | 2.20 | 2.12 | 2.08 | 2.04 | 1.99 | 1.95 | 1.90 | 1.84 |
| 21 | 4.32 | 3.47 | 3.07 | 2.84 | 2.68 | 2.57 | 2.49 | 2.42 | 2.37 | 2.32 | 2.25 | 2.18 | 2.10 | 2.05 | 2.01 | 1.96 | 1.92 | 1.87 | 1.81 |
| 22 | 4.30 | 3.44 | 3.05 | 2.82 | 2.66 | 2.55 | 2.46 | 2.40 | 2.34 | 2.30 | 2.23 | 2.15 | 2.07 | 2.03 | 1.98 | 1.94 | 1.89 | 1.84 | 1.78 |
| 23 | 4.28 | 3.42 | 3.03 | 2.80 | 2.64 | 2.53 | 2.44 | 2.37 | 2.32 | 2.27 | 2.20 | 2.13 | 2.05 | 2.01 | 1.96 | 1.91 | 1.86 | 1.81 | 1.76 |
| 24 | 4.26 | 3.40 | 3.01 | 2.78 | 2.62 | 2.51 | 2.42 | 2.36 | 2.30 | 2.25 | 2.18 | 2.11 | 2.03 | 1.98 | 1.94 | 1.89 | 1.84 | 1.79 | 1.73 |
| 25 | 4.24 | 3.39 | 2.99 | 2.76 | 2.60 | 2.49 | 2.40 | 2.34 | 2.28 | 2.24 | 2.16 | 2.09 | 2.01 | 1.96 | 1.92 | 1.87 | 1.82 | 1.77 | 1.71 |
| 26 | 4.23 | 3.37 | 2.98 | 2.74 | 2.59 | 2.47 | 2.39 | 2.32 | 2.27 | 2.22 | 2.15 | 2.07 | 1.99 | 1.95 | 1.90 | 1.85 | 1.80 | 1.75 | 1.69 |
| 27 | 4.21 | 3.35 | 2.96 | 2.73 | 2.57 | 2.46 | 2.37 | 2.31 | 2.25 | 2.20 | 2.13 | 2.06 | 1.97 | 1.93 | 1.88 | 1.84 | 1.79 | 1.73 | 1.67 |
| 28 | 4.20 | 3.34 | 2.95 | 2.71 | 2.56 | 2.45 | 2.36 | 2.29 | 2.24 | 2.19 | 2.12 | 2.04 | 1.96 | 1.91 | 1.87 | 1.82 | 1.77 | 1.71 | 1.65 |
| 29 | 4.18 | 3.33 | 2.93 | 2.70 | 2.55 | 2.43 | 2.35 | 2.28 | 2.22 | 2.18 | 2.10 | 2.03 | 1.94 | 1.90 | 1.85 | 1.81 | 1.75 | 1.70 | 1.64 |
| 30 | 4.17 | 3.32 | 2.92 | 2.69 | 2.53 | 2.42 | 2.33 | 2.27 | 2.21 | 2.16 | 2.09 | 2.01 | 1.93 | 1.89 | 1.84 | 1.79 | 1.74 | 1.68 | 1.62 |
| 40 | 4.08 | 3.23 | 2.84 | 2.61 | 2.45 | 2.34 | 2.25 | 2.18 | 2.12 | 2.08 | 2.00 | 1.92 | 1.84 | 1.79 | 1.74 | 1.69 | 1.64 | 1.58 | 1.51 |
| 60 | 4.00 | 3.15 | 2.76 | 2.53 | 2.37 | 2.25 | 2.17 | 2.10 | 2.04 | 1.99 | 1.92 | 1.84 | 1.75 | 1.70 | 1.65 | 1.59 | 1.53 | 1.47 | 1.39 |
| 120 | 3.92 | 3.07 | 2.68 | 2.45 | 2.29 | 2.17 | 2.09 | 2.02 | 1.96 | 1.91 | 1.83 | 1.75 | 1.66 | 1.61 | 1.55 | 1.50 | 1.43 | 1.35 | 1.25 |
| ∞ | 3.84 | 3.00 | 2.60 | 2.37 | 2.21 | 2.10 | 2.01 | 1.94 | 1.88 | 1.83 | 1.75 | 1.67 | 1.57 | 1.52 | 1.46 | 1.39 | 1.32 | 1.22 | 1.00 |

**$\alpha=0.01$**

| $df_2$ \ $df_1$ | 1 | 2 | 3 | 4 | 5 | 6 | 7 | 8 | 9 | 10 | 12 | 15 | 20 | 24 | 30 | 40 | 60 | 120 | ∞ |
|---|---|---|---|---|---|---|---|---|---|---|---|---|---|---|---|---|---|---|---|
| 1 | 4052 | 4999.5 | 5403 | 5625 | 5764 | 5859 | 5928 | 5982 | 6022 | 6056 | 6106 | 6157 | 6209 | 6235 | 6261 | 6287 | 6313 | 6339 | 6366 |
| 2 | 98.50 | 99.00 | 99.17 | 99.25 | 99.30 | 99.33 | 99.36 | 99.37 | 99.39 | 99.40 | 99.42 | 99.43 | 99.45 | 99.46 | 99.47 | 99.47 | 99.48 | 99.49 | 99.50 |
| 3 | 34.12 | 30.82 | 29.46 | 28.71 | 28.24 | 27.91 | 27.67 | 27.49 | 27.35 | 27.23 | 27.05 | 26.87 | 26.69 | 26.60 | 26.50 | 26.41 | 26.32 | 26.22 | 26.13 |
| 4 | 21.20 | 18.00 | 16.69 | 15.98 | 15.52 | 15.21 | 14.98 | 14.80 | 14.66 | 14.55 | 14.37 | 24.20 | 14.02 | 13.93 | 13.84 | 13.75 | 13.65 | 13.56 | 13.46 |
| 5 | 16.26 | 13.27 | 12.06 | 11.39 | 10.97 | 10.67 | 10.46 | 10.29 | 10.16 | 10.05 | 9.89 | 9.72 | 9.55 | 9.47 | 9.38 | 9.29 | 9.20 | 9.11 | 9.02 |
| 6 | 13.75 | 10.93 | 9.78 | 9.15 | 8.75 | 8.47 | 8.26 | 8.10 | 7.98 | 7.87 | 7.72 | 7.56 | 7.40 | 7.31 | 7.23 | 7.14 | 7.06 | 6.97 | 6.88 |
| 7 | 12.25 | 9.55 | 8.45 | 7.85 | 7.46 | 7.19 | 6.99 | 6.84 | 6.72 | 6.62 | 6.47 | 6.31 | 6.16 | 6.07 | 5.99 | 5.91 | 5.82 | 5.74 | 5.65 |
| 8 | 11.26 | 8.65 | 7.59 | 7.01 | 6.63 | 6.37 | 6.18 | 6.03 | 5.91 | 5.81 | 5.67 | 5.52 | 5.36 | 5.28 | 5.20 | 5.12 | 5.03 | 4.95 | 4.86 |
| 9 | 10.56 | 8.02 | 6.99 | 6.42 | 6.06 | 5.80 | 5.61 | 5.47 | 5.35 | 5.26 | 5.11 | 4.96 | 4.81 | 4.73 | 4.65 | 4.57 | 4.48 | 4.40 | 4.31 |
| 10 | 10.04 | 7.56 | 6.55 | 5.99 | 5.64 | 5.39 | 5.20 | 5.06 | 4.94 | 4.85 | 4.71 | 4.56 | 4.41 | 4.33 | 4.25 | 4.17 | 4.08 | 4.00 | 3.91 |
| 11 | 9.65 | 7.21 | 6.22 | 5.67 | 5.32 | 5.07 | 4.89 | 4.74 | 4.63 | 4.54 | 4.40 | 4.25 | 4.10 | 4.02 | 3.94 | 3.86 | 3.78 | 3.69 | 3.60 |
| 12 | 9.33 | 6.93 | 5.95 | 5.41 | 5.06 | 4.82 | 4.64 | 4.50 | 4.39 | 4.30 | 4.16 | 4.01 | 3.86 | 3.78 | 3.70 | 3.62 | 3.54 | 3.45 | 3.36 |
| 13 | 9.07 | 6.70 | 5.74 | 5.21 | 4.86 | 4.62 | 4.44 | 4.30 | 4.19 | 4.10 | 3.96 | 3.82 | 3.66 | 3.59 | 3.51 | 3.43 | 3.34 | 3.25 | 3.17 |
| 14 | 8.86 | 6.51 | 5.56 | 5.04 | 4.69 | 4.46 | 4.28 | 4.14 | 4.03 | 3.94 | 3.80 | 3.66 | 3.51 | 3.43 | 3.35 | 3.27 | 3.18 | 3.09 | 3.00 |

**续表**

| $df_2$ \ $df_1$ | 1 | 2 | 3 | 4 | 5 | 6 | 7 | 8 | 9 | 10 | 12 | 15 | 20 | 24 | 30 | 40 | 60 | 120 | ∞ |
|---|---|---|---|---|---|---|---|---|---|---|---|---|---|---|---|---|---|---|---|
| 15 | 8.68 | 6.36 | 5.42 | 4.89 | 4.56 | 4.32 | 4.14 | 4.00 | 3.89 | 3.80 | 3.67 | 3.52 | 3.37 | 3.29 | 3.21 | 3.13 | 3.05 | 2.96 | 2.87 |
| 16 | 8.53 | 6.23 | 5.29 | 4.77 | 4.44 | 4.20 | 4.03 | 3.89 | 3.78 | 3.69 | 3.55 | 3.41 | 3.26 | 3.18 | 3.10 | 3.02 | 2.93 | 2.84 | 2.75 |
| 17 | 8.40 | 6.11 | 5.18 | 4.67 | 4.34 | 4.10 | 3.93 | 3.79 | 3.68 | 3.59 | 3.46 | 3.31 | 3.16 | 3.08 | 3.00 | 2.92 | 2.83 | 2.75 | 2.65 |
| 18 | 8.29 | 6.01 | 5.09 | 4.58 | 4.25 | 4.01 | 3.94 | 3.71 | 3.60 | 3.51 | 3.37 | 3.23 | 3.08 | 3.00 | 2.92 | 2.84 | 2.75 | 2.66 | 2.57 |
| 19 | 8.18 | 5.93 | 5.01 | 4.50 | 4.17 | 3.94 | 3.77 | 3.63 | 3.52 | 3.43 | 3.30 | 3.15 | 3.00 | 2.92 | 2.84 | 2.76 | 2.67 | 2.58 | 2.49 |
| 20 | 8.10 | 5.85 | 4.94 | 4.43 | 4.10 | 3.87 | 3.70 | 3.56 | 3.46 | 3.37 | 3.23 | 3.09 | 2.94 | 2.86 | 2.78 | 2.69 | 2.61 | 2.52 | 2.42 |
| 21 | 8.02 | 5.78 | 4.87 | 4.37 | 4.04 | 3.81 | 3.64 | 3.51 | 3.40 | 3.31 | 3.17 | 3.03 | 2.88 | 2.80 | 2.72 | 2.64 | 2.55 | 2.46 | 2.36 |
| 22 | 7.95 | 5.72 | 4.82 | 4.31 | 3.99 | 3.76 | 3.59 | 3.45 | 3.35 | 3.26 | 3.12 | 2.98 | 2.83 | 2.75 | 2.67 | 2.58 | 2.50 | 2.40 | 2.31 |
| 23 | 7.88 | 5.66 | 4.76 | 4.26 | 3.94 | 3.71 | 3.54 | 3.41 | 3.30 | 3.21 | 3.07 | 2.93 | 2.78 | 2.70 | 2.62 | 2.54 | 2.45 | 2.35 | 2.26 |
| 24 | 7.82 | 5.61 | 4.72 | 4.22 | 3.90 | 3.67 | 3.50 | 3.36 | 3.26 | 3.17 | 3.03 | 2.89 | 2.74 | 2.66 | 2.58 | 2.49 | 2.40 | 2.31 | 2.21 |
| 25 | 7.77 | 5.57 | 4.68 | 4.18 | 3.85 | 3.63 | 3.46 | 3.32 | 3.22 | 3.13 | 2.99 | 2.85 | 2.70 | 2.62 | 2.54 | 2.45 | 2.36 | 2.27 | 2.17 |
| 26 | 7.72 | 5.53 | 4.64 | 4.14 | 3.82 | 3.59 | 3.42 | 3.29 | 3.18 | 3.09 | 2.96 | 2.81 | 2.66 | 2.58 | 2.50 | 2.42 | 2.33 | 2.23 | 2.13 |
| 27 | 7.68 | 5.49 | 4.60 | 4.11 | 3.78 | 3.56 | 3.39 | 3.26 | 3.15 | 3.06 | 2.93 | 2.78 | 2.63 | 2.55 | 2.47 | 2.38 | 2.29 | 2.20 | 2.10 |
| 28 | 7.64 | 5.45 | 4.57 | 4.07 | 3.75 | 3.53 | 3.36 | 3.23 | 3.12 | 3.03 | 2.90 | 2.75 | 2.60 | 2.52 | 2.44 | 2.35 | 2.26 | 2.17 | 2.06 |
| 29 | 7.60 | 5.42 | 4.54 | 4.04 | 3.73 | 3.50 | 3.33 | 3.20 | 3.09 | 3.00 | 2.87 | 2.73 | 2.57 | 2.49 | 2.41 | 2.33 | 2.23 | 2.14 | 2.03 |
| 30 | 7.56 | 5.39 | 4.51 | 4.02 | 3.70 | 3.47 | 3.30 | 3.17 | 3.07 | 2.98 | 2.84 | 2.70 | 2.55 | 2.47 | 2.39 | 2.30 | 2.21 | 2.11 | 2.01 |
| 40 | 7.31 | 5.18 | 4.31 | 3.83 | 3.51 | 3.29 | 3.12 | 2.99 | 2.89 | 2.80 | 2.66 | 2.52 | 2.37 | 2.29 | 2.20 | 2.11 | 2.02 | 1.92 | 1.80 |
| 60 | 7.08 | 4.98 | 4.13 | 3.65 | 3.34 | 3.12 | 2.95 | 2.82 | 2.72 | 2.63 | 2.50 | 2.35 | 2.20 | 2.12 | 2.03 | 1.94 | 1.84 | 1.73 | 1.60 |
| 120 | 6.85 | 4.79 | 3.95 | 3.48 | 3.17 | 2.96 | 2.79 | 2.66 | 2.56 | 2.47 | 2.34 | 2.19 | 2.03 | 1.95 | 1.86 | 1.76 | 1.66 | 1.53 | 1.38 |
| ∞ | 6.63 | 4.61 | 3.78 | 3.32 | 3.02 | 2.80 | 2.64 | 2.51 | 2.41 | 2.32 | 2.18 | 2.04 | 1.88 | 1.79 | 1.70 | 1.59 | 1.47 | 1.32 | 1.00 |

# 附录 5　秩和检验临界值表

| $n_1$ | $n_2$ | $\alpha=0.025$ | | $\alpha=0.05$ | | $n_1$ | $n_2$ | $\alpha=0.025$ | | $\alpha=0.05$ | |
|---|---|---|---|---|---|---|---|---|---|---|---|
| | | $T_1$ | $T_2$ | $T_1$ | $T_2$ | | | $T_1$ | $T_2$ | $T_1$ | $T_2$ |
| 2 | 4 | | | 3 | 11 | 5 | 5 | 18 | 37 | 19 | 36 |
| | 5 | | | 3 | 13 | | 6 | 19 | 41 | 20 | 40 |
| | 6 | 3 | 15 | 4 | 14 | | 7 | 20 | 45 | 22 | 43 |
| | 7 | 3 | 17 | 4 | 16 | | 8 | 21 | 49 | 23 | 47 |
| | 8 | 3 | 19 | 4 | 18 | | 9 | 22 | 53 | 25 | 50 |
| | 9 | 3 | 21 | 4 | 20 | | 10 | 24 | 56 | 26 | 54 |
| | 10 | 4 | 22 | 5 | 21 | 6 | 6 | 26 | 52 | 28 | 50 |
| 3 | 3 | | | 6 | 15 | | 7 | 28 | 56 | 30 | 54 |
| | 4 | 6 | 18 | 7 | 17 | | 8 | 29 | 61 | 32 | 58 |
| | 5 | 6 | 21 | 7 | 20 | | 9 | 31 | 65 | 33 | 63 |
| | 6 | 7 | 23 | 8 | 22 | | 10 | 33 | 69 | 35 | 67 |
| | 7 | 8 | 25 | 9 | 24 | 7 | 7 | 37 | 68 | 39 | 66 |
| | 8 | 8 | 28 | 9 | 27 | | 8 | 39 | 73 | 41 | 71 |
| | 9 | 9 | 30 | 10 | 29 | | 9 | 41 | 78 | 43 | 76 |
| | 10 | 9 | 33 | 11 | 31 | | 10 | 43 | 83 | 46 | 80 |
| 4 | 4 | 11 | 25 | 12 | 24 | 8 | 8 | 49 | 87 | 52 | 84 |
| | 5 | 12 | 28 | 13 | 27 | | 9 | 51 | 93 | 54 | 90 |
| | 6 | 12 | 32 | 14 | 30 | | 10 | 54 | 98 | 57 | 95 |
| | 7 | 13 | 35 | 15 | 33 | 9 | 9 | 63 | 108 | 66 | 105 |
| | 8 | 14 | 38 | 16 | 36 | | 10 | 66 | 114 | 69 | 111 |
| | 9 | 15 | 41 | 17 | 39 | 10 | 10 | 79 | 131 | 83 | 127 |
| | 10 | 16 | 44 | 18 | 42 | | | | | | |

# 附录 6　符号检验临界值表

| n | α | | | | n | α | | | | n | α | | | | n | α | | | |
|---|---|---|---|---|---|---|---|---|---|---|---|---|---|---|---|---|---|---|---|
| | 0.01 | 0.05 | 0.10 | 0.25 | | 0.01 | 0.05 | 0.10 | 0.25 | | 0.01 | 0.05 | 0.10 | 0.25 | | 0.01 | 0.05 | 0.10 | 0.25 |
| 1 | — | — | — | — | 24 | 5 | 6 | 7 | 8 | 47 | 14 | 16 | 17 | 19 | 70 | 23 | 26 | 27 | 29 |
| 2 | — | — | — | — | 25 | 5 | 7 | 7 | 9 | 48 | 14 | 16 | 17 | 19 | 71 | 24 | 26 | 28 | 30 |
| 3 | — | — | — | 0 | 26 | 6 | 7 | 8 | 9 | 49 | 15 | 17 | 18 | 19 | 72 | 24 | 27 | 28 | 30 |
| 4 | — | — | — | 0 | 27 | 6 | 7 | 8 | 10 | 50 | 15 | 17 | 18 | 20 | 73 | 25 | 27 | 28 | 31 |
| 5 | — | — | 0 | 0 | 28 | 6 | 8 | 9 | 10 | 51 | 15 | 18 | 19 | 20 | 74 | 25 | 28 | 29 | 31 |
| 6 | — | 0 | 0 | 1 | 29 | 7 | 8 | 9 | 10 | 52 | 16 | 18 | 19 | 21 | 75 | 25 | 28 | 29 | 32 |
| 7 | — | 0 | 0 | 1 | 30 | 7 | 9 | 10 | 11 | 53 | 16 | 18 | 20 | 21 | 76 | 26 | 28 | 30 | 32 |
| 8 | 0 | 0 | 1 | 1 | 31 | 7 | 9 | 10 | 11 | 54 | 17 | 19 | 20 | 22 | 77 | 26 | 29 | 30 | 32 |
| 9 | 0 | 1 | 1 | 2 | 32 | 8 | 9 | 10 | 12 | 55 | 17 | 19 | 20 | 22 | 78 | 27 | 29 | 31 | 33 |
| 10 | 0 | 1 | 1 | 2 | 33 | 8 | 10 | 11 | 12 | 56 | 17 | 20 | 21 | 23 | 79 | 27 | 30 | 31 | 33 |
| 11 | 0 | 1 | 2 | 3 | 34 | 9 | 10 | 11 | 13 | 57 | 18 | 20 | 21 | 23 | 80 | 28 | 30 | 32 | 34 |
| 12 | 1 | 2 | 2 | 3 | 35 | 9 | 11 | 12 | 13 | 58 | 18 | 21 | 22 | 24 | 81 | 28 | 31 | 32 | 34 |
| 13 | 1 | 2 | 3 | 3 | 36 | 9 | 11 | 12 | 14 | 59 | 19 | 21 | 22 | 24 | 82 | 28 | 31 | 33 | 35 |
| 14 | 1 | 2 | 3 | 4 | 37 | 10 | 12 | 13 | 14 | 60 | 19 | 21 | 23 | 25 | 83 | 29 | 32 | 33 | 35 |
| 15 | 2 | 3 | 3 | 4 | 38 | 10 | 12 | 13 | 14 | 61 | 20 | 22 | 23 | 25 | 84 | 29 | 32 | 33 | 36 |
| 16 | 2 | 3 | 4 | 5 | 39 | 11 | 12 | 13 | 15 | 62 | 20 | 22 | 24 | 25 | 85 | 30 | 32 | 34 | 36 |
| 17 | 2 | 4 | 4 | 5 | 40 | 11 | 13 | 14 | 15 | 63 | 20 | 23 | 24 | 26 | 86 | 30 | 33 | 34 | 37 |
| 18 | 3 | 4 | 5 | 6 | 41 | 11 | 13 | 14 | 16 | 64 | 21 | 23 | 24 | 26 | 87 | 31 | 33 | 35 | 37 |
| 19 | 3 | 4 | 5 | 6 | 42 | 12 | 14 | 15 | 16 | 65 | 21 | 24 | 25 | 27 | 88 | 31 | 34 | 35 | 38 |
| 20 | 3 | 5 | 5 | 6 | 43 | 12 | 14 | 15 | 17 | 66 | 22 | 24 | 25 | 27 | 89 | 31 | 34 | 36 | 38 |
| 21 | 4 | 5 | 6 | 7 | 44 | 13 | 15 | 16 | 17 | 67 | 22 | 25 | 26 | 28 | 90 | 32 | 35 | 36 | 39 |
| 22 | 4 | 5 | 6 | 7 | 45 | 13 | 15 | 16 | 18 | 68 | 22 | 25 | 26 | 28 | | | | | |
| 23 | 4 | 6 | 7 | 8 | 46 | 13 | 15 | 16 | 18 | 69 | 23 | 25 | 27 | 29 | | | | | |

# 附录 7　格拉布斯(Grubbs)检验临界值表

| n | α | | | | |
|---|---|---|---|---|---|
| | 0.10 | 0.05 | 0.025 | 0.01 | 0.005 |
| 3 | 1.148 | 1.153 | 1.155 | 1.155 | 1.155 |
| 4 | 1.425 | 1.463 | 1.481 | 1.492 | 1.496 |
| 5 | 1.602 | 1.672 | 1.715 | 1.749 | 1.764 |
| 6 | 1.729 | 1.822 | 1.887 | 1.944 | 1.973 |
| 7 | 1.828 | 1.938 | 2.020 | 2.097 | 2.139 |
| 8 | 1.909 | 2.032 | 2.126 | 2.221 | 2.274 |
| 9 | 1.977 | 2.110 | 2.215 | 2.323 | 2.387 |
| 10 | 2.036 | 2.176 | 2.290 | 2.410 | 2.482 |
| 11 | 2.088 | 2.234 | 2.355 | 2.485 | 2.564 |
| 12 | 2.134 | 2.285 | 2.412 | 2.550 | 2.636 |
| 13 | 2.175 | 2.331 | 2.462 | 2.607 | 2.699 |
| 14 | 2.213 | 2.371 | 2.507 | 2.659 | 2.755 |
| 15 | 2.247 | 2.409 | 2.549 | 2.705 | 2.806 |
| 16 | 2.279 | 2.443 | 2.585 | 2.747 | 2.852 |
| 17 | 2.309 | 2.475 | 2.620 | 2.785 | 2.894 |
| 18 | 2.335 | 2.501 | 2.651 | 2.821 | 2.932 |

续表

| $n$ | $\alpha$ | | | | |
|---|---|---|---|---|---|
| | 0.10 | 0.05 | 0.025 | 0.01 | 0.005 |
| 19 | 2.361 | 2.532 | 2.681 | 2.954 | 2.968 |
| 20 | 2.385 | 2.557 | 2.709 | 2.884 | 3.001 |
| 21 | 2.408 | 2.580 | 2.733 | 2.912 | 3.031 |
| 22 | 2.429 | 2.603 | 2.758 | 2.939 | 3.060 |
| 23 | 2.448 | 2.624 | 2.781 | 2.963 | 3.087 |
| 24 | 2.467 | 2.644 | 2.802 | 2.987 | 3.112 |
| 25 | 2.486 | 2.663 | 2.822 | 3.009 | 3.135 |
| 26 | 2.502 | 2.681 | 2.841 | 3.029 | 3.157 |
| 27 | 2.519 | 2.698 | 2.859 | 3.049 | 3.178 |
| 28 | 2.534 | 2.714 | 2.876 | 3.068 | 3.199 |
| 29 | 2.549 | 2.730 | 2.893 | 3.085 | 3.218 |
| 30 | 2.583 | 2.745 | 2.908 | 3.103 | 3.236 |
| 31 | 2.577 | 2.759 | 2.924 | 3.119 | 3.253 |
| 32 | 2.591 | 2.773 | 2.938 | 3.135 | 3.270 |
| 33 | 2.604 | 2.786 | 2.952 | 3.150 | 3.286 |
| 34 | 2.616 | 2.799 | 2.965 | 3.164 | 3.301 |
| 35 | 2.628 | 2.811 | 2.979 | 3.178 | 3.316 |
| 36 | 2.639 | 2.823 | 2.991 | 3.191 | 3.330 |
| 37 | 2.650 | 2.835 | 3.003 | 3.204 | 3.343 |
| 38 | 2.661 | 2.846 | 3.014 | 3.216 | 3.356 |
| 39 | 2.671 | 2.857 | 3.025 | 3.228 | 3.369 |
| 40 | 2.682 | 2.866 | 3.036 | 3.240 | 3.381 |
| 41 | 2.692 | 2.877 | 3.046 | 3.251 | 3.393 |
| 42 | 2.700 | 2.887 | 3.057 | 3.261 | 3.404 |

**续表**

| $n$ | $\alpha$ | | | | |
|---|---|---|---|---|---|
| | 0.10 | 0.05 | 0.025 | 0.01 | 0.005 |
| 43 | 2.710 | 2.896 | 3.067 | 3.271 | 3.415 |
| 44 | 2.719 | 2.905 | 3.075 | 3.282 | 3.425 |
| 45 | 2.727 | 2.914 | 3.085 | 3.292 | 3.435 |
| 46 | 2.736 | 2.923 | 3.094 | 3.302 | 3.445 |
| 47 | 2.744 | 2.931 | 3.103 | 3.310 | 3.455 |
| 48 | 2.753 | 2.940 | 3.111 | 3.319 | 3.464 |
| 49 | 2.760 | 2.948 | 3.120 | 3.329 | 3.474 |
| 50 | 2.768 | 2.956 | 3.128 | 3.336 | 3.483 |
| 51 | 2.775 | 2.943 | 3.136 | 3.345 | 3.491 |
| 52 | 2.783 | 2.971 | 3.143 | 3.353 | 3.500 |
| 53 | 2.790 | 2.978 | 3.151 | 3.361 | 3.507 |
| 54 | 2.798 | 2.986 | 3.158 | 3.388 | 3.516 |
| 55 | 2.804 | 2.992 | 3.166 | 3.376 | 3.524 |
| 56 | 2.811 | 3.000 | 3.172 | 3.383 | 3.531 |
| 57 | 2.818 | 3.006 | 3.180 | 3.391 | 3.539 |
| 58 | 2.824 | 3.013 | 3.186 | 3.397 | 3.546 |
| 59 | 2.831 | 3.019 | 3.193 | 3.405 | 3.553 |
| 60 | 2.837 | 3.025 | 3.199 | 3.411 | 3.560 |
| 61 | 2.842 | 3.032 | 3.205 | 3.418 | 3.566 |
| 62 | 2.849 | 3.037 | 3.212 | 3.424 | 3.573 |
| 63 | 2.854 | 3.044 | 3.218 | 3.430 | 3.579 |
| 64 | 2.860 | 3.049 | 3.224 | 3.437 | 3.586 |
| 65 | 2.866 | 3.055 | 3.230 | 3.442 | 3.592 |
| 66 | 2.871 | 3.061 | 3.235 | 3.449 | 3.598 |

**续表**

| $n$ | $\alpha$ | | | | |
| --- | --- | --- | --- | --- | --- |
| | 0.10 | 0.05 | 0.025 | 0.01 | 0.005 |
| 67 | 2.877 | 3.066 | 3.241 | 3.454 | 3.605 |
| 68 | 2.883 | 3.071 | 3.246 | 3.460 | 3.610 |
| 69 | 2.888 | 3.076 | 3.252 | 3.466 | 3.617 |
| 70 | 2.893 | 3.082 | 3.257 | 3.471 | 3.622 |
| 71 | 2.897 | 3.087 | 3.262 | 3.476 | 3.627 |
| 72 | 2.903 | 3.092 | 3.267 | 3.482 | 3.633 |
| 73 | 2.908 | 3.098 | 3.272 | 3.487 | 3.638 |
| 74 | 2.912 | 3.102 | 3.278 | 3.492 | 3.643 |
| 75 | 2.917 | 3.107 | 3.282 | 3.496 | 3.648 |
| 76 | 2.922 | 3.111 | 3.287 | 3.502 | 3.654 |
| 77 | 2.927 | 3.117 | 3.291 | 3.507 | 3.658 |
| 78 | 2.931 | 3.121 | 3.297 | 3.511 | 3.663 |
| 79 | 2.935 | 3.125 | 3.301 | 3.516 | 3.669 |
| 80 | 2.940 | 3.130 | 3.305 | 3.521 | 3.673 |
| 81 | 2.945 | 3.134 | 3.309 | 3.525 | 3.677 |
| 82 | 2.949 | 3.139 | 3.315 | 3.529 | 3.682 |
| 83 | 2.953 | 3.143 | 3.319 | 3.534 | 3.687 |
| 84 | 2.957 | 3.147 | 3.323 | 3.539 | 3.691 |
| 85 | 2.961 | 3.151 | 3.327 | 3.543 | 3.695 |
| 86 | 2.966 | 3.155 | 3.331 | 3.547 | 3.699 |
| 87 | 2.970 | 3.160 | 3.335 | 3.551 | 3.704 |
| 88 | 2.973 | 3.163 | 3.339 | 3.555 | 3.708 |
| 89 | 2.977 | 3.167 | 3.343 | 3.559 | 3.712 |
| 90 | 2.981 | 3.171 | 3.347 | 3.563 | 3.716 |

续表

| $n$ | $\alpha$ | | | | |
|---|---|---|---|---|---|
| | 0.10 | 0.05 | 0.025 | 0.01 | 0.005 |
| 91 | 2.984 | 3.174 | 3.350 | 3.567 | 3.720 |
| 92 | 2.989 | 3.179 | 3.355 | 3.570 | 3.725 |
| 93 | 2.993 | 3.182 | 3.358 | 3.575 | 3.728 |
| 94 | 2.996 | 3.186 | 3.362 | 3.579 | 3.732 |
| 95 | 3.000 | 3.189 | 3.365 | 3.582 | 3.736 |
| 96 | 3.003 | 3.193 | 3.369 | 3.586 | 3.739 |
| 97 | 3.006 | 3.196 | 3.372 | 3.589 | 3.744 |
| 98 | 3.011 | 3.201 | 3.377 | 3.593 | 3.747 |
| 99 | 3.014 | 3.204 | 3.380 | 3.597 | 3.750 |
| 100 | 3.017 | 3.207 | 3.383 | 3.600 | 3.754 |

# 附录 8 狄克逊(Dixon)检验临界值表

**单侧狄克逊临界值表**

| $n$ | $\alpha$ | | | | 极差比 $D$ 或 $D'$ 的算式 | |
|---|---|---|---|---|---|---|
| | 0.10 | 0.05 | 0.01 | 0.005 | $x_1$ 为可疑值 | $x_n$ 为可疑值 |
| 3 | 0.886 | 0.941 | 0.988 | 0.994 | $\frac{x_2-x_1}{x_n-x_1}$ | $\frac{x_n-x_{n-1}}{x_n-x_1}$ |
| 4 | 0.679 | 0.765 | 0.899 | 0.926 | | |
| 5 | 0.557 | 0.642 | 0.780 | 0.821 | | |
| 6 | 0.482 | 0.560 | 0.698 | 0.740 | | |
| 7 | 0.434 | 0.507 | 0.637 | 0.680 | | |
| 8 | 0.479 | 0.554 | 0.683 | 0.725 | $\frac{x_2-x_1}{x_{n-1}-x_1}$ | $\frac{x_n-x_{n-1}}{x_n-x_2}$ |
| 9 | 0.441 | 0.512 | 0.635 | 0.677 | | |
| 10 | 0.409 | 0.477 | 0.597 | 0.639 | | |
| 11 | 0.517 | 0.576 | 0.679 | 0.713 | $\frac{x_3-x_1}{x_{n-1}-x_1}$ | $\frac{x_n-x_{n-2}}{x_n-x_2}$ |
| 12 | 0.490 | 0.546 | 0.642 | 0.675 | | |
| 13 | 0.467 | 0.521 | 0.615 | 0.649 | | |
| 14 | 0.492 | 0.546 | 0.641 | 0.674 | $\frac{x_3-x_1}{x_{n-2}-x_1}$ | $\frac{x_n-x_{n-2}}{x_n-x_3}$ |
| 15 | 0.472 | 0.525 | 0.616 | 0.647 | | |
| 16 | 0.454 | 0.507 | 0.595 | 0.624 | | |
| 17 | 0.438 | 0.490 | 0.577 | 0.605 | | |
| 18 | 0.424 | 0.475 | 0.561 | 0.589 | | |
| 19 | 0.412 | 0.462 | 0.547 | 0.575 | | |
| 20 | 0.401 | 0.450 | 0.535 | 0.562 | | |
| 21 | 0.391 | 0.440 | 0.524 | 0.551 | | |
| 22 | 0.382 | 0.430 | 0.514 | 0.541 | | |
| 23 | 0.374 | 0.421 | 0.505 | 0.532 | | |

**续表**

| $n$ | $\alpha$ | | | | 极差比 $D$ 或 $D'$ 的算式 | |
|---|---|---|---|---|---|---|
| | 0.10 | 0.05 | 0.01 | 0.005 | $x_1$ 为可疑值 | $x_n$ 为可疑值 |
| 24 | 0.367 | 0.413 | 0.497 | 0.524 | $\frac{x_3-x_1}{x_{n-2}-x_1}$ | $\frac{x_n-x_{n-2}}{x_n-x_3}$ |
| 25 | 0.360 | 0.406 | 0.489 | 0.516 | | |
| 26 | 0.354 | 0.399 | 0.486 | 0.508 | | |
| 27 | 0.348 | 0.393 | 0.475 | 0.501 | | |
| 28 | 0.342 | 0.387 | 0.469 | 0.495 | | |
| 29 | 0.337 | 0.381 | 0.463 | 0.489 | | |
| 30 | 0.332 | 0.376 | 0.457 | 0.483 | | |

## 双侧狄克逊临界值表

| $n$ | $\alpha$ | | 极差比 $D$ 和 $D'$ 的算式 |
|---|---|---|---|
| | 0.05 | 0.01 | $x_1$ 和 $x_n$ 为可疑值 |
| 3 | 0.970 | 0.994 | $\frac{x_2-x_1}{x_n-x_1}$，$\frac{x_n-x_{n-1}}{x_n-x_1}$ |
| 4 | 0.829 | 0.926 | |
| 5 | 0.710 | 0.821 | |
| 6 | 0.628 | 0.740 | |
| 7 | 0.569 | 0.680 | |
| 8 | 0.608 | 0.717 | $\frac{x_2-x_1}{x_{n-1}-x_1}$，$\frac{x_n-x_{n-1}}{x_n-x_2}$ |
| 9 | 0.604 | 0.672 | |
| 10 | 0.530 | 0.635 | |
| 11 | 0.502 | 0.605 | $\frac{x_3-x_1}{x_{n-1}-x_1}$，$\frac{x_n-x_{n-2}}{x_n-x_2}$ |
| 12 | 0.479 | 0.579 | |
| 13 | 0.611 | 0.697 | |
| 14 | 0.586 | 0.670 | $\frac{x_3-x_1}{x_{n-2}-x_1}$，$\frac{x_n-x_{n-2}}{x_n-x_3}$ |
| 15 | 0.565 | 0.647 | |
| 16 | 0.546 | 0.627 | |
| 17 | 0.529 | 0.610 | |
| 18 | 0.514 | 0.594 | |
| 19 | 0.501 | 0.580 | |
| 20 | 0.489 | 0.567 | |
| 21 | 0.478 | 0.555 | |
| 22 | 0.468 | 0.544 | |

**续表**

| $n$ | $\alpha$ | | 极差比 $D$ 和 $D'$ 的算式 |
|---|---|---|---|
| | 0.05 | 0.01 | $x_1$ 和 $x_n$ 为可疑值 |
| 23 | 0.459 | 0.535 | $\frac{x_3-x_1}{x_{n-2}-x_1}, \frac{x_n-x_{n-2}}{x_n-x_3}$ |
| 24 | 0.451 | 0.526 | |
| 25 | 0.443 | 0.517 | |
| 26 | 0.436 | 0.510 | |
| 27 | 0.429 | 0.502 | |
| 28 | 0.423 | 0.495 | |
| 29 | 0.417 | 0.489 | |
| 30 | 0.412 | 0.483 | |

# 附录 9　$q$ 值表(双尾)

| 自由度($df$) | $\alpha$ | 秩次距 $k$ | | | | | | | | | | | | | | | | | | |
|---|---|---|---|---|---|---|---|---|---|---|---|---|---|---|---|---|---|---|---|---|
| | | 2 | 3 | 4 | 5 | 6 | 7 | 8 | 9 | 10 | 11 | 12 | 13 | 14 | 15 | 16 | 17 | 18 | 19 | 20 |
| 1 | 0.05 | 18.0 | 26.7 | 32.8 | 37.2 | 40.5 | 43.1 | 45.4 | 47.3 | 49.1 | 50.6 | 51.9 | 53.2 | 54.3 | 55.4 | 56.3 | 57.2 | 58.0 | 58.8 | 59.6 |
| | 0.01 | 90.0 | 135.0 | 164.0 | 186.0 | 202.0 | 216.0 | 227.0 | 237.0 | 246.0 | 253.0 | 260.0 | 266.0 | 272.0 | 277.0 | 282.0 | 286.0 | 290.0 | 294.0 | 298.0 |
| 2 | 0.05 | 6.09 | 8.28 | 9.80 | 10.89 | 11.73 | 12.43 | 13.03 | 13.54 | 13.99 | 14.39 | 14.75 | 15.08 | 15.38 | 15.65 | 15.91 | 16.14 | 16.36 | 16.57 | 16.77 |
| | 0.01 | 14.0 | 19.0 | 22.3 | 24.7 | 26.6 | 28.2 | 29.5 | 30.7 | 31.7 | 32.6 | 33.4 | 34.1 | 34.8 | 35.4 | 36.0 | 36.5 | 37.0 | 37.5 | 37.9 |
| 3 | 0.05 | 4.50 | 5.88 | 6.83 | 7.51 | 8.04 | 8.47 | 8.85 | 9.18 | 9.46 | 9.72 | 9.95 | 10.16 | 10.35 | 10.52 | 10.69 | 10.84 | 10.98 | 11.12 | 11.24 |
| | 0.01 | 8.26 | 10.62 | 12.17 | 13.33 | 14.24 | 15.0 | 15.64 | 16.2 | 16.69 | 17.13 | 17.53 | 17.89 | 18.22 | 18.52 | 18.81 | 19.07 | 19.32 | 19.55 | 19.77 |
| 4 | 0.05 | 3.93 | 5.00 | 5.76 | 6.31 | 6.73 | 7.06 | 7.35 | 7.60 | 7.83 | 8.03 | 8.21 | 8.37 | 8.52 | 8.67 | 8.80 | 8.92 | 9.03 | 9.14 | 9.24 |
| | 0.01 | 6.51 | 8.12 | 9.17 | 9.96 | 10.58 | 11.1 | 11.55 | 11.93 | 12.27 | 12.57 | 12.84 | 13.09 | 13.32 | 13.53 | 13.73 | 13.91 | 14.08 | 14.24 | 14.4 |
| 5 | 0.05 | 3.64 | 4.54 | 5.18 | 5.64 | 5.99 | 6.28 | 6.52 | 6.74 | 6.93 | 7.10 | 7.25 | 7.39 | 7.52 | 7.64 | 7.75 | 7.86 | 7.95 | 8.04 | 8.18 |
| | 0.01 | 5.70 | 6.97 | 7.80 | 8.42 | 8.91 | 9.32 | 9.67 | 9.97 | 10.24 | 10.48 | 10.7 | 10.89 | 11.08 | 11.24 | 11.40 | 11.55 | 11.68 | 11.81 | 11.93 |
| 6 | 0.05 | 3.46 | 4.34 | 4.90 | 5.31 | 5.63 | 5.89 | 6.12 | 6.32 | 6.49 | 6.65 | 6.79 | 6.92 | 7.04 | 7.14 | 7.24 | 7.34 | 7.43 | 7.51 | 7.59 |
| | 0.01 | 5.24 | 6.33 | 7.03 | 7.56 | 7.97 | 8.32 | 8.61 | 8.87 | 9.10 | 9.30 | 9.48 | 9.65 | 9.81 | 9.95 | 10.08 | 10.21 | 10.32 | 10.43 | 10.54 |
| 7 | 0.05 | 3.34 | 4.16 | 4.68 | 5.06 | 5.35 | 5.59 | 5.80 | 5.99 | 6.15 | 6.29 | 6.42 | 6.54 | 6.65 | 6.75 | 6.84 | 6.93 | 7.01 | 7.08 | 7.16 |
| | 0.01 | 4.95 | 5.92 | 6.54 | 7.01 | 7.37 | 7.68 | 7.94 | 8.17 | 8.37 | 8.55 | 8.71 | 8.86 | 9.00 | 9.12 | 9.24 | 9.35 | 9.46 | 9.55 | 9.65 |
| 8 | 0.05 | 3.26 | 4.04 | 4.53 | 4.89 | 5.17 | 5.40 | 5.60 | 5.77 | 5.92 | 6.05 | 6.18 | 6.29 | 6.39 | 6.48 | 6.57 | 6.65 | 6.73 | 6.80 | 6.87 |
| | 0.01 | 4.74 | 5.63 | 6.20 | 6.63 | 6.96 | 7.24 | 7.47 | 7.68 | 7.87 | 8.03 | 8.18 | 8.31 | 8.44 | 8.55 | 8.66 | 8.76 | 8.85 | 8.94 | 9.03 |

**续表**

| 自由度($df$) | $\alpha$ | 秩次距 $k$ | | | | | | | | | | | | | | | | | | |
|---|---|---|---|---|---|---|---|---|---|---|---|---|---|---|---|---|---|---|---|---|
| | | 2 | 3 | 4 | 5 | 6 | 7 | 8 | 9 | 10 | 11 | 12 | 13 | 14 | 15 | 16 | 17 | 18 | 19 | 20 |
| 9 | 0.05 | 3.20 | 3.95 | 4.42 | 4.76 | 5.02 | 5.24 | 5.43 | 5.60 | 5.74 | 5.87 | 5.98 | 6.09 | 6.19 | 6.28 | 6.36 | 6.44 | 6.51 | 6.58 | 6.65 |
| | 0.01 | 4.60 | 5.43 | 5.96 | 6.35 | 6.66 | 6.91 | 7.13 | 7.32 | 7.49 | 7.65 | 7.78 | 7.91 | 8.03 | 8.13 | 8.23 | 8.32 | 8.41 | 8.49 | 8.57 |
| 10 | 0.05 | 3.15 | 3.88 | 4.33 | 4.66 | 4.91 | 5.12 | 5.30 | 5.46 | 5.60 | 5.72 | 5.83 | 5.93 | 6.03 | 6.12 | 6.20 | 6.27 | 6.34 | 6.41 | 6.47 |
| | 0.01 | 4.48 | 5.27 | 5.77 | 6.14 | 6.43 | 6.67 | 6.87 | 7.05 | 7.21 | 7.36 | 7.48 | 7.60 | 7.71 | 7.81 | 7.91 | 7.99 | 8.07 | 8.15 | 8.22 |
| 11 | 0.05 | 3.11 | 3.82 | 4.26 | 4.58 | 4.82 | 5.03 | 5.20 | 5.35 | 5.49 | 5.61 | 5.71 | 5.81 | 5.90 | 5.98 | 6.06 | 6.14 | 6.20 | 6.27 | 6.33 |
| | 0.01 | 4.39 | 5.14 | 5.62 | 5.97 | 6.25 | 6.48 | 6.67 | 6.84 | 6.99 | 7.13 | 7.25 | 7.36 | 7.46 | 7.56 | 7.65 | 7.73 | 7.81 | 7.88 | 7.95 |
| 12 | 0.05 | 3.08 | 3.77 | 4.2 | 4.51 | 4.75 | 4.95 | 5.12 | 5.27 | 5.40 | 5.51 | 5.61 | 5.71 | 5.80 | 5.88 | 5.95 | 6.02 | 6.09 | 6.15 | 6.21 |
| | 0.01 | 4.32 | 5.04 | 5.50 | 5.84 | 6.10 | 6.32 | 6.51 | 6.67 | 6.81 | 6.94 | 7.06 | 7.17 | 7.26 | 7.36 | 7.44 | 7.52 | 7.59 | 7.66 | 7.73 |
| 13 | 0.05 | 3.06 | 3.73 | 4.15 | 4.46 | 4.69 | 4.88 | 5.05 | 5.19 | 5.32 | 5.43 | 5.53 | 5.63 | 5.71 | 5.79 | 5.86 | 5.93 | 6.00 | 6.06 | 6.11 |
| | 0.01 | 4.26 | 4.96 | 5.40 | 5.73 | 5.98 | 6.19 | 6.37 | 6.53 | 6.67 | 6.79 | 6.90 | 7.01 | 7.10 | 7.19 | 7.27 | 7.34 | 7.42 | 7.48 | 7.55 |
| 14 | 0.05 | 3.03 | 3.70 | 4.11 | 4.41 | 4.64 | 4.83 | 4.99 | 5.13 | 5.25 | 5.36 | 5.46 | 5.56 | 5.64 | 5.72 | 5.79 | 5.86 | 5.92 | 5.98 | 6.03 |
| | 0.01 | 4.21 | 4.89 | 5.32 | 5.63 | 5.88 | 6.08 | 6.26 | 6.41 | 6.54 | 6.66 | 6.77 | 6.87 | 6.96 | 7.05 | 7.12 | 7.20 | 7.27 | 7.33 | 7.39 |
| 15 | 0.05 | 3.01 | 3.67 | 4.08 | 4.37 | 4.59 | 4.78 | 4.94 | 5.08 | 5.20 | 5.31 | 5.40 | 5.49 | 5.57 | 5.65 | 5.72 | 5.79 | 5.85 | 5.91 | 5.96 |
| | 0.01 | 4.17 | 4.83 | 5.25 | 5.56 | 5.80 | 5.99 | 6.16 | 6.31 | 6.44 | 6.55 | 6.66 | 6.76 | 6.84 | 6.93 | 7.00 | 7.07 | 7.14 | 7.20 | 7.26 |
| 16 | 0.05 | 3.00 | 3.65 | 4.05 | 4.34 | 4.56 | 4.74 | 4.90 | 5.03 | 5.15 | 5.26 | 5.35 | 5.44 | 5.52 | 5.59 | 5.66 | 5.73 | 5.79 | 5.84 | 5.90 |
| | 0.01 | 4.13 | 4.78 | 5.19 | 5.49 | 5.72 | 5.92 | 6.08 | 6.22 | 6.35 | 6.46 | 6.56 | 6.66 | 6.74 | 6.82 | 6.90 | 6.97 | 7.03 | 7.09 | 7.15 |
| 17 | 0.05 | 2.98 | 3.62 | 4.02 | 4.31 | 4.52 | 4.70 | 4.86 | 4.99 | 5.11 | 5.21 | 5.31 | 5.39 | 5.47 | 5.55 | 5.61 | 5.68 | 5.74 | 5.79 | 5.84 |
| | 0.01 | 4.10 | 4.74 | 5.14 | 5.43 | 5.66 | 5.85 | 6.01 | 6.15 | 6.27 | 6.38 | 6.48 | 6.57 | 6.66 | 6.73 | 6.80 | 6.87 | 6.94 | 7.00 | 7.05 |
| 18 | 0.05 | 2.97 | 3.61 | 4.00 | 4.28 | 4.49 | 4.67 | 4.83 | 4.96 | 5.07 | 5.17 | 527 | 5.35 | 5.43 | 5.50 | 5.57 | 5.63 | 5.69 | 5.74 | 5.79 |
| | 0.01 | 4.07 | 4.70 | 5.09 | 5.38 | 5.60 | 5.79 | 5.94 | 6.08 | 6.20 | 6.31 | 6.41 | 6.50 | 6.58 | 6.65 | 6.72 | 6.79 | 6.85 | 6.91 | 6.96 |
| 19 | 0.05 | 2.96 | 3.59 | 398 | 4.26 | 4.47 | 4.64 | 4.79 | 4.92 | 5.04 | 5.14 | 5.23 | 5.31 | 5.39 | 5.46 | 5.53 | 5.59 | 5.65 | 5.70 | 5.75 |
| | 0.01 | 4.05 | 4.67 | 5.05 | 5.33 | 5.55 | 5.73 | 5.89 | 6.02 | 6.14 | 6.25 | 6.34 | 6.43 | 6.51 | 6.58 | 6.65 | 6.72 | 6.78 | 6.84 | 6.89 |
| 20 | 0.05 | 2.95 | 3.58 | 3.96 | 4.24 | 4.45 | 4.62 | 4.77 | 4.90 | 5.01 | 5.11 | 5.20 | 5.28 | 5.36 | 5.43 | 5.50 | 5.56 | 5.61 | 5.66 | 5.71 |
| | 0.01 | 4.02 | 4.64 | 5.02 | 5.29 | 5.51 | 5.69 | 5.84 | 5.97 | 6.09 | 6.19 | 6.29 | 6.37 | 6.45 | 6.52 | 6.59 | 6.65 | 6.71 | 6.76 | 6.82 |

**续表**

| 自由度($df$) | $\alpha$ | 秩次距 $k$ | | | | | | | | | | | | | | | | | | |
|---|---|---|---|---|---|---|---|---|---|---|---|---|---|---|---|---|---|---|---|---|
| | | 2 | 3 | 4 | 5 | 6 | 7 | 8 | 9 | 10 | 11 | 12 | 13 | 14 | 15 | 16 | 17 | 18 | 19 | 20 |
| 24 | 0.05 | 2.92 | 3.53 | 3.90 | 4.17 | 4.37 | 4.54 | 4.68 | 4.81 | 4.92 | 5.01 | 5.10 | 5.18 | 5.25 | 5.32 | 5.38 | 5.44 | 5.50 | 5.55 | 5.59 |
| | 0.01 | 3.96 | 4.54 | 4.91 | 5.17 | 5.37 | 5.54 | 5.69 | 5.81 | 5.92 | 6.02 | 6.11 | 6.19 | 6.26 | 6.33 | 6.39 | 6.45 | 6.51 | 6.56 | 6.61 |
| 30 | 0.05 | 2.89 | 3.48 | 3.84 | 4.11 | 4.30 | 4.46 | 4.60 | 4.72 | 4.83 | 4.92 | 5.00 | 5.08 | 5.15 | 5.21 | 5.27 | 5.33 | 5.38 | 5.43 | 5.48 |
| | 0.01 | 3.89 | 4.45 | 4.S0 | 5.05 | 5.24 | 5.40 | 5.54 | 5.65 | 5.76 | 5.85 | 5.93 | 6.01 | 6.08 | 6.14 | 6.20 | 6.26 | 6.31 | 6.36 | 6.41 |
| 40 | 0.05 | 2.86 | 3.44 | 3.79 | 4.04 | 4.23 | 4.39 | 4.52 | 4.63 | 4.74 | 4.82 | 4.90 | 4.98 | 5.05 | 5.11 | 5.17 | 5.22 | 5.27 | 5.32 | 5.36 |
| | 0.01 | 3.82 | 4.37 | 4.70 | 4.93 | 5.11 | 5.27 | 5.39 | 5.50 | 5.60 | 5.69 | 5.77 | 5.84 | 5.90 | 5.96 | 6.02 | 6.07 | 6.12 | 6.17 | 6.21 |
| 60 | 0.05 | 2.83 | 3.40 | 3.74 | 3.98 | 4.16 | 4.31 | 4.44 | 4.55 | 4.65 | 4.73 | 4.81 | 4.88 | 4.94 | 5.00 | 5.06 | 5.11 | 5.15 | 5.20 | 5.24 |
| | 0.01 | 3.76 | 4.28 | 4.59 | 4.82 | 4.99 | 5.14 | 5.25 | 5.36 | 5.45 | 5.53 | 5.60 | 5.67 | 5.73 | 5.79 | 5.84 | 5.89 | 5.93 | 5.98 | 6.02 |
| 120 | 0.05 | 2.80 | 3.36 | 3.69 | 3.92 | 4.10 | 4.24 | 4.36 | 4.47 | 4.56 | 4.64 | 4.71 | 4.78 | 4.84 | 4.90 | 4.95 | 5.00 | 5.04 | 5.09 | 5.13 |
| | 0.01 | 3.70 | 4.20 | 4.50 | 4.71 | 4.87 | 5.01 | 5.12 | 5.21 | 5.30 | 5.38 | 5.44 | 5.51 | 5.56 | 5.61 | 5.66 | 5.71 | 5.75 | 5.79 | 5.83 |
| $\infty$ | 0.05 | 2.77 | 3.32 | 3.63 | 3.86 | 4.03 | 4.17 | 4.29 | 4.39 | 4.47 | 4.55 | 4.62 | 4.68 | 4.74 | 4.80 | 4.84 | 4.89 | 4.93 | 4.97 | 5.01 |
| | 0.01 | 3.64 | 4.12 | 4.40 | 4.60 | 4.76 | 4.88 | 4.99 | 5.08 | 5.16 | 5.23 | 5.29 | 5.35 | 5.40 | 5.45 | 5.49 | 5.54 | 5.57 | 5.61 | 5.65 |

# 附录 10　新复极差检验 SSR 值表

| 自由度（*df*） | *α* | 秩次距 *k* | | | | | | | | | | | | | |
|---|---|---|---|---|---|---|---|---|---|---|---|---|---|---|---|
| | | 2 | 3 | 4 | 5 | 6 | 7 | 8 | 9 | 10 | 12 | 14 | 16 | 18 | 20 |
| 1 | 0.05 | 18.00 | 18.00 | 18.00 | 18.00 | 18.00 | 18.00 | 18.00 | 18.00 | 18.00 | 18.00 | 18.00 | 18.00 | 18.00 | 18.00 |
| | 0.01 | 90.00 | 90.00 | 90.00 | 90.00 | 90.00 | 90.00 | 90.00 | 90.00 | 90.00 | 90.00 | 90.00 | 90.00 | 90.00 | 90.00 |
| 2 | 0.05 | 6.09 | 6.09 | 6.09 | 6.09 | 6.09 | 6.09 | 6.09 | 6.09 | 6.09 | 6.09 | 6.09 | 6.09 | 6.09 | 6.09 |
| | 0.01 | 14.00 | 14.00 | 14.00 | 14.00 | 14.00 | 14.00 | 14.00 | 14.00 | 14.00 | 14.00 | 14.00 | 14.00 | 14.00 | 14.00 |
| 3 | 0.05 | 4.50 | 4.50 | 4.50 | 4.50 | 4.50 | 4.50 | 4.50 | 4.50 | 4.50 | 4.50 | 4.50 | 4.50 | 4.50 | 4.50 |
| | 0.01 | 8.26 | 8.50 | 8.60 | 8.70 | 8.80 | 8.90 | 8.90 | 9.00 | 9.00 | 9.00 | 9.10 | 9.20 | 9.30 | 9.30 |
| 4 | 0.05 | 3.93 | 4.00 | 4.02 | 4.02 | 4.02 | 4.02 | 4.02 | 4.02 | 4.02 | 4.02 | 4.02 | 4.02 | 4.02 | 4.02 |
| | 0.01 | 6.51 | 6.80 | 6.90 | 7.00 | 7.10 | 7.10 | 7.20 | 7.20 | 7.30 | 7.30 | 7.40 | 7.40 | 7.50 | 7.50 |
| 5 | 0.05 | 3.64 | 3.74 | 3.79 | 3.83 | 3.83 | 3.83 | 3.83 | 3.83 | 3.83 | 3.83 | 3.83 | 3.83 | 3.83 | 3.83 |
| | 0.01 | 5.70 | 5.96 | 6.11 | 6.18 | 6.26 | 6.33 | 6.40 | 6.44 | 6.50 | 6.60 | 6.60 | 6.70 | 6.70 | 6.80 |
| 6 | 0.05 | 3.46 | 3.58 | 3.64 | 3.68 | 3.68 | 3.68 | 3.68 | 3.68 | 3.68 | 3.68 | 3.68 | 3.68 | 3.68 | 3.68 |
| | 0.01 | 5.24 | 5.51 | 5.65 | 5.73 | 5.81 | 5.88 | 5.95 | 6.00 | 6.00 | 6.10 | 6.20 | 6.20 | 6.30 | 6.30 |
| 7 | 0.05 | 3.35 | 3.47 | 3.54 | 3.58 | 3.60 | 3.61 | 3.61 | 3.61 | 3.61 | 3.61 | 3.61 | 3.61 | 3.61 | 3.61 |
| | 0.01 | 4.95 | 5.22 | 5.37 | 5.45 | 5.53 | 5.61 | 5.69 | 5.73 | 5.80 | 5.80 | 5.90 | 5.90 | 6.00 | 6.00 |
| 8 | 0.05 | 3.26 | 3.39 | 3.47 | 3.52 | 3.55 | 3.56 | 3.56 | 3.56 | 3.56 | 3.56 | 3.56 | 3.56 | 3.56 | 3.56 |
| | 0.01 | 4.74 | 5.00 | 5.14 | 5.23 | 5.32 | 5.40 | 5.47 | 5.51 | 5.50 | 5.60 | 5.70 | 5.70 | 5.80 | 5.80 |

**续表**

| 自由度(df) | α | 秩次距k | | | | | | | | | | | | | |
|---|---|---|---|---|---|---|---|---|---|---|---|---|---|---|---|
| | | 2 | 3 | 4 | 5 | 6 | 7 | 8 | 9 | 10 | 12 | 14 | 16 | 18 | 20 |
| 9 | 0.05 | 3.20 | 3.34 | 3.41 | 3.47 | 3.50 | 3.51 | 3.52 | 3.52 | 3.52 | 3.52 | 3.52 | 3.52 | 3.52 | 3.52 |
| | 0.01 | 4.60 | 4.86 | 4.99 | 5.08 | 5.17 | 5.25 | 5.32 | 5.36 | 5.40 | 5.50 | 5.50 | 5.60 | 5.70 | 5.70 |
| 10 | 0.05 | 3.15 | 3.30 | 3.37 | 3.43 | 3.46 | 3.47 | 3.47 | 3.47 | 3.47 | 3.47 | 3.47 | 3.47 | 3.47 | 3.48 |
| | 0.01 | 4.48 | 4.73 | 4.88 | 4.96 | 5.06 | 5.12 | 5.20 | 5.24 | 5.28 | 5.36 | 5.42 | 5.48 | 5.54 | 5.55 |
| 11 | 0.05 | 3.11 | 3.27 | 3.35 | 3.39 | 3.43 | 3.44 | 3.45 | 3.46 | 3.46 | 3.46 | 3.46 | 3.46 | 3.47 | 3.48 |
| | 0.01 | 4.39 | 4.63 | 4.77 | 4.86 | 4.94 | 5.01 | 5.06 | 5.12 | 5.15 | 5.24 | 5.28 | 5.34 | 5.38 | 5.39 |
| 12 | 0.05 | 3.08 | 3.23 | 3.33 | 3.36 | 3.48 | 3.42 | 3.44 | 3.44 | 3.46 | 3.46 | 3.46 | 3.46 | 3.47 | 3.48 |
| | 0.01 | 4.32 | 4.55 | 4.68 | 4.76 | 4.84 | 4.92 | 4.96 | 5.02 | 5.07 | 5.13 | 5.17 | 5.22 | 5.24 | 5.26 |
| 13 | 0.05 | 3.06 | 3.21 | 3.30 | 3.36 | 3.38 | 3.41 | 3.42 | 3.44 | 3.45 | 3.45 | 3.46 | 3.46 | 3.47 | 3.47 |
| | 0.01 | 4.26 | 4.48 | 4.62 | 4.69 | 4.74 | 4.84 | 4.88 | 4.94 | 4.98 | 5.04 | 5.08 | 5.13 | 5.14 | 5.15 |
| 14 | 0.05 | 3.03 | 3.18 | 3.27 | 3.33 | 3.37 | 3.39 | 3.41 | 3.42 | 3.44 | 3.45 | 3.46 | 3.46 | 3.47 | 3.47 |
| | 0.01 | 4.21 | 4.42 | 4.55 | 4.63 | 4.70 | 4.78 | 4.83 | 4.87 | 4.91 | 4.96 | 5.00 | 5.04 | 5.06 | 5.07 |
| 15 | 0.05 | 3.01 | 3.16 | 3.25 | 3.31 | 3.36 | 3.38 | 3.40 | 3.42 | 3.43 | 3.44 | 3.45 | 3.46 | 3.47 | 3.47 |
| | 0.01 | 4.17 | 4.37 | 4.50 | 4.58 | 4.64 | 4.72 | 4.77 | 4.81 | 4.84 | 4.90 | 4.94 | 4.97 | 4.99 | 5.00 |
| 16 | 0.05 | 3.00 | 3.15 | 3.23 | 3.30 | 3.34 | 3.37 | 3.39 | 3.41 | 3.43 | 3.44 | 3.45 | 3.46 | 3.47 | 3.47 |
| | 0.01 | 4.13 | 4.34 | 4.45 | 4.54 | 4.60 | 4.67 | 4.72 | 4.76 | 4.79 | 4.84 | 4.88 | 4.91 | 4.93 | 4.94 |
| 17 | 0.05 | 2.98 | 3.13 | 3.22 | 3.28 | 3.33 | 3.36 | 3.38 | 3.40 | 3.42 | 3.44 | 3.45 | 3.46 | 3.47 | 3.47 |
| | 0.01 | 4.1 | 4.30 | 4.41 | 4.50 | 4.56 | 4.63 | 4.68 | 4.72 | 4.75 | 4.80 | 4.83 | 4.86 | 4.88 | 4.89 |
| 18 | 0.05 | 2.97 | 3.12 | 3.21 | 3.27 | 3.32 | 3.35 | 3.37 | 3.39 | 3.41 | 3.43 | 3.45 | 3.46 | 3.47 | 3.47 |
| | 0.01 | 4.07 | 4.27 | 4.38 | 4.46 | 4.53 | 4.59 | 4.64 | 4.68 | 4.71 | 4.76 | 4.79 | 4.82 | 4.84 | 4.85 |
| 19 | 0.05 | 2.96 | 3.11 | 3.19 | 3.26 | 3.31 | 3.35 | 3.37 | 3.39 | 3.41 | 3.43 | 3.44 | 3.46 | 3.47 | 3.47 |
| | 0.01 | 4.05 | 4.24 | 4.35 | 4.43 | 4.50 | 4.56 | 4.61 | 4.64 | 4.67 | 4.72 | 4.76 | 4.79 | 4.81 | 4.82 |

**续表**

| 自由度 ($df$) | $\alpha$ | 秩次距 $k$ | | | | | | | | | | | | | |
|---|---|---|---|---|---|---|---|---|---|---|---|---|---|---|---|
| | | 2 | 3 | 4 | 5 | 6 | 7 | 8 | 9 | 10 | 12 | 14 | 16 | 18 | 20 |
| 20 | 0.05 | 2.95 | 3.10 | 3.18 | 3.25 | 3.30 | 3.34 | 3.36 | 3.38 | 3.40 | 3.43 | 3.44 | 3.46 | 3.46 | 3.47 |
| | 0.01 | 4.02 | 4.22 | 4.33 | 4.40 | 4.47 | 4.53 | 4.58 | 4.61 | 4.65 | 4.69 | 4.73 | 4.76 | 4.78 | 4.79 |
| 22 | 0.05 | 2.93 | 3.08 | 3.17 | 3.24 | 3.29 | 3.32 | 3.35 | 3.37 | 3.39 | 3.42 | 3.44 | 3.45 | 3.46 | 3.47 |
| | 0.01 | 3.99 | 4.17 | 4.28 | 4.36 | 4.42 | 4.48 | 4.53 | 4.57 | 4.60 | 4.65 | 4.68 | 4.71 | 4.74 | 4.75 |
| 24 | 0.05 | 2.92 | 3.07 | 3.15 | 3.22 | 3.28 | 3.31 | 3.34 | 3.37 | 3.38 | 3.41 | 3.44 | 3.45 | 3.46 | 3.47 |
| | 0.01 | 3.96 | 4.14 | 4.24 | 4.33 | 4.39 | 4.44 | 4.49 | 4.53 | 4.57 | 4.62 | 4.64 | 4.67 | 4.70 | 4.72 |
| 26 | 0.05 | 2.91 | 3.06 | 3.14 | 3.21 | 3.27 | 3.30 | 3.34 | 3.36 | 3.38 | 3.41 | 3.43 | 3.45 | 3.46 | 3.47 |
| | 0.01 | 3.93 | 4.11 | 4.21 | 4.30 | 4.36 | 4.41 | 4.46 | 4.50 | 4.53 | 4.58 | 4.62 | 4.65 | 4.67 | 4.69 |
| 28 | 0.05 | 2.90 | 3.04 | 3.13 | 3.20 | 3.26 | 3.30 | 3.33 | 3.35 | 3.37 | 3.40 | 3.43 | 3.45 | 3.46 | 3.47 |
| | 0.01 | 3.91 | 4.08 | 4.18 | 4.28 | 4.34 | 4.39 | 4.43 | 4.47 | 4.51 | 4.56 | 4.60 | 4.62 | 4.65 | 4.67 |
| 30 | 0.05 | 2.89 | 3.04 | 3.12 | 3.20 | 3.25 | 3.29 | 3.32 | 3.35 | 3.37 | 3.40 | 3.43 | 3.44 | 3.46 | 3.47 |
| | 0.01 | 3.89 | 4.06 | 4.16 | 4.22 | 4.32 | 4.36 | 4.41 | 4.45 | 4.48 | 4.54 | 4.58 | 4.61 | 4.63 | 4.65 |
| 40 | 0.05 | 2.86 | 3.01 | 3.10 | 3.17 | 3.22 | 3.27 | 3.30 | 3.33 | 3.35 | 3.39 | 3.42 | 3.44 | 3.46 | 3.47 |
| | 0.01 | 3.82 | 3.99 | 4.10 | 4.17 | 4.24 | 4.30 | 4.31 | 4.37 | 4.41 | 4.46 | 4.51 | 4.54 | 4.57 | 4.59 |
| 60 | 0.05 | 2.83 | 2.98 | 3.08 | 3.14 | 3.20 | 3.24 | 3.28 | 3.31 | 3.33 | 3.37 | 3.40 | 3.43 | 3.45 | 3.47 |
| | 0.01 | 3.76 | 3.92 | 4.03 | 4.12 | 4.17 | 4.23 | 4.27 | 4.31 | 4.34 | 4.39 | 4.44 | 4.47 | 4.50 | 4.53 |
| 100 | 0.05 | 2.80 | 2.95 | 3.05 | 3.12 | 3.18 | 3.22 | 3.26 | 3.29 | 3.32 | 3.36 | 3.40 | 3.42 | 3.45 | 3.47 |
| | 0.01 | 3.71 | 3.86 | 3.98 | 4.06 | 4.11 | 4.17 | 4.21 | 4.25 | 4.29 | 4.35 | 4.38 | 4.42 | 4.45 | 4.48 |
| ∞ | 0.05 | 2.77 | 2.92 | 3.02 | 3.09 | 3.15 | 3.19 | 3.23 | 3.26 | 3.29 | 3.34 | 3.38 | 3.41 | 3.44. | 3.47 |
| | 0.01 | 3.64 | 3.80 | 3.90 | 3.98 | 4.04 | 4.09 | 4.14 | 4.17 | 4.20 | 4.26 | 4.31 | 4.34 | 4.38 | 4.41 |

# 附录 11　相关系数检验的临界值表

$p\{R(df)>R_{\alpha}(df)\}=\alpha$

| 自由度 $df=n-p-1$ | $\alpha$ | | | | | | | |
|---|---|---|---|---|---|---|---|---|
| | 0.05 | | | | 0.01 | | | |
| | 变量个数 $p+1$ | | | | 变量个数 $p+1$ | | | |
| | 2 | 3 | 4 | 5 | 2 | 3 | 4 | 5 |
| 1 | 0.997 | 0.999 | 0.999 | 0.999 | 1.000 | 1.000 | 1.000 | 1.000 |
| 2 | 0.950 | 0.975 | 0.983 | 0.987 | 0.990 | 0.995 | 0.997 | 0.998 |
| 3 | 0.878 | 0.930 | 0.950 | 0.961 | 0.959 | 0.976 | 0.983 | 0.987 |
| 4 | 0.811 | 0.881 | 0.912 | 0.930 | 0.917 | 0.949 | 0.962 | 0.970 |
| 5 | 0.755 | 0.863 | 0.874 | 0.898 | 0.875 | 0.917 | 0.937 | 0.949 |
| 6 | 0.707 | 0.795 | 0.839 | 0.867 | 0.834 | 0.886 | 0.911 | 0.927 |
| 7 | 0.666 | 0.758 | 0.807 | 0.838 | 0.798 | 0.855 | 0.885 | 0.904 |
| 8 | 0.632 | 0.726 | 0.777 | 0.811 | 0.765 | 0.827 | 0.860 | 0.882 |
| 9 | 0.602 | 0.697 | 0.750 | 0.786 | 0.735 | 0.800 | 0.836 | 0.861 |
| 10 | 0.576 | 0.671 | 0.726 | 0.763 | 0.708 | 0.776 | 0.814 | 0.840 |
| 11 | 0.553 | 0.648 | 0.703 | 0.741 | 0.684 | 0.753 | 0.793 | 0.821 |
| 12 | 0.532 | 0.627 | 0.683 | 0.722 | 0.661 | 0.732 | 0.773 | 0.802 |
| 13 | 0.514 | 0.608 | 0.664 | 0.703 | 0.641 | 0.712 | 0.755 | 0.785 |
| 14 | 0.497 | 0.590 | 0.646 | 0.686 | 0.623 | 0.694 | 0.737 | 0.768 |

续表

| $df=n-p-1$ | α | | | | | | | |
|---|---|---|---|---|---|---|---|---|
| | 0.05 | | | | 0.01 | | | |
| | 变量个数 $p+1$ | | | | 变量个数 $p+1$ | | | |
| | 2 | 3 | 4 | 5 | 2 | 3 | 4 | 5 |
| 15 | 0.482 | 0.574 | 0.630 | 0.670 | 0.606 | 0.677 | 0.721 | 0.752 |
| 16 | 0.468 | 0.559 | 0.615 | 0.655 | 0.590 | 0.662 | 0.706 | 0.738 |
| 17 | 0.456 | 0.545 | 0.601 | 0.641 | 0.575 | 0.647 | 0.691 | 0.724 |
| 18 | 0.444 | 0.532 | 0.587 | 0.628 | 0.561 | 0.633 | 0.678 | 0.710 |
| 19 | 0.433 | 0.520 | 0.575 | 0.615 | 0.549 | 0.620 | 0.665 | 0.698 |
| 20 | 0.423 | 0.509 | 0.563 | 0.604 | 0.537 | 0.608 | 0.652 | 0.685 |
| 21 | 0.413 | 0.498 | 0.552 | 0.592 | 0.526 | 0.596 | 0.641 | 0.674 |
| 22 | 0.404 | 0.488 | 0.542 | 0.582 | 0.515 | 0.585 | 0.630 | 0.663 |
| 23 | 0.396 | 0.479 | 0.532 | 0.572 | 0.505 | 0.574 | 0.619 | 0.652 |
| 24 | 0.388 | 0.470 | 0.523 | 0.562 | 0.496 | 0.565 | 0.609 | 0.642 |
| 25 | 0.381 | 0.462 | 0.514 | 0.553 | 0.487 | 0.555 | 0.600 | 0.633 |
| 26 | 0.374 | 0.454 | 0.506 | 0.545 | 0.479 | 0.546 | 0.590 | 0.624 |
| 27 | 0.367 | 0.446 | 0.498 | 0.536 | 0.471 | 0.538 | 0.582 | 0.615 |
| 28 | 0.361 | 0.439 | 0.490 | 0.529 | 0.463 | 0.530 | 0.573 | 0.606 |
| 29 | 0.355 | 0.432 | 0.482 | 0.521 | 0.456 | 0.522 | 0.565 | 0.598 |
| 30 | 0.349 | 0.426 | 0.476 | 0.514 | 0.449 | 0.514 | 0.558 | 0.591 |
| 31 | 0.344 | 0.419 | 0.469 | 0.507 | 0.442 | 0.507 | 0.550 | 0.583 |
| 32 | 0.339 | 0.413 | 0.462 | 0.500 | 0.436 | 0.500 | 0.543 | 0.576 |
| 33 | 0.334 | 0.407 | 0.456 | 0.494 | 0.430 | 0.493 | 0.536 | 0.569 |
| 34 | 0.329 | 0.402 | 0.450 | 0.488 | 0.424 | 0.487 | 0.530 | 0.562 |
| 35 | 0.325 | 0.397 | 0.445 | 0.482 | 0.418 | 0.481 | 0.523 | 0.556 |
| 40 | 0.304 | 0.373 | 0.419 | 0.455 | 0.393 | 0.454 | 0.494 | 0.526 |

续表

| $df=n-p-1$ | α | | | | | | | |
|---|---|---|---|---|---|---|---|---|
| | 0.05 | | | | 0.01 | | | |
| | 变量个数 $p+1$ | | | | 变量个数 $p+1$ | | | |
| | 2 | 3 | 4 | 5 | 2 | 3 | 4 | 5 |
| 45 | 0.288 | 0.353 | 0.397 | 0.432 | 0.372 | 0.430 | 0.470 | 0.501 |
| 50 | 0.273 | 0.336 | 0.379 | 0.412 | 0.354 | 0.410 | 0.449 | 0.479 |
| 60 | 0.250 | 0.308 | 0.348 | 0.380 | 0.325 | 0.377 | 0.414 | 0.442 |
| 70 | 0.232 | 0.286 | 0.324 | 0.354 | 0.302 | 0.351 | 0.386 | 0.413 |
| 80 | 0.217 | 0.269 | 0.304 | 0.332 | 0.283 | 0.330 | 0.362 | 0.389 |
| 90 | 0.205 | 0.254 | 0.288 | 0.315 | 0.267 | 0.312 | 0.343 | 0.368 |
| 100 | 0.195 | 0.241 | 0.274 | 0.300 | 0.254 | 0.297 | 0.327 | 0.351 |
| 125 | 0.174 | 0.216 | 0.246 | 0.269 | 0.228 | 0.266 | 0.294 | 0.316 |
| 150 | 0.159 | 0.198 | 0.225 | 0.247 | 0.208 | 0.244 | 0.270 | 0.290 |
| 200 | 0.138 | 0.172 | 0.196 | 0.215 | 0.181 | 0.212 | 0.234 | 0.253 |
| 300 | 0.113 | 0.141 | 0.160 | 0.176 | 0.148 | 0.174 | 0.192 | 0.208 |
| 400 | 0.098 | 0.122 | 0.139 | 0.153 | 0.128 | 0.151 | 0.167 | 0.180 |
| 500 | 0.088 | 0.109 | 0.124 | 0.137 | 0.115 | 0.135 | 0.150 | 0.162 |
| 1000 | 0.062 | 0.077 | 0.088 | 0.097 | 0.081 | 0.096 | 0.106 | 0.115 |

# 附录 12　正交设计表及其表头设计

1) $L_4(2^3)$

| 试验号＼列号 | 1 | 2 | 3 |
|---|---|---|---|
| 1 | 1 | 1 | 1 |
| 2 | 1 | 2 | 2 |
| 3 | 2 | 1 | 2 |
| 4 | 2 | 2 | 1 |

注：任意两列间的交互作用为另外一列。

2) $L_8(2^7)$

| 试验号＼列号 | 1 | 2 | 3 | 4 | 5 | 6 | 7 |
|---|---|---|---|---|---|---|---|
| 1 | 1 | 1 | 1 | 1 | 1 | 1 | 1 |
| 2 | 1 | 1 | 1 | 2 | 2 | 2 | 2 |
| 3 | 1 | 2 | 2 | 1 | 1 | 2 | 2 |
| 4 | 1 | 2 | 2 | 2 | 2 | 1 | 1 |
| 5 | 2 | 1 | 2 | 1 | 2 | 1 | 2 |
| 6 | 2 | 1 | 2 | 2 | 1 | 2 | 1 |
| 7 | 2 | 2 | 1 | 1 | 2 | 2 | 1 |
| 8 | 2 | 2 | 1 | 2 | 1 | 1 | 2 |

$L_8(2^7)$二列间的交互作用表

| 列号＼列号 | 1 | 2 | 3 | 4 | 5 | 6 | 7 |
|---|---|---|---|---|---|---|---|
| 1 | (1) | 3 | 2 | 5 | 4 | 7 | 6 |
| 2 | | (2) | 1 | 6 | 7 | 4 | 5 |
| 3 | | | (3) | 7 | 6 | 5 | 4 |
| 4 | | | | (4) | 1 | 2 | 3 |
| 5 | | | | | (5) | 3 | 2 |
| 6 | | | | | | (6) | 1 |

$L_8(2^7)$表头设计

| 因素个数＼列号 | 1 | 2 | 3 | 4 | 5 | 6 | 7 |
|---|---|---|---|---|---|---|---|
| 3 | A | B | A×B | C | A×C | B×C | |
| 4 | A | B | A×B<br>C×D | C | A×C<br>B×D | B×C<br>A×D | D |
| 4 | A | B<br>C×D | A×B | C<br>B×D | A×C | D<br>B×C | A×D |
| 5 | A<br>D×E | B<br>C×D | A×B<br>C×E | C<br>B×D | A×C<br>B×E | D<br>A×E<br>B×C | E<br>A×D |

3) $L_8(4\times2^4)$

| 试验号＼列号 | 1 | 2 | 3 | 4 | 5 |
|---|---|---|---|---|---|
| 1 | 1 | 1 | 1 | 1 | 1 |
| 2 | 1 | 2 | 2 | 2 | 2 |
| 3 | 2 | 1 | 1 | 2 | 2 |

续表

| 列号<br>试验号 | 1 | 2 | 3 | 4 | 5 |
|---|---|---|---|---|---|
| 4 | 2 | 2 | 2 | 1 | 1 |
| 5 | 3 | 1 | 2 | 1 | 2 |
| 6 | 3 | 2 | 1 | 2 | 1 |
| 7 | 4 | 1 | 2 | 2 | 1 |
| 8 | 4 | 2 | 1 | 1 | 2 |

$L_8(4\times2^4)$表头设计

| 列数<br>因素个数 | 1 | 2 | 3 | 4 | 5 |
|---|---|---|---|---|---|
| 2 | A | B | $(A\times B)_1$ | $(A\times B)_2$ | $(A\times B)_3$ |
| 3 | A | B | C | | |
| 4 | A | B | C | D | |
| 5 | A | B | C | D | E |

4)$L_{12}(2^{11})$

| 列号<br>试验号 | 1 | 2 | 3 | 4 | 5 | 6 | 7 | 8 | 9 | 10 | 11 |
|---|---|---|---|---|---|---|---|---|---|---|---|
| 1 | 1 | 1 | 1 | 1 | 1 | 1 | 1 | 1 | 1 | 1 | 1 |
| 2 | 1 | 1 | 1 | 1 | 1 | 2 | 2 | 2 | 2 | 2 | 2 |
| 3 | 1 | 1 | 2 | 2 | 2 | 1 | 1 | 1 | 2 | 2 | 2 |
| 4 | 1 | 2 | 1 | 2 | 2 | 1 | 2 | 2 | 1 | 1 | 2 |
| 5 | 1 | 2 | 2 | 1 | 2 | 2 | 1 | 2 | 1 | 2 | 1 |
| 6 | 1 | 2 | 2 | 2 | 1 | 2 | 2 | 1 | 2 | 1 | 1 |
| 7 | 2 | 1 | 2 | 2 | 1 | 1 | 2 | 2 | 1 | 2 | 1 |
| 8 | 2 | 1 | 2 | 1 | 2 | 2 | 2 | 1 | 1 | 1 | 2 |

**续表**

| 试验号＼列号 | 1 | 2 | 3 | 4 | 5 | 6 | 7 | 8 | 9 | 10 | 11 |
|---|---|---|---|---|---|---|---|---|---|---|---|
| 9 | 2 | 1 | 1 | 2 | 2 | 2 | 1 | 2 | 2 | 1 | 1 |
| 10 | 2 | 2 | 2 | 1 | 1 | 1 | 1 | 2 | 2 | 1 | 2 |
| 11 | 2 | 2 | 1 | 2 | 1 | 2 | 1 | 1 | 1 | 2 | 2 |
| 12 | 2 | 2 | 1 | 1 | 2 | 1 | 2 | 1 | 2 | 2 | 1 |

注：$L_{12}(2^{11})$没有交互作用表，它是将交互作用或多或少地均匀分布到所有列中，不用于分析交互作用。此正交设计表的优势是研究11个主效应。

5）$L_{16}(2^{15})$

| 试验号＼列号 | 1 | 2 | 3 | 4 | 5 | 6 | 7 | 8 | 9 | 10 | 11 | 12 | 13 | 14 | 15 |
|---|---|---|---|---|---|---|---|---|---|---|---|---|---|---|---|
| 1 | 1 | 1 | 1 | 1 | 1 | 1 | 1 | 1 | 1 | 1 | 1 | 1 | 1 | 1 | 1 |
| 2 | 1 | 1 | 1 | 1 | 1 | 1 | 1 | 2 | 2 | 2 | 2 | 2 | 2 | 2 | 2 |
| 3 | 1 | 1 | 1 | 2 | 2 | 2 | 2 | 1 | 1 | 1 | 1 | 2 | 2 | 2 | 2 |
| 4 | 1 | 1 | 1 | 2 | 2 | 2 | 2 | 2 | 2 | 2 | 2 | 1 | 1 | 1 | 1 |
| 5 | 1 | 2 | 2 | 1 | 1 | 2 | 2 | 1 | 1 | 2 | 2 | 1 | 1 | 2 | 2 |
| 6 | 1 | 2 | 2 | 1 | 1 | 2 | 2 | 2 | 2 | 1 | 1 | 2 | 2 | 1 | 1 |
| 7 | 1 | 2 | 2 | 2 | 2 | 1 | 1 | 1 | 1 | 2 | 2 | 2 | 2 | 1 | 1 |
| 8 | 1 | 2 | 2 | 2 | 2 | 1 | 1 | 2 | 2 | 1 | 1 | 1 | 1 | 2 | 2 |
| 9 | 2 | 1 | 2 | 1 | 2 | 1 | 2 | 1 | 2 | 1 | 2 | 1 | 2 | 1 | 2 |
| 10 | 2 | 1 | 2 | 1 | 2 | 1 | 2 | 2 | 1 | 2 | 1 | 2 | 1 | 2 | 1 |
| 11 | 2 | 1 | 2 | 2 | 1 | 2 | 1 | 1 | 2 | 1 | 2 | 2 | 1 | 2 | 1 |
| 12 | 2 | 1 | 2 | 2 | 1 | 2 | 1 | 2 | 1 | 2 | 1 | 1 | 2 | 1 | 2 |
| 13 | 2 | 2 | 1 | 1 | 2 | 2 | 1 | 1 | 2 | 2 | 1 | 1 | 2 | 2 | 1 |
| 14 | 2 | 2 | 1 | 1 | 2 | 2 | 1 | 2 | 1 | 1 | 2 | 2 | 1 | 1 | 2 |
| 15 | 2 | 2 | 1 | 2 | 1 | 1 | 2 | 1 | 2 | 2 | 1 | 2 | 1 | 1 | 2 |
| 16 | 2 | 2 | 1 | 2 | 1 | 1 | 2 | 2 | 1 | 1 | 2 | 1 | 2 | 2 | 1 |

$L_{16}(2^{15})$二列间的交互作用表

| 列号＼列号 | 1 | 2 | 3 | 4 | 5 | 6 | 7 | 8 | 9 | 10 | 11 | 12 | 13 | 14 | 15 |
|---|---|---|---|---|---|---|---|---|---|---|---|---|---|---|---|
| 1 | (1) | 3 | 2 | 5 | 4 | 7 | 6 | 9 | 8 | 11 | 10 | 13 | 12 | 15 | 14 |
| 2 | | (2) | 1 | 6 | 7 | 4 | 5 | 10 | 11 | 8 | 9 | 14 | 15 | 12 | 13 |
| 3 | | | (3) | 7 | 6 | 5 | 4 | 11 | 10 | 9 | 8 | 15 | 14 | 13 | 12 |
| 4 | | | | (4) | 1 | 2 | 3 | 12 | 13 | 14 | 15 | 8 | 9 | 10 | 11 |
| 5 | | | | | (5) | 3 | 2 | 13 | 12 | 15 | 14 | 9 | 8 | 11 | 10 |
| 6 | | | | | | (6) | 1 | 14 | 15 | 12 | 13 | 10 | 11 | 8 | 9 |
| 7 | | | | | | | (7) | 15 | 14 | 13 | 12 | 11 | 10 | 9 | 8 |
| 8 | | | | | | | | (8) | 1 | 2 | 3 | 4 | 5 | 6 | 7 |
| 9 | | | | | | | | | (9) | 3 | 2 | 5 | 4 | 7 | 6 |
| 10 | | | | | | | | | | (10) | 1 | 6 | 7 | 4 | 5 |
| 11 | | | | | | | | | | | (11) | 7 | 6 | 5 | 4 |
| 12 | | | | | | | | | | | | (12) | 1 | 2 | 3 |
| 13 | | | | | | | | | | | | | (13) | 3 | 2 |
| 14 | | | | | | | | | | | | | | (14) | 1 |

$L_{16}(2^{15})$表头设计

| 因素个数＼列号 | 1 | 2 | 3 | 4 | 5 | 6 | 7 | 8 | 9 | 10 | 11 | 12 | 13 | 14 | 15 |
|---|---|---|---|---|---|---|---|---|---|---|---|---|---|---|---|
| 4 | A | B | A×B | C | A×C | B×C | | D | A×D | B×D | | C×D | | | |
| 5 | A | B | A×B | C | A×C | B×C | D×E | D | A×D | B×D | C×E | C×D | B×E | A×E | E |
| 6 | A | B | A×B<br>D×E | C | A×C<br>D×F | B×C<br>E×F | | D | A×D<br>B×E<br>C×F | B×D<br>A×E | E | C×D<br>A×F | F | | C×E<br>B×F |

**续表**

| 列号<br>因数个数 | 1 | 2 | 3 | 4 | 5 | 6 | 7 | 8 | 9 | 10 | 11 | 12 | 13 | 14 | 15 |
|---|---|---|---|---|---|---|---|---|---|---|---|---|---|---|---|
| 7 | A | B | A×B<br>D×E<br>F×G | C | A×C<br>D×F<br>E×G | B×C<br>E×F<br>D×G | | D | A×D<br>B×E<br>C×F | B×D<br>A×E<br>C×G | E | C×D<br>A×F<br>A×G | F | G | C×E<br>B×F<br>A×G |
| 8 | A | B | A×B<br>D×E<br>F×G<br>C×H | C | A×C<br>D×F<br>E×G<br>B×H | B×C<br>E×F<br>D×G<br>A×H | H | D | A×D<br>B×E<br>C×F<br>G×H | B×D<br>A×E<br>C×G<br>F×H | E | C×D<br>A×F<br>B×G<br>E×H | F | G | C×E<br>B×F<br>A×G<br>D×H |

6) $L_{16}(4\times 2^{12})$

| 列号<br>试验号 | 1 | 2 | 3 | 4 | 5 | 6 | 7 | 8 | 9 | 10 | 11 | 12 | 13 |
|---|---|---|---|---|---|---|---|---|---|---|---|---|---|
| 1 | 1 | 1 | 1 | 1 | 1 | 1 | 1 | 1 | 1 | 1 | 1 | 1 | 1 |
| 2 | 1 | 1 | 1 | 1 | 1 | 2 | 2 | 2 | 2 | 2 | 2 | 2 | 2 |
| 3 | 1 | 2 | 2 | 2 | 2 | 1 | 1 | 1 | 1 | 2 | 2 | 2 | 2 |
| 4 | 1 | 2 | 2 | 2 | 2 | 2 | 2 | 2 | 2 | 1 | 1 | 1 | 1 |
| 5 | 2 | 1 | 1 | 2 | 2 | 1 | 1 | 2 | 2 | 1 | 1 | 2 | 2 |
| 6 | 2 | 1 | 1 | 2 | 2 | 2 | 2 | 1 | 1 | 2 | 2 | 1 | 1 |
| 7 | 2 | 2 | 2 | 1 | 1 | 1 | 1 | 2 | 2 | 2 | 2 | 1 | 1 |
| 8 | 2 | 2 | 2 | 1 | 1 | 2 | 2 | 1 | 1 | 1 | 1 | 2 | 2 |
| 9 | 3 | 1 | 2 | 1 | 2 | 1 | 2 | 1 | 2 | 1 | 2 | 1 | 2 |
| 10 | 3 | 1 | 2 | 1 | 2 | 2 | 1 | 2 | 1 | 2 | 1 | 2 | 1 |
| 11 | 3 | 2 | 1 | 2 | 1 | 1 | 2 | 1 | 2 | 2 | 1 | 2 | 1 |
| 12 | 3 | 2 | 1 | 2 | 1 | 2 | 1 | 2 | 1 | 1 | 2 | 1 | 2 |
| 13 | 4 | 1 | 2 | 2 | 1 | 1 | 2 | 2 | 1 | 1 | 2 | 2 | 1 |
| 14 | 4 | 1 | 2 | 2 | 1 | 2 | 1 | 1 | 2 | 2 | 1 | 1 | 2 |

续表

| 试验号＼列号 | 1 | 2 | 3 | 4 | 5 | 6 | 7 | 8 | 9 | 10 | 11 | 12 | 13 |
|---|---|---|---|---|---|---|---|---|---|---|---|---|---|
| 15 | 4 | 2 | 1 | 1 | 2 | 1 | 2 | 2 | 1 | 2 | 1 | 1 | 2 |
| 16 | 4 | 2 | 1 | 1 | 2 | 2 | 1 | 1 | 2 | 1 | 2 | 2 | 1 |

$L_{16}(4\times2^{12})$表头设计

| 因素个数＼列号 | 1 | 2 | 3 | 4 | 5 | 6 | 7 | 8 | 9 | 10 | 11 | 12 | 13 |
|---|---|---|---|---|---|---|---|---|---|---|---|---|---|
| 3 | A | B | $(A\times B)_1$ | $(A\times B)_2$ | $(A\times B)_3$ | C | $(A\times C)_1$ | $(A\times C)_2$ | $(A\times C)_3$ | B×C | | | |
| 4 | A | B | $(A\times B)_1$<br>C×D | $(A\times B)_2$ | $(A\times B)_3$ | C | $(A\times C)_1$<br>B×D | $(A\times C)_2$ | $(A\times C)_3$ | B×C<br>$(A\times D)_1$ | D | $(A\times D)_3$ | $(A\times D)_2$ |
| 5 | A | B | $(A\times B)_1$<br>C×D | $(A\times B)_2$<br>C×E | $(A\times B)_3$ | C | $(A\times C)_1$<br>B×D | $(A\times C)_2$<br>B×E | $(A\times C)_3$ | B×C<br>$(A\times D)_1$<br>$(A\times E)_2$ | D<br>$(A\times E)_3$ | E<br>$(A\times D)_3$ | $(A\times E)_1$<br>$(A\times D)_2$ |

7) $L_{16}(4^2\times2^9)$

| 试验号＼列号 | 1 | 2 | 3 | 4 | 5 | 6 | 7 | 8 | 9 | 10 | 11 |
|---|---|---|---|---|---|---|---|---|---|---|---|
| 1 | 1 | 1 | 1 | 1 | 1 | 1 | 1 | 1 | 1 | 1 | 1 |
| 2 | 1 | 2 | 1 | 1 | 1 | 2 | 2 | 2 | 2 | 2 | 2 |
| 3 | 1 | 3 | 2 | 2 | 2 | 1 | 1 | 1 | 2 | 2 | 2 |
| 4 | 1 | 4 | 2 | 2 | 2 | 2 | 2 | 2 | 1 | 1 | 1 |
| 5 | 2 | 1 | 1 | 2 | 2 | 1 | 2 | 2 | 1 | 2 | 2 |
| 6 | 2 | 2 | 1 | 2 | 2 | 2 | 1 | 1 | 2 | 1 | 1 |
| 7 | 2 | 3 | 2 | 1 | 1 | 1 | 2 | 2 | 2 | 1 | 1 |
| 8 | 2 | 4 | 2 | 1 | 1 | 2 | 1 | 1 | 1 | 2 | 2 |
| 9 | 3 | 1 | 2 | 1 | 2 | 2 | 1 | 2 | 2 | 1 | 2 |

**续表**

| 试验号 \ 列号 | 1 | 2 | 3 | 4 | 5 | 6 | 7 | 8 | 9 | 10 | 11 |
|---|---|---|---|---|---|---|---|---|---|---|---|
| 10 | 3 | 2 | 2 | 1 | 2 | 1 | 2 | 1 | 1 | 2 | 1 |
| 11 | 3 | 3 | 1 | 2 | 1 | 2 | 1 | 2 | 1 | 2 | 1 |
| 12 | 3 | 4 | 1 | 2 | 1 | 1 | 2 | 1 | 2 | 1 | 2 |
| 13 | 4 | 1 | 2 | 2 | 1 | 2 | 2 | 1 | 2 | 2 | 1 |
| 14 | 4 | 2 | 2 | 2 | 1 | 1 | 1 | 2 | 1 | 1 | 2 |
| 15 | 4 | 3 | 1 | 1 | 2 | 2 | 2 | 1 | 1 | 1 | 2 |
| 16 | 4 | 4 | 1 | 1 | 2 | 1 | 1 | 2 | 2 | 2 | 1 |

8) $L_{16}(4^3\times2^6)$

| 试验号 \ 列号 | 1 | 2 | 3 | 4 | 5 | 6 | 7 | 8 | 9 |
|---|---|---|---|---|---|---|---|---|---|
| 1 | 1 | 1 | 1 | 1 | 1 | 1 | 1 | 1 | 1 |
| 2 | 1 | 2 | 2 | 1 | 1 | 2 | 2 | 2 | 2 |
| 3 | 1 | 3 | 3 | 2 | 2 | 1 | 1 | 2 | 2 |
| 4 | 1 | 4 | 4 | 2 | 2 | 2 | 2 | 1 | 1 |
| 5 | 2 | 1 | 2 | 2 | 2 | 1 | 2 | 1 | 2 |
| 6 | 2 | 2 | 1 | 2 | 2 | 2 | 1 | 2 | 1 |
| 7 | 2 | 3 | 4 | 1 | 1 | 1 | 2 | 2 | 1 |
| 8 | 2 | 4 | 3 | 1 | 1 | 2 | 1 | 1 | 2 |
| 9 | 3 | 1 | 3 | 1 | 2 | 2 | 2 | 2 | 1 |
| 10 | 3 | 2 | 4 | 1 | 2 | 1 | 1 | 1 | 2 |
| 11 | 3 | 3 | 1 | 2 | 1 | 2 | 2 | 1 | 2 |
| 12 | 3 | 4 | 2 | 2 | 1 | 1 | 1 | 2 | 1 |
| 13 | 4 | 1 | 4 | 2 | 1 | 2 | 1 | 2 | 2 |

续表

| 试验号\列号 | 1 | 2 | 3 | 4 | 5 | 6 | 7 | 8 | 9 |
|---|---|---|---|---|---|---|---|---|---|
| 14 | 4 | 2 | 3 | 2 | 1 | 1 | 2 | 1 | 1 |
| 15 | 4 | 3 | 2 | 1 | 2 | 2 | 1 | 1 | 1 |
| 16 | 4 | 4 | 1 | 1 | 2 | 1 | 2 | 2 | 2 |

9)$L_{16}(4^4\times2^3)$

| 试验号\列号 | 1 | 2 | 3 | 4 | 5 | 6 | 7 |
|---|---|---|---|---|---|---|---|
| 1 | 1 | 1 | 1 | 1 | 1 | 1 | 1 |
| 2 | 1 | 2 | 2 | 2 | 1 | 2 | 2 |
| 3 | 1 | 3 | 3 | 3 | 2 | 1 | 2 |
| 4 | 1 | 4 | 4 | 4 | 2 | 2 | 1 |
| 5 | 2 | 1 | 2 | 3 | 2 | 2 | 1 |
| 6 | 2 | 2 | 1 | 4 | 2 | 1 | 2 |
| 7 | 2 | 3 | 4 | 1 | 1 | 2 | 2 |
| 8 | 2 | 4 | 3 | 2 | 1 | 1 | 1 |
| 9 | 3 | 1 | 3 | 4 | 1 | 2 | 2 |
| 10 | 3 | 2 | 4 | 3 | 1 | 1 | 1 |
| 11 | 3 | 3 | 1 | 2 | 2 | 2 | 1 |
| 12 | 3 | 4 | 2 | 1 | 2 | 1 | 2 |
| 13 | 4 | 1 | 4 | 2 | 2 | 1 | 2 |
| 14 | 4 | 2 | 3 | 1 | 2 | 2 | 1 |
| 15 | 4 | 3 | 2 | 4 | 1 | 1 | 1 |
| 16 | 4 | 4 | 1 | 3 | 1 | 2 | 2 |

10) $L_{16}(4^5)$

| 试验号 \ 列号 | 1 | 2 | 3 | 4 | 5 |
|---|---|---|---|---|---|
| 1 | 1 | 1 | 1 | 1 | 1 |
| 2 | 1 | 2 | 2 | 2 | 2 |
| 3 | 1 | 3 | 3 | 3 | 3 |
| 4 | 1 | 4 | 4 | 4 | 4 |
| 5 | 2 | 1 | 2 | 3 | 4 |
| 6 | 2 | 2 | 1 | 4 | 3 |
| 7 | 2 | 3 | 4 | 1 | 2 |
| 8 | 2 | 4 | 3 | 2 | 1 |
| 9 | 3 | 1 | 3 | 4 | 2 |
| 10 | 3 | 2 | 4 | 3 | 1 |
| 11 | 3 | 3 | 1 | 2 | 4 |
| 12 | 3 | 4 | 2 | 1 | 3 |
| 13 | 4 | 1 | 4 | 2 | 3 |
| 14 | 4 | 2 | 3 | 1 | 4 |
| 15 | 4 | 3 | 2 | 4 | 1 |
| 16 | 4 | 4 | 1 | 3 | 2 |

11) $L_{16}(8\times2^8)$

| 试验号 \ 列号 | 1 | 2 | 3 | 4 | 5 | 6 | 7 | 8 | 9 |
|---|---|---|---|---|---|---|---|---|---|
| 1 | 1 | 1 | 1 | 1 | 1 | 1 | 1 | 1 | 1 |
| 2 | 1 | 2 | 2 | 2 | 2 | 2 | 2 | 2 | 2 |
| 3 | 2 | 1 | 1 | 1 | 1 | 2 | 2 | 2 | 2 |
| 4 | 2 | 2 | 2 | 2 | 2 | 1 | 1 | 1 | 1 |

**续表**

| 列号 / 试验号 | 1 | 2 | 3 | 4 | 5 | 6 | 7 | 8 | 9 |
|---|---|---|---|---|---|---|---|---|---|
| 5 | 3 | 1 | 1 | 2 | 2 | 1 | 1 | 2 | 2 |
| 6 | 3 | 2 | 2 | 1 | 1 | 2 | 2 | 1 | 1 |
| 7 | 4 | 1 | 1 | 2 | 2 | 2 | 2 | 1 | 1 |
| 8 | 4 | 2 | 2 | 1 | 1 | 1 | 1 | 2 | 2 |
| 9 | 5 | 1 | 2 | 1 | 2 | 1 | 2 | 1 | 2 |
| 10 | 5 | 2 | 1 | 2 | 1 | 2 | 1 | 2 | 1 |
| 11 | 6 | 1 | 2 | 1 | 2 | 2 | 1 | 2 | 1 |
| 12 | 6 | 2 | 1 | 2 | 1 | 1 | 2 | 1 | 2 |
| 13 | 7 | 1 | 2 | 2 | 1 | 1 | 2 | 2 | 1 |
| 14 | 7 | 2 | 1 | 1 | 2 | 2 | 1 | 1 | 2 |
| 15 | 8 | 1 | 2 | 2 | 1 | 2 | 1 | 1 | 2 |
| 16 | 8 | 2 | 1 | 1 | 2 | 1 | 2 | 2 | 1 |

12) $L_9(3^4)$

| 列号 / 试验号 | 1 | 2 | 3 | 4 |
|---|---|---|---|---|
| 1 | 1 | 1 | 1 | 1 |
| 2 | 1 | 2 | 2 | 2 |
| 3 | 1 | 3 | 3 | 3 |
| 4 | 2 | 1 | 2 | 3 |
| 5 | 2 | 2 | 3 | 1 |
| 6 | 2 | 3 | 1 | 2 |
| 7 | 3 | 1 | 3 | 2 |
| 8 | 3 | 2 | 1 | 3 |
| 9 | 3 | 3 | 2 | 1 |

13) $L_{18}(2\times3^7)$

| 试验号 \ 列号 | 1 | 2 | 3 | 4 | 5 | 6 | 7 | 8 |
|---|---|---|---|---|---|---|---|---|
| 1 | 1 | 1 | 1 | 1 | 1 | 1 | 1 | 1 |
| 2 | 1 | 1 | 2 | 2 | 2 | 2 | 2 | 2 |
| 3 | 1 | 1 | 3 | 3 | 3 | 3 | 3 | 3 |
| 4 | 1 | 2 | 1 | 1 | 2 | 2 | 3 | 3 |
| 5 | 1 | 2 | 2 | 2 | 3 | 3 | 1 | 1 |
| 6 | 1 | 2 | 3 | 3 | 1 | 1 | 2 | 2 |
| 7 | 1 | 3 | 1 | 2 | 1 | 3 | 2 | 3 |
| 8 | 1 | 3 | 2 | 3 | 2 | 1 | 3 | 1 |
| 9 | 1 | 3 | 3 | 1 | 3 | 2 | 1 | 2 |
| 10 | 2 | 1 | 1 | 3 | 3 | 2 | 2 | 1 |
| 11 | 2 | 1 | 2 | 1 | 1 | 3 | 3 | 2 |
| 12 | 2 | 1 | 3 | 2 | 2 | 1 | 1 | 3 |
| 13 | 2 | 2 | 1 | 2 | 3 | 1 | 3 | 2 |
| 14 | 2 | 2 | 2 | 3 | 1 | 2 | 1 | 3 |
| 15 | 2 | 2 | 3 | 1 | 2 | 3 | 2 | 1 |
| 16 | 2 | 3 | 1 | 3 | 2 | 3 | 1 | 2 |
| 17 | 2 | 3 | 2 | 1 | 3 | 1 | 2 | 3 |
| 18 | 2 | 3 | 3 | 2 | 1 | 2 | 3 | 1 |

14) $L_{27}(3^{13})$

| 试验号 \ 列号 | 1 | 2 | 3 | 4 | 5 | 6 | 7 | 8 | 9 | 10 | 11 | 12 | 13 |
|---|---|---|---|---|---|---|---|---|---|---|---|---|---|
| 1 | 1 | 1 | 1 | 1 | 1 | 1 | 1 | 1 | 1 | 1 | 1 | 1 | 1 |

续表

| 试验号＼列号 | 1 | 2 | 3 | 4 | 5 | 6 | 7 | 8 | 9 | 10 | 11 | 12 | 13 |
|---|---|---|---|---|---|---|---|---|---|---|---|---|---|
| 2 | 1 | 1 | 1 | 1 | 2 | 2 | 2 | 2 | 2 | 2 | 2 | 2 | 2 |
| 3 | 1 | 1 | 1 | 1 | 3 | 3 | 3 | 3 | 3 | 3 | 3 | 3 | 3 |
| 4 | 1 | 2 | 2 | 2 | 1 | 1 | 1 | 2 | 2 | 2 | 3 | 3 | 3 |
| 5 | 1 | 2 | 2 | 2 | 2 | 2 | 2 | 3 | 3 | 3 | 1 | 1 | 1 |
| 6 | 1 | 2 | 2 | 2 | 3 | 3 | 3 | 1 | 1 | 1 | 2 | 2 | 2 |
| 7 | 1 | 3 | 3 | 3 | 1 | 1 | 1 | 3 | 3 | 3 | 2 | 2 | 2 |
| 8 | 1 | 3 | 3 | 3 | 2 | 2 | 2 | 1 | 1 | 1 | 3 | 3 | 3 |
| 9 | 1 | 3 | 3 | 3 | 3 | 3 | 3 | 2 | 2 | 2 | 1 | 1 | 1 |
| 10 | 2 | 1 | 1 | 3 | 1 | 2 | 3 | 1 | 2 | 3 | 1 | 2 | 3 |
| 11 | 2 | 1 | 2 | 3 | 2 | 3 | 1 | 2 | 3 | 1 | 2 | 3 | 1 |
| 12 | 2 | 1 | 3 | 3 | 3 | 1 | 2 | 3 | 1 | 2 | 3 | 1 | 2 |
| 13 | 2 | 2 | 1 | 1 | 1 | 2 | 3 | 2 | 3 | 1 | 3 | 1 | 2 |
| 14 | 2 | 2 | 2 | 1 | 2 | 3 | 1 | 3 | 1 | 2 | 1 | 2 | 3 |
| 15 | 2 | 2 | 3 | 1 | 3 | 1 | 2 | 1 | 2 | 3 | 2 | 3 | 1 |
| 16 | 2 | 3 | 1 | 2 | 1 | 2 | 3 | 3 | 1 | 2 | 2 | 3 | 1 |
| 17 | 2 | 3 | 2 | 2 | 2 | 3 | 1 | 1 | 2 | 3 | 3 | 1 | 2 |
| 18 | 2 | 3 | 3 | 2 | 3 | 1 | 2 | 2 | 3 | 1 | 1 | 2 | 3 |
| 19 | 3 | 1 | 3 | 2 | 1 | 3 | 2 | 1 | 3 | 2 | 1 | 3 | 2 |
| 20 | 3 | 1 | 3 | 2 | 2 | 1 | 3 | 2 | 1 | 3 | 2 | 1 | 3 |
| 21 | 3 | 1 | 3 | 2 | 3 | 2 | 1 | 3 | 2 | 1 | 3 | 2 | 1 |
| 22 | 3 | 2 | 1 | 3 | 1 | 3 | 2 | 2 | 1 | 3 | 3 | 2 | 1 |
| 23 | 3 | 2 | 1 | 3 | 2 | 1 | 3 | 3 | 2 | 1 | 1 | 3 | 2 |
| 24 | 3 | 2 | 1 | 3 | 3 | 2 | 1 | 1 | 3 | 2 | 2 | 1 | 3 |

**续表**

| 列号 / 试验号 | 1 | 2 | 3 | 4 | 5 | 6 | 7 | 8 | 9 | 10 | 11 | 12 | 13 |
|---|---|---|---|---|---|---|---|---|---|---|---|---|---|
| 25 | 3 | 3 | 2 | 1 | 1 | 3 | 2 | 3 | 2 | 1 | 2 | 1 | 3 |
| 26 | 3 | 3 | 2 | 1 | 2 | 1 | 3 | 1 | 3 | 2 | 3 | 2 | 1 |
| 27 | 3 | 3 | 2 | 1 | 3 | 2 | 1 | 2 | 1 | 3 | 1 | 3 | 2 |

$L_{27}(3^{13})$表头设计

| 列号 / 因素个数 | 1 | 2 | 3 | 4 | 5 | 6 | 7 | 8 | 9 | 10 | 11 | 12 | 13 |
|---|---|---|---|---|---|---|---|---|---|---|---|---|---|
| 3 | A | B | $(A\times B)_1$ | $(A\times B)_2$ | C | $(A\times C)_1$ | $(A\times C)_2$ | $(B\times C)_1$ | | | $(B\times C)_2$ | | |
| 4 | A | B | $(A\times B)_1$<br>$(C\times D)_2$ | $(A\times B)_2$ | C | $(A\times C)_1$<br>$(B\times D)_2$ | $(A\times C)_2$ | $(B\times C)_1$<br>$(A\times D)_2$ | D | $(A\times D)_1$ | $(B\times C)_2$ | $(B\times D)_1$ | $(C\times D)_1$ |

$L_{27}(3^{13})$二列间的交互作用表

| 列号 / 列号 | 1 | 2 | 3 | 4 | 5 | 6 | 7 | 8 | 9 | 10 | 11 | 12 | 13 |
|---|---|---|---|---|---|---|---|---|---|---|---|---|---|
| 1 | (1) | 3 | 2 | 2 | 6 | 5 | 5 | 9 | 8 | 8 | 12 | 11 | 11 |
| | | 4 | 4 | 3 | 7 | 7 | 6 | 10 | 10 | 9 | 13 | 13 | 12 |
| 2 | | (2) | 1 | 1 | 8 | 9 | 10 | 5 | 6 | 7 | 5 | 6 | 7 |
| | | | 4 | 3 | 11 | 12 | 13 | 11 | 12 | 13 | 8 | 9 | 10 |
| 3 | | | (3) | 1 | 9 | 10 | 8 | 7 | 5 | 6 | 6 | 7 | 5 |
| | | | | 2 | 13 | 11 | 12 | 12 | 13 | 11 | 10 | 8 | 9 |
| 4 | | | | (4) | 10 | 8 | 9 | 6 | 7 | 5 | 7 | 5 | 6 |
| | | | | | 12 | 13 | 11 | 13 | 11 | 12 | 9 | 10 | 8 |
| 5 | | | | | (5) | 1 | 1 | 2 | 3 | 4 | 2 | 4 | 3 |
| | | | | | | 7 | 6 | 11 | 13 | 12 | 8 | 10 | 9 |

续表

| 列号＼列号 | 1 | 2 | 3 | 4 | 5 | 6 | 7 | 8 | 9 | 10 | 11 | 12 | 13 |
|---|---|---|---|---|---|---|---|---|---|---|---|---|---|
| 6 | | | | | | (6) | 1 | 4 | 2 | 3 | 3 | 2 | 4 |
| | | | | | | | 5 | 13 | 12 | 11 | 10 | 9 | 8 |
| 7 | | | | | | | (7) | 3 | 4 | 2 | 4 | 3 | 2 |
| | | | | | | | | 12 | 11 | 13 | 9 | 8 | 10 |
| 8 | | | | | | | | (8) | 1 | 1 | 2 | 3 | 4 |
| | | | | | | | | | 10 | 9 | 5 | 7 | 6 |
| 9 | | | | | | | | | (9) | 1 | 4 | 2 | 3 |
| | | | | | | | | | | 8 | 7 | 6 | 5 |
| 10 | | | | | | | | | | (10) | 3 | 4 | 2 |
| | | | | | | | | | | | 6 | 5 | 7 |
| 11 | | | | | | | | | | | (11) | 1 | 1 |
| | | | | | | | | | | | | 13 | 12 |
| 12 | | | | | | | | | | | | (12) | 1 |
| | | | | | | | | | | | | | 11 |

# 附录 13　均匀设计表及其使用表

1)$U_5(5^3)$

| 试验号＼列号 | 1 | 2 | 3 |
|---|---|---|---|
| 1 | 1 | 2 | 4 |
| 2 | 2 | 4 | 3 |
| 3 | 3 | 1 | 2 |
| 4 | 4 | 3 | 1 |
| 5 | 5 | 5 | 5 |

$U_5(5^3)$的使用表

| 因素个数 | 列号 | | | 偏离度 |
|---|---|---|---|---|
| 2 | 1 | 2 | | 0.3100 |
| 3 | 1 | 2 | 3 | 0.4570 |

2)$U_6^*(6^4)$

| 试验号＼列号 | 1 | 2 | 3 | 4 |
|---|---|---|---|---|
| 1 | 1 | 2 | 3 | 6 |
| 2 | 2 | 4 | 6 | 5 |

续表

| 试验号＼列号 | 1 | 2 | 3 | 4 |
|---|---|---|---|---|
| 3 | 3 | 6 | 2 | 4 |
| 4 | 4 | 1 | 5 | 3 |
| 5 | 5 | 3 | 1 | 2 |
| 6 | 6 | 5 | 4 | 1 |

$U_6^*(6^4)$的使用表

| 因素个数 | 列 号 | | | | 偏离度 |
|---|---|---|---|---|---|
| 2 | 1 | 3 | | | 0.1875 |
| 3 | 1 | 2 | 3 | | 0.2656 |
| 4 | 1 | 2 | 3 | 4 | 0.2990 |

注：星号表有更好的均匀性，优先选用。非星号表比星号表能安排更多的因素。

3)$U_7(7^4)$

| 试验号＼列号 | 1 | 2 | 3 | 4 |
|---|---|---|---|---|
| 1 | 1 | 2 | 3 | 6 |
| 2 | 2 | 4 | 6 | 5 |
| 3 | 3 | 6 | 2 | 4 |
| 4 | 4 | 1 | 5 | 3 |
| 5 | 5 | 3 | 1 | 2 |
| 6 | 6 | 5 | 4 | 1 |
| 7 | 7 | 7 | 7 | 7 |

$U_7(7^4)$的使用表

| 因素个数 | 列号 | | | | 偏离度 |
|---|---|---|---|---|---|
| 2 | 1 | 3 | | | 0.2398 |
| 3 | 1 | 2 | 3 | | 0.3721 |
| 4 | 1 | 2 | 3 | 4 | 0.4760 |

4)$U_7^*(7^4)$

| 试验号 \ 列号 | 1 | 2 | 3 | 4 |
|---|---|---|---|---|
| 1 | 1 | 3 | 5 | 7 |
| 2 | 2 | 6 | 2 | 6 |
| 3 | 3 | 1 | 7 | 5 |
| 4 | 4 | 4 | 4 | 4 |
| 5 | 5 | 7 | 1 | 3 |
| 6 | 6 | 2 | 6 | 2 |
| 7 | 7 | 5 | 3 | 1 |

$U_7^*(7^4)$的使用表

| 因素个数 | 列号 | | | 偏离度 |
|---|---|---|---|---|
| 2 | 1 | 3 | | 0.1582 |
| 3 | 2 | 3 | 4 | 0.2132 |

5)$U_8^*(8^5)$

| 试验号 \ 列号 | 1 | 2 | 3 | 4 | 5 |
|---|---|---|---|---|---|
| 1 | 1 | 2 | 4 | 7 | 8 |

续表

| 试验号＼列号 | 1 | 2 | 3 | 4 | 5 |
|---|---|---|---|---|---|
| 2 | 2 | 4 | 8 | 5 | 7 |
| 3 | 3 | 6 | 3 | 3 | 6 |
| 4 | 4 | 8 | 7 | 1 | 5 |
| 5 | 5 | 1 | 2 | 8 | 4 |
| 6 | 6 | 3 | 6 | 6 | 3 |
| 7 | 7 | 5 | 1 | 4 | 2 |
| 8 | 8 | 7 | 5 | 2 | 1 |

$U_8^*(8^5)$的使用表

| 因素个数 | 列号 | | | | 偏离度 |
|---|---|---|---|---|---|
| 2 | 1 | 3 | | | 0.1445 |
| 3 | 1 | 3 | 4 | | 0.2000 |
| 4 | 1 | 2 | 3 | 5 | 0.2709 |

6)$U_9(9^5)$

| 试验号＼列号 | 1 | 2 | 3 | 4 | 5 |
|---|---|---|---|---|---|
| 1 | 1 | 2 | 4 | 7 | 8 |
| 2 | 2 | 4 | 8 | 5 | 7 |
| 3 | 3 | 6 | 3 | 3 | 6 |
| 4 | 4 | 8 | 7 | 1 | 5 |
| 5 | 5 | 1 | 2 | 8 | 4 |
| 6 | 6 | 3 | 6 | 6 | 3 |

**续表**

| 试验号＼列号 | 1 | 2 | 3 | 4 | 5 |
|---|---|---|---|---|---|
| 7 | 7 | 5 | 1 | 4 | 2 |
| 8 | 8 | 7 | 5 | 2 | 1 |
| 9 | 9 | 9 | 9 | 9 | 9 |

$U_9(9^5)$的使用表

| 因素个数 | 列号 | | | | 偏离度 |
|---|---|---|---|---|---|
| 2 | 1 | 3 | | | 0.1944 |
| 3 | 1 | 3 | 4 | | 0.3102 |
| 4 | 1 | 2 | 3 | 5 | 0.4066 |

7)$U_9^*(9^4)$

| 试验号＼列号 | 1 | 2 | 3 | 4 |
|---|---|---|---|---|
| 1 | 1 | 3 | 7 | 9 |
| 2 | 2 | 6 | 4 | 8 |
| 3 | 3 | 9 | 1 | 7 |
| 4 | 4 | 2 | 8 | 6 |
| 5 | 5 | 5 | 5 | 5 |
| 6 | 6 | 8 | 2 | 4 |
| 7 | 7 | 1 | 9 | 3 |
| 8 | 8 | 4 | 6 | 2 |
| 9 | 9 | 7 | 3 | 1 |

$U_9^*(9^4)$的使用表

| 因素个数 | 列号 | | | 偏离度 |
|---|---|---|---|---|
| 2 | 1 | 2 | | 0.1574 |
| 3 | 2 | 3 | 4 | 0.1980 |

8)$U_{10}^*(10^8)$

| 试验号＼列号 | 1 | 2 | 3 | 4 | 5 | 6 | 7 | 8 |
|---|---|---|---|---|---|---|---|---|
| 1 | 1 | 2 | 3 | 4 | 5 | 7 | 9 | 10 |
| 2 | 2 | 4 | 6 | 8 | 10 | 3 | 7 | 9 |
| 3 | 3 | 6 | 9 | 1 | 4 | 10 | 5 | 8 |
| 4 | 4 | 8 | 1 | 5 | 9 | 6 | 3 | 7 |
| 5 | 5 | 10 | 4 | 9 | 3 | 2 | 1 | 6 |
| 6 | 6 | 1 | 7 | 2 | 8 | 9 | 10 | 5 |
| 7 | 7 | 3 | 10 | 6 | 2 | 5 | 8 | 4 |
| 8 | 8 | 5 | 2 | 10 | 7 | 1 | 6 | 3 |
| 9 | 9 | 7 | 5 | 3 | 1 | 8 | 4 | 2 |
| 10 | 10 | 9 | 8 | 7 | 6 | 4 | 2 | 1 |

$U_{10}^*(10^8)$的使用表

| 因素个数 | 列号 | | | | | | 偏离度 |
|---|---|---|---|---|---|---|---|
| 2 | 1 | 6 | | | | | 0.1125 |
| 3 | 1 | 5 | 6 | | | | 0.1681 |
| 4 | 1 | 3 | 4 | 5 | | | 0.2236 |
| 5 | 1 | 3 | 4 | 5 | 7 | | 0.2414 |
| 6 | 1 | 2 | 3 | 5 | 6 | 8 | 0.2994 |

9) $U_{11}(11^6)$

| 试验号 \ 列号 | 1 | 2 | 3 | 4 | 5 | 6 |
|---|---|---|---|---|---|---|
| 1 | 1 | 2 | 3 | 5 | 7 | 10 |
| 2 | 2 | 4 | 6 | 10 | 3 | 9 |
| 3 | 3 | 6 | 9 | 4 | 10 | 8 |
| 4 | 4 | 8 | 1 | 9 | 6 | 7 |
| 5 | 5 | 10 | 4 | 3 | 2 | 6 |
| 6 | 6 | 1 | 7 | 8 | 9 | 5 |
| 7 | 7 | 3 | 10 | 2 | 5 | 4 |
| 8 | 8 | 5 | 2 | 7 | 1 | 3 |
| 9 | 9 | 7 | 5 | 1 | 8 | 2 |
| 10 | 10 | 9 | 8 | 6 | 4 | 1 |
| 11 | 11 | 11 | 11 | 11 | 11 | 11 |

$U_{11}(11^6)$的使用表

| 因素个数 | 列号 | | | | | | 偏离度 |
|---|---|---|---|---|---|---|---|
| 2 | 1 | 5 | | | | | 0.1632 |
| 3 | 1 | 4 | 5 | | | | 0.2649 |
| 4 | 1 | 3 | 4 | 5 | | | 0.3528 |
| 5 | 1 | 2 | 3 | 4 | 5 | | 0.4286 |
| 6 | 1 | 2 | 3 | 4 | 5 | 6 | 0.4942 |

10) $U_{11}^*(11^4)$

| 试验号 \ 列号 | 1 | 2 | 3 | 4 |
|---|---|---|---|---|
| 1 | 1 | 5 | 7 | 11 |

续表

| 试验号＼列号 | 1 | 2 | 3 | 4 |
|---|---|---|---|---|
| 2 | 2 | 10 | 2 | 10 |
| 3 | 3 | 3 | 9 | 9 |
| 4 | 4 | 8 | 4 | 8 |
| 5 | 5 | 1 | 11 | 7 |
| 6 | 6 | 6 | 6 | 6 |
| 7 | 7 | 11 | 1 | 5 |
| 8 | 8 | 4 | 8 | 4 |
| 9 | 9 | 9 | 3 | 3 |
| 10 | 10 | 2 | 10 | 2 |
| 11 | 11 | 7 | 5 | 1 |

$U_{11}^{*}(11^{4})$的使用表

| 因素个数 | 列号 | 偏离度 | | |
|---|---|---|---|---|
| 2 | 1 | 2 | | 0.1136 |
| 3 | 2 | 3 | 4 | 0.2307 |

11)$U_{12}^{*}(12^{10})$

| 试验号＼列号 | 1 | 2 | 3 | 4 | 5 | 6 | 7 | 8 | 9 | 10 |
|---|---|---|---|---|---|---|---|---|---|---|
| 1 | 1 | 2 | 3 | 4 | 5 | 6 | 8 | 9 | 10 | 12 |
| 2 | 2 | 4 | 6 | 8 | 10 | 12 | 3 | 5 | 7 | 11 |
| 3 | 3 | 6 | 9 | 12 | 2 | 5 | 11 | 1 | 4 | 10 |
| 4 | 4 | 8 | 12 | 3 | 7 | 11 | 6 | 10 | 1 | 9 |
| 5 | 5 | 10 | 2 | 7 | 12 | 4 | 1 | 6 | 11 | 8 |

续表

| 试验号 \ 列号 | 1 | 2 | 3 | 4 | 5 | 6 | 7 | 8 | 9 | 10 |
|---|---|---|---|---|---|---|---|---|---|---|
| 6 | 6 | 12 | 5 | 11 | 4 | 10 | 9 | 2 | 8 | 7 |
| 7 | 7 | 1 | 8 | 2 | 9 | 3 | 4 | 11 | 5 | 6 |
| 8 | 8 | 3 | 11 | 6 | 1 | 9 | 12 | 7 | 2 | 5 |
| 9 | 9 | 5 | 1 | 10 | 6 | 2 | 7 | 3 | 12 | 4 |
| 10 | 10 | 7 | 4 | 1 | 11 | 8 | 2 | 12 | 9 | 3 |
| 11 | 11 | 9 | 7 | 5 | 3 | 1 | 10 | 8 | 6 | 2 |
| 12 | 12 | 11 | 10 | 9 | 8 | 7 | 5 | 4 | 3 | 1 |

$U_{12}^{*}(12^{10})$的使用表

| 因素个数 | 列号 | | | | | | | 偏离度 |
|---|---|---|---|---|---|---|---|---|
| 2 | 1 | 5 | | | | | | 0.1163 |
| 3 | 1 | 6 | 9 | | | | | 0.1838 |
| 4 | 1 | 6 | 7 | 9 | | | | 0.2233 |
| 5 | 1 | 3 | 4 | 8 | 10 | | | 0.2272 |
| 6 | 1 | 2 | 6 | 7 | 8 | 9 | | 0.2670 |
| 7 | 1 | 2 | 6 | 7 | 8 | 9 | 10 | 0.2768 |

12)$U_{13}(13^{8})$

| 试验号 \ 列号 | 1 | 2 | 3 | 4 | 5 | 6 | 7 | 8 |
|---|---|---|---|---|---|---|---|---|
| 1 | 1 | 2 | 5 | 6 | 8 | 9 | 10 | 12 |
| 2 | 2 | 4 | 10 | 12 | 3 | 5 | 7 | 11 |
| 3 | 3 | 6 | 2 | 5 | 11 | 1 | 4 | 10 |
| 4 | 4 | 8 | 7 | 11 | 6 | 10 | 1 | 9 |

续表

| 试验号＼列号 | 1 | 2 | 3 | 4 | 5 | 6 | 7 | 8 |
|---|---|---|---|---|---|---|---|---|
| 5 | 5 | 10 | 12 | 4 | 1 | 6 | 11 | 8 |
| 6 | 6 | 12 | 4 | 10 | 9 | 2 | 8 | 7 |
| 7 | 7 | 1 | 9 | 3 | 4 | 11 | 5 | 6 |
| 8 | 8 | 3 | 1 | 9 | 12 | 7 | 2 | 5 |
| 9 | 9 | 5 | 6 | 2 | 7 | 3 | 12 | 4 |
| 10 | 10 | 7 | 11 | 8 | 2 | 12 | 9 | 3 |
| 11 | 11 | 9 | 3 | 1 | 10 | 8 | 6 | 2 |
| 12 | 12 | 11 | 8 | 7 | 5 | 4 | 3 | 1 |
| 13 | 13 | 13 | 13 | 13 | 13 | 13 | 13 | 13 |

$U_{13}(13^8)$的使用表

| 因素个数 | 列号 | | | | | | | 偏离度 |
|---|---|---|---|---|---|---|---|---|
| 2 | 1 | 3 | | | | | | 0.1405 |
| 3 | 1 | 4 | 7 | | | | | 0.2308 |
| 4 | 1 | 4 | 5 | 7 | | | | 0.3107 |
| 5 | 1 | 4 | 5 | 6 | 7 | | | 0.3814 |
| 6 | 1 | 2 | 4 | 5 | 6 | 7 | | 0.4439 |
| 7 | 1 | 2 | 4 | 5 | 6 | 7 | 8 | 0.4992 |